外国心理学流派大系

FOREIGN PSYCHOLOGY SCHOOL SERIES

郭本禹 主编

经验的描述

——意动心理学（上）

郭本禹　崔光辉　陈巍　著

山东教育出版社

·济南·

图书在版编目（CIP）数据

经验的描述：意动心理学：全二册 / 郭本禹，崔光辉，陈巍著. -- 2版. -- 济南：山东教育出版社，2025. 1. --（外国心理学流派大系 / 郭本禹主编）.
ISBN 978-7-5701-3436-6

Ⅰ. B84-06

中国国家版本馆 CIP 数据核字第 2024KK1177 号

WAIGUO XINLIXUE LIUPAI DAXI
JINGYAN DE MIAOSHU——YIDONG XINLI XUE QUANERCE

外国心理学流派大系　　郭本禹　主编
经验的描述——意动心理学　全二册　　郭本禹　崔光辉　陈　巍　著

主管单位：山东出版传媒股份有限公司
出版发行：山东教育出版社
地址：济南市市中区二环南路 2066 号 4 区 1 号　　邮编：250003
电话：（0531）82092660　　网址：www.sjs.com.cn
印　　刷：山东华立印务有限公司
版　　次：2025 年 1 月第 2 版
印　　次：2025 年 1 月第 1 次印刷
开　　本：710 毫米 ×1000 毫米　1/16
印　　张：30.25
字　　数：482 千
定　　价：128.00 元

（如印装质量有问题，请与印刷厂联系调换）印厂电话：0531-76216033

主　编　郭本禹
副主编　高峰强　杨韶刚　高申春
编　委（以姓氏笔画为序）
丁　芳　方双虎　王国芳　李广军　杨韶刚　修巧艳
贾林祥　郭本禹　高申春　高峰强　崔光辉　熊哲宏

江苏省重点学科“发展与教育心理学”学科资助成果
教育部普通高等学校人文社会科学重点研究基地南京师范大学道德教育研究所成果

目录
Contents

总　序

著名心理学家艾宾浩斯曾说过："心理学虽有一长期的过去，但仅有一短期的历史。"心理学的长期过去可以上溯到古希腊、古罗马时期的心理学思想，从大约公元前6世纪到公元19世纪中叶的这一时期被称为前科学心理学时期或哲学心理学时期。1879年，冯特在德国莱比锡大学创建了世界上第一个心理学实验室，标志着科学心理学的诞生。此后的短期历史被称为科学心理学时期。科学心理学是指具有科学形态的心理学，与之相对的是前科学形态的心理学。前科学形态的心理学主要指形而上学的心理学，它以纯粹思辨的方式进行推演研究，试图揭示心理现象的本质。科学形态的心理学即科学心理学，它主要受到近代科学尤其是自然科学的影响，采用经验尤其是实验的方式进行归纳研究，得出心理现象本质的知识。

从理论形态演变上看，科学心理学的发展主要表现为不同心理学流派的产生、发展和更替过程。这一过程大致沿着科学主义心理学和人文主义心理学两条路线不断演进。科学主义心理学是主流的心理学取向，主要包括内容心理学、构造心理学、机能心理学、行为主义心理学、皮亚杰学派心理学和认知心理学等流派。人文主义心理学是非主流的心理学取向，主要包括意动心理学、精神分析心理学、格式塔心理学、现象学心理学、存在心理学和人本主义心理学等流派。现代心理学流派的发展过程大致可以划分为三个阶段：一是哲学心理学时期的思想起源，从大约公元前6世纪到19世纪70年代；二是心理学流派自身的历史演进，从19世纪70年代到20世纪80年代；三是心理学流派的当代效应，从20世纪80年代至今。

一、现代心理学流派的思想起源

在前科学心理学的漫长历史中，心理学曾一度是"灵魂的奴仆"、"神学的婢女"和"哲学的附庸"。现代心理学流派萌芽于古希腊，发端于近代欧洲。古希腊心理学思想表现为存在(being)与形成(becoming)的张力，近代欧洲心理学思想表现为经验主义与理性主义的对立,到科学心理学时期就演变为科学主义心理学和人文主义心理学的纷争。

1. **思想萌芽**

古希腊是现代心理学流派的思想源头。在哲学形成之前,古希腊人已经开始了对灵魂(psyche)的探索。当时人们认为灵魂是一种生命气息,它在人死亡时离去。“心理学”(psychology)一词就由此而来。大约在公元前6世纪,古希腊产生了哲学。古希腊哲学致力于探究世界的本原,其中包括回答灵魂是什么。因此,此时的心理学是灵魂的奴仆。

古希腊哲学隐含着存在与形成的张力。这一张力最初体现在巴门尼德和赫拉克利特之间。巴门尼德提出,要通过理性的道路来获得确定无疑的知识。他推崇理性认识的重要性,贬低感觉经验的作用,认为后者只能产生纷乱的意见。赫拉克利特则通过“人不能两次踏入同一条河流”来表述世界变动不居的特征。他重视感觉经验的重要性,甚至认为视觉经验比听觉经验更可靠。存在与形成的张力在柏拉图和亚里士多德那里达到顶峰。柏拉图发展了巴门尼德的观点,认为存在着普遍的理念世界,变化中的现实事物只是对不变的理念的一种模仿。理性是最高级的灵魂,并指导着意气和情欲。亚里士多德是古希腊思想的集大成者,其《论灵魂》一书可以视为西方心理学史上第一本心理学著作。他持有形成的立场,对柏拉图的观点进行了改造。在他看来,世间万物都是有目的的,朝向隐得来希即自身的全面发展迈进,因而处于时刻流转中,灵魂也是如此。他强调感觉经验在灵魂中的重要地位,认为感觉限定着灵魂的认识活动。

在古希腊之后,西方心理学思想的目的虽然发生了变化,但却依然延续着存在与形成的张力。到了中世纪,一切思想均转向认识上帝,此时的心理学成为“神学的婢女”。两位基督教哲学家奥古斯丁和托马斯·阿奎那为心理学思想指出两条不同的道路。奥古斯丁提出通过内心的感受来获得上帝的启示,从而走向形成立场;托马斯·阿奎那提出通过理性和逻辑论证来获得上帝的启示,从而走向存在立场。

总之,从古希腊到中世纪,心理学从作为“灵魂的奴仆”到作为“神学的婢女”,提出了许多朴素的心理学思想,构成了现代心理学流派的思想萌芽,其间一直延续着存在与形成的张力,开启了现代科学主义心理学和人文主义心理学纷争的历史源头。

2. **思想发端**

经过漫长的中世纪,西方世界从文艺复兴时期进入近代。近代自然科学的进步使世界图景发生了根本改变，从中世纪以上帝为中心的神秘世界观转变为数学的机械世界观，对哲学以及心理学产生着越来越重要的影响。近代哲学的目的从古希腊探讨世界本原是什么转向如何认识世界。近代心理学由“神学的婢女”变成“哲学的附庸”，不再是对灵魂和上帝的探讨，而是围绕如何认识世界对心理学问题展开系统的理论阐述，表现为经验主义与理性主义两种对立的观点。这两种对立的观点由先前形成与存在的张力衍生而来：经验主义延续了形成的观点，理性主义延续了存在的观点。近代心理学思想在英国和法国表现为经验主义心理学思想，在荷兰和德国表现为理性主义心理学思想。

经验主义心理学思想主张，一切心理现象均是经验（如感觉和观念）的集合或联结。经验主义心理学思想从英国的培根开始。他认为，知识和观念起源于感性世界，感觉经验是一切知识的源泉。在培根之后，经验主义心理学思想有两种形式：英国的联想论心理学思想和法国的感觉论心理学思想。英国的联想论心理学思想以经验为基础，以联想为工具，试图揭示观念的形成和发展的规律。霍布斯是联想论心理学思想的先驱，他坚持知识和观念来源于感觉经验。洛克第一个提出“联想”概念，认为联想是观念的联合，简单观念经过综合、联系和分离形成人的心灵内容。贝克莱和休谟进一步发展了联想论心理学思想，解释了空间知觉和联想规律。哈特莱是联想论心理学思想体系的建立者，试图用生理学概念把经验论和联想论结合起来，用联想去解释一切心理现象。培因是联想论心理学思想的集大成者，对联想的规律、种类和动力等进行了系统化的阐述，在联想论心理学思想向科学心理学的过渡上起到承前启后的作用。

法国的感觉论心理学思想主要受到笛卡儿关于身体是机器的思想和洛克的唯物主义经验论的影响，强调感觉经验在认识中的作用。与联想论心理学思想一样，感觉论心理学思想也认为，一切观念源自经验，所有的心理事件都能用感觉和联想规律来解释，同时，它还重视心理与脑的关系，认为心理是脑的属性，脑是思想的器官，这对科学心理学的产生起到积极的作用。拉·美特利提出了“人是机器”的观点，对后来行为主义心理学有重要的影响。孔狄亚克改造了洛克的经验论心理学思想，形成了感觉论心理学思想体系。此后经过爱尔维修和波纳等人的发展，到卡巴尼斯那里，感觉论心理学思想发展到极致，并推进了生理心理学的发展。

理性主义心理学思想主张，人的心理是一种主动活动的、富于理性的固有观念，即一切心理作用都归结为不同程度的理性。理性主义心理学思想从法国的笛卡儿开始。他认为，人的知识不是来源于感觉经验，而是来源于理性,理性的演绎是唯一正确方法。作为理性表现的知识和能力是先天具有的,因此,他主张天赋观念论。莱布尼茨是理性主义心理学思想的开创者,他提出统觉说,认为心理从无意识的微觉到最有意识的统觉,具有把握对象的不同程度。他把统觉视为对感知自身内在状态的意识,即自我意识。沃尔夫是官能心理学的创始人,他认为人的心灵具有各种官能,心灵利用其不同的官能从事不同的活动。康德提出心理的先天范畴论,并使心理过程的知、情、意三分法流行起来。他认为,统觉是人的一种先验的综合统一的认识能力。赫尔巴特第一次明确宣称心理学是一门科学,但还需要建立在形而上学之上,仍属于哲学的科学。他还将统觉团等思想应用到教育心理学中。陆宰是实验心理学建立前的最后一位哲学心理学家,提出空间知觉的符号部位说,在理性主义心理学思想向科学心理学的过渡上起到承前启后的作用。

总之,近代心理学思想具有丰富的内容,形成了系统的心理学思想体系。它与近代科学一起,直接促成了科学心理学的诞生。经验主义心理学思想提出被动的心灵观,强调主体后天的经验性、心理活动的元素性和被动性,将人的心理视作静态的联想过程。理性主义心理学思想提出主动的心灵观,强调主体先天的主动性、心理活动的整体性和动力性,将人的心理视作发展的过程。经验主义心理学思想演变为现代心理学中的科学主义心理学,理性主义心理学思想演变为现代心理学中的人文主义心理学。正是在这种意义上,近代心理学思想成为现代心理学流派的思想发端。

二、现代心理学流派的历史演进

科学心理学产生于19世纪70年代,一开始就表现为两种理论形态,即科学主义心理学和人文主义心理学。科学主义心理学的第一个学派是冯特创立的内容心理学(主要是实验心理学),人文主义心理学的第一个学派是布伦塔诺创立的意动心理学。内容心理学与意动心理学形成了心理学史上两条路线之间的第一次对立与纷争。自此,科学主义心理学与人文主义心理学各自相对独立发展,两者之间少有相互交流和彼此借鉴。

过去人们主要是从狭义上来理解科学心理学,认为科学心理学完全等同于冯特创立的内容心理学(主要是实验心理学)。现在人们倾向于从大科学观来看待科学,认为科学既包括自然科学也包括人文科学和社会科学。尽管两者的研究对象不同、追求的真理目标和价值不同、探究真理的方式和方法不同,但它们毕竟都是科学,都以探究终极真理为己任。对于以既具自然属性又具社会属性的人为研究对象的科学心理学来说，只有以实验心理学为代表的科学主义心理学是远远不够的，还需要另一种心理学即人文主义心理学。历史发展的事实也是如此，1874 年，冯特的《生理心理学原理》(下卷)和布伦塔诺的《经验观点的心理学》同时出版，这两本著作都把新心理学界定为一门经验科学，分别标志着现代科学主义心理学和现代人文主义心理学的开端。因此，科学心理学有两个创始人或者说有两位"父亲"，一个是冯特，另一个是布伦塔诺。过去人们之所以只提冯特是科学心理学之父，是因为波林那本著名的《实验心理学史》教科书造成了我们的误解。波林是铁钦纳的学生，铁钦纳力图把自己标榜为冯特的正统传人，要求波林按照他的实验心理学内容重新解读冯特的心理学体系。① 因此，在《实验心理学史》中大量论述冯特等人的实验心理学内容，而对冯特的对立者布伦塔诺等人的贡献则不予重视，以至于布伦塔诺被历史埋没了近半个世纪，成为学术史上的"隐身人"。这不能不说是一个历史的误会！我们今天需要澄清铁钦纳和波林所造成的误解，还布伦塔诺及其意动心理学的历史本来面目。

在现代心理学流派的演进过程中，有的作为一个心理学派别已经消失，融进了心理学的历史进程，如内容心理学、意动心理学和机能心理学等；有的犹如老树常青，如行为主义心理学和精神分析心理学在今天仍然具有活力。某些较大的心理学流派又包括一些较小的分支派别，如行为主义前后有三代，精神分析更是分支派别繁多。

1. 科学主义心理学流派的历史演进

科学主义心理学亦称自然科学心理学，是指一种以自然科学为价值定向的心理学研究取向，它坚持心理学的自然科学观和实证主义的客观实验范式，力图建构以自然科学为模板的心理学理论模式。科学主义心理学是主流的心理学取向，它从内容心理学开始，依次表现为构造心理学、机能心理学、行为主义心理学、皮亚杰学派心理学和认知心理学等派别。它们之间具有明显的连续性，要么是一种继承关系，如构造心理学对内容心理学的继承；要么具有对立关系，如认知心理学对行为主义心理学的反动。

(1) 内容心理学。

科学主义心理学从冯特的内容心理学(content psychology)开始。在冯特之前，心理学一直附庸于哲学，处于默默无闻的状态。冯特全面总结了哲学心理学、生理学和心理物理学的研究成果，把哲学心理学的理论观点、自然科学的研究方法与心理学的有关研究课题结合起来，将实验法引入心理

① 据说波林每写完《实验心理学史》的一章，都要交给铁钦纳审读。

学研究领域，于 1879 年在德国莱比锡建立了世界上第一个心理学实验室，使心理学获得了科学的形态，标志着现代科学心理学的确立。莱比锡成为世界新心理学的圣地，各国的学生都前往跟随冯特学习。

冯特创立的实验心理学，开辟了科学心理学的科学主义研究路线。冯特认为，科学心理学应该是一门经验科学，他把心理学的研究对象规定为直接经验，而不同于自然科学所研究的间接经验。他认为，心理学作为研究心理、意识事实的一门经验科学，其任务就在于分析出心理或意识的元素，并确定元素构成复合观念的原理与规律。冯特通过实验内省法分析，发现最基本的心理元素有两个，即感觉元素与感情元素。任何复杂的心理现象都是由心理元素结合而成的，简单的心理元素通过联想、统觉结合成为心理复合体。正是从这个意义上说，冯特的实验心理学被贴上"内容心理学"的标签。冯特的内容心理学与其同时代的布伦塔诺的意动心理学形成直接对立，这也是科学主义心理学与人文主义心理学长期纷争的开始。

与冯特同时代的德国心理学家艾宾浩斯和缪勒等人发展了他的内容心理学。艾宾浩斯创造性地运用实验法研究记忆这种高级的心理过程，开辟了实验研究的新领域。缪勒在哥廷根大学创建了一个设备完善的心理学实验室，其地位仅次于莱比锡心理学实验室，吸引了从欧洲和美国来的许多学生，取得了多方面的研究成果。以冯特的学生铁钦纳为代表的构造心理学(structural psychology)又称构造主义(structuralism)，其思想体系继承和发展了冯特的内容心理学的主要观点，特别是在坚持心理学是一门实验科学的观点上，二者一脉相承，可以看成是冯特的内容心理学的极端形式。

(2) 机能心理学。

机能心理学(functional psychology)产生于 19 世纪末 20 世纪初的美国，是美国本土出现的第一个正式的科学心理学思想体系。早在 1890 年，美国心理学之父詹姆斯在《心理学原理》中就将机体适应环境的心理功效规定为心理学的研究对象，这为 19 世纪末 20 世纪初的美国心理学定下了机能心理学的总基调。美国机能心理学与德国实验心理学之间存在着密切的关系。冯特在德国创建了心理学实验室之后，美国有许多年轻人来到冯特的实验室学习新的内容心理学，这些人回国后热心倡导生理心理学和实验心理学，并在各自所在的大学开设新课程，建立实验室。这样，德国实验心理学的科学形式就传入了美国，为美国的心理学家们提供了一种科学的思维方式和研究手段。但是美国年轻一代的心理学家不赞成冯特只以实验的内省方法研究纯粹的意识内容，强调用观察、测验和实验等多种方法研究意识或心理功能。他们认为，心理学可用于解决人们在不同的环境中如何活动、如何适应不同的环境等日常生活问题。

机能心理学有狭义和广义之分,与构造心理学直接对立的是狭义的机能心理学,即以杜威、卡尔、安吉尔为代表的芝加哥学派。代表美国心理学一般特征和总体倾向的是广义的机能心理学,即以卡特尔、桑代克、武德沃斯为代表的哥伦比亚学派。随着构造心理学因 1927 年铁钦纳逝世而消失,狭义的机能心理学由于失去了对立面逐渐退出历史舞台。而广义的机能心理学由于随后行为主义心理学的产生,也完全融入了美国心理学发展的历史洪流之中。

(3) 行为主义心理学。

行为主义(behaviorism)是 20 世纪初起源于美国的一个心理学派别,它在 20 世纪 70 年代之前是实验心理学中最有影响的运动,被称为心理学的"第一势力"。1913 年,华生发表的《行为主义者心目中的心理学》一文标志着行为主义的诞生。华生抨击了传统上研究意识的内省心理学,批判了构造心理学和机能心理学,并声称心理学应该抛弃内省法而采用客观的实证方法研究可观察的外显行为。由此,行为主义作为一种新生的力量登上了心理学的历史舞台,其浩大的声势很快席卷了美国,并几乎遍及全世界,成为心理学史上著名的"行为主义革命",被称为心理学史上的"第一次革命"。

行为主义的发展经历了三代。从 1913 年到 1930 年,是以华生等人为代表的第一代行为主义,又称古典行为主义。与华生同时代的魏斯、霍尔特、亨特、拉施里以及中国的郭任远等人,也对行为主义的推广做出了重要贡献。从 20 世纪 30 年代至 60 年代,赫尔、托尔曼、斯金纳等人对华生的极端简单化的观点和方法不满,都采纳操作主义和逻辑实证主义的哲学观点,开展了一系列研究,形成了各具特色的新体系,共同促生了第二代行为主义的心理学运动,也被称为新行为主义(neobehaviorism)。尽管第二代行为主义的术语名称、理论观点、概念体系等各不相同,但其行为主义的基本立场却是一致的。从 20 世纪 50 年代起,随着赫尔、托尔曼的过世,只有斯金纳等少数人仍坚持激进的行为主义观点,更多的批评者则看到了行为主义的实证主义哲学基础、严格的环境决定论以及人兽不分观点的严重缺陷。罗特、班杜拉、米契尔等更新一代的行为主义者,采取了更加温和的态度,大胆引入刚刚兴起的认知心理学的术语来说明人的行为,力图克服行为主义的危机,对行为主义进行认知心理学改造,形成了第三代行为主义,又称新的新行为主义(new-neobehaviorism)。

(4) 皮亚杰学派心理学。

皮亚杰学派(Piagetians)是 20 世纪 20 年代由瑞士心理学家皮亚杰创立

的。由于该学派的研究工作主要是在日内瓦大学及日内瓦发生认识论国际研究中心进行的,因此又称日内瓦学派。皮亚杰学派通过研究个体的认识发生,把认识论和心理学紧密结合起来创立了发生认识论,在心理学史上第一次系统而完整地描绘了儿童心理的发生和发展,指明儿童心理发展的实质是个体通过同化和顺化这两种形式来适应环境达到有机体与环境的平衡,并进一步详细探讨了儿童心理发展的结构、影响因素和发展阶段。皮亚杰学派对心理学、哲学和教育学诸多学科领域产生了广泛而深远的影响。

自20世纪50年代中期以来,皮亚杰理论受到了严重的挑战与诘难,出现了新皮亚杰学派(neo-Piagetians)和后皮亚杰学派(post-Piagetians)。新皮亚杰学派采用信息加工观点,对经典的皮亚杰体系作出一定的修正,使之更完善和更具解释力。后皮亚杰学派从地域上是指那些法语世界的学者(主要是法国和瑞士)所形成的一个松散的联盟,他们(也包括少数说英语的学者)在方法论上主张或实际从事以皮亚杰的临床法为标准构建发展量表和运算测验,在理论上主张差异心理学与发展心理学的真正整合。

(5) 认知心理学。

认知心理学(cognitive psychology)有广义和狭义之分,广义的认知心理学指的是所有侧重研究人的认知过程的心理学,狭义的认知心理学专指现代认知心理学。现代认知心理学表现为三种理论形态:信息加工论心理学、联结主义认知心理学和生态论认知心理学。

信息加工论认知心理学产生于20世纪50年代中期,其主要代表人物有纽厄尔、西蒙和奈瑟等人。它以“心理活动像计算机”为隐喻,用信息加工的观点看待人的认知过程,认为人的认知过程是一个接受、加工、贮存和输出信息的过程。由于这种观点以符号操作为基础,通过符号的串行加工方式建立心理模型,故又称符号论认知心理学。信息加工论认知心理学把以往被行为主义排挤到后台的意识重新拉回到心理学研究的前台,实现了心理学研究对象的回归。它还在继承传统科学主义心理学的客观实证方法基础上,综合运用反应时实验和自我观察法,尤其把计算机模拟方法作为重要研究工具,取得了心理学研究方法的突破。20世纪70年代,信息加工认知心理学成为心理学研究的主流,席卷了心理学的大多数分支。它的兴起被称作心理学史上的一场“认知革命”,相对于先前的行为主义革命是心理学史上的“第二次革命”。

20世纪80年代以来,联结主义认知心理学开始复兴。在联结主义心理学看来,人脑不能简单地等同于计算机,符号加工与真实的人类心理加工存在很大差距。它提出以大脑隐喻代替计算机隐喻,把大脑视为生物的神经网络，以平行分布加工代替串行加工。联结主义认知心理学试图构建一个更接近于神经活动的认知模型，暂时缓解了认知心理学遇到的困难。

从20世纪90年代开始，生态论认知心理学受到研究者的重视。它批判认知心理学注重实验室研究、远离日常生活的倾向，强调心理是人与环境互动的结果，主张心理学应当走出实验室、在现实环境中研究人的心理和行为，追求心理学研究的生态学效度，促进了认知心理学与实际生活的联系。

2. 人文主义心理学流派的历史演进

人文主义心理学亦称人文科学心理学，是指一种以人文科学为价值定向的心理学研究取向，它坚持心理学的人文科学观和现象学（存在主义、解释学）的主观经验范式，力图建构以人文科学为模板的心理学理论模式。人文科学心理学是非主流的心理学取向，它的发展有两条线索：一条从意动心理学开始，依次表现为格式塔心理学、现象学心理学、存在心理学、人本主义心理学、超个人心理学等流派，它们之间具有明显的连续性；另一条从古典精神分析心理学开始，依次表现为自我心理学、客体关系学派、自体心理学、社会文化学派、存在分析学、马克思主义精神分析学、后现代精神分析学等，它们之间也具有明显的连续性。当然，这种划分无论是时间上还是在思想渊源上都具有一定的相对性和交叉性。例如，存在心理学与精神分析学具有很大的关联性，存在心理学有时又称存在精神分析学或简称存在分析学。再如，作为存在心理学家的罗洛·梅和布根塔尔等人也可以归入人本主义心理学阵营。

(1) 意动心理学。

人文主义心理学从布伦塔诺的意动心理学(act psychology)[①]开始。意动心理学有狭义、广义之分。狭义的意动心理学主要是指布伦塔诺的意动

① 布伦塔诺开创了意动心理学的体系，但并未提出“意动心理学”这个概念。“意动心理学”进入心理学界，首先要归功于铁钦纳，他于1921年和1922年在《美国心理学杂志》上连续发表《机能心理学与意动心理学：Ⅰ》和《机能心理学与意动心理学：Ⅱ》，区分出两种心理学团体：关注生物学方面的机能心理学和关注意向方面的意动心理学。他明确指出，意动心理学以布伦塔诺、迈农、斯顿夫、立普斯、胡塞尔和屈尔佩为代表，英国的斯托特也受到布伦塔诺的影响。(Titchener, E. B., Functional psychology and the psychology of act: I. *American Journal of Psychology*, 1921, 32, pp. 519～542) 1921年，他又在《美国心理学杂志》上发表《布伦塔诺与冯特：经验与实验的心理学》，认为他们开创了不同的心理学取向。他说：“心理学的学生，尽管其得益是双倍的，但依然必须在这一个和另一个之间作出选择。在布伦塔诺和冯特之间，没有中间的道路。”(Titchener, E. B., Brentano and Wundt: empirical and experimental psychology. *American Journal of Psychology*, 1921, 32, pp. 108～120) 在铁钦纳之后，他的忠实的学生波林继承了老师的观点，将布伦塔诺和冯特视作两种阵营。他说：“19世纪后期和20世纪早期的系统心理学的分歧在于意动和内容，也就是在于布伦塔诺和冯特。”(波林著，高觉敷译：《实验心理学史》，商务印书馆1981年版，第406页)

心理学，广义的意动心理学除了布伦塔诺的意动心理学，还包括斯顿夫的机能心理学①、形质学派、符茨堡学派等。

布伦塔诺不同于冯特，他主张把意动作为心理学的研究对象，强调心理的意向性、活动性和整体性；提倡通过直接体验的方法，如内部知觉方法，来研究心理现象的组织规律和本质。布伦塔诺最先确立了意动心理学体系。在他之后，其学生斯顿夫提出机能心理学，迈农和厄棱费尔等人提出形质心理学，推进了意动心理学的发展。同时，冯特的学生屈尔佩站在意动心理学的立场上，领导符茨堡学派进行无意象思维的研究，并提出二重心理学，尝试调和意动心理学和内容心理学。此外，英国的沃德和斯托特、法国的里博和沙可也受到意动心理学的影响，推动了意动心理学在英国和法国的发展。

布伦塔诺等人的意动心理学与冯特等人的内容心理学相抗衡，开创了心理学中的人文主义路线与科学主义路线对立之先河。在意动心理学之后，弗洛伊德受到布伦塔诺的心理意动观的影响创立了精神分析心理学，惠特海默等人受到斯顿夫的影响，提出格式塔心理学，作为心理学中的"第三势力"的现象学心理学和人本主义心理学也回应了意动心理学。

(2) 格式塔心理学。

格式塔心理学(Gestalt psychology)又译"完形心理学"，包括两个分支，一是格式塔心理学的格拉茨学派，二是格式塔心理学的柏林学派②。1890—1900 年间，厄棱费尔和迈农将其老师布伦塔诺的意动心理学具体运用到形、形质问题的研究上，认为形、形质的形成有赖于意动。后来这一思想又通过威塔塞克和贝努西等人的努力继续传播于世。由于他们提出形质学说，故称为形质学派。这一学派是以奥地利的格拉茨大学为中心，又称格拉茨学派。

格式塔心理学的柏林学派由惠特海默、苛勒和考夫卡三位德国心理学家于 1912 年创立。这个学派最初以反对冯特的元素论作为出发点，强调经验和行为的整体性，认为整体不等于且大于部分之和，整体的性质决定部分的性质，部分的性质则有赖于它在整体中的关系、位置和作用。整体观贯穿

① 斯顿夫的机能心理学不同于美国心理学的机能主义，对后者也没有直接的影响。斯顿夫的机能强调的是一种逻辑的机能，而美国机能主义强调的是一种生物或适应的机能。

② 史密斯指出，格拉茨学派可以与柏林学派并列，作为格式塔心理学的两个中心。(Smith, B., *Austrian Philosophy: The Legacy of Franz Brentano*, Open Court Publishing Company, 1994, pp. 259～272)林登费尔德也指出："格拉茨学派本来能够轻易地成为战争时期[指第一次世界大战]格式塔心理学主要的中心。"(Lindenfeld D. F., *The Transformation of Positivism Alexius Meinong and European Thoug, 1880—1920*. University of California Press, 1980, p. 237)

于柏林学派体系之中，在对知觉、心身关系、思维、学习和人格问题的解释上都体现了这一观点。由此出发，柏林学派十分注重心理各成分之间的动力性、交互性和系统性。

柏林学派承认形质学派的地位与作用，在诸多方面与其保持一致：它们都坚持整体论观点，反对元素论观点；都把对形式和图形关系尤其是知觉作为核心主题。不过，格拉茨学派与柏林学派间存在着一定的差异。两个分支的争论反而成了格式塔心理学发展的动力，这反映在后来意大利的格式塔心理学发展上。

格式塔心理学的柏林学派除了三位创始人之外，后来受到柏林学派影响的勒温转向团体动力学，可以视作是对格式塔心理学的一种继承和发展。海德和费斯汀格等继承和发展了团体动力学，各自提出新的理论和学说，并在美国社会心理学界长期占据着统治地位，而格拉茨学派在一定程度上被冷落了。

(3) 现象学心理学。

在20世纪五六十年代，美国的现象学心理学、存在心理学和人本主义心理学以相似的人文主义心理学观点共同构成心理学的"第三势力"，它们共同反对心理学的"第一势力"行为主义心理学和"第二势力"精神分析心理学。在严格意义上，"第三势力"心理学都是心理学的一种共同研究取向，而非一个严格意义上的学派。当然，从起源上看，现象学心理学和存在心理学都比人本主义心理学出现得较早。

现象学心理学(phenomenological psychology)是产生于20世纪上半叶的一种心理学取向，它上承人文科学心理学最初形态的意动心理学，并受到现象学哲学的直接影响。它从直接呈现的经验出发，坚持意向性观点，对经验加以描述。胡塞尔的现象学心理学和哥廷根的实验现象学构成了现象学心理学的最早思想雏形。从地域上看，现象学心理学可分为欧洲的现象学心理学与美国的现象学心理学。前者主要有以萨特和梅洛—庞蒂为代表的法兰西学派、以伯伊滕蒂克等人为代表的乌特列支学派。后者兴起于20世纪40年代，到60年代逐渐形成了以乔治为代表的迪尤肯阵营。美国的现象学心理学的兴起过程主要是吸收与转化现象学哲学和欧洲现象学心理学的过程，这个过程实际上是现象学心理学在美国的本土化过程。1970年，乔治创办《现象学心理学杂志》，在现象学心理学发展中具有标志性意义。从理论形态上，现象学心理学可以分为三个维度六种形态：在研究方式上，表现为思辨的与实验的现象学心理学；在研究取向上，表现为经验与解释的现象学心理学；在研究领域上，表现为存在与超个人的现象学心理学。

(4) 存在心理学。

存在心理学(existential psychology)主要受到存在主义哲学和精神分析心理学的影响,以人的存在为核心观点,采用现象学方法,来理解人的爱、本真、自由、焦虑、孤独、死亡等存在状态。存在心理学家在坚持心理学的存在主义观点和现象学方法方面是一致的,但他们在研究主题上又各有侧重。存在心理学在20世纪三四十年代兴起于欧洲,并在五六十年代发展于美国和英国。早期的欧洲存在心理学的主要代表人物是瑞士的宾斯汪格、鲍斯和奥地利的弗兰克尔等人。美国的存在心理学以罗洛·梅为领军人物,此后还有布根塔尔、施奈德和雅洛姆等人。1958年,罗洛·梅等主编的《存在:心理学与精神病学中的一种新维度》是美国的存在心理学发展的一个里程碑。1959年,在美国心理学会的年会上举办了关于存在心理学的研讨会,会议论文由罗洛·梅主编并以《存在心理学》(1961)为题出版。1960年开始,美国陆续创办了几种存在心理学杂志,如《存在精神病学》(1960,后更名为《存在主义杂志》)、《存在心理学与精神病学评论》(1961)、《存在分析者》(1964)、《存在精神病学》(1964)等,这些刊物成为存在心理学最重要的阵地。英国的存在心理学以莱因等人为代表。

(5) 人本主义心理学。

人本主义心理学(humanistic psychology)诞生于20世纪五六十年代,是美国心理学中的一种新思潮和革新运动。它假定每个人的内部都存在着一种成长的机制,这种机制可以促使人们在环境允许的情况下实现他们的潜能,而心理学家的目标和责任就是关注这种内部潜能,并寻求各种方法来帮助人们实现这种潜能。奥尔波特、马斯洛、罗杰斯等人是其主要代表人物,此外,存在心理学家罗洛·梅和布根塔尔等人的思想也具有人本主义心理学倾向。在20世纪60年代末,从美国人本主义心理学中又分化出超个人心理学,它是人本主义心理学创始人马斯洛和萨蒂奇等人在对人本主义心理学进行自我扬弃的基础上提出来的。超个人心理学超越了人本主义以个人的自我实现为目标的狭隘认识,迈向以研究人类心灵与潜能的终极价值和真我完满实现为目标。人本主义心理学理论形态包括以奥尔波特、马斯洛、罗杰斯等人为代表的自我实现理论、以罗洛·梅和布根塔尔等人为代表的自我选择论和以马斯洛和萨蒂奇等人为代表的自我超越论。

(6) 精神分析心理学。

精神分析(psychoanalysis)由奥地利著名医生弗洛伊德于19世纪末创立,它既是一种治疗心理疾病的方法,又是一种潜意识的心理学说。精神分析最初是从神经症治疗实践中产生的,逐渐发展成为现代西方心理学的一个主要流派，被称为西方心理学的“第二势力”。自20世纪20年代以来，精神分析逐渐超越了心理学的范围，扩展到社会科学的诸多领域，开创了一场人类思想文化运动。可以说，精神分析心理学是西方心理学史上绵延最长、影响最大、分支派别最多的一个心理学流派。

自从弗洛伊德创建精神分析理论以来，精神分析运动已经经历了百年的发展历程，其发展循着内部和外部两条路径。内部发展路径指的是精神分析内部的不断分裂与重组、演变与发展。其逻辑线索是，弗洛伊德所倡导的驱力模式，经过荣格、阿德勒等人的过渡之后，进一步演化为自我模式、关系模式和自体模式，分别对应着以安娜、哈特曼和埃里克森等人为代表的自我心理学，以克莱因、费尔贝恩和克恩伯格等人为代表的客体关系学派和以科胡特等人为代表的自体心理学等，它们从学科内部推动着精神分析运动向前发展。外部发展路径指的是弗洛伊德之后的精神分析从外部学科，如医学、社会学、文化学、哲学、语言学等积极汲取养分，一些精神分析学家把传统精神分析学与其他学科相结合，分别出现了以霍妮、沙利文、卡丁纳和弗洛姆等人为代表的社会文化学派，以宾斯万格、鲍斯、罗洛·梅、莱因等人为代表的存在分析学，以赖希、马尔库塞和弗洛姆等人为代表的马克思主义精神分析学，以拉康等人为代表的后现代精神分析学等，它们推动了精神分析运动向外发展。

精神分析百年运动的发展历程是一个不断分裂与整合的过程。其整合过程就是不断地克服片面性、极端性从而逐渐地走向互相吸收、融合的历程，表现在它的不同发展阶段之间、其内部的各种模式之间以及它与外部诸多学科之间的相互吸收与融合。精神分析运动的整合逻辑与其发展逻辑相一致，也循着内部整合与外部整合两条路径。内部整合路径是指精神分析内部的各种模式之间的整合，即对驱力或本能、自我、客体关系与自体模式之间的不断整合，包括雅可布森的自我理论整合、克恩伯格的客体关系理论整合、科胡特的自体理论整合和米契尔的关系理论整合等。外部整合路径是指精神分析与外部邻近学科，如社会学、文化学、哲学、语言学、医学和神经科学之间的整合，包括社会文化学派的文化理论整合、存在精神分析的人本主义理论整合、拉康的语言学理论整合和神经科学的科学化整合等。无论是内部整合还是外部整合都推动了精神分析运动不断向前发展。

三、现代心理学流派的当代效应

20世纪80年代以来，西方心理学进入"后体系时代"(postsystem era)[①]。尽管一些学派和思潮如行为主义心理学、认知心理学、精神分析心理学、人本主义心理学等依然存在，但是，学派纷争日益淡化，学派界限日趋模糊，大多数心理学家更倾向于具体问题的研究，提出一些微观理论模型，而不大关心学派建设。就宏观理论观点而言，当代心理学也出现了一些新的研究趋势。这些新趋势一方面延续着科学主义心理学与人文主义心理学的分野。例如，联结主义认知心理学、认知神经科学、生态心理学、进化心理学等主要体现了科学主义心理学精神，后现代心理学、女性主义心理学、叙事心理学、文化心理学、积极心理学等主要体现了人文主义心理学精神。同时，这些新趋势在一定程度上也体现了科学主义心理学和人文主义心理学之间相互吸收和融合的新特点。当代出现的这些心理学的新趋势，只能看成是新的心理学研究取向，还不能视为严格意义上的心理学派别，而且，它们各自的代表人物也没有打算创立什么新的学派。

1. 科学主义心理学流派的当代效应

以自然科学为价值定向的科学主义心理学的当代趋势主要有：联结主义认知心理学、认知神经科学、生态心理学和进化心理学等。表面上看来，虽然不断有新的特征纳入到这些趋势中，比如多学科的交叉性以及研究方法的多元化，但是这些趋势在总体上却都反映出了诸如坚持经验证实原则、强调量化研究等科学主义心理学所固有的研究特征。

(1) 联结主义认知心理学。

联结主义认知心理学(connectionist cognitive psychology)是联结主义模型研究于20世纪80年代在认知心理学领域的复兴。它的复兴既逢信息加工论认知心理学遭到怀疑与困难之时，又得益于脑科学和神经科学的飞速发展。1986年，鲁梅尔哈特和麦克里兰编辑出版的联结主义"圣经"《并行分布加工：认知结构的微观探索》一书，标志着联结主义认知心理学进入发展的鼎盛时期。联结主义认知心理学以"心理活动像大脑"为隐喻基础，把认知过程类比为神经网络的整体活动，把认知系统看做是简单而大量的加工单元的联结网络，网络中的每一单元在某一特定时刻总是处在某种激活

① Brennan, J. F. (2003). *History and systems of psychology*. New Jersey: Pearson Education, p. 280.

水平上，其实际的激活水平与来自环境和其他与之相连的单元有关。在联结主义看来，知识并不存在于特定的地点，而是存在于单元之间的联结之中，学习就是建立新的激活模式或改变单元之间的联结强度，因此，不同的激活模式能够解释不同的认知过程。相对于信息加工论认知心理学，联结主义认知心理学所研究的人工神经网络与大脑的功能方式更为一致，因为人脑就是由大量神经细胞以复杂方式联结起来的。联结主义认知心理学为处于危机中的认知心理学带来了新的生机，被称作“在认知解释方面的一场哥白尼式的革命”①，但它以对大脑的同构型或同态型模型为研究对象本身就具有一定的局限性。

(2) 认知神经科学。

认知神经科学(cognitive neuroscience)是20世纪80年代末出现的一种主要研究趋势。这一趋势重在研究和探讨人类心理及其活动的脑基础，以便揭示出人类心理和大脑之间的关系。认知神经科学融合了多个学科，比如脑科学、认知科学、神经科学等。这一新趋势有两点基本主张：一是认为脑结构与脑功能具有多层次性的特点；二是认为虽然人脑的结构是脑功能的基础，但在结构和功能之间并非简单的对应关系。这一趋势以传统认知心理学的行为实验研究方法为基础，主要采用脑功能成像技术进行研究。这其中主要包括基于脑代谢或脑血流变化的正电子发射断层扫描技术(PET)、功能性核磁共振成像技术(fMRI)和基于脑电或脑磁信号的脑生理功能成像的事件相关电位技术(ERP)、脑磁图技术(MEG)。认知神经科学将认知科学中的精细、严密的实验设计和现代神经科学中的先进技术相结合，丰富了心理学的研究，促进了人们对心理学中的一些重要主题研究的深入。有观点甚至认为认知神经科学正取代认知心理学成为心理学发展的新阶段。② 虽然这一新的趋势目前还正处于进一步发展和完善之中，但相信它会给心理学研究带来更多的借鉴和突破。

(3) 进化心理学。

进化心理学(evolutionary psychology)是在20世纪80年代末期出现于心理学研究领域中的一种新的研究趋势，其主要代表人物有巴斯、考斯麦茨、巴库等人。进化心理学主要受到本能心理学、认知科学和精神分析理论的影响，在方法论上主要运用生物学的进化理论来探讨人类心理的起源和

① Andy Clark & Rudi Lutz(1992). *Connectionism in context*. Springer-Verlag, p. 9.

② 索拉索编，朱滢、陈烜之等译：《21世纪的心理科学与脑科学》译者前言，北京大学出版社2002年版，第12页。

本质，并尤其强调自然选择的机制。这一趋势的基本观点主要包括：理解心理机制的关键在于过去；功能分析是理解心理机制的最主要途径；人类在解决问题的过程中逐渐演化出心理机制；心理机制具有模块性；人类的行为和表现是外部环境和心理机制相互作用的结果。进化心理学的研究主要建立在多种方法和数据来源的基础之上，通常采用比较法和实验法对所提出的假设进行检验，数据资料主要来源于观察资料、自我报告、生活史、考古学记录、狩猎采集社会的数据等。进化心理学把心理学的研究融进了生命科学的研究范围之中，拓宽了心理学的研究领域，并对人性等问题做了深入探讨。虽然进化心理学目前尚存在诸多争议，但是它无疑启发并促进了心理学的深入研究和纵深发展。

(4) 生态心理学。

生态心理学(ecological psychology)是在20世纪80年代末最终确立并得以发展的心理学新趋势之一。它受到科学、哲学和心理学等多个学科的影响，但以心理学的影响为主。在心理学领域中，生态心理学既受到机能主义心理学、行为主义心理学、认知心理学等这些主要的科学主义心理学流派的影响，又受到格式塔心理学、精神分析心理学和人本主义心理学等人文主义心理学流派的影响。从这些影响中，我们可以看到生态心理学这一新趋势在总体上反映了科学主义心理学和人文主义心理学的融合迹象。生态心理学的特征主要包括：强调人类心理的整体性；主张心理学的研究应面向生活世界；主要关注生态危机。在研究方法上，生态心理学虽然倡导多元化取向，但在实际研究中往往以注重生态效度的实验法、以行为抽样记录为主的自然观察法、以背景评估为主的测量法以及档案法为主。由于生态心理学的发展处在以科学主义为主导的当代心理学氛围下，不可避免地对经验和实验尤为注重，这也在一定程度上限制了生态心理学的发展空间。

2. 人文主义心理学流派的当代效应

以人文社会科学为价值定向的人文主义心理学的当代趋势主要有：后现代心理学、女性主义心理学、叙事心理学、文化心理学、积极心理学等。它们主要以现象学为哲学基础，以质化描述和个案分析方法研究现实生活中人的整体经验世界，关注人的价值、尊严、情感的理解和体验等主题，重视社会和文化因素对人的心理的影响。

(1) 后现代心理学。

后现代心理学(postmodern psychology)是在20世纪80年代中后期，受到后现代文化思潮的直接影响，在西方主流心理学面临困境与危机的情势下产生的一种心理学新趋势。它直接缘起于在心理学界处于非主流地位的人文科学定向的心理学思想。它以批判和消解科学主义心理学,并从后现代视野重新审视和重构心理学为基本特征。后现代心理学反对把心理学视为一门自然科学,从总体上倾向将心理学划为人文科学阵营;反对只研究可观察的对象,主张扩大心理学的研究对象;反对以实证方法为中心和量化分析,主张质化研究;反对原子论、还原论、客观论、决定论,倡导整体论、建构论、去客观化、或然论;反对追求普适性真理、价值中立和把人视作机器的观点,主张淡化对普适性真理的追求,关注事实与价值的融合,张扬人性;反对将知识视为客观实在,主张把知识放到社会背景中,视其为人际互动和社会建构的结果。后现代心理学作为后现代文化思潮的重要组成部分,体现出人文科学的精神,对人文主义心理学领域具有积极意义。

(2) 女性主义心理学。

女性主义心理学(feminist psychology)产生于 20 世纪 60 年代末以来的西方女性主义思潮背景之下。其发展逻辑体现为三种研究取向:20 世纪六七十年代出现的经验论女性主义心理学,20 世纪 80 年代出现的立场论女性主义心理学和 20 世纪 90 年代出现的后现代女性主义心理学,其中后现代女性主义心理学占据主流地位。女性主义心理学的主流观点是:消除心理学中男性中心的偏见,建立“性别公平”的“好科学”;反对实证霸权,主张采用适于女性的多元方法,如质化方法;反对传统心理学的客观和价值中立的研究模式,提倡在社会文化背景下对女性的主观经验如价值、情感和信念的深度理解;主张从社会性别视角革新咨询关系,尊重女性能力、尊严及价值,强调赋予自我决定的治疗目标,建立平等的咨询关系。女性主义心理学对我们全面认识人类心理和关注女性心理起到独特作用。

(3) 叙事心理学。

叙事心理学(narrative psychology)诞生于 20 世纪 80 年代中期,它受到后现代文化思潮的影响,是现代文学中的叙事分析与社会心理学相结合的产物。它是通过分析神话、民间故事、小说等虚构文本来探讨和理解我们精神世界的意义系统和结构的一种人文主义心理学取向。叙事心理学以自我叙事表征心理过程的核心特征,主张用话语分析等质化方法研究人的意义、价值、情感和人格,研究人的生活故事,其目标是理解,而非实证和解释;它强调人的心理的情景性和生成性,既关注日常生活世界中人的发展过程的连续性,又注重对人生链条上每一个故事内容的分析;它认为心理问题产生的原因在于外界事物导致个体生活故事的连续性遭到破坏,心理治疗的目的是帮助个体“修复故事”或重构一个新故事。叙事心理学以其独特的研究方法和视角,启示我们重新审视传统心理学的目标和方法。

（4）文化心理学。

文化心理学（cultural psychology）是20世纪末产生的一种心理学取向，是对主流心理学困境与危机的一种反应和结果。它主要通过人文科学模式研究特定文化中人的心理或行为，重视实际语境，强调生态学研究方法，重视主位研究、同文化研究和本体论解释学研究。它强调文化与心理的创生关系和互动关系，力图改变传统文化与心理学领域研究中的文化决定论模式。文化心理学主要有三种取向：符号理论取向、活动理论取向和个人主义理论取向。它对科学主义心理学进行了全面的批判和建构：反对物性，张扬人性；反对经验—理性理论模式，主张文化研究范式；反对传统心理学的本体论和普遍知识观，坚持文化相对主义与建构主义；反对二分主义和以此为基础的本质主义、基础主义和归因主义，倡导整体主义、非本质主义、非基础主义。文化心理学重视人性，突出心理学的人文科学性，弥补了科学主义心理学的不足。

（5）积极心理学。

积极心理学（positive psychology）是利用心理学目前已比较完善和有效的实验方法与测量手段，来研究人类的力量和美德等积极方面的一种心理学思潮。它产生于20世纪末的美国，是相对于主流心理学中的“消极心理学”而言的。它反对传统心理学以消极、问题、障碍、病态心理为研究重点，反对本能驱力论、环境决定论和悲观人性论，强调对主观幸福感、美德、力量和潜能等积极品质的研究；反对心理学研究只关注对“问题”的修补，主张心理学关注和鼓励人保持积极心理品质。积极心理学的主要研究内容包括：积极情感体验，如主观幸福感、满足和快乐等；积极人格，如自尊、虔诚、宽恕、善良、爱、正直、感恩等；积极的社会组织系统，如工作制度、家庭关系和学校管理等。积极心理学虽然沿用了实证主义的研究方法，但也逐渐尝试借鉴质化研究方法，更重要的是它继承和发展了人文主义心理学的人性观与心理观，其目标在于寻求人类的人文关怀和终极关怀，它在总体上属于人文主义心理学，同时也体现了科学主义心理学与人文主义心理学的融合迹象。

在当前西方心理学中，科学主义心理学与人文主义心理学逐渐开始对话与交流，出现了相互融合的新迹象。例如，上述生态心理学和积极心理学两种研究趋向就表现出这种融合的特点。又如，精神分析心理学通过借鉴认知神经科学的研究方法和成果向科学主义心理学融合。神经精神分析学（neuropsychoanalysis）是一门将传统精神分析学与神经科学的理论和方法相结合的新研究领域。其领军人物马克·索姆斯指出，神经精神分析学“联系心理与大脑，以详细探究因不同大脑结构受损而带来的人格、动机和情绪变化的内部心理结构。如此，我们可以辨别引起这些症状和症候群的多重潜在因素，并将它们与其解剖的'活动场景'联系起来"①。1999 年《神经—精神分析学》杂志创刊，2000 年国际神经—精神分析学协会创建，标志着神经精神分析学的正式建立。神经精神分析学试图通过结合精神分析学与神经科学的理论与方法，实现精神分析的科学化，被称为 21 世纪精神分析研究的新范式。再如，认知科学通过借鉴现象学的方法向人文主义心理学融合。1996 年，认知科学家瓦雷拉提出神经现象学（neurophenomenology）构想，试图将认知科学与现象学结合起来。② 神经现象学是研究意识体验的神经科学，在理论上寻求对意识的神经生理层面进行具身化（embodied）与大规模（large-scale）的动力学研究；在方法上广泛而严格地使用现象学的第一人称主观经验报告策略，来量化和描述意识的大规模的神经动力活动。神经现象学鲜明地体现了实证方法与现象学方法的结合。

四、现代心理学流派的理论特征

现代心理学流派的发展与演进并非杂乱无章，而是有其内在的理论逻辑。这种理论逻辑从心理学的科学观、对象论、方法学和理论观等方面体现了科学主义心理学与人文主义心理学的分歧与争论。心理学史学家华生③、科恩④、金布尔⑤等人都曾对此进行过研究。我们在这里分别从科学观、对象论、方法学和理论观方面总结科学主义心理学和人文主义心理学的不同理论特征，以进一步深化对现代心理学流派的理解。

1. 科学观

心理学科学观是指心理学家关于心理学的学科性质、定位及其建构方式的理论观点，体现为心理学家对心理学研究对象的理解、对心理学研究方

---

① Kaplan-Solms, K. & Solms, M. (2000). *Clinical studies in neuropsychoanalysis*. London: Karnac, p. 62.

② Varela, F. J. (1996). Neurophenomenology: A methodological remedy to the hard problem. *Journal of Consciousness Studies*. 3(4), pp. 330～50.

③ Watson, R. I. (1967). Psychology: A prescriptive science. *Americcan Psychologist*. 22(5), pp. 435～443.

④ Coan, R. W. (1979). *Psychologist: Personal and theoretical psthways*. New York: Irvington Publishers, Inc.

⑤ Kimble, G. A. (1984). Psychology's two cultures. *Americcan Psychologist*. 39(8), pp. 833～839.

式的确定以及对其理论本身的表述。心理学家持有什么样的科学观，决定着他们怎样看待心理学，怎样研究心理学，致力于将心理学建构成什么样的科学。科学主义心理学与人文主义心理学在科学观上表现为自然科学观与人文科学观的差异。

科学主义心理学自冯特起，就确立了心理学的自然科学观，以物理学、生理学和生物学等自然科学为模板，反对旧的思辨的形而上学心理学，将心理学打造为自然科学的一个分支。这种科学观遵从17世纪以来流行于物理学等学科中的数学和机械观点，将世界视作遵循物理规律的自然物的世界，力图通过客观的实验研究发现自然物的成分及其运动规律。铁钦纳将冯特的内容心理学观点推向极致，认为心理学类似形态学，它通过类似于"活体解剖"的工作发现心理的元素及其结合规律。行为主义者华生曾明确宣称："心理学是自然科学的一个分支，它将人的活动及产物作为主题。"① 华生将心理学的研究对象限定在可观察的行为范围内，同时将心理排除在心理学大门之外。认知心理学虽然实现了心理的复归，但仍将可客观操作的信息符号作为研究对象，来发现其中的运转规律。科学主义心理学通过采用自然科学模式，极大地推动了心理学的发展，但同时也存在过于强调自然科学观点、忽视心理的原本面目的不足。心理学史学家科克对此批评说："物理学的语言成了心理学的理想术语。科学的脸面远比真知灼见更具魅力。心理学史成了对自然科学的模仿史。"②

与科学主义心理学不同，人文主义心理学自布伦塔诺起，就确立了心理学的人文科学观，将心理学打造为人文（社会）科学的一个分支。这种科学观重视人的世界的整体性与独特性，将世界视作有意义的世界，力图在忠于心理现象原本面目的前提下，通过描述和理解阐发其中所蕴含的意义与价值。人文主义心理学强调心理的整体性、主观性、动态性和独特性，主张以人文（社会）科学的理论模式来研究心理学，以达到对人的心理生活的理解。狄尔泰通过区分描述心理学（descriptive psychology）与说明心理学（explanatory psychology），明确提出人文科学的心理学观点。格式塔心理学提出"整体大于部分之和"的口号，强调心理现象的整体性。精神分析心理学力图通过理解与解释来考察人类心灵深处的潜意识现象。"第三势力"心理学则明确自己的人文科学立场，通过研究人的存在、潜能、意义、价值等主题，

① Watson, J. B. (1919). *Psychology from the standpoint of a behaviorist*. Philadelphia: J. B. Lippincott Company, p. 1.

② Koch, S. (1959). *Psychology: A study of a science* (vol. 3). New York: McGraw-Hill, p. 783.

彰显心理现象的整体性与独特性，揭示其中的意义源泉。人文主义心理学采用人文科学模式，丰富了心理学的主题和领域，推进了心理学的发展，但在方法落实等方面存在着不足。

2. **对象论**

心理学的对象论是指心理学家在研究对象上的主张与阐释，它对于心理学的研究主题和领域等具有重要的指导意义。科学主义心理学与人文主义心理学在对象论上表现为人性观和心理观两个具体层面上的分歧。

人性观是指对人的本性的理解。科学主义心理学在人性观上坚持自然科学的立场，表现出自然化倾向。这种人性观把人从各种背景中隔离出来，视其为纯粹物理世界中的自然存在。冯特在创立科学主义心理学时，就将人和物等同，通过考察心理的元素及其结合规律，把人降为自然的化合物。行为主义将人和动物等同，通过考察刺激—反应的联结来推断人的适应行为，把人降为大白鼠。认知心理学将人视作物理符号系统，通过计算机模拟来推导人的内部心理过程，把人降为机器。科学主义心理学的人性观有利于掌握人的心理机制和规律，但忽视了人的自身独特性及其社会性。而人文主义心理学在人性观上坚持人文科学的立场，强调人在世界中的独特地位，提倡从社会、历史、文化和精神的视角去理解人。格式塔心理学重视具体情境中的人，精神分析心理学侧重从人的生活史考察人的内心世界，存在心理学则从人在世界中的存在来展现人的精神面貌。人文主义心理学拓展了心理学对人性的丰富性理解，但对人的自然属性重视不够。

心理观是指对心理学研究对象的看法。科学主义心理学将研究对象视作具有物理特征的自然物，尤其强调研究可观察的对象，如认知、行为等，而那些不能观察或无法实验证实的经验都被排斥在心理学的研究对象之外。冯特的内容心理学和铁钦纳的构造心理学都将各种复杂的心理过程分析为基本的心理元素，结果导致严重脱离实际的“砖块和水泥”的心理学。华生和斯金纳等人的行为主义心理学因为排除了意识和心理而成为“无头脑”的心理学。信息加工论认知心理学从信息的输入与输出来推论人的内在认知加工的规律。而人文主义心理学重视研究心理的主观体验，如情感、潜能、创造、价值等，强调心理学研究对象的主观性、意义性、整体性以及与情境的独特关联。布伦塔诺通过提出心理的意向性本质，强调了心理现象与对象的关联性。精神分析强调过去经验的独特意义，由此来发掘潜意识的奥秘。现象学心理学力求从人所体验到的生活世界出发，来考察心理的本质。人本主义心理学关注人的内在体验，如潜能、需要和自我实现等。

3. **方法学**

从方法学上看,科学主义心理学与人文主义心理学无论在哲学方法论上还是在具体研究方法上都存在较大的分歧。科学主义心理学以实证主义为哲学基础,使用自然科学的研究方法,如实验室研究、量化研究和共同规律研究;人文主义心理学以现象学为哲学基础,使用人文(社会)科学的研究方法,如现场研究、质化研究和特殊规律研究。

(1) 实证主义与现象学。

科学主义心理学与人文主义心理学在哲学方法论上存在分歧。科学主义心理学以实证主义为哲学方法论。实证主义坚持客观立场,强调研究对象的可观察性,提倡通过经验的验证来发现心理现象的机制和规律。实证主义包括孔德的激进实证主义、马赫和阿芬那留斯的经验实证主义以及维也纳学派的逻辑实证主义三代,它们分别为华生的行为主义、铁钦纳的构造主义以及新行为主义提供哲学方法论。在实证主义哲学的影响下,科学主义心理学提倡实验、测量等量化方法,力求得出心理的本质。人文主义心理学以现象学为哲学方法论。现象学从生活世界出发,强调忠于心理现象本身,提倡通过经验的描述和理解,来揭示心理现象的原本面目。现象学包括胡塞尔现象学、存在主义和解释学三代,它们分别为格式塔心理学、人本主义心理学、现象学心理学、存在心理学和精神分析提供哲学方法论。在现象学哲学的影响下,人文主义心理学提倡个案、现场等质化方法,力求理解心理的意义。

(2) 实验室研究与现场研究。

科学主义心理学强调严格控制的实验室研究,而人文主义心理学注重日常生活的现场研究。科学主义心理学深受自然科学观和实证主义哲学的影响,信奉实验方法,主张通过精巧的实验设计、严格的变量控制来研究心理现象。例如,冯特把生理学和心理物理学的实验方法引入心理学,并把传统的内省法改造为实验的内省法,对感知觉、联想等进行了大量实验研究。行为主义更是笃信客观实验法,认为只有运用严格的实验程序与仪器设备,才能进行科学的心理学研究。信息加工论认知心理学也主要是在实验室内进行研究,运用反应时实验、眼动实验和计算机模拟等方法,并在使用中特别强调实验变量及其控制。与之相对,在人文科学观和现象学哲学的影响下,人文主义心理学认为心理学研究应当走出实验室,走进日常生活情境,采用访谈和自然观察等现场研究方法。精神分析心理学在临床背景下探究人的潜意识,对梦、口误、笔误、遗忘和疏忽等现象进行分析。格式塔学派主张采用实验现象学和自然观察法来研究人的直接经验。人本主义心理学采用个案、访谈等方法揭示个体的独特性。

(3) 量化研究与质化研究。

科学主义心理学侧重量化研究，而人文主义心理学突出质化研究。科学主义心理学关注研究的精确性，强调定量分析。铁钦纳说过："在科学中，一切解释对我来说，都是依存变量和独立变量的相关性。"①行为主义心理学通过数量分析来确定刺激与反应或环境与行为之间的关系，这在赫尔的逻辑行为主义和斯金纳的操作行为主义中表现得尤为突出。认知心理学用反应时作为感知觉、记忆、思维和语言等多种心理现象的主要指标，任何复杂的心理活动都可以转化为反应时指标或测验分数。而人文主义心理学并不排斥量化方法，但对科学主义心理学过于追求量化的倾向进行了批评，大力倡导质化研究。布伦塔诺以内部知觉方法研究心理的活动，精神分析心理学运用自由联想和梦的分析揭示潜意识的意义，格式塔心理学通过实验现象学方法揭示心理的本质，人本主义心理学和现象学心理学通过现象学方法发掘经验的意义。

(4) 共同规律研究与特殊规律研究。

科学主义心理学坚信客观的普适性原则，认为通过经验观察和实验就能归纳出适合所有人的共同规律，以此对心理与行为进行统一性解释。例如，行为主义者认为心理学可以发现人类行为的一般规律，并据此对人类的行为进行预测和控制。华生指出，心理学"在某种程度上成为探索人类生活的基础……为所有的人理解他们自己行为的首要原则做准备……应该使所有的人渴望重新安排自己的生活"②。认知心理学通过严格控制的实验室研究，得出人类认知的一般规律。而人文主义心理学主张，普适性的共同规律并没有多少意义，心理学研究不应离开特定的个体和具体的情境，而应重在发现适合个体的特殊规律。精神分析心理学从临床案例观察出发，得出适于某类病症的理论解释。人本主义心理学采取折中融合的方法论原则，马斯洛和奥尔伯特等人坚持在共同规律研究之外，一定要运用特殊规律研究法对个案进行深入研究。

4. 理论观

(1) 客观论与主观论。

科学主义心理学将实证主义哲学的实证性原则贯彻到心理学中，追求客观化，强调以量化方法研究可观察的对象。例如，机能主义心理学把人的

---

① 郭本禹主编：《西方心理学史》，人民卫生出版社 2007 年版，第 350 页。

② 华生著，李维译：《行为主义》，浙江教育出版社 1998 年版，第 304 页。

心理整体视为一种机体有效适应生活条件的活动过程，使心理学的研究重心转移到有机体与客观环境的适应关系中，进行开放、客观的研究。行为主义心理学是客观心理学的典型代表。华生反对把心理封闭在主体之内，主张以客观可观察的行为作为心理学的研究对象，以严格的客观法代替主观内省法。斯金纳把自己的新行为主义体系定性为："从科学的角度看，这个体系是实证主义的。它的任务以描述为限，不企图提出解释，它的一切概念都由直接观察的结果来给以定义，不涉及身体部位或生理的特点。"①信息加工论认知心理学也信奉客观主义，强调在严格控制的实验条件下，使用精密仪器观察自变量与因变量之间的关系。人文主义心理学则受现象学哲学的影响，认为心理学要抓住统摄经验的有意义的结构，以现象学的方法研究主体的意识活动。布伦塔诺以直接体验为方法研究人的内在的意动。格式塔心理学主张采用实验现象学方法与自然观察等方法研究人的直接经验，反对人为的抽象和元素分析。而人本主义心理学则突出了人的主体性和主观性在心理学中的地位，倡导以整体分析法、现象学方法研究人性、价值、创造性和自我实现等高级心理过程。

(2) 方法中心论与问题中心论。

科学主义心理学认为，要想使心理学真正成为一门实证科学，就必须采用曾经使自然科学获得巨大成功的研究方法和研究范式，坚持"以方法为中心"的研究思路。马斯洛指出："方法中心就是认为科学的本质在于它的仪器、技术、程序、设备以及方法，而并非它的疑难、问题、功能或者目的。"②方法中心论根据研究方法确定研究问题。这种观点在行为主义心理学那里表现得最为突出。华生宣称，行为主义的目的在于方法论的革命，并以研究意识和心理缺乏科学的方法为理由而将其赶出了心理学。信息加工论认知心理学尽管不像行为主义那样极端，但也具有方法中心论的倾向，强调以实验法和计算机模拟法研究人的信息加工过程。而人文主义心理学则反对方法中心论的倾向，主张以问题为中心，根据研究问题选择方法，既可采用实验法等定量分析的方法，也可采用个案、自陈、描述等定性的方法。例如，精神分析心理学为了研究潜意识心理，抛弃了实验室研究，而使用自由联想、梦的分析、日常生活分析等方法。人本主义心理学家马斯洛也明确指出，方法和手段是为目的服务的，其意义为问题所规定，心理学应以对个人或社会有意义的问题，如潜能、价值和自我实现为中心，然后才是选择适当的研究方

① 章益辑译：《新行为主义学习论》，山东教育出版社 1983 年版，第 295 页。
② 马斯洛著，许金声等译：《动机与人格》，华夏出版社 1987 年版，第 14 页。

法。

(3) 元素论与整体论。

科学主义心理学继承了联想主义心理学的传统,采用元素论来研究心理现象,认为确定心理现象的构成元素及其结合规律是心理学的首要任务。冯特最早提倡对心理进行元素分析,铁钦纳也坚持这种观点,并且分析得更为精细,提出意识是由感觉、表象和感情三种元素构成的。古典行为主义虽然在研究对象上反对冯特和铁钦纳,但在元素观上与他们保持一致。华生把复杂的行为简单化,将其视为刺激与反应的联结。信息加工论认知心理学继承了行为主义的元素分析传统,将心理视为信息及其符号单元。而人文科学心理学则更多地受到现象学方法的影响,主张对人的心理现象进行整体描述,认为整体不是部分或属性的机械相加,整体不为部分所决定,相反还决定部分。格式塔心理学是整体论心理学的典型代表。格式塔心理学家苛勒指出:"我们所需要的是那些可用以了解我们的直接经验的概念,至于感觉之类的分子,我们凭自己的观察没有发现这些分子。"①人本主义心理学也反对将人的心理和行为肢解为统计数字或数学公式的定量分析,强调将人作为一个整体来把握,如奥尔波特主张对人格进行整体的研究,马斯洛主张用整体分析法研究人的心理。

(4) 因果决定论与自由意志论。

科学主义心理学把人的心理现象看做自然现象,认为人的心理与行为都遵循因果决定论。决定论的观点认为,所有的心理事件都是有原因的,都是由某种先行的因素决定的,因而我们可以依据先前的心理事件来解释心理活动。科学主义心理学的创始人冯特指出,作为自然科学家,"我们必须把每一种行为中的变化都追溯到一种唯一可观察到的同一种东西,即运动。"②在后来的心理学发展中,行为主义在这方面的表现最为典型。行为主义强调行为分析的目的就是发现行为的原因,从各种各样的环境刺激中确定反应的决定因素,以便为预测和控制行为服务。尽管新行为主义包含着中介变量和行为目的等概念,但这些概念主要是对行为的刺激反应的操作化,与自由选择的意图和追求无关。与此相反,人文主义心理学强调人的自由意志和自由选择,认为人可以独立自主地做出决定,不受外在环境的干扰。存在心理学和人本主义心理学都坚持人具有自由意志,能够进行自由选择。如罗洛·梅指出,一个人若没有自由,他身上起作用的就只有达尔文

① 高觉敷:《高觉敷心理学文选》,江苏教育出版社 1986 年版,第 314 页。

② Ernst Cassirer(1950). *The problems of knowledge*. Yale University Press,p. 88.

的决定论原则了；心理治疗的目的是使人重获自由。弗兰克尔也指出，意志自由属于经验的直接性，即便是身体被囚禁了，人的精神也是自由的，意志自由赋予人新的生命体验。

(5) 机械论与生机论。

科学主义心理学固守“人是机器”的信念，主张研究物的范式同样适用于研究人的心理，并以机械论的观点解释一切心理事件。行为主义者华生认为，心理学的任务就是帮助和指导人这架机器能更快地适应新的环境、更好地运作下去。他公开宣称：“我们要把一个人之各方面的行为，完完全全地合拢起来，并把这样一个人看作一个复杂而又活动着的有机的机械。”①信息加工论认知心理学同样将人设想为机器，把人脑比作计算机，用计算机的信息加工过程来模拟说明人对外部世界的认知过程。与此相反，人文主义心理学则坚持生机论的观点，强调心理现象的有机性，重视人类意识的积极性和主动性，认为对于心理与意识的机械分析无助于对其本质的揭示。例如，格式塔心理学强调整体、组织作用、结构等在知觉过程及高级心理过程中的作用，注重人们对感觉信息输入的组织和解释的主动性。人本主义心理学肯定了价值、目的、意义等在人的心理活动和行为反应中的作用，认为个体的需要具有多种层次，人具有自主选择成长的倾向，在适宜的成长条件下会积极努力实现自己的潜能和价值。

(6) 价值中立论与价值负荷论。

在自然科学的研究中，许多人都信奉价值中立，主张科学只研究事实、知识，回答是不是的问题，不研究价值、意义，不回答该不该的问题。科学主义心理学以自然科学为模板，坚持价值中立论，其典型特征是强调心理研究的客观性，认为心理学研究探讨的是意识和行为的一般、共同的事实与规律，不掺杂任何个人的态度、情感，不涉及任何主观倾向和价值观念。例如，铁钦纳主张对人的心理进行纯粹客观的研究，并通过这种研究找到不受任何文化影响的一般心理元素及其结合规律。华生把人的行为看成客观的自然现象，认为可以对其进行严格的实验研究和价值中立的理论描述。信息加工论认知心理学因循了行为主义心理学追求实证性和价值中立的研究方式，试图通过计算机模拟揭示人脑的信息加工过程的普遍事实与规律，而不太考虑社会、文化、历史等因素的影响与制约。而人文主义心理学则采取了价值负荷论的立场，认为心理学的研究与所处社会的价值取向、意识形态有着密切的关系，心理学不能超越社会文化价值取向而进行纯客观的研究，心

① 华生著，陈德荣译：《华生氏行为主义》，商务印书馆 1935 年版，第 427～428 页。

理学研究必然负荷着所处社会的文化价值观。如人本主义心理学强调对人的需要、尊严和自我实现等的研究，这些经验体现人类真正的本性。马斯洛就曾指出："科学过去不是，现在不是，并且也不可能是绝对客观的，科学不可能完全独立于人类的价值。"①

总之，现代心理学流派的百年历程是科学主义心理学与人文主义心理学各自的相对独立发展，其间表现出长期冲突与纷争的局面。两者之间的张力在促进科学心理学长足发展的同时，也使心理学陷入分歧的困境。尽管当代心理学出现了科学主义心理学与人文主义心理学相互融合的某些迹象，但两者的分野在未来相当长的时间内仍会继续存在。虽然我们也希望两者走向统合，但这种统合之路漫长而艰巨，绝非简单地用一种主义叠加或消解另一种主义。历史已经证明，企图将两种主义合二为一的做法是不成功的。例如，二重心理学对内容心理学和意动心理学的调和，正像波林所指出的，只是一种"懒汉的做法"。当前，我们对两者的分歧应持尊重和包容的态度，也欢迎不同心理学研究取向之间的对话与交流。对科学主义心理学与人文主义心理学的融合，我们将拭目以待！

郭本禹

2008 年 12 月 18 日

于南京师范大学

① 马斯洛著，许金声译：《动机与人格》，华夏出版社 1987 年版，第 21 页。

导 言

意动心理学(act psychology)是科学心理学诞生之初的一个重要派别。布伦塔诺开创了意动心理学,他的弟子及其再传弟子斯顿夫、胡塞尔、厄棱费尔、迈农、威塔塞克、贝努西等人则进一步发展了意动心理学。意动心理学是西方早期人文主义心理学的开端,也是其重要的构成力量。布伦塔诺等人的意动心理学直接与冯特等人的内容心理学相抗衡,开创了心理学史上的人文主义与科学主义两条路线之间的第一次对立与纷争。在意动心理学之后,弗洛伊德受到布伦塔诺的心理意动观的影响创立了精神分析心理学,惠特海默等人受到斯顿夫的影响提出格式塔心理学,作为心理学中的"第三势力"的现象学心理学和人本主义心理学也回应了意动心理学。此外,受到老师布伦塔影响的胡塞尔最终开创了现象学哲学运动,而现象学则与实证主义一起成为心理学的两大哲学基础。

一、意动心理学的基本内涵

意动心理学有狭义和广义之分,狭义的意动心理学主要是指布伦塔诺的意动心理学,而广义的意动心理学除了布伦塔诺的意动心理学,还包括斯顿夫的机能心理学、胡塞尔的描述心理学、厄棱费尔、迈农、威塔塞克、贝努西等人的形质心理学、屈尔佩和麦塞尔的二重心理学等。它们构成了广义意动心理学的五种理论形态。此外,英国的沃德和斯托特、法国的里博和沙可也受到意动心理学的影响,分别推动了意动心理学在英国和法国的发展。

尽管布伦塔诺在1874年的《经验观点的心理学》一书中,首先确立了意动心理学的体系,但并未明确提出"意动心理学"这个概念,就像机能心理学家没有明确提出"机能心理学"概念一样。"意动心理学"进入心理学界,首先要归功于铁钦纳,他不仅提出了"构造心理学"与"机能心理学"概念,也明确提出了"意动心理学"概念。铁钦纳于1921年和1922年在他所主编的《美国心理学杂志》上连续发表《机能心理学与意动心理学:I》和《机能心理学与意动心理学:II》。他区分出两种心理学团体:关注生物学方面的机能心理学和关注意向方面的意动心理学。他明确指出,意动心理学以布伦塔诺、迈农、斯顿夫、立普斯、胡塞尔和屈尔佩为代表,英国的斯托特也受到布伦塔诺的影响。① 1921 年,他又在《美国心理学杂志》上发表《布伦塔诺与冯特:经验与实验的心理学》,认为他们开创了心理学的不同研究取向。他说:"心理学的学生,尽管其得益是双倍的,但依然必须在这一个和另一个之间作出选择。在布伦塔诺和冯特之间,没有中间的道路。"②在铁钦纳之后,他的忠实的学生波林继承了老师的观点,将布伦塔诺和冯特视作两种阵营。他说:"19 世纪心理学的主要派别是意动和内容,布伦塔诺和冯特,这正如我们经常说的。"③"意动心理学"由此逐渐进入心理学界,确立了其历史地位。

意动心理学在基本主张上不同于内容心理学,强调把意动作为研究的对象,提倡通过直接体验的描述方法,研究心理现象的组织规律和本质。

第一,从研究对象上看,意动心理学主张研究心理的意动,而非内容。布伦塔诺认为意动乃是意识或心理的活动,斯顿夫把意动改为机能④,胡塞尔把意动改成心理的体验,形质学派关注形质产生中的意动即创造过程。本是冯特学生的屈尔佩则站在意动心理学的立场上,领导符茨堡学派进行无意象思维的研究,提出了二重心理学,尝试对意动和内容加以调和。意动心理学通过意动说,提出了对心理的独特理解。首先,意动心理学强调心理的意向性。布伦塔诺认为心理学并不研究感觉、判断、情感等心理的内容,而是研究感觉、判断、情感等心理的活动。但这种活动或意动又是离不开对象和内容而独立存在的,它一定要指向一个对象,涉及一种内容,即一定要意向地包含一个对象于其内。布伦塔诺把心理现象或意识的本质特征概括为对象之意向的内存性,这就是他的意向性学说的本质之所在。这样就使得对意识内容的理解产生了决定性的改变,从而挑战了内容心理学的观点,后者认为意识内容类似于自然事物,是一种自身不变的实在之物。其次,意动心理学强调心理的活动性。意动是指心理或意识的活动,正是通过它使心理与世界得以关联起来。因此,意动心理学重视人在与所处环境的关联中的机能,重视人的主动性。再次,意动心理学强调心理的整体性。例如,

① Titchener, E. B. (1921). Functional psychology and the psychology of act: I. *American Journal of Psychology*, 32, pp. 519~542.

② Titchener, E. B. (1921). Brentano and Wundt: empirical and experimental psychology. *American Journal of Psychology*, pp. 108~120.

③ 波林著,高觉敷译:《实验心理学史》,商务印书馆 1981 年版,第 435 页。

④ 斯顿夫的"机能"是逻辑意义上的机能,不同于美国机能心理学所强调的生物学意义上的机能。

斯顿夫把心理事件作为有意义的整体单元来研究，就像它们发生在个人身上一样，而不能做进一步的分析。形质学派更是鲜明地提出心理具有形质的整体特性，不能还原为元素式的组成部分。这是直接反对冯特对心理元素进行分析的做法。总之，意动心理学强调把意动作为心理学的研究对象，其意义在于突出了心理的意向性、活动性和整体性。这些特征是人文科学心理学的主要特征。

第二，从研究方法上看，意动心理学主张直接体验的描述方法。这种方法不同于冯特的实验内省方法。冯特强调意识的内容，主要运用实验内省的方法，以期获得心理的对象资料；布伦塔诺强调意识的活动，主要运用内部知觉的方法，以期描述心理的过程资料。到胡塞尔那里，更明确地提出心理学是以所体验到的一切作为材料进行描述研究。可以说，意动心理学的研究方法突出了现象学的质性方法，这是人文科学心理学的主要方法。值得注意的是，意动心理学并不局限于思辨式的理论分析，它也进行实验研究，并将二者较好地结合在一起。意动心理学秉持了德国科学中的朴素现象学传统，[①]重视以实验的方式对心理现象进行质性的描述分析，而非变量间的因果验证。这在斯顿夫的音乐研究、贝努西的创造研究和符茨堡学派的无意象思维研究中都得到了鲜明的体现。这种研究传统为后来的格式塔心理学以及实验现象学心理学所发扬，也成为人文科学心理学的重要方法。

第三，从研究主题上看，意动心理学以意向性作为核心主题。意动心理学研究意动即心理的活动，这是心理的意向性本质的体现。因此，意向性隐在意动背后，是每一个意动心理学家必须面对的关键问题。布伦塔诺提出心理的意向性本质观点，将其界定为对象的内存性。但他并未阐明何谓内存性，尤其是意动与对象之间存在怎样的关联。斯顿夫将这个问题作了转化，他将意动与对象转为机能与现象。布伦塔诺的另一位学生塔多斯基则明确地从意向性中区分出意动与对象。迈农受此影响，区分出意动—对象—内容的意向性结构，在对象一侧发展出对象理论，并将形质纳入其中；在意动一侧发展出创造说。威塔塞克和贝努西则沿着意动一侧，考察形质的产生即创造过程。胡塞尔也受到布伦塔诺意向性学说的影响，澄清了意向性的意动—对象—内容结构，认为意动指向对象，同时体验到内容。以屈尔佩和麦塞尔为代表的符茨堡学派则在胡塞尔的基础上，通过二重心理学，尝试将意动与内容加以调和。可以说，通过研究意向性，意动心理学澄清了

① 郭本禹、崔光辉：《实验现象学源流考》，《教育研究与实验》，2007年第4期，第43～48页。

心理现象的基本结构，从而为后来的格式塔心理学、现象学心理学、存在心理学和人本主义心理学奠定了坚实的基础。

第四，从研究领域上看，在心理学初创时期，意动心理学主要关注基础研究领域。但与内容心理学关注感觉不同，意动心理学主要关注知觉。这是因为，内容心理学认为心理现象由感觉和感情等构成，因此可以还原为这些基本的元素。意动心理学则坚持心理的整体性，研究最基础的心理现象即知觉，认为它是一种整体的心理现象，无法还原为感觉。意动心理学尤其关注错觉这种特殊的知觉，认为错觉是心理的真实体验，对象呈现给心理的面貌就是如此，并非内容心理学所言的，是对外界错误的反映。这种直面心理现象的立场正是后来人文科学心理学所一贯坚持的立场。除了知觉外，意动心理学还关注思维等高级心理过程，这在符茨堡学派的无意象思维研究中得到了体现。另外，意动心理学并不限定于基础研究领域，它也将研究延伸到各种应用研究领域。意动心理学坚持意动的活动性，关注它在各种具体领域中的体现，如音乐、美学、伦理学等领域中的心理体验。与此相应，意动心理学家们多在音乐、美学、价值论等领域颇有建树。例如，斯顿夫是典型的代表，他著有两卷本的《音乐心理学》，成为早期音乐心理学领域的重要奠基人。

总之，通过以上各方面的努力，意动心理学开创了心理学中的人文科学路线，并通过与自然科学路线的对立，推进了心理学的发展。布伦塔诺与冯特相对，提出狭义的意动心理学，以区别于内容心理学，从而开心理学中的人文主义路线之先河。同时，他还区分出描述心理学与发生心理学，坚持心理学在给予心理现象以解释之前，应首先进行描述，由此赋予了人文科学路线以优先地位。在他之后，斯顿夫通过与冯特在研究方法上的争论，维护了意动心理学的立场。形质学派则通过形质说，批判自然科学路线的元素论。符茨堡学派更是通过无意向思维研究，以图证明内容心理学元素论的错误，并提出二重心理学，尝试对两条路线的张力加以弥合。心理学正是在两条路线的对立和纷争中不断向前发展。

二、“布伦塔诺之谜”

布伦塔诺既是德国著名的哲学家，也是伟大的心理学家。无论作为哲学家还是作为心理学家，他都做了奠基性和开创性的工作。就哲学而言，布伦塔诺奠基了 20 世纪西方两大哲学传统即大陆哲学或现象学与分析哲学的基本理念。[1] 就心理学而言,布伦塔诺开创了不同于冯特的科学主义的人文主义路线。在这两个领域,他都通过培养一大批著名的学生而对后世产生了长期而深远的影响。但是,布伦塔诺又是不幸的,他无论在哲学史上还是在心理学史上都被埋没了半个多世纪。哲学界甚至提出了"布伦塔诺之谜"(the Brentano puzzle) 问题。1996 年,由中欧文化研究所在意大利召开了题为"布伦塔诺之谜"研讨会。会议讨论了这样令人迷惑的问题,即尽管布伦塔诺思想遗传的广度和深度在当今完全是众所周知的,但请人列举 19 世纪的主要哲学家,则几乎没有人提到他的名字。[2] 与会人员称这种迷惑为布伦塔诺的"隐身性"(invisibility)问题。也就是说,布伦塔诺是思想史上的一位"隐身人"[3]。

这种"隐身"并不意味着布伦塔诺在历史中完全消失。恰恰相反,在哲学史或心理学史著作和教科书中,一般通常都会出现布伦塔诺的名字。例如,讲到胡塞尔必提其老师布伦塔诺,讲到冯特必提其对手布伦塔诺。但往往仅仅一带而过,而没有得到应有的重视。这里的隐身事实上意味着布伦塔诺为学界所忽视,甚或被遗忘。正如威拉德(D. Willard)所指出的:"目前,布伦塔诺并非在如下意义上的隐身:他没有被人看到,或者人们不认识他,或者甚至人们不讨论他。像拉尔夫·埃利森(Ralph Ellison)的'隐身人'(Invisible man)一样,他是被看见的。例如,在事先对他没有任何了解的情况下,几乎没有人会愚蠢地去研究他。他是被看见的,但随后他好像又不在那里一样。他是在这种意义上'不被人看见的',因为他是以 种特定的方式被看到的。因而这恰恰就正是我们必须要理解的。他是被看到,但并不重要,或者无关紧要。"[4]在心理学中,一个常见现象是,布伦塔诺会在心理学创立之初被提及,但极少有学者提到他的思想的重要性,以及他开创心理学中人文主义路线的重要地位。即使在当今心理学史教材和著作中,也极少有学者像布伦南那样,明确将布伦塔诺的意动心理学视为"作为人文科学的心理学",并与冯特等人的自然科学的心理学相对立,从而承认布伦塔诺作为人文科学心理学的开创者地位。[5]

---

① Velarde-Mayol, V. (2000). *On Brentano*, Belmont: Wadsworth, p. 1; Albertazzi, L. et al. (1996). Introducing Brentano and his school: Reassembling the puzzle. In: L. Albertazzi, et al. (ed). *The School of Franz Brantano*, Dordrecht: Kluwer Academic Publishers, p. 1.

② Poli, R. (1998). Foreword. In: R. Poli. (ed.). *The Brentano Puzzle*, Aldershot: Ashgate, p. ix.

③ 出自埃利森(R. Ellison)1947 年出版的科幻小说《隐身人》(*Invisible man*)。

④ Willard, D. (1998). Who needs Brentano? The wasteland of philosophy without its past. In: R. Poli. (1998). *The Brentano Puzzle*, Aldershot: Ashgate, pp. 15~16.

⑤ Brennan, J. F. (2003). *History and systems of psychology*. New Jersey: Pearson Education, p. 159.

为什么在思想史上会出现布伦塔诺之谜呢？或者说，是什么因素导致了布伦塔诺"隐身"于思想史之中？这是一个颇为复杂的问题。下面，我们将从几个方面进行分析。

第一，是特定的历史背景造成的。首先，从社会背景来看，布伦塔诺思想的传播遭遇到两次世界大战的破坏。在第一次世界大战中，布伦塔诺本人被迫迁居瑞士。迈农的得意弟子贝努西被迫返回意大利，直接导致了形质学派迅速退出历史舞台。更重要的是，原来同属奥匈帝国的维也纳、布拉格和里沃夫现在分属不同的国家，致使原本紧密的学术联系遭到破坏。① 在第二次世界大战中，由于布伦塔诺思想的继承者多为犹太人，使得这个学派直接成为战争的牺牲品。或许稍后让人感到幸运的是，这个学派的少数珍贵资料能够得以保存下来。例如，1939 年，布伦塔诺的儿子带着布伦塔诺的全部手稿幸运地从布拉格赶上赴英国的最后一次航班，荷兰神父范布雷达带着胡塞尔的资料历尽艰辛辗转到荷兰。而斯顿夫就没有那么幸运了，他的资料被毁于战争的炮火之中。其次，从思想背景来看，布伦塔诺的思想被 20 世纪主流的实证主义思潮所掩盖。在哲学领域，先后有维也纳学派、分析哲学等风行；在心理学界，这种情形更为明显，以实证主义为哲学基础的自然科学心理学始终在心理学中处于主导地位。也正是因为这个原因，布伦塔诺为波林等心理学史学家们所轻视。

第二，最为核心的原因，在于布伦塔诺独特的研究风格。布伦塔诺反对思辨的形而上学，尤其对空乏的理论建构不感兴趣。他强调以问题为中心，围绕具体现象进行细致的考察。迈农、胡塞尔等学生们都继承了这种研究风格。这种研究风格能够进行扎实的深入研究，但却非常不利于思想的延续。首先，这表现在不重视系统的理论建设上，这是最不利于学说传播的因素。正如波利指出："认识到如下一点并不令人感到意外：所有的布伦塔诺主义者（Brentanist）都明确喜欢部分的、精确的和具体的研究，并致力于界限清楚的、界定好的问题。因此，尽管这些布伦塔诺主义者是系统的思想家，但他们并不喜欢体系；或者换句话说，尽管他们极其细致地分析问题，但却从未力图在此基础上建立哲学体系。"②其次，这表现在其自身思想的变化

---

① Poli, R. (1998). The Brentano puzzle: An introduction. In: R. Poli. (ed.). *The Brentano Puzzle*, Aldershot: Ashgate, p. 6.

② Poli, R. (1998). The Brentano puzzle: An introduction. In: R. Poli. (ed.). *The Brentano Puzzle*, Aldershot: Ashgate, p. 7; Albertazzi, L. et al. (1996). Introducing Brentano and his school: Reassembling the puzzle. In: L. Albertazzi, et al. (ed). *The school of Franz Brantano*, Dordrecht: Kluwer Academic Publishers, p. 8.

上。布伦塔诺的前期思想与后期思想间存在较大差异。例如,他在后期抛弃了意向的内存性观点,而转向一种物存论(reism)的立场。胡塞尔也是如此,他从描述现象学转向超越论的现象学。这给后人理解其思想增加了难度。再次,这还表现在布伦塔诺不重视学术传播上。布伦塔诺重视通过课堂、书信等方式,对具体问题进行探讨,而对自己思想的传播不感兴趣。他的学生们也是如此,在他们的著作中,极少看到专为入门学生所写的导论性著作。

第三,布伦塔诺的著述也不利于其学术思想的传播。首先,他在探讨问题上表现出述而不作的特点。在他生前问世的论著只有38种,其中心理学的论著仅有8种。这给后人全面了解其心理学思想造成了困难。其次,尽管他留下了大量的著述手稿,但至今尚未出版集中反映其思想的《布伦塔诺全集》。同时,布伦塔诺还留下了与160多人的通信,其中仅写给马蒂的信件就达1400封。这些信件中留下了他对各种问题的见解,它们成为其著述的有机组成部分。对布伦塔诺思想的深入探讨,显然有赖于这些著述资料的进一步问世。最后,在后人整理出版的布伦塔诺著作中,尤其是克劳斯、卡斯蒂尔、希尔德布兰德编辑的布伦塔诺著作,均加入了编者个人所理解的注解,这些注解往往是武断的篡改,特别是这些注解多用解释布伦塔诺的早期文本来预期其后来的文本。这些注解在许多方面都是对布伦塔诺原意的歪曲。许多学者对克劳斯等人的工作提出批评,认为他们的注解对理解和传播布伦塔诺思想通常无益而有害。

第四,布伦塔诺的思想传承也存在不利因素。首先,布伦塔诺与他的一些学生在第一次世界大战期间先后去世。① 布伦塔诺死于1917年,马蒂死于1914年,迈农则于1920年去世。这两代学者的去世使得思想传承变得尤为困难。其次,在这些学者去世时,仅有较少的学生发展了他们的思想。尤其是形质学派,在迈农去世五年前,他的最心爱的弟子威塔塞克就因病去世。他的另一位学生贝努西则在1918年因政治原因不得不离开奥地利。这样就使得形质学派后继无人。最后,布伦塔诺的思想的确得到延续,但却为后人的光芒所掩盖。② 在布伦塔诺之后,有斯顿夫、迈农、厄棱费尔、屈尔

---

① Poli, R. (1998). The Brentano puzzle: An introduction. In: R. Poli. (ed.). *The Brentano Puzzle*, Aldershot: Ashgate, p. 7; Albertazzi, L. et al. (1996). Introducing Brentano and his school: Reassembling the puzzle. In: L. Albertazzi, et al. (ed). *The School of Franz Brantano*, Dordrecht: Kluwer Academic Publishers, p. 6.

② Poli, R. (1998). The Brentano puzzle: An introduction. In: R. Poli. (ed.). *The Brentano Puzzle*, Aldershot: Ashgate, p. 7; Albertazzi, L. et al. (1996). Introducing Brentano and his school: Reassembling the puzzle. In: L. Albertazzi, et al. (ed). *The school of Franz Brantano*, Dordrecht: Kluwer Academic Publishers, p. 6.

佩等心理学家，以及由此形成的形质学派、符茨堡学派等众多心理学团体。其后又有格式塔心理学等心理学势力，尤其是胡塞尔，他发展出 20 世纪哲学中蔚为大观的现象学运动，以致学术界将布伦塔诺称作胡塞尔的老师，而非相反，将胡塞尔称作布伦塔诺的学生。

三、布伦塔诺学派

布伦塔诺在符茨堡大学与维也纳大学任教时期，先后培养出了一大批学生，训练了两代哲学家和心理学家。在符茨堡大学时期，他的有名的学生有斯顿夫和安东·马蒂等人。在维也纳大学时期，他的有名的学生有胡塞尔、迈农、弗兰茨·希勒布兰德（Franz Hillbebrand，1863—1926）、塔多斯基（Kazimierz Twardowski，1866—1938）、马萨里克（Thomas Masaryk，1850—1937）、赫夫勒（Alois Hŏfler，1853—1922）、厄棱费尔、克赖比希（Josef Clemens Kreibig，1863—1917）等人。此后，又有一些学者追随他，包括克劳斯（Oskar Kraus，1872—1942）、卡斯蒂尔（Alfred Kastil，1874—1950）、施泰勒（Rudolf Steiner，1861—1925）、艾森迈尔（Josef Eisenmeyer）、埃米尔·乌蒂茨（Emil Utitz）、伯格曼（Hugo Bergmann）、乌尔巴赫（Benno Urbach）、奥尔策尔特（A. Olzelt）和恩伦德尔（Oscar Englănder）等人。从研究领域看，布伦塔诺的学生涉猎哲学（斯顿夫、胡塞尔、迈农、伯格曼等）、心理学（斯顿夫、胡塞尔、迈农、厄棱费尔）、逻辑学（塔多斯基）等领域。值得提出的是，在文学领域，小说家卡夫卡和穆齐尔也受到布伦塔诺的直接影响。

布伦塔诺在维也纳大学时期，他的学生们就已经提出了“布伦塔诺学派”（the school of Brantano，the Brantano school）之说，但是布伦塔诺本人则反对这样的称谓。克劳斯（1929）和斯顿夫（1924）在各自的自传中都提到了这一点。斯顿夫回忆说：“他根据原则以及利用每个权利来反对‘学派’的发展。在他心里，他认为许多哲学家把这类事情视为他们志向与出名的主要目标。当他在维也纳时他曾告诉我，那儿的人们已经开始谈论‘布伦塔诺学派’，而这是他最讨厌的。”①尽管布伦塔诺不赞同，但“布伦塔诺学派”这个称呼却保存了下来，并在当今的相关著述中得到了回应。例如，艾伯塔齐（L. Albertazzi）等人主编的《布伦塔诺学派》（1996）、罗林格（R. D. Rollinger）著的《胡塞尔在布伦塔诺学派中的地位》（1999）。

---

① Stumpf, C. (1919). Reminiscencs of Brantano. In: L. L. McAlister, (ed). (1976). *The philosophy of Brentano*. London: Duckworth. p. 44.

布伦塔诺学派通常又称布伦塔诺主义[①](Brentanism),是指受到布伦塔诺直接影响的哲学和心理学家所形成的团体,主要包括斯顿夫、胡塞尔、迈农、马蒂、塔多斯基、马萨里克、厄棱费尔、克劳斯和卡斯蒂尔等人。从学派的内涵上来说,这些学者共同师承布伦塔诺,且与布伦塔诺有着共同的主张。后一点尤为重要,这是布伦塔诺学派得以成立的根基。具体来说,布伦塔诺学派的成员所共同坚持的,首先是前面所谈到的研究风格。正如罗林格所指出的:"现在来看布伦塔诺主义者们共同的哲学取向,首先要指出的是,这种取向不仅在于这样一种信念,即哲学应以科学的方式进行研究,而且在于这样一种科学哲学的界定,即它是一个主要关注心理学问题的领域。"[②]艾伯塔齐等则进一步指出,这种哲学研究的信念在于,哲学应该如科学一样,严格、科学、精确和明晰地进行研究。[③] 在具体研究中,研究者要精确地描述现象,并收集各种范例与反例,接下来列出各种相关理论,最后在比较中,除去与所描述的材料不相匹配的理论,得出最终答案。其次,布伦塔诺学派都坚持意向性的理论主张。意向性是这个学派的核心主题,布伦塔诺的每一个学生都在对这个主题的回应中发展出自己的思想。最后,在心理学上,这个学派都关注意动。正是在这种意义上,心理学中的布伦塔诺学派也可称为意动心理学派。

布伦塔诺学派在以上共同主张的基础上,表现出具体不同的研究取向。克劳斯曾把布伦塔诺在维也纳时期的学生分成"左派布伦塔诺主义者"(leftist Brentanists))与"右派布伦塔诺主义者"(rightist Brentanists)。[④] "左派"的成员倾向于对布伦塔诺的思想作出突破,而"右派"的成员倾向于维护布伦塔诺的思想。后来艾伯塔齐在克劳斯划分的基础上,倾向于把布伦塔诺学派划分为"正统布伦塔诺学派"(orthodox Brentanians)与"非正统布伦塔诺学派"(heterodox Brentanians,non-orthodox Brentanians)。[⑤] 正统

---

① Albertazzi, L. et al. (1996)(ed). *The school of Franz Brantano*. Dordrecht: Kluwer Academic Publishers. Foreword.

② Rollinger, R. D. (1999). *Husserl's position in the shchool of Brentano*. Dordrecht: Kluwer Academic Publishers, p. 4.

③ Albertazzi, L. et al. (1996). Introducing Brentano and his school: Reassembling the puzzle. In: L. Albertazzi, et al. (ed). *The school of Franz Brantano*, Dordrecht: Kluwer Academic Publishers, p. 9.

④ Albertazzi, L. et al. (1996)(ed). *The school of Franz Brantano*. Dordrecht: Kluwer Academic Publishers, p. 8.

⑤ Albertazzi, L. et al. (1996). Introducing Brentano and his school: Reassembling the puzzle. In: L. Albertazzi, et al. (ed). *The school of Franz Brantano*, Dordrecht: Kluwer Academic Publishers, p. 17. 哈勒著,韩林合译:《新实证主义》,商务印书馆 1998 年版,第 55 页。

布伦塔诺学派成员有斯顿夫、马尔蒂、马萨里克、克劳斯、卡斯蒂尔、希尔德布兰德等人,他们坚持布伦塔诺的观点。尤其是后三位在整理出版布伦塔诺的著作,宣传布伦塔诺的思想方面起到重要作用。非正统布伦塔诺学派成员有胡塞尔、迈农、厄棱费尔、塔多斯基等人,他们倾向于对布伦塔诺的思想作出突破。在两种倾向的成员之间,甚至存在一些争论与冲突。如厄棱费尔与正统的成员之间就有过学术争论,迈农与马蒂之间存在冲突。迈农的学生霍夫勒因申请教职,将著作送奥地利文化与教育部评审,布伦塔诺最忠实的学生马蒂作为评审专家提出了否定意见,并在评语中写道:"霍夫勒受到迈农的蛊惑,对放弃正确的学说负有罪责。"[1]从学派的发展来看,非正统派的成员在拓展布伦塔诺的思想上起到更重要的作用,如胡塞尔、迈农、厄棱费尔等人各自发展出自己的思想,从而推进了布伦塔诺学派的发展。而正统派的成员却逐渐湮没在思想史之中。在这种意义上,非正统的成员更有理由立足于布伦塔诺学派之中。此外,艾伯塔齐等人还把克劳斯、卡斯蒂尔、希尔德布兰德称为布伦塔诺学派中最为核心的成员,而相对于他们三位之外的所有其他布伦塔诺的学生则都是布伦塔诺学派中外围的成员(members of the outer circle)。[2]

在对学科领域的探讨上,布伦塔诺学派主要关注哲学与心理学领域,而且对这两个领域的关注是交织在一起的。布伦塔诺力图从意动心理学研究出发,从中得出有关逻辑学、伦理学等哲学领域的基础知识。胡塞尔也在描述心理学基础上,发展出现象学,并向超越论的现象学迈进。迈农则围绕意向性,从对象一侧提出本体论领域的对象理论,在意动一侧提出心理学领域的创造说。我们在本书中主要关注心理学领域,但并不忽视哲学领域,而是从每一位学者学说的整体出发,对其心理学思想进行系统阐述。例如,在考察迈农的形质心理学思想时,注意到对象理论与创造说的内在关联,在介绍这两者的基础上,从高级对象的意向把握角度考察形质心理学思想。

最后,我们应该特别指出的是,历来心理学史家对布伦塔诺的重视似乎要超过哲学史家。布伦塔诺对哲学的贡献被哲学史家冷落了半个多世纪。其实,布伦塔诺从事哲学研究的时间长于从事心理学研究的时间,他的哲学著作也多于心理学著作。在这种意义上说,布伦塔诺对哲学的贡献要超过他对心理学的贡献。他的《经验观点的心理学》既是其最重要的心理学著

① Lindenfeld, D. F. (1980). *The Transformation of Positivism: Alexius Meinong and European Thought*, 1880—1920, Berkeley: University of California Press, p. 66.

② Albertazzi, L. et al. (ed). *The School of Franz Brantano*. Dordrecht: Kluwer Academic Publishers, p. 161.

作，又是其后来哲学著作的重要基础。胡塞尔认为，没有布伦塔诺的意向性学说，就不会有他的现象学的出现；没有“自明性理论”，就很难想象有他的“本质直观”。存在主义大师海德格尔正是在布伦塔诺的博士论文《论亚里士多德关于存在的多种意义》的指导下，才决定走向哲学的，而且终生追求“存在”。迈农的对象论也直接受到布伦塔诺的影响，而他的“内在价值”学说对厄棱费尔的价值哲学和后来舍勒的价值论都发生过很大的影响。同时，布伦塔诺也确立了分析哲学最初的一些基本理念。不过，自 20 世纪 80 年代以来，布伦塔诺在英美哲学界的声望正在逐步上升，他的重要著作大多都有了新译本或重译本。他对形而上学、伦理学、语言哲学和精神哲学的贡献在某种程度上正在成为讨论的中心话语。

四、意动心理学的研究意义

第一，研究意动心理学有助于恢复布伦塔诺在心理学史上的地位。科学心理学产生于 19 世纪 70 年代，一开始就表现为两种理论形态，即科学主义心理学和人文主义心理学。科学主义心理学的第一个学派是冯特创立的内容心理学（主要是实验心理学），人文主义心理学的第一个学派是布伦塔诺创立的意动心理学。内容心理学与意动心理学形成了心理学史上两条路线之间的第一次对立与纷争。自此，科学主义心理学与人文主义心理学各自相对独立发展，两者之间少有相互交流和彼此借鉴。过去人们主要是从狭义上来理解科学心理学，认为科学心理学完全等同于冯特创立的内容心理学（主要是实验心理学）。现在人们倾向于从大科学观来看待科学，认为科学既包括自然科学也包括人文科学和社会科学。尽管两者的研究对象不同、追求的真理目标和价值不同、探究真理的方式和方法不同，但它们毕竟都是科学，都以探究终极真理为己任。对于以既有自然属性又有社会属性的人为研究对象的科学心理学来说，只有以实验心理学为代表的科学主义心理学是远远不够的，还需要另一种心理学即人文主义心理学。历史发展的事实也是如此，1874 年，冯特的《生理心理学原理》（下卷）和布伦塔诺的《经验观点的心理学》同时出版，这两本著作都把新心理学界定为一门经验科学，分别标志着现代科学主义心理学和现代人文主义心理学的开端。因此，科学心理学有两个创始人或者说有两位父亲，一个是冯特，另一个是布伦塔诺。过去人们之所以只提冯特是科学心理学之父，是因为波林那本著名的《实验心理学史》教科书给我们造成的误解。波林是铁钦纳的学生，铁钦纳力图把自己标榜为冯特的正统传人，要求波林按照他的实验心理学内容重新解读冯特的心理学体系。[1] 因此,在《实验心理学史》中大量论述冯特等人的实验心理学内容,而对冯特的对立者布伦塔诺等人的贡献不予重视,以至于布伦塔诺被历史埋没了近半个世纪,成为学术史上的"隐身人"。这不能不说是一个历史的误会!我们今天需要澄清铁钦纳和波林所造成的误解,还布伦塔诺及其意动心理学的历史本来面目,重新恢复布伦塔诺在心理学史上的地位。

第二,研究意动心理学有助于理解现代心理学的发展脉络。尽管意动心理学是早期心理学中的一个学派,但它与现代心理学的发展有着密切的关联。考察这种关联,能够较好地把握现代心理学的发展。在科学心理学诞生之初,布伦塔诺等人的意动心理学与冯特等人的内容心理学相对立。格式塔心理学受到意动心理学的直接影响,反对构造主义和后来的行为主义,逐渐传播开来。弗洛伊德也受到布伦塔诺的影响,开创了心理学中的"第二势力"——精神分析运动。此后,作为心理学中的"第三势力"的现象学心理学和人本主义心理学也回应了意动心理学,将意动心理学作为重要的心理学思想来源。甚至当代心理学的主流——认知心理学也在一定程度上受到意动心理学的意向性学说的影响。1997 年,在意大利的波尔查诺(Bolzano)召开了名为"认知科学的起源:表征理论 1870—1930"的会议。会议所讨论的主要是布伦塔诺及其追随者的观点对当代认知科学的影响。艾伯塔齐在会后出版的文集中说:"还应指出的是,本书的目的在于表明,在这一时期内发展起来的分析和理论中的观点,不仅预示了当代认知科学的许多内容,而且预示了 20 世纪后期许多典型的研究模式……。"[2]可以看出,意动心理学与现代心理学的发展是息息相关的。

第三,研究意动心理学有助于揭示人文主义心理学的内在特质。意动心理学开创了心理学中的人文主义取向之先河。布伦塔诺等人的意动心理学与冯特等人的内容心理学直接对立。意动心理学的提出为人文科学心理学奠定了最初的形态。在它之后,韦特海默等受到斯顿夫等的影响,提出格式塔心理学,坚持人文科学的观点,反对科学主义取向中的构造主义和行为主义。弗洛伊德也受到精神分析的影响,提出具有人文主义倾向的精神分析心理学。最后,作为人文主义取向的当代形态的人本主义心理学,也延续了意动心理学的主张。需要指出的是,意动心理学是现象学哲学的重要思

---

① 据说波林每写完《实验心理学史》的一章,都要交给铁钦纳审读。

② Albertazzi, L. (2001). Back to the origins. In: L. Albertazzi. (ed.). *The dawn of cognitive science: early european contributors*. Dordrecht: Kluwer Academic Publishers, p. 18.

想来源。胡塞尔正是从布伦塔诺的意动心理学出发，发展出现象学哲学，为人文主义取向奠定了坚实的哲学基础。因此，研究意动心理学及其与后来的人文主义取向乃至现象学的关联，能够揭示人文主义心理学的内在特质。

第四，研究意动心理学有助于推动当今心理学的健康发展。虽然意动心理学作为心理学史上的一个学派已不复存在，但它所考察的问题、所得出的观点以及考察问题的方式在今天依然具有较强的生命力。我们可以在某种意义上说，意动心理学所考察的许多问题并未得到彻底的解决，而是以新的形式表现出来。例如，意动心理学提出的意向性。布伦塔诺通过将意向性视作心理现象的内存性，将其纳入心理学中。但布伦塔诺只是拉开了意向性研究的大幕。在当今的心理学中，无论人本主义心理学还是认知心理学都对意向性进行了深入的探讨，且远未得出最终的答案。此外，意动心理学所使用的研究方法，在近年来也得到较多的关注。研究者多将其称作实验现象学方法，这种方法在当代甚至出现复兴的趋向。在这种意义上，兰库莱罗（A. C. Rancurello）关于布伦塔诺在心理学史上的地位的论述是适合于意动心理学的："这里，在仔细地考察后，我们发现，在过去，他是这门科学直接的热心解释者，并且是这门科学随后历史中重要发展的富于远见的前辈。"①苏斯曼（E. J. Sussman）的论文标题形象地表明了布伦塔诺的处境：《弗兰茨·布伦塔诺——斯人已逝，思想长存》②。较不为人所知的是，即使是波林，在临去世前也曾感叹："布伦塔诺与冯特！这是 19 世纪最后 20 年系统心理学中的两极（dichotomy），甚至在我们这个世纪以一种减弱的程度延续着。"③

五、本书的主题与范围

本书力图在心理学中的科学主义路线与人文主义路线的架构下，对意动心理学进行整体的研究。通过系统梳理布伦塔诺学派的心理学体系，考察其人文主义心理学内涵，提炼其核心主题，阐述其研究方法，并进行合理

① Rancurello, A. C. (1968). *A study of Franz Brentano: his psychological standpoint and his significance in the history of psychology*. New York: Academic Press, 1968, p. 67.

② Sussman, E. J. (1962). Franz Brentano—Much alive, though dead. *American Psychologist*, No. 7, pp. 504～506.

③ Boring, E. G. (1968). Foreword. In: Antos C. Rancurello. *A study of Franz Brentano: his psychological standpoint and his significance in the history of psychology*. New York: Academic Press, p. vii.

的评价，以期还原意动心理学的原本面目，提升意动心理学的历史地位。

本书除导言和结语，正文共由十章组成。

在本书的“导言”中，我们界定了意动心理学的基本内涵，破解了“布伦塔诺之谜”的原因，介绍了布伦塔诺学派的含义，指出了意动心理学的研究意义以及本书的主题与范围。

第一章详细考察了布伦塔诺作为自由探究真理的“智者”的生平传记。我们首先对布伦塔诺进行家族考古，考察其生活背景。布伦塔诺出身于望族，这给他的思想发展提供了丰富的土壤。在此基础上，介绍了作为智慧儿童的布伦塔诺的早年时光和作为他的知识谱系发生的大学时代，接着介绍了他在符茨堡时期和维也纳时期的传道授业和教书育人情况以及他移居国外的晚年生活情形。我们特别考察了他作为思想布道者的教学风格和代表其肖像素描的人格魅力，正是这两者吸引了众多的学生成为布伦塔诺学派的一员。最后我们还详细地介绍了布伦塔诺的学术遗产，尤其是他《经验观点的心理学》的版本演变、他的著作整理出版和遗稿保存情况。

第二章重点考察了布伦塔诺的意动心理学体系。本章在考察布伦塔诺的思想来源的基础上，重点阐述了他对心理学的科学观、研究对象、研究方法等基本问题的看法，以及他对心理现象分类的思想。布伦塔诺明确提出了心理学的人文科学观，这直接对立于冯特的心理学的自然科学观。尤其通过他对描述心理学与发生心理学、理论科学与应用科学的区分，以及他对心理学特别价值的强调，进一步深化对布伦塔诺的人文科学观的理解。在心理学的研究对象上，布伦塔诺提出对心灵的科学和心理现象的科学、心理现象和物理现象的区分，在此基础上引申出他的意向性观点。他强调心理学要研究感觉、判断、情感等心理的活动，而不像冯特那样研究感觉、判断、情感等心理的内容。但这种活动或意动又是离不开对象和内容而独立存在的，它一定要指向一个对象，涉及一种内容，即一定要意向地包含一个对象于其内。布伦塔诺把心理现象或意识的本质特征概括为对象之意向的内存性，这就是他的意向性学说的本质之所在。布伦塔诺明确指出内部知觉方法是心理学的最基本、最主要的研究方法，同时也重视决定性的实验以及对动物、儿童、心理变态的人和原始社会进行观察和研究。布伦塔诺还对表象、判断、情绪等心理现象进行了详细的分类。最后，我们通过指出布伦塔诺的主要贡献、局限和影响还布伦塔诺及其意动心理学的历史本来面目，重新恢复布伦塔诺在心理学史上的地位。

第三章详细介绍了作为布伦塔诺“最年长的学生”斯顿夫的生平传记。我们首先考察了斯顿夫的家族背景及其与老师布伦塔诺之间的渊源。斯顿夫出生在一个人才辈出的教会家族，其少年时所表现出来的坚忍严谨的科学态度和对音乐的痴迷为其未来成就奠定了基础。接着介绍了他在大学时期与布伦塔诺的学术邂逅经历和求学历程。在此基础上，试图详细地向读者全景式地展示斯顿夫一生的教学、科研工作与学术社交活动，主要包括哥廷根大学、符茨堡大学、布拉格大学、哈勒大学、慕尼黑大学和柏林大学时期。真实记录了他与布伦塔诺、詹姆斯、冯特、狄尔泰等当时德国乃至世界哲学与心理学界的巨擘们之间的对话，从侧面反映了斯顿夫学术关怀的深度和广度，及其本人在对心理本质探究上所持有的认识论和本体论信念。文中以斯顿夫积极参与证伪策温克关于能把声波图像转化为声音的机器的设想及其在“汉斯事件”上的深入探究为例，生动地再现了斯顿夫将心理学研究与生活紧密联系的作风。最后对其晚年生活概况进行了回顾，并全面梳理了他的主要著作。

第四章考察了斯顿夫的机能心理学体系。具体论述则从学科性质、研究对象、研究方法、心理状态的特征与分类五个方面展开，以还原这位心理学家的原本面貌。在学科性质上斯顿夫将心理学视作最基本的社会科学或哲学学科。在研究对象上阐明了斯顿夫的立场，即在秉承布伦塔诺意动心理学基础上的心理机能的整体论思想。在研究方法上，斯顿夫强调了内部知觉是心理经验的主要来源，并重视观察、测量和统计等方法各自的适用范围及其关系。在心理状态的特征和分类上，概括了斯顿夫所归纳的五大特征和四种类型：前者分别为时间的持续性、特定内容的意识、整体性、相似状态的倾向和对立性；后者包括表象、判断、无意识机能和情感。之后讲述斯顿夫的重要观点与研究，主要包括他的空间知觉理论、情绪学说和音乐心理学。在音乐心理学中，侧重介绍他的乐音和谐说。最后，通过考察其贡献、局限和影响，对其思想进行客观评价。

第五章考察了胡塞尔的描述心理学思想。首先介绍了胡塞尔的学术生平，包括他在哈勒大学、哥廷根大学和弗赖堡大学时期及其退休后的主要工作。尤其侧重他与布伦塔诺的学术关联，以及他的心理学思想发展历程。之后从描述心理学角度，将胡塞尔的意动心理学思想限定在《逻辑研究》以及之前的著作中。在梳理胡塞尔的意动思想基础上，重点关注了其从意动心理学到描述心理学的理论演变过程，以此勾勒出胡塞尔的描述心理学思想及其在心理学中的地位。在描述心理学的具体内容上，详细阐述胡塞尔的意向性观点，尤其他在意向体验和意向性上对布伦塔诺的突破。接下来从方法论层次上考察胡塞尔对布伦塔诺的突破，尤其关注他从布伦塔诺的内部知觉观点推进到相即知觉，从而确立了呈现的研究立场。最后考察了胡塞尔的贡献、局限和影响。

第六章考察了厄棱费尔的形质心理学思想。首先介绍了厄棱费尔的生平与求学经历，及其所涉猎的学术领域和兴趣。然后，从形质说的来源和原理两个方面着力于厄棱费尔的形质心理学思想展开论述。区分了厄棱费尔对过程的理解和对短时状态的理解；时间的形质和非时间的形质；对比和不相容的关系；高级形质与低级形质之间的差异与关联。在此基础之上，描述了厄棱费尔思想体系中形质的内容要素与意动要素是如何分离、互动的。此外，简述了厄棱费尔的价值论学说，并试图澄清厄棱费尔形质心理学思想中的意动要素是如何渗透并延伸到其对价值的定义与价值规律的探索活动中去的理论驱力。最后，从主要贡献、局限两方面评价了厄棱费尔的形质说。

第七章考察了迈农的形质心理学思想。首先介绍了迈农的学术生平，尤其侧重他与布伦塔诺的学术关联，以及他在格拉茨的工作。之后介绍迈农的思想核心即意向性，尤其从布伦塔诺的意向性观点出发，考察迈农在这一方面的推进。接下来从对象和意动两方面进行阐述。在对象方面，考察迈农的对象理论，尤其从高级对象上阐述迈农的形质观。在意动方面，考察高级对象的意向性把握，包括心理分析、知觉的模糊和创造。最后从贡献、局限和影响三方面进行评价，尤其阐述迈农的形质心理学引起的争论以及与柏林学派的思想分歧。

第八章考察了威塔塞克的形质心理学思想。首先介绍了威塔塞克的生平、学术研究活动和贡献。通过对其在格拉茨大学的教学与研究经历的考察，从侧面反映了威塔塞克坎坷崎岖的学术经历。重点论述了威塔塞克在形质说和视觉空间定位研究领域的实验。对形质说的分析，主要从两方面进行论证，第一，威塔塞克在形质心理学思想中对形质与意动关系的描述。这体现出威塔塞克尝试将心理意动作为与心理内容同等重要的心理过程要素推广到整个心理学概念体系之中。具体表现在他对感觉、判断、推测、情感、欲望和意志等多种心理活动的分析上，他逐一指出在这些由简单到复杂、由低级到高级的心理活动中，意动都是其中不可或缺的重要成分。此项工作深化了意动心理学的理论体系的建构。第二，威塔塞克具体形质心理学思想的呈现。主要通过对其两本教科书《心理学基础》和《视空间知觉心理学》中的形质观进行阐述，并采用威塔塞克在旋律形质领域的一个实验予以例证。然后，详实地记述了威塔塞克在视觉空间定位研究领域的一系列实验工作及其引发的争议。最后，对威塔塞克的形质说进行了评价。

第九章考察了贝努西的形质心理学思想。首先介绍了贝努西的学术生平，强调了他在文化冲突下的悲剧性生活，以及在格拉茨与帕多瓦的具体工作。由于贝努西从错觉入手展开工作，本章先从他的错觉研究开始，引出他的核心思想即意向性观点，由此对他的思想进行全面的概观，同时介绍了他晚年的真实心理分析思想。接下来，介绍贝努西最重要的研究领域即创造研究，分别从不充分表象、非感觉表象方面进行阐述，并在此基础上，介绍他的综合与分析态度观点。之后考察贝努西杰出的时间把握心理学思想，尤其是呈现时间、时间定位与表象阶段观点。最后从贡献、局限和影响方面进行评价，尤其论述他与柏林学派的争论，以及他在意大利格式塔心理学中的影响。

第十章考察了屈尔佩和麦塞尔的二重心理学思想。首先对屈尔佩和麦塞尔的生平、求学经历和主要学术著作进行了概述，比较了两者在思想体系上的异同。然后，系统再现了符茨堡学派成员和他们各自开展的一系列无意象思维实验。主要包括迈尔和奥尔特的联想性质研究、马尔比的重量判断研究、瓦特的控制联想研究、阿赫的思维研究、彪勒的思考研究和塞尔兹的特定反应理论。通过对这些实验工作的考察，论证了其作为间接论据对屈尔佩二重心理学理论体系建构的作用，针对这些实验与传统心理学体系之间的剧烈冲突折射出屈尔佩二重心理学的进步意义，进而自然过渡到对屈尔佩二重心理学思想的介绍。本章主要从对内容心理学的继承与改良，向意动心理学的靠拢，尝试对内容与意动之争的调和等三方面层层递进剖析了屈尔佩二重心理学从内容到意动的演进轨迹，并运用现当代心理学各领域的具体成果对屈尔佩二重心理学的主要观点予以例证。其次，对麦塞尔的二重心理学进行了梳理。阐述了他对既包含意动元素也包含内容元素的认知活动（knowing）的经验、情感活动（feeling）的经验和意志活动（willing）的经验的区分。通过引用其在意识倾向方面的具体实验进一步揭示出其二重心理学的立场。最后从主要贡献、局限和对当代心理学发展的影响等三方面评价了屈尔佩和麦塞尔的二重心理学思想。

在本书的“结语”中，我们介绍了中外关于意动心理学的研究情况，包括国外对意动心理学的研究、中国对意动心理学的传播与研究、中外对意动心理学研究的比较评析。

第一章

布伦塔诺:意动心理学的开创者

布伦塔诺出身于望族,这给他的思想发展提供了丰富的土壤。布伦塔诺早年就是一个智慧儿童,他的大学时期是其知识谱系发生的时代。他先后在符茨堡时期和维也纳时期传道授业和教书育人,他讲课犹如是一位思想的布道者,他培养了一大批著名的学生,最终形成了布伦塔诺学派。布伦塔诺后来移居国外生活,先在意大利,后到荷兰。布伦塔诺生前公开发表的论著并不很多,但却留下了大量的著述手稿。

第一节　自由探究真理的"智者"

图 1-1　弗兰茨·布伦塔诺(Franz Brentano,1838—1917)

一、名门望族：家庭考古

莱茵河（The Rhein River）在欧洲是一条著名的国际河流，这条欧洲最繁忙的河流发源于瑞士境内的阿尔卑斯山麓，流经奥地利、法国、德国、荷兰等国。莱茵河全长1320公里，在德国境内有867公里。沿途风景最美的一段集中在莱茵河中游，即从德国的美因茨到科布伦茨之间。河两岸具有优美的自然风光、历史悠久的教堂、城堡以及葡萄园，荟萃了自然与人文浑然一体的景观。自古以来，很多文人墨客对她进行了赞美，如法国大文豪维克多·雨果（Victor Hugo，1802—1885）说："莱茵河集中河流的万般面貌于一身。它像罗纳河一样迅速敏捷，像卢瓦尔河一样雄浑宽阔，像缪斯河一样峭壁夹岸，像塞纳河一样迂回曲折，像台伯河一样历史悠久，像多瑙河一样庄严高贵，像尼罗河一样神秘莫测，像美洲的河流一样金光闪闪，像亚洲的河流一样蕴涵着寓言与幽灵……。"①

莱茵河数百年来一直是德国无数思想家、作家、画家和音乐家的灵感之源，诞生和孕育了许多伟人巨匠，是德意志文化的摇篮，是一条令人尊敬的、不可思议的、静谧的浪漫之河。早在200年前，德国浪漫主义时期的诗人和思想家就被莱茵河的魅力所倾倒，为她奉献了无数美丽的诗篇，因此有"200年莱茵浪漫"一说。1802年，两位著名德国诗人、本章的主人公布伦塔诺的伯父克莱门斯·布伦塔诺（Klemens Brentano，1778—1842）和姑父阿希姆·冯·阿尔尼姆（Count Ludwig Achim von Arnim，1781—1831）共同进行了一次莱茵河文学之旅，沿途收集两岸民谣和传说，日后整理成民间诗集《儿童神奇的号角》，其中有著名的《魔女罗蕾莱》篇。罗蕾莱是德国著名诗人海涅（Heinrich Heine，1797—1856）诗歌的神话传说故事中的女妖。莱茵河有一地势十分险恶的狭窄地段，有一块高耸的岩石垂直立于河中，这就是"罗蕾莱山崖"。陡峭的岩壁像一个美丽的少女亭亭屹立于莱茵河的弯角处。因此处水势较急、河底又藏有暗礁，往来的船只经常出事。相传这是因为有个美丽的女妖罗蕾莱用她甜美的歌声使得船夫神迷的原因。于是，人们将她传奇般的身形塑成雕像，立于河流中间的礁石上，让过往船只上的水手，不用抬头便可一睹那迷人的容颜，以避免发生船毁人亡的灾难。1823年，通过浪漫主义诗人海涅之笔，罗蕾莱成为了莱茵河浪漫的象征。②

---

① 雨果：《雨果——莱茵河》，湖南文艺出版社2007年版，第26页。

②《莱茵河波影》，http://club.xilu.com/dream0412/msgview—10368—220324.html.2009—8—24.

170 多年前，一位现代哲学和现代心理学的开创者和奠基人弗兰茨·布伦塔诺就出生在德国的莱茵河畔。布伦塔诺家族是名副其实的名门望族，在某种意义上说，这个家族与现代德国、奥地利甚至世界的思想和文化紧密联系在一起。

布伦塔诺家族起源于意大利的科莫（Como）湖附近的特里迈措（Tremezzo），“brenta”一词（意即“酒桶”）自 13 世纪起就是这个家族的盾徽。据布伦塔诺的《论心理现象的分类》一书的意大利文译者普利西（M. Pulisi）考证，通过研究布伦塔诺家族的家谱发现，早在 1166 年，一位名为 Brendanus 的骑士生活在 Brenta（布伦塔）河畔的一座城堡里。这座城堡大约在 1250 年被毁，后由 Tebaldo da Brenta 重建，然后又被 Caldomazzo 家庭毁掉，再后来由一位叫做 Nicoló da Brenta 的人居住。“da Brenta”这个名字最早记载于 1465 年，然后变化成“Brantano”姓氏。到了布伦塔诺祖父时，这个位于特里迈措（Tremezzo）的布伦塔诺家族（Brantanos）由于瘟疫和战争离开了意大利，迁往德国的法兰克福。布伦塔诺的意大利血统在其特征上是明显的。他的学生和表弟赫特林（Count George Frederick Von Hertling，1843—1919）在明斯特学院第一次见到他，报告对他的第一印象是：“还有他的外表，头发卷着，两边分开和披下，在我看来，这是外国人所具有的特征。”①

图 1-2　布伦塔诺家族的徽章

弗兰茨·布伦塔诺（Franz Klemens Honoratus Hermann Brentano，1838—1917）于 1838 年 1 月 16 日出生在莱茵河畔博帕德（Boppard）附近的马林贝格（Marienberg）（今德国东部地区）。他的家庭是一个以德国浪漫主义的知识分子为代表的家庭，他自小就是在具有艺术和文学的氛围中成长

① 转引自 Albertazzi，L.（2006）. *Immanent realism：An introducation to Brentano*. Dordrecht：Springer. p. 8.

的。他的祖父彼得·安东·布伦塔诺(Peter Anton Brentano,1735—1797)是一位成功的意大利商人,他具有典型的意大利人气质,急躁而又冲动。他有过三次婚姻,共生育20个孩子,其中有9个孩子在历史上留名,被收入《维基百科全书》。1774年,彼得·安东·布伦塔诺迎娶其第二任妻子、著名女作家玛丽·索菲·冯·拉·罗什(Marie Sophie von La Roche,1730—1807)的17岁女儿马克西米利安·罗什(Maximiliane de la Roche,1756—1793)。马克西米利安·罗什是布伦塔诺的祖母,她在少女时代与德国著名诗人歌德(Johann Wolfgang von Goethe,1749—1832)是亲密的朋友。她与歌德的交往是歌德完成书信体小说《少年维特的烦恼》的创作灵感之一。歌德是这个具有"金黄屋顶"家庭的常客,他一直热爱并尊重布伦塔诺家庭,维持着亲密的友谊。安格劳茨(J. F. Angelloz)在一部《歌德》传记中夸张地写道:"这位聪明而可爱的女孩抱怨自己生活在沉闷而无趣的丈夫身边的石油桶和鲱鱼桶之中。当诗人成为这个家庭的一位体贴的朋友时,她显得兴高采烈,但她的嫉妒的丈夫就变得焦虑不安了。大概正是由于这样的原因,歌德一来就流连忘返了。"①

图1-3 布伦塔诺的曾祖母、祖父、祖母

彼得·安东·布伦塔诺与安马克西米利安·罗什一共生了12个孩子,其中三位在文学和艺术方面都有所建树。布伦塔诺的伯父克莱门斯·布伦塔诺是一位诗人、小说家和哲学家,也是德国浪漫主义运动的第二代领袖。他一生在搜集民歌、整理古代文学作品方面作出了重要的贡献,同时创作了大量抒情诗。作为抒情诗人,他堪与歌德媲美,在德国浪漫主义文学史上留下浓厚的色彩。克莱门斯·布伦塔诺曾与阿尔尼姆创办浪漫派刊物《隐士报》②,

① Angelloz, J. F. (1958). *Goethe*. Translated from the French by R. HBlackey. New York: Orion Press. p. 61.

② 后来更名为《寂寞的安慰》,蒂克(LugwigTieck,1773—1853)、荷尔德林(H. Iderlin, Friedrich, 1770—1843)和格林(the Grimm brothers)等人都是此刊的撰稿人。

并与阿尔尼姆共同编纂民歌集《儿童的神奇号角》[1]，他的小说作品有《正直的卡斯佩尔和美丽的安娜尔的故事》、《众多的磨坊主和匈牙利的民族面貌》等，他的诗歌作品有《玫瑰花环传奇》、《小夜曲》、《摇篮曲》、《重返莱茵》、《罗蕾莱》等，他的剧本有《布拉格的创建》等。他去世后由其弟弟、布伦塔诺的父亲整理出版其《全集》(共7卷)，1999年起陆续出版的新版《全集》共38卷。

克莱门斯·布伦塔诺是在布伦塔诺父亲家逝世的。布伦塔诺小时候常坐在克莱门斯伯伯的腿上听童话故事。

克莱门斯·布伦塔诺具有诗人的浪漫情怀，但他为人游移不定，情绪极度不稳，在创作上有许多奇思妙想，不到40岁就耗尽了其一切才智，以至于在生命的最后25年完全停止了创作，一头钻进了天主教，寻找心灵的庇护所，在他逝世前的几年还出现了精神异常的症状。1817年他皈依天主教，两年后访问了"圣痕"修女安娜·卡萨琳娜·艾米利克[2](Blessed Anne Catherine Emmerich，1774—1824)。艾米利克长年卧病，1813年她因手脚出现了与耶稣被钉上十字架时一模一样的伤疤即"圣痕"而闻名于世。艾米利克自称可以与上帝对话，具有一种神秘的、超自然的预见力，她在死前曾向多名信众描述她在梦中所见耶稣受难前的血腥悲惨遭遇。从1819年到1924年，克莱门斯·布伦塔诺小心翼翼地记录下她的每一个幻象和错觉，留下16000页的手稿，为她撰写了生平，并按照她的口述写了《最神圣的圣母玛利亚传》一书。好莱坞著名导演梅尔·吉勃逊(Mel Gibson)读过此书后大受感动，于2004年拍摄了电影《耶稣受难记》(*The Passion of the Christ*)。

布伦塔诺有一个姑妈叫尼·伊丽萨白·布伦塔诺(née Elisabeth Brentano)，即后来著名的贝蒂娜·布伦塔诺(Bettina von Arnim Brentano，1785—1859)。贝蒂娜·布伦塔诺有娇小匀称的身材，瓷器般细腻的肌肤，漆黑浓密的卷发，一对深邃的褐色眸子以及一种超越世俗之美的强大磁力。歌德曾惊呼道："什么样的艺术家才能描绘她的美丽？"贝蒂娜·布伦塔诺嫁给了哥哥克莱门斯·布伦塔诺的亲密朋友阿尔尼姆，阿尔尼姆是德国著名诗人和小说家、德国浪漫主义文学的重要代表人物，其小说有《多洛莱斯伯爵夫人的贫穷、富裕、罪过和忏悔》、《王冠守护人》等，诗歌有《我觉得太亮，

---

① 布伦塔诺和阿尔尼姆搜集整理的德国民歌集《儿童的神奇号角》给了格林兄弟两人以重要启发。两人在上大学期间结识了他们，后来兄弟两人沿着莱茵河等地访问善于讲童话的人，收集他们口中的故事。1812年，这些故事结集成《儿童和家庭童话集》的第一卷，于圣诞节前夕在柏林问世，大受欢迎。此后直到1857年，格林兄弟不断补充故事，并一再修订，共推出七个版次。第七版后来成为在各国流传的原著版本，至今已译成数十种语言，许多故事广为流传。

② 她死后获册封真福。

睡不成》、《月光下的骑驰》、《樱桃树》等。阿尔尼姆与贝蒂娜生了7个儿女，有两个女儿被收入《维基百科全书》，其中吉塞拉(Gisela von Arnim，1827—1889)也是著名的作家。

图1-4 布伦塔诺的伯父克莱门斯·布伦塔诺(Klemens Brentano，1778—1842)

贝蒂娜·布伦塔诺多才多艺，是一位作家，同时也是出版家、作曲家、歌唱家、视觉艺术家、插图画家和社会活动家，但她也是一个引起争议和引人闲话的人物。她的哥哥克莱门斯·布伦塔诺很久之前就对她下了充满矛盾的断语："一半是女巫、一半是天使；一半是预言家、一半是骗子；一半是猫、一半是鸽子；一半是蜥蜴、一半是蝴蝶；一半是贞洁的月光、一半是放荡的肉体……。"如此这般的话还有十几行。

贝蒂娜·布伦塔诺具有活跃的想象力，善于表达，是当时思想文化和文学艺术界的交际花，被称为"浪漫主义的预言家"。她曾为工人和妇女解放而宣传，赞赏卡尔·马克思(Karl Heinrich Marx，1818—1883)的社会主义学说，她有时陪着马克思长时间散步和讨论问题。贝蒂娜·布伦塔诺是诗人歌德的同伴，是贝多芬的灵感来源，她还引起了拿破仑的注意。当时著名的作曲家舒曼(Robert Schumann，1810—1856)、李斯特(Franz Liszt，1811—1886)、金克尔(Johanna Kinkel，1810—1856)和勃拉姆斯(Johannes Brahms，1833—1897)都曾赞赏她的精神和才能，并把自己的作品题献给她。她与哲学家雅各比(Friedrich Heinrich Jacobi，1743—1819)和施莱尔马赫(Friedrich Schleiermacher，1767—1834)、文学家提克(Johann Ludwig Tieck，1773—1853)和格林兄弟①、洪堡兄弟(the Humboldt brothers)②和美

① 雅科布·格林(1785—1863)和威廉·格林(1786—1859)

② 哥哥 Alexander Freiherr von Humboldt (1769—1859) 是德国博物学家和探险家，弟弟 Wilhelm von Humboldt (1767—1835)是普鲁士的著名哲学家和语言学家。

国的思想家爱默生(Ralph Waldo Emerson,1803—1882)①也非常熟悉。正如刘易斯(George Henry Lewes)指出:"贝蒂娜·布伦塔诺在19世纪文学史占据的空间要超过其他任何女性。"②

1893年母亲逝世后,年仅8岁的贝蒂娜被送到了一个女修道院接受教育。12岁时她和小说家外祖母玛丽·拉·罗什生活在一起。后来,她从5岁起就再没见过的哥哥克莱门斯·布伦塔诺成了她的导师和保护者。哥哥鼓励贝蒂娜去读歌德的作品,她马上就被《威廉·迈斯特的学习年代》(*Wilhelm Meister's apprenticeship*)中的虚构人物迷娘(Mignon)深深吸引住了。1806年,贝蒂娜访问了法兰克福,与歌德的母亲成为朋友,听她讲自己儿子的往昔岁月。1807年,22岁的贝蒂娜终于首次见到58岁的歌德,并保持亲密的关系,直到她1911年结婚为止。③ 当歌德问贝蒂娜对什么有兴趣时,她说:"我只对你有兴趣。"在她留下的11卷书信著作中,最著名的可能是她与歌德的通信,以表达她对诗人的想象的爱情。1824年,她为歌德设计了一座纪念碑,让歌德非常欣喜。其造型是歌德坐在王座上,面前有一个拿着竖琴的裸体小缪斯。她告诉歌德那是迷娘,而歌德知道那就是她自己。她设计的这座大理石纪念碑至今还矗立在法兰克福。1835年,她出版了《歌德与一个孩子的通信》④(1837年由她本人翻译成英文版),其中一些篇目后来都被选入《世界情书精选》之类的读本中。贝蒂娜与歌德的恩怨故事后来又被作家米兰·昆德拉(Milan Kundera,1929—)写进其著名小说《不朽》(1990)中,这又让她再次声名远扬。

贝蒂娜与贝多芬也十分熟识,她在给歌德的信件里引述了贝多芬对音乐心醉神迷的感受:"音乐是更高的天启,超过一切智慧和哲学。音乐是鼓舞人们创造新世界的美酒,而我就是为人类酿造这荣耀之酒的酒神巴库斯。那些懂得我音乐的人将会被它解放,脱离束缚着其他人的一切苦难。"贝蒂娜的信件中诸如此类的箴言可能会成为贝多芬关于音乐的最著名的见解,并帮助人们编织关于这位作曲家的浪漫神话。贝蒂娜最终促成了歌德与贝

---

① 爱默生赞美她道:"好美丽的贝蒂娜!……她比George Sand or Mme更具有杰出的天资,也真的更比De Stael聪慧,也更深刻和更有趣味。我们在那里都找不到任何一个与她可比的女人。"(Ralph Waldo Emerson(1839). *Journal*. July 9 and *Letters*,Ⅲ:77.)

② George Henry Lewes(1864). *Life of Goethe*. (2nd edition). London:Smith,Elder and Co., p.112.

③ 贝蒂娜的哥哥克莱门斯·布伦塔诺坚决反对她与歌德的交往,他希望自己的妹妹能嫁到好人家,做个贤惠的主妇。他担心她会搭这个疯狂的诗人。克莱门斯懂得何谓疯狂的诗人,因为他自己就是。

④ 贝蒂娜·布伦塔诺认识歌德时已经22岁,但她在通信中称自己13岁,这使得该书在文学史上引起了极大的争议。有人认为她是善于夸大和说谎的歌德友人。

多芬这两位大师见面。两位伟人在一起谈话、散步，然后分手，双方都感觉不自在。贝蒂娜由此编出了一个著名的故事，说贝多芬在街上推开皇室的随从径自前行，而歌德却站在一旁鞠躬。故事虽是假的，但贝多芬批评歌德对贵族的尊崇却是真的。歌德在信中写道，贝多芬的“天才令我着迷”，但同时也觉得他是个讨厌的人。他们以后再也没见过面。在贝多芬逝世后，贝蒂娜公布了三封贝多芬寄给她的信。到了 2002 年，沃尔登（Edward Walden）还在美国的《贝多芬杂志》上撰文认为，贝蒂娜·布伦塔诺可能就是贝多芬“永恒的爱人”（the Immortal Beloved ）①。1812 年 6 月，贝多芬给一位神秘的女性写了一封极为热烈真挚的情书，在情书中称其为心目中的“永恒爱人”。收信人是一位身份不明的女子。贝多芬身后很长一段时间，关于这位女性是谁曾有各种猜测。② 这也成为贝多芬传记研究的著名课题。而美国的另一位贝多芬权威学者梅纳德·所罗门通过严谨的科学研究，在 1977 年撰文证明，这位女性是安东尼·布伦塔诺（Antonie Brentano，1780—1869），她是布伦塔诺的婶母，其丈夫是布伦塔诺父亲同父异母的哥哥弗兰茨·多米尼库斯·布伦塔诺（Franz Dominicus Josef Maria Brentano，1765—1844）。弗兰茨·多米尼库斯·布伦塔诺是个富商，对贝多芬有过经济援助，贝多芬曾将《狄亚贝里变奏曲》献给她的夫人安东尼·布伦塔诺。1821 年 12 月 6 日，贝多芬又将《E 大调奏鸣曲，作品 109》题献给他的女儿马克西米利安·布伦塔诺（Maximiliana Brentano，1802—1861）：“给我的小朋友马克西米利安·布伦塔诺，以此鼓励她演奏钢琴。”

贝蒂娜·布伦塔诺曾将自己与其十多岁时的初恋对象卡罗琳·昆德罗德（Karoline von Günderrode）③的通信题献给了普鲁士的一些学生激进分子，这些学生是暴虐的普鲁士政府的心病。而学生们则为贝蒂娜举行了一次火炬游行。她成了四面楚歌的改革派的缪斯，被称为《共产党宣言》之前的共产党人。她还从事反对反犹主义的活动。此外，贝蒂娜还写了两本非常过激和危险的政治书籍，呼吁废除君主制。但她一方面因身为女人而逃

① Edward, W. (2002). Beethoven's Immortal Beloved: Arguments in support of the candidacy of Bettina Brentano. *Beethoven Journal*. Winter, Vol. 17, Issue 2.

② 尽管人们可以列出一长串的贝多芬“永恒的爱人”的名字，但很多贝多芬的研究者都不太赞成好莱坞著名导演伯纳德·罗斯（Bernard Rose）拍摄的《永恒的爱人》（1994）电影中的猜测。该剧情梗概是：贝多芬逝世后，他的朋友安东决心寻找到在贝多芬遗嘱中被称做“永恒的爱人”的女人。在安东的不懈努力下，找到了伯爵夫人朱莉亚和女伯爵安娜，但她们是不是贝多芬提到的女人？他发现有一件往事给贝多芬带来终生的遗憾：当年他曾与家具商的女儿乔娜相爱，并约定在一家旅店碰头后一起私奔，但贝多芬因故未能准时践约，虽然差人送去一信，但乔娜没能收到。已有身孕的乔娜后来嫁给贝多芬的弟弟。

③ 一个比她大 5 岁的女孩，也是一个住在修女院里的美丽、忧郁、贫穷的诗人。

脱了惩罚，另一方面的原因则是当时的普鲁士国王也是她的崇拜者。她写的最后一本书名为《与魔鬼的对话》(*Conversations with Demons*)，这是一本相当奇怪的书。她在书中把自己想象为一个幽灵，在国王的睡梦中催促他进行改革。但这本书的出版却几乎使贝蒂娜破产，而且几乎没有人去读它。

但不管怎么引起争议，贝蒂娜还是德国一位著名的人物。她的肖像从1991年到2001年12月31日被印在德国5马克的纸钞上。

图 1-5 布伦塔诺的姑姑贝蒂娜·布伦塔诺（Bettina von Arnim Brentano，1785—1859）

图 1-6 德国 5 马克纸币上的贝蒂娜·布伦塔诺的肖像(1991—2001)

布伦塔诺的父亲克里斯蒂安·布伦塔诺(Christian Brentano，1784—1851)也多才多艺，他是一位天主教作家和出版家。布伦塔诺的父亲十分富裕，尽管其生活经常因金融逆转而陷入困境。在娶了埃米莉·根格尔(Emillie Genger，1810—1881)之后，有一段时间他从事教师职业，依靠其妻子家生活。由于金融问题加上宗教信念，他卖掉财产，将整个家庭迁居到慕尼黑的阿沙芬堡(Aschaffenburg)，并定居在从其主屋顶可以俯瞰施佩萨特(Spessart)的一座小山坡上的房子里。至今这座房子仍叫做“豪斯·布伦塔诺”(Haus Brentano)。这座房屋位于多山的莱茵河畔的一条僻静的斜坡街道上。通过一扇建成古老拱廊的门，首先进入一个四周有围墙的庭院，庭院中草树丛生。然后，进入一座舒适的旧式风格的房子，里面有宽敞的房间和大厅。起居室和客厅需要爬一段楼梯。从阳台上可以看到美丽的莱茵河，它弯弯曲曲流向王宫和庞培宫(Pompeii House)，跨过这条河向西还可以看到平原，沿着莱茵河并越过一座通往开阔的对岸的桥就可以到达公园，并且从那里再走半小时，就能穿过一排白杨树到达"Schǒnen Busch"，这是一个起源于选帝侯(Elector)时代的大公园。这样的散步是真正的哲学漫步。①

图 1-7　莱茵河畔的景色

图 1-8　阿沙芬堡的布伦塔诺家族祖屋

克里斯蒂安·布伦塔诺一生从事多种职业，曾做过作家、画家。他具有从母亲遗传而来的艺术和文学天才，他沉迷于绘画，阿沙芬堡房屋墙上的油画就是其杰作。他还创作诗歌，写作伦理和讽刺剧本。通过朋友多明我会院长海因里希(Johann Baptist Heinrich)，他与教皇至上论发生了联系，并为天主教的《教育与警示杂志》撰写了几篇文章。然后发生的一场宗教危机引导他领会了宿命论教义。这个事件可能影响了其孩子的宗教信仰。在转向天主教后，克里斯蒂安·布伦塔诺主要献身于宗教事务。

① Stumpf, C. (1919). Reminiscences of Brantano. In: L. L. McAlister. (ed). (1976). *The philosophy of Brentano*. London: Duckworth. p. 14.

布伦塔诺的母亲埃米莉·根格尔也是一位虔诚的天主教教徒,她做得最突出的事便是在其丈夫逝世后编辑了其宗教著作,她还教导布伦塔诺长大后成为一名天主教牧师。布伦塔诺的学生斯顿夫晚年在回忆布伦塔诺的母亲时写道:“我与她非常熟悉,并且她与我及我的家人的真挚友谊一直保持到 1882 年她去世。老人家的容貌出众,漂亮、黑眼睛、表情丰富,亲切、富有同情心并且举止活泼。她并非对世界的美景不敏感,而是其内心深处充满了宗教意向和宗教兴趣。日复一日,无论冬夏,你都可以看到她步行前往参加圣芳济教会教堂 6 点钟举行的弥撒,这是一段相当长的路程。她处在该城市所有天主教慈善活动的中心位置,而且在别处也有许多联系。我经常听到美因茨主教穆方(Christoper Moufang)和海因里希的名字,特别是后者与布伦塔诺一家关系非常密切。”①

布伦塔诺是父母的第二个孩子。他还有一个姐姐、两个妹妹和一个弟弟。姐姐嫁给一位著名的埃及学家,一个妹妹嫁给法国史学家,另一个妹妹做修女,终身未嫁。他的弟弟卢约·布伦塔诺(Lujo Brentano,1844—1931)是著名的政治经济学家和德国社会政策的先驱,1927 年获得诺贝尔和平奖。在布伦塔诺的家族成员中,有 14 人被收入《维基百科全书》,布伦塔诺和他的伯父克莱门斯·布伦塔诺、弟弟卢约·布伦塔诺被列为《不列颠百科全书》的独立条目,他和他的叔叔也被收入《辞海》②。这些都足以证明这个家庭的荣耀和辉煌。所以说,布伦塔诺家族的确是名门望族。

图 1-9 布伦塔诺的弟弟卢约·布伦塔诺(Lujo Brentano,1844—1931)

① Stumpf, C. (1919). Reminiscencs of Brantano. In: L. L. McAlister. (ed). (1976). *The philosophy of Brentano*. London: Duckworth. p. 15.

②《辞海》,上海辞书出版社 1999 年版(缩印本),第 189 页。

二、早年时光：智慧儿童

由于父亲在布伦塔诺成人之前就去世了，他和弟妹们主要是由具有严格保守的天主教信条的母亲抚养成人。他们都深受母亲的影响，对布伦塔诺来说，这种影响深深地贯穿其终身。那时的豪斯·布伦塔诺总是许多知识分子包括亲戚和朋友会聚的地方。经常的客人是来自法兰克福的家族成员、参议员、教父弗兰茨(Franz)、姨妈安东纳(Antona，奥地利部长的女儿)、牧师穆方和海因里希(美因茨天主教运动的代表人物)以及家庭的朋友、文献学家、大学预科学校图书馆馆长默尔克(Joseph Merkel)教授，还有来自达姆施塔特(Darmstadt)的赫特林家庭的亲戚成员，后者认为经常接触阿沙芬堡的布伦塔诺家庭成员是有益的，通过他们的友谊获得自己的才智。

布伦塔诺早年在许多方面都有杰出的表现。他最小的妹妹在他去世后的次年回忆道："他在每件事情上都极具天分。在孩提时，他的歌声优美，以至于经过我们家房屋的人都会听到他那动听的声音。他的小提琴教师在每节课上都赞扬他的进步，尽管他并未练习得很多。他能驾轻就熟地画出他想画的任何东西……他热爱各种竞技，而且非常擅长这些竞技，尤其是国际象棋，这是他最喜欢的娱乐。国际象棋比赛是这样地令他着迷，有一次，他去法兰克福拜访他最喜欢的姑妈，他在进门的大厅发现一场国际象棋比赛，他就完全忘记了他为什么要来这里。他的姑妈后来发现他完全投入了这场比赛……他的游泳和体操与下国际象棋一样好……他喜欢孩子，孩子也就像成人那样喜欢他。"①

布伦塔诺在儿童时代就表现出安静，他没有像弟妹们那样被送到严格的宗教寄宿学校去接受教育。他留在阿沙芬堡的家中和母亲在一起，由母亲进行私人教育。由于在文学家庭中长大，12岁的布伦塔诺就开始阅读加兰德龙(Galderón)和莎士比亚(Shakespeare)的作品。在从蒂罗尔(Tyrol)到里瓦(Riva)的游行途中，他和弟弟一起阅读但丁(Dante)的《神曲》(*Divine comedy*)，并饶有兴趣地讨论着。

1855—1856年，布伦塔诺进入阿沙芬堡的巴伐尼亚皇室(the Royal Bavarian)大学预科学校，接受普通教育课程。他自己指出，之所以上这样的学校，是为了避免大学期间被留级。在大学预科学校，文献学家默尔克教文

① 转引自 Kraus, O. (1926). Biographical sketch Franz Brantano. In: L. L. McAlister. (ed). (1976). *The philosophy of Brentano*. London: Duckworth. pp. 1～2.

学和艺术史，并深深影响了布伦塔诺和弟弟的思想发展。以至于布伦塔诺把他的一本书《亚里士多德的心理学，特别是他的主动理智学说》题献给默尔克，题词是“以真正的感激记忆我父亲般的朋友”①。布伦塔诺最初的兴趣徘徊于哲学、数学和几何之间，直到他读到了亚里士多德的作品之后，他才迅速地选择了哲学。他后来一直认为亚里士多德是其哲学的理论基础。这一抉择与一位17岁青少年的宗教危机不是没有联系。这是布伦塔诺的第一次宗教危机，它是由非宿命论学说引起的。他认为现代哲学对于这个问题有更多的话可说。② 无论在形式上还是在内容上，这都十分类似于其父亲曾经遭受过的宗教危机。

三、大学时代：知识谱系发生

1856—1857年，布伦塔诺进入慕尼黑大学哲学系，读了三学期，主要跟随拉萨克斯（E. von Lassaux）和多林格（Ignatius von Dŏllinger，1799—1890）等人学习哲学和神学。多林格是当时德国天主教浪漫主义的最正统神学家（the greatest orthodox theologians of German Catholic Romanticism）。1857年，布伦塔诺转入符茨堡大学，跟随历史学家和正统的天主教神学家研究阿奎那（T. Aquinas）思想。由于当时符茨堡大学继续着的谢林（F. Schelling）和巴德尔（F. X. B. Baader）思想上偏向唯心主义，而他本人却需要研究亚里士多德，所以他只读了一学期便转入柏林大学。在柏林大学学习两个学期（1858—1859），师从德国著名亚里士多德学派哲学家特伦德伦堡（Frederrick Trendelenburg，1802—1872）学习亚里士多德的著作，这使他终身深受亚里士多德的影响。在此，他还受到他的贝蒂娜姑妈、库尼贡德（Kunigunde Maria Ludovica Catharina Brentano，1780—1863）姑妈及其姑夫、普鲁士部长萨维尼（Friedrich Carl von Savigny，1779—1861）的鼓励。后来又转至明斯特学院学习两学期（1859—1860），在此跟随天主教哲学教授克莱门斯（F. Klemens）学习中世纪的经院哲学。克莱门斯对布伦塔诺思想影响很大，他关于表象的观点、关于判断的学说和后来所谓的意向性内存在学说都是从克莱门斯讲授的托马斯哲学中得来的。在明斯特期间，布伦塔诺花过一个学期在美因茨参加一个讨论接近德国教皇至上论问题的讲习

① Kraus, O. (1926). Biographical sketch Franz Brantano. In: L. L. McAlister. (ed). (1976). *The philosophy of Brentano*. London: Duckworth. p. 4.

② Kraus, O. (1926). Biographical sketch Franz Brantano. In: L. L. McAlister. (ed). (1976). *The philosophy of Brentano*. London: Duckworth. pp. 1～2.

班。在美因茨他又见到了他家的老朋友穆方和海因里希。

文化史家通常认为布伦塔诺是一位“天主教哲学家”（Catholic philosopher），这个标签对其思想的接受，对其理论的解释和对其个人选择的评价，既有积极影响也有消极影响。实际上，布伦塔诺与天主教的关系是一个复杂的问题。首先，这个问题涉及到其个人生活的某些方面，他早年受到母亲的严格天主教教育，成年后做天主教牧师，后又放弃天主教。其次，这个问题联系于十分特殊的学术环境，在布伦塔诺的时代，德国大学的哲学系教员几乎都是天主教新教徒（Protestant）。第三，这个问题涉及到其哲学本身的目的和内容，从本质上看，其哲学在形成之初便都联系着天主教问题。就第二点来看，由于德国大学是新教主导的，所以人人都投入热烈的讨论和撰写意识形态的论述。但值得指出的是，布伦塔诺曾愿意选择在克莱门斯而非特伦德伦堡指导自己的毕业论文，尽管他将毕业论文题献给后者。布伦塔诺在明斯特学院见到克莱门斯后，用洋溢语词写信给他的姑父萨维尼：“他就是我心目中的教授”。他还详细描述了他们边散步边讨论哲学问题的情景。克莱门斯是哲学教授而非神学家，但他却支持天主教，并用托马斯学说为天主教辩护。他的理论发表在天主教杂志上，实际上激起了由多林格领导的德国神学家和美因茨地区的教皇至上论者之间的不和。布伦塔诺在明斯特学习期间，这场争论正处于白热化之中。由于难以找到一位和自己观点一致的导师，他放弃在明斯特学院的学业并转学到杜平根大学。1862 年 7 月 17 日，他以《论亚里士多德关于存在的多种意义》（1960 年再版）论文获得该校哲学博士学位。这是他的第一本著作，并将之题献给特伦德伦堡。因为这个论题首先是由特伦德伦堡在他的亚里士多德的《范畴论》中提出的。当然，布伦塔诺是从不同的角度来讨论的，他不是从语言学的观点而是从形而上学的意义上选择分析问题。特伦德伦堡认为自己“已经尝试对亚里士多德的学说进行最具创造性的新解释”①。布伦塔诺则认为，亚里士多德的范畴表不只是语法概念的任意聚合，而实际上是来自一个基本的思想，布伦塔诺对这些范畴进行了分类和演绎。对于一位年仅 24 岁的青年学者，能这样驾轻就熟地讨论亚里士多德的主题确实令人惊奇！布伦塔诺在当时作为理论家，与特伦德伦堡、施韦格勒（A. Schwegler）、策勒（Eduard Zeller）和博尼茨（H. Bonitz）一起构成“亚里士多德复兴”运动，被称为“新亚里士多德主义者”。

---

① Kraus, O. (1926). Biographical sketch Franz Brantano. In: L. L. McAlister, ed. (1976). *The philosophy of Brentano*. London: Duckworth. p. 3.

毕业后，布伦塔诺继续研究神学两年。1862 年夏天，他在奥地利的格拉茨的多明我会修道院停留了一段时间，然后去了慕尼黑学习神学，其时，多林格正在教授教会会议所讨论的教皇优先说。再后他又前往符茨堡进入神学院学习，并参加神学考试，准备做牧师。布伦塔诺称曾经告诉过克劳斯这样的事，当时被问“为什么基督教会是看得见的”，提问者期望的答案是“因为基督的头是看得见的”。但是布伦塔诺的回答是，“因为它是一个由人组成的组织，他们有志于社会的团结，必须看到彼此之间的关系”①。

1864 年 8 月 6 日，16 岁的布伦塔诺被正式任命为牧师。在布伦塔诺做牧师的问题上，克莱门斯的影响还是很大的。这个说法否定了这样的观点，即布伦塔诺主要是由于家庭教育的影响去当牧师的，而后来他接触了哲学，随后就迅速地辞去牧师。据麦卡利斯特(L. L. McAlister)的推测，相反的观点才是真实的。尽管布伦塔诺的确受到其天主教的家庭教育的影响，但他毕竟是作为一位哲学家，并追随他所遭遇的德国教皇至上论所代表的托马斯主义。他决定加入圣职，但不可否认的是，他的目的是追求“作为科学家”的学术前程。他决定做牧师，事实上只是符茨堡的主教再三保证他可以自由地从事他的学术职业。②

第二节　教师生涯

一、符茨堡时期

1866 年 7 月，布伦塔诺担任符茨堡大学哲学系的讲师(privataozent)③，讲授哲学。同月 15 日，布伦塔诺在学校的大礼堂进行任职演说。他提出 25

① Kraus, O. (1926). Biographical sketch Franz Brantano. In: L. L. McAlister, ed. (1976). *The philosophy of Brentano*. London: Duckworth. p. 3.

② Albertazzki, L. (2006). *Immanent realism: An introducation to Brentano*. Dordrecht: Springer. p. 14.

③ 这是日耳曼语国家中无薪大学教师，其报酬直接来自学生的选课费。

个教职资格的论题，几乎涵盖了整个哲学领域。这些论题最初是用拉丁文写成的，但必须用德语来辩论。当时，哲学系的教授弗朗茨·霍夫曼(Franz Hoffman)、乌利希斯(Urlichs)都反对他，但他辩护和解释其论题的方式表明，他完全优于他的对手，每一篇论题的背后都是一个经过彻底思考的理论。其中第一个论题是，“哲学必须反对思辨科学与精确科学之间的区别，哲学存在的真正理由就是证明的抗议”①。第二个论题是，“哲学必须反对来自其神学原理的假设，必须反对主张没有超自然的神示，就不可能有科学的哲学”。第四个论题是，“真正的哲学方法就是自然科学的方法”，②该论题后来成为他的最著名命题。

布伦塔诺的辩论十分成功，不仅学生③而且教职员工和大学评议会成员都对布伦塔诺留下了相当深刻的印象。7月15日，评议委员会在提交给大学理事会的报告中高度赞扬了布伦塔诺：“他的心智敏锐，他的概念清晰和准确，他领会其他观点的轻松性，他形成自己观点的肯定性，他的方法的真正科学性，更不必说他的哲学领域知识的丰富多样性和探究的准确性……他把信念的力量与正确的方法结合起来，把科学家的尊严与适度的谦恭结合起来。稳重、清晰、精确和彻底一定会作为他所讨论内容的本质特征被提到。”④

布伦塔诺的25个论题次年以《亚里士多德的心理学，特别是他的主动理智学说》为题正式出版。他的这本著作深受好评，当时符茨堡大学哲学系主任认为，这本书是该系50年来最好的一部著作。⑤

就在布伦塔诺就职演说的同一天，普鲁士军队入侵阿沙芬堡的战争爆发了。两周以后，不仅城堡而且符茨堡大学本身也被普鲁士军队攻破，并且大学被封闭起来。据说布伦塔诺步行穿越斯佩萨特县回家，并被作为可疑的间谍遭到拘押。⑥

他的这些论题特别是第四个论题后来贯穿在其讲课中，激发了一批年

① 他提倡坚持最严格的科学原理的哲学，反对费希特(Fichte)、谢林(Schelling)和黑格尔(Hegel)的思辨—神秘的哲学。

② Kraus, O. (1926). Biographical sketch Franz Brantano. In: L. L. McAlister. (ed). (1976). *The philosophy of Brentano*. London: Duckworth. pp. 3～4.

③ 当时，斯顿夫在听辩论的现场就决定秋天选修布伦塔诺的课程。

④ Stumpf, C. (1919). Reminiscences of Brantano. In: L. L. McAlister. (ed). (1976). *The philosophy of Brentano*. London: Duckworth. p. 11.

⑤ Albertazzki, L. (2006). *Immanent realism: An introducation to Brentano*. Dordrecht: Springer. p. 16.

⑥ Stumpf, C. (1919). Reminiscence of Brantano. In: L. L. McAlister. (ed). (1976). *The philosophy of Brentano*. London: Duckworth. p. 11.

轻人，吸引了大量的学生和追随者。布伦塔诺最早的学生是斯顿夫（Carl Stumpf，1848—1936），从布伦塔诺一到符茨堡大学，就聆听了他的形而上学课程①。斯顿夫的一生曾两次受到布伦塔诺的深刻影响。斯顿夫在《回忆布伦塔诺》一文中曾饱含深情地写道："我愿意对我伟大的老师表达我的爱和感激，并且我愿意保持到我死的那一天。他和学生建立了亲密关系，热切地维持这种关系，并让这种关系在其内心生活中起着重要作用。在这一点上他要超过其他大多思想家。"②斯顿夫受到布伦塔诺的影响，放弃了法律学习而投身于哲学和神学的学习。

1867年，安东·马蒂③（Anton Marty，1847—1914）成为自斯顿夫之后布伦塔诺最忠诚和最重要的学生。马蒂与他维持了终生的友谊。随后，冯·恩德特④（van Endert）、倡导德国天主教现代派运动的舍尔⑤（Hermann Schell，1850—1906）及其他的反对者科默（Ernst Commer，1847—1928）、乔治·冯·赫特林爵士⑥（Count George Frederick von Hertling，1843—1919）、约翰内斯·沃尔夫（Johannes Wolff）、许茨⑦（Schütz）和基施坎普⑧（Kirschkamp）陆续加入布伦塔诺的学生圈子。其中斯顿夫、马蒂与恩德特三人上课时总是坐在一起，被布伦塔诺称为"三王"（The Three Kings）。⑨

在1870年至1872年间，布伦塔诺花费主要精力讲授逻辑学、心理学和哲学史。1872年5月，他升任符茨堡大学的哲学专任教授（professor extraordinarius，即 full professor）。他就职演说的题目是《谢林哲学发展的主要阶段及其形成的最后阶段的科学价值》。据说，这是哲学家霍夫曼选定

---

① 据斯顿夫保留的听课笔记记载，布伦塔诺认为，亚里士多德而非阿奎那或经院哲学是形而上学的永恒的权威。

② Stumpf, C. (1919). Reminiscences of Brantano. In: L. L. McAlister, ed. (1976). *The philosophy of Brentano*. London: Duckworth. p. 10.

③ 后来成为语言哲学家、心理学家和本体论专家。他受布伦塔诺的《亚里士多德的心理学》一书的影响，在1873年著有《来自亚里士多德哲学原理的心灵生活的统一性》。

④ 后来做了科隆大教堂的主教。

⑤ 后来成为德国神学家、宗教学家、天主教司铎。著有《天主教信理神学六卷》(1889—1893)、《为基督宗教辩护》(1901 1905)等。

⑥ 布伦塔诺的表弟、后来的哲学家、德国第七任总理(1917年11月—1918年9月)。他在1871年著有《质料与形式以及亚里士多德对灵魂的定义》(*Matter and form and the definition of the soul in Aristotle*)，十分类似于布伦塔诺的《亚里士多德的心理学》一书。1870年，"教皇无过说"的颁布使冯·赫特林面临困难的选择，并且从那时起他与布伦塔诺分道扬镳了。

⑦ 后来任特里尔大学哲学教授。

⑧ 后来任波恩大学哲学教授。

⑨ Stumpf, C. (1919). Reminiscence of Brantano. In: L. L. McAlister, ed. (1976). *The philosophy of Brentano*. London: Duckworth. p. 19.

的题目。布伦塔诺的教学很成功，由于选学他课程的人数很多，吸引了太多的学生，不仅有来自哲学和神学系的学生，还有一群来自医学和法律系的学生。大有万人空巷之势，以至于他的一位同事因没有学生听课而只能停掉课程。这样也引起了他的同事嫉妒，有人在他讲课的教室大门上题写“硫酸工厂”，意即腐蚀听课的人。

布伦塔诺为什么对心理学感兴趣，何时首次对心理学感兴趣并不太清楚。大概是他的哲学史知识使他对心理学主题发生兴趣。据斯顿夫回忆，布伦塔诺从 1871 年开始讲授心理学课程。他的课程分为两个部分：第一部分是讨论心理现象及其规律，第二部分讨心理现象的载体和灵魂不朽问题。①

1869 年夏末，在第一届梵蒂冈大会上，以 433 票对 2 票通过了“教皇永无谬误说”，并成为一条教义。由天主教耶稣会会士倡导的这一“教皇永无谬误说”引起了激烈的争论。在德国存在强烈的反对意见，反对者不仅包括神学家多林格，还包括一大批主教，著名的如美因茨的克特勒(W. E. von Ketteler，1811—1877)、罗腾堡(Rottenburg)的黑费尔(A. Hefele)、慕尼黑的本笃会修士罕哈伦贝格 (Abbot Haneberg)。1870 年，布伦塔诺接受克特勒主教的邀请，向德国主教在富尔达(Fulda)召开的大会撰写了呈文。这是一篇详细的历史研究文章，以简明而令人印象深刻的方式探讨了最终权威的罗马教皇在较早时期所犯的荒谬错误，还探讨了反对“教皇无误说”的其他观点。该文证明了“教皇永无谬误说”是荒谬的，产生了很大影响，从而使他成为教会内持不同政见的自由派牧师的学术领袖。并由此引起他对天主教的全面怀疑，只是囿于母亲和朋友的虔诚他才没有马上退出教会。根据教会的规定，在没有离开教会的情况下，作为牧师的布伦塔诺不能从其宗教职位上辞职。正式退出教会和提出辞职，他延迟了整整三年。

尽管 1872 年他升任符茨堡大学的哲学专任教授，但他最终还是于 1873 年 4 月 11 日即耶稣受难日辞去牧师，退出教会，同年 5 月也辞去由教会提供的教授职位。除了反对“教皇永无谬误说”，他还不相信罗格斯肉身化、圣餐和地狱惩罚。② 这是他度过的人生的第一次危机，是信仰与理性之争的危机。此时的布伦塔诺面临着一个古老的抉择，是默认教义还是做异教徒。他在其后出版的《学说及其永恒意义》(1922)的前言中提到了这次危机。他

① 转引自 Stumpf, C. (1919). Reminiscences of Brantano. In: L. L. McAlister, ed. (1976). *The philosophy of Brentano*. p. 37.

② 靳希平、吴增定：《十九世纪德国非主流哲学：现象学史前札记》，北京大学出版社 2004 年版，第 276 页。

说："出生于天主教家庭，我被引导接受牧师生活；但我后来强迫自己脱离教会。我迈出这一步的唯一理由是我愿意为人类的更高利益服务。我成熟的信念使我认识到，如果我追随我最初进入的路径，这种服务就会变为不可能实现。对我来说，研究一直是生命的必需，从我最初尝试的开始，到后来反复以一种满意的方式解决理性与所谓超自然的神示内容之间的某些显而易见的矛盾。每次努力解决这些矛盾都是失败的，逐渐地就产生了对宗教教义的真理性的怀疑。但是宗教信念对我来说是一种神圣的义务，漠视它就意味着永恒的惩罚。因而怀疑对这一信念的义务对我来说就是一种对邪恶的诱惑……所有的这些争斗反反复复地重复，我不能确定这是不是因为某种特别的事件，即集中到梵蒂冈大会讨论教皇永无谬误说。这是一条在争论中的教义，我仍然怀疑它而没有陷入罪恶。与之相反的是，我仍然能从歪曲我的良知和阻止对它进行公平的考验中解脱出来。我研究它，我的研究结果是最有可能相信这个教义是站不住脚的。"①

1871 年 11 月，布伦塔诺学习英语，期待着复活节去英国，主要是去会见穆勒(John Stuart Mill)。1872 年，布伦塔诺到英国旅行，会见了英国杰出的思想家，如斯宾塞(Herbert Spencer)、纽曼(Cardinal Newman)、米瓦特(G. J. Mivart，达尔文的反对者)和神学家史密斯(William Robertsin Smith)。但是未能见到曾经通过信的穆勒，因为穆勒突然逝世了。布伦塔诺广泛阅读了 Anglo-Saxon 哲学和英国经验主义，并为其思想打下了基础。1873 年辞去牧师和教授职务后，布伦塔诺先到巴黎，然后到堡罗特(Roodt)，最后到莱比锡旅行。在莱比锡，他会见了费希纳(G. T. Fechner)、德罗比施(M. W. Drobisch)、施特恩(W. Stern)、韦伯(Heinrich Weber)、舒斯特(Schuster)、施特林普尔(L. Strümpell)和文德尔班(W. Windelband)等人，并与他们讨论了主要的哲学问题。布伦塔诺去莱比锡的另一个目的是，他当时正在写《经验观点的心理学》一书，认为莱比锡的图书馆可为自己写书所用。当他回到阿沙芬堡后，他隐居数月，继续撰写《经验观点的心理学》。他写作该书的目的，是为了继续追求他的大学教职。

二、维也纳时期

1874 年 1 月 22 日，由洛采推荐，奥地利教育部长施特雷迈尔(K. von

---

① Puglisi, M. (1924). Franz Brentano: A biographical sketch. *The American Journal of Psychology*. Vol. 35, No. 3. pp. 414～419.

Stremayer)签署命令，布伦塔诺就任维也纳大学的哲学专任教授。同年 4 月 22 日，布伦塔诺进行了题为《论哲学令人沮丧的动机作用》的就职演说。在维也纳大学初期，他教授的课程为哲学史、心理学、逻辑学、实践哲学和形而上学。在那个时代的奥地利大学，哲学是法律、医学和神学系学生的普通课程，实践哲学是法律系学生的必修课程。在维也纳大学，布伦塔诺继续发挥其教学特长，仍然吸引了许多学生来听课。通常情况下，选修布伦塔诺课程的有 100 多人，有时达到 360 多人。在维也纳，追随布伦塔诺的学生很多，由一群杰出的学生组成了所谓的"布伦塔诺学派"。应该提到的有胡塞尔(Edmund Husserl)、迈农(Alexius Meinong)、弗兰茨·希勒布兰德(Franz Hillbebrand，1863—1926)、塔多斯基(Kazimierz Twardowski，1866—1938)①、马萨尔克(Thomas Masaryk，1850—1937)②、赫夫勒(Alois Hŏfler，1853—1922)、厄棱费尔、克赖比希(Josef Clemens Kreibig，1863—1917)以及后来的克劳斯③(Oskar Kraus，1872—1942)、卡斯蒂尔④(Alfred Kastil，1874—1950)、施泰勒(Rudolf Steiner，1861—1925)⑤、艾森迈尔(Josef Eisenmeyer)、埃米尔·乌蒂茨(Emil Utitz)⑥、伯格曼(Hugo Bergmann)、乌尔巴赫(Benno Urbach)、奥尔策尔特(A. Olzelt)和恩伦德尔(Oscar Englănder)等人。

在学生和听众圈子中，与布伦塔诺形成亲密朋友关系的还有：未来的维也纳国家剧院导演伯格尔(Alfred Berger)、未来的语言学家米克劳希奇(F. Miklosich)、教会长老布伦纳(Blener)、国会议员比策(Beez)、皮多尔(M. von Pidoll)和维也纳社会的知名女性沃斯玛丝腾(Werthemsteins)母女。

在维也纳期间，布伦塔诺的朋友和相识还有来自不同学科的维也纳知识分子，如语言学家哈特尔(von Hartel)、海因策尔(R. Heinzel)、席佩尔(W. Schipper)、考古学家希施费尔德(L. M. Hirschfeld)、法学家埃纳(M. Erner)、动物学家克劳斯(K. F. W. Claus)、艺术家聪布施(C. Zumbusch)等人。

精神分析的创立者弗洛伊德(S. Freud)也是布伦塔诺在维也纳时期的学生。弗洛伊德是 1873 年进入维也纳大学，1881 年获得该校的医学博士学

① 波兰著名哲学家和逻辑学家，波兰逻辑学派的创始人。

② 奥匈帝国和捷克斯洛伐克的哲学家和思想家，捷克斯洛伐克的建立者和第一任总统。

③ 伦理学家和国际法专家，布伦塔诺著作的主要整理者和编辑者。

④ 哲学家，布伦塔诺著作的主要整理者和编辑者。

⑤ 奥地利哲学家、文学家、教育家、建筑师和社会思想家。

⑥ 德国早期美学家。

位。维也纳大学自1804年起做出规定，医学专业必须选修三年的哲学课程。[①] 弗洛伊德在大学期间分别选修了布伦塔诺的哲学著作阅读（三个学期）、逻辑学和亚里士多德的哲学。年轻的弗洛伊德给布伦塔诺留下了深刻的印象，布伦塔诺曾推荐弗洛伊德参加贡珀茨（Teodor Gomperz）主编的《穆勒文集》（德文版）的第12卷翻译工作。[②] 多年后，弗洛伊德在《精神分析引论》中写道："你们常讲机体的机能和失调，建立在解剖学的基础之上，用物理化学来加以说明，用生物学的观点作进一层的解释，而从来不稍稍注意于精神方面的生活，不知道精神生活是复杂的有机体最后发展的结晶。"[③]从这里可以清楚地看到弗洛伊德思想中的布伦塔诺的痕迹。

本来布伦塔诺退出教会、拒绝做牧师，目的是为了使自己专心致志地献身所谓的真正任务即哲学研究。不过，对他来说，生活和工作并非从此一帆风顺。在维也纳的几年间，他的生活还是发生了一些变化。这主要是他爱上了维也纳"最高贵的姑娘之一"丽贝（Ida von Lieben）。丽贝是一位"具有艺术天分并给人带来幸福、快乐的人"。按当时奥地利的民法第63款规定，"做过圣职的男人不能与女天主教徒结婚"。为了迎娶丽贝，布伦塔诺不得不辞去维也纳大学的教授职务，申请并获得了萨克森（Saxon）籍公民的资格，并于1880年9月16日在莱比锡与丽贝完婚。这让他经历了人生的第二次危机，这次危机是法律与爱情之争的危机。1881年夏天，布伦塔诺返回维也纳大学，但仅取得讲师资格。尽管当时奥地利的教育部长承诺重新任命他担任专任教授职务，但并没有兑现这个承诺。尽管维也纳大学哲学系于1884年和1893年又重新申请教授职位，但分别被马赫（E. Mach）和波尔茨曼（Boltzmann）所接替。

当时关于布伦塔诺的一个流言是，他因为丽贝的财产才与她结婚的。事实上并非如此，布伦塔诺非常爱自己的妻子。据胡塞尔回忆："人们不需要跟他极为熟稔或长时间地观察他的生活习惯，就能感受到流言的荒唐之处——流言传说他是因为第一位太太的财产才与她结婚的。对财富的享受、奢侈、美食、享乐的生活方式他完全不在行。他不吸烟，饮食很有节制，完全不在意不同食物的口味差别。我经常在用餐时间还待在他家，却从未

① Jones, E. (1953). *The life and work of Sigmund Freud*. vol. 1. New York: Basic Books Inc. Publishers. p. 39.

② Pinilp, M. (1945). Brentano and Freud. *Jourrnal of the History of ideas*. Vol. 6. No. 3. 1945; Pinilp, M. (1945). Brentano and Freud. *Jourrnal of the History of ideas*. Vol. 10. No. 3. 1949.

③ 弗洛伊德著，高觉敷译：《精神分析引论》，商务印书馆1984年版，第7页。

听到过他对饮食显示出特殊兴趣的任何言谈。”①多年来，布伦塔诺一直继续申请，让自己与丽贝的婚姻得到奥地利法律的承认，但没有结果。他甚至向维也纳的大主教请愿，最终也没有成功。

1882 年 9 月 30 日，布伦塔诺深爱的母亲逝世，给他带来巨大的创伤。

1887 年，布伦塔诺曾在奥地利多瑙河畔的舍恩比赫尔(Schŏnbühel)购买了一家意大利酒店，并改建为别墅。在改建期间，胡塞尔曾去拜访他，当时见到的情形令胡塞尔终生难忘。“我走近房子时看到一群泥瓦工，一个敞着衬衫、穿着沾满石灰的裤子、戴着宽边软帽、手里与其他人一样拿着抹子的瘦高个子站在下面：像一个当时人们在大街小巷随处可见的意大利工人，那就是布伦塔诺。他热情地迎接我，向我介绍他的改建构想，抱怨那些无能的工头和泥瓦工人，由此他必须事事亲自经手过问并参与劳作。但不久我们便又沉浸在哲学讨论中了，他向来如此。”②

据说舍恩比赫尔的环境与他记忆中位于故乡阿沙芬堡的祖屋十分相似，所以他称之为“新阿沙芬堡”。斯顿夫的回忆证明了这一点：“当我后来在多瑙河畔的舍恩比赫尔拜访布伦塔诺时，我当即就意识到他的房子及其周围的环境与阿沙芬堡的家有某种相似，并且我不怀疑他在选择和整修这座房子时事实上已经想到了这一点。正如我随后所见，他本人在一张明信片上提到了他在那里建造的这座房子，并称之为‘新阿沙芬堡’。在舍恩比赫尔，你可以沿着一条浪漫的隧道兼人行小径向下一直走到多瑙河，并且漫步于河岸时进行哲学思考。”③

1888 年，布伦塔诺和丽贝的儿子约翰内斯·布伦塔诺(Johannes Christian Michael Brentano，1888—1969)④出生。1894 年 3 月 18 日，丽贝因病突然去世，布伦塔诺悲痛万分，加上体弱多病，他再次辞去维也纳大学教职，并决定离开维也纳和奥地利。他写了《我对奥地利的最后愿望》一文，告别了这个城市和国家。在文中，愤怒地谴责了克拉斯诺波利斯基(Krasnopolski)在布拉格的暴力行动。

布伦塔诺在维也纳大学期间也发表了一些论著，如《哲学家的重要性是

---

① 胡塞尔著，王俊译：《回忆布伦塔诺》，http://www.cnphenomenology.com/modules/article/view.article.php/296.

② Hussel, E. (1919). Reminiscences of Franz Brantano. In: L. L. McAlister, ed. (1976). *The philosophy of Brentano*. London: Duckworth. p. 54.

③ Stumpf, E. (1919). Reminiscences of Brantano. In: L. L. McAlister, ed. (1976). *The philosophy of Brentano*. London: Duckworth. p. 15.

④ 后来成为研究红外线的科学家，以他的名字命名的仪器有布拉格—布伦塔诺仲聚焦系统(Bragg-Brentano parafocusing system)

什么》(1876)、《正确和错误知识的起源》(1889)、《时代精神》(1892)、《消极作为诗歌表现的对象》(1892)、《论哲学的未来》(1893)、《哲学的四个阶段及其当前状态》(1895)等。

布伦塔诺曾提出在维也纳大学建立心理学实验室,因为他相信精密科学的实验方法可以阻止哲学的误解。在等待官方批复同意建立心理学实验室的同时,他研究并撰写色觉理论、声音的心理性质的论文。他对视错觉也感兴趣,做了许多错觉实验,并设计出 Müller-Lyer 错觉的变化形式。① 几年后,教育部长签署文件,同意在维也纳大学设立心理学实验室,但同时规定布伦塔诺的学生弗兰茨·希勒布兰德担任实验室主任。尽管大学推荐了布伦塔诺和马蒂担当此职,但是教育部长拒绝了,因为他们都脱离了天主教。

三、教学风格

布伦塔诺特别注重口头教学,他认为教学比著述更重要。在某种意义上说,在他有生之年,布伦塔诺更多的是通过其教学而非其著作影响了他的学生。布伦塔诺是一位优秀的教师,他的教学极为精彩,讲课颇受欢迎。他的课堂总是挤满了人,当堂有一些非正式的小型讨论,他的学生经常追至他家中继续讨论。据胡塞尔回忆:"在研讨课之后,他通常将参与讨论的人和三到四个最感兴趣的听课者带回家中,在那里丽贝太太已经预备好了晚餐。在此不会涉及家常闲聊,研讨的主题被进一步深入探讨,布伦塔诺精力充沛地继续讲授,借助完整的话语提出新的问题或开启新的视界。通常,用餐之后丽贝太太很快离开,之后腼腆的学生们才会放肆地吃东西,对此布伦塔诺毫不在意。有一次恰好他们家的密友、著名政治家普伦特(E. V. Plener)造访,出现在这个聚会上,而布伦塔诺竟没有为此转移注意力,在这样的夜晚他完全属于他的学生和讨论的主题。"②

布伦塔诺善于把课堂演讲与自己的严密思维紧密地结合起来。据斯顿夫晚年回忆:在演讲中,布伦塔诺极为详细地阐述了古希腊哲学。他在解释现有的各种哲学片段的过程中,极为小心谨慎地阐述了新旧自然哲学的每一个单独体系,并且他还把它变成了一种艺术作品,每一个片段连接成整体

---

① Albertazzi, L. (2006). *Immanent realism: An introducation to Brentano*. Dordrecht: Springer. p. 26.

② Husserl, E. (1919). Reminiscences of Franz Brantano. In: L. L. McAlister, ed. (1976). *The philosophy of Brentano*. London: Duckworth. p. 48.

并且表现出持续的进步。不是一系列枯燥乏味的教条，而是一种充满生气的发展展现在我们眼前。通过这位全能专家，对赫拉克利特（Heracleitus）精彩而独特的阐述，对各哲学片段之间显著矛盾和色诺芬（Xenophon）作品的解决方案（在其中，从古爱奥尼亚人到埃利亚人的过渡同时变得可以理解），对苏格拉底人格的描绘、对亚里士多德体系的重述。简言之，一切都令我钦佩不已。所有这些都因其教师的个人形象而得到了加强：他因意识到崇高的使命而激动，他完全沉浸于哲学重建的伟大任务中，他所有的思维和情感都凝结在这一焦点上，然后再从这一点迸发出来，散播四方。除此之外，他体型高挑，其牧师般的着装和非常标准的、庄重的思想者的头颅，均给人一种苦行之感；他前额高而优美；在浓密的眉毛和有些低垂的眼睑下掩藏着的是一双足以留意到每个学生疑惑或质疑神情的敏锐眼睛。在对抽象问题的探讨过程中，他轻柔而非常清晰的声音，极有条理的言语总能使听众屏息静听，甚至达到心荡神驰之程度。虽然他有时候也的确会引用一些不逾矩的趣闻轶事，但真正使得同学们心醉神迷的并不是任何特殊的表演技巧，而是其思维中严密逻辑结构的力量。年老的霍夫曼和他怎么能比啊！演讲大厅座无虚席，直到占满最后一个位子，并且一直如此。毫无疑问，在演讲大厅里并非人人都在官方登记注册的。符茨堡大学的登记管理人员给我的数字远远低于来听讲座的实际人数，洛采也是如此。① 他在讲课过程中所表现出的学识渊博和思维敏锐一直令我惊愕，甚至到现在也如此。整个课程都是以建筑师的技巧来设计和安排的——每个细节都扩展成一个完整的整体；这样，它很像经院哲学家的优秀总结性论文以及中世纪建筑的杰作。②

胡塞尔也回忆道：他在授课时的言谈有着完美的形式，完全没有人工斧凿之迹，没有刻意卖弄才智的辞藻装饰和讲求修辞的无用之谈，而是一种冷静客观的科学话语。这一话语方式拥有一种极为高雅和艺术家式的风格，而这一风格正是他人格个性的自然流露。他以其特有的柔和、低沉而沙哑的嗓音言谈，并配以凝重的姿势，就如同一个永恒真理的见证者和天国世界的宣告者，矗立在青年学生们面前……他的论述中那独一无二的明晰性和辩证的精确性，他的论述问题和理论发展中紧张的内在张力，都令我为之折服。我最初从他的课上获取了一种信念，这一信念使我有勇气选择哲学作

---

① Stumpf, C. (1919). Reminiscences of Brantano. In: L. L. McAlister, ed. (1976). *The philosophy of Brentano*. London: Duckworth. p. 12.

② Stumpf, C. (1919). Reminiscences of Brantano. In: L. L. McAlister, ed. (1976). *The philosophy of Brentano*. London: Duckworth. p. 20.

为人生职业，这种信念使我相信，哲学也是一种严格的工作领域，哲学不仅能够而且也必须以一种严格科学的方式去探讨。他以纯粹的客观性去拷问一切问题，他对待疑难的论述方式，精确而辩证地权衡不同的可能性论据，解析歧义性，以直觉的方式追溯一切哲学概念的源头——所有这些都令我对他满怀钦佩和信任。在他的讲座中，对主题的极度严肃和完全忘我的风格杜绝了一切低俗的课堂玩笑和戏谑之辞。①

布伦塔诺在教学中，善于启发学生，循循诱导学生。胡塞尔指出："布伦塔诺是'苏格拉底助产术'的大师。他知道如何通过提问和反问去引导在不确定中摸索的初学者，去鼓舞严肃的学生以勇气，将开始混乱的真理认识向明晰的观念与领悟转化。"②普格雷希(M. Puglisi)也指出："他的语言的清晰性、证据列举的多样性，都具有立竿见影的效果，而这正是其著作所没有的。因此，可以说并且有根据地说，弗兰茨·布伦塔诺教学的主要风格是在于其语言的使用。或许他像苏格拉底一样，偏爱用对话的形式进行教授，不仅教授哲学而且教授如何像哲学家似的思考，激发学生的探究心。"③

第三节　晚年生活

1895 年 4 月 8 日，离开维也纳后，布伦塔诺首先到了瑞士的洛桑，很快又到达意大利，返回到祖先故地。先在罗马和巴勒莫(Palermo)短暂居住后，于 1896 年移居意大利的佛罗伦萨，直到 1915 年离开。1897 年 12 月 30 日，他申请加入意大利国籍，在意大利度过了整整 20 年。在意大利期间，布伦塔诺虽然淡出大学的学术圈子，但他仍与当地的思想文化界保持联系，并与各地的学者保持通信联系。

退休后，布伦塔诺每年仍回到舍恩比赫尔度过四个月的炎热夏季。

① 胡塞尔著，王俊译：《回忆布伦塔诺》，http://www.cnphenomenology.com/modules/article/view.article.php/296.

② Husserl, E. (1919). Reminiscences of Franz Brantano. In: L. L. McAlister, ed. (1976). *The philosophy of Brentano*. London: Duckworth. p. 48.

③ 转引自 Albertazzi, L. (2006). *Immanent realism: An introducation to Brentano*. Dordrecht: Springer. p. 21.

1897 年，布伦塔诺在舍恩比赫尔邂逅他的第二任太太埃米莉（Emilie Rueprecht）。第二次婚姻对布伦塔诺来说是极大的幸运，埃米莉不仅贤惠，照顾他和年幼的儿子，而且十分能干，记录他失明后口述的思想，协助他进行学术工作。她甚至为此学习希腊文，以能够为丈夫大声朗读他想回忆的一些希腊文献的段落。

1903 年，布伦塔诺因患眼疾进行手术，但并没有恢复其视觉。据斯顿夫回忆："在舍恩比赫尔，我第一次成为布伦塔诺与他的第二任妻子的客人是在 1905 年 9 月，然后是在 1911 年与 1913 年的秋天……他的妻子埃米莉在旁边不停地照顾他，因为他患有眼疾，越来越多地需要她的帮助，这并没有妨碍她用模范的方式来照顾他的客人们。没有人能想象出有比他们更好客的了！伴随着他们所有的关注和关心，每个人都有完全自由的活动。天气好的时候我们在前花园吃早餐、喝咖啡，这里长满了树木，还能眺望多瑙河。我与布伦塔诺和他的儿子一起漫步在这个美丽的地区，就像过去的岁月，我们带着哲学的问题漫步在前往阿格斯巴哈（Aggsbach）的路上或多瑙河畔。"①

胡塞尔回忆道："1908 年在佛罗伦萨，在他的美丽居所里我才再次见到他。回想那些日子总是令我感动不已。让我感触颇深的是，当时双眼已近乎失明的他从阳台上向我和我的太太介绍佛罗伦萨无与伦比的景色风光，带着我们参观位于景色优美的道路边的两处伽利略居住过的别墅。从外貌上我觉得他几乎没什么变化，只是头发有些斑白，眼睛失去了以往的光泽神采。然而现在这双眼睛所流露的是一种神圣的意味，当然很大部分是来自于哲学思考。令人感到辛酸的是，能够再一次与人谈论哲学竟使他如此欢心愉悦；他这样一个将教导他人作为生活必需的人，却不得不在佛罗伦萨孤独地苟且度日，在这里他无法发挥个人才能，偶尔有能倾听和理解他的人从北方来，会令他喜悦不已。那几日对于我来说，仿佛又重回几十年前在维也纳的学习时光。我感到自己在他面前，在这样一位卓越和充满精神力量的大师面前，又重新变回成一个羞怯、腼腆的初学者。我更乐于倾听，就如同我自己在讲述。他的言谈仍然清晰和有条不紊。"②

---

① Stumpf, E. (1919). Reminiscences of Brantano. In: L. L. McAlister, ed. (1976). *The philosophy of Brentano*. London: Duckworth. pp. 40～41.

② Husserl, E. (1919). Reminiscences of Franz Brantano. In: L. L. McAlister, ed. (1976). *The philosophy of Brentano*. London: Duckworth. p. 54.

图 1-10　布伦塔诺与他的第二任妻子埃米莉和儿子约翰内斯·布伦塔诺（1900）

1915 年，意大利卷入第一次世界大战，主张和平的布伦塔诺离开佛罗伦萨，移居瑞士的苏黎世。这是他的唯一选择，由于他的意大利国籍，阻止了他进入德语地区的国家。1916 年，布伦塔诺患了阑尾炎，随后身体进一步恶化，于 1917 年 3 月 17 日去世，享年 79 岁。他的骨灰被运往阿沙芬堡，安葬在家族的墓地，一直保留至今。

第四节　人格魅力

布伦塔诺的一生是传奇的一生，但他究竟是一个怎样的人呢？从其大学的记事、那个时代的报刊文章、他的家族记录及其弟子的回忆文章中，我们会发现布伦塔诺是以奇怪变化的人物形象出现的。一方面，布伦塔诺的贬毁者认为他是一个牧师、一个中世纪的遗老，天主教会认为他是一个散发着反教皇至上论的恶臭异端，他的最为水火不相容的敌人竟然把布伦塔诺叫做虚伪的耶稣会士、空谈家、诡辩家或老学究。另一方面，布伦塔诺被热情地认为是一个富有才艺的教师，一个诸多谜题的制造者，并且还是维也纳国际象棋俱乐部里的偶像人物。他的学生景仰他，并且在他遭受大学最为敌对的势力攻击时，会集聚在他周围力挺他。布伦塔诺有时的确是其同事愤怒攻击的对象，但这种攻击的恶劣影响经常被其学生对他的无限崇敬给中和了。布伦塔诺从未向教会的神职人员屈服过，但他亦不曾委身加入世俗的行列，虽然世俗的世界可以为他提供栖身之所。

但不管怎么说，没有哪个传记作家会否认布伦塔诺是一位富有魅力的人，那是一种由外表的俊美和思想的张力凝结而成的人格魅力。他的学生的回忆最有说服力，斯顿夫、赫夫勒、胡塞尔、厄棱费尔和弗洛伊德等人都对他有过回忆和描述。

斯顿夫写道："他有一副瘦高而健康的外表，他头部和脸部的轮廓极其优雅。在符茨堡时期，布伦塔诺具有一个苦行者的特征。然而他在维也纳的那段时期，当他蓄着长胡子时，简直是一位不世出的美男子，一看就知道出自南方名门，他那黑而卷曲的头发直到去世之前还保持着茂盛。"①

赫夫勒写道："布伦塔诺周身弥散着一种浪漫的气息，那是一个布伦塔诺家族的诗人和思想家的后裔所散发出的魅力。他飘逸的黑发、浓密的黑胡子和极其苍白的面庞都给人一种谜一样的感觉，再加上他黑发中的点点灰白的银鬓……布伦塔诺的乌黑眼睛总是被轻轻地掩盖着，从而带着一种全然独有的倦怠神情，这使得他的面庞具有奇特的特征，那只会是一个哲人、诗人或艺术家的面容。"②

胡塞尔也写道："瘦高的身材和有着一头卷发的硕大脑袋，有力而线条分明的鹰钩鼻子，令人印象深刻的目光，他的言谈不仅是关于心灵的困惑，更是发自灵魂深处的斗争，而这一切都包含在平凡的生活之内。他的一举一动，那热情洋溢的眸子中闪烁的目光，他的整个生存方式，都流露出一种宏大的使命感。"③

厄棱费尔回忆说："布伦塔诺饱含精神天赋，轻松地运用智力游戏的技巧，其生动而博大精深的智慧经常会促使他把自己的科学思想蒙上一层几乎是幽默的有时甚至是通俗作品般的面纱，所以它们听起来是那么深邃、清晰且冲动。"④

弗洛伊德在给西尔伯施泰恩(Silberstein)的信中，曾满怀着仰慕之情把布伦塔诺描述为"一个不可思议的知识分子"。弗洛伊德写道："让我告诉你更多关于这个罕见的人，他在某些方面似乎是理想的人。他相信上帝，他相信神学，他是达尔文的追随者，而且他也是绝顶聪明的人——天才。暂时我

① 转引自 Albertazzi, L. (2006). *Immanent realism: An introducation to Brentano*. Dordrecht: Springer. p. 5.

② 转引自 Albertazzi, L. (2006). *Immanent realism: An introducation to Brentano*. Dordrecht: Springer. p. 5.

③ Husserl, E. (1919). Reminiscences of Franz Brantano. In: L. L. McAlister, ed. (1976). *The philosophy of Brentano*. London: Duckworth. pp. 47～48.

④ 转引自 Albertazzi, L. (2006). *Immanent realism: An introducation to Brentano*. Dordrecht: Springer. p. 6.

仅告诉你这些：在布伦塔诺的影响下，我决定拿哲学和动物学的学位。”①

布伦塔诺的学生在回忆录中把他视为一位道德权威性的大师。斯顿夫指出：“在后来的这些年里，任何见过布伦塔诺的人可能只会感慨地记起他情绪的平静、温和与心灵的善良，还可能记起他在失明的情况下毫无怨言地耐心忍受着黎明的到来与之后的黑夜。现在与以前一样，唯一能引起他愤怒与尖锐谴责的事情是道德的邪恶，尤其是人与人之间的大量不公正性。”②布伦塔诺爱好和平，反对给人类带来灾难的战争。在意大利参加第一次世界大战之后，尽管他年事已高，又体弱多病，但他仍毫不犹豫地离开晚年生活了 20 年的意大利，迁居到中立国瑞士。

胡塞尔也指出：“在对待年轻人方面，他一方面很庄重，另一方面也非常亲切友好，不仅关心他们的理智发展，而且关心他们的伦理人格的发展。人们不得不服从于这种高尚的指引及其持久向上的力量，甚至在空间上与他相隔甚远也能感觉到这种力量。那些投入地听他的课的人，在课堂上不只是被上课内容的理论水平所打动，更是被他人格深处的那种纯粹的道德所吸引。他是如此坦率真诚！令我难忘的是我们在静谧的夏夜，在沃尔夫冈湖畔散步，此时他经常会谈及他自己。他像孩童般的坦率，犹如他拥有天才的纯真。”③

随着他的学生在哲学方面的发展，布伦塔诺也非常关注他们对宗教问题的更深刻理解。他特别强调沉思（meditation），认为沉思的生活和活跃的生活应该相互补充，但是沉思的生活具有更高的价值。他曾在给斯顿夫的信中写道：“一个不善沉思的人对我而言似乎并不存活于世，一个不运用沉思和践行沉思的哲学家不配有哲学家的称号：他绝非什么哲学家，只是一个科学工匠和平庸者当中最平庸的人。看在上帝的分上，请不要让任何东西动摇你每天抽出点时间用于沉思的决心。对上帝激发你产生的意志的不忠，往往会使你招致苦涩的报复。或许你生命中最美丽之花仅仅开了一半就将永远枯萎了。要是我能向你表明这种损失将多么无限该有多好啊！我不能，但我真正能说的是，我宁愿完全抛却我的学业，甚至宁愿死去也不愿放弃沉思。”④他所强调的不仅仅是对宗教教义、具体的宗教观点和事件的沉

① 转引自 Albertazzi, L. (2006). *Immanent realism: An introducation to Brentano*. Dordrecht: Springer. p. 21.

② Stumpf, E. (1919). Reminiscences of Brantano. In: L. L. McAlister, ed. (1976). *The philosophy of Brentano*. London: Duckworth. p. 42.

③ Husserl, E. (1919). Reminiscences of Franz Brantano. In: L. L. McAlister, ed. (1976). *The philosophy of Brentano*. London: Duckworth. p. 53.

④ Stumpf, E. (1919). Reminiscences of Brantano. In: L. L. McAlister, ed. (1976). *The philosophy of Brentano*. London: Duckworth. pp. 13～14.

思，而且是对人类伟大而高贵的思想与行为的整个领域的沉思。

胡塞尔指出："在他的学生看来，布伦塔诺是个很容易交流的人。他喜欢邀请别人共同散步，在途中他回答学生提出的哲学问题，而完全不受城市街道上嘈杂的干扰。他真正感兴趣的不仅是学生的科学问题，而且是他们的个人问题。他是学生们最知心的咨询人和教导者。"①

在沉思哲学和教学之余，布伦塔诺也有一些业余爱好，他总是全身心地投入所做之事。他爱好国际象棋，并且是一位才华出众的国际象棋棋手，他参加了维也纳国际象棋俱乐部，成为大家心目中的偶像。今天，在国际象棋下法中仍有"布伦塔诺一着"即"西班牙式防守"(the Spanish defence)的说法。他还喜欢木工和画画，胡塞尔回忆道："在我们前往圣·基尔根(St. Gilgen)的途中，他拿出自己亲手制作的国际象棋，以便在游戏中度过漫长的旅途。在圣·基尔根，他非常热衷于修改润饰或中途接手他太太的肖像画，然而作为一位出色的女画家，他的太太事后不得不伸出援手，有时还要重新翻工。在1886年他同太太一起为我画了一幅画像：'一幅和蔼可亲的画像'——就如感觉敏锐的艺术史家菲舍尔(Theodor Vischer)所评价的那样。"②但布伦塔诺对登山毫无兴趣，而只喜欢适度的散步。

布伦塔诺生活简朴，对物质要求不高。胡塞尔回忆说："我们曾经一次先于他太太一些时候到达圣·基尔根，不得不在一个很简陋的旅馆中用餐，但他对此却毫不在意并总是表现得很满足，他只热衷于他的思想和讨论。他要求最最简单的餐谱，如同他独自乘火车时也总是满足最低等的车厢。他就那样站立着，身上的服装简朴还经常是穿破了的。在这些方面他十分节俭，只求能满足生存，而在行善方面他却十分慷慨。"③

布伦塔诺具有诗人的气质和才能。他讲故事的天赋引人注目，他知道什么故事最有趣、最滑稽，甚至他自己都尽情地发笑。斯顿夫回忆道："他有一副极好的男高音嗓门，可以给我们演唱令人毛骨悚然的歌谣，其演技哀婉动人、形式多样。例如，他吟唱的那首来自《儿童的神奇号角》的关于外祖母煮蛇的歌谣，让所有人都毛骨悚然。"④布伦塔诺写过一本从未出版过的诗歌

① Husserl, E. (1919). Reminiscences of Franz Brantano. In: L. L. McAlister, ed. (1976). *The philosophy of Brentano*. London: Duckworth. p. 49.

② Husserl, E. (1919). Reminiscences of Franz Brantano. In: L. L. McAlister, ed. (1976). *The philosophy of Brentano*. London: Duckworth. p. 52.

③ Husserl, E. (1919). Reminiscences of Franz Brantano. In: L. L. McAlister ed. (1976). *The philosophy of Brentano*. London: Duckworth. pp. 52～53.

④ Stumpf, E. (1919). Reminiscences of Brantano. In: L. L. McAlister, ed. (1976). *The philosophy of Brentano*. London: Duckworth. p. 16.

作品，即《天国与尘世歌谣》。在他留下的众多诗歌中，有一首翻译版的英文赞美诗——《更近我主》，据说这首诗曾在1913年于沉没之前的泰坦尼克号上唱诵过。①

第五节　学术遗产

布伦塔诺身兼哲学家和心理学家，一生以自由探究真理为己任，留下了大量的学术遗产，并通过其课堂教学影响了其学生。据克劳斯②和普格雷希③分别所列，布伦塔诺生前只发表和出版了38种著述，其中8种是关于心理学的著述。④ 这些只是其学术遗产中的很少一部分。在他逝世后，他的儿子约翰内斯·布伦塔诺在克劳斯和卡斯蒂尔的帮助下，编辑出版了一些布伦塔诺未曾出版的遗稿。同时，布伦塔诺的学生马萨尔克在布拉格筹集到足够基金，成立了布伦塔诺研究会（*Brentano Gesellschaf*），建立了布伦塔诺档案，计划出版布伦塔诺的所有作品，从1921年到1936年，共出版了11种，后来因第二次世界大战爆发而停止。

到目前为止，现在可以查阅的布伦塔诺学术遗产主要分为两类：一是其生前出版的著述，二是其手稿中的著述。从布伦塔诺的手稿中整理出版的著作中，又可以分两类：一是由布伦塔诺的学生克劳斯、卡斯蒂尔和卡斯蒂尔的学生F·迈尔·希勒布兰德⑤（Franziska Mayer-Hillbebrand，1885—1978）等人整理和编辑出版的著作，其中加入他们许多个人理解的注解，这些注解往往是武断的甚至是篡改，特别是这些注解多用解释布伦塔诺早期文本的方法来预期其后来的文本。这些注解在许多方面都是对布伦塔诺原

---

① Stumpf, E. (1919). Reminiscences of Brantano. In: L. L. McAlister, ed. (1976). *The philosophy of Brentano*. London: Duckworth. p. 42.

② 克劳斯:《布伦塔诺的生平与学说》，德文1919年版。

③ Puglisi, M. (1924). Franz Brentano: A biographical sketch. *The American Journal of Psychology*. Vol. 35, No. 3. pp. 414～419.

④ 布伦塔诺的哲学思想与其心理学思想难以严格区分，他有时会在哲学著作（如《我们的正误知识的起源》）中讨论描述心理学问题，有时会在心理学著作（如《经验观点的心理学》）中讨论哲学。

⑤ 卡斯蒂尔生前就邀请迈尔·希勒布兰德整理、编辑布伦塔诺文集。在他逝世后，迈尔·希勒布兰德接过卡斯蒂尔的工作，甚至停下自己的研究计划，投入到布伦塔诺文集的整理和编辑工作中。

意的歪曲。克劳斯等人的工作，近年来一直受到新一代布伦塔诺研究专家艾伯塔齐等人的批评。他们认为，克劳斯等人的注解对理解和传播布伦塔诺的思想通常是无益而有害的。二是自 20 世纪 70 年代以来出版的著作，这是新一代布伦塔诺研究专家齐硕姆(Roderick M. Chisholm)[①]等人整理和编辑出版的布伦塔诺著作。此外，在布伦塔诺的遗稿当中，还有他与同行和学生的大量书信。据整理，他先后与 160 多人通信，而且与有些人的通信数量极大，例如他与马蒂的通信就有 1400 封。布伦塔诺的这些信件大多数都是学术通信，它们是十分重要的。信件的传递、阅读、评论和回复本身就是一种书信体的学术讨论。这些信件绝大多数还没有出版。

马萨尔克于第二次世界大战前在布拉格建立了布伦塔诺档案，为了出版，首先对布伦塔诺的手稿进行了分类。二战开始后，这些档案从 1939 年开始，首先迁移到英国的曼彻斯特，然后迁移到剑桥(Bodleian 图书馆)，最后迁移到美国。[②]

后来，由迈尔・希勒布兰德、鲍姆加特纳(W. Baumgartner)和宾德尔(T. Binder)对布伦塔诺未出版的手稿和晚年口授的手稿依次进行了归档并编辑了目录。这些著述主要包括：美学(Aesth1－Aesth10)、亚里士多德(EL1－EL109)、认识论与逻辑学(EL1－EL109)、伦理学(Eth1－Eth24)、哲学史(H1－H54)、身体与心灵(LS1－LS26)、方法学(Med1－Meg 71)、形而上学(M1－M119)、自然科学(N1－N22)、心理学(Ps1－Ps92)、宗教哲学(R1－R66)、空间哲学(Sp1－Sp11)、感官心理学(SPs1－SPs48)、时间(T1－T86)、神学(Th1－Th51)、时间与空间(TS1－TS16)、不确定的(V1－V28)。[③]

从 1966 年起，哈佛大学接管了布伦塔诺的全部原始手稿和信件。[④] 布伦塔诺的儿子和妻子将原始手稿及其部分复原件制成了缩微胶卷，它们可以在以下地方查阅：美国的哥伦比亚大学(贝克莱分校)、布朗大学、康奈尔

---

① 齐硕姆(1916—1986)是 20 世纪最具创造性、多产性和影响性的哲学家之一。布伦塔诺研究是他的重要工作之一，从 1952 年到 1981 年，发表了许多论文讨论布伦塔诺的思想，并先后把布伦塔诺的《真理与自明性》(1966)、《我们的正误知识的起源》、《亚里士多德和他的世界观》(1978)和《范畴论》(1981)等著作翻译成英文版。他是新一代布伦塔诺研究专家和翻译家。

② 1938 年德国入侵布拉格后，约翰内斯・布伦塔诺保护布伦塔诺的所有资料，赶上飞往英国的最后一个航班。约翰内斯・布伦塔诺因其母亲的犹太血统，移民到了英国，并获得一个教授职位。后来由于害怕德国入侵英国，约翰内斯・布伦塔诺和妻子又带着布伦塔诺的遗稿来到美国。对于布伦塔诺来说，这真是不幸中的万幸了。

③ http://www.austrian-philosophy.at/. 2009－08－10.

④ 由于这些信件涉及个人事务，25 年内(1966 年算起)它们不向研究者开放。

大学、哈佛大学和华盛顿的美国国会图书馆，澳大利亚的墨尔本大学，欧洲的牛津大学图书馆、慕尼黑国立图书馆、因斯布鲁克(Innsbruck)大学、巴黎的法国国家图书馆，拉美地区的墨西哥市立大学和阿根廷的布宜诺斯艾里斯大学。①

1961年，布伦塔诺的儿子创设了“弗兰茨·布伦塔诺基金会”(The Franz Brentano Foundation)，由布朗大学的齐硕姆担任主席。该基金支持和资助对布伦塔诺遗稿的整理、出版、翻译与研究工作。1988年，符茨堡大学的国际布伦塔诺研究会(Internationale Franz-Brentano-Gesellschaft)创办了《布伦塔诺研究》(*Brantano Studien*)②专刊，这是一种“国际弗兰茨·布伦塔诺研究的年鉴”(*Internationales Jahrbuch der Franz Brentano Forschung*)。每隔一两年出版1卷。各卷主题如下：第一卷(1988)和第二卷(1989)的主题均是弗兰茨·布伦塔诺的描述心理学及其现实性，第三卷(1990—1991)的主题是意向性，第四卷(1992—1993)的主题是论部分与整体，第五卷(1994)的主题是匈牙利与布伦塔诺学派，第六卷(1995—1996)的主题是布伦塔诺的描述心理学在德国和意大利的接纳，第七卷(1997)的主题是关于符茨堡学派的发展和意义，第八卷(1998—1999)的主题是布伦塔诺的遗产，第九卷(2000—2001)的主题是卡尔·斯顿夫研讨会论文，第十卷(2002—2003)的主题是再论卡尔·斯顿夫和弗兰茨·布伦塔诺，第十一卷(2004—2005)的主题是价值论，第十二卷(2006)的主题是安东·马蒂的哲学。

图1-11 《布伦塔诺研究》第1期和第12期的封面

① Albertazzi, L. (2006). *Immanent realism: An introducation to Brentano*. Dordrecht: Springer. p. 342.

② 网站为 http://www.philosophie.uni-wuerzburg.de/forschung/franz-brentano-fs/franzbrentanostudien/.

总之，布伦塔诺手稿还有许多没有出版，随着对布伦塔诺研究的深入，我们将会看到越来越多的布伦塔诺著作的陆续出版，也会越来越看到布伦塔诺思想的重要性。我们期待着将来有一天《布伦塔诺全集》出版。

《经验观点的心理学》是布伦塔诺最早的一部重要的著作，从某种意义上说，也是对后世影响最大的一部著作。1873年，布伦塔诺辞去符茨堡大学教授，为了谋求新的职位，他专门写了《经验观点的心理学》一书，以此作为谋求新职位的敲门砖。该书的德文初版于1874年，为一卷本。在该书的前言中，他计划撰写六个部分：第一部分是“作为一门科学的心理学”，第二部分是“一般心理现象”，第三部分是“表象的特征和调控表象的法则”，第四部分是“判断的特征和法则”，第五部分是“情感特别是意志意动的特征和法则”，第六部分是“心身关系”。[①] 但1874年版的《经验观点的心理学》只包括了计划中的第一和第二部分，后面的四部分实际上一直没有完成。

在《经验观点的心理学》的初版时隔37年之后即1911年，布伦塔诺才对该书的初版中的第二部分的第五章至九章补充了部分脚注，并增加了一个附录，即“意在解释和辩护也意在修正和扩展这个理论的补充性评论”[②]，并以《论心理现象的分类》为题出版。该书一般视为《经验观点的心理学》的第二卷。1924年、1925年，经由克劳斯重新编辑的《经验观点的心理学》第一卷和《经验观点的心理学》第二卷(《论心理现象的分类》)分别出版，此为该书的德文第二版。[③] 1928年，由克劳斯整理出版的《论感性和知性的意识》[④](德文版)一书出版，该书被视为《经验观点的心理学》的第三卷。1955年和1959年，《经验观点的心理学》第一卷和第二卷重新印刷。1968年，由F·迈尔·希勒布兰德(F. Mayer Hillebrand)重新整理的《经验观点的心理学》第三卷(《论感性和知性的意识》)(德文版)出版。1971年、1973年和1974年，《经验观点的心理学》的第二卷、第一卷和第三卷又分别重新印刷。

1973年，在《经验观点的心理学》初版100年纪念之际，由兰库莱罗(A. C. Rancurello)、特雷尔(D. B. Terrell)和麦卡莱斯特(Linda L. McAlister)翻译并由麦卡莱斯特编辑的英文版《经验观点的心理学》出版，由麦卡莱斯特

① Brantano, F. (1995). *Psychology from an empirical standpoint*. En. tr. by A. C. Rancurello, D. B. Terrell, L. McAlister. London: Routledge & Kegan Paul. p. xv.

② Brantano, F. (1995). *Psychology from an empirical standpoint*. En. tr. by A. C. Rancurello, D. B. Terrell, L. McAlister. London: Routledge & Kegan Paul. p. xix.

③ 克劳斯对这两卷增加了一些他对布伦塔诺思想理解的注解，并撰写了长篇“导言”。这些注解遭到后来研究者的批评。

④ 该书的英文版由 L. L. McAlister 和 Margarete Schattle 于1981年翻译。

撰写“英文版前言”。该书主要是根据克劳斯于1924年、1925年整理的《经验观点的心理学》第一卷和第二卷的德文版翻译的，并将两卷合为一本，但也稍微有一些差异。这个英文版删掉了1924年版由克劳斯增加的一个附录，即“米克劳希奇论无主体论题”。该附录由布伦塔诺写于1883年，本收在《我们的正误知识的起源》①（德文版，1889）的附录中，而克劳斯将之变为1924年版的《经验观点的心理学》的附录，而在他1934年重新编辑出版的《我们的正误观念的起源》中删去了该附录。1968年，齐硕姆重新翻译《我们的正误知识的起源》英文版时，继续保留了这个附录。所以，英文版的《经验观点的心理学》就删掉了该附录。该英文版还压缩和删掉一些克劳斯的注解。同时，加上了一些译者的注释，并在注释中尽可能引用新近出版的布伦塔诺文献。该英文版于1995年重印并由西蒙斯（Peter Simons）撰写了“导言”。

1926年，《经验观点的心理学》由高斯（José Gaos）翻译成西班牙文出版（1935年重印），译自德文第一版。1944年，该书由格兰蒂莱克（M. de Gandillac）翻译成法文出版，译自德文第二版。1913年，《论心理现象的分类》由普格雷希翻译成意大利文出版。1997年，《经验观点的心理学》的完整三卷本由艾伯塔齐翻译成意大利文出版。1981年，《论感性和知性的意识》由麦卡莱斯特和沙特尔（Margarete Schattle）翻译成英文作为《经验观点的心理学》②的第三卷出版。

布伦塔诺已经出版或发表的心理学论著，除了《经验观点的心理学》外，还有：《亚里士多德的心理学，特别是他的能动理智说》（1867），《探究感官心理学》（1907；英译本，1977），《论心理现象的分类》（1911），1895年发表3篇关于错觉的论文，1896年和1905年分别向国际心理学大会提交了关于情感理论的论文和关于声音的心理性质的论文，《描述心理学》（1982；英译本，1995，2002）。

布伦塔诺已经出版的主要哲学著作有：《我们的正误知识的起源》（1889；英译本，1902；另一个英译本，1969），《哲学的未来》（1893，收有布伦塔诺1866年所写的《任教资格答辩的25个论断》一文，1929年第2版），《论亚里士多德关于存在的多种意义》（1911；英译本，1975），《亚里士多德和他的世界观》（1911；英译本，1978），《耶稣学说及其永恒意义》（1922），《探究知

① 该书的第一个英文版出版于1902年，由Cecll Hague翻译。

② Victor Velarde-Mayol (2000). *On Brentano*. Belmont. CA: Wadsworth. Thomson Learnin, Inc.. p. 93.

识的本质》(1925)，《关于知识的检验》(1925，1978 年第 2 版)，《哲学的四个阶段及其目前状况》(1926，收有布伦塔诺早年写的《孔德和实证哲学》一文；英译本，1988)，《关于上帝的存在》(1929；英译本，1987)，《真理与自明性》(1930；英译本，1966)，《范畴论》(1933；英译本，1981)，《伦理学的基础与结构》(1952；英译本，1973)，《宗教与哲学》(1954)，《关于正确判断的理论》(1956)，《美学基础》(1962)，《希腊哲学史》(1963)，《对时空及其连续性的哲学探究》(1976；英译本，1988)。

第二章

布伦塔诺:意动心理学体系

尽管布伦塔诺在1874年的《经验观点的心理学》一书中未明确提出“意动心理学”这个概念,但他却首先确立了意动心理学的体系。布伦塔诺明确提出了心理学的人文科学观,这直接对立于冯特的心理学的自然科学观。尤其是他对描述心理学与发生心理学、理论科学与应用科学的区分,以及他对心理学特别价值的强调,进一步深化了他的人文科学观。在心理学的研究对象上,布伦塔诺提出对心理现象和物理现象的区分,并在此基础上引申出他的意向性观点。他强调心理学要研究感觉、判断、情感等心理的活动,而不像冯特那样研究感觉、判断、情感等心理的内容。但这种活动或意动又是离不开对象和内容而独立存在的,它一定要指向一个对象,涉及一种内容,即一定要意向地包含一个对象于其内。布伦塔诺把心理现象或意识的本质特征概括为对象之意向的内存性,这就是他的意向性学说的本质之所在。布伦塔诺明确指出内部知觉方法是心理学的最基本、最主要的研究方法,同时也重视决定性的实验以及对动物、儿童、心理变态的人和原始社会进行观察和研究。布伦塔诺还对表象、判断、情绪等心理现象进行了详细的分类。布伦塔诺的意动心理学在心理学史上长期受到忽视,我们通过阐释他的意动心理学体系,以还布伦塔诺及其意动心理学的历史本来面目,重新恢复布伦塔诺在心理学史上的地位。

第一节　布伦塔诺思想的历史背景

布伦塔诺生于德国思想界的“乱世”。在他出生前7年(1831),德国哲学家黑格尔去世。黑格尔是最后一位德国古典哲学家，他试图以理性建立起一座无所不包的哲学大厦。他的去世，标志着德国古典哲学的没落，同时也预示着新的时代的开始。新的时代最初必然是混乱的，多种势力开始发展起来。在飞速发展的自然科学的影响下，实证主义开始盛行，主张对可观察的材料进行经验证实。同时，新康德主义宣称“回到康德去”，力图从康德的先验原则出发，以哲学来统摄并限定自然科学。生命哲学则宣扬生命的观点，强调情感等因素的作用，反对对人作机械的、量化的解释。还有一些学者重新考察亚里士多德的思想，使得亚里士多德研究出现复兴的趋向。应该指出，这种复杂的思想界状况提供了较开放的思想背景，能够促使布伦塔诺在一定程度上对自然科学以及自然科学在哲学中的影响进行一定的反思，而不是唯自然科学为上。布伦塔诺切身感受最深的，是思想界的这种混乱状况。他为此提出哲学的四阶段说，认为哲学的发展不断经历着四个阶段的循环：一是研究阶段，进行纯粹的理论研究；二是应用阶段，理论研究开始让位于应用研究；三是怀疑主义阶段，应用研究导致怀疑论盛行；四是神秘主义，怀疑论让位于独断论。① 在布伦塔诺看来，近代哲学自康德起，进入第四个阶段，到了黑格尔那里，正是这个阶段行将就木之时。布伦塔诺为此感到肩负有重要的责任，以重建哲学为己任。斯顿夫曾这样描述符茨堡时期的布伦塔诺：“……他受到高度使命意识的激发，完全投入到重建哲学的伟大任务中，他的思想和情感都融在这个焦点上，并再一次从这个焦点生发出来。”②如同中国古人所说，布伦塔诺要贞下起元，为思想界开出新的天地来。布伦塔诺在确立了努力方向之后，力图从多方面（包括自然科学和哲学）汲取资源，来发展自身的思想。

一、科学背景

意动心理学是心理科学诞生之初出现的心理学流派。它是在科学心理学产生的大背景下产生的。在 19 世纪的欧洲，科学已在物理学、天文学和生理学等领域取得了巨大的进展。尽管这些进展主要体现在自然科学领域，但已预示了向人的心灵探索的巨大可能性。天文学、生理学等领域所取得的成就为科学心理学提供了丰富的研究方法和研究资料。自然科学的进

① Velarde-Mayol, V. (2000). *On Brentano*. Belmont: Wadsworth, pp. 11～12.

② Stumpf, C. (1919). Reminiscences of Brantano. In: L. L. McAlister, ed. (1976). *The philosophy of Brentano*. London: Duckworth. p. 12.

步对意动心理学产生了影响。布伦塔诺曾在1866年的教职论文中宣称:“真正的哲学方法不外就是自然科学的方法”[①]。他将心理学视作一门科学,并将研究限定在经验层面上,坚持心理学是一门经验科学。但我们不应过高估计自然科学的影响,意动心理学并不坚持自然科学的观点,就连布伦塔诺本人也逐渐摆脱早期的实证论倾向。因此,自然科学仅在很大程度上为意动心理学提供了一种经验的科学观。它对意动心理学的影响存在一定限度。

需要注意的是,在科学界,除了英、法等国盛行的精确的定量研究外,还存在着搜集事实、进行分类的定性研究。这对意动心理学的研究方法产生了重要影响。这里尤其要提到的是德国科学中的现象学倾向。歌德(J. W. V. Goethe)和普金耶(J. E. Purkinje)是这种倾向的先驱,他们反对自然科学的先在解释,采用归纳法,在详尽描述经验的基础上,对材料加以分类,得到经验本质的不同类型。并且,他们强调采用实验的方式进行研究。歌德在《颜色说》中,反对以牛顿的“折射”、“光波”等物理术语来描述直接经验。他在棱镜实验中,通过操纵仪器,描述直接的视觉经验,最终发现了颜色呈现的不同模式。普金耶则推进了这种倾向。他曾著两卷关于视觉的现象学研究,并将该书献给歌德。他以实验的方式来研究直接经验,发现了著名的“普金耶现象”,即夜间视觉中颜色的相对光度发生变化。这种倾向对意动心理学产生了重要的影响。意动心理学在研究方法上,强调通过直接经验来研究心理现象。并且,在研究方式上具有一定的实验倾向,如布伦塔诺采取决定性的实验,而斯顿夫则发展出实验现象学。

二、哲学背景

在哲学方面,布伦塔诺受到多种思想的影响。首先,与自然科学的影响相应,实证主义对布伦塔诺产生了一定的影响。布伦塔诺曾著《孔德和实证哲学》一文,对孔德(A. Comte)进行过深入的研究,他曾宣称“也许没有别的近代哲学家比孔德更值得我们注意”[②]。他曾与英国经验论者约翰·穆勒有过多次通信,穆勒的思想给他留下了深刻的印象,另外,他还结识了斯宾塞等英国哲学家。实证主义以经验材料为研究对象,反对空洞的思辨,强调通过具体的研究来获得普遍的真理。这为布伦塔诺反对德国古典哲学提供了

① 施皮格伯格著,王炳文、张金言译:《现象学运动》,商务印书馆1995年版,第71页。

② 施皮格伯格著,王炳文、张金言译:《现象学运动》,商务印书馆1995年版,第71页。

支持，并使得他确信心理学为一门经验立场的科学，在对经验的研究中获得心理的本质。不过，与自然科学的影响一样，实证主义的影响也仅限于上述方面。布伦塔诺并不赞同实证主义将研究局限在可观察的范围内，也不赞同归纳的研究途径。

其次，尽管布伦塔诺反对德国思辨的古典哲学，但他依然受到德国唯理论哲学的影响。布伦塔诺的确不赞成古典哲学的思辨研究风格，例如，他非常厌恶康德的先天综合判断学说。但是，布伦塔诺却对笛卡儿非常赞赏。他在知识的来源上，与笛卡儿坚持的来自确定无疑的直观把握持一致的立场。并且，他在强调心理的主动性上，与唯理论保持一致。唯理论反对经验论的心理通过观念间的联想而被动反映外界的观点，坚持心理对世界的主动把握。布伦塔诺选择心理的活动即意动作为心理学的研究对象，反对以静态的内容作为研究对象，这反映出他对心理主动性的重视，也体现了德国哲学对主动性的强调。

再次，当时亚里士多德研究的复兴对布伦塔诺产生了重要的影响，为他在具体观点上提供了直接的思想来源。布伦塔诺在亚里士多德研究专家特伦德棱伯格的指导下获得博士学位，并在克莱门茨的指导下考察了中世纪的亚里士多德研究。他的博士学位论文是研究亚里士多德的存在观点的多种意义。从此，他对亚里士多德产生了终生的兴趣，他的早期著作《亚里士多德的心理学》(1867)与后期著作《亚里士多德和他的世界观》(1911)相隔44年之久。在1916年与给克劳斯的信中，布伦塔诺这样说道："我起初将自己归于一位大师的学生。在一个被描述为悲哀的消退的哲学阶段中，我找不出任何人，能够胜于古老却困难的亚里士多德，在理解亚里士多德上，通常是托马斯·阿奎那对我起到帮助作用。"[①]从这段话中也透露出，亚里士多德对布伦塔诺最大的影响，在于确立了一种不同于思辨哲学的经验研究方式，从而为布伦塔诺的意动心理学指明了方向。在具体观点上，布伦塔诺也受到亚里士多德很大的影响。事实上，布伦塔诺的《经验观点的心理学》中的诸多概念都可追溯到亚里士多德。在学科上，布伦塔诺与亚里士多德一样，赋予心理学最为优越的地位，凌驾于其他学科之上。在研究主题上，将心理学界定为研究灵魂的科学，这种观点显然受到亚里士多德的影响，因为后者明确坚持心理学应研究灵魂。当然，最重要的是，布伦塔诺在意向性概念上受惠于亚里士多德。布伦塔诺在他关于意向性的界定中，明确地提到

① Runggaldier, E. (1989). On the Scholastic or Aristotelian roots of "intentionality" in Brentano. *Topoi*, No. 8, pp. 97～103.

了亚里士多德的观点。亚里士多德认为,感觉是对形式的感受。当心灵感觉到事物时,事物以其形式存在于心灵之中,其质料则被排除在外。布伦塔诺则将此形式转化为心理的内存性,由此提出意向的内存在观点,确立了自己的心理意向性本质观点。需要指出的是,在上述方面,布伦塔诺仅从亚里士多德那里汲取资源,以发展出自己独立的思想,他并非一个忠实的亚里士多德主义者。他始终在重建哲学的重任下,独立进行自己的研究。

最后,布伦塔诺还受到中世纪经院哲学尤其是托马斯·阿奎那(Thomas Aquinas)的影响。他在慕尼黑大学时,曾学习中世纪的经院神学,并随历史学家和正统的天主教神学家多林格研究托马斯·阿奎那的思想。他还在符茨堡的神学院接受中世纪哲学的教育。布伦塔诺在很大程度上通过阿奎那来理解亚里士多德的思想。在具体观点上,阿奎那的影响尤其体现在意向性上。他在两种意义上使用意向(intentio):一是心理对对象的指向,二是心理所把握到的对象的内容。在后一种意义上,当心理把握到对象时,对象的内容处于心理之内。布伦塔诺正是由此提出了内存性的观点。

第二节　心理学的人文科学观

布伦塔诺在《经验观点的心理学》中提出了一种与冯特的内容心理学相对立的意动心理学。内容心理学与意动心理学之争开创了心理科学诞生之后的第一次心理学派别对立之先河,也预示了后来的科学主义心理学与人文主义心理学之争论。这种争论首先体现在其科学观即自然科学观和人文科学观上。随着19世纪达尔文生物进化论的提出、冯特实验心理学的建立等自然科学的进步,用自然科学的思维方式代替人文科学的思维方式,用自然科学作为标准来衡量一切哲学、心理学、艺术、意义、价值已经成为一种潮流,心理学的研究正面临着这种趋势的冲击。正是在这一背景下,布伦塔诺的意动心理学明确地提出心理学的人文科学观。

一、意动心理学与内容心理学

布伦塔诺和冯特都宣称心理学是一门科学,而且他们都从经验主义出发，坚持心理学是一门经验科学。布伦塔诺的心理学是经验的，他在《经验观点的心理学》一书中开宗明义地指出："我给予这部书的标题说明了它的题材和方法的特征：我在心理学上的立场是经验的；只有经验才是影响我的老师。"①冯特的实验心理学虽然也是经验的，但和布伦塔诺有所不同。冯特是用实验的方法研究关于物理现象的经验，这种经验同外部世界相联系，通过外部知觉（outer sense）获得；布伦塔诺是用经验的方法研究关于心理现象的经验，这种经验同内部世界相联系，通过内部知觉（inner sense）获得。正如阿伦斯（K. Arens）所说："冯特强调的是心理的认识论，布伦塔诺强调的是心理的本体论。"②所以说，冯特是实验的"经验的"，重在实验；而布伦塔诺则是经验的"经验的"，重在经验。著名心理学史家布雷特指出：布伦塔诺的"'经验的'是在这种意义上认为的，即基于达到一种纯经验并分析之"③。与德国当时的实验心理学（内容心理学）不同，布伦塔诺提出了一种意动心理学。这种心理学是一门严密的科学，它可以达到把握真正普遍的而不是部分的真理的规律。他说："这种经验观点的心理学十分重要，因为这种心理学为所有的哲学奠定了一个坚实的基础，或者说心理学是基本的哲学学科，能够提供一种如莱布尼茨所认为的本质的普遍性。"④

布伦塔诺本人并未提出"意动心理学"的概念，就像机能心理学家没有明确提出"机能心理学"概念一样。"意动心理学"进入心理学界，首先要归功于铁钦纳，铁钦纳不仅提出了"构造心理学"与"机能心理学"概念，也明确提出了"意动心理学"概念。他于1921年和1922年在他所主编的《美国心理学杂志》上连续发表《机能心理学与意动心理学：I》和《机能心理学与意动心理学：II》。他区分出两种心理学团体：关注生物学方面的机能心理学和关注意向方面的意动心理学。他明确指出，意动心理学以布伦塔诺、迈农、斯顿夫、立普斯、胡塞尔和屈尔佩为代表，英国的斯托特也受到布伦塔诺的影响。⑤ 1921年，他又在《美国心理学杂志》上发表《布伦塔诺与冯特：经验与实验的心理学》，认为他们开创了心理学的不同研究取向。他说："心理学的

① Brentano, F. (1995). *Psychology from an empirical standpoint*. New York: Routledge & Kegan Paul, p. 2.

② Arens, K. (1989). *Structures of knowing: Psychologies of the nineteenth century*. Dordrecht: Kluwer Academic Publishers, p. 176.

③ Murchison, C. (ed). (1930). *Psychologies of 1930*. Worcester MA: Clark University, p. 176.

④ Brentano, F. (1995). *Psychology from an empirical standpoint*. New York: Routledge & Kegan Paul, p. 68.

⑤ Titchener, E. B. (1921). Functional psychology and the psychology of act: I. *American Journal of Psychology*, 32, pp. 519～542.

学生，尽管其得益是双倍的，但依然必须在这一个和另一个之间作出选择。在布伦塔诺和冯特之间，没有中间的道路。"①在铁钦纳之后，他忠实的学生波林继承了老师的观点，将布伦塔诺和冯特视作两种阵营。他说："19世纪心理学的主要派别是意动和内容，布伦塔诺和冯特，这正如我们经常说的。"②"意动心理学"由此逐渐进入心理学界，确立了其历史地位。

二、描述心理学与发生心理学

事实上，布伦塔诺是在"描述心理学"(descriptive psychology)名义下进行了意动心理学的具体研究。所谓描述心理学，是指对心理现象进行描述性研究的心理学学科分支。在很大程度上，它可以被视为布伦塔诺自己设计的意动心理学。布伦塔诺对于正在形成之中的心理学有着总体的把握。他试图通过描述心理学，有意识地对早期心理学的人文科学路线进行规划。

需要指出的是，布伦塔诺的描述心理学思想并非一蹴而就。他最初未加反思地进行了描述心理学的具体研究，这尤其反映在1874年的《经验观点的心理学》中。在1874年的《经验观点的心理学》中，布伦塔诺雄心勃勃地提出，要用六册书完成这部著作。这六册分别是作为科学的心理学、对心理现象的总体考察、表象的特征与规律、判断的特征与规律、情绪尤其是意志的判断与规律、身心关系。但他只完成了前两册，构成了这部著作，其余则胎死腹中。原因在于，布伦塔诺后来意识到，前两册才是他要迫切进行的工作，也就是描述心理学的研究，而后四册则是在描述心理学基础上进行的发生心理学研究。最终，在1889年《我们的正误知识的起源》一书中，布伦塔诺首次公开提出这项工作，称之为"描述心理学"，在1911年《经验观点的心理学》修订版中，他渗透了这种思想。但在此之前，他就以课程的形式进行了具体的研究。他曾于1887—1888年学期开设"描述心理学"课程，后来，他又陆续开设了"描述心理学或描述现象学"(1888—1889)、"心理直觉学"(Psychognosie，1890—1891)等课程。这些课程在他逝后得到整理，以《描述心理学》为题正式出版(德文版1982，英文版1995)。

布伦塔诺的描述心理学规划始终处于他对心理学的总体把握的背景下。他认为，心理学从总体上可以区分为描述心理学与发生心理学(genetic

① Titchener, E. B. (1921). Brentano and Wundt: empirical and experimental psychology. *American Journal of Psychology*, pp. 108～120.

② 波林著，高觉敷译：《实验心理学史》，商务印书馆1981年版，第435页。

psychology）。在1888—1889年的相关课程中，布伦塔诺明确指出："心理学是关于人的内心生活的科学，人的内心生活是指在内部知觉中获得的那部分生活。心理学的目的在于（尽可能）详尽地确定人的意识的要素以及它们联结的方式；并描述特定现象所隶属的因果情境。前者是心理直觉学的主题，后者是发生心理学的主题。"[①]因此，描述心理学意味着描述心理的成分以及诸成分联结方式的心理学分支学科。发生心理学则意味着发现心理与生理等其他因素间的因果关联的心理学分支学科，它也被布伦塔诺称作生理心理学。很明显，冯特等自然科学路线的心理学（即内容心理学或实验心理学）可以划入发生心理学的范畴之中。

布伦塔诺进一步通过对描述心理学与发生心理学的区分，确立了描述心理学的基础地位。布伦塔诺认为，他的这种区分在其他科学分支中是有先例的，例如，地质学中的描述部分，一度曾被称作地球构造学（即岩相学），以及以因果联系为重点的它的对应学科，一度被称作地球成因学（即岩石发生学）。布伦塔诺还进一步认为，既然描述心理学在逻辑上先于并相对独立于发生心理学，因而就独立于像物理学和生理学这样的自然科学。"纯粹的"心理学就是不带非心理学混杂物的心理学，它将为自己提供基础，并间接地为诸如心理物理学和生理心理学这样的科学提供一种基础。布伦塔诺提出，描述心理学与发生心理学存在如下两个方面的差异。

首先，描述心理学是一门纯粹的心理学，发生心理学则是一门心理物理学或生理心理学。[②] 这是因为，从研究主题上看，发生心理学需要与心理存在因果关系的物理或生理因素打交道，在未完全了解这些物理或生理因素前，发生心理学是不可能完成任务的；而描述心理学却完全独立于这些因素，它仅关注心理现象，通过列出心理现象的成分以及联结方式来完成任务。显然，发生心理学在研究心理现象上，需要借助描述心理学，而描述心理学却无需借助发生心理学，独立展开研究。不仅如此，从研究途径上看，发生心理学的研究需要借助外部知觉等间接的途径，描述心理学却仅需要通过内部知觉的直接途径进行。显然，发生心理学的地位是处于描述心理学之后的。

其次，描述心理学是一门精确的科学，而发生心理学却永远不可能达到精确的水平。[③] 这在今天看来或许不可思议，自然科学心理学向来以量化的精确性为标榜。然而，在布伦塔诺看来，发生心理学采用外部知觉的研究途

---

① Brentano, F.(1995). *Descriptive psychology*. London and New York: Routledge, p.3.

② Brentano, F.(1995). *Descriptive psychology*. London and New York: Routledge, p.7.

③ Brentano, F.(1995). *Descriptive psychology*. London and New York: Routledge, p.7.

径，容易为感官蒙蔽，得到不真实的材料。发生心理学为此采用归纳的做法进行补救。采用归纳法，却只能逼近本质，永远无法得到本质。相比来说，描述心理学采用内部知觉的研究途径，能够得到原本的材料，且布伦塔诺提出，描述心理学可以通过直观即直接把握的方式获得本质。由此来看，描述心理学在精确性上是优于发生心理学的。

通过以上区分，布伦塔诺确立了描述心理学的优先地位。他认为，在心理学研究之初，需要进行的是描述心理学的工作。其他工作都要在此基础之上进行。由于布伦塔诺将心理学作为其他学科的基础，描述心理学因此是所有其他心理学乃至其他科学的奠基成分。布伦塔诺曾作过形象的比喻：如果没有描述心理学，其他的所有科学都将成为无根之木，如同从树上砍下来的枝干一样，最终干涸而死。①

总之，布伦塔诺通过描述心理学确立了自己的心理学规划图景。布伦塔诺持一种宏观的心理学科学观。他并不反对自然科学心理学，也不坚持自然科学心理学与人文科学心理学之间的二元对立。他认为，完整的心理学应该包括这两者。进一步说，布伦塔诺确立了自然科学心理学与人文科学心理学之间的关系。他坚持在进行发生心理学研究之前，应该进行描述心理学的研究。因此，布伦塔诺赋予心理学的人文科学观以优先地位。他认为，只有在充分了解心理现象本质的基础上，才能进行考察心理与其他因素间的因果研究。在未充分进行人文科学心理学研究前，贸然进行自然科学心理学研究，将具有极大的风险。从心理学历次的危机呼声以及今天四分五裂的心理学现状来看，布伦塔诺的观点是具有深远意义的。

三、理论科学与应用科学

布伦塔诺认为，心理学既是一门理论科学又是一门应用科学。他多次表达了对心理学潜在的实践应用的乐观性，并指出："我所指的心理学的实践任务是具有广泛意义的。"②例如，他认为，"无论是个体还是社会的教育理论，心理学均作为其科学基础"。他还进一步指出，"如何矫正恶行……可以按照心理状态能改变的法则的知识来进行"。③ 他甚至说到了对能力倾向进

① Velarde-Mayol, V. (2000). *On Brentano*. Belmont: Wadsworth, p. 23.

② Brentano, F. (1995). *Psychology from an empirical standpoint*. New York: Routledge & Kegan Paul, p. 2.

③ Brentano, F. (1995). *Psychology from an empirical standpoint*. New York: Routledge & Kegan Paul, pp. 21～22.

行早期诊断的重要性，“对于个体甚至是群体，无法估计的环境会阻碍或促进其进步，而心理学知识将提供其活动的确信基础”①。但是，布伦塔诺对应用心理学持有的较高的乐观态度，过去很少被得到承认。所以，维利说：“在态度和倾向上，他（布伦塔诺）必须被认为是应用心理学的前驱者。”②

四、心理学的特别价值

布伦塔诺十分强调心理学的重要性，并赋予心理学以最高的科学地位。他说：“我们提出四个理由似乎足以表明心理学这门科学的特别重要性：研究现象的内在真实性；对这些现象的纯化；它们对我们的特殊关系；最后是把握现象规律的实际重要性。除此，我们还必须加上一个特殊的和不可替代的作用，即就心理学建设的永恒性意义而言，它又是一门未来的科学。”③他进一步指出：“心理学好像是人类进步的基本条件……在这个意义上，我们可以像其他人已经做的那样，把心理学刻画为一种关于未来的科学，即把握未来的科学（其他任何理论科学都做不到这一点），一种其他科学所不可比拟的塑造未来的科学，一种在将来驾驭于所有其他科学之上并使它们在其实际运用中从属于自己的科学。”④可见，在布伦塔诺看来，心理学不仅是一门系统的科学，更是关于人类真理的试金石。

第三节　心理学的对象

我们谈布伦塔诺对心理学研究对象的看法，要从他关于心理现象与物

① Brentano, F. (1995). *Psychology from an empirical standpoint*. New York: Routledge & Kegan Paul, p. 24.

② 韦恩·瓦伊尼、布雷特·金著，郭本禹等译：《心理学史：观念与背景》，世界图书出版公司 2009 年版，第 271 页。

③ Brentano, F. (1995). *Psychology from an empirical standpoint*. New York: Routledge & Kegan Paul, p. 25.

④ Brentano, F. (1995). *Psychology from an empirical standpoint*. New York: Routledge & Kegan Paul, p. 8.

理现象的划分出发。布伦塔诺在《经验观点的心理学》第二卷的一开始就指出，我们意识的材料构成一个整体的世界，它们分为两大类，即心理现象和物理现象。[①] 物理科学是研究物理现象的科学，而心理科学是研究心理现象的科学。那么心理现象和物理现象又有什么区别？布伦塔诺在《经验观点的心理学》第二卷的第一章“心理现象与物理现象的区别”中专门讨论了这一区别，并由此引申出意向性作为心理学的基本研究主题。

一、心理现象与物理现象的区别

布伦塔诺关于心理现象与物理现象的划分，广泛地被学界所知，但这一现象却颇有一些令人啼笑皆非的味道，即这一在现代哲学上具有独创性的理论是通过其弟子胡塞尔的《逻辑研究》而引起学界的广泛重视的。由于现象学的广泛影响，人们更多关注胡塞尔在《逻辑研究》中对布伦塔诺这一学说的批评，而对布伦塔诺这一学说本身的深入理解却少而又少。[②]

任何一门学科都有其独特的研究对象，如果错将其他学科的对象当做自己的研究对象，后果显然是明显的。在布伦塔诺看来，依据人的意识现象中心理现象和物理现象的区分，物理现象是科学的研究对象，心理现象是心理学的研究对象，它关涉人的意义和价值。只有区分清楚心理现象与物理现象，弄清心理现象的分类及其特征与认识途径，心理学知识才真正能够得以建立。

心理现象与物理现象的划分并非始于布伦塔诺，但是在布伦塔诺看来，在心理学和哲学中正是由于这两个概念理解上的混淆与界限划分的不明确，导致了将物理现象当做心理现象、用对待物理现象的方法来处理心理现象的问题等种种混乱。而如何正确地划分心理现象与物理现象，关键在于找到这两个领域区分的标准，这个标准的获得在于对心理现象与物理现象根本特征的准确把握。

那么，心理现象和物理现象究竟具有什么样的区别呢？在《经验观点的心理学》第二卷的第一章“心理现象与物理现象的区别”中，布伦塔诺对心理现象与物理现象的区别做出了具体的规定。第一，我们把心理现象定义为

---

① Brentano, F. (1995). *Psychology from an empirical standpoint*. New York: Routledge & Kegan Paul, p. 77.

② 许为勤:《布伦塔诺价值哲学》，贵州人民出版社 2004 年版，第 14 页。

表象以及建立在表象基础上的现象；相应地，把不属于这一范围的所有现象都归结为物理现象。第二，广延性乃是一切物理现象独具的特征；而心理现象的确没有表现出广延性。第三，我们把心理现象定义为内部知觉的唯一对象，因为仅有它们才是直接的、不谬的和自明的知觉；与此相反，物理现象只有通过外部知觉而被知觉。第四，意向的内存性(intentional inexistence)是心理现象独具的特性，没有任何物理现象能表现出类似的性质，物理现象是自己包含着自己，是自足的，它决不包含别的事物于其内。所以，我们完全可以将心理现象定义为有意向地包含一对象于其内的现象。"对象的意向的内存在乃是心理现象的普遍的、独具的特征，正是它把心理现象与物理现象严格地区分开来。"①即任何心理现象都要指向某一对象，心理现象不能够单独存在，它总是由意识行为与意识对象两者同时构成。第五，唯有心理现象是既能意向地(intentionally)存在又能实际地存在(actually)的现象；物理现象则只可现象地(phenomenally)和意向地存在。第六，尽管心理现象是多重的、复杂的，但它们总是以一个统一整体的面目呈现于人的内部知觉中；反之，人在某一时刻所同时知觉到的物理现象都不可能以这样的方式呈现。换言之，它们不是呈现同一个现象的不同构成成分，而是呈现为不相同的诸多现象。② 也就是说，心理现象具有统一性。布伦塔诺认为，心理现象自身所具有的统一性使得心理现象所呈现出来的是一个有机的统一整体，因此，当我们在描述心理学中分析每一种心理现象时，都不能忘记它的整体性，即在每一种心理现象中所映现出的认识都是一个整体。布伦塔诺认为只有外部知觉的对象才是单个呈现的。

需要注意的是，布伦塔诺关于心理现象和物理现象的划分是在意向性的把握之下进行的，他所指的物理现象并不是一种实在对象而是一种内在对象。布伦塔诺认为，我们一切观念都能够在这两大现象中找到根源。他在《伦理知识的起源》中明确指出："物理现象是颜色、声音、空间等概念的源泉。但是，善之概念的源泉却不在这儿。'善'的概念与'真'的概念是完全联系在一起的。显而易见，这两个概念的源泉在于某种具有心理内容的直观表象当中。"③

---

① 布伦塔诺：《心理现象与物理现象的区别》，引自《二十世纪哲学经典文本・序卷》，陈维纲、林国文译，复旦大学出版社 1999 年版，第 291 页。

② Brentano, F. (1995). *Psychology from an empirical standpoint*. New York: Routledge & Kegan Paul, p. 59.

③ Brentano, F. (1969). *The origin of our knowledge of right and wrong*, trans. R. M. Chisholm and E. H. Schneewind, London, pp. 13～14。

从上述对心理现象与物理现象的区别出发，布伦塔诺又进一步对心理现象与物理现象进行界定。他曾在《经验观点的心理学》中先后为心理现象下了四次定义。

定义一："每一呈现在感觉（sense perception）中和想象（imagination）中的表象都是心理现象的一个实例；这里的表象不是指被表象的东西，而是指表象活动本身。"①施皮格伯格这样解释："布伦塔诺的心理现象始终是一些活动，活动一词是在很宽泛的意义上使用的，它包含经历的体验和行动的体验、意识的状态和单纯的瞬间过程。"②

定义二："心理现象这个词不仅指称表象，而且也指称所有那些基于表象之上的现象。"③

定义三："心理现象不是表象便是立足于表象之上的东西。"④

定义四："我们完全能够为心理现象下这样一个定义，即它们都意向性地把对象包含于自身之中。"⑤

布伦塔诺本人认为定义三与前面的定义相比较，把杂乱的心理现象高度统一化了。然而，还没有达到完全的统一化，因为它仍然把心理现象划分为两种基本类型，直到定义四才实现了心理现象的统一化，即用意向性将心理现象的总体特征标划出来。

那么，物理现象是什么呢？布伦塔诺指出："我们表象的内容则被称作物理现象。"比如，所听到的声音、所思考的对象以及想象中的意象。

简言之，心理现象是指表象活动以及基于表象之上的所有心理活动，而物理现象则是指表象的内容或对象。

从表面上看，心理现象与物理现象的区分只是布伦塔诺描述心理学的一个过程以及对于现象的分类，但是布伦塔诺划分心理现象与物理现象的意义绝不仅限于此。布伦塔诺对于构成他的心理学、哲学、形而上学的理论中所关乎到的一切概念的讨论，诸如对于意识、现象、知觉、判断、情感、道德、善、上帝以及内观、默祷、自明性等概念展开讨论时，都有一个公设性质

---

① 布伦塔诺：《心理现象与物理现象的区别》，引自《二十世纪哲学经典文本·序卷》，陈维纲、林国文译，复旦大学出版社 1999 年版，第 278 页。

② 施皮格伯格著，王炳文、张金言译：《现象学运动》，商务印书馆 1995 年版，第 80 页。

③ 布伦塔诺：《心理现象与物理现象的区别》，引自《二十世纪哲学经典文本·序卷》，陈维纲、林国文译，复旦大学出版社 1999 年版，第 278～279 页。

④ 布伦塔诺：《心理现象与物理现象的区别》，引自《二十世纪哲学经典文本·序卷》，陈维纲、林国文译，复旦大学出版社 1999 年版，第 285 页。

⑤ 布伦塔诺：《心理现象与物理现象的区别》，引自《二十世纪哲学经典文本·序卷》，陈维纲、林国文译，复旦大学出版社 1999 年版，第 289 页。

的前提，即心理现象与物理现象的划分。从这个意义上讲，这一划分绝不单纯是一个描述、一个分类，它是贯穿于布伦塔诺整个思想体系的最为切近的前提，如果我们忘记了这一点，那么对于布伦塔诺哲学的把握常常就是顾此失彼的、误解横生的。物理现象与心理现象的划分保证了布伦塔诺思想体系的内在统一性，因此，我们可以肯定地说，这一划分是在对现象所做出的一个崭新的分类的基础之上形成的一种崭新的哲学认识论的方法。不论布伦塔诺描述心理学所描述的对象和过程是什么，它的言外之意都是对这一划分的描述。布伦塔诺的《经验观点的心理学》从这一划分开始，经过这一划分带出领域，最后到达它的终点，所以这一划分是贯通布伦塔诺哲学体系的最基本、最内在的线索，而这一划分的核心内容是意向的、表象的，也就是表象活动本身。①

二、意向性主题

布伦塔诺指出，毫无疑问，在以上所列诸种区别特征中，只有意向的内存性才是心理现象最显著的、普遍的和独具的特征。这一特征也就是引起后人持续不断争议的意向性特征。所以，我们可以凭借这一特征以及上述其他特征来严格地界定心理现象，从而把它们与物理现象区分开来。布伦塔诺说："每一心理现象的特征在于具有中世纪经院哲学家所说的对象的意向的（或心理的）内存在（inexistence）和我们所称的（尽管无法完全明确）与某一内容的关联，对某一对象（不应理解为实在的对象）的指向，或内在的对象性（immanent objectivity）。每一心理现象都把某物作为对象而包容于自身之中，尽管方式有所不同。在表象中总有某物被呈现，在判断中总有某物被肯定或否定，在爱中总有某物被爱，在恨中总有某物被恨，在欲求中总有某物被欲求，如此等等。"②布伦塔诺的这段话非常有名。后来的学者凡有考察意向性之处都要加以援引。但是，与布伦塔诺"隐身"于思想史上一样，这段话也受到了不公正的待遇。莫兰（D. Moran）考察了当代许多学者的意向性观点，并评论说："这些布伦塔诺的解释有着广泛的传播，几乎到了成为正统观点的程度，但它们并未确切地传达历史上的布伦塔诺的真实观点。"③不

① 许为勤：《布伦塔诺价值哲学》，贵州人民出版社 2004 年版，第 14～15 页。

② Brentano, F. (1973). *Psychology from an empirical standpoint*. New York: Routledge & Kegan Paul, p. 88.

③ Moran, D. (1996). The inaugural address: Brentano's thesis. *Proceedings of the Aristotelian Society*, Supplementary Volumes, Vol. 70, pp. 1～27.

过，在下面的分析中我们将会看出，布伦塔诺本人也要为这种不公正的待遇负起一定的责任。他的这一段话并未给出意向性的清晰的界定，相反存在着很多歧义。

在这段话中，布伦塔诺使用了五种不同的表述："对某一对象的指向"、"与某一内容的关联"、"意向的内存在"、"心理的内存在"和"内在的对象性"。这五种表述传达了两层意义。第一层意义在于，心理指向对象，或与对象有关联。这是前两种表述的意义所在。这一点也得到了后人的公认。但是，学者们往往在指出这层意义后就匆忙地转向了下一层意义，而忽视了它的重要地位。事实上，布伦塔诺通过这一层意义，回应了近代思想史上的心物二元论问题。众所周知，笛卡儿区分开精神与物质两种不同的存在，并在二者间划出了一道鸿沟。这道鸿沟使得心理成为一个封闭的存在，它回避了心理究竟如何在现实情境中活动的问题。当 19 世纪下半叶心理学诞生之时，必然要面对这个问题。冯特等自然科学路线的心理学家通过强调心理具有类似物理的属性，回避了心理与物理间的关联，从而偏向了物理一边，走向了元素论。

布伦塔诺在面对这个难题时提出心理是与对象有关联的。这意味着心理并非封闭的事物，它与现实世界是互动的。我们不能简单地说："我感觉"，"我想象"，"我判断"，"我高兴"，"我爱和恨"，要使自己的话具有意义的话，就要说："我感觉到某物"，"我想象某物"，"我对某物下判断"，"我爱或者恨某人"。所以，一切心理都是关于对象的心理。这就突破了笛卡儿设置的藩篱，为讨论现实世界中心理的具体本质拓展了空间。可以说，通过这一层意义，布伦塔诺确立了讨论心理本质的方向，为更深入讨论心理本质提供了坚实的基础。形象地说，布伦塔诺在有关心理的诸种学说所构成的海洋中，把住了船舵，从而将接下来的航行方向牢牢定住。

心理是如何指向对象的？进一步说，心理究竟具有怎样的本质？这就要转向布伦塔诺的第二层意义。这是后三种表述所传达的意思：心理包含着某个对象。事实上，在五种表述后，布伦塔诺明确地指出了这种意义："每一心理现象都把某物作为对象而包容于自身之中，尽管方式有所不同。"[①]相应地，"内存在"也就意味着对象存在于心理之中。我看到一匹马，作为对象的马是存在于我的心灵之中的。在前述布伦塔诺的思想背景中已经提到，布伦塔诺通过中世纪哲学家借用了"内存在"。布伦塔诺的借用是非常艰难

① Brentano, F. (1973). *Psychology from an empirical standpoint*. New York: Routledge & Kegan Paul, p. 88.

的。他在上述那段话中，加了一个脚注，说明自己在借用这个术语时，有意地避免使用中世纪哲学家的另一种表述，即“客观地存在于某物之中”。布伦塔诺明确指出，“客观地存在于某物之中”容易使人产生歧义，使人误以这种存在如同心灵之外实物的存在一样。我意识到马时，并不是说就有一匹马的摹本，作为心理的模拟物，存在于人的心灵之中；相反，即使马不存在，人仍然可以意识到马。心理的关系和严格的关系不一样。在严格的关系中，除非A和B双方都存在，否则A和B在严格的意义上就不能有相关联的关系；但如一棵树在另一棵树的左边，那么这两棵树就都存在。可在心理的关系中情况就不同了。如果某人思考着事物，尽管一定存在一个思者，但他所思之物却不一定存在。就情绪而言也是如此，即使情绪的对象不出现，我们依然能产生情绪体验。显然，布伦塔诺在指出心理并非封闭的存在后，通过这种澄清，进一步避免将心理视作类似物理之物。这与冯特等人的自然科学路线将心理类比物理的做法形成了明显的对照。

值得注意的是，从后来的发展来看，通过第二层意义，心理学得以关注人的内心体验。心理是如何以一种非实物包容的方式将对象包容于内心之中的？这里极易延伸出一种观点，即心理体验到对象。我看到一匹马，在指向这匹马的同时，我产生了有关这匹马的体验，如奔腾奋进的气象。后来的人文科学路线的心理学均沿此方向，探索人的内心世界。显然，布伦塔诺起到重要的先驱作用。

在这两层意义的基础上，布伦塔诺试图勾勒出一幅心理的蓝图：心理指向对象，同时将对象包容于自身之中。我看到一匹马，我的心理指向这匹马，与此同时，我的心理中也有了这匹马。这幅蓝图是宏大的，它具有多种可能性，容易演变成为许多具体的心理模型。同时，布伦塔诺所勾勒出的这幅蓝图的粗糙性质也是毋庸置疑的。与此相应，尽管布伦塔诺小心谨慎地借用中世纪哲学家们的术语，但他并未能完全避开由此带来的混淆和误解。这鲜明地体现在“内存在”上。这个术语极易使人误解为对象寓居于心灵之中。沿此方向，可以考察对象如何在心灵存在。这里进一步会造成布伦塔诺所担忧的后果，即对象在心灵中的存在如同实物的存在一样。在当今认知心理学关于表象的旋转实验研究中，可以看到这一点。甚至如高觉敷先生指出的，内存在(inexistence)这个词本身也容易被误解为“不存在”。[1] 另外，布伦塔诺不加区分地提到“对象”和“内容”两种称呼，这也给后人留下了

① 高觉敷：《从布伦塔诺意动说到胡塞尔现象学》，载高觉敷著，郭本禹编：《高觉敷心理学文选》，人民教育出版社2006年版，第100页。

疑问。对象和内容是否为同一个东西？如果不是，它们之间有着怎样的关系？事实上，这是布伦塔诺的弟子们处理的关键问题。可以将此线索的发展简述如下：1890 年，迈农和霍夫勒区分出内心中的内容与外部实际存在的事物；1894 年，塔多斯基区分出内在的内容与心理之外的对象；1900 年，胡塞尔明确提出，心理指向对象，同时体验到与对象有关的内容。

需要指出的是，布伦塔诺本人也意识到了这里的问题。他在 1905 年经历了“内在性”危机后，放弃了第二层意义，只承认第一层意义。相应地，他不再坚持“内存在”的说法，而转向一种物存论（reism）立场。根据该立场，心理只指向物（*Reales*，things）本身，它不指向关于物的思想等。在 1911 年《经验观点的心理学》第二版前言中，布伦塔诺说：“最重要的变革之一在于，我不再坚持这种观点，即除了物之外，心理关系不再拥有其他事物作为对象。”①

总之，布伦塔诺最早把心理现象或意识的本质特征概括为对象之意向的内存性，这就是他的意向性学说的本质之所在。这样就使得对意识内容的理解产生了决定性的改变，那种把意识内容看做像自然事物那样是自身不变的实在的东西的传统观点受到了挑战，而在挑战中，产生了一种新的思维方法——现象学，并直接启发了胡塞尔的思想。在这里，我们可以看出，布伦塔诺所主张的心理学研究对象与冯特的主张不同。冯特认为心理学是研究感觉、情感等心理或意识的内容；而布伦塔诺认为心理学不是研究感觉、判断、情感等心理的内容，而是研究感觉、判断、情感等心理的活动。但这种活动或意动又是离不开对象和内容而独立存在的，它一定要指向一个对象，涉及一种内容，即一定要意向地包含一个对象于其内。正如维利指出：“如果布伦塔诺有机会设计一门心理学的课程计划，那么他所偏爱的课程标题将可能会使用动词形式而非名词形式。因此，所教课程的标题不是 sensation 和 perception（感觉和知觉）而是 sensing 和 perceping。布伦塔诺偏爱主动的动词形式而非被动的名词形式是基于他对经验本身的理解，经验是一种主动的、参与的、创造的和建构的过程；它不是简单地构成惰性的、静止的或被动的内容。”②

在此，布伦塔诺把意动作为心理学的对象，其意义在于突出了人心理的意向性、活动性和整体性。

---

① Brentano, F. (1973). *Psychology from an empirical standpoint*, New York: Routledge & Kegan Paul, p. xx.

② 韦恩·瓦伊尼、布雷特·金著，郭本禹等译：《心理学史：观念与背景》，世界图书出版公司 2009 年版，第 271 页。

第四节 心理学的方法

尽管冯特和布伦塔诺都坚持心理学是研究意识的科学，但由于两人对待意识的立场不同，所以他们研究意识的方法也不同。冯特强调意识的内容，主要运用实验内省的方法，以期获得心理的对象资料(data of objects in mind)；布伦塔诺强调意识的活动，主要运用内部知觉的方法，以期发现心理的过程资料(data of processes in mind)。布伦塔诺认为，心理学除了运用内部知觉方法了解我们自己的心理活动的体验和反省，对于他人的心理活动则可以通过观察他人的言语报告或自传、行为及其表现来了解。同时，他也并非完全反对实验方法，而是主张不同于冯特的系统性实验方法的决定性实验方法。

一、内部知觉方法

布伦塔诺主张，内部知觉是心理学的主要方法。他指出："心理学的来源是建立在对我们自己的心理现象的内部知觉上。我们不知道什么是思维、判断、愉快或痛苦、欲求或厌恶、希望或害怕、勇敢或失望、决定和意向，如果我们不通过内部知觉来了解它们。内部知觉是心理现象的基本的和主要的来源。"[①]因此，我们对心理现象的内部知觉作为经验的主要来源，是心理学研究的主要方法。

那么，什么是内部知觉呢？我们知道，布伦塔诺将整个现象界对人的显现分为物理现象和心理现象，我们通过外部知觉(五官感觉)达到对物理现象的把握，通过内部知觉获得对心理现象的把握。在布伦塔诺看来，"我们可以把内部知觉定义为对心理现象的知觉，而这正是它与其他一切知觉活动的根本区别"[②]。"内部知觉是真正的知觉，因为它的对象是实实在在的。

---

① Brentano, F. (1995). *Psychology from an empirical standpoint*. New York: Routledge & Kegan Paul, p. 2.

② 布伦塔诺：《心理现象与物理现象的区别》，引自《二十世纪哲学经典文本·序卷》，陈维纲、林国文译，复旦大学出版社 1999 年版，第 291 页。

它们借助于直接的内在自明性而被知觉。”[①]“内部知觉的内在自明性无需进一步证明，因为每一种证明都要以它为前提。我们绝对不能说这种知觉之所以是自明性的乃是由于我们可以将一致的意向性对象与实在对象加以比较。如果这是可能的，那么实在对象首先必须是一致的，我们将因此而陷入一种循环。内部知觉的内在自明性无需证明只是因为它是自明性的。它是我们知识的最终基础。”[②]在布伦塔诺看来，内部知觉实际上是一种新型的经验：“这种认识(诚然，只限于直接地呈现)具有确实可靠的自明性。”[③]

布伦塔诺认为，这种内部知觉不能与对心理现象的内部观察相混淆，因为后者是不可能的。冯特的实验内省法(introspection)是在严格的控制条件下对意识经验的内部观察(德文为 *beobachtung*，英文为 inner observation)，布伦塔诺的内部知觉(德文为 *wahrnehmung*，英文为 inner perception)是对我们的心理活动直接自然而然地内部体验(experience)或反省(retrospection)。但由于德文的 *beobachtung*(内部观察)和 *wahrnehmung*(内部知觉)都可直译为英文的 introspection(内省)，所以，在心理学史的著作中，通常把内省和反省混为一谈，误以为布伦塔诺的心理学方法也为内省法。但实际上，布伦塔诺曾明确指出：内部知觉(反省)和内部观察(内省)“这两个概念必须彼此区别开来。内部知觉的特征之一就是它从来不能变为内部观察。正如他们(指那些相信内部观察是可能的心理学家们——引注)所说的，我们观察对象，是指外部知觉对象。在观察中，我们对一种现象集中注意，是为了精确地理解它。但这对于内部知觉的对象是绝对不可能的……一条普遍有效的心理学原则是我们从来都不能对内部知觉的对象集中注意……只有当我们的注意转向一种不同的对象，我们才能(外部)知觉它，这种心理过程也顺便指向(内部知觉)对象。因此，外部知觉是对物理现象的观察，为我们提供了自然的知识，同时也能成为获得心理的知识的手段。的确，在我们的想象中，让注意转向物理现象，尽管这不是关于心理规律的知识的唯一来源，至少是间接的来源了。”[④]布伦塔诺还举例进一步说明了内部观察心理活动即内省是不可能的。当我们将注意集中于内部进行的心理活动时，这种内部的心理活动实际上就已发生了改变。例如，人在盛怒之下观察其内部气愤，如果人知道他在发怒，其怒气往往就会消失，这时他

---

① 参见泰奥多·德布尔，李河译：《胡塞尔思想的发展》，三联书店 1995 年版，第 36 页。

② 参见泰奥多·德布尔，李河译：《胡塞尔思想的发展》，三联书店 1995 年版，第 37 页。

③ 施皮格伯格：《现象学运动》，王炳文、张金言译，商务印书馆 1995 年版，第 77 页。

④ Brentano, F. (1995). *Psychology from an empirical standpoint*. New York: Routledge & Kegan Paul, pp. 29～30.

什么也观察不到了。布伦塔诺认为，虽然我们对心理状态的内部观察（内省）是行不通的，但我们可以通过内部知觉来对心理状态进行反省。我们可以反省刚刚发生的事情、发怒之前的事情和认识到结果的事情。所以，内部知觉是对刚刚过去的、在记忆中仍呈现鲜活状态的心理活动及其变化的反省，它与直接以正在进行着的心理过程为对象的内部观察（内省）有着本质的区别。在内部知觉中，不会出现内省过程中所遇到的干扰，内部知觉是完全可能的。布伦塔诺十分强调记忆在内部知觉中所发挥的作用，他认为记忆是把现实的资料即观察到的外部对象变为意识对象，也就是说，记忆是意向的意识对象。

许为勤在《布伦塔诺价值哲学》一书中，进一步将布伦塔诺的内部知觉概括为六大特性。①

第一，自明性。布伦塔诺认为，内部知觉是心理现象的特殊属性。内部知觉的特性在于它是自明的。"内部知觉不仅具有特殊的对象，而且还有另一种它所独具的特征，这就是它具有直接性、不谬性和自明性。在我们所有的知觉活动中，只有内部知觉具有这种特点。"②心理现象正是由内部知觉把握的，因此，对心理现象的知觉乃是直接自明的。

第二，无谬性。布伦塔诺认为，内部知觉的自明性保证了它的结果无错谬，因此，只有内部知觉才是可靠的。相反，所谓的外部知觉的现象是绝不可能被推证为是真实的和实在的，哪怕是凭借间接推理也不可能证明这一点。如果有谁信赖外部知觉现象，天真地以为这些现象就是它们本来的、实在的面目，那么我们只能说他被这些现象相互联结的方式引入了歧途。严格说来，所谓的外部知觉根本就不是知觉。③ 他甚至断言："就'知觉'（*wahrnehmung*）一语的严格意义而言，它是唯一的知觉。"④这里所说的它即是内部知觉。

第三，当下性。内部知觉与心理现象的其他活动是同时发生的。内部知觉是当下的。有些哲学家由此而怀疑内部知觉的可能性，布伦塔诺以天文观察为例，指出："即使所有的知觉活动都与上述那个天文观察实例相同，

① 许为勤：《布伦塔诺价值哲学》，贵州人民出版社 2004 年版，第 53～57 页。

② 布伦塔诺：《心理现象与物理现象的区别》，《二十世纪哲学经典文本・序卷》，陈维纲、林文国译，复旦大学出版社 1999 年版，第 291～292 页。

③ 布伦塔诺：《心理现象与物理现象的区别》，《二十世纪哲学经典文本・序卷》，陈维纲、林文国译，复旦大学出版社 1999 年版，第 292 页。

④ 布伦塔诺：《心理现象与物理现象的区别》，《二十世纪哲学经典文本・序卷》，陈维纲、林文国译，复旦大学出版社 1999 年版，第 292 页。

我们也不能否认人时常在某一时辰既表象到某一事物又对它进行判断或产生对它的欲求。这样看来，几种心理现象同时共存的情况是确实无疑的。”①

第四，统一性。“尽管心理现象是多重的、复杂的，但它们总是以统一整体的面目而呈现于人的内部知觉。”②心理现象可以同时呈现几种状态，与此刚好相反的是，物理现象在一段时间内所能呈现的却只有一种。布伦塔诺指出：“内部知觉所能把握的多重心理现象总是以统一整体的面目出现；反之，外部知觉所能同时把握的众多物理现象却并非如此。”③由于人们往往容易把整体事物错当成单一事物，因此主张呈现在内意识中的心理现象不过是一种单一现象；而另一些人认识到了心理现象的多重性，却又走向另一个极端，否认心理现象的统一性。

第五，次第性。内部知觉的次第性是指内部知觉所呈现的清晰能力的不同。内部知觉的次第性决定了内部知觉虽然是心理现象的本质属性，是人人具有的，然而由于它精微细密，一般人很难察觉，因而，有不少人或是不知道它的存在，或是将它误当做别的心理状态。“并非是说凡一个人不能如此知觉到的东西就属于物理现象。”④即使是承认内部知觉存在的人，对于内部知觉的认识程度也参差不齐。这就是为什么布伦塔诺的学说会引起那么多的误解，即使是他的亲传弟子也难逃误解窠臼。对于内部知觉的这一特性，布伦塔诺是这么说的：虽然我们在严格的意义上可以说，内部知觉是唯一的知觉，“不过，这并非是断言每个人都可通过内部知觉方法而知觉到一切心理现象”⑤。内部知觉虽然具有个体性，然而它也具有公共性：“十分明显的是(而且，我们也早已清楚表明了这一点)，心理现象之可能为一个个体所知觉，即不同个体有不同的心理现象；但是我们也指出了心理现象可划分为不同类型，而这些类型在每一个成熟的人的心理活动中都存在。正因为如此，我们才可能共同讨论这些构成内部知觉领域的心理现象。”⑥

① 布伦塔诺：《心理现象与物理现象的区别》，《二十世纪哲学经典文本·序卷》，陈维纲、林文国译，复旦大学出版社1999年版，第292页。

② 布伦塔诺：《心理现象与物理现象的区别》，《二十世纪哲学经典文本·序卷》，陈维纲、林文国译，复旦大学出版社1999年版，第299页。

③ 布伦塔诺：《心理现象与物理现象的区别》，《二十世纪哲学经典文本·序卷》，陈维纲、林文国译，复旦大学出版社1999年版，第297页。

④ 布伦塔诺：《心理现象与物理现象的区别》，《二十世纪哲学经典文本·序卷》，陈维纲、林文国译，复旦大学出版社1999年版，第292页。

⑤ 布伦塔诺：《心理现象与物理现象的区别》，《二十世纪哲学经典文本·序卷》，陈维纲、林文国译，复旦大学出版社1999年版，第292页。

⑥ 布伦塔诺：《心理现象与物理现象的区别》，《二十世纪哲学经典文本·序卷》，陈维纲、林文国译，复旦大学出版社1999年版，第292页。

第六，实践性。在《描述心理学》中，布伦塔诺明确指出："所有心理的东西都是在内部知觉之下发生的，但是并非意味着所有（心理现象）都被注意到了。"①布伦塔诺认为，虽然内部知觉作为心理现象的根本特征是人人具有的，但内部知觉的能力在每一个体身上却显示出极大的差异性。在一般情形下，我们有许多心理现象发生了却不能被自身察觉到。因此，内部知觉的能力是需要训练的，通过默祷内部知觉才能成为内观，成为持久而稳定的对当下心理现象的内在直观的能力。布伦塔诺指出，内观以及内部知觉这些需要通过不断实践去获得的能力，不是单纯依靠思维、逻辑推理就能够判定其是否存在的。对于没有体验到内部知觉和内观的人来说，最好的方法就是亲自去实践一下，因为任何"花言巧语和分析性的聪明，都不可能把它们的意义交给任何从来没有体验过自明性的人"②。

二、其他方法

布伦塔诺认为，内部知觉仅限于对我们自己的心理活动的体验和反省，对于他人的心理活动则可以通过观察他人的言语报告或自传、行为及其表现来了解。例如，他主张行为或实际的行动是内部心理活动的最可靠的指标，诸如脸红等不随意的生理指标也是内部心理状态的指标。这就相当于我们今天所说的客观观察法或自然观察法。在布伦塔诺看来，内部知觉和观察法都是研究正常心理现象的方法。此外，他还主张对动物、儿童、心理变态的人和原始社会进行观察和研究。

关于实验方法，布伦塔诺并不反对。在他写作《经验观点的心理学》一书时，冯特的《生理心理学原理》第一卷已经出版，他多次引用该书中的实验和研究。同时，他也引证费希纳等人的实验和研究。他虽然尊重冯特等人所做实验的结果，但是他反对冯特等人对实验结果的解释。布伦塔诺认为实验法有两种类型：决定性的（crucial）实验和系统性的（systematic）实验，他所提倡的实验法是前者，冯特所使用的实验法是后者。布伦塔诺在讨论视觉的错觉时，"画出旧的错觉说明的新图形，以就正于读者的经验。这就是具体的经验法或决定性实验法"③。他认为，决定性实验依附于思辨，有助于

① Brentano, F. (1982). *Descriptive Psychology*, trans. and ed. Benito Muller, London and New York, p. 129.

② Brentano, F. (1973). *The Foundation and construction of ethics*, ed. E. H. Schneewind, London, p. 128.

③ 波林：《实验心理学史》，商务印书馆 1981 年版，第 404 页。

决定两种对立的概念。心理学家要尝试建立心理学的体系，无疑是要采用决定性实验；而系统性实验仅局限于一些细节的实验，过于强调方法本身，往往又是枯燥无味的，所以这种实验看不见心理学所面临的主要问题，在心理学发展的早期阶段是没有什么作用的。正因为如此，布伦塔诺并没有像冯特那样建立自己的实验室。就像美国心理学史家惠特海默所指出的："布伦塔诺或许是一位理论家而非实验家。"①

第五节 心理现象的分类

在确立心理现象的基础上，布伦塔诺对心理现象进行了分类。这主要是依据心理现象的意向性本质，即意动涉及内容或指向对象的不同方式。他说："为了在一开始就表明我们的观点，我们也主张，这三类主要的心理现象必须得到区分，且这种区分要依据它们指向其内容的不同方式来进行。"②布伦塔诺进一步提出，一个人"意向地"联系一定对象A的方式有三种：想象A，或者像通常所说的那样，使其呈现在心灵之前，使其出现在意识之中；对A采取理智的立场——接受A或拒绝A；对A采取情感的立场——爱A或恨A。与这三种指向对象的方式有关，心理现象可以分成三类：表象（感觉、观念、想象），如我见、我听、我想象；判断（知觉、认识、回忆），如我承认、我否认、我知觉、我回忆；情绪现象或爱憎现象（感情、希望、决心、愿望、意志），如我感受、我愿望、我决定、我意欲、我请求等。

不仅如此，布伦塔诺还赋予这种分类以重要的任务。他认为，这三类心理现象指向不同的对象领域。通过心理类型的划分，不同对象所属的学科领域也得以确立。布伦塔诺提出，三类心理现象都有其完美的类型。③表象的完美类型存在于对美的沉思中，表象由此与美相关联；判断的完美类型存

① Wertheimer, M. (1987). *A brief history of psychology*. New York: Holt, Rinethart and Winston, p. 72.

② Brentano, F. (1995). *Psychology from an empirical standpoint*. New York: Routledge & Kegan Paul, pp. 197～198.

③ Brentano, F. (1995). *Psychology from an empirical standpoint*. New York: Routledge & Kegan Paul, pp. 261～262.

在于对真的判断中，判断由此与真相关联；爱的完美类型存在于对善的把握中，情绪由此与善相关联。与真、善、美相应的学科领域分别是逻辑学、伦理学和美学。这样，通过心理现象的划分，布伦塔诺确立了这三类实践哲学领域，也明确了心理学与这三类实践哲学的关系：前者是为后者奠基的。

另外，布伦塔诺试图对表象、判断和情绪现象进行总体的考察。他在这方面所做的一项重要工作，就是确定三种意动的自然顺序。他提出了考察标准，即意动的相对独立性、简单性和普遍性。显然，表象处于第一的位置，它是三种意动中最简单的一种，判断和情绪现象都包含有表象。表象也是最独立的意动，它无需判断和情绪现象，后两者却需要表象作为奠基。与独立性相关，表象也是最普遍的意动，因为所有涉及判断和情绪现象之处，必须有表象存在。判断在表象之后，处于第二的位置。除了表象外，判断是最简单的意动，情绪现象需要判断的奠基。每一个爱的意动必然涉及对所爱之物的存在的爱。与此相应，判断也是较独立和普遍的意动。自然，从三种性质来看，情绪现象处于第三的位置。

一、关于表象

表象是将某物呈现给我们的心理活动。布伦塔诺说："每当某物呈现给我们时，我们就提及表象。"①看到某物时，颜色得以呈现出来；听到某物时，声音得以呈现出来；想到某物时，想象表象得以呈现出来。显然，表象所指的并非表象之物，而是表象某物的心理活动。

布伦塔诺为此举了许多例子，如看到颜色、听到声音、感到冷暖、想象一张桌子，甚至他还提出看到颜色块片、想到一个抽象概念等。从这些例子中，可以区分出表象所包含的心理现象。看到颜色块片时的心理现象是一种感觉表象，或者我们今天所称的感觉；想到一张桌子时的心理现象是一种想象表象，或者我们今天所称的想象；想到一个抽象概念时的心理现象是一种抽象表象。布伦塔诺提出，在对象对我们的呈现中，存在着不同的本真程度。他从这个角度，对不同的表象加以排列。感觉表象是最本真的，尤其是直观这种感觉表象，它意味着我们能够直接把握到对象本身。抽象表象的本真程度是最差的，尤其是表象一类"圆的方"、"木的铁"等不可能的概念时，表象的本真程度最差。想象表象则处于二者之间。

---

① Brentano，F.（1995）. *Psychology from an empirical standpoint*. New York：Routledge & Kegan Paul，p. 198.

后来，布伦塔诺又区分出两类表象：直接表象和间接表象。在直接表象中，对象可以直接呈现给我们；在间接表象中，对象必须借助其他表象才能呈现给我们。例如，我们想起某人说过一些话，我们想起的这个人可以直接呈现给我们，这是直接表象；他说的话却必须借助对这个人的表象呈现给我们。这事实上涉及到表象与以表象为基础的表象的区别。间接表象其实就是建立在表象基础之上的表象。布伦塔诺还强调，在直接表象中，对象是独特的，但在间接表象中，对象可以以无限多的形式呈现给我们。想起的这个人就是这个人，他说的话却可以由任何其他人说出来，而不限于当前的独特形式。

另外，布伦塔诺后来还从表象中区分出信念因素。他认为，在表象中，我们有一种盲目的信念。例如，看到这张桌子，我们已经有一种信念，相信这张桌子的背面是存在的，它不会像笛卡尔所说的那样，被魔鬼取走。这事实上已经涉及表象中的存在信念。

在这三种心理现象中，表象是最根本的，判断和情绪现象则是在表象的基础上形成的。前面提到，布伦塔诺在澄清心理的本质时曾指出，心理现象或者是表象，或者建立在表象的基础之上。例如，一个人在判断食物存在或在意欲它时，总是先有关于食物的表象存在。不过，单独的表象与奠基的表象是存在差异的。在单独的表象中，对象直接呈现给我们，无需我们更多的心理操作；在奠基的表象中，我们需要对对象进行进一步的操作，如判断或意欲。布伦塔诺为此打了一个形象的比喻。在表象中，乐器的弦仅共鸣就可；而在判断和情绪现象中，弦必须直接敲打才可进行。[①] 值得注意的是，表象为判断和情感现象奠基，这并不等于说可以把判断简单地归结为表象或是看成是观念的结合。例如，我们把金的观念和山的观念结合起来，我们得到的并不是一个判断，而是另一个观念——金山。这显然与自然科学路线的元素论形成明显的对照。

二、关于判断

判断指的是对对象采取一种理智的态度，即要肯定或否定对象。它涉及肯定或否定的意向关系的对立。布伦塔诺说："通过'判断'，我们与通常哲学的用法一样，意指接受（为真）或拒绝（为假）。"[②]当我们说"马存在"时，

---

① Brentano, F. (1995). *Psychology from an empirical standpoint*. New York: Routledge & Kegan Paul, p. 266.

② Brentano, F. (1995). *Psychology from an empirical standpoint*. New York: Routledge & Kegan Paul, p. 198.

就在单纯的马的表象上附加上我们的信念，我们接受它、肯定它、承认它；而当我们说“鬼不存在”时，我们也不只是想象到鬼，而且否认鬼、拒绝鬼。无论对象是什么，只有加上有所断言的态度，我们才能构成一个判断。

布伦塔诺赋予判断较广的内涵。他举出的判断例子包括推理、确信、意见、怀疑等，他甚至将知觉和记忆都纳入到这个概念之中。斯顿夫为此解释说：“在评价布伦塔诺非常有争议的、对现代哲学产生了巨大影响的判断理论时，必须牢记，与大多数人通常对‘判断’这一术语的使用相比，布伦塔诺是在更为普遍的意义上使用的。要记住，对于他而言，每一个知觉，无论是内部的还是外部的，都是一种判断；对于他来说，这已经构成了一种基本肯定；他认为，任何一种心理活动，从一开始就与一种明显的自我肯定密切相关，从这种最宽泛的词义上讲，那是一种判断。”①

判断是不同于表象的一类意动。布伦塔诺对此进行了细致的分析。他认为，判断与表象间的区别在于意向性本质上。在表象中，某物呈现给我们；在判断中，我们对某物进行肯定或否定。显然，二者是不同的对象把握方式。布伦塔诺进一步从反面进行澄清。首先，二者间的差异并非强度上的差异。判断的本质并不在于对象把握的强度，表象也是如此。并且，判断对对象的指向不同于表象对对象的指向。否则，判断就成为强的表象，表象则成为弱的判断了。其次，二者间的差异并非内容上的差异。将二者间的差异归于内容，事实上假定了判断是内容的复合物。例如，当我说“树是绿的”，这个判断包括“绿”和“树”的内容。但是，二者并不能组合成“树是绿的”这个判断，因为其间缺乏对对象的肯定或否定态度。“绿”和“树”可以组合成“绿树”，对此的把握已经成为完全不同于判断的表象了。这一点与自然科学路线的元素论形成明显的对照，后者正是坚持心理由内容复合而成。

判断具有强度的性质。对于有的问题，我深信不疑，对于另外一些问题，我可能迟疑不定。布伦塔诺认为，判断的强度主要体现在确信上。确信在这里指的是针对对象存在的判断。它是一种伴随性的意动，它始终伴随着表象、情感以及其他判断。不过，确信的强度变化具有独立性，并不受它所伴随的意动的强度变化。尤其在内部知觉中，确信处于最高的强度上。在布伦塔诺看来，从内部知觉中获得的材料是确定无疑的。因此，在内部知觉中，伴随有一种最高级的确信。与此相对的另一极端是，当确信伴随的意动消失时，确信降低到最小程度。

---

① Stumpf, E. (1919). Reminiscences of Brantano. In: L. L. McAlister, ed. (1976). *The philosophy of Brentano*. London: Duckworth. p. 36.

由于判断只是对意识对象的接受或拒绝，判断的真或假就不在于其内容是否与事物相符合，而只在于判断是否具有自明性。所谓自明性，就是不能进一步规定的，在做出直接的、一目了然的结论时可以体验到的判断的属性。后来布伦塔诺进一步依据“判断”的普遍有效性，把判断分为“自明性的”(evident)和“盲目性的”(blindly)两种。自明判断必然是真的，但真的判断却并非都是自明的。有时，某种盲目判断也可能凑巧是真的，但这只有在同样情况下，做出自明判断的人也会得出相同的结论时，才是成立的。因此，一种真的判断必然是与自明判断不相矛盾的判断。布伦塔诺认为，我们对自明判断和盲目判断的区分，不能诉诸于本能、情感、确信，而只有通过“沉思”(contemplating)两者的实例，方能把握它们的区别。这似乎预示了后来胡塞尔的“本质直观”的思想。

除了自明判读和盲目判断外，布伦塔诺还从判断中区分出综合判断和直接判断。综合判断也称范畴判断，它是对范畴进行的肯定或否定，通常以“A 是 B”或“A 非 B”的形式表述。直接判断也称存在判断，它仅是对存在本身的肯定或否定，通常以“存在着 A”甚或“存在着‘是 B 的 A’”是形式表述。在直接判断中，可以区分出判断的功能和质料，判断的功能在于肯定或否定，它的质料则是存在，因为它只对存在进行肯定或否定。另外，布伦塔诺还认为，就对象而言，可以把判断划分为：知觉判断(包括内部知觉判断和外部知觉判断)、记忆判断和公理。在这些判断中，只有内部知觉判断和公理才是自明的判断。关于判断的这些理论构成了布伦塔诺后来的知识论(真理论、范畴论、逻辑学)的基础。

三、关于情绪现象

第三种心理现象是情绪现象。对于这种意动，布伦塔诺没有给出具体的界定。他曾说过：“这是一种基础的意动，主体在其中与次级的对象处于这样一种关系之中：不仅通过表象和自明性的接受，而且通过情绪。”但他马上又附上一句话：“我们早已注意到，这并非普遍的情况。”[①]他曾感叹，在这类意动中，“……最强烈地感受到缺乏唯一的、适当的表述”[②]。作为补充，布伦塔诺提出了一个间接的界定，即所有不属于表象和判断的意动，都可纳入

① Brentano, F. (1995). *Descriptive psychology*. London and New York: Routledge, p. 108.

② Brentano, F. (1995). *Psychology from an empirical standpoint*. New York: Routledge & Kegan Paul, p. 199.

情绪现象的范畴中。

情绪现象的范围显然是广泛的。布伦塔诺曾举出如下例子：快乐、悲伤、恐惧、希望、勇气、绝望、愤怒、爱、恨、欲望、意志意动、意向、惊奇、崇敬、蔑视等。[1] 布伦塔诺尤其通过理清如下三个概念，来展现情绪现象的范围。首先是情绪（emotion）。布伦塔诺认为，我们通常是在与生理上的不安有关的情感（affect）意义上理解这个词，认为它包括愤怒、焦虑、狂热的欲望等。但事实上，应该在一种普遍的意义上理解情绪，将愿望、决策、意向等都纳入其中。其次是兴趣（interest）。布伦塔诺认为，这个词通常用来指代能在其中唤起好奇或求知欲的意动，在这种意义上，它属于情绪现象的范围。当然，它无法描述一些兴趣意动中的快乐或不快的情绪，以及其中的愿望、自主决策等。最后是爱（love）。布伦塔诺认为，这个词应该更确切地换为“爱或恨”。他进一步列举出两种“爱”：对朋友的爱和对酒的爱。在对朋友的爱中，我愿他安康；在对酒的爱中，我愿它是好的酒。显然，在后者中，涉及到好坏或者说善恶之分。布伦塔诺认为，爱的意动应该从后者中进行理解。

情绪现象是不同于表象和判断的一类意动。布伦塔诺对此进行了细致的分析，他尤其重视情绪现象与表象间的差异。显然它们间的差异在于意向性本质上的差异，不过有着各种具体的表现。首先，表象在总体的意义上不涉及对立，而情绪现象尤其是爱与恨却涉及对立。其次，表象仅涉及现象的清晰或鲜活这一个维度的强弱，而情绪现象却涉及热烈或温和维度的强弱。再次，表象并不涉及善恶等方面，而情绪现象却与此直接相关。最后，情绪现象在指向对象中，表现出相继与发展的规律，而表象却并非如此。但是，表象与情感现象之间也存在关联。布伦塔诺发现，在视觉、听觉、嗅觉等感觉表象中，也可以看到情感现象的身影。

在对爱的澄清中可以看出，和判断一样，情绪现象也包括一个意向关系的对立，我们必须对对象表明态度——喜欢或不喜欢、爱或恨。布伦塔诺并不强调情感与意志的区别。通常的观点认为，情绪和意志是两种不同的心理现象，但布伦塔诺认为二者之间只有一种连续的过渡。他说：“例如，考虑下面的序列：悲哀——渴求所缺乏的善——希望它是我们的——产生它的欲望——尝试的勇气——行动的决定。一极是情感，另一极是意志的行动；二者似乎相距很远。但如果我们注意到中介环节，并仅就相邻的环节进行

① Brentano，F.（1995）. *Psychology from an empirical standpoint*. New York：Routledge & Kegan Paul，p. 79.

比较，我们就可以发现最近的联系和几乎无法觉察的细微的转移。”[1]由此可见，布伦塔诺是把情感与意志都归结为情绪现象，认为它们的特征就在于对“对象”采取爱和恨的态度。在这一点上他和冯特的观点有所不同，尽管他们两人都主张情意统一说，但冯特把情感归结为意志，是一位意志主义者；而布伦塔诺则把意志归结为情感，是一位情绪主义者。

布伦塔诺认为，和自明判断相对应，情绪现象也存在着能够发现由本身表明为正确的爱与恨的行为，最终这种行为就是所谓的具有不容置疑的自明性的价值判断。表象判断有真、假，价值判断也有正确与不正确之别。但是，在判断领域里，真与假是绝对对立的；而在价值领域里则可以有“比较好”和“比较坏”的过渡。关于情绪现象的理论是布伦塔诺的伦理学的基础。他在后来的《我们的正误观念的起源》和《伦理学的基础和结构》等著作中，都作了更加深入的分析。

第六节　对布伦塔诺意动心理学的评价

尽管冯特和布伦塔诺在主张心理学成为一门科学的目标上是一致的，但是他们在具体的心理学观点上却是对立的。布伦塔诺虽不像冯特那样因多产而引人注目，但他的意动心理学却主要是针对冯特的内容心理学存在的矛盾和困难而提出的。所以，冯特所忽视的问题往往是布伦塔诺所关注的问题；冯特的局限往往就是布伦塔诺的贡献。同时，布伦塔诺在心理学、哲学和文学等领域产生了广泛的影响。

一、主要贡献

第一，布伦塔诺开创了一种不同于冯特的科学主义心理学的人文主义心理学的研究取向。冯特只是简单地模仿自然科学，最终是要把心理学建设成为一门像物理学一样的规范科学。所以，冯特所开创的是以自然科学

① Brentano, F. (1995). *Psychology from an empirical standpoint*. New York: Routledge & Kegan Paul, pp. 284～285.

(物理学、生物学等)为模板的说明(或解释)心理学研究取向。而布伦塔诺则继承了传统的习惯势力，把心理学等同于哲学，认为心理学是最根本的哲学学科，其他哲学门类如伦理学、逻辑学、美学等都不过是其分支学科。① 所以，布伦塔诺强调心理学的人文价值和意义，他所开创的是以人文科学(哲学及其他社会科学)为模板的描述(或理解)心理学研究取向。可以说，诞生于19世纪70年代的科学心理学从一开始就表现为两种理论形态，即科学主义心理学和人文主义心理学。科学主义心理学的第一个学派是冯特创立的内容心理学(主要是实验心理学)，人文主义心理学的第一个学派是布伦塔诺创立的意动心理学。内容心理学与意动心理学形成了心理学史上两条路线之间的第一次对立与纷争。自此，科学主义心理学与人文主义心理学各自相对独立发展，两者之间少有相互交流和彼此借鉴。

科学主义心理学亦称自然科学，是主流的心理学取向，它从内容心理学开始，依次表现为构造心理学、机能心理学、行为主义心理学、皮亚杰学派心理学和认知心理学等派别。它们之间具有明显的连续性，要么是一种继承关系，如构造心理学对内容心理学的继承；要么具有对立关系，如认知心理学对行为主义心理学的反动。人文主义心理学亦称人文科学心理学，人文科学心理学是非主流的心理学取向，它的发展有两条线索：一条从意动心理学开始，依次表现为格式塔心理学、现象学心理学、存在心理学、人本主义心理学、超个人心理学等流派，它们之间具有明显的连续性；另一条从古典精神分析心理学开始，依次表现为自我心理学、客体关系学派、自体心理学、社会文化学派、存在分析学、马克思主义精神分析学、后现代精神分析学等，它们之间也具有明显的连续性。

20世纪80年代以来，西方心理学进入“后体系时代”(postsystem era)②。尽管一些学派和思潮如行为主义心理学、认知心理学、精神分析心理学、人本主义心理学等依然存在，但学派纷争日益淡化，学派的界限日趋模糊，大多数心理学家更倾向于具体问题的研究，提出一些微观理论模型，而不大关心学派建设。就宏观理论观点而言，当代心理学也出现了一些新

① 比布伦塔诺稍后的狄尔泰和斯顿夫也都坚持心理学是其他学科的基础。狄尔泰指出：“认识论观点必须转换为一种真正的包括心理内容的分析心理学。这样一种心理学不仅为美学和伦理学奠定了基础，也为科学理论奠定了基础。”(转自李超杰：《理解生命：狄尔泰哲学引论》，中央编译出版社1994年版，第73页。)斯顿夫也认为：“心理学变成一门基本的社会学。”(转引自西尔斯主编：《国际社会科学百科全书》，1968年英文版，第15卷，第352页。)他把现象学和关系学等均视为心理学的预备科学，换言之，心理学则是它们的基础。

② Brennan, J. F. (2003). *History and systems of psychology*. New Jersey: Pearson Education, p. 280.

的研究趋势。这些新趋势一方面延续着科学主义心理学与人文主义心理学的分野。例如,联结主义认知心理学、认知神经科学、生态心理学、进化心理学等主要体现了科学主义心理学精神,后现代心理学、女性主义心理学、叙事心理学、文化心理学、积极心理学等主要体现了人文主义心理学精神。同时,这些新趋势在一定程度上也体现了科学主义心理学和人文主义心理学之间相互吸收和融合的新特点。当代出现的这些心理学的新趋势,只能看成是新的心理学研究取向,还不能视为严格意义上的心理学派别,而且,它们各自的代表人物也没有打算创立什么新的学派。

第二,布伦塔诺是一位心理学理论家,而不是一位实验家。他的主要影响是确定了心理学的基本观点,而不是解决心理学的具体问题。他认为,心理学家应该从心理学的大处着眼,着眼于对心理现象作大体的解释;而不是从其小处着手,着手于对一些细节的实验。只有这样才不致使心理学迷失于实验方法之中,而失去了主要问题。这在心理学的创立之初尤为重要。心理学家的首要任务是确立心理学的基本方向,然后才是沿着这个方向开展具体的实验研究。因为心理学的基本观点应该保持基本不变,而实验结果则可以不断修正。所以,布伦塔诺的《经验观点的心理学》从1874年初版到1911年才修订一次,而且两版虽有变化,但没有根本性的变化;而冯特的《生理心理学原理》则从1874年初版到1911年先后修订了六次,而且各版都有较多的增改,以至于该书的最后一版长达2353页。因此,在心理学的独立之初,正当大家都热衷于大搞实验时,布伦塔诺的主张无疑是给大家敲了一下警钟。正如维利指出:“布伦塔诺之所以是心理学史上的一位大师,是因为他是这门学科的不同观点的倡导者,这种观点即是强调正确理论重要于实验工作。”①所以说,如果冯特对后世心理学的影响主要是在实验方法上,那么布伦塔诺的影响则主要是在理论观点上。

第三,布伦塔诺提出来的心理活动(意动)与心理内容相对立的思想,对20世纪心理学的影响是相当大的。他的意动心理学成了后来不满于冯特的内容心理学的推动力。在一定意义上说,冯特的心理学观点成为后继者们反对或叛逆的目标,而布伦塔诺的心理学观点则是后继者们继承或呼应的目标。屈尔佩本是冯特的学生,后来却接近了布伦塔诺,他改“意动”为“机能”,主张内容与机能并重的二重心理学。就连最忠诚于冯特的铁钦纳,其晚年的立场也似乎有所松动。在他身后出版的《系统心理学:绪论》一书中,

---

① 韦恩·瓦伊尼、布雷特·金著,郭本禹等译:《心理学史:观念与背景》,世界图书出版公司2009年版,第273页。

大量引用布伦塔诺《经验观点的心理学》中的语录，专门评论了意动心理学。后来的华生行为主义和格式塔心理学更是把矛头直接指向冯特的内容心理学。与冯特形成鲜明的对比，布伦塔诺的心理学则直接或间接地成为后来各国心理学家理论观点的来源。在德国，斯顿夫的机能心理学实即布伦塔诺现象学意义上的意动心理学，他直接用实验研究布伦塔诺的意动。屈尔佩的符茨堡学派也从布伦塔诺那里获得启示。同时，尽管布伦塔诺的意动心理学是经验的而非实验的，他本人也没有建立过实验室，但他的理论仍旧被引进心理实验室，成为格式塔心理学的实验指南。在奥地利，布伦塔诺直接培育了奥国学派，推动了其学生厄棱费尔从事形质研究，他的另一位学生迈农于 1894 年在格拉茨大学建立了奥国第一个心理学实验室，最终形成了心理学史上著名的形质学派，就连弗洛伊德创立精神分析也在一定程度上受到布伦塔诺的影响。在英国，布伦塔诺的学说为沃德和斯托特所用，成为战胜联想主义的武器。而"麦独孤把德语的'*Akt*'(意动)译为英语的'behaviour'(行为)，并把心理学界定为对行为的研究，这几乎早于华生 10 年"①。在美国，詹姆斯的实用主义心理学和随后的机能主义心理学实际上是对大洋彼岸的布伦塔诺的意动心理学的一种遥相呼应。正如阿伦斯指出："意动心理学……是詹姆斯和'机能主义'的前驱，因为后者也关注心理的作用。"②

二、主要局限

当然，布伦塔诺的意动心理学也存在着明显的局限性，具体表现在四个方面。

首先，布伦塔诺只是确立了心理学的基本观点，没有对心理学的具体问题作较为深入的研究，也没有像冯特那样建立一个完整庞大的心理学体系。

其次，布伦塔诺虽然主张意动是以内在的对象性为特征的，然而这个内在的对象或内容却又不是心理本身，它是物理现象，是物理学研究的对象。他把心理内容说成是物理的，只能引起混乱。他强调以意动(心理活动)作为心理学的研究对象固然是对的，但他又把心理活动(意动)的内容与作为心理的源泉的客观现实混为一谈，进而把心理内容排除在心理学的研究范围之外。

第三，布伦塔诺对意动的研究，只对意动作了一些分类，只强调了表象

① Wertheimer, M. (1987). *A brief history of psychology*. New York: Holt, Rinethart and Winston, p. 73.

② Arens, K. (1989). *Structures of knowing: Psychologies of the nineteenth century*. Dordrecht: Kluwer Academic Publishers, p. 27.

是判断和情绪的基础，而没有进一步说明它们的本质及其相互关系，也没有揭示它们形成的规律。

第四，布伦塔诺强调区分系统性实验与决定性实验虽是正确的，但如何进一步对两种实验范型区分却又是十分困难的。例如，20 世纪心理学中的许多实验，如转换学习实验、潜伏学习实验等，我们很难说它们究竟是系统性实验还是决定性实验。而且，决定性实验一味地盲目强调关注主要问题，也可能不是一种实验方法的本质特征，而是一种蹩脚的实验。[1]

三、主要影响

1. 对心理学领域的影响。

作为心理学家，布伦塔诺在促进心理学成为一门独立的学科方面同样做出了不朽的贡献。他提出了一种不同于冯特、艾宾浩斯等人主张的心理学，并为之而努力，吸引了一大批学者。在符茨堡大学和维也纳大学，布伦塔诺从教近 30 年，培养了众多弟子，其中一些成为心理学史上的著名人物，如格式塔心理学的先驱厄棱费尔、精神分析的创始人弗洛伊德、机能心理学家和音乐心理学家斯顿夫、现象学心理学的创始人胡塞尔、奥地利心理学的创立者迈农，等等。可以说布伦塔诺同冯特一样为心理学的建立培养了一批人才，成为科学心理学早期的缔造者之一。所以，布伦塔诺成为科学心理学的两位创始人和父亲之一(另一位是冯特)。

英国的沃德和斯托特、法国的里博和沙可也受到意动心理学的影响，分别推动了意动心理学在英国和法国的发展。在意动心理学之后，弗洛伊德受到布伦塔诺的心理意动观的影响创立了精神分析心理学，惠特海默等人受到斯顿夫的影响提出格式塔心理学，作为心理学中的"第三势力"的现象学心理学和人本主义心理学也回应了意动心理学。从某种意义上讲，布伦塔诺的影响比冯特更为持久，因为冯特是作为心理学的组织和建立者而被载入心理学史册的，他的心理学概念和理论则被现代心理学家所忽略。布伦塔诺则不同，关于意动的观点，特别是有关心理现象与物理现象的区分对现代人文主义倾向的心理学家产生了持久的影响。几乎每一位人文倾向的心理学家在反对科学主义霸权，主张"人"的研究不同于"物"的研究的同时，都会追溯其思想渊源至布伦塔诺。可以说，布伦塔诺的思想观点在心理学的发展史上产生了持久而深远的影响。

---

① 郭本禹：《布伦塔诺的意动心理学述评》，《心理学报》，1998 年第 1 期，第 112 页。

2. **对哲学领域的影响。**

作为哲学家，布伦塔诺奠基了20世纪西方两大哲学传统即大陆哲学或现象学与分析哲学的基本理念。① 布伦塔诺针对他所生活时代的德国思想界的混乱状况，肩负重责，以重建哲学为己任，他对形而上学、伦理学、语言哲学和精神哲学等领域都产生了积极的影响。

布伦塔诺是现象学哲学的最直接前驱，对后来的现象学运动产生了广泛的影响。这一点在哲学界已经得到公认，在此我们不作详细的讨论。例如，胡塞尔认为，没有布伦塔诺的意向性学说，就不会有他的现象学的出现；没有"自明性理论"，就很难想象有他的"本质直观"。存在主义大师海德格尔正是在布伦塔诺的博士学位论文《论亚里士多德关于存在的多种意义》的指导下，才决定走向哲学的，而且终生追求"存在"。迈农的对象论也直接受到布伦塔诺的影响，而他的"内在价值"学说对厄棱费尔的价值哲学和后来舍勒的价值论都发生过很大的影响。

布伦塔诺也对分析哲学产生了重要的影响，这种影响在20世纪后期逐渐引起哲学界的重视，甚至可与学界关注布伦塔诺在现象学中的影响相匹敌。一个有趣的对照是：2004年，特克斯特(Mark Textor)主编了《奥地利对分析哲学的贡献》；四年之后，罗林格(Robin D. Rollinger)才出版著作《奥地利的现象学：布伦塔诺、胡塞尔、迈农以及其他人论心灵与对象》。

布伦塔诺对分析哲学的影响主要表现在以下四个方面：第一，布伦塔诺及其学生的思想本身就构成了早期分析哲学的重要组成部分。与此相应，哲学界越来越倾向于将布伦塔诺等的奥地利哲学纳入分析哲学的范围。西蒙斯(P. Simons)提出"盎格鲁—奥地利分析轴"的观点，认为哈布斯堡王朝所统治的领地(奥地利、捷克、斯洛伐克、波兰)与英美国家一样，有着重要的分析哲学思想。② 当然，更有影响的观点来自分析哲学家达米特(M. Dummett)。他指出，通常所称的"英美分析哲学"，应该换为"英奥分析哲学"更契合实际。他甚至认为，在希特勒上台前，与其把分析哲学看做一种英国现象，不如把它看做一种中欧现象。③ 布伦塔诺的诸多思想，如在心理、意向性、道德判断、个体的形而上学、内在的善等方面确立了里沃夫—华沙

① Velarde-Mayol, V. (2000). *On Brentano*, Belmont: Wadsworth, p. 1; Albertazzi, L. et al. (1996). Introducing Brentano and his school: Reassembling the puzzle. In: L. Albertazzi, et al. (ed). *The school of Franz Brantano*, Dordrecht: Kluwer Academic Publishers, p. 1.

② Simons, P. (1986). The Anglo-Austrian Analytical Axis. In: J. C. Nyiri, (ed.). *From Bolzano to Wittgenstein: The Tradition of Austrian Philosophy*. Vienna: Hölder-Pichler-Tempsky, pp. 98～107.

③ 达米特著，王路译：《分析哲学的起源》，上海译文出版社2005年版，第1～2页。

学派，侧重逻辑学研究，是分析哲学的有机组成部分。

第二，布伦塔诺及其学生的思想取向渗透到后来的分析哲学之中。哲学界逐渐重视布伦塔诺及其学生所处的中欧哲学的独立地位，并将其与德国哲学有意识地区分开来。维也纳学派的纽拉赫(O. Neurath)曾于 20 世纪 30 年代提出，哈布斯堡王朝的哲学不同于其他德语地区的哲学，它尤其不赞同康德的哲学思想。纽拉赫的观点为后来的奥地利哲学家哈勒(R. Haller)所发展，成为著名的纽拉赫—哈勒论题(the Neurath-Haller thesis)。① 在布伦塔诺那里，可以看出哈布斯堡王朝哲学的典型特点。他在自然科学的影响下，反对康德哲学，坚持认识论的现实主义与客观主义，强调一种科学的哲学研究方式，坚持经验的立场，主张以问题为中心进行细致的专题研究，关注语言与真理间的关系。② 这些特点事实上为后来的分析哲学所接纳。

第三，布伦塔诺及其学生推动了分析哲学的发展，这尤其体现在对后来哲学家思想的激发上。维也纳学派在其宣言中，对布伦塔诺、迈农、霍夫勒、马利等大加推崇，将他们视作思想上的先驱。布伦塔诺的道德学说引起了摩尔的高度重视。摩尔曾这样评价布伦塔诺的《我们的正误知识的起源》：“这部著作远比我所知道的其他任何著作都更好地论述了伦理学的最基本的原则……几乎在所有他不同于历史上任何伟大体系的观点上，他都是正确的。这部著作的重要性怎么估计也不会过高。”③迈农的本体论思想对罗素产生了非常重要的影响，罗素曾在《心灵》杂志上连续发表三篇论文，评价迈农的观点，并由此提出著名的摹状词理论。胡塞尔的早期观点引起了分析哲学创始人弗雷格的讨论和批评。另外，里沃夫—华沙学派的塔斯基(Alfred Tarski)在布伦塔诺传统上，提出语义真理论，闻名于分析哲学界。

第四，尤其值得单独提出的是，布伦塔诺通过意向性主题，对分析哲学产了异常重要的影响。这种影响甚至可以借用摩尔的上述评论：“怎么估计也不会过高。”达米特在《分析哲学的起源》中，用了整整一章来讨论布伦塔诺，全部是围绕意向性进行的。④ 布伦塔诺在英语学界的传播者齐泽姆就是

① Smith, B. (1996). The Neurath-Haller thesis: Austria and the rise of scientific philosophy. In: K. Lehrer and J. C. Marek (eds.). *Austrian philosophy past and present*. Dordrecht: Kluwer, pp. 1～20.

② 西蒙斯著，王靖华译：《德语系哲学中的奥地利传统及其对中欧和东欧的意义》，《现代外国哲学社会科学文摘》，1996 年第 9 期，第 13～17 页。

③ 芬德莱著，刘继译：《价值论伦理学——从布伦坦诺到哈特曼》，中国人民大学出版社 1989 年版，第 18 页。

④ 达米特著，王路译：《分析哲学的起源》，上海译文出版社 2005 年版，第 1～2 页、第 28～43 页。

在分析哲学的方向上解释意向性的，他提出从语言指向的角度来理解意向性，从而将分析哲学的语言讨论引向心灵讨论，对分析哲学的意向性讨论作出了重要的贡献。塞尔(John R. Searle)沿此方向，通过《意向性》(1983)等著作，从自然主义的角度，将意向性视作一种心灵的属性，使之与生物、社会文化方面联系起来，由此继续推进心灵哲学的意向性讨论。最终，在当前分析哲学的热点领域——心灵哲学中，意向性成为绝对核心的主题。

3. 对文学领域的影响。

在文学领域，小说家卡夫卡(Franz Kafka，1883—1924)和穆齐尔(Roben Musil，1880—1942)也受到布伦塔诺的直接影响。我们以考夫卡为例加以分析。[①] 1901 年，卡夫卡考入布拉格大学。在大学期间，除了广泛阅读之外，卡夫卡还积极参加布拉格的文学活动，其中最值得一提的就是参加"布伦塔诺沙龙"。他从第二学期选修了布伦塔诺的学生安东·马尔蒂开设的哲学讲座"描述心理学的基本问题"，其后四年大学生活便持之如一地参加了"布伦塔诺沙龙"活动，与圈子里的人经常晚上聚在一起进行无休止的讨论，尽管布伦塔诺并不在场。1904 年，定期参加"布伦塔诺沙龙"的卡夫卡在致友人信中说："我们像搜查鼹鼠一样去检查我们自己，当我们从隐蔽的、用沙土造的地窖走出来的时候，都蓬头垢面，身上沾满污垢。"在同一封信中，卡夫卡深刻的自我分析又使人感到他自己就像一只为不安的存在而终日操心操劳的鼹鼠："我们在不停地装饰自己，暗暗希望这些装饰品能成为我们的本质特征。当别人问起我们的生活目的时，我们总是习惯地摊开双手，好像对某一事情下断言，是荒唐可笑的、是多此一举。"[②]

在卡夫卡的人生与布伦塔诺的思想之间，存在着某种血肉相关的联系。从某种意义和某种程度上说，两者都是中欧和奥地利土地上破碎不堪的存在和生存之反映。可见，布拉格的大学生们对布伦塔诺哲学情有独钟，绝非偶然。卡夫卡之所以沉浸在布伦塔诺哲学中乐而忘返，主要是因为布伦塔诺首先要人们站在自明的存在立场上反观繁复的心理世界。在布伦塔诺看来，没有什么客观世界与主观世界之分，只有一个一次形成、一次赋予的世界，一个"现象世界"，一个"生活世界"，一个"自明"的世界。这个世界其实就是"存在"本身。自明性是这个世界最真实、最朴素的本性，只有一目了然的判断，才能反映这个世界的真理；他人从中也不会走向相反的理解。从布

① 以下内容主要根据电子版《"地狱"里的温柔：卡夫卡》(林和生著，四川人民出版社 1997 年版)中的观点和资料，下载自网站 http://www.xiaoshuo.com/readbook/00120246_10968_3.html.

② 转引自瓦根巴赫著，叶廷芳、黎奇译：《卡夫卡传》，河北教育出版社 1997 年版，第 45～46 页。

伦塔诺的学说可以得出许多重大的推论。例如，从一个方向，人们探及心理现象的主观性、“投射”性、个人性和表象性，深层心理因素的潜在性等；从另一个方向，人们可以深入到存在的意向性，存在对于本质的先决性，存在的主体性、个体性、个人性，以及存在的自明性、澄明性等。这种思想在一定程度上契合了卡夫卡的心理需要。在破碎的土地上、在危机四伏的环境和战战兢兢的生存中，面对自己悬而未决的存在和深不可测的不安，如果一个人不幸生而为“最瘦的人”，不具备足够的“物质性能量”，无法与一个哥伦布的世界展开“肉搏”，但又不愿意牺牲内心的自由，不愿意放弃自己的真诚去换取廉价而扭曲的安全感，同时也不愿意让自己的生存之舟在现实的大海上轻易地被倾覆，那么，他就只有不断审视和检讨自己和他人的心理世界，实现心理平衡，“用理论的死亡代替肉体的死亡”。对于卡夫卡来说，不管是认识自己、认识他人还是认识世界，主要出于生存的需要。固然，在一个基本上以物质性能量为准则的世界上，理解别人常常意味着放弃自己，但是，在“走投无路”的情势下，一种真诚(哪怕是在潜意识的层次)的放弃，实质上往往是一种自我保护的防御行为。从这种意义上说，布伦塔诺的学说潜在地为破碎的人、“为最瘦的人”、为永远不安的犹太人准备了一种存在精神、一种生存思想、一种心理眼光。

在参加“布伦塔诺沙龙”期间，卡夫卡写下第一篇完整的短篇小说《一场斗争的描写》，其中两个部分后来曾经发表。根据现有的资料看，这篇小说可能是对布伦塔诺“设身处地”哲学的一个图解。小说描写“我”与一位新相识在一段旅途上的经历。一路上两人情绪和经历都变化无常，宛如梦境。后来“我”爬到树上入睡，醒来后看到河对岸若干人往河里走来。后来其中一人讲述一个恳谈者的故事，与原来整个故事毫无关系，然而，“我”又出现在这故事中的故事中，“我”把“田野中的杨树”和似乎毫不相干的“通天塔”、“挪亚”等联系起来，正在这时恳谈者说：“我很高兴，你所说的话我都没有听懂。”通过这种云山雾罩的描写，卡夫卡大概是想表明，每个人都有自己观察世界、理解世界、体认世界的方式，因而，每个人都有一个全然自我的世界，一个全然自明的存在。它具有全然的主体性、个体性、个人性，或者更确切地说，每个人都是一个世界、一个存在、一种生活。不同世界之间的相互理解，从根本上说没有可能，只是对它们的“描写”却有可能。《一场斗争的描写》正是这样一个描写。也许，这种对不可描写之物的描写，正好表明了卡夫卡为了生存而“拥抱”和理解世界的心理倾向。也许，卡夫卡从布伦塔诺哲学中找到了一种健全而合理的两面性，使他得以用一种一无所是而又无所不是的世界观去认同世界，从而肯定自己的生存。在自知必有一死的最后时光，卡夫卡写作了小说《地洞》，在全部3万字的篇幅中，他用惊人的细腻笔触刻画了一只至为弱小但又本能地渴望活下去的鼹鼠。在危机四伏的“生活世界”，为了生存，它无休无止地对自我和他人进行不厌其烦的心理分析和检讨，并根据其结果采取相应的“装饰”和补救行动。实际上，所有这些“装饰”和补救构成了它全部的生活。

当然，一种深刻的方式往往也是一种危险的方式。至少在最初阶段，卡夫卡这样一种理解世界的方式，很容易作为一条重要的因素导致自我的困惑。有人指出，在卡夫卡的早期作品中，许多人物具有犹豫不决的特点，对周围环境表现出引人注目的疏隔感，行动没有目的，甚至无所适从，往往被非内在的作用力所支配。在1908年的《乡间的婚礼筹备》和1912年的《判决》中，这些特征有着较为突出的表现。

然而，另一方面，理解世界、理解自我和他人却意味着艺术创作上的自明性。文化和艺术批评家瓦尔特·本雅明（Walter Benjamin，1892—1940）对此作了精彩的评论：“卡夫卡不知疲倦地分析、回想一个人的仪态，他总是十分惊奇地回想那些事情；从一个人的仪态中，他找到了自己思想的依据，那些依据是前世遗传下来的，他还从中得到了无穷无尽的思考对象。”据卡夫卡后来的终生朋友马克斯·布洛德（Max Brod，1884—1968）回忆，卡夫卡曾经跟他谈到“真实、简单的事情”。卡夫卡只喜欢真实、简单的事情，他认为其中充满了魅力，并为此而赞叹。相反，他对一切人为的、杜撰的东西都不屑一顾，无论其手法有多么高明，表面有多么漂亮。“为了证明他的观点是正确的，他还引用了霍夫曼斯塔尔的一句话：屋里面，走廊上的湿石块散发出阵阵气味。卡夫卡说完这句话，沉默了好久，没有作任何解释和补充，好像这个句子中的深奥涵义是不言而喻的，用不上做任何解释。”①与“自明性”相应，在布伦塔诺的思想特征和卡夫卡的气质之间存在着另一种同样重要的对应，那就是引人注目的真诚。布伦塔诺本身就是一位知识渊博的思想家，他的研究内容虽然高度抽象，但思想追根溯源，思路清晰明快，同时具体的语言表达又非常简洁而准确，毫无暧昧不明之处。众所周知，卡夫卡的人生和创作中都鲜明地具有类似的特点：无论其实质是如何令人费解，给人的感觉都是非凡的清晰、简洁和准确，就像他照片中那深深打动人的眼神一样。也许正因为如此，后来，卡夫卡的艺术创作表现出深刻而细腻的心理穿透力，往往在梦境般的氛围中达到惊人的逼真程度，并因此而形成震撼性的艺术力量。

---

① 参见瓦根巴赫著，叶廷芳、黎奇译：《卡夫卡传》，河北教育出版社1997年版，第43、44页。

第三章

斯顿夫：布伦塔诺“最年长的学生”

斯顿夫是心理学作为一门独立科学形成时期的创建人之一。他是一位具有洞察力的理论家，一位具有创造性的实验者，音乐心理学的创建者，听觉心理学的先驱，柏林大学（当时德国最有声望的大学）心理学研究所的创建者，格式塔理论重要的先驱者和促进者，世界上最具影响力的人种音乐学档案的收藏者。斯顿夫的科学工作涵盖哲学、理论心理学和实验心理学领域的多个主题。在哲学领域，他主要贡献于部分与整体理论、科学分类论和认识论；在理论心理学领域，他主要贡献于心理现象的分类、情绪、心身关系问题；在实验心理学领域，他主要贡献于乐音和听觉心理学。斯顿夫与胡塞尔、迈农一起成为布伦塔诺最著名的学生，他与其时代的许多领军心理学家如韦伯、费希纳、缪勒、海林、赫尔姆霍茨、艾宾浩斯等保持着密切接触，与美国著名哲学家和心理学家詹姆斯建立了深厚友谊。他培养了一批杰出的学生，如格式塔心理学柏林学派的惠特海默、苛勒、考夫卡和勒温，学生及合作者如舒曼（Friedrich Schumann）、阿勒施（Johannes von Allesch）、鲁普（Hans Rupp）和霍恩博斯特尔（Ekich Moritz von Hornbostel）。但斯顿夫的心理学特别是其机能心理学，犹如其老师布伦塔诺的意动心理学一样长期被历史埋没，以至于在一般心理学史著作特别是英语心理学史著作中，并没有得到它应该得到的认可。对于斯顿夫，人们不是忽略不提，就是语焉不详。我们最多知道他对音乐心理学的贡献，而对其机能心理学则知之甚少。过去，心理学史家对斯顿夫机能心理学的论述，仅限于波林《实验心理学史》对斯顿夫《现象与心理机能》(1907)一文的引用，只是寥寥数语，反映不出其机能心理学的全貌。斯顿夫长期受到人们冷落的一个重要原因，是他从来没有写过一本系统的心理学著作，仅有一些专题论文。但更主要的原因，是他的手稿及有关文献资料几乎全部毁于第二次世界大战的炮火之中。其实，斯顿夫的机能心理学是广义的意动心理学发展的重要一环，是对布伦塔诺意动心理学的继承与推进，在人文主义心理学的历史进程中具有承上启下的作用。它上承布伦塔诺的意动心理学，下启屈尔佩等人的二重心理学和格式塔心理学的柏林学派。

第一节　早年生活和大学教育

斯顿夫作为布伦塔诺“最年长的学生”是从斯顿夫最早追随布伦塔诺学习这个意义上讲的。如果从出生时间来说，布伦塔诺“最年长的学生”是马蒂(Anton Marty，1848—1914)，他比斯顿夫早一年出生；如果从去世时间最迟来说，布伦塔诺“最年长的学生”是胡塞尔(Edmund Husserl，1859—1939)，他比斯顿夫晚三年去世。斯顿夫和布伦塔诺维持了终生的私人情感与友谊，这从斯顿夫晚年写的《回忆布伦塔诺》的长文中可窥见一斑。两人有三点巧合：一是奥地利非常著名的历史学家、布伦塔诺的姑父卡尔·弗里德里克·斯顿夫—布伦塔诺(Karl Friedrich Stumpf-Brentano，1829—1882)的姓名结合了他们两人的名字。① 斯顿夫最初叫卡尔·弗里德里克·斯顿

图 3-1　卡尔·斯顿夫(Carl Stumpf，1848—1936)

① Stumpf，C.(1919). Reminiscences of Brantano. In：L. L. McAlister. ed.(1976). *The philosophy of Brentano*. London：Duckworth. p.10.

夫(Friedrich Karl Stumpf)。[1] 二是阿沙芬堡是斯顿夫与布伦塔诺的共同故乡。三是两人都出身于显赫的家庭。

一、早年生活

卡尔·斯顿夫(Carl Stumpf,1848—1936)是德国著名的心理学家、哲学家和音乐理论家。他的姓氏翻译成英语,意思是“愚笨的”(dull),或者是“迟钝的”(blunt),但是他既不愚笨也不迟钝。[2] 斯顿夫于1848年4月21日出生在德国维森特海德(Wiesentheid) 的巴伐尼亚(Bavarian)一个中产阶层的罗马天主教家庭。维森特海德位于下弗兰肯纳(Lower Franconia)稍微有些起伏的群山风景之中,这个小镇有舍堡恩(Schönborn)城堡、诺伊曼(Balthasar Neumann) 设计的巨大巴洛克式教堂,以及商业广场上的那座古老城市礼堂。斯顿夫就是在这种优美的自然环境和丰富的传统文化中度过了其人生的前十年。

斯顿夫父母双方的上代祖先中有很多人是科学家和学者。其祖父安德烈亚斯·塞巴斯蒂安·斯顿夫(Andreas Sebastian Stumpf)是一位著名的巴伐尼亚史学家和多个学术团体的成员。他的两个伯父也在科学领域非常活跃,并出版了统计学、生物学以及森林学方面的著作。其外祖父阿德尔曼(Adelmann)出生于1770年,是研究18世纪法国文学的专家。退休后,他和斯顿夫一家生活在一起。阿德尔曼家族成员中有许多博士,其中五位是多尔帕特(Dorpat)、卢温(Lüwen)和符茨堡三所大学的教授。因此,斯顿夫自小就开始接触科学。正如他后来在《自传》中写道:“在我的血液中可能流淌着对医学和自然科学之爱。”[3]

斯顿夫的父亲欧根·斯顿夫(Eugen Stumpf)和母亲玛丽·斯顿夫(Marie Stumpf,nee Adelmann)都是郡法院医生(County Court Physician)。他们生有七个孩子,四男三女,斯顿夫排行第三。依照天主教传统,斯顿夫在复活节受洗。斯顿夫因自小体弱多病,他前几年的学习是由外祖父来教

---

① Sprung, H., Sprung, L. (2000). Experimenter, theoretician, musicologist, and promoter. In: Gregory A. Kimble, Michael Wertheimer, Charlotte White(eds.). *Portraits of pioneers in psychology*. Vol. 4. Lawrence Erlbaum Associates, Inc.. p. 52.

② Sprung, H., Sprung, L. (2000). Carl Stumpf: Experimenter, Theoretician, Musicologist, and Promoter. In: Gregory A. Kimble, Michael Wertheimer, White Charlotte(eds.). *Portraits of pioneers in psychology*. Vol. 44. Lawrence Erlbaum Associates, Inc. p. 51.

③ Carl Murchison, ed. (1930). *A history of psychology in autobiography*. Vol. I. New York: Russell & Russell. p. 389.

的。外祖父教过他基础拉丁语，以至于斯顿夫上大学差点选学了拉丁语。1873 年，在他写给表哥舍雷尔(Wilhelm Scherer)的一封信中，描述了外祖父对自己理智发展所产生的影响："当然，我可以正确地在他身上找到后来所发生的一切的根源，追求真理与哲学辨别力的强烈欲望。"①

斯顿夫的父母都爱好音乐，父亲是一名杰出的歌唱家，母亲是一名优秀的钢琴家。他从他们身上继承了对音乐的热爱。斯顿夫 7 岁时开始拉小提琴，10 岁时创作了一部三个男音的清唱剧，以后又无师自通地学会了包括大提琴在内的其他 5 种乐器。他一生热爱音乐，并与一些杰出的艺术家结下了深厚友谊。这是他对音乐心理学进行实验研究的资料来源之一，他于 1875 年开始进行音乐心理学的研究，一直到生命的最后几年。可见，早在斯顿夫人生的形成初期就已经将科学影响与音乐影响结合在一起了。

尽管斯顿夫的少年时代身体较为虚弱，但在精神上却很有追求。他认真严谨，极为谨慎，并且学习成绩优秀。他的父亲在信中说："他在每个班级都一直是名列第一，在这里的毕业班他位列二三名。"②斯顿夫先在基青根(Kitzingen)的拉丁语学校学习一年，然后继续在班贝格(Bamburg)和阿沙芬堡的大学预科学校(gymnasium)学习(1859—1863)。之后的两年是在布伦塔诺的老家阿沙芬堡的大学预科学校学习，因为他的父亲曾被调任到那里。这座富有魅力的小镇成为他的第二故乡。他还参加体操、游泳等体育运动，并与兄弟姐妹进行乡间远足。斯顿夫晚年在《自传》中说："快乐结伴去散步和登山对我而言似乎是人类存在的最重要的目的之一——释放和扩展精神……这种对远足旅行的热爱一直伴随我到老年，并毫无疑问地会持续下去。"③

在大学预科学校学习阶段，斯顿夫通过相当大的努力，获得了很大的进步，但他并不擅长对历史和地理的记忆。到了晚年，斯顿夫还对两位老师充满着感激之情："一位是阿沙芬堡的资深教授霍赫德(Hocheder)，他也是一位慷慨激昂的天文学家，通过我们对《斐多篇》(*Phaedon*)的学习，首次唤醒

① Sprung, H., Sprung, L. (2000). Carl Stumpf: Experimenter, Theoretician, Musicologist, and Promoter. In: Gregory A. Kimble, Michael Wertheimer, White Charlotte(eds.). *Portraits of pioneers in psychology*. Vol. 44. Lawrence Erlbaum Associates, Inc.. p. 52.

② Sprung, H., Sprung, L. (2000). Carl Stumpf: Experimenter, Theoretician, Musicologist, and Promoter. In: Gregory A. Kimble, Michael Wertheimer, White Charlotte(eds.). *Portraits of pioneers in psychology*. Vol. 44. Lawrence Erlbaum Associates, Inc.. p. 52.

③ Carl Murchison, ed. (1930). *A history of psychology in autobiography*. Vol. I. New York: Russell & Russell. p. 390.

了我对哲学以及先哲柏拉图的热爱。我一直在心中把自己视为柏拉图的学生。另一位是班贝克(Bamberg)的迪茨(Dietz),在优秀指挥家迪茨的指导下,我们已经拥有了一个完整的管弦乐队。学生可以学习演奏任何乐器,而且是免费的。"①

二、大学教育

1865年,17岁的斯顿夫带着胜过科学梦想的音乐情怀,进入了符茨堡大学。按照巴伐利亚(Bavarian)的传统,他选学了有关普通科目的课程。因为不认为自己具有成为专业音乐家的足够才能,所以他用一个学期学习哲学和美学,跟随巴德尔(Baader)学者弗朗茨·霍夫曼(Franz Hoffman)学习哲学,跟随语言学家乌利希斯(Urlichs)学习美学。前者的授课风格激不起他的兴趣,后者的美学讲座很大程度上以康德的《判断力之批判》为基础。美学课程尽管优雅,但不够深刻。不过,这倒激起了斯顿夫对外祖父书房中《判断力之批判》一书的兴趣。康德成为他在哲学领域的又一位领路人。在第二个学期,斯顿夫决定去学习法学,他对克佩尔(Kŏpper)的学说汇编以及他对有争议案例的慎重而机敏的详细说明尤为印象深刻。他认为,选学这个专业不是出于兴趣,而是可以留出空余时间去爱好音乐。

1866年7月15日,布伦塔诺在符茨堡大学的大礼堂举行教职资格演讲,斯顿夫和哥哥参加了这场智慧之辩。布伦塔诺宣称,哲学研究方法正是自然科学的研究方法,并且把对哲学复兴的希望建立在这一方法的基础上。斯顿夫认为,这是一种新的、更为深刻和严肃的理解哲学的方式。② 从那时起,布伦塔诺成为改变斯顿夫一生的人。斯顿夫晚年回忆说:"我关于哲学、哲学思考的正确与错误方法的全部理念,逻辑学的基本理论,以及我至今仍在研究的认识论、心理学、伦理学、形而上学,都是他所教的。"③所以,斯顿夫当场就决定从符茨堡的第三个学期即1866/1867年冬季学期起,开始选修布伦塔诺的哲学史课程。此后继续选学布伦塔诺的形而上学、孔德与实证

① Carl Murchison, ed. (1930). *A history of psychology in autobiography*. Vol. I. New York: Russell & Russell. p. 390.

② Stumpf, C. (1919). Reminiscences of Brantano. In: L. L. McAlister ed. (1976). *The philosophy of Brentano*. London: Duckworth. p. 11.

③ Sprung, H., Sprung, L. (2000). Carl Stumpf: Experimenter, Theoretician, Musicologist, and Promoter. In: Gregory A. Kimble, Michael Wertheimer, White Charlotte(eds.). *Portraits of pioneers in psychology*. Vol. 44. Lawrence Erlbaum Associates, Inc.. pp. 52~53.

主义和逻辑学等课程。布伦塔诺教导具有艺术倾向的斯顿夫进行符合逻辑和经验性的思考，斯顿夫后来回忆说，这是“一种严谨而又严格的思维训练”①。从那时起，他便成为布伦塔诺“最年长的学生”，他也以布伦塔诺做自己的导师为荣。正如朗费尔德(H. S. Langfeld)指出：“布伦塔诺不仅影响了斯顿夫的推理能力，而且可能甚至更为深远地影响了他的思维内容。在这个时期，他唤起了斯顿夫对于伦理和宗教理想的兴趣，同时他教给了他一种研究哲学的科学方法，这种教导指导着他后来的很多想法。”②布伦塔诺对斯顿夫的影响，既是全方位的(包括人格、信仰、教学、思维方式、学术旨趣和思想观点)又是终身的。可以说，是布伦塔诺一手把他引入学术殿堂的。他说：“布伦塔诺希望逻辑的清晰性和连贯性的严格训练成为我追求的标准。我的一切情感生活现在不得不臣服于理性法则。这不是削弱情感，而是要引导它完全朝向那些对我们而言最为高贵的目标。为了实现基督教的伦理—宗教思想，我准备放弃所有世俗的快乐。这就是我那四年中的心理状况。”③他在晚年写的《回忆布伦塔诺》中进一步指出：“从那时起，我越来越经常地陪他在符茨堡和阿沙芬堡散步，并且在我思想发展的每一个阶段，我都会受到他的个人关怀和关心。无论在我的学生时代还是在我成为教授以来，我从未遇到过一位学者致力于他作为教师的工作达到这种程度，不论在口头上还是在写作上。他这样做是在向被他认为是最优秀的、伟大的希腊思想家学习。他与其学生的友好关系，是建立在对其最崇高的目的和绝对忠诚的基础上的，是其生活的最强烈的需要之一。甚至在他死前几周给我的最后一封信中，他极为感人地谈到了这一需要，哀叹我们在科学上的联系以及我们的通信减少了如此之多这一事实。”④

除了布伦塔诺的哲学课程之外，斯顿夫还选修了自然科学课程，正如布伦塔诺所言，物质(substance)和科学方法对哲学都很重要。布伦塔诺在其论文中指明了关于真正的哲学方法不是其他，而是要适用于自然科学的方法，这一点一直是斯顿夫的座右铭。为了沿着这一思想获得一些实际的知

---

① Albertazzi, L., et al. eds. (1996). *The school of Franz Brentano*. Dordrecht: Kluwer Academic Publisers. p. 109; Rollinger, R. D. (1999). *Husserl's position in the School of Brentano*. Dordrecht: Kluwer Academic Publisers. p. 83.

② Langfeld, H. S. (1937). Carl Stumpf: 1848—1936. *The American Journal of Psychology*. Vol. 49, No. 2.

③ Murchison, C. ed. (1930). *A history of psychology in autobiography*. Vol. I. New York: Russell & Russell. p. 392.

④ Stumpf, C. (1919). Reminiscences of Brantano. In: L. L. McAlister ed. (1976). *The philosophy of Brentano*. London: Duckworth. p. 13.

识，斯顿夫在化学实验室工作过，由于他的一时疏忽甚至引发了火灾，若没有及时救援可能会蔓延到整幢大楼。

由于布伦塔诺的讲师资格不能指导博士学位论文，1867 年布伦塔诺将斯顿夫推荐到哥廷根大学的洛采门下学习了三个学期。斯顿夫选学了洛采的心理学、哲学史、自然哲学、实践哲学等课程。在哥廷根，他和洛采建立起了父子般的友谊。洛采对他的影响之深是连布伦塔诺也没有预料到的，尽管基本的认识论原则还是布伦塔诺留在他脑海中的那些。除了洛采的课程外，斯顿夫还选修了生理学家如迈斯纳（G. Meissner）和物理学家威廉·韦伯①（Wilhelm Weber）的课程，威廉·韦伯也帮助他发展并形成了科学思维方式。他晚年回忆道："这位谦虚的老人，给我们首次上课时显得忸怩不安，甚至有些滑稽，但通过他积极的努力，一种物理学体系得以发展起来，它比任何其他的逻辑课程都能更好地向学生解释归纳科学的方法学。他的课程开了两个学期，我几乎逐字逐句地记录了下来。从那时开始，物理学对我而言似乎成了最理想的归纳科学。"②斯顿夫还选修了科尔劳施（Friedrich Kohlrausch）的研究课程，这门课程介绍了研究技术。他晚年回忆道："今天，这样一种准备，至少对心理学家而言是一个课程设置问题；但在那时，一个哲学家讲授化学和物理学实验室课程则好像是一只白乌鸦——一件稀罕的事。"③

1868 年，斯顿夫以布伦塔诺的博士学位论文《论亚里士多德关于存在的多种意义》（1862）为借鉴，撰写了题为《论柏拉图的上帝与他的善的理念之关系》的博士学位论文。获得博士学位后，他立即回到符茨堡大学继续跟随布伦塔诺学习。他继续选修布伦塔诺的形而上学课程（1868/1869），该课程分为两个学期，第一个学期为超验哲学（认识论）和本体论，第二学期为神学和宇宙学。斯顿夫记录的形而上学课程的听课笔记不少于 833 页。他还选修了布伦塔诺的演绎和归纳逻辑学课程，在这门课程中，布伦塔诺首次提出了心理意动分为表象、判断和意愿的著名思想，对斯顿夫日后的思想大有启发。

斯顿夫重返符茨堡还有一个想法，准备像布伦塔诺一样做天主教牧师。1869 年秋季，斯顿夫进入符茨堡神学院，为做牧师做准备，同时继续参加布

---

① 心理物理学家韦伯（E. H. Weber）的兄弟。

② Murchison, C. ed. (1930). *A history of psychology in autobiography*. Vol. I. New York: Russell & Russell. p. 392.

③ Murchison, C. ed. (1930). *A history of psychology in autobiography*. Vol. I. New York: Russell & Russell. pp. 392～393.

伦塔诺的讲座。他在神学院开始了教堂的礼拜仪式，他说：“那些苦行僧式的规则，我非常用心地去观察，包括所有宗教活动的细节。”①除此之外，斯顿夫还很勤奋地研究了托马斯·阿奎那和其他经院哲学家以及希伯来语的圣经。

但是，由于斯顿夫追随布伦塔诺反对“教皇永无谬误说”，未能被委任为牧师。1870 年 3 月 15 日，布伦塔诺在信中建议斯顿夫离开神学院，并解释说：考虑到最近的发展，如果他变成了一个牧师的话，他就不能指望获得正式教授资格。斯顿夫在自传中回忆道：“1870 年的春天，在神学院的大墙之内，又一次在布伦塔诺的影响下，我获得了第二次更为重要的新生。整个天主教—基督教的教义神学以及世界观在我眼前轰然倒塌了。在灵魂的极度恐怖折磨中，我不得不放弃我所选择的生活和思想。在 7 月份，我脱去了黑色的长袍。我还没有被委任为牧师，所以还没有严重的麻烦。但是我必须找到返回到这个世界的路，我也需要很长时间去处理这一年所带来的许多有益的和无益的后续影响。”②然而，斯顿夫和布伦塔诺不一样，他并没有离开教会，并且直到 1921 年他仍然是一名虔诚的天主教徒。他晚年在《自传》中指出：“尽管我远离它（天主教）半个世纪之久，但是我从未正式退出。由于意识到我们的教会所赠予的祝福，我不会用任何东西去交换我对忏悔的信仰。……虽然我现在不属于任何一个宗教派别，但是我仍然像以前一样作为一名博爱与仁慈的天主教虔诚信徒去忏悔，它不需要重新估价，只需要感激。”③

在做不做牧师的问题上，斯顿夫也受到了洛采的影响。在斯顿夫进入神学院时，洛采曾给他写过信，表示对他做神学研究感到惋惜，希望他不要选择这样的一条道路。后来，当洛采得知斯顿夫改变了主意时，洛采又给他写了一封信，支持其决定。在这个重要转折点上，斯顿夫欣然接受了洛采的建议，到哥廷根大学进行博士后研究。1870 年夏天，他在洛采和数学家克莱因（Felix Christian Klein）的鼓励下，撰写了关于数学哲学的博士后研究论文《论数学的基本原理》（*On the fundamentals of mathematics*），以此获得了哥廷根大学的教职资格。

---

① Murchison, C. ed. (1930). *A history of psychology in autobiography*. Vol. I. New York: Russell & Russell. p. 393.

② Murchison, C. ed. (1930). *A history of psychology in autobiography*. Vol. I. New York: Russell & Russell. pp. 393～394.

③ Murchison, C. ed. (1930). *A history of psychology in autobiography*. Vol. I. New York: Russell & Russell. p. 413.

第二节 大学任职

斯顿夫先后任职于德国和奥地利的多所大学，它们分别是哥廷根大学(1870—1873)、符茨堡大学(1873—1879)、布拉格大学(1879—1884)、哈勒大学(1884—1889)、慕尼黑大学(1889—1894)和柏林大学(1894—1921)。但在前5所大学任职都时间不长，唯有柏林大学才是他的最终归属和成就事业的地方。斯顿夫也像其老师布伦塔诺一样，培养了一批有名的学生。

一、柏林大学之前任职

1. **哥廷根大学**(1870—1873)。

1870年10月，斯顿夫成为哥廷根大学的哲学讲师，此间他结识了莱比锡的两位心理物理学家韦伯和费希纳，并且获准为两人在心理学实验中充当一名观察者。在其哥哥威廉·韦伯家里，韦伯在斯顿夫的手臂上测试感觉量值，向他阐明其身体上的各种感觉区域。当时费希纳与克莱因正在哥廷根进行实地调查旅行。斯顿夫和费希纳探讨了由意识的整体性引起的原子论的困难，费希纳认为，可以通过概念的统一性类比进行解决。他还曾作为费希纳的被试，亲睹了费希纳以长方形为例证明"黄金分割定律"。那时，费希纳正在研究不同比例矩形的视觉吸引力。我们知道，毕达哥拉斯及其追随者们认为美存在于简单的比率中：一根被精确地分成2、4、8等分的琴弦会产生协和的音调；当在其他位置划分时，音调就是不协和的。支配其他的审美体验也遵循着相似的原理。因此，具有简单的长宽比率——例如，1∶2,2∶3,3∶4——的矩形将最能吸引观察者。费希纳用不同的长宽比例构建了十个矩形并且邀请了一些观察者，包括斯顿夫，选出"最好的"和"最差的"矩形。被绝大多数观察者选为"最好的"矩形拥有一个0.62的比率。这个众数比率介于3∶5和5∶8之间，而不是一个单一的比率。它以"黄金分割"著称，即一个矩形宽度与长度最好看的比率。这个针对审美问题的细致方法吸引了年轻的斯顿夫，并且强化了他已从布伦塔诺那里学到的知识，即心理活动或机能可以从经验主义角度去研究。[1] 韦伯和费希纳这两位伟人的人格、他们对科学的真诚求索，都对年轻的斯顿夫产生了深远的影响，决定了他后来关于音乐心理学研究的方向，以及他致力于一种科学取向的实验心理学。

在哥廷根，斯顿夫很快融入了那里的学术界，与许多年轻的学者有着很好的合作。他的密友是克莱因、斯科特奇曼(Scotchman)和史密斯(William Robertson Smith)。克莱因还提议与斯顿夫成立一个年轻科学家协会，目的是为了讲演和交流友谊。这个组织将教授们排除在外。他还积极参加社会活动与音乐活动，在一个私人管弦乐队表演的四重奏中拉大提琴。

在哥廷根，斯顿夫主要讲授古代哲学课程，尤其是亚里士多德哲学，他曾经用了整整一年时间去研究它。由于受到费希纳以长方形为例证明“黄金分割定律”的启发，斯顿夫认识到，布伦塔诺所讲的心理活动或机能也可以通过实验进行研究。从 1872 年的复活节，他开始进行空间观念起源的心理学探讨。那时的斯顿夫相信，在颜色和其空间广延感(extension)的关系上，能够找到一个强有力的例子或一种对这一关系的类比，即形而上学假定存在的物质及其性质的关系。于是，这一新问题就与自己的已有工作联系起来了。

2. 符茨堡大学(1873—1879)。

1873 年，布伦塔诺辞去了符茨堡大学教授职位，他和洛采都推荐斯顿夫，于是年仅 25 岁的斯顿夫在这一年的秋天获得了符茨堡大学的哲学教授职位。那时的符茨堡大学哲学系，先是布伦塔诺辞职，接着是霍夫曼退休，这个系陷入困难时期。在某种意义上说，斯顿夫代表着整个哲学系。他以年轻人的勇气，开设了除伦理学之外的所有重要哲学科目。即便如此，在符茨堡的第一年，斯顿夫仍然完成了他的第一项重要心理学研究，即对视知觉尤其是深度知觉的考察。1873 年秋天，他完成了第一部心理学著作——《关于空间观念起源的心理学》。此书的部分章节手稿曾与布伦塔诺讨论过，他后来回忆说，它是“由布伦塔诺鼓励并完全在他影响下写就的”。[2] 但斯顿夫却将该书题献给自己的另一位老师洛采。

1874 年，斯顿夫和史密斯去英国旅行，这使他们有机会在大英博物馆充实自己的英国哲学知识，史密斯提醒他注意把其中的知识与《关于空间观念

---

① Hothersall, D. (2004). *History of Psychology*. New York: McGraw-Hill. p. 193.

② Albertazzi, L., et al, eds. (1996). *The school of Franz Brentano*. Dordrecht: Kluwer Academic Publisers. p. 112.

起源的心理学》一书中的知识联系起来。斯顿夫喜欢穆勒《论汉密尔顿》一书中清晰而富有逻辑性的哲学化阐释，而讨厌斯宾塞的建构性方式。

布伦塔诺离开符茨堡后，斯顿夫和布伦塔诺都渴望再次见面，便安排了度假相聚。布伦塔诺带着他自1870年以来的“心理学”和“逻辑学”讲稿，并让斯顿夫复制。从这些讲稿中，斯顿夫了解到，布伦塔诺提出一种描述心理学或现象学心理学(a descriptive or phenomenal psychology)，针对心理现象进行结构规律的分析，而对立于赫尔巴特的因果—解释心理学(causal-explanatory psychology)和冯特的生理心理学。1974年，布伦塔诺最重要的一部心理学著作《经验观点的心理学》出版。受该书的启发，斯顿夫从1875年开始了音乐心理学的研究。通过其哥廷根的老师科尔劳施(Kohlrausch)的帮助，他自由支配和使用物理学研究所的良好声学设备。他还经常与为赫尔姆霍兹工作的风琴制造者阿普恩(Appunn)一起工作，他们在研究和观察方面相互竞争。他后来指出：“我很清楚地意识到，这种专注一种感觉领域的所有细节，与哲学家的使命形成了鲜明的对比，尽管费希纳已经成为了这种类型研究者的著名代表。”①他的观察和实验工作耗费了太多的时间和精力，甚至超过了大多数的实验心理学家。“尽管我完全赞赏亚里士多德所说的理论是一切之中最甜蜜的东西，但是我必须承认，那只是一种乐趣，是从理论到观察、从沉思到事实、从我的办公桌到实验室过渡的一种安慰……然而，我从未打算倾注毕生的全部时间来研究声学和音乐心理学。虽然我在这方面已经进行了数年研究，但始终是哲学而非音乐学才是我终生受用的学科。”②

3. **布拉格大学**(1879—1884)。

1879年，斯顿夫与赫尔曼恩·贝德曼(Hermine Biedermann)结婚。贝德曼接受的是音乐方面的教育，她曾是一名音乐教师。在他们的家庭音乐会上，斯顿夫拉小提琴，她弹钢琴。他们有两个儿子和一个女儿，女儿伊丽莎白(Elisabeth)后来也从事拉大提琴。

同一年，斯顿夫收到了布拉格大学的邀请，接替福尔克曼(Volkmann)的教授职位。这个哲学系最初由新康德主义者李普曼(Otto Liebmann, 1840—1912)的思想所主导，是布伦塔诺推荐了斯顿夫，目的是为了在奥地利能有更多的人支持他们的理论。斯顿夫离开符茨堡前往布拉格的主要原

---

① Murchison, C. ed. (1930). *A history of psychology in autobiography*. Vol. I. New York: Russell & Russell. p. 397.

② Murchison, C. ed. (1930). *A history of psychology in autobiography*. Vol. I. New York: Russell & Russell. p. 397.

因是他花太多的时间在音乐心理学的研究上，而在哲学上的影响开始下降，选课的学生减少了。一开始还有一些神学专业的学生去捧场，但随着他放弃了对天主教的坚定态度，神学院学生也逐渐弃他而去。

1879 年秋天，斯顿夫来到布拉格大学工作。接着，他在符茨堡大学读书时的最好朋友马蒂也来到了布拉格大学工作。他们有着经常的交流和专业上的合作，马蒂在语言哲学方面的研究导致了其对思维心理学的专注，这对斯顿夫有很大的帮助。除了马蒂，哲学家马赫(E. Mach)和生理学家海林(E. Hering)在专业上也与他很接近。斯顿夫晚年指出："我很尊敬马赫，但是我从未与其发展出很好的私人情感。然而，我却和海林维持着终生的友谊。"①

在布拉格大学，斯顿夫主要开设实践哲学的课程，这是法律专业学生的必修课。尤其是开设法律哲学，并在这种背景中研究情绪以及关于意志的问题。1880 年，斯顿夫又继续进行乐音心理学的研究工作，同时进行古代和中世纪音乐理论的研究以及音乐的民族文献研究。1883 年，斯顿夫完成了《音乐心理学》第 1 卷。这一卷和其后的第 2 卷是一部不朽巨著，一部通常被认为是他对心理学做出最大贡献的著作。

美国著名心理学家和哲学家詹姆斯曾于 1879 年拜读过斯顿夫《音乐心理学》的早期手稿，对其研究和观点感兴趣。詹姆斯发现，斯顿夫的观点比经验主义的元素论更具有吸引力。1882 年，在欧洲游历的詹姆斯专门前往布拉格拜访了斯顿夫，他俩一见如故，在三天里花了 20 多个小时进行交谈，彼此非常倾慕，很快就相互喜欢上了对方，两人成为精神上的弟兄。之后他们又在慕尼黑见面，并一直保持着通信往来，直到 1911 年詹姆斯逝世为止。尽管斯顿夫并不赞同詹姆斯的情绪学说和实用主义，但这并不妨碍彼此之间的欣赏。两人之间的交往，促进了德国和美国心理学的发展。正如施普龙夫妇(H. Sprung and L. Sprung)指出："我们有非常充分的理由认为，詹姆斯与斯顿夫之间这种互惠的关系促进了德国以及美国作为一种独立科学的心理学的建立。"②詹姆斯在通信中表示了对"诚实而敏锐的斯顿夫"的尊敬，表达了他对斯顿夫《关于空间观念起源的心理学》一书的兴趣，赞同斯顿夫对于空间知觉的先天论说明。詹姆斯在《心理学原理》中写道："在我看来，斯顿夫是所有这些作者(即像海林那样的空间知觉理论家们)中间最富

① Murchison, C. ed. (1930). *A history of psychology in autobiography*. Vol. I. New York: Russell & Russell. p. 399.

② Sprung, H., Sprung, L. (2000). Experimenter, theoretician, musicologist, and promoter. In: Gregory A. Kimble, Michael Wertheimer, Charlotte White(eds.). *Portraits of pioneers in psychology*. Vol. 4. Lawrence Erlbaum Associates, Inc. p. 65.

有哲理性的、最渊博的作者，我有很多地方是得益于他的。"[①]詹姆斯在区分客体与主体的"二元论"阶段方面，完全赞同斯顿夫关于现象与心理机能的划分。此外，詹姆斯还通过斯顿夫对布伦塔诺的《经验观点的心理学》产生了浓厚兴趣，以至于在《心理学原理》中6处引用布伦塔诺的著作。[②] 詹姆斯还把斯顿夫的名字添列到《心理学评论》编辑委员会成员中。1893年9月12日，詹姆斯在信中写道："将开办一份新的期刊——《心理学评论》，由鲍德温(Baldwin) 和卡特尔(Cattell)担任总编辑，美国大学的大多数心理学教授(除了 Jastrow[贾斯特罗] 与 赫尔[Hull])都担任协作编辑。他们有赖德(Ladd)、闵斯特伯格(Münsterberg)、唐纳尔森(Donaldson)、詹姆斯、斯克里普彻(Scripture) ——现在，编辑委员会(经我的手)请求你允许我们将你的名字作为协作编辑放在扉页上。比纳(Binet)已经允许我们这样做了。"[③]

同样，斯顿夫对詹姆斯也十分欣赏，他在晚年曾根据他们的信件专门写了一本题为《威廉·詹姆斯：基于其信件的生活、人格和理论》(1928)的小书，以纪念詹姆斯。斯顿夫称赞詹姆斯的《心理学原理》是"最好的心理学著作"。他写道："在英国国家中，从洛克以来没有任何对于心理生活独特本性的透彻研究在洞察力和范围上能与詹姆斯的这部透彻的研究著作相比，英国联想心理学的整个大厦(它本身是令人赞美的)因此从根本上动摇了，一个正确描绘的心理生活纲要制订出来了。"[④]毫无疑问，斯顿夫把这种心理学看作是描述心理学纲领到目前为止最好的体现。很可能正是在这种意义上，斯顿夫把詹姆斯的《心理学原理》介绍给了胡塞尔。在斯顿夫的支持下，詹姆斯于1900年成为柏林普鲁士科学院的成员。1899年12月30日，斯顿夫写下了下面这段对于詹姆斯的评价："威廉·詹姆斯，新剑桥的哈佛大学的哲学教授，位于当今世界一流的心理学家之列。他拥有一颗这个新世界至今所创造的最为健全的哲学心灵。他于1890年出版的两大卷《心理学原理》表明，他在很高的水平上熟悉世界上各种关于生理学与心理学的知识，其中还展现了很多原创的观念，以及一种独立的观点。"[⑤]

---

① James, W. (1890). *The principles of psychology*. vol. 2. New York: Henry Holt. p. 282.

② 施皮格伯格著，王炳文、张金言译：《现象学运动》，商务印书馆 1995 年版，第 114 页。

③ Perry, R. B. (1935). *The thought and character of William James. As revealed in unpublished correspondence and notes, together with his published writings*. London: Humphrey Milford, Oxford University Press. p. 186.

④ 转引自施皮格伯格著，王炳文、张金言译：《现象学运动》，商务印书馆 1995 年版，第 113 页。

⑤ 转引自 Sprung, H., Sprung, L. (2000). Experimenter, theoretician, musicologist, and promoter. In: Gregory A. Kimble, Michael Wertheimer, Charlotte White(eds.). *Portraits of pioneers in psychology*. Vol. 4. Lawrence Erlbaum Associates, Inc. p. 65.

4. **哈勒大学**(1884—1889)。

斯顿夫在布拉格期间，德国人与捷克人之间的冲突异常激烈，捷克人为在学术领域的独立而斗争。不久斯顿夫又一次找到了一个哈勒大学的新职位，这样他就可以在和平中去追求他的学术研究。由于斯顿夫表兄舍雷尔的推荐，1884 年夏，斯顿夫收到了去哈勒大学接替乌利希斯职位的邀请，成为海姆(Haym)和 埃德曼(J. E. Erdmann)的同事。由于对祖国德国的强烈热爱，他很高兴地接受了邀请。1884 年 4 月，布伦塔诺在去巴黎的路途中在布拉格作了停留，并与斯顿夫会面。布伦塔诺并不赞同斯顿夫离开布拉格大学。他认为，奥地利政府善待了斯顿夫，他这样做是对奥地利的忘恩负义，而斯顿夫认为，他对这个国家已经尽责了，并且自己无论在心理上还是身体上都被布拉格的生活搞得筋疲力尽，所以他希望回到正常平静的环境中去。①

哈勒大学是由建于 1502 年的维滕贝格大学和建于 1694 年的哈勒大学于 1817 年合并的一所大学。哈勒市是著名音乐大师亨德尔(1685—1759)的故乡，每年都有很多的音乐活动，如举办“哈勒亨德尔音乐节”。哈勒市也是马丁·路德(1483—1546)宗教改革开始的地方，建于 16 世纪的广场教堂，其中一面墙上刻着马丁·路德的头像。在哈勒这个平静的小镇上，斯顿夫遇到了对哲学非常感兴趣的康托尔(Georg Cantor)。从 1886 年开始，由布伦塔诺推荐的胡塞尔成为斯顿夫指导的第一位学生，布伦塔诺在给斯顿夫的推荐信中写道：“请允许我把一个年轻人推荐给您，胡塞尔博士，数学家，这几年一直是我的哲学课的执着听讲者。他今年冬天要到哈勒去。他盼望能够听您的课，并同您交往……我认为，他正直诚实，并且能够比大多数年轻人更严格地对待工作。”②胡塞尔选修了斯顿夫的心理学、形而上学和逻辑学等课程。③ 斯顿夫看中老师的推荐，对胡塞尔的学业十分关心，除了上课之外，还经常在课下同胡塞尔进行交谈，向他讲述自己的许多重要学术

---

① Stumpf, C. (1919). Reminiscences of Brantano. In: L. L. McAlister ed. (1976). *The philosophy of Brentano*. London: Duckworth. p. 40.

② 李鹏程:《胡塞尔传》，河北人民出版社 1998 年版，第 14～15 页。

③ 胡塞尔对每门课程都详细做了课堂笔记。20 世纪 90 年代以后，研究者在卢汶“胡塞尔文献档案馆”中新发现了胡塞尔当年记录的聆听斯顿夫讲授“形而上学”、“心理学”、“逻辑学”课程的三份课堂笔记。其中“心理学”课程是在 1886—1887 年讲授的。这份笔记在档案馆中编号为 Q11－1，另外还发现了斯顿夫印发给学生的一份“心理学”讲授提纲，在档案馆中的编号为 Q12。两者相互对照，仅有细微的不同。尽管新发现的材料只是一份简略的“心理学”课堂笔记和讲授提纲，但却使我们得以看到斯顿夫在 19 世纪 80 至 90 年代所阐述的机能心理学基本观点。这两份资料对研究斯顿夫的心理学思想非常有价值。Rollinger 将之译成英文并收入他的《布伦塔诺学派中的胡塞尔观点》(1999)一书的附录之中。

观点，胡塞尔同斯顿夫建立了十分亲密的师生情谊。在斯顿夫的指导下，胡塞尔于1887年完成了其教职资格论文《论数的概念：心理学的分析》。斯顿夫对他的教职资格论文的评语为："从哲学出发，涉及到洛采的'局部符号理论'以及空间理论史，还谈到了数学和逻辑学的关系，数学与伦理学的关系，最后，还论述了古代较后时期的科学，特别是亚里士多德的科学基础。"[①]可以说，斯顿夫对胡塞尔的影响是十分大的，所以胡塞尔在其《逻辑研究》第1卷的扉页上写道："怀着敬意与友谊——谨将此书献给卡尔·斯顿夫。"[②]

在哈勒，除了社交生活，没有什么可以干扰斯顿夫的工作。他的《音乐心理学》第2卷的写作取得了不小的进步。当时，由于斯顿夫没有能产生恒定声波的设备，不得不用教堂的风琴进行声音融合实验。他对缺少必要的设备非常着急，但通过基希霍夫(Alfred Kirchhoff)的帮助，他能在第一时间用未开化的被试，即印第安和其他部落的人做音乐实验。

5. **慕尼黑大学**(1889—1894)。

1889年，斯顿夫受邀去慕尼黑大学担任普兰特尔(Prantl)的继任者。慕尼黑大学本想邀请冯特接替这一职位，开出的条件也比较优惠，但被冯特拒绝了。尽管给斯顿夫的条件大不如冯特的，但他还是没有迟疑就答应了。他高兴的是慕尼黑靠近老家，且慕尼黑大学也让他看到了实验心理学的美好前景，有可能建立一个心理学研究所。慕尼黑大学还有同为布伦塔诺的学生赫特林(von Hertling)，他是天主教哲学的倡导者，但由于他们观点上的分歧而始终没有成为亲密朋友。他当时最好的朋友是年轻的语言学家舍尔(Rudolph Scholl)，但不幸英年早逝。斯顿夫的实验心理学研究，尤其是声学研究，逐渐通过哲学系的财政支持而获得了一些设备。他在星期天用这些设备在教室进行观察和实验。其间，物理学研究所的一名助教曾卖给他一架音叉钢琴，通过这个装置做了许多观察。1890年，他终于完成了《音乐心理学》第2卷，并献给他的"老师和朋友弗兰茨·布伦塔诺"。[③] 同一年，他担任艾宾浩斯创办的《心理学和感觉生理学杂志》创始编辑。次年，他卷入与冯特及其学生关于心理学实验和费希纳定律的争论。

在慕尼黑大学期间，斯顿夫写了大量的学术论文。对来自莱比锡研究所的一系列研究进行了严厉的批判，包括与冯特的讨论。冯特为了维护自

---

① 李鹏程：《胡塞尔传》，河北人民出版社1998年版，第17页。

② 胡塞尔著，倪梁康译：《逻辑研究》(第一卷)，上海译文出版社1994年版，扉页。

③ Albertazzi, L., et al, eds. (1996). *The school of Franz Brentano*. Dordrecht: Kluwer Academic Publisers. p. 112.

己的观点甚至恶言相向，斯顿夫对莱比锡学派的声学研究也毫不迟疑地发表了自己的看法。他晚年回忆说：“我批判了几乎所有的研究；但是我希望自己没有超出进行客观性批判的界限。尽管我欣赏冯特非凡的视野及其如泉涌般的文思，即使在他晚年也是如此，但是他的研究程序和方法从他在海德堡的时候就让我感到厌恶，并继续如此。”①

斯顿夫从没想过自己还会离开慕尼黑，但五年后，就像在布拉格大学和哈勒大学一样，诱惑再次逼近他。阿尔特霍夫（Althoff ）邀请他去柏林大学，那里需要一名实验心理学家。尽管这次邀请是一种明显的荣誉，但他对柏林却从没有任何好感，尤其担心在那里不能继续从事他所计划的科学研究，所以一开始他谢绝了这一邀请。但数周过后，他又开始认识到慕尼黑毕竟也不是能实现其抱负的合适之地，在此不可能建立一个心理学研究所。尽管他已经成为巴伐利亚皇家科学院的成员，但他还是决定离开慕尼黑，前往柏林。

二、柏林大学任职

当时策勒（Eduard Zeller）从柏林大学辞职，而狄尔泰又代表着历史取向。柏林大学正在寻找一位能够教授一门作为实验科学的“新心理学”的哲学家，同时又要对传统的哲学心理学保持开放的态度。柏林大学的权威人士对担任10年副教授的艾宾浩斯不满意，因为他认为心理学仅仅是一门实验学科。1893年，柏林大学的资深教授狄尔泰写信给柏林大学的皇家普鲁士宗教、教育和医疗事务部长，说“我们需要一个擅长于实验心理学的人”，“因此我们向阁下推荐斯顿夫，他最适合于这个新的教授职位。在当今的哲学家中，他是独一无二的”。狄尔泰的举荐是成功的，五个月以后，斯顿夫收到了这位部长的回话，将他聘任至柏林大学，职责是“承担对即将成立的实验心理学研究所的指导”，并且“与该领域的其他教授一起在教学和实践中阐述这门科学”。② 1894年的复活节，斯顿夫前往柏林大学就任哲学教授，这是德国哲学界最具声望的职位，也是他在德国所获得的最出色任命。斯顿夫的任职确立了心理学在柏林大学的独立地位。从那时起，46岁的斯顿

① Murchison, C. ed. (1930). *A history of psychology in autobiography*. Vol. I. New York: Russell & Russell. p.401.

② Sprung, H., Sprung, L.(2000). Experimenter, theoretician, musicologist, and promoter. In: Gregory A. Kimble, Michael Wertheimer, Charlotte White(eds.). *Portraits of pioneers in psychology*. Vol. 4. Lawrence Erlbaum Associates, Inc.. p.52.

夫一直任职至72岁退休(1921年),82岁(1930年)时完全退出长达36年的教学工作,88岁逝世(1936年)时,他已在柏林生活了43年。

当时的柏林是德国首都,是皇帝和皇宫所在地,柏林大学也是欧洲最著名的大学之一。就任此职当首推冯特,因为当时冯特的名声远在斯顿夫之上,据说因为伟大的生理学家赫尔姆霍茨的反对,冯特未能谋任成功。而已在柏林大学做副教授的艾宾浩斯也未能谋任成功,是因为当时柏林大学的学界泰斗狄尔泰的反对。所以,最后这个职位给了斯顿夫。他晚年回忆说:"30年之后,我依旧相信我的选择是最好的。我对不能完成音乐心理学和其他所计划的鸿篇巨制的担心,不幸被言中了。但是,曾在三间昏暗的房间里创办的心理学实验室,却发展成了一个大的研究所……柏林的学术氛围深深吸引了我。灵感大量涌现,毫无疑问的是,人们不可能在其他地方找到这么多富有价值的观点。"①

到柏林大学的第一年,他就将原来由艾宾浩斯开设的"实验心理学课程"改为"心理学"课程,他在写给好友阿尔特霍夫的信中说:"以避免给人们造成只是实验研究的印象,而我计划将这种实验研究联系于哲学的理论训练。"②1894—1900年,斯顿夫担任由艾宾浩斯创建的柏林大学心理学实验室主任。1900年,他将只占据三个黑暗房间的心理学系发展成了大型心理学研究所,并担任所长。斯顿夫规定了研究所的目标,他写道:"我们的主要关注点在于,对观察结果的解释、概念的形成以及假设的检验方面做到最为严密而精确。"③从那时起,越来越多的学生和同事来到了柏林大学心理学研究所,他们当中的一些人后来甚至比其老师更为有名。他们当中有惠特海默(Max Wertheimer)、考夫卡(Kurt Koffka)、苛勒(Wolfgang Köhler)、格尔布(Adhemar Gelb)和勒温(Kurt Lewin) 等人。④ 据朗费尔德回忆:"我清楚地看到霍恩博斯特尔、惠特海默、苛勒、考夫卡以及格尔布正在热烈地讨论

---

① Murchison, C. ed. (1930). *A history of psychology in autobiography*. Vol. I. New York: Russell & Russell. p.402.

② 转引自 Geert-Jan A. Boudewijnse. (1996). *The gestalt line*. Department of Psychology, McGill Universitery. The thesis of the degree of doctor philosophy.

③ Sprung, H., Sprung, L. (2000). Experimenter, theoretician, musicologist, and promoter. In: Gregory A. Kimble, Michael Wertheimer, Charlotte White(eds.). *Portraits of pioneers in psychology*. Vol. 4. Lawrence Erlbaum Associates, Inc.. p.56.

④ 惠特海默在1904年从符茨堡大学的屈尔佩手上获得博士学位之前,曾在柏林大学心理学研究所学习两年,后来又经常回来参加柏林大学心理学研究所的研究和讨论,他与斯顿夫的语音唱片档案馆助手 Erich von Hornbostel 是亲密朋友,并且1916—1929年在柏林大学工作。考夫卡、苛勒分别于1909年、勒温于1914年在柏林大学心理学研究所获得博士学位。前两人是在斯顿夫手上获得博士学位的,后者是在苛勒手上获得博士学位的。格尔布于1910年在斯顿夫手上获得博士学位。

着厄棱费尔(Von Ehrenfel)的形质理论，这为他们的格式塔心理学奠定了基础。”①到了1920年，心理学研究所搬进旧皇宫的40个房间。柏林大学的最大吸引力之一是它与皇室的接近。斯顿夫的心理学研究所占据了皇帝以前的部分住宅，这是一个与斯顿夫的观点——心理学作为一门受尊重的实验科学——相称的豪华场所。②

随着研究所规模的扩大，斯顿夫将研究所的具体工作交给了年轻人。他晚年回忆说：“仪器设备先是我的助手舒曼后是我的助手鲁普指导的。他们也负责教授实验课程，而我负责理论会议。其间我们主要讨论心理学的问题、各种近期论文的建议，并强调布伦塔诺的精神，既不仅需要心理学的观察，也需要逻辑思维。我尤其看重这些会议，因为我认为实验方法断乎不是心理学的万灵药。”③斯顿夫从未做过大规模的实验，他更多地属于他的老师布伦塔诺的类型，而不是他的对手冯特。他在柏林大学期间，将布伦塔诺的思想印刻在柏林的实验室，以致他在人们心目中成为冯特主要的、直接的对手。勒温曾回忆道：“在柏林研究所，冯特的名字几乎就是禁忌。”④斯顿夫在此培养出一批著名的学生和同事，如舒曼、鲁普、格尔布、惠特海默、苛勒、考夫卡和勒温等。他退休后，由苛勒接替柏林大学的心理学研究所所长之职。所以，著名心理学史家波林指出：“新的格式塔学派的中心被认为是在斯顿夫的实验室。”⑤

在第一次世界大战前的几年里，斯顿夫在研究所内除了组建基本的研究部门之外，还组建了致力于医学、音乐和军事目的的部门。不过，第一次世界大战爆发后的第一年，研究所的各项研究就几近荒废，只是被年轻人用来进行军事心理技术的实验研究，如测量声音的装置等，斯顿夫的平静研究不得不让位于战争，直到1918年都没有完成。战争也带来设备仪器修复方面的困难。不过，斯顿夫仍然利用其周围相对平静的环境努力进行着对音调的分析研究。1914年，他在第六届德国实验心理学大会上报告了关于音调理论的近期实验。

斯顿夫作为心理学实验室(后来是研究所)的负责人，从1894年至1921

① Langfeld, H. S. (1937). Carl Stumpf: 1848—1936. *The American Journal of Psychology*. Vol. 49, No. 2.

② Hothersall, D. (2004). *History of Psychology*. McGraw-Hill. p. 195.

③ Murchison, C. ed. (1930). *A history of psychology in autobiography*. Vol. I. New York: Russell & Russell. p. 403

④ Lewin, K. (1937). Carl Stumpf. *The Psychological Review*. Vol. 44, No. 3.

⑤ Boring, E. G. (1950). *A History of Experimental Psychology*. New York: Appleton-Century-Crofts. Inc. p. 370.

年一直积极地制定学术政策。1895 年，他被推选为柏林普鲁士皇家科学院院士。作为院士，他促成了在特纳里夫(Tenerife)建立类人猿研究站，并在幕后保荐了苛勒(Wolfgang Köhler)做该机构的负责人，苛勒进行了关于类人猿的智力行为的著名实验。1900 年，斯顿夫和一位柏林的学校校长克姆斯希(Kemsies)一起创立了柏林儿童心理学协会(the Society for Child Psychology)。这一组织只比比纳在巴黎建立的儿童心理学研究自由协会(the Free Society for the Psychological Study of the Child)迟一年。后来，柏林儿童心理学协会在第一次世界大战中平静地解散了。斯顿夫观察了自己孩子和其他小孩的言语发展，并且研究了儿童恐惧的起源。他强调直接观察儿童而不是使用问卷法的重要性，问卷法是一种由霍尔(S. Hall)在美国倡导并且后来非常流行的方法。他晚年回忆道："我希望通过这个组织，引导教师尤其是中学教师以及医学圈内的成员以及受过教育的父母，在儿童心理生活的心理学研究和观察方面发挥积极的作用。我自己在声学心理学的研究中也反复体会到了这些工作的价值所在，我曾对自己的孩子进行过详细的记录。"①斯顿夫特别注意对天才儿童的研究，早在 1897 年就研究过一名具有超强记忆力的 4 岁天才儿童，后来这名儿童成为一名优秀的学生。1903 年，他还研究过一名音乐神童的早期特征，后来这名儿童旅居美国成为一位著名的钢琴师，而没有像斯顿夫和尼基施(Arthur Nikisch)认为的那样成为一名伟大的作曲家。斯顿夫还研究过一名年幼的匈牙利人。

斯顿夫在柏林继续进行乐音心理学的实验研究，同时转向声音协和问题，即同时将两种或更多的声音结合在一起所产生的效应的研究，并将他的研究扩展至整个听觉心理学领域。斯顿夫在柏林大学的听觉研究，得到了亚伯拉罕(O. Abraham)、舍费尔(Schaefer)、梅耶(Max Meyer)、普丰斯特(O. Pfungst)、霍恩博斯特尔和阿勒施等人的支持。最初的研究都是纯物理学性质的，主要的研究成果发表在《物理学年鉴》上。这些研究通过倍音检测音乐来源和通过干扰方法产生绝对简单的音调，为后来心理学研究所的听觉实验打下了基础。从 1898 年至 1926 年，斯顿夫创办并主编了《声学和音乐学的贡献》杂志。其中的第一卷涉及协和与不协和的主题，可视为《其音乐心理学》第 3 卷的开端。1914 年，在第六届德国实验心理学协会年会上，斯顿夫报告了关于音调理论的近期实验。

斯顿夫的听觉心理学研究沿着三个方向，即语音学、听觉病理学和比较

① Murchison, C. ed. (1930). *A history of psychology in autobiography*. Vol. I. New York: Russell & Russell. pp. 404～405.

音乐学展开。语音学方面的研究主要涉及对发声的分析。斯顿夫关于言语声音的实验结果不仅收进了生理学教科书中，而且也被耳科医生、电话和无线电专家所采用，他们也因此证实了这些结果。他指出：研究说话声音的目的是，研究“口语中的音调和节奏关系，其中记录濒临绝迹的方言以及原始语言是有用的”。[①] 他关于听觉病理学的研究促进了听力测量的发展以及诊断语言理解中的障碍的方法。这一研究对耳鼻喉学产生了重要的影响。在到达柏林大学后不久，斯顿夫开始与内科医师一起从事研究。其中的一个研究结果就是编制了所谓的“声音表格”（tone tables），它们是在不同音阶声音的频率测定的基础之上汇编而成的。

比较音乐学研究方法主要是从事人种音乐学的留声机唱片收藏，从1900年起，斯顿夫开始建立语音唱片档案馆（the Phonogram Archive），收集包括歌曲、音乐、原始方言等唱片。这一工作得到了柏林人种学博物馆馆长卢舍安（Felix von Luschan）的帮助。后来由亚伯拉罕和霍恩博斯特尔继续负责收集唱片。他们用将近20年的时间，陆续收集了约一万份唱片记录，德国的传教士、游客和外交官从世界各地把录音送往柏林。由于被记录的一些部落可能快要消亡了或者已经走向了文明，其价值不可估量。这项工作属于心理学、人种学、音乐学以及美学的边缘领域，通过这种比较研究的方法促进了心理学的发展，它对于心理学的促进并不比实验方法少。1915年，在德根（Doegen）的建议下，斯顿夫和一大批语言学家负责把本土音乐、歌曲以及德国数千名战俘的原始语言制成留声机的唱片，他们来自地球的各个角落，常常是未知或不可接近的地区。当时的德国教育部长召集了来自整个德国的大批专家，他们承担了技术以及为科学研究准备材料和记录分类方面的工作。除了用留声机唱片记录之外，舒曼还用更方便的爱迪生机器做了大量记录。斯顿夫晚年回忆道：“委员会的指导权委托给了我，但是，就我个人而言，这其中有着太多的可以观察的事情，这些异国情调的歌手的一般举止和活动的确充实和丰富了我的记录。革命过后，全部的收集在毫无言谢的情况下从委员会中被调出并转送到了国家图书馆。”[②]今天，斯顿夫当年建立的语音唱片档案馆已经受到联合国教科文组织（the UNESCO）的重点保护。

---

① Sprung, H., Sprung, L. (2000). Experimenter, theoretician, musicologist, and promoter. In: Gregory A. Kimble, Michael Wertheimer, Charlotte White(eds.). *Portraits of pioneers in psychology*. Vol. 4. Lawrence Erlbaum Associates, Inc.. p. 58.

② Murchison, C. ed. (1930). *A history of psychology in autobiography*. Vol. I. New York: Russell & Russell. p. 411.

1896年,斯顿夫与舍雷克—诺青(Shrenck-Notzing)一起筹备在慕尼黑召开的第三届国际心理学大会,他和立普斯(T. Lipps)共同担任大会主席。他以身心关系主题做了大会开幕词发言。他提倡一种交互作用论观点,将其与当时包括冯特在内的19世纪大多数生理心理学家所持有的心身平行论进行对比,他为其交互作用论进行了辩护,尤其是反对关于能量守恒的论点。一些著名的学者,如海林、弗莱克西希(Flechsig)、李斯特(von Liszt)、让内(Pierre Janet)、里歇特(Richet)、福雷尔(Forel)、弗劳伊(Flournoy)和西季威克(Sidgwick)等人参加了大会。斯顿夫还专门邀请布伦塔诺参加了大会并提交了一篇题为《论感觉理论》的论文。

1903年和1904年,斯顿夫参与了两个广为人知的揭露事件。第一个事件是,1903年,一名来自布拉格的工程师策温克(Cervenka)声称已经发明了一种能把声波的图像转化为声音的机器。柏林大学的教员和许多著名专家一起受邀参加了一个貌似成功的演示。然而,柏林大学的心理学研究所以及电话公司怀疑这是一种欺骗。斯顿夫和恩格尔曼(Engelmann)相继写了具有挑战性的文章质疑了这种机器的可能性。虽然揭穿骗局的工作很艰难,但是他们最终获得了压倒性的证据。从此再也没有人听到有关这项发明的任何只言片语。这一事件也产生了积极的效果,其中之一便是对国际音乐协会的改革与重组。

第二个事件是1904年揭露一匹被命名为“聪明的汉斯”(the Clever Hans)的马。19世纪末,由于达尔文(Charls Darwin)《人类的由来》(1871)一书的影响,人们对动物心理能力表现出极大的兴趣。由于达尔文描述了人类和其他动物在心理生活方面的连续性问题,研究者们急切地想在动物身上寻找推理和思维的证据。鉴于欧洲悠久的驯马传统,聪颖的马尤其受到公众欢迎。例如,穆罕默德(Muhamed)是德国埃尔伯费尔德一厩马中的一匹,由克拉尔(Karl Krall)训练和拥有。当被蒙住眼睛的时候,穆罕默德能够做加、减、乘、除和计算平方根,并用它的右蹄敲出正确答案。科学的观察者们从未能证明其中的欺骗或舞弊。

而聪明的汉斯甚至是一匹更为耸人听闻、貌似才华横溢的马。它的主人奥斯滕(Herr von Osten)曾是一名普鲁士中学的退休校长和数学教师,一名颅相学的爱好者,一位某种意义上的神秘主义者,一个确信马具有“内部言语”能力并因此具有数学能力的人。显然,他成功地训练了汉斯去做加、减、乘、除、分数计算,甚至识别时间和计算日历的能力。美国著名的心理学家桑福德(Edmund Clark Sanford)是“聪明的汉斯”表演的一位目击者,对它作了有趣的描述:“那是一匹黑色的种马”,“是匹骏马,大约八岁。用德语对他说话，但没有着重语气，我们被告诫，他不回答用法语或拉丁语提出的问题！”“站在他身边的主人，和蔼地对它说话，向它展示随意挂着的三块小黑板，黑板上分别画有一个箭头、一个圆和一个正方形，主人要它指出箭头，汉斯走向了正确的黑板”。① 后来又问它圆有多少个角，它很正确地摇头作答。然后它又以敲击正确数字的方式指出一排绅士中哪个最高，哪个最胖，哪个是官员，哪个拿着剑，哪个胳膊上挂着吊带。但这仅仅是个开始。这个非凡的动物能说出 4×4 以及 4+4 等于几。它能算除法和减法题目，例如，指出哪些数能被 28 整除。这最后一个问题，它是通过连续敲击 2、4、7、14 和 28 做出正确回答的。它能把分数转换为小数，反之亦可。它通过先敲击 9，再敲击 10 的方式，正确地做出了 2/5+1/2 的答案。当汉斯做错时，它能纠正自己的答案。它指出哪块黑板上写的是某个单词，哪块黑板上放的是某种颜色的布。它拼出了“那位女士手上有什么?”这一问题的答案。在一次提问中所指的女士手里拿着的是一把雨伞，汉斯根据某种敲击方法拼出了这个单词。它回答了“7:35 时，时针指在哪两个数字之间?”的问题。它指出了钱币的面值，指出了皇帝的生日，通过照片辨认出人！但最非凡的事情还在下面。它准确地猜出了一位绅士心中所想、却没有说出来的数字。它取得了“令人震惊的成功”。

这是一个真正神奇的动物！这个奇迹被各种人所证实，包括驯马师、心理学家和普通公众。数百个合格而又细心的目击者观察了这一事实。人们也许已经掠过了一丝怀疑，但 60 多岁的马主人奥斯滕，通常穿着一件长长的破外套，戴着低垂的脏帽子。他有无法让人怀疑的诚实，他从不接受钱。他拒绝所有提供舞台演出机会的人，或以任何方式利用这个动物。他似乎真正相信自己的宠物具备某些超自然的理性能力。两个资深的委员会(军官委员会和驯马专家委员会)没有发现任何欺骗的证据。奥斯滕在德国到处展示汉斯，所到之处会引起公众的极大兴趣。德国的威廉皇帝也亲自观察了汉斯的表演，对于这匹马的数学能力的头版报道也出现在《纽约时报》②上。

在普丰斯特所著的《聪明的汉斯》英译本前言中，美国另一位著名心理学家安吉尔(James Angell)概括了这个情形：“没有建立在无意识欺骗基础上的轻信的非凡故事曾被讲述，如果是作为一篇小说被提供，那么它作为一篇想象作品将占有很高的地位。作为一个严肃事实的真实记录，它接近于

① 转引自乔治·汉弗莱著，郭本禹、王国芳译：《人类心灵的故事》，江苏人民出版社 1999 年版，第 133 页。

② *New York Times*. September, 4, 1904.

奇迹。在阅读了普丰斯特先生的故事之后，人们就非常能够理解为什么稳重而清醒的德国人会数月来投入到一场报纸争论的混乱中，就其情感的强度和范围来说，感到只有一场激烈的政治运动可以与其匹敌。"①

由于公众对汉斯及其成就的巨大兴趣，德国教育部指派了一个委员会去鉴定奥斯滕的宣称。斯顿夫应邀领导这个委员会。他挑选了一名马戏团经理、一位骑兵军官、一个有经验的兽医、一些教师、柏林动物园主管以及自己的助手海因罗特(Oskar Heinroth)作为委员会成员。这个委员会观察了奥斯滕的演示并在1904年9月发布了一篇研究报告，断定在汉斯的表演中没有包含欺骗、有意识的影响或者来自提问者的帮助。他们建议进一步研究以确定这匹马实际上有多么聪明。这些研究是由斯顿夫在柏林的研究所的一名助手普丰格斯特进行的。

为了深入地研究下去，普丰斯特与奥斯滕和汉斯都交上了朋友。奥斯滕性情暴虐，当马表演得不好时，容易愤怒。汉斯的脾气也很坏，而且有时难以控制。当心情沮丧时，汉斯会使马场变成一个不安全的地方，普丰斯特在研究期间不止一次被马咬伤。他在提问者知道问题的正确答案时测验汉斯，然后在提问者不知道答案时再进行测验。普丰斯特选择了一个对具有汉斯这种才能的一匹马来说看似简单的测验：他在纸片上印上数字，并且要求汉斯敲击出展示的数字。当奥斯滕提问他"知道"的问题时，马有98%的反应是正确的；当提问他"不了解"的问题时，仅有8%是正确的。显然提问者的"知道"是关键，但是他是怎样影响汉斯行为的呢？

普丰斯特特别细心地研究了视觉线索的作用。汉斯被配上大的马眼罩，并由站在汉斯前面能够看得到的或者旁边看不到的提问者提问。当提问者站在旁边时，汉斯费力地试图去看他，这时汉斯回答问题的正确次数仅为6%。当提问者直接站在汉斯前面时，马的答案有89%是正确的。显然马需要来自提问者的视觉线索。普丰斯特能够辨别出当给予马一个问题时，提问者将会身体前倾观察被敲击出的反应。反应正确时，普丰斯特观察到提问者的眉毛和头将会无意地轻微向上运动。几乎所有的提问者都会这样做，而且他们都没有意识到这一点。一旦这个线索得到识别，普丰斯特就能够仅仅通过做出这种动作而诱发他想要的任何反应。普丰斯特向斯顿夫的委员会提交了他的证据，并且在1904年12月发布的第二份报告中断言，马在敲击时已经学会留意提问者身体姿势的轻微变化。聪明的汉斯案例表

① Angell, J. R. (1911). Preface to *the Clever Hans* (*The Horse of Mr. von Osten*): *A Contribution to experimental animal and human psychology*. by O. Pfunggst. New York: HenryHolt. p. v.

明了由观察者提供的微弱线索和运动的重要影响。它让心理学家们注意到控制这种影响的必要，并且仍然在心理学方法论的讨论中被引用。奥斯滕不允许对汉斯进一步研究，声称研究未能达到他所认为的证实其声明和理论的目标。但他继续展示汉斯，吸引大批热情的观众。

1907年，普丰斯特专门写了一本名为《聪明的汉斯(冯·奥斯滕先生的马)：对实验动物学和人类心理学的贡献》的著作，1911年该书由拉恩(C. L. Rahn)翻译成英文在美国出版。虽然斯顿夫等人的这一解释是真实的，但却不完全被所有人接受。动物学家和精神病学家继续对来自埃伯费尔德(Eiberfeld)的马和来自曼海姆(Mannheim)的狗进行研究。在动物心理学杂志上，这些人仍然维护着有关动物有着高级思维的观点。此后，柏林普鲁士皇家科学院受到来自桑佩森(Sampson)的资助，从而在特纳里夫建立了类人猿研究站，在罗特曼(Rothmann)教授的建议下，对那些来自德国殖民地丛林的黑猩猩进行了直接系统的研究。苛勒领导的这项研究进行得很成功，他没有尝试让动物进行无益的计算技巧，他的实验主要关注动物的重要生命活动，并且证明了猩猩能利用所给的工具，这就超越了之前假定的动物智力的范围，并说明了在确定情形下的一种“智力”行为；当然只是经验智力，而非先前假定的任何普通概念，如计算能力。

图 3-2　聪明的汉斯演示他的“数学才能”

1907—1908年，斯顿夫荣任柏林大学校长，这是对一位心理学家的重要赏识。斯顿夫作了题为《哲学的复兴》的就职讲演，表达了对哲学及其目的和问题的当前观点的看法。他提倡一种获取知识的严格的观察方法，不信任无实际经验的推测和理论创建。他指出了自己哲学思想的方向，表明自己坚决反对唯心主义和神秘主义，认为应该将它们留给诗人们。他认为，哲学应该是科学的良伴，而哲学家应该从事一些手动的研究，以获得直接而具体的体验。他还赞扬了莱布尼茨对数学和科学之发展的理解，以及对数学和科学所产生的巨大影响。① 作为大学校长，斯顿夫引发了许多有趣的经历，比如会见了许多学术团体的领导人物，代表大学出席科学会议，与德国皇帝进行了45分钟长的对话，皇帝以罕见的率直畅所欲言。1909年夏天，斯顿夫代表柏林大学去剑桥参加了达尔文纪念活动。他在《自传》中指出："我见证了达尔文主义的兴衰，但是进化思想却深入我骨髓——正像我同时代的人一样；更重要的是，我感到应该在其所开创的道路上继续探索才是对这样一位伟大人物的最好的尊崇。"②

大约从斯顿夫到柏林大学任职起，尽管他与布伦塔诺多次会晤并保持通信联系，但布伦塔诺对其影响却慢慢地减弱。一方面是布伦塔诺不赞同斯顿夫在柏林大学建立一个完备的实验室以供心理学实验研究之用；另一方面，也是更重要的，布伦塔诺此时哲学思想的发展已远离了其最初的范围，而斯顿夫的观点却仍保持着早年的稳定性。或者说，他偏爱布伦塔诺早年的思想超过其晚年的思想。他认为，尽管布伦塔诺晚年的思想是革新的，但却是有局限的。不过，这并没有影响到他们的私人感情和友谊。

在柏林，斯顿夫还结识了许多著名的人物，如著名小提琴表演艺术家约阿希姆(Joseph Joachim)。约阿希姆是门德尔松(Mendelssohn)、勃拉姆斯(Brahms)和舒曼(Schumann)的朋友。斯顿夫与赫尔姆霍茨保持个人交往，与莫姆森(Mommsen)保持近十年的友谊，与狄尔泰、保尔森(Paulsen)及其后继者保持着真挚和谐的关系，与老朋友施密特(Erich Schmidt)和科尔劳施的友谊也得以巩固。

在柏林大学1910年校庆时，斯顿夫被授予荣誉博士学位，这是对他在哲学、心理学以及医学之间建立一种密切联系工作的认可。1921年，斯顿夫从柏林大学退休，并由他的学生苛勒担任心理学研究所所长，但是他一直担任柏林大学的荣誉教授，并授课到1923年。

三、晚年岁月

斯顿夫生命的最后15年是德国社会和政治混乱的时期。皇帝被流放，物价飞涨。1922年8月，400马克能买进一美元；一年之后，兑换比率是1百

① Langfeld, H. S. (1937). Carl Stumpf: 1848—1936. *The American Journal of Psychology*. Vol. 49, No. 2.

② Murchison, C. ed. (1930). *A history of psychology in autobiography*. Vol. I. New York: Russell & Russell. p. 407.

万马克兑一美元。[①] 事实上，斯顿夫的晚年是不幸的。随着第一次世界大战的爆发，大部分年轻人离开了心理学研究所到军队服役，研究所便成为一个荒凉和废弃的地方。尽管如此，斯顿夫的学生勒温(Kurt Lewin)回忆道：“作为一个 80 多岁的老人，斯顿夫常常参观柏林心理学研究所，看看那些他曾建造的复杂机器和仪器。”[②]对斯顿夫来说，战争是一种痛苦的经历，因为他有很多英国、美国和俄国的心理学家朋友，并且他作为美国科学院、意大利科学院、德国科学院和莫斯科国际音乐学院(the National Institute of the Science of Music at Moscow)的成员[③]身份而受人尊重，但战争使这些专业联系中断了。混杂着失落感，他还要应德国政府的要求去组织心理学家支持战争。他的心思看上去并不在这项任务上，而且他承认这一工作几乎毫无成就。[④]

对斯顿夫来说，一战的爆发不仅造成了个人的悲伤、冲突和失落感，还可能是他的诸多研究在心理学主流中湮没无闻的原因之一。他对听觉心理学和理论心理学领域做出了潜在的重要贡献，但他的研究没有得到后代心理学家的详细阐述，尤其是美国心理学家，因为他们与斯顿夫及其研究的联系被切断了。这种不幸处境不仅仅影响了斯顿夫，而且德国的其他心理学家如屈尔佩(O. Külpe)及其学生的思想也遭受了类似的命运。

晚年的斯顿夫为世界的不幸感到悲哀。在最后写的几封信中，他曾说自己不是一个足够好的哲学家，不能对现状持一种完全的斯多葛哲学态度，但是他一直努力地培养那种态度。斯顿夫晚年年老体衰，身患疾病。但是他仍坚持科学研究工作。他说：“我经过三次危险的耳朵脓肿、两次右颞骨的环钻术和两次眼部的 casus rarissimus，我体会到作为病人和实验被试的感受。我的耳朵通过了严格的 magna cum laude 测验；每次都能完全恢复听力，并且我可以继续在最后一次手术前进行对元音的探索实验。不幸的是，我的眼睛则没有通过测验。”[⑤]

20 世纪 20 年代，斯顿夫先是担任编辑和出版康德和莱布尼茨文集的学术委员会成员，后来成了这个团体的负责人。20 世纪 30 年代，他则忙于狄尔泰和施莱尔马赫(Friedrich Schleiermacher)著作的编辑出版工作。

---

① Rhodes, R. (1986). *The making of atomic bomb*. New York: Simon & Schuster. p.16.

② 转引自 Hothersall, D. (2004). *History of Psychology*. McGraw-Hill. p.199.

③ Ruckmick, C. A. (1937). Carl Stumpf. *The Psychological Bulletin*. Vol. 34, No. 4. p.189.

④ Hothersall, D. (2004). *History of psychology*. McGraw-Hill. p.198.

⑤ Murchison, C. ed. (1930). *A history of psychology in autobiography*. Vol. I. New York: Russell & Russell. p.409.

1923年,为庆祝斯顿夫的75岁生日,格式塔心理学家在《心理学研究》杂志上出版纪念专集,刊有格尔布、阿勒施、惠特海默、苛勒、考夫卡和勒温等人写的文章。1928年,其朋友和同事普朗克(Max Planck)等为他举行80岁寿辰庆典,并为他铸造半身像赠送柏林大学。

1936年,斯顿夫逝世于圣诞节,享年88岁。他被安葬于柏林的老利希特费尔德公园(the old Lichterfelde Park)公墓。许多著名人物,如飞行先驱利林塔尔(Gustav Lilienthal),作家、哲学家韦勒(Bruno Wille)以及魏玛共和国的将军、总理施莱歇(Kurt von Schleicher)都长眠于此。现在,该墓地是受柏林市保护的受人尊敬的墓区之一。

总之,从本性上讲,斯顿夫是一个保守的、敏感的、有点害羞的人,他还拥有谦让、俭朴的风格,而这正是一颗真正伟大的心灵的特征。斯顿夫也是一位渊博的杰出学者,但是他给学生留下深刻印象的在很大程度上不是其知识,而是他的批判能力和敏锐的逻辑思维(对此他认为应该归功于布伦塔诺的教导)。他在其著作和演讲中都是很仔细地选择字词以精确地表达其意思,而且他总是充满热情和活力地、直接地为自己的观点作论证。在其研究课程中,他以身作则地教导学生清晰地思考,仔细、诚实地提交每篇论文,用精确的逻辑来进行论证。学生若是缺乏知识,他会原谅,但若是错误的推论,要么他会被激怒并要求一种严厉的答复,要么他会完全对其不理不睬。然而,他又是一个非常和善的普通人,而且在一所德国大学的学术尊严所允许的范围内,他对学生表现出了一种宽宏大量的态度。在争论时,他一直试图保持公平,非常不喜欢从个人的偏好得出论点,例如,在冯特表现出不适当的意图后,斯顿夫立即从与冯特的一场辩论中退了出来。

第三节　主要著述

和自己的老师布伦塔诺一样,斯顿夫重视课堂教学超过著述,他几乎从来没有写过一本系统的心理学著作。正如朗费尔德指出:“唯一对他关于心理学重要问题的观点能够获得一种统一的、全面的了解,并且对他研究的各种问题的方法有一种清晰的理解的人,是那些在他的入门课程中听过他讲课的人。”[①]朗费尔德还在另一篇文章中指出：“与其同时代的冯特不同，斯顿夫不轻易写作。他出版了很多小册子，但是著作很少。他从未编辑过一本系统的心理学著作，我们必须从他不同的出版物中收集整理其学说。他的各种理论都是经过深思熟虑的，他所写的每一句话都具有明确的意义。写起来非常困难，很可能这就是他为什么没有创作更多作品的原因所在。但当他一旦写下了某个观点，他在以后的论文中就很少做出改变。因此，他的各种出版物的内容非常一致，并达到令人吃惊的地步。”[②]

据波林统计，斯顿夫一生著作丰厚，有 54 种关于音乐心理学或听觉的论著，27 种关于其他心理学问题的论著，14 种关于哲学问题的论著。

《关于空间观念起源的心理学》(1873)是他的第一部心理学著作。朗费尔德对该书评价极高：“他的第一本著作《关于空间观念起源的心理学》(1873)对于一个 25 岁的年轻人来说是一部非凡的著作，它预示了其一生卓越的职业生涯。在这本著作中，他以极大的技巧，以一种辩论和反辩论的风格(这是洛采教他的，而且他一生中都保持了这种风格)，为空间知觉的先天论作出了辩护。”[③]

斯顿夫对后世影响最大的是两卷本的《音乐心理学》(1883，1890)。该书主要讨论声音知觉特别是由声音引起的判断的心理现象。他在音乐心理学的研究中引入了哲学和现象学的理论与观念，提出了乐音融合学说。他从 1875 年开始将全部精力投入到《音乐心理学》第 1 卷的写作和研究，历时八年时间。虽然他的《音乐心理学》第 1、2 卷写于不同的时期，但其内容是连续的。全书共分三个部分、28 节内容，其中，第 1 卷包括第一、二部分，共 15 节内容，第 2 卷包括第三部分，共 13 节内容。根据最初的计划，斯顿夫打算写 4 卷《音乐心理学》，第 3 卷计划讨论诸如协和(consonance)、不协和(dissonance)、和音(chords)、曲调(melodies)等音乐现象，第 4 卷计划研究由音乐产生的情感。这些工作的部分内容反映在他创办并主编的《声学和音乐学贡献》杂志(1898—1926，共 9 卷)中。

除了《音乐心理学》，斯顿夫还著有《英国音乐心理学》(1885)小册子，该书可视为《音乐心理学》的准备性工作。1897 年，他又发表了两篇关于音乐

---

① Langfeld, H. S. (1937). Stumpf's "Introduction to Psychology". *The American Journal of Psychology*. Vol. 50, No. 1. p. 33.

② Langfeld, H. S. (1937). Carl Stumpf: 1848—1936. *The American Journal of Psychology*. Vol. 49, No. 2.

③ Langfeld, H. S. (1937). Carl Stumpf: 1848—1936. *The American Journal of Psychology*. Vol. 49, No. 2.

学的历史主题的论文，一篇讨论了中世纪的乐音和谐的概念，另一篇讨论了音乐的伪亚里士多德问题。但他在音乐历史方面更重要的著作是《音乐的起源》(1911)一书，该书概括了他25年以来在音乐领域积累的经验和理论研究成果。在该书的第一部分，他讨论了音乐活动的起源与形式，以及音乐起源的各种理论，包括达尔文、赫尔德(Herder)和斯宾塞的理论。在该书的第二部分，概括了他关于乐器和音乐的历史发展的研究成果以及世界各国原始人的音乐，记录了一些原始人的歌曲，包括对它们进行详细的音乐分析。他在书中提出音乐起源的信号说，认为原始人类为了与远方联络，通过相互喊叫所发出的声音若保持一定的时间，就变成了音乐。几个人同时叫喊则会发出八度音程，在同一时间更多人叫喊即产生协和音程和不协和音程，从而产生识别音高的观念。此外，他还与霍恩博斯特尔共同主编了4卷本的《比较音乐学论集》(1922—1923)，其中的第4卷包含了由匈牙利作曲家贝拉·巴托克(Béla Bartok，1881—1945)创造的罗马尼亚的流行音乐。他是研究非欧洲音乐及其乐器的前驱，专门研究了泰国乐队的乐器和日本等国的音乐的乐律，以及大洋洲各国和美洲印第安人的音乐。他创立了比较音乐学(comparative musicology)的柏林学派，成为比较音乐学或民族音乐学(ethnomusicology)的先驱。

1890年以后，斯顿夫撰写了三篇最重要的阐述其机能心理学理论观点的长文，即《心理学与认识论》(1892)、《论科学的分类》(1906)和《现象与心理机能》(1906)。后两篇文章在布伦塔诺教导的基础之上提出了他关于一种系统心理学的基本概念，但是他并不完全赞同布伦塔诺的观点，而将机能与内容区分开来，即将倾听这个行为与所听到的乐音区别开来。他认为，作出这种以经验为依据的区分的主要原因在于，机能与内容两者能够独立地做出改变。他主张，关于机能的研究属于心理学，而关于内容的研究则属于现象学。尽管他的音乐心理学研究几乎完全属于现象学领域，但他从来都不曾认为自己是一位现象论者，因此，这一事实表明这种区分是纯学术的。

斯顿夫的其他重要心理学论文还有：《情绪动作的概念》(1899)、《今日心理学的趋势与比较》(1907)、《论感觉—感情》(1907)、《论儿童心理学的方法学》(1910)、《感情的辩解》(1916)、《视觉的属性》(1917)、《感觉与表象》(1918)、《心理学中的数量与测量》(1921)、《语言的声音，实验语言学研究》(1926)和《情绪与感情》(1928)等。

斯顿夫的重要哲学论著有：《身体与心灵》(1897，1903)、《伦理学的怀疑主义》(1908)和身后出版的两卷本《认识论》(1939，1940)。后者是他从1927

年开始写的，这是他对其哲学、心理学以及方法论发现的总结。由他的同事普朗克推荐，并由斯顿夫的儿子费利克斯·斯顿夫(Felix Stumpf)将之正式出版。该书题献给布伦塔诺，可以说是斯顿夫对布伦塔诺学派的最后一个重要贡献。施普龙夫妇也指出，在他最后的岁月，斯顿夫在《认识论》(1939，1940)中道出了他一生研究的信条。用他儿子费利克斯的话来说，斯顿夫想“完整地呈现在他一生的经历中所形成的观点”。①

此外，他还写有回忆前辈心理学家的文章，如《鲁道夫·赫尔曼·洛采》(1881)、《赫尔曼·冯·赫尔姆霍茨和新心理学》(1895)、《追忆洛采》(1917)、《回忆布伦塔诺》(1919)、《弗兰茨·布伦塔诺的哲学》(1920)、《哲学教授弗兰茨·布伦塔诺》(1922)、《威廉·詹姆斯：基于其信件的生活、人格和理论》(1928)和自传《卡尔·斯顿夫》(1924)。

1997 年，在斯顿夫诞辰 150 周年之际，施普龙夫妇主编了《斯顿夫：心理学文选》(德文版)。该《文选》反映了其基本的心理学思想，包括现代哲学演进的思想、心理机能与机能、那个时代心理学的趋向与冲突、身体与心灵、儿童心理学的方法、心理学中的数字与数量、情绪以及观察、测量和实验等。书前有编者根据斯顿夫的大量信件和新发现的档案资料撰写的斯顿夫传记，特别强调了斯顿夫对普通心理学和心理学方法学的贡献。编者认为他是格式塔心理学的先驱，描述了斯顿夫的学生和合作者，并指出了斯顿夫后来被人们遗忘的理由。书后附有最全面的斯顿夫原创著述、书评和报告的目录以及研究斯顿夫思想的出版物的目录，特别是收有苛勒在斯顿大的80 岁生日、85 岁生日庆祝会和斯顿夫逝世不久的 1938 年纪念会上的讲话。②

2006 年，施普龙夫妇编写了《斯顿夫：自传——哲学与实验心理学原理》(德文版)一书，是对斯顿夫的生平与思想的最新研究。全书包括 22 章近 500 页内容。第 1 至 7 章介绍了斯顿夫的生平传记、心理学思想背景、在柏林大学的工作、教学工作、学生、学术活动、学术争论、家庭情况以及两位知心朋友布伦塔诺和詹姆斯；第 8 章重点介绍了斯顿夫在各个领域的主要著述，包括普通心理学(情感心理学、空间知觉心理学)、音乐心理学、语言心理学、比较音乐学；第 9 至第 16 章介绍了斯顿夫论心理学的趋势与比较、躯体

① Sprung, H., Sprung, L. (2000). Experimenter, theoretician, musicologist, and promoter. In: Gregory A. Kimble, Michael Wertheimer, Charlotte White(eds.). *Portraits of pioneers in psychology*. Vol. 4. Lawrence Erlbaum Associates, Inc.. p. 52.

② Broek, J. (1999). Helga Sprung, with Lothar Sprung, *Carl Stumpf: Schriften zur Psychologie*. *Journal of the Behavioral Sciences*. Vol. 35(1). p. 66.

和灵魂、知识分类、知识政治、知识组织和女性的观点；第 17 至第 19 章介绍斯顿夫的晚年生活（婚姻、退休教授、继续工作、德国政治变革和生命结束）、斯顿夫的学术命运、心理学史中的斯顿夫；第 20 至第 23 章介绍了一些遗留问题、文献、档案和文件。此外，在附录中收有图片、个人记录和事件记录。

第四章

斯顿夫:机能心理学体系

斯顿夫的机能心理学从本质上几乎完全等同于布伦塔诺在《经验观点的心理学》(1874)中提出的意动心理学。例如,他们都主张心理学研究意动或机能,内部知觉是心理经验的主要来源,心理规律是通过归纳和演绎的综合而获得的。可以说,斯顿夫的机能心理学与布伦塔诺的意动心理学,在基本观点上是一脉相承的,只是在细节上有所不同。正如舒曼(Schuhmann)指出:"斯顿夫心理学只不过是布伦塔诺心理学的简单翻新。"①斯顿夫本人也承认:"我的观点从其最广泛意义上是受到来自布伦塔诺的影响。"②因此,斯顿夫机能心理学与布伦塔诺意动心理学的关系,十分类似于冯特内容心理学与铁钦纳构造心理学的关系。从下面对斯顿夫机能心理学理论体系的阐述中,我们能更具体地看到两人心理学观点的相似性。同时,我们在此需要特别指出的是,斯顿夫的机能心理学不同于美国心理学的机能主义,对后者也没有直接的影响。斯顿夫的机能强调的是一种逻辑的机能,而美国机能主义强调的是一种生物或适应的机能。

第一节　心理学的基本观点

在心理学的基本观点上,无论从科学观上、研究对象上还是从研究方法

① Albertazzi, L., et al, eds. (1996). *The School of Franz Brentano*. Dordrecht: Kluwer Academic Publisers. p. 121.

② Albertazzi, L., et al, eds. (1996). *The School of Franz Brentano*. Dordrecht: Kluwer Academic Publisers. p. 115.

上，斯顿夫的观点都与他的老师布伦塔诺的一脉相承。在科学观上，斯顿夫将心理学视作最基本的社会科学或哲学学科。在研究对象上，斯顿夫从布伦塔诺的意向性学说出发，将布伦塔诺未能说明的意动与对象之间存在怎样的关联问题进行了转化，把意动与对象转为机能与现象，进一步提出机能心理学体系。在研究方法上，斯顿夫强调了内部知觉是心理经验的主要来源，并重视观察、测量和统计等方法各自的适用范围及其关系。

一、心理学的人文科学观

布伦塔诺在《经验观点的心理学》中提出，一切事物不是物理的就是心理的。斯顿夫赞同这一观点，用他自己的话来说，一切事物不是现象的就是机能的。他在《现象与心理机能》(1906)一文中指出，无论现象还是机能都是直接给予(immediately given)的经验，它们是密切联系的，因而构成真实的统一体(a real unity)。我们只有通过抽象才能将它们区分开来，但只有将它们进行明确区分，才能对科学进行分类。在科学分类问题上，斯顿夫有自己独特的看法，他在《论科学的分类》(1906)一文中专门探讨了这个问题。他坚持传统上对自然科学与人文科学的划分。按此标准，物理学属于自然科学，心理学属于人文科学。除此之外，还有一些科学既不属于自然科学也不属于人文科学，它们代表不同的研究领域，属于三种不同的科学，即研究现象的现象学(phenomenology)、研究机能构成物的本质学(eidology)和研究不同对象与机能之间关系的关系科学(science of relations)。这三门新科学都是中立科学(neutral sciences)，起着预备科学的作用，作为自然科学和人文科学的起点，为它们提供原料。

在斯顿夫看来，现象分为两类，一类是如原子、分子、波以及类似的项目，另一类是声音与颜色等感觉印象和表象等内容。前者是物理学等自然科学研究的对象，后者是现象学的研究对象。现象学是第一门中立科学。斯顿夫进一步把现象学所研究的现象分为原初现象(first order phenomena)和次生现象(second order phenomena)，前者是感觉的内容(contents of sensations)，即那些直接呈现于我们感官的经验，具有诸如广延、强度、亮度等属性或特性，后者是被表征的内容，即原初现象在我们记忆中出现时的印象，如记忆表象。现象学就是研究这些初步的经验材料，所以它是物理学和心理学的入门或预备科学。其实，斯顿夫的现象学在很大程度上是不同于胡塞尔所讲的现象学的，尽管它们的名称相同。胡塞尔的现象学是通过本质审察描述纯粹的意识问题，而斯顿夫的现象学则指当时通常意义上的心理学或内容心理学。尽管胡塞尔不忘师恩，于 1900 年曾将《逻辑研究》(第 1 卷)一书题献给斯顿夫，但斯顿夫仅赞成胡塞尔拒绝心理主义(psychologism)，而反对胡塞尔的纯粹现象学，尤其不赞成他把心理学与哲学割裂开来的做法。斯顿夫的现象学是从更狭隘意义上说的，而且没有特别的方法论意义。按此标准，传统的心理学如联想心理学、以研究心理内容为对象的冯特心理学以及斯顿夫的音乐心理学的大部分内容均为现象学。正如胡塞尔指出："斯顿夫经常谈到的音乐心理学就是现象学。"①

本质学(eidology)是第二门中立科学，该词是斯顿夫从霍尔巴特(J. F. O. Herbart)那里借用的。本质学研究心理机能的关联物(correlates)。除了原始的知觉机能，所有的心理机能都有特定的关联物或内容，如形式、概念、事态(states of affairs，即判断的内容)、事实、目标、价值等，斯顿夫统称它们为心理机能的构成物(*Gebilde*，formation)，它们不是呈现给心灵的东西，而是由心灵构成的东西。他于 1902 年首次引入"构成物"一词，以说明心理机能的特定内容或他所谓心理机能的对象性关联物(the objective correlates)。构成物是由于执行特定机能而进入意识的内容，在这种意义上说，每个或每个次级的意动都对应着针对其特有的某种内容。所有的心理机能——从最简单的到最复杂的——都有其特定的内容，例如，抽象意动对应着概念构成物，事态是判断的内容。概念、事态都是思想的关联物，相对于每个意动，它们都具有对象性。但是构成物的对象性并不能根据意向的内存性(intentional inexistence，布伦塔诺的术语)或柏拉图的实在论意义(Bolzano 和 Frege 的术语)来理解，因为任何构成物在逻辑上都依赖于产生它的意动。例如，事态的存在从逻辑上联系着判断意动。这样，事态是抽象出来的，在这种意义上说，它们不能独立于产生它们的意动而存在。同样的规则也可以在更为复杂的机能领域如情绪意动、愿望意动和意志意动中发现。这些意动的殊内容是价值。总之，斯顿夫认为，构成物是不能脱离其特有的机能的。因此，在斯顿夫看来，本质学就是研究并列出逻辑学、本体论和价值论的范畴，探究概念、事实和价值的存在。② 本质学所研究的内容都是观念形态的东西，因而它是一门特殊的科学，可以称为"观念科学"(*Ideenwisenschaft*)，这个词最好译为柏拉图意义上的"理念论"(theory of ideas)③。

---

① Lewin, K. (1937). Carl Stumpf. *The Psychological Review*. Vol. 44, No. 3.

② Kusch, M. (1995). *Psychologism: A case study in the sociology of pheiosophical knowledge*. New York: Routledge. pp. 143.

③ Sills, D. L. (1968). *International encyclopedia of the social sciences*. vol. 15. New York: The Macmillian Company & The Fress Press. p. 352; Kusch, M. (1995). *Psychologism*. New York: Routledge. pp. 142～143.

关系科学(science of relations)[①]是第三门中立科学。研究并区分所探究的对象之间的关系,诸如相似性、相同性、依存性、部分与整体等关系,[②]以及控制对象或对象的成分之间的形式关系的规则。关系对于现象和机能是共同的。正如铁钦纳引用斯顿夫的话:"纵观我们的实际经验,这些机能不断地与现象发生密切的联系。"[③]心理机能之间的结构关系和简单与复杂机能领域内部的等级,都必须遵循斯顿夫所指的整体的部分或方面之间的结构法则(laws of structure)。关系科学的任务就是确立现象、机能和构成物之间的关系,研究简单关系中的复杂关系的起源、确定它们遵循的结构法则。例如,斯顿夫在其《音乐心理学》第2卷中考察的类比、平等和融合概念之间就存在基本的关系,即作为逻辑的和真实的依存关系、部分—整体的关系和心理机能之间的真实依存性。这些关系并不是康德意义的"思想形式"(forms of thought),它们也不是借助任何心理机能手段强加在感觉资料之上的,相反,它们是内在于现象的,并且是直接认识的而没有中介环节。例如,融合的概念便是表明一种形成感觉材料的关系形式。它本身确定了两种现象(或感觉内容)之间的关系,借助这种关系,现象不是形成一种元素之和而是形成一种整体。斯顿夫认为,这些元素融合为一种整体,例如,在一个曲调中,声音的性质和强度是不变的,但这种融合关系确立了这些内容之间一种有局限的统一体,并被知觉为一个格式塔。

在斯顿夫看来,在现象学、本质学和关系学这三门中立科学中,现象学是一门基础学科,因为没有现象提供的材料,构成物就不能建立起来,而关系也是直接或间接以现象为前提条件的,因为现象是关系在其间发生的关系项。[④] 尽管所有的这些中立科学与心理学的关系都非常密切,但它们都只是心理学的入门或预备科学,或者说,它们是真正心理学研究的前提。

斯顿夫认为,心理学是研究心理机能的科学,确切地说是研究初级心理机能的科学,其他社会科学所探讨的则是复杂心理机能。因此,心理学是一门低级的、基本的社会科学,就像物理学是自然科学的基本科学一样。在这

---

① 斯顿夫用的德文为"*Verhăltnislehre*",波林在《实验心理学史》中追随铁钦纳在《系统心理学:绪论》中的译法,将之英译为"logology"(关系学),《国际社会科学百科全书》将之译为"science of relations"(关系科学),而《斯坦福哲学百科全书》(网络版)将之译为"a general theory of relations"(一般关系论)。

② Kusch, M. (1995). *Psychologism: A case study in the sociology of pheiosophical knowledge*. New York: Routledge. p. 143.

③ 铁钦纳著,李丹译:《系统心理学:绪论》,浙江教育出版社2001年版,第136页。不过,斯顿夫坚持认为,这种联系不是逻辑上必需的,尽管每一种机能都必须有一个内容,这个内容却不必是现象的。即使机能和现象从经验上看是结合在一起的,实际上仍然是独立变量,它们分属不同的科学。

④ 施皮格伯格著,王炳文、张金言译:《现象学运动》,商务印书馆1995年版,第106页。

一点上，斯顿夫赞同他的老师布伦塔诺和他的柏林大学前任狄尔泰的观点，认为心理学是最基本的社会科学或哲学学科，其他学科门类如伦理学、逻辑学、美学、社会学、教育学以及政治科学等都不过是其分支学科。换句话说，所有哲学或社会科学都是以心理学为基础的。心理学"综合了哲学研究的所有不同的分支"。[①] 斯顿夫特别重视哲学与心理学之间的联系，在他看来，一个主要的问题是哲学与心理学之间的关系。他在 1910 年指出，让学术团体意识到心理学问题与哲学问题之间的密切关系，是非常重要的。1917 年，他又提出对这两门学科的警告："那些焦虑的（哲学）园丁想要砍掉那些刚长出绿芽的（心理学）枝丫。如果这种分离发生了，它们之间内在的联系肯定还在，不然哲学将会成为一个与生活相异的抽象领域，而心理学也将成了一门纯粹的实践学科。"[②]

斯顿夫还认为，心理学与其他诸如社会学等理智科学是不一样的，这表现在：后者关注于心理活动的具体表现，而心理学研究总体的心理机能。换句话说，就我们能够从其行为来得出结论而言，研究的是那些在每一个个体以及在类人猿有机体身上都可以发现的方面。[③]

总之，斯顿夫用心理学解释哲学或社会科学，强调二者是密切联系的。从这个意义上说，斯顿夫的机能心理学秉承布伦塔诺的意动心理学，坚持心理学的人文科学取向。

二、心理学的对象

和布伦塔诺一样，斯顿夫主张心理学是一门经验科学。在《音乐心理学》中，他将经验分为现象与机能两种。第一种经验是现象，亦即经验的对象，如声音与颜色等感觉印象、表象、记忆的内容等。第二种经验是机能，亦指活动、体验或状态，如知觉活动、理解活动、领会活动、欲望活动、意志活动。施普龙夫妇对斯顿夫的观点作了进一步的诠释："心理现象包括感知觉以及它们的记忆表象或心理表象。相反，心理机能包括'注意到现象以及现

---

① Kusch, M. (1995). *Psychologism: A case study in the sociology of pheiosophical knowledge*. New York: Routledge. pp. 141.

② Sprung, H., Sprung, L. (2000). Experimenter, theoretician, musicologist, and promoter. In: Gregory A. Kimble, Michael Wertheimer, Charlotte White(eds.). *Portraits of pioneers in psychology*. Vol. 4. Lawrence Erlbaum Associates, Inc.. p. 57.

③ Langfeld, H. S. (1937). Stumpf's "Introduction to Psychology". *The American Journal of Psychology*. Vol. 50, No. 1. p. 34.

象之间的关系、各种现象结合成复杂体、概念形成、统觉与分辨、情感、欲望和意志'。"[①]这种将经验划分为现象与机能的做法，跟布伦塔诺的内容与意动之分如出一辙。斯顿夫主张研究现象的学说为现象学，研究机能的学说为心理学。同时，他认为现象学是严格地独立于心理学的，现象学只是心理学的预备学科，而不是心理学本身。正如斯顿夫本人所指出的那样："对感觉现象的探索，在目前占据着一个重要的位置，不再是实际的心理学而只是现象学，一种被物理学家、生理学家以及心理学家共同追求的前科学(prescience)。心理学家尤其肩负起了这一工作，因为它为精确的实验研究提供了一种可能性，并为检验控制心理机能的定律提供了机会。我也为现象学的预备性工作投入了大量时间，但是我真正的目的主要是理解机能。"[②]勒温也阐释了斯顿夫的观点："众所周知的是他在感觉资料与心身机能之间所作的区别。前者对应着知觉心理学领域，被斯顿夫主要视为现象学。尽管他将大多数时间都花在这个领域上，但是他认为这仅仅是为心理机能领域所做的'准备工作'，在他看来，后者才是真正的心理学领域。"[③]斯顿夫所给出的心理学定义是他的一个非常有名的论断，即"心理学是一门关于初级心理机能的科学"，这些机能是经验直接给予的，是我们在自己身上用推理的方法总结出来的并在其他人身上也存在的机能。甚至唯物主义者也不能否认的心理机能是存在的。因此，斯顿夫认为，没有必要为了避免争论去追随布伦塔诺的教导而说心理学是一门关于心理现象的科学。[④] 所以，在心理学定义的具体表述上，斯顿夫与布伦塔诺的观点不完全相同。

斯顿夫在《现象与心理机能》一文中，进一步对心理机能概念作出解释。他说："所谓心理机能是指包括着作用、状态、体验的一种名称。因此，一方面包含着认识的和情绪的机能；一方面还认为具有从未分化的机能到分化的机能的各种阶段。例如，认识现象的作用、对现象进行概括、构成概念的作用、把握以至判断的作用、情意运动、热情以及欲望等。"[⑤]简单地说，斯顿夫的心理机能就是指心理的作用、状态和体验，也就是布伦塔诺所说的心理

① Sprung, H., Sprung, L. (2000). Experimenter, theoretician, musicologist, and promoter. In: Gregory A. Kimble, Michael Wertheimer, Charlotte White(eds.). *Portraits of pioneers in psychology*. Vol. 4. Lawrence Erlbaum Associates, Inc.. p. 59.

② Murchison, C. ed. (1930). *A history of psychology in autobiography*. Vol. I. New York: Russell & Russell. p. 409.

③ Lewin, K. (1937). Carl Stumpf. *The Psychological Review*. Vol. 44, No. 3.

④ Langfeld, H. S. (1937). Stumpf's "Introduction to Psychology". *The American Journal of Psychology*. Vol. 50, No. 1. pp. 33～34.

⑤ 高觉敷主编：《近代西方心理学史》，人民教育出版社 1982 年版，第 153 页。

的意动、活动或过程。波林指出："这些机能等于布伦塔诺的意动；这两个名词几乎可互相通用：布伦塔诺及胡塞尔讲意动，斯顿夫及屈尔佩讲机能，心理学研究心理的机能，而以现象学为入门的学科。"①因此，在心理学的研究对象观点上，斯顿夫所站的立场与布伦塔诺是一致的，他也是一位意动心理学家。正如塞克斯顿（V. S. Sexton）和米萨克（H. Misiak）所指出的那样："斯顿夫与布伦塔诺一起作为意动心理学的共同建立者。"②

为了更好地理解斯顿夫的心理机能概念，我们还需要进一步考察他对机能与现象的关系的观点。在他看来，机能与现象既不可分而又各自独立存在于经验之中，且两者之间是不能相互还原的。例如："我看见红色"，"看见"是机能，"红色"是现象，它们既是独立的又是彼此不可分的。现象与机能可以各自独立地变化，例如，黄昏时光线逐渐变暗，我们未加注意，这是现象变化而机能未变。又如，当我们仔细分析一首合奏曲时，知道了这是哪几种音合成的音，这是现象未变而机能变了。由于现象和机能既是不可分的又是独立存在于经验之中，因此，在这个意义上，心理学有时对机能和内容都要研究，而并不完全排除内容。在实际研究中，斯顿夫也正是这样做的。他承认在其《音乐心理学》中，就包含他自己所谓的现象学和心理学。正如波林指出："由此看来，斯顿夫在形式上和意动学派站在一起，将感觉的现象排斥于心理学之外，而改列入现象学之内，然而在实际上，他所做的和他所说的适得其反；他引入现象学于心理学之内。第一，他使现象和意动并列成为合法的研究对象。第二，他从未丢开现象学，因为他对这门学问太有兴趣了；他无论怎样说，当世总认为他的兴趣系在于心理学，如同他自己在 1883 年及 1890 年所承认的一样。"③在把意动（机能）和现象并列的做法上，斯顿夫的观点成为后来屈尔佩、麦塞尔和威塔塞克的二重心理学的前奏和基础，因为屈尔佩等人后来兼留这两种资料于心理学之内。但斯顿夫的二重心理学思想并未完全成功，正如朗费尔德指出："在机能与内容的对比方面，斯顿夫并没有非常成功地逃离传统的影响。老的东西还在建立，新的东西才刚刚开始，这两者还没有完全地达成和谐。"④

除了对现象与机能进行区分，斯顿夫还进一步区分了机能与机能的关

① 波林著，高觉敷译：《实验心理学史》，商务印书馆 1982 年版，第 413 页。

② Sexton, V. S. & Misiak, H. (1976). (Eds.). *Psychology around the world*. Monterey: Brooks/Cole Publishing Company. p. 158.

③ 波林著，高觉敷译：《实验心理学史》，商务印书馆 1982 年版，第 415 页。

④ Langfeld, H. S. (1937). Stumpf's "Introduction to Psychology". *The American Journal of Psychology*. Vol. 50, No. 1. p. 55.

系(correlates)和机能与机能的构成物(structures)。机能的关系是指经验之间的各种关系,它们常为心理学所难解决的问题。关系是关系科学的研究对象。关系很难捉摸,只能作为一种成分包含在心理学中,也只能作为心理学的入门科学。在斯顿夫看来,关系也直接进入经验,但又和感觉不同。所以元素主义者往往不知道是否要另列关系的元素。斯顿夫把关系置于经验之内,并把它们另列一项。它们在认识论上显然也和现象相同,先于机能而存在。所以关系科学也是心理学的预备学科。机能的构成物是经验中的特殊情况,是机能产生的观念形态的东西。机能的构成物是本质学所研究的问题而非心理学的研究对象。

最后,斯顿夫强调心理机能的一个重要特征是它具有整体性。在心理机能领域内,同时发生的意识和理智状态与情绪活动都被知觉为一个整体。一个实体概念,无论是一个物理实体还是一个心理实体,并不像休谟所认为的那样是一组性质(quality)构成的,而是由性质及其关系的整体构成的。①在斯顿夫讲授的"心理学导论"课程中,在第二部分专列一章即"第二章关于意识的整体性","采取了一种类似于詹姆斯的观点,反对原子论。意识的整体性并不是部分之和,而是一个整体,其各个部分只有通过抽象才能得以认识"。② 正如韦恩·瓦伊尼(Wayne Viney)和布雷特·金(D. Brett King)指出:"斯顿夫与布伦塔诺一样热心地从经验的观点研究心理学事件……他的研究是建立在整体论假设基础之上的,即意识的所有方面都是联结在一起的,它们可以被知觉为一个整体……斯顿夫的心理学提供了一种与构造主义不同的整体论取向。"③他关于心理机能的整体论思想对后来格式塔心理学的整体观具有重要的影响。

三、心理学的方法

在心理学研究方法上,斯顿夫同意布伦塔诺的观点,认为内部知觉(inner perception)是心理经验的主要来源。在他看来,心理学的事实为我们所知主要是通过内部知觉,它将机能作为内容,如知觉本身、比较、判断、总

① Edwards, P. (Ed.). (1967). *The encyclopedia of philosophy*. vol. 7, New York: Acmillan Publishing Co., Inc. & The Fress Press. p. 29.

② Langfeld, H. S. (1937). Stumpf's "Introduction to Psychology". *The American Journal of Psychology*. Vol. 50, No. 1. p. 55.

③ 韦恩·瓦伊尼、布雷特·金著,郭本禹等译:《心理学史:观念与背景》,世界图书出版社公司北京分公司 2009 版,第 274~275 页。

结、情感活动和意志活动，对机能的知觉可以界定为一种不加分析的纯粹意识。① 而外部知觉(outer perception)只为我们提供颜色、声音等概念，不能提供作为感觉状态的视、听等概念，也不能描述与它们相联系的其他状态。就其优势而言，内部知觉区别于外部知觉在于其直接明证性(immediate evidence)。外部知觉可能会产生疑问和错误(感觉蒙蔽)，内部知觉则保证其自身的真实性。一个人不用怀疑自己的内部状态，这种在特定时刻意识到的状态是是真实的，恰如它们所显现的那样。当然，我们对知觉到的内部状态的命名和描述可能会出现差错，但这种差错是知觉的理论加工的错误，而非知觉本身的错误。在回应认为机能不能直接体验到这个批评时，斯顿夫回答说："我们一直都是用内部知觉这个术语来表明一种非常明确的、独特的体验的。而且，对于任何对内部知觉的细节感兴趣的个体来说，让他们自己确信这些机能的现实都是有可能的。"②不过，内部知觉的直接明证性仅限于瞬间状态，而且记忆的事实还必须通过其表象的鲜活性、与其表征事物的一致性等来保证其真实性。③ 所以斯顿夫认为，心理活动必须要通过初级记忆(primary memory)或即时记忆(immediate memory)来进行分析，只有初级记忆才值得充分信任。他在身后的著作《认识论》(第 1 卷，1939)中指出："观察与纯粹知觉的区别在于，被知觉到的东西的具体特征在一段时间之后被记录、分析和比较，而且包含在一些概念之下。"④

同时，斯顿夫认为，对于心理学非常不利的是只能知觉而不能观察。当我们观察自身的活动时，一种新的活动又出现了，它会强烈地或者从性质上改变前一种活动。他指出："意识直接指向外部内容，仅在次级层面上指向自身。因此，内部知觉不能变为观察。不过，我们可以对刚刚过去的心理状态进行观察，因为这个观察的意动与那个心理状态相比是一个新的且独立的状态。"⑤因为在当前的观察中，注意集中于思维或情感的对象，而不是它们自身。例如，一旦注意集中于情感时，情感就会不可避免地发生变化。因

---

① Langfeld, H. S. (1937). Stumpf's "Introduction to Psychology". *The American Journal of Psychology*. Vol. 50, No. 1. p. 35.

② Langfeld, H. S. (1937). Stumpf's "Introduction to Psychology". *The American Journal of Psychology*. Vol. 50, No. 1. pp. 34～35.

③ Rollinger, R. D. (1999). *Husserl's position in the school of Brentano*. Dordrecht: Kluwer Academic Publisers. p. 287.

④ Sprung, H., Sprung, L. (2000). Experimenter, theoretician, musicologist, and promoter. In: Gregory A. Kimble, Michael Wertheimer, Charlotte White (eds.). *Portraits of pioneers in psychology*. Vol. 4. Lawrence Erlbaum Associates, Inc.. p. 63.

⑤ Rollinger, R. D. (1999). *Husserl's position in the school of Brentano*. Dordrecht: Kluwer Academic Publisers. p. 290.

此在心理学中，对当前的观察（即内省或内部观察）必须为对刚刚过去的状态的观察（即反省或内部知觉）所取代。这就是心理学研究的主要困难之所在，也是不断地进行对过去的观察的重要性之所在。

对于心理学的另一个不利是，对个人状态的心理学观察要受到观察者自身的限制，因而需要通过对他人心理生活（如语言或其他表现）的间接了解来补充。值得特别关注的是，儿童和动物的那些不太复杂的心理生活、病理表现和诸如天才个体的个别活动，以及对人的比较研究。

自霍尔巴特以来，许多研究者都曾努力地使心理学成为一门像物理学那样的精确科学。冯特的生理心理学为这一运动注入了大量的推动力。斯顿夫也列出了一门精确科学的新的辅助方法，即解剖、观察、实验、测量和数学（统计）的方法。但他又补充说，我们必须记住，根本的方法是内部知觉。显然，这些所谓的客观方法只是心理学研究的辅助方法，必须以主观的方法（即内部知觉）为前提。他指出："事实上，没有一种相应的主观检验的客观心理学的发展是危险的。"①

斯顿夫指出，尽管心理学不能首先建立在解剖学和生理学的基础上，但在边界（boundary）问题上（心理物理学），特别是当神经学的进展鼓舞人心时，它们的合作是不可或缺的。当然，神经学部分依赖于心理学的事实，以支持其假设。②

斯顿夫强调观察的作用。他指出，观察是对特定对象及其关系的注意性知觉（the attentive perception）。良好的观察必须做到：第一，区分知觉的内容和与之相联系的表象和判断。第二，消除知觉内容固有的错误，特别是两类错误：一是与观察者的组织、观点和工具相联系的经常性错误，这种错误可以通过改变观察者与观察的条件来消除；二是产生于每次观察中的变化性错误，这种错误可以通过增加观察条件和计算平均数来消除。③ 他曾说过，心理学从事于对日常生活的观察，为的是通过方法的处理将这些观察提升为一种科学。这表明了他对于一种经验心理学的尊重，用来反对他的大多数前辈的演绎研究方法。④ 他在 75 岁生日时引用了一句话："理论沉浮，

① Langfeld, H. S. (1937). Stumpf's "Introduction to Psychology". *The American Journal of Psychology*. Vol. 50, No. 1. p. 36.

② Rollinger, R. D. (1999). *Husserl's position in the school of Brentano*. Dordrecht: Kluwer Academic Publisers. p. 287.

③ Rollinger, R. D. (1999). *Husserl's position in the school of Brentano*. Dordrecht: Kluwer Academic Publisers. p. 335.

④ Langfeld, H. S. (1937). Stumpf's "Introduction to Psychology". *The American Journal of Psychology*. Vol. 50, No. 1. p. 33.

但是我在一生中却得出了一些卓越的观察结果。”①

实验是在控制条件下的观察。在斯顿夫看来，在一项关于心理生活的研究中，实验与观察研究同等重要。他非常注重严格控制的实验室研究，而且一直都鼓励学生进行实验研究。他说：“纯粹心理形式的实验经常运用于我们的科学之中。也就是说，因观察的缘故，意动（psychical acts）可以在特定情境下自发地产生。因此，如果内部状态被心理学意义上的观察所激发，那么，外部实验也能导致心理认知。”②

斯顿夫认为，心理学领域的测量方法在原则上是可能的，但要以统计计算为保证。在心理学领域，一般是测量心理机能的持续时间而非强度，而像情感等机能的确存在强弱之分，但这种区别并不能通过测量来独立地表现出来。③ 斯顿夫在《论儿童心理学的方法学》（1910）一文中，论述了统计学的重要性。施普龙夫妇指出，20世纪初，斯顿夫已经认识到统计学是经验研究中一种用于资料分析的不可缺少的工具。④ 后来他又专门写过一篇论文《心理学中的计算与测量》（1921），讨论了心理学中测量与计算的可能性与局限性。他认为，“作为所有心理活动基础的感觉现象，以及由其而出现的产物”是可以测量和计算的。就像一个物理学家对物理现象所做的那样，一个心理学家也可以测量和计算心理现象，只不过心理学家这么做“是为了得出心理学的结论，而不是物理学的结论，也就是关于感知觉以及基于它们的比较、分辨的结论，以及关于诸如注意、记忆这些伴生心理因素所产生的效应的结论”。⑤ 但斯顿夫也指出了心理学的量化方法的局限性：“然而，最后，我们绝不能忘记这一点……真、美、善这些神秘领域是无法通过这些研究方法而加以论述的……我们永远都无法通过指出计算过程或者大多数这样的原则来对真理与谬误、美与丑、善与恶作出区分。”⑥他承认，统计学在心理学和

---

① Langfeld, H. S. (1937). Carl Stumpf: 1848—1936. *The American Journal of Psychology*. Vol. 49, No. 2.

② Rollinger, R. D. (1999). *Husserl's position in the school of Brentano*. Dordrecht: Kluwer Academic Publisers. p. 287.

③ Rollinger, R. D. (1999). *Husserl's position in the school of Brentano*. Dordrecht: Kluwer Academic Publisers. p. 287.

④ Sprung, H., Sprung, L. (2000). Experimenter, theoretician, musicologist, and promoter. In: Gregory A. Kimble, Michael Wertheimer, Charlotte White(eds.). *Portraits of pioneers in psychology*. Vol. 4. Lawrence Erlbaum Associates, Inc.. p. 63.

⑤ Sprung, H., Sprung, L. (2000). Experimenter, theoretician, musicologist, and promoter. In: Gregory A. Kimble, Michael Wertheimer, Charlotte White(eds.). *Portraits of pioneers in psychology*. Vol. 4. Lawrence Erlbaum Associates, Inc.. p. 62.

⑥ Sprung, H., Sprung, L. (2000). Experimenter, theoretician, musicologist, and promoter. In: Gregory A. Kimble, Michael Wertheimer, Charlotte White(eds.). *Portraits of pioneers in psychology*. Vol. 4. Lawrence Erlbaum Associates, Inc.. p. 62.

美学领域都已被证明是有用的。不过，在美国出现的大量的统计研究使得他这样评论道，现在已经出现了一种统计病。他说，毕竟亚里士多德说的这句话，即定性分析是心理学的主要机能是正确的。①

在斯顿夫身后出版的《认识论》一书中，他指出了观察与实验、观察与测量之间的关系。他说："当被观察到的东西被分成了一些大小已知的定量成分，那么观察就成了测量。这些成分是一个任意建立但却绝对、本质上不会发生改变，而且独立于瞬时感觉现象的测量方法的单元。"他又说："在一个既定的情境中，当为了观察到后续的效果而任意地改变一种特定的环境时，观察就成了一次实验……当然，每一个实验……都必须基于某种源自于一个可以用科学方法来加以讨论的观念的理论或假设。"②

第二节　心理状态的特征与分类

一、心理状态的特征

斯顿夫通常称心理机能为"心理状态"(psychic states)，并用它取代布伦塔诺的"心理现象"(psychic phenomena)。他认为心理状态具有五个重要的特征。

首先，心理状态只有时间的持续性而无空间的广延性。在这一点上，心理状态不同于物理现象。没有广延性是布伦塔诺所提出的心理现象区别于物理现象的第二条规定。③ 斯顿夫在"心理学"讲授提纲中指出："日常的观察告诉我们，不仅复杂机能要求时间的持续性，而且作为它们的构成部分即简单机能也同样需要时间的持续性。对于一些机能(如感觉印象的理解与

① Langfeld, H. S. (1937). Stumpf's "Introduction to Psychology". *The American Journal of Psychology*. Vol. 50, No. 1. p. 36.

② Sprung, H., Sprung, L. (2000). Experimenter, theoretician, musicologist, and promoter. In: Gregory A. Kimble, Michael Wertheimer, Charlotte White(eds.). *Portraits of pioneers in psychology*. Vol. 4. Lawrence Erlbaum Associates, Inc.. p. 63.

③ 郭本禹：《布伦塔诺的意动心理学述评》，《心理学报》1998年第1期，第107页。

区分、简单动作的选择）来说，其平均持续时间（集中注意一秒内的小片段）可以通过实验方法来探究。另一方面，心理状态则不赋予我们的长度和宽度，同样也不可假设的是，不经过感知就存在广延性；因为无论处于何处，空间同时间一样，在其本质上是同他物一起被感知的。"①

其次，每一种心理状态都是关于特定内容的意识，这是心理状态的最本质特征。在斯顿夫看来，尽管每一种意识都包含着一种内容，但意识和内容从本质上说是不能相互还原的。他指出："无论我单独进行表象、判断、情感还是意志活动时，都会有意动指向的某物呈现于我。某些难以完全用语言表达的感觉、心境、驱力显然只是心理现象的特殊情况。内容不同于意动本身，例如，感觉到绿色不同于绿色本身。"②这与布伦塔诺所提出的"心理现象具有意向的内存性"的观点是一致的。我们知道，布伦塔诺认为，心理现象具有其特定的意向性关涉，这就是他的关于对象的意向性内存的观点。如果我们想象就要想象某物，无论是否存在某物真实地对应着我们所想之物，但是，想象的对象总是内在于想象的意动之中。但是，正是在这一点上，斯顿夫与布伦塔诺的观点有所不同。斯顿夫并不用"意向性"表示心理的限定，他的"内在的内容"也不能完全等同于布伦塔诺的"内在的对象"。正如罗林格（R. D. Rollinger）指出："在绝大多数情况下，斯顿夫只说意识的内容，而不提心理或内在的对象。"③斯顿夫本人也指出："我的心理状态无需指向实际的某物……思维无需一个意识之外的特殊对象。"④斯顿夫还认为，心理状态不仅是具有内容的意识，而且其自身也是一种意识的内容，即所谓的"内在意识"⑤（inner consciousness）的内容。

第三，所有同时意识到的表象、判断和情感都是整体状态即意识的整体性的一部分。这些表象、判断和情感是同时被知觉到的，不过它们只能发生在一个相同的知觉意动之中。这个知觉意动内在于所感知到的意动，因此，

---

① Rollinger, R. D. (1999). *Husserl's position in the school of Brentano*. Dordrecht: Kluwer Academic Publisers. p. 288.

② Rollinger, R. D. (1999). *Husserl's position in the school of Brentano*. Dordrecht: Kluwer Academic Publisers. p. 288.

③ Rollinger, R. D. (1999). *Husserl's position in the school of Brentano*. Dordrecht: Kluwer Academic Publisers. p. 89.

④ Rollinger, R. D. (1999). *Husserl's position in the school of Brentano*. Dordrecht: Kluwer Academic Publisers. p. 89.

⑤ 内在意识是随其内容、心理状态而出现的，并非新的、独立的意动。例如，除了听本身之外，对听的意识并非另一种状态。内在意识因此仅是一种为心理状态所固有并贯穿于心理状态之中的特性（peculiarity）。

这些表象、判断和情感也仅是整体状态的一部分状态。①

第四，心理状态具有一种在内部相似情形下出现相似状态的倾向，甚至没有最初的起因也会如此。例如，表象领域中有记忆，判断领域中有"对相似情形的期望"、形成偏见等，情感领域中有激情(passions)，诸如此类的情况经常会发生。

第五，大多数心理状态都具有对立性。人们通常认为，心理状态只有在与相对立状态结合时才是可能的。例如，只有与冷相对照，热才能被感知到或获得表象。但并非所有类型的心理状态都包含这种对立性。在表象中，只有在关系概念情况下，如近与远、父与子、因与果，才出现对立性。②

二、心理状态的分类

斯顿夫在"心理学"讲授提纲中开宗明义地写道:"心理学是关于研究心理状态即表象、判断和情感的科学。"③也就是说，他把心理状态分为表象、判断和情感三种，它们代表意识的三种类型。在这一点上，他反对德国心理学中流行了一个世纪的将心理现象分为表象、情感与意志的做法，而接受了布伦塔诺将心理现象分为表象、判断和爱与恨的意动的思想，只不过他用"情感"取代了布伦塔诺常用的"爱与恨的意动"。从下文的分析中，我们将会看到，斯顿夫对心理状态的分类与描述比布伦塔诺做得更为细致。

1. **表象**。

表象(prestentation)一般是通过名称表达的。表象可以细分为感觉、想象、时间与空间表象和抽象表象。日常生活中所谓的感觉是由外部感官从外部世界的传递所唤起的表象。感觉与表象之间没有质的差别，只有量的差异。例如，斯顿夫证明，诸如知觉意象这样的心理表象，在强度上比感觉要弱一些。除此之外，表象在特征上不如感觉那样丰富；它们比感觉更为短暂，而且作为一种规则，表象所受到的情绪影响要弱一些。④ 所有的感觉都

---

① Rollinger, R. D. (1999). *Husserl's position in the school of Brentano*. Dordrecht: Kluwer Academic Publisers. p. 290.

② Rollinger, R. D. (1999). *Husserl's position in the school of Brentano*. Dordrecht: Kluwer Academic Publisers. p. 291.

③ Rollinger, R. D. (1999). *Husserl's position in the school of Brentano*. Dordrecht: Kluwer Academic Publisers. p. 286.

④ Sprung, H., Sprung, L. (2000). Experimenter, theoretician, musicologist, and promoter. In: Gregory A. Kimble, Michael Wertheimer, Charlotte White(eds.). *Portraits of pioneers in psychology*. Vol. 4. Lawrence Erlbaum Associates, Inc.. p. 60.

有其神经过程的根源，因此，感觉从其起源上通常分为五种感觉。但从心理学意义上，更重要的还是根据感觉的内容不同和更详细的感觉属性来划分它们，如有温度觉与触觉、压力感觉与肌肉感觉、后觉（after-sensation）与共觉（co-sensation）、主观感觉（subjective sensation）与幻觉等。还有一种特殊的感觉是情感感觉（sensation of feeling），它既是外部感觉的强烈刺激的产物，也是内部过程的结果。斯顿夫认为，感觉内容有强度（intensity）、清晰性（clarity）、鲜活性（vivacity）和对比性（contrast）之分，而感觉意动则无这些特性之分。例如，听无高低之分，声音才有高低之分。

想象状态依赖于感觉表象，想象不同于感觉之处在于，想象通常没有感觉强烈和精细，它们是不稳定而又易变的，而且我们通常不能相信它们是真实的。斯顿夫接受了布伦塔诺的"习惯法则"概念，并认为想象状态（包括记忆状态）每次再现的情形都类似于其先前第一次出现的状态。这种再现不只是一种被动的过程，而是通过主动关注相关条件，唤醒对我们有意义的想象状态。例如，当我们试图回忆一个人的名字时，往往会再现我们第一次遇到这个人的情形。

时间表象是通过最初的联想而产生的，斯顿夫指出："尽管每种感觉都持续一段时间，但持续性本身不能被感觉。"[①]对于时间持续性的知觉而言，它不仅是关于特定时间内容的意识，同时也是关于后退时间、越来越后延的内容的意识。因此，时间表象既产生于表象内容的持续性，也联系于表象位置的主观变化。正如他所指出的，时间表象具有"感觉现象与心理意动的内容之特征"[②]。空间表象是通过视觉而产生的。在先天论看来，视神经不仅产生一定的颜色感觉，而且产生广度感觉。没有广度绝对不能表现颜色。在经验论看来，空间知觉最初产生于颜色感觉彼此之间或与其他感觉特别是肌肉感觉之间的联合。所以，空间关系如形状、距离等视觉，都产生于经验与联想。斯顿夫在此将先天论与经验论结合起来，并且指出，对于空间表象而言，"广度就像强度一样，是感觉印象的组成部分"[③]。

抽象表象，顾名思义就是对具体表象的抽象。在我们意识中，只有个别事物的具体表象，但我们能够指明这些单个表象的某些成分，也可以把握这

---

① Rollinger, R. D. (1999). *Husserl's position in the school of Brentano*. Dordrecht: Kluwer Academic Publisers. p. 289.

② Albertazzi, L., et al, eds. (1996). *The school of Franz Brentano*. Dordrecht: Kluwer Academic Publisers. p. 118.

③ Albertazzi, L., et al, eds. (1996). *The school of Franz Brentano*. Dordrecht: Kluwer Academic Publisers. p. 118.

些部分的相似性。也就是说，我们能够从经验中抽象出某些概念，从外部事物的知觉、内部心理意动特别是从判断意动中抽象出某些概念。例如，从判断中，我们可以抽象出诸如因果、存在或必然性等概念。

2. **判断**。

表象一般是通过名称表达的，而判断(judgment)则是通过我们用以表明断言(assertion)的句子表达的，最简单的断言形式诸如"A 是"和"A 不是"这样的句子。这里的名称"A"是指判断的表象内容，"是"与"不是"是指肯定或否定判断本身。这里也可以处理非人称的(impersonal)和无主语的句子，例如"天正在下雨"等于"雨正下着"。更加复杂的断言形式是无条件的、假设的和转折的判断。但如关系更密切的逻辑所示，它们可以变成存在的形式，这样就不会表达判断的不同类型；它们仅通过语言和实际的需要而产生。例如，通过将判断的部分内容置于主语前面，注意可直接指向这一要素，判断从这一有利之处最容易地成为明证性的判断。①

判断建立在表象基础上，但又与表象具有不同的机能。判断不只是表达表象及其关系，表象的结合与分离本身不是判断，或者说，判断不能分解为纯粹的表象或表象之间的关系，而只有加上肯定或否定、赞同或拒绝才算是判断。在产生与结合上，判断也遵循着有别于表象的完全不同的特殊规律。

判断根据不同的标准可以进一步细分。根据性质可分为肯定判断与否定判断，根据难易可分为简单判断与复杂判断，根据数量可分为一般判断与特殊判断、集合判断与分类判断，根据科学价值可分为真实判断与虚假判断、明证判断与盲目判断、确定判断与可能判断、依据法则的判断与依据事实的判断。

判断是斯顿夫的逻辑学所研究的主要内容，他在"逻辑学"讲授提纲中，把逻辑学界定为"认知实践学说或指导正确判断的学说"。② 在心理学范围内，我们在此仅从判断的起源上讨论明证判断与盲目判断。明证判断(evident judgment)又称知性判断(judgment of understanding)，是具有直接或间接证据的判断。直接证据就判断所涉及到的表象的性质而言，首先是从抽象表象中获得的自明性的公理证据，如 2×2=4；其次是由具体表象肯

---

① Rollinger, R. D. (1999). *Husserl's position in the school of Brentano*. Dordrecht: Kluwer Academic Publisers. p. 303.

② Rollinger, R. D. (1999). *Husserl's position in the school of Brentano*. Dordrecht: Kluwer Academic Publisers. p. 311.

定为真实的内部知觉证据。间接证据是通过推理从直接认识中产生的证据。公理和从其中推理出来的认识就是所谓的先验真理(a priori truths)，而其他认识都被认为后成真理(a posterioi truths)或经验。[①] 盲目判断(blind judgment)是一种非明证判断(non-evident judgment)，主要是由本能、情感和习惯三种原因造成的。首先，盲目判断源自最初的驱力，在思考和评判没有经过反驳(本能的判断)的情形下，被表象的任何事物都会立即得到肯定。最初的抽象、辨别、比较等都是本能地产生的，只有感觉蒙蔽的经验才会产生怀疑，怀疑由思维活动在一定程度上进行部分的肯定和改正。其次，盲目判断产生于情感(包括意志)，一般的先天倾向是，人们相信自己的优势情感的作用。最后，盲目判断产生于习惯，若判断先前已以某种方式出现过，在相似的情境下再次出现，依据习惯的一般法则，将会越来越易，越来越可靠，大多数偏见和假公理(oseduo-axioms)都是这样产生的。

3. **情感**。

情感(feeling)也是用句子表达的，但它不同于判断的句子。情感就其性质而言是无限多样的，根据其性质它可以分为以下类型：(1) 积极情感(positive feeling)与消极情感(negative feeling)，前者如快乐、爱，后者如痛苦、恨。(2) 主动情感(active feeling)与被动情感(passive feeling)，这首先是洛采和布伦塔诺提出来的一种情感分类。主动情感是指那些内容被表象为由情感自身所实现的东西，包括动机与意志，如欲望、希望、勇气、意愿等；被动情感中则不存在这种构成因素的表象，一般是指那些在心理学中通常被理解成是情绪的情感。只要存在构成因素的表象，主动情感就包含了进行某种活动的愿望。若愿望同判断相结合，而判断中这种实现看起来又是不可能的，就会产生希望等主动情感；随着成功可能性的提高，这些情感就过渡成意志，后者是出现在成功的道德必然性的情形下。[②] 可见，斯顿夫在主动情感中进一步区分了动机与意志。由于将情绪与认知错综复杂地交织在一起，他关于情绪的观点代表了当今情绪的认知—评价心理学中的一种早期观点。[③] 在《论感觉感情》(1907)一文中，斯顿夫进一步将被动情感区分为基本情感(elementary feelings)与感情(affects)。基本情感是与知觉、可

① Rollinger, R.D. (1999). *Husserl's position in the school of Brentano*. Dordrecht: Kluwer Academic Publisers. p. 304.

② Rollinger, R.D. (1999). *Husserl's position in the school of Brentano*. Dordrecht: Kluwer Academic Publisers. p. 305.

③ Reisenzein, R., & Schönpflug, W. (1992). Stumpf's cognitive-evaluative theory of emotion. *American Psychologist*, 47, pp. 3445.

感知的表象以及心理活动联系在一起的。它又可以进一步细分为感觉情感(sensory feelings)与机能情感(functional feelings)。感觉情感是与诸如疼痛这样的感觉或感觉现象联系在一起的,而机能情感是与令人愉快或令人不愉快的心理活动紧密联系的。感情与诸如为失去一个朋友而悲痛这样的内容联系在一起,以更高水平的理智活动为前提。① 斯顿夫和布伦塔诺一样,把意志(willing)归入情感。他说:"在与表象相区别的程度上,意志同情感没有差别,这一点已成定论……对这两种状态来说,产生的规律是相同的。因此我们将意志纳入广义的情感中。"②(3) 关于物理内容的情感(feeling concerning physical contents)与关于心理内容的情感(feeling concerning psychical contents),前者是指向颜色、运动等物理事物的情感,后者是指向品格、人格等心理状态的情感。(4) 价值情感(values feeling)与盲目情感(blind feeling),凡情感的内容是值得爱和值得恨的情感都是价值情感,而根据本能欲望或习惯和一般出于"不纯"动机的情感都是盲目情感。

当然,斯顿夫也承认,这些情感的分类存在一定交叉,如积极情感也是值得爱的情感,消极情感也是值得恨的情感,但它们却都是价值情感。

在斯顿夫看来,情感是伦理学的基础。他曾指出:"在意志与情感两种情形中,一直有善与恶的东西呈现给我们;而且,关于道德与自由的论断,既适用于纯粹的被动情感,也适应于意志。"③斯顿夫在 1908 年就任柏林大学校长的就职演说中,极力反对道德形式主义和道德怀疑主义,而主张基于客观价值之上的伦理学。在他看来,价值是一种属于情绪机能或情感之类的意动的特殊内容,它们类似于属于理智机能之类的判断的内容。价值观或价值感顾名思义就是一种伦理学的价值。不同于本能行为或机械行为,道德行动以知识为先决条件,因为这种行动以判断为基础,因而不是盲目行动。但反过来,道德行动又是形成理论知识的基础。所谓的善或价值就是基于内在和客观的价值之上想要或希望的东西,可以避免任何外部力量的干扰。正是在这种意义上,斯顿夫认为,伦理学犹如美学,是完全建立在情感基础之上的。

---

① Sprung, H., Sprung, L. (2000). Experimenter, theoretician, musicologist, and promoter. In: Gregory A. Kimble, Michael Wertheimer, Charlotte White (eds.). *Portraits of pioneers in psychology*. Vol. 4. Lawrence Erlbaum Associates, Inc.. p. 60.

② Rollinger, R. D. (1999). *Husserl's position in the school of Brentano*. Dordrecht: Kluwer Academic Publisers. p. 289; Reisenzein, R., & Schönpflug, W. (1992). Stumpf's cognitive-evaluative theory of emotion. *American Psychologist*, 47, 3445.

③ Rollinger, R. D. (1999). *Husserl's position in the school of Brentano*. Dordrecht: Kluwer Academic Publisers. p. 289.

4．无意识机能。

斯顿夫还描述了各种形式的无意识现象，在诸如倾向等意识体验之间存在着无意识的连接。但它们究竟是心理的、生理的还是心理生理的，斯顿夫认为这个问题还不能加以解答。他认为，有一些没有被观察到的意识内容，如我们感觉中没有被注意到的部分。还有一些意识内容被注意到了，但是却没有得到进一步的详细阐述，例如睡眠期间我们的许多感觉。不过，从无意识这个术语的狭义上来讲，后面这些现象并不是无意识的。朗费尔德指出："我们能否拥有没有被注意到的心理机能这个问题，是斯顿夫在该课程中论述的最后一个主题。在概述了许多从正反两方面进行的辩论之后，他总结说，我们一直都能意识到这些机能。天才并非总能描述出他的研究方法这一事实，并不是一种相反的证据。"[①]斯顿夫认为，存在一些无意识的表象、判断等，主要包括：(1) 睡眠中的感觉，(2) 再次出现的遗忘表象，(3) 未注意到的共觉（如钟表的滴答声、陪音等），(4) 感知觉中的所谓"无意识推理"，(5) 天才的创造方式，(6) 本能的与习惯的行为。其中(1)和(5)是不能回忆的；(3)是不能被单独觉察到的，尽管它是全部意识内容的组成部分；(5)和(6)是既没有提出目标也没有经过深思熟虑就被执行了；(4)是意识层面的表象的联想与无意识的推理相混淆；(2)是不能以无意识的表象恢复表象的未知倾向。[②]

第三节　空间知觉理论和情绪学说

一、空间知觉理论

1873年，斯顿夫在符茨堡大学任教的第一年完成了他的第一部心理学

① Langfeld，H. S.（1937）. Stumpf's "Introduction to Psychology". *The American Journal of Psychology*. Vol. 50，No. 1. p. 55.

② Rollinger，R. D.（1999）. *Husserl's position in the school of Brentano*. Dordrecht：Kluwer Academic Publisers. p. 289.

著作《关于空间观念起源的心理学》。此书主要是针对其老师洛采的“部位标记说”(the theory of local signs)而展开对空间知觉的讨论,所以,尽管该书的部分章节曾经与其学术引路人布伦塔诺讨论过,但他仍将此书题献给洛采。

在科学心理学诞生前后,关于空间知觉如何产生,形成了经验论与先天论两种观点。这两种观点的争论都是围绕洛采所提出的部位标记说而进行的。洛采被波林称为实验心理学建立之前的最后一位哲学心理学家。他先后在哥廷根大学任教 37 年,与费希纳和赫尔姆霍茨有过来往,与布伦塔诺的关系密切,培养了像斯顿夫和 G·E·缪勒这样知名的学生。他在早年著作《医学心理学,即灵魂的生理学》(1852)和身后著作《心理学大纲》(1881)中,均提到其著名的空间知觉的部位标记说。该学说是洛采在心理学史上最有影响的贡献,为科学心理学关于空间知觉的经验论与先验论之争埋下了伏笔。

洛采所谓的部位标记说,即指空间知觉是由于接受刺激的部位所留下的特殊标记,同某种运动经验逐渐结合的产物。[1] 在洛采看来,外部刺激虽然具有空间关系,但人直接得到的只是特殊感觉的经验模式而不是空间形式。我们皮肤上或眼睛中,无论哪一个点上的感觉,都有它自己特殊的模式。先拿触觉来说,当皮肤有外界事物接触时,由于每个部位皮肤的厚薄、软硬、紧张度和皮下组织的经验模式不同,因而每个点都留下特殊的部位标记。随着肢体的移动如触摸、观察等,被刺激的部位及其标记也相应发生变化。这样,由于肢体多次移动及其经验模式的作用,最后这些部位标记就结合成了一个空间系统即空间知觉。再拿视觉来说,它也是有其特殊的部位标记的。这决定于视网膜上那个点的对于颜色的感受性、印象的明晰度和为使中央凹看到那个点所必须用到的运动及其经验模式。由于网膜上的不同点被刺激时会发生不同的眼肌动作,使视线转到正对着的刺激物,又因眼肌不只是一条,不同点引起不同强度的不同眼肌的协调动作,相邻点所引起的部位标记在逐渐变化。这样,由于各条眼肌多次运动及其经验模式作用的结果,最后这些部位标记就结合成了一个空间系统。

洛采指出,人的空间知觉不是先验的空间形式的显露,也不是现实空间关系的径直的反映,而是一个依靠经验逐渐形成的过程。在他看来,人们之所以能够把部位标记系统转化为空间系统,正是由人的经验所造成的。同样,当视觉空间转化为空间系统时,即使一个网膜部位被刺激,人也可以不

① 参见兰德编,唐钺译:《西方心理学家文选》,科学出版社 1959 年版,第 69~78 页。

动眼睛就知道刺激物的空间部位，这也是因为以往的经验使这一部位受刺激时会引起一定的动眼趋势的感觉所造成的。洛采的部位标记说，一方面主张以生理学知识为依据、以人的经验为中介来解释空间知觉形成的规律。实质上，这是一种关于空间知觉的经验说，反对康德的空间知觉的先验说。但另一方面，洛采又认为心理生来就能知觉到空间，[①]知觉是"心灵本性的一种原始、先验的性质"[②]。这种观点也受到了先验论者的欢迎。所以，洛采关于空间知觉的部分标记说，为赫尔姆霍茨、冯特等人从经验论方面所继承，也为海林、斯顿夫等人从先验论方面所发展。

其他人是如何解释空间知觉产生的，在此不再做更多的说明，我们只对斯顿夫的观点作进一步的阐释。斯顿夫在《关于空间观念起源的心理学》一书中，首先对前人为解决空间知觉问题所作的努力进行了历史回顾，并把所有的先前理论分为四类：空间观念是一个由瞬时发生的感觉性质（sense-qualities）的特殊复合，如颜色；空间观念是那些瞬时发生的感觉性质与另一种感觉性质的复合，如肌肉感觉；空间观念根本不是来自感觉，而是心灵的一种特殊生产活动的结果，它独立于感觉并且附加在感觉之上发挥作用；最后，空间观念在给予的其他感觉性质中并与其他感觉性质一起被知觉到，每当这些感觉性质被相应的感官知觉时，空间观念就产生了。斯顿夫认为，在这四种理论中，最后一个是唯一站得住脚的，并且认为，正确的研究模式应该是以最后一个理论的结果为起点，更严格地确定所知觉到的性质与产生它的广延性或空间性之间所存在的精确关系。例如，他认为，正如颜色被认为具有某种强度或力度一样，颜色从一开始就必然是在空间中的某个广延性或某个既定的地点被知觉。[③]

斯顿夫在他的研究过程中得出了一些较为重要的结果：(1) 存在属于视觉的空间，也就是说，在感觉中有某些东西，由于视神经过程，它可以像颜色的性质一样被直接知觉，并且它具有我们归之于空间的所有属性；该空间知觉既不是颜色感觉的简单结合，也不是这些感觉与另一种感觉的性质的结合，也不是由凌驾于感觉之上的心灵自发产生的某些东西。(2) 空间和颜色是同一感觉内容的成分，也就是说，它们必须彼此交叉、彼此结合才能被充分理解。离开颜色的空间是难以想象的，反之亦然。所以，视觉的内容既包

① 查普林、克拉威克著，林方译：《心理学的体系和理论》，商务印书馆 1984 年版，第 169 页。

② 杨韶刚主编：《心理学通史·第 3 卷·外国心理学思想史》，山东教育出版社 1999 年版，第 386 页。

③ Lindsay, T. M. (1873). Stumpf's *psychological origin of the idea of space* (Book Review). *Academy*. 4. pp. 172～173.

括空间也包括颜色。(3) 空间知觉原本不是按空间排列的,更不必说具有连续性了。它们是建立在空间基础上的关系,后来区分开来,并且不是原初的观念。(4) 正如最初被知觉到的一样,空间知觉不是两个维度而是由三个维度组成;但只有一个最小的而不是所有的深度关系被直接知觉到。最小可视度(minimum visibile)是位于限定距离内的一个点,它或者是变化的或者总是不变的,并且这个点正如最初被看到的一样,是球状的(spheroidal)。(5) 联想原则把这种最初的空间观念培养成了一系列属于更为成熟的观念的非常复杂的关系;但是联想无法解释最初的最小可视度。①

简单地说,斯顿夫从其原现象学观点(proto-phenomenological view)出发,认为空间属性是在表象中直接给予(immediately given)的现象。例如,颜色就是广延性,广延性就是颜色。② 在斯顿夫看来,部位标记只是由网膜或皮肤的刺激唤起的生理运动,我们还缺少部位标记作为不同感觉构成知觉的"心理刺激"的内省证据。他倾向于赞同海林把部位记号视为生理的而非心理的观点,认为空间性是网膜的一种内在特性,或者说,网膜具有一种内在机制可以鉴别视觉空间,这种内在机制是网膜先天具有的机制。虽然斯顿夫承认与眼动相联系的肌肉及其他感觉即洛采的"部位标记"对深度知觉有作用,但与洛采相反,他认为它们是次要的,强调它们毕竟只是局部的,知觉必然还牵涉到更多的东西。这些"更多的东西"就是脑中一个高级中枢的解释性活动。而且,这种解释活动是一种天生的或与生俱来的机能。斯顿夫曾将部位标记与信上的地址作了比较:它们是重要的,但是若没有邮递员的路线知识,信就无法送出。总之,斯顿夫认为,表面和深度属性是呈现在原初表象之中的,空间观念如同感觉的性质一样是直接知觉到的。斯顿夫关于空间知觉的观点,得到了美国心理学家詹姆斯的认同。后来斯顿夫的学生惠特海默、苛勒和考夫卡强调知觉的"格式塔"性质,就是他的知觉先验论的进一步发展和具体化。勒温也充分肯定了斯顿夫的这一观点,并指出:"他关于空间知觉的先天论与经验论的讨论是过去的事情。在我看来,这些问题似乎与今天一些相当重要的关于本能和学习的问题有相当密切的关系,尽管争论可能会不得不在一个不同的水平上进行,但是,在我心里,斯顿夫是对的一方。他看到了直接经验这个领域要比通常所认识到的大得

① Lindsay, T. M. (1873). Stumpf's *psychological origin of the idea of space* (Book Review). *Academy*. 4. pp. 172～173.

② Woodward, W. R. (1978). From association to Gestalt: The fate of Hermann Lotze's theory of spatial Perception, 1846—19200. *Isis*. Vol. 69, No. 4, pp. 572～582.

多。"[①]

二、情绪学说

斯顿夫在《情绪动作的概念》(1899)、《论感情》(1907)、《感情的辩解》(1916)和《情绪与感情》(1928)等著作中详细阐述了其情绪学说。他坚持情绪的认知—评价观，把情绪看做由信念（判断）引发的对事态的预先或即时评价，并对同时代的非认知情绪理论进行了批判。斯顿夫的情绪学说对于当代的情绪研究具有重要启发意义。

1. 情绪的认知—评价理论。

斯顿夫的情绪理论是以其心理状态的分类为基础的。前已述及，斯顿夫把情感分为主动情感与被动情感。主动情感包括欲望、希望和意愿等；被动情感包括正在发生的预先评价（pro-evaluations）和即时评价（con-evaluations），或者对事件状态的赞成和不赞成。在他看来，情感状态不同于评价性的信念（*beliefs*，即判断）。例如，希望下雨与相信若下雨就好了是完全不同的心理状态；对一事态进行预先评价或即时评价，应该与认为这个事态的存在是好是坏有所不同。这是斯顿夫情绪理论的基本假定。

根据斯顿夫的观点，情绪是"指向一个已做出判断的事态的被动情感状态"[②]。也就是说，情绪是建立在一个信念之上的对某一事态的预先评价或即时评价，或赞成或不赞成。例如，妒忌可被看做目前正在发生的对某人缺乏而另一个人却拥有的令人渴望的优点的即时评价（不赞成），它至少在某种程度上是由如下信念引发的：别人拥有而自己缺乏那个优点。斯顿夫认为，信念与评价之间的关系有二：一是因果关系，即信念引发评价；二是信念内容与评价内容之间存在语义关系：评价指向的事态同样也是信念的客体。他不仅把信念看做是情绪（即评价）的典型原因，而且还将之看做是定义上所必需的因果条件："与情绪有关的判断的存在对（情绪的）定义来说是必不可少的。"[③]尽管可能存在不通过信念而是以其他方式产生的评价，但是斯顿夫认为这种非认知产生的评价并不是严格意义上的情绪。只有适当的信念也存在，而且以恰当的方式有效引发了因果联系，评价才是严格意义上的情

① Lewin, K. (1937). Carl Stumpf. *The Psychological Review*. Vol. 44, No. 3. pp. 192～193.

② Stumpf, C. (1899). On the concept of emotion. *Zeitschrift für Psychologie und Physiologie der Sinnesorgane*, Vol. 21, p. 56.

③ Stumpf, C. (1907). Presentations and mental states. *Abhandlungen der preussischen Akademie der Wissenschaften*, Vol. 1906, p. 27.

绪。由此可见，斯顿夫不是从元素构成的角度来分析情绪，而是从功能的角度——在一定程度上根据其产生的原因对情绪进行界定的。

斯顿夫进一步阐述了其情绪理论的几个核心原则。(1) 必须在广义上来理解情绪评价的信念成分(判断)。与情绪有关的判断一定不能被限定为有意识做出的评价性判断或逻辑学意义上的假言判断或直言判断。"对感觉印象的最一开始的未经深思熟虑的统觉和解释"[1]应该被视为判断。判断也包含在空间定位、将个人的身体与其他客体区别开来以及识别客体等之中。此外，判断还会以极其模糊而微弱的形式出现在意识之中。(2) 情绪及其结构单元(信念和评价)均是表征性的心理状态，这个假设预先假定了一个内部表征系统。对斯顿夫来说，与情绪有关的最重要的表征系统是语言：情绪指向的事态在心理上通常被表征为肯定句。不过，他也认为存在感觉或表象的表征系统。(3) 情感之间的区别主要基于判断(信念)。虽然评价是情绪的核心，但它所提供的区别是比较粗糙的(基本上就是肯定的—否定的)。因此，情绪之间的区别必然要归因于信念。"情绪的性质主要依赖于这一事态在我们的思维中是如何被表征的。"[2](4) 该理论的个体发生意义在于：只有存在相应的认知基础，某一情绪才会产生。与冯特的观点相反，斯顿夫认为新生儿缺乏情绪的认知前提，因而不会具有真正的情绪。

2. 对非认知情绪理论的驳斥。

斯顿夫对同时代的非认知情绪理论进行了驳斥。这些理论可统称为情绪情感理论(emotional feeling theories)，认为情绪是某类意识质性(conscious qualities)，在许多方面与色觉、嗅觉和味觉等感觉质性(sensory qualities)相似。其中一类理论为感觉主义的情感理论(sensualistic feeling theories)，把情绪看做外周身体事件引起的感觉或知觉，铁钦纳的观点就属于该理论；另一类理论为心理主义的情感理论(mentalistic feeling theories)，主张情绪不能被还原为外周感觉，其生理机能定位在内部的中枢系统，冯特是该类理论的支持者。

斯顿夫从四个方面指出了感觉主义情感理论所存在的问题：(1) 许多情绪与外周身体变化在性质、强度和时间过程上并非一一对应。(2) 即使与各种情绪对应的身体变化的分化模式的确存在，它们可能也不会在意识中被

---

① Stumpf, C. (1899). On the concept of emotion. *Zeitschrift für Psychologie und Physiologie der Sinnesorgane*, Vol. 21, p. 51.

② Stumpf, C. (1899). On the concept of emotion. *Zeitschrift für Psychologie und Physiologie der Sinnesorgane*, Vol. 21, p. 54.

表征。(3) 如果大脑“像一根管子，每一滴（情绪）刺激通过它立刻流到外周系统”①，那么大脑的适应价值就不太好说了。假设人们的反应如此敏感，那么大脑也就很难有效地适应环境。(4) 如果把情绪完全等同于机体感觉，那么反过来，所有的机体感觉都是情绪，这显然是不恰当的。或者，如果把情绪看做机体感觉的子类别，那么就很难对这一情况作出合理解释：平常被视为情绪的心理状态（如愤怒）和非情绪的机体感觉（如心搏）之间的巨大差异，不同于两类机体感觉（情绪的和非情绪的机体感觉）之间的感受上的差异。

斯顿夫在批判心理主义的情感理论的基础上建立了情感性感觉理论(the theory of affective sensations)。斯顿夫的情绪理论主要针对的是典型情绪(paradigmatic emotions)，即日常所说的快乐、悲哀和愤怒等常见情绪。当然，他还提到了另一类情感现象——感官—情感(sense-feelings)。这类情感指的是各种感官快感和不快感，包括纯粹的身体痛觉和身体状态良好时的快感（包括胳肢时的快感成分、发痒时的感受和性快感），以及与温度觉、嗅觉、味觉、音觉和色觉等基本感觉(elementary sensations)相联系的快感和不快感、与机体感觉相联系的快感和不快感。冯特曾认为，感官快感和不快感与唤醒感、抑郁感、紧张感以及放松感等都是最基本的意识情感元素，典型情绪是这些基本情感的复合或融合。② 斯顿夫对这种还原论观点并不赞同。在最初，他把感官—情感看做被动情感状态。只不过这种感官的快感和不快感是感觉直接引发的，没有认知（信念）作中介，因此不能算是严格意义上的情绪。后来，斯顿夫提出了情感性感觉理论，认为感官—情感根本不是情感状态，而是一类特殊的感觉。在他看来，感官快感和不快感与普通感觉之间充其量存在细微的差异，而感官—情感与情绪之间存在着根本差异，虽然感官快感和不快感偶尔会引发情绪、被情绪引发或者与情绪相伴随，并且可能在种系发展与个体发展上都与情绪相联系。“情绪与感觉（包括情感性感觉）之间的差异基本上会被看做是显而易见的，就如同现今感觉与思维之间的差异那样。”③由此可见，斯顿夫把情绪看做表征性心理状态，而认为感官快感和不快感属于非表征性心理状态。

3．对当代认知情绪理论的意义。

认知情绪理论已经成为当代情绪研究的重要范式，认知与情绪之间关

---

① Stumpf, C. (1899). On the concept of emotion. *Zeitschrift für Psychologie und Physiologie der Sinnesorgane*, Vol. 21, p. 82.

② Wundt, W. (1896). *Outlines of psychology*. Leipzig, Germany: Engelmann.

③ Stumpf, C. (1907). On the affective sensations. *Zeitschrift für Psychologie und Physiologie der Sinnesorgane*, Vol. 44, p. 7～8.

系问题也已成为研究和理论争论的中心话题。斯顿夫不仅预期了当代认知情绪理论的主要原则,而且在不少方面比这些理论更具创见,对于深入思考认知—情绪问题具有重要意义。

关于情绪的意向性。斯顿夫假定,情绪本质上是意向性的或表征性的心理状态。当代的认知情绪理论虽然认为认知评价在因果关系上或者在定义上对情绪是必需的,但把情绪或者看做非表征的心理状态(如,唤醒感①或心理性质②),或者看做行动倾向③。尽管行动倾向具有意向性特点,可是它们的客体不同于相应情绪的客体。例如,恐惧情况下的逃走欲望的意向客体(逃走行为)与恐惧情绪的意向客体(被伤害者)是不同的。究其原因在于,大多数当代认知情绪论者含蓄地认为,意向性不是情绪的本质特征,而是衍生特征——许多或大多数情绪具有这一特征,是因为这些情绪与认知评价相联系。实际上,所谓无客体的情绪不可能完全没有客体,只不过它们的客体难以确定或难以用词语描述出来。即使某些情绪确实没有客体,那也很难证明所有的或大部分的情绪在本质上是非意向性。因此,斯顿夫所提出的情绪意向性观点,对于分析认知—情绪问题具有重要启发,应该引起人们的密切关注。

关于认知评价中评价的性质。斯顿夫把情绪看做不同于信念的评价。当代的认知情绪论者对于评价的认识十分混乱:有学者认为评价性的评价成分(evaluative appraisal components)是一类特殊的信念,有学者则主张该成分对于情绪必不可少。对于评价性质的众说纷纭直接导致了近年来对认知情绪理论的批评,因为这些批评是建立在认知评价全部是信念这个假设之上的④,而这显然是对认知情绪理论的一个误解。许多认知取向的情绪理论家发现有必要假定一个非评价性成分——诸如生理唤醒、行为倾向或者冯特所说的中枢情感来作为情绪的一个必需成分,以解释"冷认知"(cold cognition)中的"情绪性温暖"(emotional warmth)。这样,他们的理论就成为有效性很值得怀疑的"合成"理论。然而,如果采用斯顿夫的观点把情绪的核心评价成分看做根本不同于信念的一种心理状态,那么就无需假定一

① Schachter, S. (1964). The interaction of cognitive and physiological determinants of emotional state. In: L. Berkowitz (Ed.). *Advances in experimental social psychology*. Vol. 1. San Diego, CA: Academic Press, pp. 49~80.

② Oatley, K., & Johnson-Laird, P. N. (1987). Towards a cognitive theory of emotions. *Cognition and Emotion*, Vol. 1, p. 29~50.

③ Arnold, M. B. (1970). Perennial problems in the field of emotion. In: M. B. Arnold (Ed.). *Feelings and emotions*. San Diego, Academic Press, pp. 169~185.

④ Zajonc, R. B. (1984). On the primacy of affect. *American Psychologist*, Vol. 39. p. 117~123.

个额外的非评价性成分了。

关于认知与情绪之间关系的性质。研究者对于此问题的回答有两类：定义性的必要性和因果性的必要性。斯顿夫坚持定义性的必要性，主张认知属于情绪的定义性特征，情绪在功能上被界定为与其认知性原因有关。他认为，即使评价能够被非认知方式引发，这种评价已算不上严格意义上的情绪。阿诺德(M. B. Arnold)等当代的认知情绪理论家大致持与斯顿夫相同的观点。而拉扎勒斯(R. S. Lazarus)等人则强调因果性的必要性，认为评价是情绪的成分①甚至与情绪完全相同②。已有的许多研究表明，认知评价能够很好地解释情绪状态的多样性，因而认知对于界定情绪来说是必不可少的。但是，这并不必然意味着否定广义上的情感现象的存在，甚至在纯粹因果意义上，认知对于情感现象来说也不是必需的。扎琼克(R. B. Zajonc)认为，存在一些由感觉直接引发的(即没有认知评价作中介的)简单情感反应(如，感官快感和不快感)③，这与斯顿夫的观点相一致。

需要说明的是，虽然斯顿夫的情绪理论引起了同时代人的关注，但对后世的影响并不大。这可能主要是因为斯顿夫和他的学生对此没有进行积极宣传和更多发展。当然，我们应该认识到斯顿夫的认知情绪理论的价值，给予他在情绪研究史中的应有地位。

第四节　音乐心理学

斯顿夫爱好乐音，擅长多种乐器，终生保持对音乐心理学研究的兴趣。他于 1875 年开始进行音乐心理学的研究，一直到其生命的最后几年，还继续积极地进行研究，几乎没有中断过。他出版的两卷本《音乐心理学》(1883，1890)奠定了音乐心理学的学科基础，使他成为该领域的创始人。

---

① Lazarus, R. S., Kanner, A. D., & Folkman, S. (1980). Emotions: A cognitive-phenomenological perspective. In: R. Plutchik & H. Kellerman (Eds.). Emotion: Theory, research, and experience. Vol. 1. San Diego, CA: Academic Press, pp. 189～217.

② Solomon, R. C. (1976). *The passions*. Garden City, NY: Anchor Press/Doubleday.

③ Zajonc, R. B. (1980). Feeling and thinking: Preferences need no inferences. *American Psychologist*, Vol. 35. p. 151～175.

“音乐心理学”(英文为 tonpsychology,德文为 *tonpsychologie*)一词为斯顿夫所首创,他也被尊为“音乐心理学之父”。他试图从生理学和心理学立场来论证音乐理论,运用实践、分析、统计和实验的方法论证了音响心理现象的规律。他用声音的信号设备探讨音乐的起源,用精确的实验材料丰富了音乐学的内容。他尤其对协和知觉与不协和知觉的性质进行了系统研究,提出了著名的乐音融合学说。

一、《音乐心理学》简介

《音乐心理学》第 1 卷是斯顿夫所写的著作中最接近一种普通心理学(general psychology)的著作,我们从中可以看到他的心理物理学以及他关于注意、分析、比较等一般主题的观点。正如施普龙夫妇指出:“在第 1 卷中,他指出,他不希望这个领域被理解成仅仅是一种关于听觉的心理学,而是‘普通心理学’,一种延续费希纳所提出的‘心理物理学’的‘辨别理论’(theory of discrimination)。”① 斯顿夫尤其感兴趣于辨别问题,他将对先后出现的乐音的对比作为一种研究范式,强调其方法与赫尔姆霍茨的方法是迥然不同的。赫尔姆霍茨主要关注听觉刺激的物理学以及它们所引起的生理效应,而他想要探究的却是听觉的心理因素。他证明了辨别是怎样取决于诸如实践、疲劳以及注意这些心理因素的,并将主要的注意力放在了分辨的效度上。两卷本的《音乐心理学》共分为三个部分。第 1 卷的内容为全书的第一、第二部分,其中第一部分“声音与乐音判断”具体包括:(1) 感觉与判断的相对性,(2) 感知判断的可靠性信度,(3) 可信性与其影响因素的测量,(4) 注意、练习、疲劳,(5) 间接感知、判断、传递,(6) 分析与比较,(7) 距离的比较判断、一种假设的观点;第二部分“连续乐音的相互判断”具体包括:(8) 乐音特点的直接判断,(9) 直接理论与评论的应用,(10) 音域的无止境性和连续性,(11)“高和低”特点与乐音特点的同时改变,(12) 可信度的条件,(13) 对乐音特点的感知与记忆的个体特点,(14) 对每个判断种类的系列研究,(15) 强度的判断。②

《音乐心理学》第 2 卷主要探讨的是声音的混合,重点考察了对同时出现的乐音的辨别,并因此开始了关于乐音的协和与不协和问题的研究。斯

---

① Sprung, H., Sprung, L. (2000). Experimenter, theoretician, musicologist, and promoter. In: Gregory A. Kimble, Michael Wertheimer, Charlotte White (eds.). *Portraits of pioneers in psychology*. Vol. 4. Lawrence Erlbaum Associates, Inc.. p. 58.

② http://musicology.cn/Article/other/200804/2410.html,2009－10－01.

顿夫所讨论的乐音融合，既包括生理上的也包括心理上的，将其作为协和的一种基本机制，这使得他成了格式塔心理学思想的先驱。第 2 卷的内容为全书的第三部分“判断同时发声的乐音”，具体包括：(16) 客观分析同时发声的乐音及与此相关的问题，(17) 多个同时发声的众多乐音感觉、原则问题的解决，(18) 声音分析的生理前提条件，(19) 乐音融合的等级，(20) 关于乐音融合的缘由，(21) 分析与听辨声音的不同强度，(22) 分析与听辨中的注意作用，(23) 分析与听辨的可信度条件，(24) 分析与听辨的个体差异，(25) 组合声音与其部分的特性判断，(26) 组合声音与其成分的强度判断，(27) 振动及相关的判断，(28) 噪音与音色。第二卷的最后还附有第 1 卷的校正与附加内容、第 1 卷与第 2 卷的索引，这些都有利于方便读者查询和学习这部著作。①

二、乐音融合学说

斯顿夫对音乐心理学既做了大量的实验研究，又做了不少理论探讨。在实验研究方面，他对音缀、混合和音、不和音、原始音乐、母音和语音分析等问题做了深入细致的研究。在研究的基础上，他提出了与赫尔姆霍兹的共鸣说不同的和音说。在音乐心理学的研究方法论上，斯顿夫与冯特有过激烈的争论。争论的焦点在于谁使用的方法更为可靠。冯特以为，凡得自没有成见的、受慎重控制的实验的结果应当是正确的；而斯顿夫则以为实验室所得的结论若明显与音乐家的经验相悖，那么这些结果必然是错误的。

斯顿夫的乐音融合(tonal fusion)学说是其音乐心理学最重要的理论。斯顿夫认为，音与音之间的协和是形成乐音的基础，而同时数音发生时是否协和，则决定于音与音之间的融合程度。融合程度愈高，听起来就越协和；融合程度越低，则听起来越不协和。② 斯顿夫将乐音融合定义为“两个因素作为一个因素的体验”。③ 他认为，两个同时发生的乐音融合是一种整体的关系，是单一的感觉现象。也就是说，乐音融合不是由于两音之间没有升沉现象，而是由于两音同时发生，构成了一种整体的关系，使人一听就具有单一性，即产生了融合。④ 他指出：“所谓融合，就是指两个内容，特别是感觉内

---

① http://musicology.cn/Article/other/200804/2410.html，2009—10—01.

② 张春兴：《心理学思想的流变——心理学名人传》，上海教育出版社 2002 年版，第 126 页。

③ 刘沛：《近代音乐心理学概貌》，《中国音乐学》，1989 年第 4 期，第 104 页。

④ 以下内容请参阅兰德编，唐钺译：《西方心理学家文选》，科学出版社 1959 年版，第 132～143 页；Rand, R. ed. (1912). *The classical psychologists*. Boston: Houghton Mifflin Company.

容,不止相加起来,而且构成为一个整体的那种关系。”当人们听到同时出现的乐音,不仅在感觉上会发生特种关系,而且同时产生乐音的联结关系,会随它们彼此振动数的比率而不同。如果同时出现的乐音融合的程度较高,整个印象越近于单个统合的印象,就越难于辨别和区分。例如,有两个乐音,振动数为 1∶2;又有两个乐音,振动数为 40∶77,再假定在其他方面情形完全相似,那么,如有后两音同时发生,我们可以把它们辨别得很清楚;假如前两音同时发生,就辨别得很不完全。关于 40∶77 的两音,在感觉上似乎比 1∶2 的两音相距远些。所以,对于前两音,即使是不擅长音乐的人,把它们误认为只是一个音的可能性也比较小,甚至完全没有可能性。但对于后两个隔八度的音(the octave tones),就是非常灵敏而又训练有素的人也不能够像对于隔七度(the seventh)的两音或 40∶77 的不协和的两音辨别得那么清楚。因此,没有音乐训练的人把同时发生的隔八度的两音认为一个音之时,是由于有两重阻碍,使他不能分析:一个阻碍是训练不充分,另一个阻碍是在于乐音自身的性质。前者是直接影响判断的,后者是影响感觉,然后间接影响判断的。这个例子证明,乐音融合是个感觉上的现象,只有实际听到乐音,把它们相互比较,当两个以上的乐音感觉会合成一个整体,获得多少近似单个统合的印象时,才能知道什么是乐音融合。

斯顿夫认为,所谓乐音融合的程度是指那些常常由最高度到最低度彼此递变的差异程度,简称为融合度(degree of fusion)。假如最初我们只考虑在振动数为 1∶2 限界内的乐音,那么就能感觉到有下列由最高到最低的各程度的乐音融合:第一,八度音(octave,1∶2)的融合;第二,五度音(fifth,2∶3)的融合;第三,四度音(fourth,3∶4)的融合;第四,所谓自然三度和自然六度(natural thirds and sixths,4∶5,5∶6,3∶5,5∶8)的融合;第五,一切其余协和的与不协和的乐音配合——这些配合,至少由一般人听来,它们的融合程度没有什么差异。其实,一切这些都只有最低度的融合。至多也只能说,所谓自然七度(natural seventh,4∶7)也许融合程度比其他稍为高些。

音乐的融合度随着振动比率而变,这就是乐音融合的主要定律。此外,还有下列定律:

第一,融合度与音区(tonal region)无关。斯顿夫发现,只要两音的振动比率不变,就是音高变化,融合度也不变。就他所能观察到的现象来说,只有真正顶高的乐音,几乎每秒振动 4000 次的,融合的差异才消失。每秒 2000 次与每秒 3000 次的音叉同时振动,还可以听到第五度的融合音,且听得十分清楚。假如是 3000 次与 5000 次,5000 次与 10000 次,等等,只听出极低度的融合。

第二，无论乐音的强度如何都与融合度无关。融合度不会随两乐音的绝对强度的变化而变化。假如变化其相对强度，那么强度的差异会渐渐加大，到了最后，分析就不可能了。因而在知觉或感觉方面，较弱的乐音就被较强的乐音淹没而听不到了。可是，只要这两音还可以辨别得出来，就会发现融合度没有任何变动。例如，无论是把 c 和 g 两乐音变得强度相等，还是 c 比 g 较强，或是相反，它们的融合度都是一样的。

第三，两个一定乐音的融合度，即使随意再加第三个或第四个乐音，绝不受影响。固然，一个协和所含的乐音越多，其比例就越不容易分析，甚至到最后就变成完全混乱不可分析的了。可是假如在一个繁复的乐音里，所含的任何两个乐音还有点可以辨别出来，那么，它们的融合度还可以听得出是与单单这两音发生时一样的。

第四，一般来说，刺激的变化在某种程度以下不会使感觉起什么变化；同样，振动数与上文所说的那些比率相差一点点，也不会使融合度起任何可感觉到的变化。假如相差更大，那么凡是不属于最低度的融合的各对乐音，其中任何一对的融合度都进到这个最低度而不必经过中间的融合度。并且，假如振动数的相对差异比较小，起初的融合度越大，那么进到最低融合度也就越快。那么比率相差多么大才可以辨得出融合度有变化，除了其他条件（如音高）有影响之外，练习也有关系。

第五，假如两个乐音不由同一边耳朵听到，一个乐音专由右耳听，另一个乐音专由左耳听，也有融合现象，并且还保持它的本来程度。例如我们把两个音叉（例如，隔五度的两个乐音），分别用两耳朵来听，那么我们所得到的融合与由同一个耳朵听到的融合没有什么不同。

第六，仅是想象的乐音意象也有融合。假如只在想象内设想 c 和 g 同时听到，那么必须设想它们在融合，这种融合度与实际听到这两个乐音所感受到的那个融合度一样。任何两个其他乐音也是如此。就是我们认为感觉与想象中的意象大体相似，我们也不能在未经验之先，预期事实必定如此。并不是同时感觉的一切特性都必定也见于想象的意象：c 和升 c(c sharp)，实际由同一个耳朵听来，一定会发生波动，但能够想象它们完全不波动。假如设想它们波动，可以想象它们的波动或慢或快，或强或弱；至于它们的融合度，我们就不能随意在想象中把它变化。也就是说，设想为同时的乐音意象的融合度，与客观发生的同音高的乐音的振动比率相当。

第七，假如两个乐音中有一音再高一个八度，那么在振动率增高一个八度或更多八度时，我们又重听到同程度的融合。凡是隔九度的融合度就与隔二度一样，隔十度与隔三度一样，隔两倍八度，隔三倍八度与隔八度一样。

斯顿夫还进一步解释了乐音融合的原因。他认为，乐音融合作为两个感觉内容之间的整体上的关系，是一种感觉的事实，是同时出现的乐音性质所固有的，与个人的注意和练习无关。这是一种生理现象，绝不能够以心理学界定来解释其原因。其原因有二：一是音波，通过感官特别是耳朵内的迷路器官，传入神经到听觉中枢内经过脑部的分析而产生。二是由于特殊协力(specific synergies)的特殊合作。所谓特殊协力，是指两个神经机构(依据脑部构造)的特殊合作。引起融合的特殊能力只有一个特点，就是它们不是由孤立的刺激引起的，而是由两个刺激同时作用而发生的。因此，当两个刺激同时在两个神经机构引起它们应有的感觉时，就有这些感觉的独特程度的融合发生。可见，斯顿夫和约翰内斯·缪勒一样，把感觉看成了某种特殊的神经能力，某种先验的精神现象。音乐的融合只是一种先验的精神关系，不受经验制约，也和外界事物无关。不过，斯顿夫后来在《音乐的起源》(1911)一书中，放弃了对乐音融合的生理学解释，因为里曼纳(Hugo Riemann)发现，这种学说不能解释三和音或多于三个音符的和音。于是，斯顿夫又引入"和谐"(concordance)一词，认为所有的大调或大音阶和小调或小音阶的三和音融合为乐音，均因为和音的回转(inversion)所致。①

第五节　对斯顿夫心理学的评价

纵观斯顿夫一生的学术旨趣，主要包括心理学和哲学两个领域，但他对心理学的贡献大于对哲学的贡献。就心理学领域而言，音乐心理学和机能心理学对他具有同样的吸引力。作为心理学家的斯顿夫既是一位具有洞察力的理论家，又是一位具有创造性的实验者。就其心理学贡献而言，斯顿夫推动了意动心理学的发展，创立了音乐心理学，培育了格式塔心理学的柏林学派。就其不足而言，斯顿夫没有形成自己的心理学理论体系，没有自觉地创立自己的心理学派别，其机能心理学本身存在某些缺陷。

---

① Sills, D. L. (1968). *International encyclopedia of the social sciences*. vol. 15. New York: The Macmillian Company & The Fress Press. p. 351.

一、主要贡献

1. **推动了意动心理学的发展。**

斯顿夫作为布伦塔诺“最年长的学生”，他最能领会其老师意动心理学的思想精髓，甚至被认为是意动心理学的共同建立者①。斯顿夫在理论上赞同布伦塔诺的意动心理学，主张心理学的研究对象是心理机能而非心理内容，把意动心理学向前推进了一步。他的机能心理学与布伦塔诺的意动心理学，在基本观点上是一脉相承的，是对布伦塔诺意动心理学的继承与发展，在西方人文科学心理学的历史进程中具有承上启下的作用。它上承布伦塔诺的意动心理学，下启屈尔佩等人的二重心理学和格式塔心理学的柏林学派。

不仅如此，斯顿夫的机能心理学在许多具体观点和方法方面，还超越了布伦塔诺的意动心理学。第一，他更加明确地提出了心理学的整体观问题。他把心理事件作为有意义的整体单元来研究，就像它们发生在个人身上一样，而不能进行进一步的分析，这是直接针锋相对地反对冯特对心理元素分析的做法。所以，阿什(M. G. Ash)指出：“斯顿夫，这位布伦塔诺和洛采的学生，被公认为是整体思维的一个倡导者。”②第二，尽管他把感觉印象、意象等现象(即布伦塔诺所指的心理内容)排除在心理学的研究大门之外，列入现象学之内，而主张心埋学的研究对象乃是心理机能(即布伦塔诺的意动)。但他所做的和所说的恰恰相反，他又把现象学引进心理学之中。从这个意义上说，他把现象和机能并列而作为心理学的研究对象，这实际上是试图调和内容与意动之争的矛盾，成为后来屈尔佩等人主张的内容与机能并重的二重心理学的先导。第三，他对心理状态的分类做得更加详细，尤其可贵的是，他还提出了无意识的心理状态。第四，尽管斯顿夫本人并不热衷于做具体的实验，而是将细致的实验交由他的助手和学生去做，但他却比布伦塔诺更加支持心理学的实验方法。他在柏林大学的心理学实验室直接抗衡了冯特在莱比锡大学的实验室，从他实验室里培养出来的许多学生后来成了著名的心理学家。所以，正如波林指出：斯顿夫“是一位心理学理论家和音乐

---

① Sexton, V. S. & Hogan, J. D. (1992). *International psychology: Views from around the World*. Lincoln: University of Nebraska Press, p. 162.

② Ash, M. G. (1995). *Gestalt psychology in German culture, 1890—1967. Holism and the quest for objectivity*. Cambridge: University Press. p. 30.

心理学家的研究者，但他创立的意动心理学体系却赞助实验主义”。[①] 在对待实验的态度上，他的确比布伦塔诺更倾向支持实验方法。这正是导致他与晚年的布伦塔诺在一些心理学观点上产生分歧的最主要原因。

2. 创立了音乐心理学这门新学科。

斯顿夫从1875年开始进行音乐心理学研究，并且持续终生。他首创“音乐心理学”一词，被尊称为“音乐心理学之父”。他出版的两卷本《音乐心理学》(1883，1890)标志着音乐心理学这门新学科的确立。大凡后来提及音乐心理学，就不能不提及斯顿夫的奠基作用和实际贡献。正如赫尔戈·德拉·莫特—哈贝尔(Helga de la Motte-Haber，1972)指出：“音乐心理学的简短历史事实上是始于卡尔·斯顿夫，他的两卷本著作《音乐心理学》(1883/1890)从本质上看是一部心理学著作。尽管有一些根据可以宣称最先提到的应该是赫尔曼·冯·赫尔姆霍茨的《论音乐感觉》(1863)，但赫尔姆霍茨更关注对物理过程与生理过程的描述，而非对心理过程的描述，斯顿夫探究的是心理辨别。”[②]斯顿夫试图从生理学和心理学结合的立场来论证音乐的理论，运用实践、分析、统计和实验的方法论证了音响心理现象的规律。他尤其对协和知觉与不协和知觉的性质进行了系统研究，提出了著名的乐音融合学说。斯顿夫关于乐音心理学的研究成果与研究精神激励后人继续奋进，今天随着认知心理学的发展与影响，音乐认知与计算机、信息科学、脑科学、神经科学及生理学都有着密切的联系。

斯顿夫从其音乐心理学进一步扩展到听觉心理学或心理声学(psychoacoustics)的研究，他在听觉心理学领域取得的成绩仅次于其同时代的赫尔姆霍茨。斯顿夫沿着语音学、听觉病理学和比较音乐学三个方向展开。语音学方面的研究主要涉及对于发声的分析。他关于言语声音的实验结果不仅收进了生理学教科书中，而且也被耳科医生、电话和无线电专家所采用。他的这些研究对耳鼻喉学产生了重要的影响。从1990开始，斯顿夫还从事人种音乐学的留声机唱片收藏，建立了语音唱片档案馆，先后20年收集包括歌曲、音乐、原始方言等唱片1万多份。他还出版了《英国音乐心理学》(1885)和《音乐的起源》(1911)，与霍恩博斯特尔共同主编了4卷本的《比较音乐学论集》(1922—1923)，还创办并主编了《声学和音乐学贡献》杂

① Kusch, M. (1995). *Psychologism*. New York: Routledge. p. 371.

② 转引自 Sprung, H., Sprung, L. (2000). Experimenter, theoretician, musicologist, and promoter. In: Gregory A. Kimble, Michael Wertheimer, Charlotte White (eds.). *Portraits of pioneers in psychology*. Vol. 4. Lawrence Erlbaum Associates, Inc.. p. 58.

志(1898—1926,共9卷)。他是研究非欧洲音乐及其乐器的前驱,他曾专门研究欧洲以外的各国各地的乐队的乐器和音乐的乐律。这些工作使他创立了比较音乐学(comparative musicology)的柏林学派,成为比较音乐学或民族音乐学(ethnomusicology)的先驱。

3. **培育了格式塔心理学的柏林学派。**

斯顿夫是格式塔心理学的直接前驱,他培养了格式塔心理学的柏林学派的全部班底,柏林学派的三位创始人惠特海默、苛勒、考夫卡及其发展者格尔布、勒温都曾在他领导的柏林大学心理学研究所学习或工作过。其中苛勒和考夫卡是在柏林大学心理学研究所直接从斯顿夫手上获得博士学位,苛勒在斯顿夫推荐下先后成为特纳里夫岛类人猿研究站的负责人和柏林大学心理学研究所的接替者。惠特海默在获得博士学位之前曾在该研究所学习过,勒温也在此得到过斯顿夫的亲自指导。斯顿夫关于心理机能的整体观、关于空间知觉的先验论都是格式塔心理学的直接灵感,连惠特海默与苛勒和卡夫卡一起进行“似动”实验的动景器也是柏林大学心理学研究所生产的。所以有人认为,斯顿夫“是布伦塔诺与格式塔学派之间的重要纽带”,他可被誉为“格式塔心理学之父”。① 施普龙夫妇也指出:“斯顿夫是格式塔心理学特别是柏林的格式塔心理学的一位探路者,一个鼓舞人心的人。他的科学论著中的一些术语后来成为格式塔心理学的准则,如‘整体思维的首要性’、‘现象分析相对于刺激分析的首要性’以及‘心物同型论原则’。但是,后来柏林的格式塔心理学家很少明确或广泛地提到格式塔理论的这位先驱者——他们的老师与支持者。”②可以说,斯顿夫从开始科学研究起,就实践着整体思维。他从19世纪80年代到90年代的研究就已经涉及“融合”(1883)的过程以及“感觉整体”(1890),这两个概念可以被看做是格式塔观念的先驱。在《音乐心理学》中,他提出:“所有的感觉特质,当它们从继发出现变为同时发生时,不仅会同时进入这种同时的状态,而且会进入另一种状态,这就是一个感觉整体……而关于‘融合’,‘我们称两个内容之间的关系为融合……这形成的不是一种纯粹的总和,而是一个整体’。”③这样的例子

① Thorne, B. M. & Henley, T. B. (1997). *Connections in the history and system of psychology*. New York: Houghton Mifflin Company. p. 190; Albertazzi, L., et al, eds. (1996). *The School of Franz Brentano*. Dordrecht: Kluwer Academic Publisers. p. 113.

② Sprung, H., Sprung, L. (2000). Experimenter, theoretician, musicologist, and promoter. In: Gregory A. Kimble, Michael Wertheimer, Charlotte White (eds.). *Portraits of pioneers in psychology*. Vol. 4. Lawrence Erlbaum Associates, Inc.. p. 63.

③ 转引自 Sprung, H., Sprung, L. (2000). Experimenter, theoretician, musicologist, and promoter. In: Gregory A. Kimble, Michael Wertheimer, Charlotte White (eds.). *Portraits of pioneers in psychology*. Vol. 4. Lawrence Erlbaum Associates, Inc.. p. 63.

非常多，而且我们可以很有把握地假定，斯顿夫20世纪早期的学生并不是仅仅从厄棱费尔（他们经常引用他的观点）的著作中得到了他们建立格式塔心理学的动力。

正是斯顿夫把现象学思想引进心理学实验室，为他的学生建立实验的现象学和格式塔学派提供了理论基础，从而直接推动了后来的格式塔心理学的产生。正如著名现象学史学家施皮尔格伯格（H. Spiegelberg）指出："斯顿夫将现象学方法引入心理学，并将这种方法传播给心理学的某些最活跃的研究者。特别是斯顿夫的方法渗透到一些格式塔心理学家的著作中（主要通过苛勒、惠特海默和考夫卡），动力学小组（通过勒温），并且间接地渗透进斯尼格（Donald Snygg）和库姆斯（Arthur W. Combs）的'现象学心理学'中。"①

当然，斯顿夫与格式塔心理学的关系较为复杂，他晚年又欣然批判起柏林的格式塔心理学。在他的《认识论》（1939）的形质知觉章节中，斯顿夫警告说，所有的学派都有提升其理论观点而忽视各种竞争的观点的这种趋势。例如，他指出："格式塔与形质都代表现代心理学中一种充满活力而成功地不断进步的趋势的解决方案。无疑，在早些时候研究者几乎没有注意到形质知觉的原则……格式塔理论家的论述经常会给人们留下这样的印象，即我们的感知觉既没有颜色也没有声音，它们什么也不是，只不过是一个格式塔。"②他主张，元素及其关系是同时呈现的；一个随着另一个同时出现，正如他的学生所倡导的，一个（格式塔）并不先于另一个（它的元素）出现。根据斯顿夫的观点，格式塔是元素之间的关系。格式塔是在元素的基础上被感知到的。③ 这样一来，斯顿夫实际上又回到了形质学派的观点上。随着对格式塔心理学的批评变得越来越尖锐，他进而指出："有心理学家或者其他任何人曾将一段旋律界定为仅仅是一系列连续音符的总和，是由'和'连接在一起的吗？我非常熟悉心理学文献与音乐学文献，但是我从来没有看到过这样愚蠢的论述……现在经常引用的亚里士多德的短语'整体先于部分'，无疑是他的目的论世界观的一部分……这表明在推论的过程中，每一个部

---

① Spiegelberg, H. (1981). *The Phenomenological movement*: *A historical introduction*. Dordrecht: Kluwer Academic Publisher. p. 52.

② 转引自 Sprung, H., Sprung, L. (2000). Experimenter, theoretician, musicologist, and promoter. In: Gregory A. Kimble, Michael Wertheimer, Charlotte White (eds.). *Portraits of pioneers in psychology*. Vol. 4. Lawrence Erlbaum Associates, Inc.. p. 63.

③ Boundewijnse, G-J, A. (1996). *Gestalt line*. Thesis of the degree of Doctor of Mcgill University. p. 96.

分……都是由整体的观念决定的。"[①]斯顿夫虽然批评了格式塔心理学，但他也称赞了格式塔心理学家的研究："作者（指斯顿夫）完全没有低估格式塔心理学家所做出的巨大贡献，不仅在他们希望格式塔问题得到认可的要求方面，而且还有他们许多的探究和观察。"[②]当20世纪初格式塔心理学家来到柏林大学心理学研究所学习或工作时，格式塔心理学的思想与研究一直得以顺利进行，这与斯顿夫的大力支持是分不开的。

二、主要局限

1. 没有形成自己完善的心理学理论体系。

和自己的老师布伦塔诺一样，斯顿夫重视课堂教学甚过著述。与他同时代的冯特不一样，斯顿夫不轻易写作，他几乎从来没有写过一本系统的心理学著作，更没有像冯特那样建立一个庞大的心理学体系。尽管他所写的每一句话都具有明确的意义，所提出的各种理论都是经过深思熟虑的，但我们毕竟看不到他是如何把各种理论整合到一个完整的心理学理论体系之中的。例如，他的音乐心理学与机能心理学就存在如何整合的问题。他更多的时候把音乐心理学排除在心理学之外，认为这是现象学领域探讨的主题，现象学只是心理学的预备科学或前科学，有时他又认为现象和心理机能都是心理学的研究内容。这自然让我们感到其心理学存在自相矛盾而缺少有机的完整理论体系之嫌。

2. 没有自觉地创立自己的心理学派别

尽管斯顿夫培养了许多有名气的学生和同事，例如，除了格式塔心理学柏林学派的三位创立者惠特海默、苛勒、考夫卡及其发展者格尔布、勒温外，还有舒曼、鲁普、普丰斯特、霍恩博斯特尔和阿勒施等人也是德国乃至世界的著名心理学家，但他并没有自觉地创立自己的心理学派别。当然，他本人也没有打算创立自己的学派，正如他在《自传》的结尾中写道："我从未试图在这种严格意义上建立一个学派；我发现这几乎是令人愉快的，让我的学生得出不同的结论而非只是证实我的理论无疑更有趣。我从与我有着同样科

---

① 转引自 Sprung, H., Sprung, L. (2000). Experimenter, theoretician, musicologist, and promoter. In: Gregory A. Kimble, Michael Wertheimer, Charlotte White (eds.). *Portraits of pioneers in psychology*. Vol. 4. Lawrence Erlbaum Associates, Inc.. p. 64.

② 转引自 Sprung, H., Sprung, L. (2000). Experimenter, theoretician, musicologist, and promoter. In: Gregory A. Kimble, Michael Wertheimer, Charlotte White (eds.). *Portraits of pioneers in psychology*. Vol. 4. Lawrence Erlbaum Associates, Inc.. p. 64.

学精神的忠诚的年轻人身上得到了更多的愉悦和满足，但是通过他们各自的独立计划，继续着研究工作。”①施普龙夫妇也指出：“在概括他的科学观点时，斯顿夫是非常谨慎的。在这个方面，他不属于那种想要建立一个学派或者宣称说他的观点适用于所有或几乎所有的心理学主题领域的类型，就像他在柏林的格式塔心理学学生以及继承者所做的事情。”②斯顿夫总是与自己的学生保持着一种父亲般的、朋友般的关系，他总是高兴地让学生以他自己同样的科学精神根据他们的追求从事研究，学生一直认为他是精密而清晰的思考和观察的模范。正如朗费尔德指出：“也许正是由于他在实验室中对方法而不是思想本质的强调，使得他没能激发任何弟子来继续他的学说。”③正由于缺少自己的心理学派，他也就没有明确的思想继承人来进一步发展其思想。再加上第二次世界大战的爆发，导致他的研究与后代心理学家特别是美国心理学家的联系割裂，所以人们基本上遗忘了斯顿夫。

3. **机能心理学本身存在某些局限。**

斯顿夫只确立了机能心理学的基本观点，而没有对机能心理学的具体问题作深入的分析，他只对表象、判断、情感等心理状态进行了分类，而没有进一步说明它们的本质及其相互关系，也没有揭示出它们形成的规律。这也许是其机能心理学没有产生更大历史影响的主要原因之一。当然，这也许是由于他的文献几乎完全毁于战火，我们看不到其机能心理学的全貌。

---

① Murchison, C. ed. (1930). *A history of psychology in autobiography*. Vol. I. New York: Russell & Russell. p. 441.

② Sprung, H., Sprung, L. (2000). Experimenter, theoretician, musicologist, and promoter. In: Gregory A. Kimble, Michael Wertheimer, Charlotte White (eds.). *Portraits of pioneers in psychology*. Vol. 4. Lawrence Erlbaum Associates, Inc.. p. 64.

③ Langfeld, H. S. (1937). Carl Stumpf: 1848—1936. *The American Journal of Psychology*. Vol. 49, No. 2.

第五章

胡塞尔:描述心理学

在布伦塔诺的学生中,最具知名度的是现象学哲学的创始人胡塞尔,甚至对布伦塔诺的研究在很大程度上受到人们对胡塞尔的关注的影响。在哲学界,人们更多地将布伦塔诺视为胡塞尔的老师,而不是将胡塞尔看做布伦塔诺的学生。胡塞尔在心理学界的名气也很大,他通过现象学哲学为西方心理学中的人文科学路线奠定了坚实的基础,其思想直接构成了现象学心理学的一部分,并进而影响到格式塔心理学、存在心理学和人本主义心理学等学派。然而,胡塞尔对布伦塔诺开创的意动心理学做出的重要发展,即他早期提出的描述心理学思想,却几乎没有得到心理学界的关注。胡塞尔的描述心理学不同于他后来提出的现象学心理学,他在描述心理学的基础上,发展出了现象学哲学,而他的现象学心理学思想则是将现象学哲学用于心理学的结果。应当指出的是,尽管胡塞尔抛弃了描述心理学而走向了现象学哲学,但这并不意味着描述心理学是一个过时的观点,恰恰相反,它是胡塞尔错过的一个具有丰富蕴含的心理学领域。胡塞尔的描述心理学是广义意动心理学的重要组成部分,它促进了屈尔佩和麦塞尔等人提出的二重心理学的形成,推动了意动心理学的进一步发展。

第一节 胡塞尔:现象学的创始人

图 5-1 埃德蒙德·胡塞尔(Edmund Husserl,1859—1938)

一、辗转求学

埃德蒙德·胡塞尔(Edmund Husserl,1859—1938)于 1859 年 4 月 8 日出生于时属奥地利帝国的摩拉维亚的普洛斯尼茨(Prossnitz)。他在家中排行第二,父母都是犹太人,不过家中的宗教气氛并不浓厚。关于胡塞尔的童年,法国现象学家列维纳斯(E. Levinas)曾讲过一个故事,这是他听胡塞尔谈起的:有人送给胡塞尔一把小刀作为礼物,但胡塞尔觉得小刀不够锋利,于是就不断地磨,结果,刀刃越来越薄,最后几乎就没有了。① 在这件小事上,或许可以看到胡塞尔后来严格而彻底地进行哲学探究的身影。

1869 年起,胡塞尔进入奥尔米茨的德意志帝国皇家文科中学读书。据他的妻子回忆,胡塞尔并不是一个好学生,他对上课不感兴趣,毫无远大志向。② 不过,他的数学成绩非常优异,这或许是他后来从事数学研究的因素

① 李鹏程著:《胡塞尔传》,河北人民出版社 1998 年版,第 2 页。

② 李鹏程著:《胡塞尔传》,河北人民出版社 1998 年版,第 3 页。

之一。1876 年，在面临中学毕业考试时，他不得不临时抱佛脚，投入到紧张的复习中。考试结果出乎老师们的意料：胡塞尔通过了考试。校长在给校监事的报告中自豪地写道，取得了这么好成绩的胡塞尔“是我们学校最差的学生”①。

中学毕业后，胡塞尔进入大学深造。他先后在莱比锡大学（1876—1878）、柏林大学（1878—1881）和维也纳大学（1881—1883）学习，最终在维也纳大学获得博士学位。与中学一样，这也是一段七年的时光。不过，在这段时间，胡塞尔发奋努力，对自己感兴趣的天文学和数学等领域进行了深入的探索，同时，他也初步了解了哲学。这一阶段的学习为胡塞尔后来形成严谨的研究风格奠定了基础，同时也为他进入哲学领域埋下了伏笔。

1876 年秋，胡塞尔进入莱比锡大学学习天文学。他选修的课程主要有数学、物理学、天文学和哲学。他选修的第一门哲学课程是关于英国经验论哲学家贝克莱的，他还上过心理学创始人冯特的哲学课程，但这位心理学大家并未引起胡塞尔的兴趣，倒是课堂中坐在他旁边的同学对他产生了极大的影响。这就是后来成为捷克斯洛伐克第一任总统的马萨里克（T. G. Masaryk）。胡塞尔与马萨里克很快结成好友，与这位比他大九岁的同乡兼同学一起参加各种学术活动，从中领略到了哲学的无穷魅力。马萨里克向胡塞尔介绍了笛卡尔哲学、近代经验论和莱布尼茨哲学等。当然，最重要的是，胡塞尔从马萨里克那里了解到一个将对他的一生产生最重要影响的人：弗兰茨·布伦塔诺。

1878 年春，胡塞尔转入柏林大学哲学系，学习数学和哲学，但他的精力主要放在了数学上。他跟随魏尔斯特拉斯（C. Weierstrass）教授和克罗内克尔（L. Kronecker）教授学习数学。魏尔斯特拉斯是著名的复变函数理论家，他的课程重视对数学的基础进行考察，这对胡塞尔早期的算术研究产生了很大的影响，同时，严谨的数学学习也促使胡塞尔形成了严谨的研究风格。胡塞尔在获得博士学位后，曾接到魏尔斯特拉教授的邀请，于 1883 年夏季返回柏林大学，担任他的私人助手，为其整理讲稿。

在柏林大学学习了六个学期后，胡塞尔于 1881 年转入维也纳大学，专攻数学，尤其是变分学。1882 年秋，他提交了题为《变分学理论文集》的博士学位论文。1883 年 1 月 23 日，胡塞尔通过博士学位论文答辩，获得了哲学博士学位。在维也纳大学期间，胡塞尔经常与马萨里克交往。在马萨里克的影响下，胡塞尔阅读了《新约全书》，这部宗教著作使胡塞尔的内心产生了

① 李鹏程著：《胡塞尔传》，河北人民出版社 1998 年版，第 3 页。

震撼，使他在进行严格研究的同时认识到严肃生活的重要性。胡塞尔在后来的研究中透出一种志向，即通过追求真正的知识来过一种理性的生活，与此不无相关。

获得博士学位后，胡塞尔到柏林为魏尔斯特拉斯教授担任私人助手，后因教授患病无法授课，胡塞尔返回奥地利，并开始服兵役。1884 年 10 月，胡塞尔服完兵役，重新进入维也纳大学，投入布伦塔诺门下，由此开启了持续终生的学术生涯。

二、悲欢投师

据胡塞尔自述，他去听布伦塔诺的课“纯粹出于好奇”①。因为，在与马萨里克的交往中，他了解到布伦塔诺的许多事情。同时，在当时的维也纳，胡塞尔也听到很多推崇布伦塔诺的传闻。但事实上，胡塞尔选修布伦塔诺的课程除了这些外在因素外，还存在着他自身的因素。胡塞尔在数学领域跋涉的同时，对哲学的兴趣也日渐高涨起来。他开始面临抉择：究竟“以数学为人生职业”，还是“献身于哲学”。② 正是在这些因素的推动下，胡塞尔走进了布伦塔诺的课堂。

很快，胡塞尔就为布伦塔诺所折服。在课堂上，他感到布伦塔诺“如同一个永恒真理的见证者和天国世界的宣告者，矗立在青年学生们面前”。布伦塔诺以“纯粹的客观性去拷问一切问题，他对待疑难的论述方式，精确而辩证地权衡不同的可能性论据，解析歧义性，向直觉体验的源头追溯一切哲学概念”。在对待学生上，布伦塔诺是“苏格拉底‘助产术’的大师”，“通过提问和反问去引导在不确定中摸索的初学者，去激起严肃探索的勇气，将关于真理体验不明晰的开端向明晰的思想和认识转化”。甚至在课后，胡塞尔还有幸到布伦塔诺家中，继续课堂中的话题。所有这些对正在抉择中的胡塞尔起到了决定性作用。胡塞尔说：“最初从他的课上，我获取了一种信念，这一信念使我有勇气选择哲学作为人生职业，这种信念使我相信，哲学也是一个严肃的工作领域，哲学不仅能够而且也必须以一种严格科学的精神去探

---

① 胡塞尔著，王俊译：《回忆布伦塔诺》，http://www.cnphenomenology.com/modules/article/view.article.php/296; Husserl, E. (1976). Reminiscences of Franz Brentano. In: L. L. McAlister (ed.). *The philosophy of Brentano*. London: Duckworth, p. 47.

② 胡塞尔著，王俊译：《回忆布伦塔诺》，http://www.cnphenomenology.com/modules/article/view.article.php/296; Husserl, E. (1976). Reminiscences of Franz Brentano. In: L. L. McAlister (ed.). *The philosophy of Brentano*. London: Duckworth, p. 47.

讨和处理。”①

从 1884 年到 1886 年，胡塞尔共选修了布伦塔诺开设的八门课程与研讨会，分别是：1884 年冬季学期的“实践哲学”、“基础逻辑及其必要的变革”和休谟“人类理解研究”研讨会；1885 年夏季学期的基础逻辑和休谟“道德原则研究”研讨会；1885 年冬季学期的“实践哲学”、赫尔姆霍茨“知觉的资料”研讨会和“心理学与美学问题举要”。② 在这些课程中，布伦塔诺主要考察描述心理学，尤其集中在表象问题上，他细致地阐述了“体验和非体验”、“明晰和不明晰”、“清楚和不清楚”、“本真和非本真”、“具体和抽象”等表象，特别是想象表象和感觉表象的关系，这些都给胡塞尔留下了深刻的印象。从胡塞尔后来的思想发展来看，布伦塔诺的这些课程起到决定性的作用。胡塞尔早期的数学研究事实上是描述心理学在数学领域中的应用，他后来的现象学也是在突破描述心理学的基础上进行的。布伦塔诺强调将问题回溯到直观经验中的做法成为胡塞尔现象学方法的核心思想。布伦塔诺的上述研究也都得到了胡塞尔的回应，尤其是意向性主题，成为胡塞尔思想的核心。另外，通过布伦塔诺的课程，胡塞尔还了解到休谟、鲍尔查诺等哲学家的思想。

胡塞尔与布伦塔诺的关系也日益亲密起来。在 1886 年 2 月 26 日致迈农的信中，厄棱费尔将胡塞尔称作布伦塔诺圈子中的“新星”③。除了能够与少数学生一起到布伦塔诺家中继续讨论外，胡塞尔还于 1886 年夏季接到邀请，陪同布伦塔诺前往圣・基尔根度假。胡塞尔可以随时造访布伦塔诺的寓所，与布伦塔诺一起散步和泛舟。布伦塔诺还和夫人一起为胡塞尔画了一幅画像，并将这幅画送给胡塞尔的新娘。胡塞尔曾回忆说：“令我难忘的是我们在静谧的夏夜，在沃尔夫冈湖畔散步，此时他经常会谈及他自己。他像孩童般的坦率，就如他拥有天才的纯真。”④与胡塞尔一同接到邀请的另一位学生是马尔蒂，他是布伦塔诺最忠实的学生。罗林格据此推断，胡塞尔

---

① 胡塞尔著，王俊译：《回忆布伦塔诺》，http://www.cnphenomenology.com/modules/article/view.article.php/296; Husserl, E. (1976). Reminiscences of Franz Brentano. In: L. L. McAlister (ed.). *The philosophy of Brentano*. London: Duckworth, p. 48.

② Rollinger, R. D. (1999). Husserl's position in the school of Brentano. Dordrecht: Kluwer, p. 17.

③ Fabian, R. (1986). Christian von Ehrenfels: *Leben und Werk*. Amsterdam: Rodopi, p. 17. Cf. Rollinger, R. D. (1999). Husserl's position in the school of Brentano. Dordrecht: Kluwer, p. 17.

④ 胡塞尔著，王俊译：《回忆布伦塔诺》，http://www.cnphenomenology.com/modules/article/view.article.php/296; Husserl, E. (1976). Reminiscences of Franz Brentano. In: L. L. McAlister (ed.). *The philosophy of Brentano*. London: Duckworth, p. 53.

“已经深入到布伦塔诺学派的内部圣所(sanctum)中”①。

胡塞尔与布伦塔诺的关系在另一件对他的职业有重要影响的事件中也体现了出来,这就是布伦塔诺推荐他到哈勒大学的斯顿夫那里去获得任教资格。他认为,胡塞尔并非一个很好的奥地利爱国者,这对胡塞尔生活在维也纳是不利的。另外,胡塞尔即将结婚,如果继续在维也纳生活,经济上将会非常困难。在给斯顿夫的信中,布伦塔诺写道:“请允许我把一个年轻人推荐给您,胡塞尔博士,数学家,这几年一直是我的哲学课的执着听讲者。他今年冬天要到哈雷去。他盼望能够听您的课,并同您交往……我认为,他正直诚实,并且能够比大多数年轻人更严格地对待工作。”②

在布伦塔诺的推荐下,胡塞尔来到萨勒河畔的哈勒大学,跟随斯顿夫学习。斯顿夫是布伦塔诺的学生,在心理学思想上与布伦塔诺持一致的立场。在这种意义上,可以将斯顿夫对胡塞尔的影响视作布伦塔诺影响的延伸。胡塞尔于1886年冬季学期听了斯顿夫的心理学课程。在现存的胡塞尔档案中,可以找到斯顿夫为该课程所做的纲要(标号为Q12),同时可以发现胡塞尔当时的课堂笔记,写了满满两个笔记本(标号为Q11/1和Q11/2)。当然,斯顿夫对胡塞尔更有力的帮助在于他的职业上。在斯顿夫的推动下,胡塞尔于1887年凭借《论数的概念:心理学的分析》的教职论文,获得哈勒大学的教职资格。另外,胡塞尔还通过斯顿夫了解到詹姆斯的《心理学原理》,这本书中的意识流等观点对胡塞尔产生了很大影响。通过以上交往,胡塞尔与斯顿夫建立了深厚的友谊。他甚至将自己的重要著作《逻辑研究》献给斯顿夫。

尽管胡塞尔与布伦塔诺有着以上诸多的交往,但两人的关系却日渐疏远。胡塞尔与布伦塔诺之间从未有过频繁的通信。布伦塔诺对胡塞尔的态度日趋冷淡。在看到胡塞尔的教职论文后,布伦塔诺感到胡塞尔的研究已经远离了自己的兴趣所在。胡塞尔在出版自己的处女作《算术哲学》时,写信请布伦塔诺接受自己将这本书献给老师的做法,布伦塔诺虽然回信表示感谢,但在收到胡塞尔的样书后一直没有回信,直到13年后才写信向胡塞尔致歉,并重新表示感谢。事实上,布伦塔诺收到的样书的边页从未裁开过,这表明他从未读过这本书。尤其在胡塞尔的《逻辑研究》出版后,布伦塔诺与胡塞尔的观点产生非常大的分歧。胡塞尔感到自己从未成为布伦塔诺

① Rollinger, R. D. (1999). *Husserl's position in the school of Brentano*. Dordrecht: Kluwer, p. 18.

② Rollinger, R. D. (1999). *Husserl's position in the school of Brentano*. Dordrecht: Kluwer, p. 86;李鹏程著:《胡塞尔传》,河北人民出版社1998年版,第14～15页。

学派中的一员，并且两人的观点从未达成过一致。他对两人的关系做出了如下解释："但是我知道，按照自己的方式行进，这会让他感到非常不快，尽管行进的道路是从他那里引出的。此后他会轻易地有失偏颇，而我成了他的对立面，这是令人痛心的。"①

不过，胡塞尔始终对布伦塔诺持尊重的态度。这在对布伦塔诺的称呼上鲜明地体现出来。有趣的是，胡塞尔在《逻辑研究》出版 12 年后再版时，有意地修改了对布伦塔诺的称呼。在第一版中，他将布伦塔诺称作"出色的研究者"，第二版则改为了"伟大的研究者"；在另一处，他将第一版中的"布伦塔诺"改为"天才倡导者"。② 1907 年，胡塞尔还专门到佛罗伦萨拜访了布伦塔诺。他描述道："那几日对于我来说，仿佛又重回几十年前在维也纳的学习时光。我感到自己在他面前，在这样一位卓越和充满精神力量的大师面前，又重新变回成一个羞怯腼腆的初学者。我更乐于倾听，就如同我自己在讲述。他的言谈仍然清晰和有条不紊。而他听我讲述有关现象学的研究方法的意义和我早先与心理主义的斗争时，也一直不曾打断我。"胡塞尔承认："我们之间一直未能取得观点上的一致，对此也许我应承担一定的责任。"他最后说："当时我在佛罗伦萨见到他的最后一面，深刻地印入我的灵魂最深处：他总是生活在我前面，那是一幅来自更高尚世界的图景。"③

三、执着探索

1887 年起，胡塞尔获得讲师资格，由此至 1938 年退休，他从未停止过自己的探索，甚至在纳粹禁止他进入大学的禁令背面写下了自己的研究心得。④ 他的思想是永远向前的，表现出非常大的变化。他自己曾说过："每一个独立的思想家每隔十年都要真正改换自己的名字，因为这时他已变成另一个人了。……昔日[与狄尔泰的]争论在只是现在才形成其最终立场的胡塞尔看来，好像是很奇怪的。但是在其他人的眼中，胡塞尔始终还是胡塞尔。"⑤

---

① 胡塞尔著，王俊译：《回忆布伦塔诺》，http://www.cnphenomenology.com/modules/article/view.article.php/296；Husserl，E.（1976）. Reminiscences of Franz Brentano. In：L. L. McAlister（ed.）. *The philosophy of Brentano*. London：Duckworth，p. 53.

② 胡塞尔著，倪梁康译：《逻辑研究》（第二卷第一部分），上海译文出版社 2006 年版，第 431、434、492 页。

③ 胡塞尔著，王俊译：《回忆布伦塔诺》，http://www.cnphenomenology.com/modules/article/view.article.php/296；Husserl，E.（1976）. Reminiscences of Franz Brentano. In：L. L. McAlister（ed.）. *The philosophy of Brentano*. London：Duckworth，pp. 54～55.

④ 胡塞尔著，黑尔德编，倪梁康译：《现象学的方法》，上海译文出版社 1994 年版，第 5 页。

⑤ 施皮格伯格著，王炳文、张金言译：《现象学运动》，商务印书馆 1995 年版，第 140 页。

曾做过胡塞尔助手的现象学家芬克(E. Fink)依照胡塞尔任教的三所大学,将胡塞尔的思想分为三个阶段:哈勒大学的心理主义时期,哥廷根大学的描述现象学时期,弗赖堡大学的超越论的现象学时期。这个观点得到了学界较为普遍的接受。现象学史学家施皮格伯格则进一步对胡塞尔的思想发展进行了描绘,他曾将其比作螺旋形状①:胡塞尔早期关注心理,试图以描述心理学来解释数学的基础;在意识到这条路存在问题后,他转而强调逻辑的客观存在;后来,他又转向主观的方面,认为一切客观的方面都是从这里发生的,只不过这一次是先验的主体,远非早期的心理了。不过,不管胡塞尔的思想发生了怎样的变化,他始终与心理学保持密切的关系。甚至这种关系构成了他思想发展的一条重要的线索,正如施皮格伯格指出的:"对于理解胡塞尔哲学来说,最重要的必要条件之一是要阐明他的现象学与心理学之间的关系。"②

1. **哈勒大学时期**。

胡塞尔的教师生涯是非常不顺利的。从 1887 年到 1901 年的 14 年间,胡塞尔一直在哈勒大学任无薪讲师。1892 年,他被所在的哲学系提名为教授,但没有任何资助。两年后,教育部以没有名额为由,拒绝了哲学系提出的胡塞尔晋升教授的申请。不过这些都没有妨碍胡塞尔潜心研究。起初,他在布伦塔诺描述心理学的基础上,研究自己熟悉的数学问题。这项工作最终以著作《算术哲学:心理学和逻辑的研究》(1891)的出版而为世人所知。这部著作的很大部分是描述心理学的研究,力图通过对心理的阐述来揭示数的概念的起源。他的研究采取了心理主义的立场,即将心理视作逻辑的基础。在逐渐意识到心理主义的问题之后,胡塞尔放弃了该书第二卷的出版,并在 1894 年发表的《对基础逻辑的心理学研究》中,出现了批判心理主义的转向。这期间,哲学家弗雷格对《算术哲学》的批评也促使胡塞尔转向对心理主义的批判。最终,胡塞尔于 1900 年出版了《逻辑研究》(第一卷),系统批判了心理主义,严格区分了心理与逻辑。次年,他又出版了该书的第二卷,通过六个研究,依次对逻辑问题进行系统的阐述。这部著作蕴含着后来现象学的诸多问题,它拉开了现象学的大幕。

在哈勒大学期间,胡塞尔进行了大量的教学,其中曾开设过心理学的基本问题(1888)、心理学(1891、1894)等心理学课程。另外,1893 年,他曾计划写一本关于空间问题的著作,书中的一部分是关于空间表象的心理学起源

① 施皮格伯格著,王炳文、张金言译:《现象学运动》,商务印书馆 1995 年版,第 121～122 页。
② 施皮格伯格著,王炳文、张金言译:《现象学运动》,商务印书馆 1995 年版,第 199 页。

问题，其中包括描述性的研究和发生学的研究两部分，从中可以看出布伦塔诺和斯顿夫的影响。

值得注意的是，胡塞尔在《算术哲学》(1891)中，独立于厄棱费尔提出了形质问题。他称之为形态的因素(figurale moment)。他认为，当人们谈到“一列士兵”、“一堆苹果”、“一行树”、“一群鸟”等时，事实上指的是“相似对象的感觉上的集体”，更确切地说，是“某种独特的性质，这种性质是对所给予集体的一致的总体直观的性质，它能够在单独的一瞥中得到把握……”。①可见，与厄棱费尔一样，胡塞尔也认为形质是可以直接把握的。在《逻辑研究》中，胡塞尔明确指出：“显而易见，这些统一因素无非就是被厄棱费尔称之为‘形质’，被我自己称之为‘形态的因素’，被迈农称之为‘被奠基内容’的那些因素。”②他还进一步区分出两个层次：现象学的层次，形态的因素在这个层次上赋予心理体验或体验部分以统一；客观的层次，形态的因素在这个层次上赋予非心理的对象和对象部分以统一。③ 与本书后面章节中阐述的厄棱费尔和迈农的观点相比，胡塞尔的这个区分有着非常重要的意义。它突破了厄棱费尔和迈农将形质限于对象之中的局限。不仅如此，在内容心理学和意动心理学相对立的背景下，只有将形质置于心理的层次上，才能够就内容心理学的元素论进行批判。这是因为，在内容心理学中，感觉和情感等元素并不处于对象的层次上，它本身就是心理的元素。由此，形质才能够成为内容心理学和意动心理学“明确的接触”④。

2. 哥廷根大学时期。

1901年，普鲁士政府提议给哥廷根大学增设一名编内副教授，并决定将这个职位给予胡塞尔，但是遭到哥廷根大学的拒绝，在这种情形下，教育部提出了一个妥协的方案，授予胡塞尔为编外副教授。胡塞尔于是移教哥廷根大学，在这里一直到1916年。这期间，胡塞尔有过数次升迁机会，但可惜都擦肩而过。1902年，教育部经过努力，授予胡塞尔编内副教授的资格。三年后，当教育部提议任命胡塞尔为正教授时，哥廷根大学以“缺乏科学水平”为由拒绝了任命。这一年7月，胡塞尔接到哈勒大学哲学系的邀请，建议他回那里接任教授职位，但胡塞尔没有接受。11月，胡塞尔接到布里斯劳大学

---

① Smith, B. (1988). Gestalt theory: An essay in philosophy. In: B. Smith, et al. (eds.). *Foundations of Gestalt theory*. München: Philosophia Verlag München Wien, p. 19.

② 胡塞尔著，倪梁康译：《逻辑研究》(第二卷第一部分)，上海译文出版社2006年版，第265页，引文有改动。

③ 胡塞尔著，倪梁康译：《逻辑研究》(第二卷第一部分)，上海译文出版社2006年版，第293页。

④ 波林著，高觉敷译：《实验心理学史》，商务印书馆1981年版，第498页。

哲学系的通知，告知他已被列入接任心理学家艾宾浩斯的教授职位，但最终并未实现。1911 年，胡塞尔被提名为耶拿大学的哲学教席继承人，但遭到教育部的拒绝，这时，他已经 52 岁了。

这一时期是胡塞尔发展现象学的重要时期。在《逻辑研究》出版后，胡塞尔开始对各种意识进行描述性的现象学分析，如知觉、想象、图像意识、记忆、注意以及时间意识，等等。他在 1905 年做了关于时间意识的讲座，后以《内在时间意识现象学》为题出版。在进行具体研究的同时，胡塞尔逐渐转向超越论的现象学。1907 年，胡塞尔做了五次关于"现象学的观念"的讲课，这些讲稿在他逝后以《现象学的观念》为名出版，其中透露出胡塞尔从《逻辑研究》中的描述现象学转向超越论的现象学的迹象。1910 年，他在《逻各斯》杂志上发表论文《哲学作为严格的科学》，严厉地批驳了自然主义和历史主义。1913 年，胡塞尔创办《哲学与现象学研究年鉴》杂志，并发表《纯粹现象学和现象学哲学的观念》(第一卷)，这篇长文后以同名著作的形式出版。胡塞尔在书中正式提出了超越论的现象学观点，标志着他进入了超越论的现象学阶段。

在哥廷根大学时期，逐渐有一批人受到胡塞尔的影响，形成了哥廷根小组和慕尼黑小组，其中包括舍勒(M. Scheler)、普凡德尔(A. Pfänder)、希尔德布兰德(D. von Hildebrand)、盖格尔(M. Geiger)、雷纳赫(A. Reinach)、道伯特(J. Daubert)、沙普(W. Schapp)、康拉德—马修斯(H. Conrad-Martius)等人。不幸的是，其中极富才华的雷纳赫在一战中战死。这两个小组都对胡塞尔《逻辑研究》中的描述现象学感兴趣，对胡塞尔的超越论的现象学转向感到不满。

胡塞尔在转向超越论的现象学的过程中，依然重视心理学问题。他在 1904 年曾开设"描述的认识心理学要义"课程。但他越来越感到自己的思想被误读为心理学，因此不断地强调现象学与心理学的区别。在 1913 年《纯粹现象学和现象学哲学的观念》(第一卷)的导论中，他从现象学与心理学的区别出发，来展开对现象学的论述，足见他对这个问题的重视。1914 年，胡塞尔参加了在哥廷根大学召开的第四届国际实验心理学大会。他参与了迈尔(H. Maier)的《哲学与心理学》报告的讨论。他在会上严厉地指出，自己的现象学并非描述心理学，也不包含任何心理学。不过，他也认为，现象学可以为心理学提供奠基。

3. 弗赖堡大学时期。

1916 年，年过半百的胡塞尔终于得到机会去弗赖堡大学接任新康德主义者李凯尔特的教授职位，他在这里任教至 1928 年退休。他的家庭生活在升任之初却遭遇不幸，他的一个儿子在 1916 年的战争中牺牲，次年，他的另一个儿子在战争中负伤，同时，他的母亲去世。然而，这并没有阻挡住胡塞尔的脚步，他仍然在现象学道路上继续前进。1928 年，他发表了《形式的和先验的逻辑》，系统地阐述了超越论的现象学观点，在一定意义上，它完成了《纯粹现象学和现象学哲学的观念》(第一卷)所提出的纲领。次年，他在巴黎做了关于"笛卡尔沉思"的讲演，将超越论的现象学拓展到交互主体性问题上去。

在弗赖堡大学期间，一些学生围绕在胡塞尔周围，形成了弗赖堡团体，包括海德格尔、贝克尔（O. Becker）、茵加登（R. Ingarden）、施泰因（E. Stein)、兰德格雷贝（L. Landgrebe）、芬克（E. Fink）、古尔维奇（A. Gurwitsch)、莱纳(H. Reiner)等。其中，斯泰因是胡塞尔最初在弗赖堡的助手，她不幸死于纳粹的奥斯威辛集中营。这些学生对现象学的兴趣各异，不再像早期的哥廷根小组和慕尼黑小组那样紧密。为此，施皮格伯格使用了"团体"(group)而非"小组"(circle)的称呼。[①] 这里要特别提到的是海德格尔，他将现象学转向生存论方向。尽管胡塞尔最终选择海德格尔作为他在弗赖堡教职的继任者，但他同海德格尔以及另一位重要学生舍勒的关系日渐疏远。这很容易使人联想起布伦塔诺与胡塞尔以及与迈农关系的变化。这一时期，在胡塞尔的推动下，还成立了"弗赖堡现象学学会"。

在这一时期，胡塞尔非常重视心理学问题。但这不再是对现象学与心理学进行区分，而是如何在现象学的基础上，发展出一门现象学心理学。1925 年，胡塞尔做了关于现象学心理学的讲座。次年，他讲授关于一门意向心理学可能性的课程。1928 年，他又讲授了题为"现象学心理学"和"意向心理学"的两门课程。同一年，胡塞尔赴荷兰讲学，在阿姆斯特丹和格罗宁根分别做了现象学心理学的报告。1931 年，他在法兰克福和哈雷等地做了"现象学与人类学"的报告。他在为《不列颠大百科全书》写的"现象学"条目(1927)中，也是从讨论现象学心理学出发，引出现象学哲学的。

4. 退休生活。

1928 年，胡塞尔从弗赖堡大学退休，他在学术道路上继续前进。这一时期，他将超越论的现象学拓展到欧洲的社会与历史问题上。1935 年，他在维也纳做了两次题为"欧洲人危机中的哲学"报告，后又在布拉格做了"欧洲科学的危机与心理学"的讲演。在此基础上，他撰写了《欧洲科学的危机与超越论的现象学》，并于次年将该书第一、二部分发表在南斯拉夫的《哲学》杂志上。在这部著作中，胡塞尔通过厘清欧洲危机与生活世界两个问题，来达到进入超越论的现象学的目的。

---

① 施皮格伯格著，王炳文、张金言译：《现象学运动》，商务印书馆 1995 年版，第 345 页。

退休之后，胡塞尔在国际上的声誉日渐提高，他先后获得美国、法国、捷克斯洛伐克和英国等国家的组织颁发的院士或荣誉院士的称号。但他的晚年生活却很凄凉，充满了孤独和寂寞，只有少数学生同他交往。由于纳粹上台，身为犹太人的胡塞尔更是受到了迫害。1933 年，胡塞尔被从大学教授的名单中除名，并且被禁止进入大学。他身后的著作《经验与判断》(1938)只能在布拉格出版，但由于捷克斯洛伐克为德国占领，仅有寄往英国的 200 本书在英国和美国销售。

胡塞尔在这一时期也非常关注心理学，他在审查欧洲历史时，尤其阐明了科学危机在心理学中的具体体现，并提出将心理学视作进入超越论的现象学的一条道路。当然，他提出的生活世界概念对后来的心理学产生了重要的影响。

1938 年 4 月 27 日，胡塞尔因病在弗赖堡家中去世，享年 79 岁。去世前几天，他曾对护士说："生与死是我的哲学的最后追求。我作为哲学家活了一辈子，我想作为哲学家死去。"①这可视为他一生的写照。

胡塞尔去世后，给后人留下了大约 45000 页的研究手稿。这些手稿由一位年轻的神父范·布雷达(H. L. von Breda)冒着生命危险运到比利时。战后，范·布雷达在比利时卢汶大学建立了胡塞尔文库，并开始进行系统整理和出版工作。在遗稿的 A 类"世间现象学"中，第Ⅵ部分为心理学，包括 36 个卷宗。《胡塞尔全集》出版工作也陆续展开，到 2009 年，已出版了 40 卷。随着文稿的整理，现象学也波及到世界各地，并生发出多种新的观点和思想，这或许是对胡塞尔巨大产出的最好回报。

第二节　描述心理学观点

一、胡塞尔描述心理学的起点

尽管胡塞尔从不自认为是心理学家，并对心理学持强烈的反对意见，例

① 李鹏程著:《胡塞尔传》，河北人民出版社 1998 年版，第 158 页。

如，他认为心理学是自然主义的，他坚持将心理学从哲学中脱离出去；另外，他还坚决与心理学划清界限，并一再强调现象学与心理学的区别，但是这些并不能抹杀胡塞尔的丰富的心理学思想，及其对心理现象所做的出色分析。可以说，探讨他与心理学的关系是一个纷繁复杂的话题。从意动心理学的角度考察胡塞尔的心理学思想，上述情况将会不可避免地体现出来：尽管胡塞尔终生没有停止与心理学打交道，但他究竟有没有意动心理学思想？如果有，这种心理学是贯穿于他的思想之中，还是存在于某些阶段？如果是存在于某些阶段中，这种思想又与他的其他思想有着怎样的差异？这些问题都是逼迫性的，需要研究者慎重地做出回答。

在面对这些问题之前，首先需要理清研究的思路问题。由于胡塞尔的现象学思想在西方哲学史上的重要地位以及对后世思想的巨大影响，研究者往往从现象学出发，考察胡塞尔的思想，包括他的心理学和数学等思想。在上面提到的芬克和施皮格伯格的观点中，就存在这种立场。在总体把握胡塞尔的思想方面，这种立场具有自身的合理性。但是，以此来处理胡塞尔的各种具体思想，尤其考虑到胡塞尔思想中的诸多发展，就容易存在偏颇之处。这尤其表现在处理胡塞尔与布伦塔诺思想的关系上。事实上，学界很早就强调要从布伦塔诺入手，对胡塞尔的思想进行考察。例如，克伊夫尔(H. Klüver)在他1928年的论文《现代德国文化科学的心理学》中就指出："要研究现象学，似乎以研究布伦塔诺著作入手为最便利。"①但不幸的是，这种声音湮没在研究胡塞尔的浪潮中。在1999年考察胡塞尔与布伦塔诺学派关系的专著中，罗林格就说道："尽管胡塞尔与布伦塔诺的关系已经受到一些注意，但仍然没有如材料所要求的那样，得到完整的讨论。"②

甚至对布伦塔诺的研究也在很大程度上受到胡塞尔的影响。这在布伦塔诺《描述心理学》的英文版(1995)中得到了反映。在该书"导言"中，研究者首先指出的，是要避免从胡塞尔的角度去考察布伦塔诺。他们评论说，奇泽姆(R. M. Chisholm)做出选择，"将胡塞尔视作布伦塔诺的学生而非将布伦塔诺视作胡塞尔的老师"，"是更接近事实的"。③

因此，在考察胡塞尔的意动心理学时，首先需要避开从胡塞尔现象学入手的立场。随之而来的，是要重视胡塞尔思想发生的历程，从他的思想发展的角度进行细致的考察。在一定程度上，可以将这里的问题转换为另一种

① 高觉敷著：《高觉敷心理学文选》，江苏教育出版社1986年版，第341页。

② Rollinger, R. (1999). *Husserl's position in the school of Franz Brentano*. Dordrecht: Kluwer, p. 3.

③ Bretano, F. (2002). *Descriptive psychology*. London and New York: Routledge, p. vi.

表述：从胡塞尔的早期思想出发进行发生式的考察，而非从胡塞尔后期思想入手进行回溯性的研究。

在选择了胡塞尔思想发展的立场后，胡塞尔的意动心理学思想问题也就逐渐明晰起来，胡塞尔思想与布伦塔诺思想的关系也变得更为顺畅。这里马上需要把握一条关键线索，这就是描述心理学。前面已经谈到，胡塞尔早期的数学研究是以布伦塔诺的描述心理学为基础的，更确切地说，是将布伦塔诺的描述心理学拓展到算术领域中。德布尔在考察了胡塞尔1900年以前的思想之后，甚至得出结论说："我们最好把这第一个时期确定为描述的——心理学的时期。"[①]而布伦塔诺的意动心理学正是通过描述心理学得以体现的。就此而论，可以对上述第一个问题做出肯定的回答：胡塞尔具有意动心理学思想。这在他那部题献给布伦塔诺的著作的标题中也可以得到一定的体现：《算术哲学：心理学和逻辑的研究》。

考虑到胡塞尔思想的重大变化，随之而来的问题是，胡塞尔的描述心理学是否始终贯穿于他的整个思想之中？如果不，那么持续到什么时间为止？对此问题的回答，可以从胡塞尔本人在现象学与描述心理学的关联上所持的观点来看。胡塞尔最初将现象学等同于描述心理学，但他逐渐意识到二者间的区别，并在强调这种区别中将研究兴趣转向现象学。从事后回溯看，胡塞尔非常后悔将现象学等同于描述心理学的做法，他将此称作"偏斜的标识"或"误导做法"。[②] 在1913年胡塞尔提出超越论的现象学时，他表现出对这个问题的高度重视，并做出明确的区分。在《纯粹现象学与现象学哲学的观念》（第一卷）的导论中，他主要谈的就是二者的区分问题。他指出："不论现象学必定认为对心理学方法具有多大意义，不论它为后者提供的'基础'多么必不可缺，它本身（已经是作为一门观念科学）绝不是心理学，正如几何学不是自然科学一样。"[③]

从胡塞尔自己的表述看，这种区分还可以提前。在1907年左右转向超越论的现象学时，胡塞尔已经不再提倡描述心理学，而是着重于发展超越论的现象学。在1907年的一份手稿中，胡塞尔强调了现象学与描述心理学间的区别："《逻辑研究》赋予现象学以描述心理学的意义（尽管在《逻辑研究》中，对认识论的兴趣已经占了决定性的主导地位）。尽管可以把描述心理学

① 德布尔著，李河译：《胡塞尔思想的发展》，三联书店1995年版，第113页。

② 潘策尔著，倪梁康译：《编者引论》，见：胡塞尔著，倪梁康译：《逻辑研究》（第二卷第一部分），上海译文出版社2006年版，第13页。

③ 胡塞尔著，李幼蒸译：《纯粹现象学通论》，商务印书馆1995年版，第43页。

理解为经验的现象学，但是必须把它从超越论的现象学中分离出来……。”[1]但这里的区分并非胡塞尔最早的定论。事实上，早在 1902 年冬季学期的“认识论”讲座中，他就已经说过：“心理学—客体化的兴趣将现象学转变为描述心理学……但现象学可以并且应当被视作纯粹本质学。从观念来看，它不是心理学，也不是描述心理学。”[2]

这样，对胡塞尔描述心理学的考察就转移到《逻辑研究》上。该书分为两卷，主要围绕逻辑问题进行了“破”与“立”的工作。第一卷集中于“破”的方面，它一反《算术研究》中的做法，对心理主义进行了系统的驳斥；第二卷集中于“立”的方面，它沿六个研究展开，阐述了与逻辑有关的各种问题，尤其是逻辑与心理的关联问题。在这部著作中，胡塞尔对现象学和描述心理学之间关系的认识是模糊的。他一方面说“现象学是描述的心理学”；另一方面，他又认为“我们最好还是提现象学而不是描述心理学”。[3] 不过，在很大程度上，胡塞尔持前一种立场，将现象学等同于描述心理学。这在他事后的反思中可以清楚地看出来。在 1925 年的《现象学心理学》讲座中，胡塞尔首先从《逻辑研究》开始讨论，他认为，“《逻辑研究》的最大课题是关于心理体验的描述性研究”。他进一步更明确地指出：“你们现在可以理解，为什么《逻辑研究》将这项朝向心理之物的工作也称作描述心理学。事实上，《逻辑研究》的唯一意图和唯一必然的意图就在于：提出一种能够揭示对思维者来说始终隐蔽着的思维体验的内在直观，并且提出一种在纯粹内在直观中进行的、与纯粹体验的被给予性相联系的本质描述。但另一方面，为了描述方法上的新型特征，我选择了现象学这个名称。”[4]在另一处，他对此表示了后悔：“《逻辑研究》在其系统现象学的各个片段中第一次运用了这里所描述的意义上的本质分析，这些研究一再地被误解为是一种对自身观察方法之恢复的尝试。当然，对此，我在《逻辑研究》第二卷第一研究的‘引论’中对方法所做的错误标识也一并负有责任，我在那里将现象学标识为描述心理学。”[5]胡塞尔的研究者明希(D. Münch)在考察了《逻辑研究》后，也就描述心理学得出结论说：“我们说，在第一版中，这一术语可以表述为‘与布伦塔诺一致

---

① 胡塞尔著，倪梁康译：《现象学的观念》，人民出版社 2007 年版，第 4 页。

② 潘策尔著，倪梁康译：《编者引论》，见：胡塞尔著，倪梁康译：《逻辑研究》（第二卷第一部分），上海译文出版社 2006 年版，第 14 页。

③ 胡塞尔著，倪梁康译：《逻辑研究》（第二卷第一部分），上海译文出版社 2006 年版，第 25、26 页。

④ 胡塞尔著，倪梁康译：《〈逻辑研究〉的任务和意义》，见：胡塞尔著，倪梁康选编：《胡塞尔选集》，上海三联书店 1997 年版，第 305、308 页。

⑤ 胡塞尔著，倪梁康译：《哲学作为严格的科学》，商务印书馆 2007 年，第 40 页。

的描述个体(或意动)心理学'的简称,并且,它因此能够用来描述他自己的取向,尽管这与布伦塔诺之间存在各种深层次的差异。"①

从胡塞尔对布伦塔诺思想继承的角度看,《逻辑研究》也可划入意动心理学的范围之内。胡塞尔本人曾说过:"而《逻辑研究》则完全是布伦塔诺推动的结果,这是不言而喻的,因为我是布伦塔诺的直接学生。"②与此一致,罗林格在考察胡塞尔在布伦塔诺学派中的地位的专著中,也将考察的重心放在《逻辑研究》以及之前的著作上。他就这部著作指出:"因此,即使是这种转变离开了心理学——尽管不相容于布伦塔诺自身——它仍然在布伦塔诺学派中有其平行线(parallel)。"他甚至认为:"尽管这使得精确地确定胡塞尔何时离开布伦塔诺学派变得困难,但这里可以充分地说,直到《逻辑研究》出版后的一些年里,他才这样做。"③

从上述讨论中,可以得出结论说,胡塞尔的思想中包含着意动心理学思想,具体体现为胡塞尔的描述心理学观点。它在胡塞尔思想中的跨度大约从《算术哲学》起,到《逻辑研究》为止。需要指出的是,由于胡塞尔在《逻辑研究》以前的描述心理学并未突破布伦塔诺的思想,且没有出现重大的发展,因此,下面的探讨将集中于胡塞尔描述心理学的突破方面,尤其是他较为成熟的描述心理学思想体系,具体则围绕《逻辑研究》尤其是该书第二卷第五研究中关于心理现象的具体研究展开考察。另外,《逻辑研究》一书先后有两个版本。胡塞尔在 1900—1901 年间出版了最初的版本。但在 1913 年,他又对该书进行了仔细的修订,出版了该书的第二版。在第二版中,胡塞尔加入了大量从他后来发展出的现象学角度的重新理解。在下面的讨论中,主要根据该书第一版,在不涉及胡塞尔后来加入的现象学理解的情况下,会适当参考第二版的内容。

二、胡塞尔的具体意动观

意动研究在胡塞尔的研究中具有重要地位,但胡塞尔不赞同布伦塔诺

---

① Münch, D. (2001). The relation of Husserl's *Logical investigations* to descriptive psychology and cognitive science. In: Stjernfelt, F., Zahavi. (ed.). *100 years of phenomenology. Logical investigations revisited*. Dordrecht: Kluwer http://www.tu-berlin.de/fb1/kogwiss/LI_Cogsci.htm.

② 胡塞尔著,倪梁康译:《〈逻辑研究〉的任务和意义》,见:胡塞尔著,倪梁康选编:《胡塞尔选集》,上海三联书店 1997 年版,第 314 页。

③ Rollinger, R. (1999). *Husserl's position in the school of Franz Brentano*. Dordrecht: Kluwer, pp. 8~9.

对意动的划分，他重新对意动进行了分类，并提出了新的见解。在《逻辑研究》中，胡塞尔反驳了心理主义，认为逻辑是独立于心理体验的，它并非心理体验的衍生物。但在接下来对逻辑的具体研究中，胡塞尔仍需回答一个迫切性的问题：逻辑是如何在心理中操作变化的，它究竟与心理体验有着怎样的关系？但在回答这个问题之前，首先需要做的，就是澄清心理体验的本质，这就需要对意动进行研究。这正如胡塞尔所说的："因此，解决上述任务的一个重要前提在于，在说明所有其他概念之前，首先澄清意动这个概念。人们将会发现，在意向体验意义上的意动概念划定了在心理体验领域中的一个重要的属的统一，并且因此，将含义体验纳入到这个属中的做法实际上提供了一个对这个属的极有价值的描述。"①

但胡塞尔不太喜欢使用"意动"这个概念，这里有两个方面的原因：第一个方面是他对心理学界的使用感到不满，"但'意动'这个表达在一大批心理学家的用语中是如此根深蒂固；而另一方面却又如此被用损、并且如此清楚地脱离了它的原初含义，以至于我们——尤其是在作出这个明确的保留之后——可以无所顾忌地继续使用它"。② 第二个方面则是他对意动在描述心理学中的使用也感到不满，这显然是针对布伦塔诺而言的。胡塞尔说："如今在描述心理学中，没有什么比'意动'的说法更有争议的了；每当意动概念在我们至此为止的研究中被用来描述，被用来表达我们的观点时，它若不是甚而与立即的拒绝联结在一起，便是与怀疑联结在一起。"③相比之下，胡塞尔更喜欢使用"意向体验"。不过他认为，可以将意动视作意向体验的简称，在"为了迎合外来的和本已的语言习惯"④的意义上，可以使用意动这个概念。

胡塞尔在意动上持整体论的立场。这在他关于复合意动与构成它的部分意动之间关系的阐述中可以看出来。胡塞尔认为，尽管部分意动也具有与对象的特殊的意向关系，但它们必须服从于复合意动与对象间的意向关系："这些部分意动必须在整体之中发挥作用……"⑤胡塞尔打了一个比方，一台复合机器由诸多机器组成，这台机器所发挥的功能是整体的功能，它直接将各部分机器的功能包含在内。胡塞尔认为，复合意动与部分意动之间存在奠基的关系，部分意动为复合意动提供奠基。胡塞尔为此举例说，我们

---

① 胡塞尔著，倪梁康译：《逻辑研究》(第二卷第一部分)，上海译文出版社 2006 年版，第 404 页。
② 胡塞尔著，倪梁康译：《逻辑研究》(第二卷第一部分)，上海译文出版社 2006 年版，第 446 页。
③ 胡塞尔著，倪梁康译：《逻辑研究》(第二卷第一部分)，上海译文出版社 2006 年版，第 404 页。
④ 胡塞尔著，倪梁康译：《逻辑研究》(第二卷第一部分)，上海译文出版社 2006 年版，第 445 页。
⑤ 胡塞尔著，倪梁康译：《逻辑研究》(第二卷第一部分)，上海译文出版社 2006 年版，第 469 页。

觉察到某事的存在，并在此基础上产生了喜悦，这其实是在一个判断的基础上产生了喜悦意动。喜悦无法独立于判断而存在，它与判断间也不存在并列的关系。相反，判断相对喜悦来说是一个奠基性的意动，它规定着喜悦的内容，并使得喜悦成为可能；没有判断，喜悦就根本不存在。

由于胡塞尔的最终目的在于研究与逻辑有关的心理体验，因此，他并不像布伦塔诺那样，对心理现象进行系统的研究。胡塞尔同样也没有对意动进行专门的分类。不过，布伦塔诺的意动心理学还是构成了胡塞尔研究的重要背景。在具体考察中，胡塞尔或是反驳布伦塔诺的观点，或是对布伦塔诺的观点进行修正。这里最为突出的，是他对布伦塔诺的意动划分所持的态度。胡塞尔并不接受布伦塔诺对意动的划分，他认为这种划分未能根据意动的本质特征进行。他在引用布伦塔诺的意向性界定后，提到了意向关系的重要性。接下来他说："众所周知，布伦塔诺将心理现象划分为表象、判断和情感活动（'爱与恨的现象'），他的这种分类尝试便建基于这种关系方式之上，布伦塔诺恰恰将这种关系方式区别于三种根本不同的（有可能多重地特殊化）的方式。"[①]在胡塞尔看来，对意动的划分应该在意向关系的基础上进行。但正如前文已经交代的，布伦塔诺并未澄清意向关系，这里又将意向关系独立于三种意动，因此，布伦塔诺的划分是值得怀疑的。

尽管没有对意动进行专门的分类，但在胡塞尔的思想中，还是透露出对意动的区分，这里总结如表 5-1：

表 5-1　胡塞尔的意动划分

意动	非客体化意动		
	客体化意动	质料	质性
		称谓意动（表象）	设定性意动
		陈述意动（判断）	不设定意动

如表 5-1 所示，胡塞尔在总体上将意动分为两类：客体化意动和非客体化意动。客体化意动是使得对象成为对象，更确切地说是使得对象得以被构造出来的意动。[②] 胡塞尔对客体化意动有过一个较为模糊的描述："据此，一个更为全面的意向体验属的范围得以划定，这个意向体验属将所有被考察的这些意动按照其'质性'本质都包容在一起，并且规定了'表象'这个术

① 胡塞尔著，倪梁康译：《逻辑研究》（第二卷第一部分），上海译文出版社 2006 年版，第 434 页。
② 倪梁康著：《胡塞尔现象学概念通释》，三联书店 2007 年版，第 18 页。

语在这个意向体验的总体种属中所能意味的‘最为宽泛的’概念。”[1]客体化意动的范畴是较为广泛的，它包括表象和判断等意动。不过，胡塞尔也在表象的宽泛意义上将其理解为整个的客体化意动。与客体化意动相比，非客体化意动则不具有构造对象的能力，它包括情感、欲求和意愿等意动。

在客体化意动与非客体化意动的关系上，体现出胡塞尔对布伦塔诺思想的发展。这里针对的是布伦塔诺关于心理现象本质的第一个规定。布伦塔诺认为：“它们或者就是表象，或者建基于作为其基础的表象之上。”[2]由于意动已经得到了澄清，这个规定也就获得了新的阐释。胡塞尔将布伦塔诺此处的“表象”作广义的理解，由此将布伦塔诺的规定修改为：“任何一个意向体验或者是客体化意动，或者以这样一个意动为‘基础’。”[3]也就是说，非客体化意动以客体化意动为基础。胡塞尔对此进一步解释说：“它在后一种情况中必然具有一个客体化意动作为它的组成部分，这个客体化意动的总体质料同时是，而且个体同一地是‘它的’总体质料。”[4]在胡塞尔看来，非客体化意动是不具有自己的质料的。由于质料提供了与对象间的联系，非客体化意动就需要通过客体化意动的奠基来获得质料。当我们喜悦时，喜悦这种非客体化意动并不能构造出对象，它需要表象作为基础，这样才会出现我们对某事感到喜悦。

胡塞尔最为重视的是客体化的意动。这类意动可以沿两个维度进行划分。其一是依质料的不同，可以划分为称谓意动和陈述意动。这两种意动大致等同于表象和判断。胡塞尔说：“我们的结论是：‘表象’与‘判断’是本质不同的意动。在这个结论中……所谈到的‘表象’是在称谓意义上的表象，而‘判断’是在陈述，并且是在正常的、封闭陈述意义上的判断。”[5]称谓意动与名称有关，陈述意动则与陈述有关。胡塞尔受到逻辑学家鲍尔查诺(B. Bolzano)的影响，认为名称与陈述之间存在本质的区别。“在不改变其本质本性的情况下，也就是说，在不改变其合乎含义的本质以及不随之而改变含义本身的情况下，一个陈述永远不能作为名称而起作用，或者，一个名称永远不能作为陈述起作用。”[6]称谓意动与陈述意动的区别在于质料的不同，二

---

① 胡塞尔著，倪梁康译：《逻辑研究》(第二卷第一部分)，上海译文出版社 2006 年版，第 570 页。

② 胡塞尔著，倪梁康译：《逻辑研究》(第二卷第一部分)，上海译文出版社 2006 年版，第 437 页。

③ 胡塞尔著，倪梁康译：《逻辑研究》(第二卷第一部分)，上海译文出版社 2006 年版，第 582 页。

④ 胡塞尔著，倪梁康译：《逻辑研究》(第二卷第一部分)，上海译文出版社 2006 年版，第 582～583 页。

⑤ 胡塞尔著，倪梁康译：《逻辑研究》(第二卷第一部分)，上海译文出版社 2006 年版，第 566 页。

⑥ 胡塞尔著，倪梁康译：《逻辑研究》(第二卷第一部分)，上海译文出版社 2006 年版，第 558 页。

者在质性上是可以相同的。关于这一点，胡塞尔明确指出："所以，在一个陈述向一个称谓的功能——我们在前面强调过这个功能——过渡的过程中，那些本质性的含义变异所具有的内容可能仅仅在于：在质性保持同一，或至少（根据称谓变异方式的不同）在质性属保持同一的情况下，质料发生变化；除此之外，别无其他的内容。"①

客体化的意动的另一种划分是依质性的不同，分为设定性意动与不设定意动。前者将对象设定为存在着的，后者则不考虑对象的存在与否。胡塞尔说："前者在某种程度上是存在意指；它们都将对象意指为'存在的'，……其他的意动则将它们对象的存在搁置起来；客观地看，尽管对象可能存在着，但在这些意动本身之中，对象并未在存在方式中被显现，或者它没有被看做是现实的，它毋宁说是'单纯地被表象'。"②在设定性意动中，可以看到知觉、回忆和期待等；在不设定意动中，可以看到与显现物的现实设定无关的幻想以及任何一个单纯想象等。设定性意动与不设定意动的区别在于质性的不同，但设定性意动与不设定意动也存在相同之处，这就是有着相同的质料："具有相同内容的设定名称和不设定名称的共同之处不在于一个完整的意动，而在于一个单纯的质料，这个质料在两种情况中是在不同的意动质性中被给予的。"③并且，二者之间存在密切的关系。胡塞尔指出："在每一个设定意动中都包含着一个可能的、具有同一质料的不设定性意动，反之亦然。"④

最后来看非客体化意动。由于描述心理学的重点在于与逻辑有关的心理体验，胡塞尔重视客体化意动，而较少阐述非客体化意动，因此，他对布伦塔诺的爱与恨的情感现象等并未进行充分的阐述。心理学史学家克莱姆（O. Klemm）早就注意到这个问题。他说："然而，胡塞尔所降低的情感的地位是奇怪的。"⑤在《逻辑研究》中，胡塞尔没有对情感现象进行针对性的考察，只是在分析感受意动时，他才明显地涉及到情感。胡塞尔提出，感受意动也是一种意动，如对一段乐曲的喜爱、对一声刺耳的口哨的厌恶等，这里显然是指情感。胡塞尔认为，感受意动也指向对象，不过需要借助表象的奠基。胡塞尔赞同布伦塔诺的观点，认为这里存在两种意向，奠基性的意向提

---

① 胡塞尔著，倪梁康译：《逻辑研究》（第二卷第一部分），上海译文出版社 2006 年版，第 567 页。

② 胡塞尔著，倪梁康译：《逻辑研究》（第二卷第一部分），上海译文出版社 2006 年版，第 569 页。

③ 胡塞尔著，倪梁康译：《逻辑研究》（第二卷第一部分），上海译文出版社 2006 年版，第 550 页。第二版中，"设定名称和不设定名称"改为"设定意动和不设定意动"。

④ 胡塞尔著，倪梁康译：《逻辑研究》（第二卷第一部分），上海译文出版社 2006 年版，第 549 页。

⑤ Klemm, O. (1914). *A history of psychology*. New York: Scribner's, p. 205.

供被表象的对象，被奠基的意向提供被感受的对象，且前者可以脱离后者。不过，胡塞尔强调，这里一定存在着感受对被表象的对象的指向。

值得注意的是，在考察感受意动中，胡塞尔区分了感受意动与感受感觉，或者简单地说，胡塞尔在情感与感觉之间进行了区分。胡塞尔认为，感受意动尽管需要借助表象，但仍然是一种意动；感觉却并非一种独立的意动，它只是意动的一部分，属于实项的体验部分，需要意动进行立义。胡塞尔举例说，对一个幸运的事件的喜悦是一种意动，它不仅包含着对可喜之事的表象和与此相关的喜欢的意动特征，而且还有一种快感与表象相联结。这种快感在两方面得到立义和定位：一方面是自我的感受；另一方面是事件的特性，如事件看上去是有美妙的微光在闪烁。这里作为感觉的快感只是呈现性的体验部分，它只是被体验，而不是被意指。胡塞尔的观点显然同自然科学路线的感觉观存在截然的差异。在内容心理学那里，感觉被视为外部刺激作用于感官所产生的元素，它显然是一种独立的心理现象，在此基础上形成复杂的心理现象。在胡塞尔看来，感觉虽然也同身体感官以及对象有关，但却并非一种独立的心理现象，它仅是意动的一部分。只有表象以及在表象基础上形成的心理现象才是独立存在的。自然科学路线的观点事实上是对感觉的一种曲解，远离了感觉的原本面目。

三、从意动心理学到描述心理学

胡塞尔的描述心理学是与他的其他思想交织在一起的。更进一步说，描述心理学并非胡塞尔思想的核心主题。他只是在具体研究中遭遇到描述心理学问题，由此被迫去对此进行考察。胡塞尔说："尽管《逻辑研究》出于心理学的兴趣提供了一门描述、分析的心理学，但和狄尔泰的做法一样，这些研究也是为了给理性的理论提供基础。"①可以说，描述心理学不是胡塞尔的兴致所在，它只是胡塞尔通向哲学的一个中间环节。只不过，这是一个必要的环节。正如他在描述逻辑研究者的具体任务时强调的，"在这些复合的现象学统一体中，逻辑学家要把握出他所感兴趣的成分，首先要把握出逻辑的表象、判断和认识活动的意动特征，并在描述分析中研究它们，以此来促进他的逻辑工作"②。

---

① 胡塞尔著，倪梁康译：《〈逻辑研究〉的任务和意义》，见：胡塞尔著，倪梁康选编：《胡塞尔选集》，上海三联书店 1997 年版，第 330 页。

② 胡塞尔著，倪梁康译：《逻辑研究》(第二卷第一部分)，上海译文出版社 2006 年版，第 5～6 页。德文"act"，倪梁康译为"行为"，这里按高觉敷的译法，改为"意动"，以下引文均做此修改，不再一一标注。

这样，描述心理学就处于心理学和其他学科的交叉点上。在《逻辑研究》中，它体现为心理学与逻辑学之间的领域。描述心理学通过澄清与逻辑有关的心理体验，一方面能够为心理学奠定基础，另一方面又能够为逻辑学服务。它的具体处境可以借用胡塞尔对现象学的描述得到体现："纯粹现象学展示了一个中立性研究的领域，在这个领域中有着各门科学的根。一方面，纯粹现象学服务于作为经验科学的心理学。……另一方面，现象学打开了'涌现出'纯粹逻辑学的基本概念和观念领域的'泉源'……。"①

在澄清了描述心理学在胡塞尔思想中的处境后，接下来考察胡塞尔对心理学的总体把握。在《逻辑研究》中，胡塞尔极少对心理学做总体的阐述，只是在区分心理学与自然科学时，他提到："心理学必须根据自我体验（或意识内容）的本质种类和复合形式来——描述地——研究这些自我体验（或意识内容），然后才能——发生地——探寻它们的产生与消亡、它们的构造和改造的因果形式与规律。"②在这段话中，胡塞尔明确区分了两种心理学研究方式，一种是描述的方式，需要根据自我体验来进行，这事实上是指描述心理学这一领域的任务；另一种是发生的方式，主要探求心理的发生、消失、演变等过程中的因果形式及规律，这种探求因果性的任务事实上是在发生心理学领域进行的。因此，与布伦塔诺的观点一致，胡塞尔也认为，心理学包括描述心理学与发生心理学两个组成部分。当然，同样与布伦塔诺一致的是，胡塞尔重视描述心理学，而极少关注发生心理学，只是在阐述描述心理学时，将发生心理学视作一种对照加以提及。

不过，在对心理学的具体理解上，胡塞尔突破了布伦塔诺的思想，这表现在心理学的研究对象和研究方法两个方面。在研究对象方面，胡塞尔重视意识的意向性本质；在研究方法方面，胡塞尔重视描述心理学的描述原则。这里需要说明的是，胡塞尔在这两个方面都受惠于布伦塔诺。胡塞尔后来指出："布伦塔诺的伟大发现和真正独创性在于：他——在一门描述心理学观念的指引下，他出于自然主义的观点而认为这门心理学是一门以自豪科学的方式进行解释的心理学——寻求区分物理之物和心理之物的描述原则，并且第一个确定，意向性是可以通过描述而把握到的特定心理之物的本质特征。"③

在研究对象方面，胡塞尔不同意布伦塔诺的物理现象与心理现象的分

① 胡塞尔著，倪梁康译：《逻辑研究》（第二卷第一部分），上海译文出版社 2006 年版，第 5～6 页。

② 胡塞尔著，倪梁康译：《逻辑研究》（第二卷第一部分），上海译文出版社 2006 年版，第 427 页。

③ 胡塞尔著，倪梁康译：《〈逻辑研究〉的任务和意义》，见：胡塞尔著，倪梁康选编：《胡塞尔选集》，上海三联书店 1997 年版，第 313 页。

类。他在承认“没有什么”比布伦塔诺的划分“更为奇特，并且在哲学方面更有意义”之后，坦率地说：“我并不想赞同那种引导着这位出色研究者的，并且在他所选择的这些术语中已表露出来的信念，即已经获得了对‘现象’的详尽分类，通过这种分类，心理学和自然科学的领域可以得到划分，并且关于对这些学科的正确定义的有争议问题可以以十分简单的方式得到解决。”①原因在于，并非所有的心理现象都是布伦塔诺意义上的心理现象，并且在布伦塔诺的物理现象中也包含着很大一部分的心理现象。布伦塔诺也可能意识到自己的定义存在问题，对心理现象和物理现象都施加了限制，尤其认为心理现象的范围应该得到扩展，如在感觉和想象中呈现的物理现象也应划入心理现象之中。② 胡塞尔注意到了这些限制，但他认为这并不是布伦塔诺问题的关键所在。正如后面将要阐述到的，胡塞尔认为，需要对心理现象的意向性本质进行重新考察。在重新界定了意向性后，他从意动活动中区分出三个组成部分：以听音乐为例，一部分是意动，即对音乐的听；一部分是听所指向的音乐，即对象；最后一部分是听到的音乐，即实项的内容部分。意动和实项的内容部分属于心理现象的范畴，听所指向的音乐则是物理现象的范畴。而在布伦塔诺那里，对象被忽略了，实项的内容部分却被归入物理现象的范畴，这显然是存在问题的。

在研究方法方面，胡塞尔也不同意布伦塔诺的内部知觉方法。正如后面将要阐述到的，胡塞尔认为内部知觉与外部知觉的做法依然存在二元论的痕迹。他强调要无先见地直接面对心理现象进行描述。这在与发生心理学的区分中明显体现出来。在考察意动的心理学成分时，胡塞尔说：“阐明和描述这些部分，这是纯粹描述心理学分析的任务。这种分析的目的完全就在于，对内部自在自为的体验进行剖析，一如他们在感知中所实项地被给予的那样，而且同时不去顾及那些发生的联系，也不去顾及它在自身之外可能意味着什么，以及它可能对什么有效。”③胡塞尔要求在研究中排除发生心理学的诸种假设，直接对所给予的一切进行描述。胡塞尔为此还举了一个例子来说明描述的无偏见性。“对一个被发出的语音构成的纯粹现象学分析会发现语音和语音的抽象部分或统一形式，它不会发现像声音震动、听觉

① 胡塞尔著，倪梁康译：《逻辑研究》（第二卷第一部分），上海译文出版社 2006 年版，第 431 页。第二版中，“想”改为“能”，“出色”改为“伟大”。

② Brentano, F. (1973). *Psychology from an empirical standpoint*. New York: Routledge & Kegan Paul, p. 100.

③ 胡塞尔著，倪梁康译：《逻辑研究》（第二卷第一部分），上海译文出版社 2006 年版，第 464～465 页。“感知”在第二版中改为“经验”。

器官等这一类东西;另一方面也不会发现使此语音构成称为名称的那个观念意义,更不会发现通过这个名称而可能被指称的那个个人。”①描述被发生的语音,就是去发现语音和语音的抽象部分和统一形势如何,至于语音的物理状态如声音震动、生理基质如听觉器官这些内容,是可以放在一边的。

最后来看这门描述心理学的学科地位和取向问题。在上述有关描述心理学在胡塞尔思想中的处境的阐述中可以看到,描述心理学与其他学科如逻辑学等相比,是一门基础学科。通过阐明与其他学科有关的心理成分,来为其他学科服务。描述心理学不但在学科体系中处于基础地位,在心理学中更是如此。这明显地体现在它与发生心理学的关系上。从上述胡塞尔的论述中,也可以看出两个领域的关系,描述心理学处于优先地位,只有在描述心理学的基础上才可以进行发生心理学的工作。胡塞尔非常强调描述心理学领域的地位,认为它可以独立于发生心理学进行研究。

在以上区分中,也体现出描述心理学与自然科学的关系。事实上,这里的发生心理学就持自然科学的立场,它关注心理的物理状态和生理机制,力图发现心理之间以及与其他因素之间的因果关联。胡塞尔对于描述心理学与自然科学的关系有着清醒的认识:“确定无疑的是,从它们的出发点来看,亦即从它们所加工的原本事实领域来看,这两门科学是在很大的程度上互不依赖的,而且在它们的上升发展中也将仍然如此。”②尽管胡塞尔在这里对自然科学持尊重态度,但他在许多地方透漏出对当时自然科学路线的心理学的不满。他在谈到现象学时说:“它们还缺乏实验性方法所具有的显赫装置,正是借助于这些装置,繁荣的生理学的心理学才赢得了信任和众多的合作者。”③

通过区分描述心理学与发生心理学和自然科学,胡塞尔就与布伦塔诺相一致,都站到了人文科学立场一端。尽管胡塞尔本人并未明确自己的人文科学立场,但他的思想却透露出了严格的人文科学理念。首先,这种立场具有无前提性。胡塞尔曾提出“一门‘无心灵’的心理学”,这种心理学将与心灵有关的以往所有形而上学假设都排除在外,尤其需要排除的是经验论传统中的现象主义理论。贝克莱作为这种理论的重要代表,因坚持世界就是被感知的观念的复合,提出了“存在即被感知”的著名观点。胡塞尔坚持

① 胡塞尔著,倪梁康译:《逻辑研究》(第二卷第一部分),上海译文出版社 2006 年版,第 464 页。“现象学”在第二版中改为“描述心理学”。

② 胡塞尔著,倪梁康译:《逻辑研究》(第二卷第一部分),上海译文出版社 2006 年版,第 429 页。

③ 胡塞尔著,倪梁康译:《逻辑研究》(第二卷第一部分),上海译文出版社 2006 年版,第 12 页。“繁荣的生理学的”在第二版中改为“实验”。

后面将要论述的显现的立场，认为现象主义的“根本缺陷”就在于未能区分作为意向体验的显现和想象的对象。其次，这种严格的人文科学理念还体现在对客观主义与主观主义立场的超越上。自然科学采取了客观主义立场，将世界视作客观实在的物理世界。与此对立的是主观主义立场，将世界视作无所不包的心灵领域。描述心理学以显现为出发点，并不采取任何一种假设。胡塞尔在批判图像论和内在对象学说中明确了这一立场。图像论观点认为，心灵之中的事物是代表心外之物的图像，这事实上是一种客观主义立场。内在对象学说则认为心灵之中存在着对象，容易造成外物寓居于心灵之中的观点，就如布伦塔诺模糊的“内存在”观点所寓意的一样。事实上，正如后面将要澄清的一样，心灵指向对象，这里并不存在内在对象与外在对象之分，对象无论是现实的对象还是任何可能的对象，都是同一个对象，为心灵所意指。因此，这里最重要的是像胡塞尔后来在现象学思想中坚持的那样：面向实事本身。①

四、胡塞尔的意向性学说

在概述了描述心理学之后，接下来要看的是胡塞尔在研究对象和研究方法上对布伦塔诺所作的突破，这就是意向性和相即知觉。首先来看意向性，这是胡塞尔思想中持续终生的核心，他后来称之为“现象学首要主题”②，它同样也是描述心埋学从布伦塔诺到胡塞尔发展的核心线索。不过，在考察意向性之前，先来看胡塞尔对意识的总体观点。在《逻辑研究》中，胡塞尔正是从澄清意识出发，逐渐引出意识的意向性本质。

1. 意识。

胡塞尔从心理现象的划界出发，来考察意识问题。他区分出三种意识概念：意识作为精神自我所具有的整个现象学组成；意识作为对本己心理体验的内部知觉；意识作为任何一种意动或意向体验的总称。③

先来看第一种界定。这里首先要指出的是，胡塞尔首先讨论意识的第一种界定，其实有着深刻的用意。他用了很大篇幅讨论各种混淆和真实的情况，使得描述心理学的领域得到廓清，从而为后来的讨论奠定了坚实的基

① 胡塞尔著，李幼蒸译：《纯粹现象学通论》，商务印书馆 1995 年版，第 75 页

② 胡塞尔著，李幼蒸译：《纯粹现象学通论》，商务印书馆 1995 年版，第 209 页。

③ 胡塞尔著，倪梁康译：《逻辑研究》(第二卷第一部分)，上海译文出版社 2006 年版，第 406～407 页。

础。

第一种界定将意识视作由体验构成的自我。意识是一种意识体验，这是当时许多心理学家的做法。冯特就采取这种观点，以经验（体验）为研究领域，只不过心理学研究直接经验，自然科学研究间接经验。后来的铁钦纳也采取了类似观点，他认为心理学研究依赖于经验者的经验，物理学研究独立于经验者的经验。胡塞尔并不反对将意识视作心理体验，但他认为需要对心理体验进行澄清。他尤其不赞成冯特和铁钦纳的上述观点："恰恰是在我们这个时代有这样一种观点非常受欢迎，这种观点认为，这两者实际上是一回事，它们的差异仅仅在于人们对它们的考察的'角度和兴趣'不同：从心理学或主观的角度来看，它们被称之为感觉；从物理学或客观的角度来看，它们又被称为外在事物的属性。"[1]这种观点事实上将两种东西混为一谈："这里的含糊之处在于，可以被称之为显现（*Erscheinung*）的不仅有客体的显现本身存在于其中的那种体验……而且还有显现的客体……。"进一步看，"事物的显现（体验）并非显现的事物（即被我们误认为的'对立之物'）"。[2] 看到一个球上的红色，红色本身是看所指向的对象，是显现的事物，它为看所指向；看到的红色却是另一种东西，它是一种体验，是红色本身在看之中的显现，它并不被意指，而是被体验。这也就意味着，体验其实指的是被体验到的东西。

通过对体验的澄清，意识得到了初步的界定。它指的是在意识中显现出来的成分，能够被体验到。胡塞尔认为，这种成分具有实项的（*reell*）性质，它是心理的，不同于客观事物如树或者马所具有的在物理时空之中的存在方式，后者被胡塞尔称作"实在的"（real）。这样，心理学的研究领域也就得到了初步的划界，它显然有别于冯特等人的自然科学心理学的研究领域。

无限杂多的体验交织在一起，构成了一个整体，这就是自我。关于自我是怎样由体验构成的，胡塞尔并未给出明确的答案。他只是指出，在体验中包含着某些联结形式，这些形式以各种方式从一种体验转移到另一种体验，从一种体验的复合转移到另一种体验的复合，最终构成了一个统一的体验总体，这就是自我。胡塞尔强调，体验构成自我，并不需要额外的成分："它除此之外不再需要一个特有的、负载着所有内容并将这些内容再次加以统一的自我原则。在这里和在其他地方一样，这样一种原则的功能是令人费

---

① 胡塞尔著，倪梁康译：《逻辑研究》（第二卷第一部分），上海译文出版社 2006 年版，第 409 页。

② 胡塞尔著，倪梁康译：《逻辑研究》（第二卷第一部分），上海译文出版社 2006 年版，第 409 页。第二版中，"显现的客体"改为"显现的客体本身"。

解的。”①这使人联想起后来认知心理学中的“侏儒说”。这种观点认为，在人的脑中存在一个侏儒，他是心理的核心，指挥着人的各项活动。显然，胡塞尔是反对这种观点的。另外，胡塞尔在自我上也刻意与自然科学心理学划清界限。他曾说过，对于自我是否具有因果性质的问题，“我们在这里当然不得不放弃讨论”②。

接下来看第二种界定。这种界定将意识等同于内部知觉。这是布伦塔诺意动心理学的一个重要主题，也是胡塞尔描述心理学的重要主题。这里需要指出的是，胡塞尔在第一个界定的讨论中，澄清了自然科学心理学的混淆。在此基础上，他逐渐向描述心理学的核心主题逼近。但与此同时，他还需要澄清人文科学心理学的混淆，这就是布伦塔诺意动心理学的遗留问题。为此，他要在意识的第二个界定中澄清研究方法上的内部知觉问题，在第三个界定中澄清研究对象上的意向性问题。

有关胡塞尔在内部知觉问题上持何种观点，以及如何推进布伦塔诺的意动心理学方法论思想，将在本章第三节进行详细的讨论，这里只做一个简单交代。胡塞尔以如何获得确定无疑的材料为线索，认为布伦塔诺的内部知觉具有明见性的观点是有问题的，他建议以相即知觉（*adäquate wahrnehmung*）的概念来取代内部知觉，后者才能够真正提供真实的材料。不过，在内部知觉这种伴随意识中，的确具有明见性的成分，由此还能够展现出一个绝对可靠的领域，这就是由诸种体验构成的自我领域。在这种意义上，内部知觉是意识“更原初的”③概念。相应地，胡塞尔指出，意识的第一个界定其实起源于第二个界定。

但是，意识的本质究竟是什么？意识体验与对象究竟具有怎样的关系？这些问题依然没有得到回答。胡塞尔在探讨了上述两个界定后，最终将研究落实到意动上，来考察意识的核心问题，这就是意识的第三个界定，即意识是意动或意向体验的总称。这是胡塞尔考察的重点所在。原因在于，对意动的考察将会得出基础性的结论，为包括逻辑学在内的其他学科奠定基础，从而达到胡塞尔为描述心理学设置的目的。正如胡塞尔所说：“只有在这些体验中，才能找到抽象出这样一些基本概念的具体基础，这些概念在逻辑学、伦理学、美学中，并且是作为构造这些学科的观念规律的概念，而发挥着系统的作用。”④

① 胡塞尔著，倪梁康译：《逻辑研究》（第二卷第一部分），上海译文出版社 2006 年版，第 414 页。
② 胡塞尔著，倪梁康译：《逻辑研究》（第二卷第一部分），上海译文出版社 2006 年版，第 425 页。
③ 胡塞尔著，倪梁康译：《逻辑研究》（第二卷第一部分），上海译文出版社 2006 年版，第 416 页。
④ 胡塞尔著，倪梁康译：《逻辑研究》（第二卷第一部分），上海译文出版社 2006 年版，第 433 页。

胡塞尔从布伦塔诺的界定入手，考察意动。布伦塔诺在区分心理现象和物理现象中，得到了心理现象的六个本质：心理现象是表象或建立在表象的基础上；不具有广延性；能够通过内部知觉把握到；具有意向的内存性；能够既意向地又实际地存在；以统一整体的面貌呈现于内部知觉中。在胡塞尔看来，布伦塔诺的上述界定中，只有第一个本质和第四个本质值得探讨："我们在这里从一开始就只能考察其中的两个，因为所有其他的规定都毁坏性地带有某些迷惑人的歧义，这些歧义使得人们无法再坚持布伦塔诺的现象概念，尤其是他的物理现象概念，而后还有他的内部知觉和外部知觉的概念。"①由于心理现象的第一个本质要涉及到表象，胡塞尔因此将它置于第四个本质后面进行探讨。胡塞尔最重视的是第四个本质，这就是意向性："我们只关注对我们至关重要的一点：意向关系，或者简言之，意向——它们构成'意动'的描述性的种属特征——具有各种本质特殊的差异性。"②正是通过对意向性的探讨，胡塞尔开拓出了描述心理学乃至后来现象学的广阔天地。

2. **意向性**。

胡塞尔的意向性研究在他的描述心理学中具有极为核心的地位。施皮格伯格评价说："对于意识的意向性的研究不仅是《逻辑研究》一书的高潮，而且它一直被胡塞尔看做是他对意识现象学分析的主要洞察。"③不过，由于描述心理学的目的在于提供基础性的知识，胡塞尔并不像布伦塔诺那样，将意向性视作意动的本质特征，他更感兴趣的，是在意向性中发现意识的诸种内涵，以此来完成描述心理学的任务。

胡塞尔在讨论意向性时，首先引用了布伦塔诺那段著名的阐述："每一个心理现象都可以通过这样一种东西而得到描述，中世纪经院哲学家们将这种东西称作一个对象的意向的(或心灵的)内存在(*Inexistenz*)，而我们——虽然我们所用的表达也并非完全单义——则将它称作与一个内容的关系、向一个客体(在这里不应被理解为一个实在)的朝向，或内在的对象性。每一个心理现象自身都含有作为客体的某物，尽管不是以同样的方式。"④

① 胡塞尔著，倪梁康译：《逻辑研究》(第二卷第一部分)，上海译文出版社 2006 年版，第 433 页，有改动。

② 胡塞尔著，倪梁康译：《逻辑研究》(第二卷第一部分)，上海译文出版社 2006 年版，第 433 页。

③ 施皮格伯格著，王炳文、张金言译：《现象学运动》，商务印书馆 1995 年版，第 155 页。

④ 胡塞尔著，倪梁康译：《逻辑研究》(第二卷第一部分)，上海译文出版社 2006 年版，第 434 页。有改动。

布伦塔诺的这段话其实充满了歧义。“与一个内容的关系”、“向一个客体的朝向”、“内在的对象性”、“含有作为客体的某物”以及“对象的意向的内实存”，这些表述存在大量的分歧。意动究竟与对象存在怎样的意向关系？对象为意动所指向，还是包含于意动之内？胡塞尔显然意识到上述问题，但他并未为这些歧义所迷惑。他将它们置之一边，直接把握布伦塔诺最为关键的要点：意识与对象之间存在着意向关系。他说：“如果将意向关系纯粹描述性地理解为某些体验的内部特性，那么我们就把这种意向关系看成是‘心理现象’或‘心理意动’的本质规定性了，这样，我们就会将布伦塔诺的定义即‘心理现象’或‘意动’是‘在自身中意向地包含着一个对象’看做是一个实质性的定义。”①

这里需要指出的是，与布伦塔诺一样，胡塞尔极少提到“意向性”这个概念，他更多地使用“意向”或“意向的”之类的表述。并且，胡塞尔也没有给出一个完整而清晰的界定。只是在确定术语时，胡塞尔曾为数不多地说过：“‘意向的’这个定语所指称的是须被划界的体验组所具有的共同发生特征，是意向的特性，是以意指的方式或以某个类似的方式与一个对象之物发生关系。”②但在这段话中，意向只是指与对象之间的关系，胡塞尔并没有说明意向的本质如何以及意向性的本质究竟如何。或许，这与他细致考察的研究风格有着一定的关系。

在布伦塔诺的上述话语中，引起争议最大的莫过于“内存在”问题了。“含有作为客体的某物”以及“对象的意向的内实存”的表述很容易产生这样一种观点：对象是存在于意识之中的。布伦塔诺本人后来意识到这个问题，并逐渐放弃了这种观点。胡塞尔则明确反对这种观点。他指出：“但就我们至此为止所深入的境地而言，无论如何已经很明显，我们最好是完全避免这种关于内在对象的说法。”③胡塞尔认为，在意向中，意动指向对象，同时产生意向体验，但并不体验到对象。更确切地说，只有意向体验本身是呈现的，是被体验到的；对象仅是被意指，并不被体验。当然，意向体验本身不能被意指，意向体验与对象之间并非一个心理内容与另一个心理内容套接的关系，因此根本不存在对象内在于意动之中的情况。这就回到上述意识的第一个界定上：显现的事物不同于事物的显现。胡塞尔为此举了一个著名的

① 胡塞尔著，倪梁康译：《逻辑研究》(第二卷第一部分)，上海译文出版社 2006 年版，第 435～436 页。

② 胡塞尔著，倪梁康译：《逻辑研究》(第二卷第一部分)，上海译文出版社 2006 年版，第 445 页。第二版中，“发生特征”改为“本质特征”，“意指”改为“表象”。

③ 胡塞尔著，倪梁康译：《逻辑研究》(第二卷第一部分)，上海译文出版社 2006 年版，第 441 页。

例子：我表象朱庇特神，这就意味着我有一个表象体验，在我的意识中进行着一个对朱庇特神的表象。但人们是找不到朱庇特神这样一类东西的。朱庇特神仅为我意指，它肯定不在我的意识之内的，它是独立于我的，它在与不在事实上是无关于我的这个意识体验的。不过，这些并不妨碍我实实在在地有着关于朱庇特神的意向体验。同时，意向体验只是被体验，并未被意指。胡塞尔说："我看到的不是颜色感觉，而是有色的事物，我听到的不是声音感觉，而是女歌手的歌，以及如此，等等。"①

在澄清了布伦塔诺的内存在之后，胡塞尔还需面对布伦塔诺留下的另一个多义的概念：内容。显然，在上述区分中存在着不同类型的内容：一种是实项内容，也即胡塞尔所称的意向体验；另一种则是意向内容，即胡塞尔所称的意识指向的对象。这二者之间极易产生混淆。胡塞尔曾举例说明，当我看到一个盒子时，无论盒子怎样翻转，我始终看到的是同一个盒子，同时产生的却是不同的体验。内容的混乱在胡塞尔的如下艰难区分中可见一斑："我在这里所具有的始终是这同一个'意识内容'——如果我喜欢将这个被感知的对象称之为意识内容的话。我随着每一次转动而具有一个新的意识内容，如果我在一种更为合适的意义上将被体验的内容称之为意识内容的话。"②胡塞尔将实项内容与意向内容并列起来，认为二者属于不同的范畴。实项内容经过复杂的交织构成了意识，意向对象却属于意识所指向的世界。在人与世界关联的意义上，胡塞尔说："但世界永远不再是思维这个世界的人的体验。体验是对此世界的意指，世界本身是被意指的对象。"③

关于实项内容，胡塞尔指出："我们将一个意动的实项或现象学内涵理解为这个意动的无论具体还是抽象的部分的整体概念，换言之，实项地构造着(*konstituierend*)这个意动所具有的部分体验的总体概念。"④显然，由于构造着意动所具有的体验，实项内容属于意动的一部分。并且，实项内容是心理的成分，是上述第一种界定意义上的意识体验。胡塞尔也将实项内容称作描述内容。从后面这种称呼上可以看出，实项内容经由对意识体验的描述进行考察。胡塞尔明确指出，阐明和描述实项内容"是纯粹描述心理学分析的任务"⑤。

意向内容是一个复杂的概念。胡塞尔从中区分出三种内涵：意动的意

---

① 胡塞尔著，倪梁康译：《逻辑研究》(第二卷第一部分)，上海译文出版社 2006 年版，第 441 页。
② 胡塞尔著，倪梁康译：《逻辑研究》(第二卷第一部分)，上海译文出版社 2006 年版，第 449 页。
③ 胡塞尔著，倪梁康译：《逻辑研究》(第二卷第一部分)，上海译文出版社 2006 年版，第 453 页。
④ 胡塞尔著，倪梁康译：《逻辑研究》(第二卷第一部分)，上海译文出版社 2006 年版，第 463 页。
⑤ 胡塞尔著，倪梁康译：《逻辑研究》(第二卷第一部分)，上海译文出版社 2006 年版，第 463 页。

向对象；意动的质料；意动的意向本质。意动的意向对象是意动所指向的对象，胡塞尔在这里做出了两种区分。其一是区分出如其被意指的对象（*Gegenstand, so wie er intendiert ist*）与被意指的绝然对象（*schlechthin der Gegenstand, whlcher intendiert ist*）。如其被意指的对象指当前的意动所指向的特定对象，如“这位德国皇帝”。被意指的绝然对象则是指“这位德国皇帝”所指向的那个对象，他同时还是一位皇帝的儿子、另一位皇帝的孙子，如此等等。其二是区分出对象性（*Gegenständlichkeit*）与对象（*Gegenstände*）。对象性为完整的意动所指向，对象则为构成该意动的部分意动所指向。这里实际上涉及形质学派的“形质”概念，即整体的对象与构成该对象的部分之间的关系。胡塞尔认为，对象性在第一性意义上为意动所把握，对象仅是第二意义上的。这表明，在意动对对象的把握中，整体是在先的。并且，对象是作为对象性的各个关系的关系点起作用，协助构造出意动指向的完整的对象性。

关于意动的质料，胡塞尔指出，质料是“在意动中赋予意动以与对象之物的关系的东西”，它决定着“对象被意动看做是这个而不是那个对象”。①例如，使对一本书的表象与对一个茶杯的表象得以区分开来的，就是质料。质料与质性相并列，后者决定着对象以何种方式为意动所把握，如使得表象一本书与期望一本书之间得以区分开来的，就是质性。质性与质料都是意动抽象的因素，它们无法离开彼此。

意动的意向本质是质料与质性的统一。胡塞尔说：“只要我们现在（正如我们将要听到的那样）必须将质性和质料看做是一个意动的完全本质性的并因此而永远不可或缺的组成部分，那么合适的做法便是将这两者的统一（它只构成完整意动的一个部分）标识为行为的‘意向本质’。”②可以看出，意向本质是意动的本质性的内容，通过它可以确定两个意动是否在本质上是相同的。这里的本质上相同并不意味着两个意动是完全相同的，它仅仅意味着两个表象“可以对被表象的实事做出完全同一而非不同的表述”③。换句话说，意向本质并未穷尽意动的内涵。在意动中还有着诸多其他的成分，如体验的生动性的增加或减少、对象的清楚或模糊等。

通过考察对内存在观点的批评和对内容的澄清，可以将胡塞尔的意向性观点大致表述如下：

① 胡塞尔著，倪梁康译：《逻辑研究》（第二卷第一部分），上海译文出版社2006年版，第481页。
② 胡塞尔著，倪梁康译：《逻辑研究》（第二卷第一部分），上海译文出版社2006年版，第483页。
③ 胡塞尔著，倪梁康译：《逻辑研究》（第二卷第一部分），上海译文出版社2006年版，第484页。

意动——内容——→对象

尽管这种表述存在模糊之处,例如在内容上,但它能够在很大程度上给心理学进行划界。根据心理学史学家波林的总结[①],这里的意动和内容可以纳入心理学的研究对象之中,对象则是不在心理学领域内的他种资料,并且正如波林所暗示的,这里的对象是与是否具有物理性质无关的。

有关胡塞尔对意动做出的各种考察,前面已经进行了具体的探讨。这里只考察意动与内容以及与对象的关联。首先是立义(*auffassung*)[②]。这是指意动能够将杂乱无章的实项体验统合起来,并赋予一个意义。立义是一种意动特征,胡塞尔将其等同于统觉:"它是这样一个行为特征,这个行为特征可以说是赋予感觉以灵魂,并且是根据其本质来赋予灵魂,从而使我们可以感知到这个或那个对象之物,例如看到这棵树,听到这个铃响,闻到这个花香等等。"[③]胡塞尔为此举了一个有名的例子:我们看到一些阿拉伯图形,而后突然意识到,它们是一些文字符号,表示某种具体意思。这里前后的差别在于,先前我们没有将这些图形与意义联系在一起,后来则通过立义,在对这些图形的把握中产生了某种意义,由此意识到它表示怎样的意思。

其次是意向与充实,这是一对并列的概念。意向指意动指向对象,并给予意义;充实则是指意动通过实项的体验对意向进行证实。胡塞尔曾举例说,当我们听到一段熟悉的曲调开始响起时,会引发一定的意向,这些意向会在这个曲调的逐步展开中得到充实。意向与充实过程事实上指的是对事物的认识过程。胡塞尔说:"对象的认识和含义意向的充实,这两种说法所表述的是同一个事态,区别仅仅在于立足点的不同而已。"[④]从立义、意向与充实上可以看出,胡塞尔已逐渐将对意向性的分析转向认识论领域。在《逻辑研究》"第六研究"中,他对这一领域进行了细致的考察。这再一次体现出描述心理学在胡塞尔那里的特殊地位。

另外,胡塞尔在这里批评了两种观点:图像论和内在对象说。图像论坚持对象处于意识之外,在意识之中的是代表这个对象的图像。胡塞尔认为,这种观点倾向于将图像作为一种对象,由此无法解释如何超越图像与对象相联系。图像仅存在于如下情况中:它被用来作为某种相似之物的代表,此

① 波林著,高觉敷译:《实验心理学史》,商务印书馆 1981 年版,第 512 页。

② 这里采用了第二版的观点,胡塞尔在第一版中也称作释义(deutend)。

③ 胡塞尔著,倪梁康译:《逻辑研究》(第二卷第一部分),上海译文出版社 2006 年版,第 451 页。这里采用第二版。

④ 胡塞尔著,倪梁康译:《逻辑研究》(第二卷第二部分),上海译文出版社 1999 年版,第 32 页。

时它只能作为一种体验为意识所拥有，同时意识指向相似之物而非图像本身。显然图像论是无法满足这种情况的。更重要的是，图像论容易导致将意识等同于自然物，“就好像这个想象意识与意识的关系就相当于这个图像与放置这个图像的房间的关系一样”①，这无疑会使得意识失去本来面目。因此，“关于内部图像（相对于外在对象）的粗糙说法在描述心理学中不应得到容忍”②。内在对象说则认为存在着内在的或意向的对象，与此并列的还有现实的或超越的对象等。在胡塞尔看来，上述对象其实是同一个。换句话说，只存在一种对象，这就是为意识所意指的对象。至于对象如何存在，则是无关紧要的。

第三节　相即知觉说

胡塞尔对布伦塔诺的突破不但表现在意向性主题上，而且还体现在研究方法上。不过，在《逻辑研究》中，胡塞尔虽然进行了大量的描述心理学研究，但并未对自己践行的研究方法有更多的反思和总结。只是到后来，他在发展出现象学后，才对研究方法有着更深入的提炼。在《逻辑研究》中，胡塞尔的思考主要集中在对布伦塔诺研究方法的突破上，这里主要是围绕布伦塔诺的内部知觉话题展开的。为此，以下先从布伦塔诺的内部知觉观点入手，接下来再来看胡塞尔的具体观点。

一、布伦塔诺的内部知觉观点

布伦塔诺是非常重视研究方法的。在《经验观点的心理学》的第一册“作为科学的心理学”中，他用了四分之三的篇幅考察研究方法。这其中最为首要的内部知觉（*innere Wahrnehmung*）的方法，是在与内部观察（*innere Beobachtung*）的并置中讨论的。布伦塔诺指出：“然而，需要指出的是，我们说是内部知觉而非内观察构成了心理学的这种主要而根本的来源。这两个

① 胡塞尔著，倪梁康译：《逻辑研究》（第二卷第一部分），上海译文出版社 2006 年版，第 501 页。
② 胡塞尔著，倪梁康译：《逻辑研究》（第二卷第一部分），上海译文出版社 2006 年版，第 488 页。

概念必须彼此区分开来。”[1]在布伦塔诺看来，内部知觉是对当前心理活动自然而直接的体验，因此能够真实地反映出心理活动本身；内观察或者内省，是将注意转向当前的心理活动，而这不可避免地导致心理活动的变化。他举愤怒为例，当我们将目光转向内心的怒火时，愤怒反而消失了。

这样，内部知觉就提供了一条可行的途径，通过呈现心理本身，对心理现象进行直接的研究。这对于当时盛行的自然科学研究取向来说，是一种新的研究取向。自然科学路线的心理学家（如冯特）在对心理考察时，继承了心理物理学遗产，可以通过物理量的变化来间接考察心理的变化。在对心理进行直接考察时，冯特提倡内观察方法。这种方法将注意指向当前的心理活动，事实上是将心理当做实存的自然物加以对待，因此所得到的并非心理现象本身。所以，这里的内观察在严格意义上仍然不是对心理现象的直接考察。布伦塔诺则扭转了方向，在力图忠于心理现象的基础上，直接考察心理现象本身。他的观点得到了广义意动心理学派其他成员的推进，斯顿夫在此基础上发展出实验现象学方法，形质学派通过贝努西等也在此基础上进行了有效的实验室研究。在此之后，又有格式塔心理学家通过实验现象学方法得出了丰硕的成果。由此，布伦塔诺通过内部知觉的观点为人文科学心理学路线的研究奠定了基础。

但这种奠基仍然是初步的。内部知觉仅呈现当前的心理现象，因此存在相当大的局限。[2] 布伦塔诺为此寻求诸多的其他方法来加以弥补，这里不作阐述。如何突破这种局限成为后来者所面临的重要问题。同时，布伦塔诺虽然通过提出内部知觉直接研究心理现象，摆脱了当时心理物理学的间接研究方法，但他仍然没有深刻认识到心理物理学中的核心问题即心身二元问题。这主要表现在他的另一对置内部知觉和外知觉上。胡塞尔正是从这里出发，做出了突破。

二、胡塞尔从内部知觉向相即知觉的改进

这里首先要指出的是，胡塞尔意识到了布伦塔诺的内部知觉观点存在问题。在考察意识的第二个界定时，胡塞尔指出，布伦塔诺的内部知觉观点存在无线后退的困境：“内部知觉本身是一种体验，因此需要新的知觉，这个

---

① Brentano, F. (1973). *Psychology from an empirical standpoint*. New York: Routledge & Kegan Paul, p. 29.

② 施皮格伯格著，王炳文、张金言译：《现象学运动》，商务印书馆 1995 年版，第 78 页。

新知觉同样有需要更新的知觉，如此等等……”接下来，他明确否定了布伦塔诺的观点：“只要我们还无法从经验上证明对内部知觉连续活动之设定的必然性，我们就能够放弃这类人造理论。”有趣的是，胡塞尔的态度在第二版中变得更为谨慎。他的这句话被改为“只要我们还无法从现象学上证明对内部知觉连续活动之设定的必然性，我们就必须将这一类理论置而不论。”[①]与此有关的是，胡塞尔认识到布伦塔诺的内部知觉是确定无疑的知识来源的主张存在问题，但他同时也承认，从部分内部知觉中，的确可以获得真实的知识。这表明，内部知觉问题事实上是一个非常复杂的问题，需要谨慎地对待。

在此背景下，我们来看胡塞尔对布伦塔诺的内部知觉观点的改进。胡塞尔在“第五研究”第一章中提出了这个问题。他依次考察了三个意识概念：意识作为自我体现的实项—现象学统一，意识作为对本己心理体验的内觉知和意识作为意向体验。在考察第二个意识概念时，他提出：“对于在这里出现的‘内部知觉’这个表述的双重含义，我们最好是坚持在术语上区分内部知觉（作为对本己体现的知觉）和相即性的（明见的）知觉。这样，在内部知觉和外知觉之间的被曲解的认识论和心理学的对立也就会消失，取而代之的则是在相即性和不相即性知觉之间的真正对立。”[②]在附录“外知觉和内部知觉，物理现象和心理现象”中，胡塞尔对这段话加以展开，进行了详尽的论述。

从胡塞尔的这段话中可以得出以下两点：其一，内部知觉和外知觉相对立的观点是一种“曲解”；其二，最终的解决方案是将对立置于相即性和不相即性知觉之间。从附录中我们还可以补充一点，即第一点是针对布伦塔诺而言的。这就需要转向布伦塔诺对内部知觉与外知觉的并置。

在《经验观点的心理学》中，这种并置最明显地体现在对心理现象与物理现象的区分中。在第四个区分的特征中，布伦塔诺认为，物理现象通过外知觉为我们所知觉，心理现象仅能唯一地通过内部知觉为我们所知觉。可以说，外知觉与物理现象如颜色、声音等相关联；内部知觉与心理现象如对颜色的看、对声音的听相关联。外知觉可以给出虚假的信息，内部知觉却并非如此。与外知觉相比，内部知觉具有直接性、不谬性和自我明证性。[③] 通

---

① 胡塞尔著，倪梁康译：《逻辑研究》（第二卷第一部分），上海译文出版社 2006 年版，第 416、426、416 页。“*innere Wahrnehmung*”倪梁康译为“内感知”，这里统一为“内部知觉”，以下引文均已改动，不再注出。

② 胡塞尔著，倪梁康译：《逻辑研究》（第二卷第一部分），上海译文出版社 2006 年版，第 415～416 页。

③ Brentano, F. (1973). *Psychology from an empirical standpoint*. New York: Routledge & Kegan Paul, p. 91.

过这种并置，布伦塔诺来区分物理现象和心理现象，同时继续稳定了内部知觉在心理学研究中的核心地位。

布伦塔诺以内部知觉与外知觉的并置来区分心理现象与物理现象。这里似乎出现了一个循环论证："内"知觉与"外"知觉的并置恰恰是以知觉的不同对象为前提。当然，更细致的划分应出现在外知觉与自身知觉之间，以及内部知觉与感性知觉之间。[①] 但这并不妨碍做出上面的论断。进一步看，知觉的对象似乎可以划分为两类：精神和物质。因此，内部知觉与外知觉的并置思想似乎隐含心与物对立的二元论立场。在心理学思想史上，这种二元论要追溯到笛卡尔。他区分出灵魂和身体，这是截然不同的两种实体。由此，对身体的研究需要外部的观察，对灵魂的研究则需要内部的知觉。这种内外并置的研究立场在英国思想家洛克(J. Locke)那里得到更明确的表述。洛克将经验分为两种：外部的经验源自感觉，内部的经验源自反思。这种二元论延续到现代心理学中，尤其在自然科学路线的心理物理学中体现出来。心理学史学家波林明确指出："其实，费希纳的心理物理学，在心物平行论的历史内占一重要地位，因为心和体，感觉和刺激须被视为两种实体，以便分别测量，而决定二者的关系。"[②]

但是，布伦塔诺在确立人文科学路线的基本方向中，是否也持这种观点呢？这是一个颇为复杂的问题。从否定的答案看，首先，在布伦塔诺对心理现象与物理现象的划分中，心理现象指的是意动，物理现象则是意动指向的对象，如颜色、声音等，这里的物理现象远不同于实体性的物质。其次，布伦塔诺并置的是"内部知觉"与"外知觉"，而非"内"知觉与"外"知觉。就德语单词知觉(*Wahrnehmung*)的原意"认之为真"来说，只有内部知觉能够反映出这种意义。布伦塔诺在论述外知觉时指出："因此，严格地说，所谓的外知觉并非知觉。"[③]正是在这种情形下，布伦塔诺忠实的学生克劳斯做出判断："胡塞尔误解了布伦塔诺的理论。"[④]

克劳斯的观点显然存在问题。就布伦塔诺而言，他将内部知觉与外知觉并置的做法无疑表明，他没有注意到这里可能招致心物二元的评论。并

---

① 胡塞尔著，倪梁康译：《逻辑研究》(第二卷第二部分)，上海译文出版社1999年版，第328～329页。

② 波林著，高觉敷译：《实验心理学史》，商务印书馆1981年版，第324页。

③ Brentano, F. (1973). *Psychology from an empirical standpoint*. New York: Routledge & Kegan Paul, p. 91.

④ Brentano, F. (1973). *Psychology from an empirical standpoint*. New York: Routledge & Kegan Paul, p. 293.

且，关于内部知觉与外知觉的区分将进一步推出心理现象与物理现象、心理学与自然科学的划界。这两个结论极易为学界盲目地接受。因此，正如冯特要为自己的观点被误读为元素主义负一半责任一样[①]，布伦塔诺也要为此负多半的责任。而胡塞尔恰恰深刻认识到布伦塔诺的处境："我觉得，人们在对布伦塔诺的批判中常常只抓住他对心理学和自然科学的最初的也是暂时性的定义不放……而不去考虑他本人以其特有的明晰性和尖锐性所表述出来的那种'默默的限制'。"[②]

因此，与克劳斯的判断相反，胡塞尔是在对布伦塔诺深刻的理解上展开探讨的。之所以强调深刻，是因为胡塞尔的出发点恰恰是布伦塔诺"默默的限制"中的依据。在内部知觉与外知觉的区分中，前者的优越性在于能够真实明见地呈现出对象。因此，判断的依据在于对对象的呈现，或者从对象的角度看，是对象的显现（被给予）。胡塞尔指出，布伦塔诺所似乎达到的对自然科学与心理学的定义"不是以超越世界的误想的被给予性为依据，而是以现象的真实被给予性为依据"[③]。找到这个出发点的同时，胡塞尔也确立了原则，即自明性，对象在显现中必须是自明的。

这样，重新审视布伦塔诺的内部知觉与外知觉观点，就会发现其中存在问题。只要以对象的被给予为根据，无论物理现象还是心理现象，被给予应该是一致的，尽管可能存在自明性量的差别。布伦塔诺也以对象的被给予性为依据，本可以推出内部知觉与外知觉在被给予性上的一致，但他重又申明内部知觉与外知觉中对象的本质差异性，强调在内部知觉中仅经验到心理现象，外知觉中仅经验到物理现象，两种情况中的自明性存在截然的差异，这就抹杀了被给予性上的一致。事实上，就自明性原则而言，内部知觉中所进行的许多情况也是无法达到自明性原则的。例如，当定位于身体的状况下被知觉时，会知觉到"恐惧扼住了我的脖子"，或者"悲哀在咬啮着我的心"，这并非明见的。这与我知觉到"风在摇撼着树"的情况在明见性上仅是程度的差别，并且两种知觉的意义是相同的。[④]

这就需要就被给予性（显现）重新进行探讨。在显现中所进行的事情，从对象的角度看，是对象的呈现；从对对象把握的角度看，则是知觉等意动。因此，从这个出发点向前迈进的第一步，是整个意动心理学派的核心意向性。不过胡塞尔在这里只针对显现，对意向性的考察在这里潜伏中完成的，

① 波林著，高觉敷译：《实验心理学史》，商务印书馆 1981 年版，第 376 页。

② 胡塞尔著，倪梁康译：《逻辑研究》（第二卷第二部分），上海译文出版社 1999 年版，第 248 页。

③ 胡塞尔著，倪梁康译：《逻辑研究》（第二卷第二部分），上海译文出版社 1999 年版，第 232 页。

④ 胡塞尔著，倪梁康译：《逻辑研究》（第二卷第二部分），上海译文出版社 1999 年版，第 236 页。

还需要单独考察。在此就可以理解胡塞尔讨论三个意识概念的顺序：第二个意识概念讨论内部知觉问题，之前的第一个意识概念中澄清了显现，之后的第三个意识概念独立地考察意向性。

下面沿逻辑理路，先来初步澄清胡塞尔的意向性观点。胡塞尔在发展意向性时，面临着布伦塔诺意向性观点中遗留的内容与对象的混淆。我看见一匹马，存在着意动，即我对马的看，这是确定无疑的。但被看到的马究竟是对象还是内容呢？布伦塔诺在1874年并未解决这个问题。胡塞尔认为，被看到的马是对象，在这里是超越的对象。但同时我的内心有着对这匹马的体验，这是内容，是实项的部分。

这样，在显现中所发生的也就随之明了。我看到带有颜色的对象，从对象的角度说，是对象向我显现。我看到蓝天，那种湛蓝令人晕眩。这里的令人晕眩是我的感受，不同于我所知觉到的对象蓝天。胡塞尔明确指出："被看到的颜色——即在视觉知觉中作为这个对象的属性而被划归给这个显现对象的颜色——即使存在，也肯定不会作为观看者的体验存在，而在这个体验中，即在这个知觉显现中，与这个颜色相符合的是一个实项的组成部分。"[①]因此，至少存在着两种不同的成分：知觉的对象，在知觉中对对象的体验。胡塞尔与此同时反驳将两者混淆的做法：将两者的区别看做不同方式的结果。从显现的角度看，被显现的不仅有那种令人眩晕的体验，同时还包括那种蓝色。将两者混为一谈的做法恰恰是心物二元论的具体体现。

胡塞尔由此区分出显现的三种涵义：被直观到的具体体验，相当于意动；被直观（显现）的对象；狭义的显现，相当于上述意向性中的内容。内容作为实项部分，与意动一起属于心理的范围，它们可以被体验到；对象则独立于心理，属于非心理的范围，它在这里可以被直观到。这样，心理就得到了重新划定。布伦塔诺所谓的"物理现象"在这里与内容相一致，属于心理的范围，它为我们所体验到。这样，布伦塔诺的"物理现象"与"心理现象"在为我们所体验时具有同样的明见性。内部知觉在这里仅是一种体验，并非是对对象的呈现，因此这个概念"已经根本偏离了知觉的概念"[②]。而外知觉在呈现对象时，恰恰可能存在着明见性。因此，布伦塔诺的内部知觉与外知觉的界定存在根本的问题。

这样，传统的二元论研究的"内""外"之分，存在精神与物质两种实体的假定，是不自明的，需要加以排除。布伦塔诺虽然在此前进了一步，但由于

① 胡塞尔著，倪梁康译：《逻辑研究》（第二卷第一部分），上海译文出版社2006年版，第409页。

② 胡塞尔著，倪梁康译：《逻辑研究》（第二卷第二部分），上海译文出版社1999年版，第243页。

他的意向性混淆，依然出现“内部知觉”与“外知觉”的并置，并引起近似二元论的评论，也需要加以排除。现在，只存在唯一的获得心理的途径，从显现即被给予性入手。由于显现结构的澄清，知觉获得了新的涵义，由此也就有了新的类型划分。在知觉中，例如我看这张桌子，桌子可能完全地显现给我，但一般情况下，它是部分地显现给我的，因为总会有背面未直接显现给我。对于完全显现的这种极端情况，胡塞尔称作相即知觉。与此相对的另一极端情况，胡塞尔称为不相即的知觉。当然，这里还涉及意向性的动态结构如意向与充实问题，以及与语言和逻辑关联问题，这里不再探讨。这样，我们就从胡塞尔的第一个结论达到他的第二个结论。

最后对胡塞尔的突破做一简要评价。布伦塔诺在提出意动心理学观点，确立人文科学路线的同时，需要直面当时的自然科学路线。在研究对象上，通过厄棱费尔和迈农等人的形质观点，对自然科学路线的元素论进行批判，由此使得两条路线产生具体接触。与此相并列，可以说，胡塞尔通过对布伦塔诺所没有注意到的二元论进行批判，从内部知觉发展到相即知觉，是在研究方法上与自然科学路线的一次正面交锋。

从逻辑理路上看，在胡塞尔非常谨慎而细致地处理了研究方法论中笛卡尔的心身二元论问题之后，一些方法论原则应该得到终止。例如，对“内”与“外”、“精神”与“身体”的划分，由此产生的对心理现象“内”与“外”、“主观”与“客观”不同研究取向的划分，等等。海德格尔对胡塞尔的意义的评价是至为贴切的：胡塞尔“扭断了”主—客体的虚假问题的“脖子”，而在此之前“任何对此模式[主—客体模式]的沉思都没有能够铲除这个模式的不合理性”。① 可以说，胡塞尔的这一工作是意动心理学方法论的重要突破，也是布伦塔诺确立人文科学路线研究方向后的重要进展。

对于布伦塔诺遗留下的“内部知觉”的有限性问题，也就是人文科学路线研究的有限性问题，在此依然没有得到解决。而且，由于显现可能的不相即性，布伦塔诺留下的明证性原则也成了问题。如何确保研究的明证性，这成为胡塞尔继续面临的问题。他在此关键点上提出存在着对心理的原本意识，这可通过后反思转化为研究的对象。他由此生发出现象学方法，并成为人文科学路线的方法论基础。但这已经超出了意动心理学的范围。并且，从人文科学路线对现象学方法的落实来看，胡塞尔后来的做法并未得到较多的重视。

① 倪梁康著：《自思与反思——近现代西方哲学的基本问题》，商务印书馆2002年版，第369页。

第四节 对胡塞尔描述心理学的评价

我们在此只能对胡塞尔的描述心理学思想进行初步的评价。之所以说是初步,是因为胡塞尔的描述心理学是一项巨大的工作,尚需要进一步的研究并谨慎地对待。正如胡塞尔在《逻辑研究》第二版中曾对考察他思想的人提出告诫:"无论如何,对一门学说不付出为把握其意义所必须的研究,却已经对它进行批评,这就违背了文献之认真性的永恒规律。"①

一、主要贡献

在讨论胡塞尔描述心理学的功过之前,先来看这位思想家对自己的评价。胡塞尔本人曾对自己的描述心理学思想有过很高的赞誉:"所以,尽管我起先没有考虑到对已有的心理学进行改造,但后来我立即看到,这里便是一门新的心理学的开端,即对一门先天心理学的旧观念的新构造……。"②从胡塞尔后来思想发展的历程来看,描述心理学的确是"一门新的心理学的开端",这门"新的心理学"就是胡塞尔在 20 多年后提出的"现象学心理学",它处于经验心理学与超越论的现象学之间,通过使用现象学方法,对意识经验进行本质的探究。

但这里需要指出的是,描述心理学与现象学心理学还存在着巨大的差异。原因在于,现象学心理学是充分奠基于超越论的现象学基础上的领域,而描述心理学还在很大程度上处于"前现象学"时期。进一步看,如果将视野拉回到意动心理学,上述评价就显得有些言过其实了。从胡塞尔对布伦塔诺思想的发展来看,描述心理学的确对意动心理学做出了许多重要的突破,但它并非一门新的心理学的开端。正如前文中交代的,胡塞尔的描述心理学依然处于布伦塔诺意动心理学的范围之内。

---

① 胡塞尔著,倪梁康译:《逻辑研究》(第二卷第二部分),上海译文出版社 1999 年版,前言第 4 页。

② 胡塞尔著,倪梁康译:《〈逻辑研究〉的任务和意义》,见:胡塞尔著,倪梁康选编:《胡塞尔选集》,上海三联书店 1997 年版,第 321 页。

因此，胡塞尔描述心理学的贡献首先表现为对意动心理学的发展。胡塞尔从布伦塔诺的描述心理学出发，突破了布伦塔诺的意动观点，并对意动重新进行了划分。进一步，胡塞尔揭示了布伦塔诺心理现象的界定的不足，并通过厘清意识的内涵，展示了心理学的具体研究范围，从而推进了意动心理学的领域划界问题。接下来，胡塞尔厘清了意识的内涵，尤其是对意向性提出了新的理解。胡塞尔在指出布伦塔诺思想中的“内存在”问题后，区分出了意动、对象和内容，澄清了各自的内涵，从而发展出新的意向性模型。不仅如此，胡塞尔还突破了布伦塔诺的研究方法。胡塞尔意识到布伦塔诺内部知觉观点的不足，提出相即知觉的概念，从显现入手，提倡对意识体验进行描述性的研究，对意动心理学的研究方法做出了重要发展。另外，胡塞尔在具体研究中，还就形质、情感和感觉等进行了新的阐述，这极大地丰富了意动心理学。

其次，胡塞尔的描述心理学通过发展布伦塔诺的意动心理学，推进了早期心理学的人文科学路线。胡塞尔觉察到自然科学路线的不足，在心理学的学科观上明确提出要与自然科学区分开来。他在考察意识时，澄清了自然科学路线将对象与体验混为一谈的问题，并提出在意向性上避开外因引起心理变化的因果观点。尤其在研究方法上，胡塞尔意识到布伦塔诺的内部知觉观点的二元论倾向，提出从显现出发，直接面对心理现象本身。在具体观点中，胡塞尔也力图避免自然科学的各种观点的渗透。例如，胡塞尔将感觉界定为意识体验部分，而非一种独立的元素。可以看出，胡塞尔其实意识到了布伦塔诺意动心理学的局限之处。事实上，胡塞尔后来认为，布伦塔诺依然是一个自然主义者。[①] 胡塞尔在把握到自然科学路线不足的同时，还明确提出一门无前提的心理学，要求直接面对心理现象本身。可以说，通过以上各方面的努力，胡塞尔推进了早期心理学的人文科学路线。

最后，胡塞尔的描述心理学探讨了大量的主题，在很大程度上丰富了心理学的研究领域。法国哲学家保罗·利科曾做过一个比喻：胡塞尔的思想是一个布满了脚手架的工地。[②] 胡塞尔的思想非常广博，且需要后人进行深入的探索。这个比喻同样适用于胡塞尔的描述心理学。胡塞尔在描述心理学中，为后人展示了诸多主题：意识、意向性、相即知觉、意动、表象、情感、感觉，等等。这些主题无疑丰富了心理学。尤其值得注意的是，许多主题如意

---

① 胡塞尔著，倪梁康译：《〈逻辑研究〉的任务和意义》，见：胡塞尔著，倪梁康选编：《胡塞尔选集》，上海三联书店 1997 年版，第 317 页。

② 倪梁康著：《〈胡塞尔文集〉总序》，见：胡塞尔著，倪梁康译：《现象学的观念》，人民出版社 2007 年版，第 2 页。

向性等已成为今天心理学重新关注的热点话题。这意味着，胡塞尔所留下的遗产不但对于过去，即使对于心理学的明天也将有着重要的意义。

二、主要局限

对一位初学者来说，胡塞尔的描述心理学更显得是哲学而非心理学。产生这种印象并非偶然。前已述及，胡塞尔将描述心理学定位为一门基础领域，它在很大程度上服务于逻辑学等学科领域，尽管这其中也包括心理学。描述心理学的这种处境决定了它不可能系统而全面地处理心理学问题。进一步说，胡塞尔的描述心理学并非像布伦塔诺的意动心理学那样，是一门系统的心理学体系。在《逻辑研究》中，胡塞尔为考察与逻辑有关的心理体验，将众多的心理学问题置之一边。例如，他尽管批评了布伦塔诺对心理现象与物理现象的划分，但并未提出较为系统的观点，以实现布伦塔诺在划分现象背后为心理学划界的目的。他对意向性的描述更侧重于与认识论有关的话题，如质性和质料等。他对意动的细致划分也不感兴趣，只是以逻辑为重要参照，区分出称谓意动、表述意动等。在许多心理学家看来，这已远离了心理学领域。

的确，胡塞尔之于心理学，更像是一个匆匆的过客。这种情况甚至远胜于美国心理学家詹姆斯(W. James)。詹姆斯是在研究心理学时逐渐过渡到哲学领域中去的。胡塞尔却似乎从未全身心地踏上心理学的领土，他只是受问题所迫，对此进行了匆忙的整理，然后又迅速地回到他钟情的哲学领域之中。胡塞尔在探讨了描述心理学之后，便将之抛弃不用，转向现象学。对心理学来说，这是令人感到惋惜的。当然，对于哲学来说，这却是一种幸运。

与上述问题一致，胡塞尔的描述心理学留下了大量的问题。利科的比喻也适用于这里：布满脚手架的工地在寓意领域广博的同时，也意味着大量未完工的工程遗留下来。例如，在研究方法中，描述心理学究竟采取怎样的具体方法？在具体研究中，胡塞尔对情感等心理现象持怎样一种观点？甚至在他阐述的感受意动中，究竟是否存在着一种感受意动，由此拓展出一门感受现象学？① 对于其中一些问题，如研究方法，胡塞尔后来发展出现象学，进行哲学的探索，但这已经远离了描述心理学。

① 倪梁康著：《现象学的始基——对〈逻辑研究〉的理解与思考》，广东人民出版社2004年版，第148～160页。

三、主要影响

胡塞尔对于心理学的影响是巨大的。构造心理学家铁钦纳(E. B. Titchener)很早就指出："他不是心理学家，他认为自己的学科和心理学之间存在一条巨大的鸿沟，然而他对现代心理学产生了深远的影响。"①需要指出的是，这里并不对胡塞尔的影响进行广泛的考察，而是将讨论集中在胡塞尔描述心理学思想的影响上。

先来看胡塞尔的描述心理学对意动心理学内部的影响，主要是对符茨堡学派的影响。正如铁钦纳所指出的："胡塞尔的影响事实上可以追踪到后来的符茨堡学派更有特色的工作。"②不过，从个人交流上看，胡塞尔与符茨堡学派的成员间并无太多直接的联系。屈尔佩本人与胡塞尔没有个人联系，他注意到胡塞尔是由于彪勒的推荐。根据波林的观点，麦塞尔是符茨堡学派中"对于胡塞尔加以注意的第一人"③。麦塞尔非常欣赏胡塞尔的观点。1911 年，麦塞尔曾与胡塞尔一起，成为康德协会卡尔—古特勒(Carl-Guettler)奖金第三届评奖委员会委员，但两人是否有具体联系则无从得知。除麦塞尔外，另一位最有可能接触胡塞尔的是彪勒(K. Bühler)。据彪勒夫人即人本主义心理学家夏洛特·彪勒(C. Bühler)向施皮格伯格证实，彪勒与胡塞尔"肯定有个人联系"④。在胡塞尔档案中，现存有胡塞尔 1927 年 6 月 28 日致彪勒的一封信，其中提到彪勒到弗赖堡拜访胡塞尔，但未能成行。

胡塞尔对符茨堡学派的影响是很明显的。1908 年，麦塞尔出版《感觉与思想》，"这本书的每一页几乎都带有胡塞尔的色彩"⑤。在该书"前言"中，麦塞尔明确提到《逻辑研究》，认为"它包含大量对思维心理学具有重大意义的内容，此外，它非常细致地在思维的心理与逻辑取向间进行区分，这种区分通常是难以做出的"。⑥ 彪勒在思想的多方面受到胡塞尔的影响，最为明显

① 铁钦纳著，李丹译：《系统心理学：绪论》，浙江教育出版社 2001 年版，第 142 页；Titchener, E. B. (1929). *Systematic psychology*: *Prolegomena*. New York: The Macmillan Company, p. 213.

② 铁钦纳著，李丹译：《系统心理学：绪论》，浙江教育出版社 2001 年版，第 145 页；Titchener, E. B. (1929). *Systematic psychology*: *Prolegomena*. New York: The Macmillan Company, p. 219.

③ 波林著，高觉敷译：《实验心理学史》，商务印书馆 1981 年版，第 459 页。

④ Spiegelberg, H. (1972). *Phenomenology in psychology and psychiatry*: *A historical introduction*. Evanston: Northwestern University Press, p. 60.

⑤ 铁钦纳著，李丹译：《系统心理学：绪论》，浙江教育出版社 2001 年版，第 194 页。Titchener, E. B. (1929). *Systematic psychology*: *Prolegomena*. New York: The Macmillan Company, p. 219.

⑥ Spiegelberg, H. (1972). *Phenomenology in psychology and psychiatry*: *A historical introduction*. Evanston: Northwestern University Press, p. 59.

的是他在思维实验中，试图应用胡塞尔描述心理学的意识理论进行分析。另外，在阿希（N. Ach）和塞尔兹（O. Selz）等人那里，也可以看到对胡塞尔思想尤其是描述心理学的引用。

胡塞尔的描述心理学对符茨堡学派的影响可以归纳为如下三个方面。首先，正如波林指出的，胡塞尔通过描述心理学，“增加布伦塔诺及所谓意动的势力”①。胡塞尔的描述心理学对意动进行了系统研究，这种研究使得符茨堡学派受到影响，而有逐渐朝向意动的倾向。这在屈尔佩那里表现的最为明显，他原本是冯特的忠实信徒，后来逐渐转向布伦塔诺，于是发展出二重心理学，调和其间的张力。其次，胡塞尔描述心理学为符茨堡学派提供了一个新鲜的意识理论，促使其形成二重心理学观点。胡塞尔对意动、内容和对象的区分，使得麦塞尔和屈尔佩对意动和内容的二重划分成为可能。当然，胡塞尔从未提出意动与内容可相互分离的观点。最后是胡塞尔具体观点的影响，例如，在麦塞尔那里，非常强调对感觉论的反驳，这一点是受到胡塞尔的影响的，正是胡塞尔使得他从感觉主义中解放出来。彪勒也是如此，他在语言研究中较多汲取胡塞尔的语言观点，甚至他的《心理学的危机》（1927）一书也受到胡塞尔现象学观点的影响。

接下来是胡塞尔的描述心理学对意动心理学外部的影响。这主要表现在胡塞尔对其学生的影响，尤其是哥廷根小组和慕尼黑小组的现象学心理学思想上。前已述及，这两个小组更多地受到胡塞尔《逻辑研究》的影响，强调对意识经验等的描述分析，而对胡塞尔后来的超越论的现象学不感兴趣。根据施皮格伯格的总结②，可以看到，这两个小组进行了大量研究，涉及领域有知觉（普凡德尔、沙普）、情感（普凡德尔、舍勒）、意志（普凡德尔、雷纳赫）、自我（普凡德尔）、人格（普凡德尔）、身体意识（普凡德尔、舍勒）、社会心理学（舍勒、雷纳赫）、异常心理学（舍勒）、价值心理学（舍勒、普凡德尔、希尔德布兰德）、艺术心理学（盖格尔）、宗教心理学（舍勒）等。这些研究构成了思辨现象学心理学的重要组成部分。

当然，这里必须提及的是，除了描述心理学外，胡塞尔对于心理学的影响也是巨大的，甚至这种影响远超过他的描述心理学思想。胡塞尔后期发展出现象学哲学，为心理学的人文科学路线提供了坚实的方法论基础，他的思想影响直接促成了现象学心理学的产生，并影响到格式塔心理学、人本主义心理学和存在心理学等心理学流派。但这已经超出本书的范围，进入到本丛书的另一本《现象学心理学》之中了。

---

① 波林著，高觉敷译：《实验心理学史》，商务印书馆1981年版，第459页。

② Spiegelberg, H. (1972). *Phenomenology in psychology and psychiatry: A historical introduction*. Evanston: Northwestern University Press, p. 29.

第六章

厄棱费尔：形质心理学的奠基

厄棱费尔是奥地利心理学家、哲学家，也是形质学派的奠基人。虽然心理学研究在其整个研究生涯中只占一小部分，但他却凭借《论形质》(*Über Gestaltqualitäten*, *On Gestalt-qualities*, 1890)一文而名垂心理学史。厄棱费尔认为，有些经验的“质”既不能用传统的各种感觉的结合来解释，也无法还原成马赫所谓的感觉的要素。他把这种“质”命名为“Gestaltqualitäten”(形质)。该词的英文可直译为“Gestalt-quality”(中文可直译为“格式塔质”)，但该词的英文通常译为“form-quality”(中文译为“形质”)。同时他认为，形质的形成有赖于意动，正是由于意动才使形质呈现出来。厄棱费尔的形质说通过大量来自生活经验中的具体实例(比如音乐旋律和空间图形)来进行分析，证明了许多冯特的元素分析所无法解释的现象，并通过形质概念沟通了心理内容与心理意动之间的耦合。

第一节　形质学派的奠基人

图 6-1　克里斯蒂安·冯·厄棱费尔(Christian Freiherr von Ehrenfels,1859—1932)

克里斯蒂安·冯·厄棱费尔(Christian Freiherr von Ehrenfels,1859—1932)于 1859 年出生在奥地利维也纳附近的罗道恩(Rodaun),1932 年逝世于奥地利的下奥地利州(Lower Austria)历西特瑙(Lichtenau)。他先在维也纳大学跟随布伦塔诺和迈农学习哲学,后在迈农建议下转到格拉茨大学,并于 1885 年获得该校博士学位。之后,厄棱费尔于 1888—1896 年在维也纳大学任职,1896—1900 年担任布拉格大哲学副教授,1900—1929 年担任该校教授,直到 70 岁退休。在布拉格大学期间,格式塔心理学的主要创始人惠特海默(Max Wertheimer)曾听过他的课。在布伦塔诺的学生中,厄棱费尔一直具有极其独特的地位。他的哲学信念确有不属于传统布伦塔诺追随者之处,但可以将他视作布伦塔诺学派的外围成员。他影响了布伦塔诺学派中的一些重要人物,如卡济梅尔兹·塔多斯基(Kazimierz Twardowski)①、托马

① 卡济梅尔兹·塔多斯基(1866—1938),波兰哲学家、逻辑学家,曾在维也纳大学师从布伦塔诺。1892 年他以论文《观念与知觉》(Idee und Perzeption)获得博士学位。建立了逻辑学利沃夫—华沙学派,被称为“波兰逻辑学之父”,开启了波兰科学哲学的传统。

斯·马萨里克(Tomas G. Masaryk)和亚利克修斯·迈农等人。一方面，厄棱费尔经常沉迷于与作为其亦师亦友的迈农进行哲学讨论，并将这一习惯一直保留，直至迈农去世。另一方面，他也与布伦塔诺一直保持着诚挚的交流，这种交流已经超越了普通的师生关系。[①]

厄棱费尔早年曾为他的家庭竭尽全力地工作，作为家里五个孩子中的老大，他必须接管厄棱费尔家族在多瑙河北部下奥地利州的乡村庄园。但这个年轻人很快开始在另一个不同的方向上展示出其天分。1879—1880 年的冬天，厄棱费尔的兴趣逐渐转移至哲学。进入维也纳大学后，他立即为布伦塔诺的人格魅力所深深吸引，布伦塔诺对待学生因材施教的合理方式及其许多哲学著作都表现出他是一个理想的教师榜样。

在维也纳大学时期，厄棱费尔不仅聆听了三年布伦塔诺的讲课，还参加了迈农的课程。因为迈农转教于格拉茨，厄棱费尔追随他到格拉茨大学，并于 1885 年完成了自己的学术教育。除了哲学研究，厄棱费尔还非常热衷于戏剧与诗歌，并认为它们均对科学研究非常有帮助。威廉·理查德·瓦格纳(Wilhelm Richard Wagner，1813—1883)[②]对青年时期的厄棱费尔有过传神的描述。厄棱费尔也曾经怀着朝圣的心情徒步赶赴拜罗伊特(Bayreuth)观看瓦格纳的歌剧《帕西法尔》(*Parsifal*)的首映表演，并从此终身成为瓦格纳的热情拥趸。厄棱费尔一生撰写了许多话剧，其中有一部分被公开上映。事实上，这一时期的厄棱费尔对自己是否应该将作家和诗人作为毕生职业一直存在犹豫。但是最后他下决心投身于实践理性，并于 1888 年成为一名维也纳大学的无薪讲师，两年后他发表了著名论文《论形质》。这篇文章使其在心理学史上留名，并直接影响到 20 世纪的格式塔心理学运动。1891 年，厄棱费尔开始在维也纳大学讲授价值论课程，价值论成为其随后若干年科学活动的中心议题。两卷本的《价值体系》(1897—1898)就是他在这一时期的代表性著作。

随后，厄棱费尔被召唤至布拉格的德国大学(German University at Prague)，成为弗里德里希·约德尔(Friedrich Jodl)的继任者。他的同事包括教育家奥特·威尔曼(Otto Willmann)、安东·马蒂(Anton Marty)、埃米尔·艾尔莱斯(Emil Arleth)和随后的奥斯卡·克劳斯(Oskar Kraus)、阿尔

① Albertazzi，L.，et al，eds.（1996）. *The school of Franz Brentano*. Dordrecht：Kluwer Academic Publisers. 1996，p. 161.

② 威廉·理查德·瓦格纳(1813—1883)。德国音乐家、思想家。他是德国歌剧史上一位举足轻重的人物。前面承接莫扎特、贝多芬的歌剧传统，后面开启了后浪漫主义歌剧作曲潮流。对欧洲专业音乐的发展有深远影响。

弗雷德·克斯蒂尔(Alfred Kastil)和约瑟夫·艾森门赖尔(Josef Eisenmeier)。这些人组成了传统布伦塔诺学派的核心成员。[①] 厄棱费尔经常与他们一起讨论,并产生了一系列争论。1900年,厄棱费尔公开发表了其革命性的主张,即制定一个复兴性别的道德规范和优生学计划来重建文明。这个主题一度占据其长达十年的思维和写作精力。但第一次世界大战的爆发改变了厄棱费尔的生活。尽管他依旧发表了关于形而上学的著作,比如宇宙起源说,但他旋即陷入了重度抑郁的情绪中,这导致他离开研究工作长达四年之久。不过幸好《质数法则——根据格式塔理论来阐述和说明》出版,这标志着厄棱费尔开始走出疾病的阴影。几年后他还继续写了政治色彩颇浓的剧本《一个外籍士兵的母亲》并在布拉格上演。这一剧本是关于德国人和捷克人之间的和解的,他将其献给了捷克斯洛伐克的第一任总统马萨里克。1932年,厄棱费尔逝世于位于下奥地利州历西特瑙的一座小城堡中。

虽然厄棱费尔明确承认布伦塔诺和迈农在他的哲学观发展中起着重要的作用,但人们也许诧异于其哲学生涯为何如此特立独行,以致他的科学、意识形态和艺术信念在更深层次上显示出与其两位导师如此之迥异。厄棱费尔与布伦塔诺的争论最为明显。这种争论不仅仅是厄棱费尔在一些哲学主题的基本意义上与他的伟大导师意见不一:厄棱费尔否认了所有情感现象可以被归为单一的类型,他反对布伦塔诺的强度学说,并反对其价值独立的观点。厄棱费尔也没有追随布伦塔诺的唯理论—神教(rationalistic monotheism),而是选择了一种严格意义上的二元论假设作为宇宙论系统学说的基础。很明显,尽管厄棱费尔在布伦塔诺门下学习了三年并且随后一直与其保持着长达30余年的亲密接触,但是在严格意义上他不能被算作是布伦塔诺学派的核心成员。厄棱费尔有时选择迈农的学说,尤其是在认识论和伦理学主题方面,来澄清自己对传统布伦塔诺学派进行的严肃批评。虽然布拉格学派和格拉茨学派之间的张力有时会给厄棱费尔和他的两个导师的关系施压,但总体上并未严重威胁到他们彼此间的尊重与友谊。[②]

厄棱费尔在布拉格任教授职位长达30年,其首要贡献是在心理学研究中开创了一场与格式塔概念联系紧密的革命。这场革命同样归功于厄棱费尔在格拉茨的老师迈农和他的学生惠特海默,以及后继的追随者彪勒及其

① Liliana, A., Libardi, M., Poli, R. (1996). *The school of Franz Brentano*. Dordrecht, Boston: Kluwer Academic Publishers. p.163.

② Liliana, A., Libardi, M., Poli, R. (1996). *The school of Franz Brentano*. Dordrecht, Boston: Kluwer Academic Publishers. p.165.

在维也纳的同事们。在布拉格的德国大学任教期间，厄棱费尔的朋友、学生和同事主要包括一大批重要的作家和思想家，如后来成为捷克斯洛伐克第一任总统的马萨里克、著名作家马克斯·布诺德(Max Brod)和诗人菲利克斯·威尔兹（Felix Weltsch)、经济学家弗里德里克·冯·维塞尔(Friedrich von Wieser)以及布拉格结构主义语言学派的尼科莱·特鲁别茨柯依(Nikolai Trubetzkoy)。厄棱费尔的形象在弗朗茨·卡夫卡(Franz Kafka) 1912年的日记中可见一斑："最令人忍俊不禁的场景是：厄棱费尔教授变得越来越帅气，任何与他在一起的人，都会因为他的秃顶在灯光的衬托下呈现美妙的弧线而成为聚会中最引人注目的一员。他的双手紧扣着，他的大嗓门就如同可以随意调节的乐器。在与他人会晤时他脸上时刻洋溢着自信的微笑。他还会向你明确表达自己支持混血种族的态度。"①

在哲学上，厄棱费尔创立了著名的价值论(value theory)学说。他的主要哲学著作有：《价值论与伦理学》(1893)、《价值体系》(2卷，1897—1898)、《性伦理学》(1907)、《宇宙起源学》(1916)等。他的价值论提出了一个著名的论断："事物的价值即其需要性。"他认为价值不是简单地作为促进一个人快乐的工具，工具性价值(*Wrikungswert*，instrumental vaule)只有对应于内在性价值(*Eigenwer*，intrinsic vaule)才是有价值的。他的价值论构成了其伦理学的基础。他把伦理学分为社会伦理学和个人伦理学，前者关注伦理评价问题，后者关注个人反应问题。在性伦理学上，他因提出道德应对性欲约束的问题，而被弗洛伊德赞誉为该领域的前驱。②

第二节　厄棱费尔的形质说

一、形质说的来源

在德国心理学诞生之前，形质概念就一直是哲学领域的一个重要论题。

① Smith, B. (1994). *Austrian philosophy*: *The legacy of Franz Brentano*. Chicago: Open Court. p. 244.

② 郭本禹主编：《心理学通史·第4卷·外国心理学流派(上)》，山东教育出版社1999年版，第104页。

诺特克·拉贝奥(Notker Labeo)在转译亚里士多德和博伊西斯(Boethius)的著作时就使用到了术语“图形(figura)和形状(forma)”。[①] 在现代术语学意义上,这个概念可以被这样描述:“在一个刺激出现的具体时空参数中感知到这个刺激。知觉的结果是一个统一的表象(或对象),这些表象超越了具体的参数,对表象不变性(invariance)的察觉可以利用对象所具有的基本范畴的特殊规律而超越其单一性质。”[②]在其之后,康德在《纯粹理性批判》一书中假设了“图式”(schemata)作桥接观念(concept)和意象(image)之间的具体认知过程,形质概念得以进一步发展。[③]

伴随科学心理学的诞生,众多学者如布伦塔诺、胡塞尔、迈农等在现代心理学术语学(psychological terminology)意义上使用不同的术语表达了上述概念。19 世纪的心理学至少在事实上是奉元素主义者为正统的。元素主义追求按照心理经验的“原子”和某些支配这些原子的行为结合的规律来理解心理过程的本质。而 20 世纪初的格式塔运动实际上是一场旨在推翻心理学内部元素主义传统的革命,其中柏林学派在这方面的工作达到顶峰。厄棱费尔在布拉格的年轻学生惠特海默是格式塔心理学的柏林学派中最具革新精神的思想家。虽然格式塔心理学是由惠特海默于 1912 年在德国法兰克福创立的,但是“格式塔质”(*Gestalqualitäten*,即形质)一词却是由厄棱费尔首先提出的。在 1890 年论述音乐旋律知觉的论文《论形质》中,厄棱费尔发展了马赫关于形式的感觉说(sensations of form)的观点,首先使用了“格式塔”一词。厄棱费尔的形质说用意动心理学常用的经验的方法,探讨了空间和时间的形式究竟是一种新的性质还是有关时空元素的组合。他认为,对事物整体的知觉,不附于事物已有的元素中,而应该成为一个新元素,即一个形质。例如:一支曲调是一个形质,当用不同的琴键(例如转换不同的键)演奏时,它还是同一支曲调;但如果重新编排这些琴键,则该曲调就会变成不同的主题。从这个现象可以看出,旋律除一系列音调之外还有别的什么东西,很明显,人们也能在其他曲调中歌唱或辨认出这个旋律。而事实上,早在 1788 年,托马斯·里德(Thomas Reid)就曾经关注到这个现象,他在其名著《按常识原理探究人类心灵》(*An inquiry into the human mind by*

① Zimmer, A. (2001). Christian von Ehrenfels(1859—1932). In: A. Albertazzi, et al. (ed.). *The school of Alexius Meinong*. Aldershot: Ashgate. p.136.

② Zimmer, A. (2001). Christian von Ehrenfels(1859—1932). In: A. Albertazzi, et al. (ed.). *The school of Alexius Meinong*. Aldershot: Ashgate. p.136.

③ Zimmer, A. (2001). Christian von Ehrenfels (1859—1932). In: A. Albertazzi, et al. (ed.). *The school of Alexius Meinong*. Aldershot: Ashgate. p.137.

the principles of common sense）中对此有过一段精彩的描述："长笛、小提琴、双簧管、法国号可以发出同一种音调，但还是容易区分，即使 28 种人声、调子和强度都相同，仍然存在某种区别……尽管我们是靠听觉才能知觉到声音、旋律以及音乐的美妙之处。然而这些东西似乎还需要一种更高的能力，即所谓的'音乐之耳'。"[①]厄棱费尔的《论形质》一文首次完整地勾勒出了解释这一现象的运动全貌。在这篇文章中，他明确地阐释了经验是由于不同类型的复杂结构组成的；在元素主义的视角下，怎样理解那些涉及复杂形态的外显知觉，比如空间图形；相关的经验绝不是仅仅将所有经验加以集合或将全部分散数据综合起来那样简单。但是，怎样去解释的确是包涉并由这些分散数据叠加而成的经验统一体呢？为了回答这个问题，马赫假设存在一类新的简单元素，他称之为"肌肉感觉"（*Muskelgefühl*，muscular feeling）。这种肌肉感觉与涉及这类感觉经验的其他元素进行结合，并且通过思维经济原则产生了一种错觉，即关于正在论及的经验是针对复杂对象的。这类感觉必须与那些具体动作或者眼睛和联合的肌肉组织存在密切相关。[②] 而厄棱费尔认为，他发现了一类新的元素，这可以作为对布伦塔诺的心灵本体论中的意动预设的印证。

厄棱费尔的形质说实际上反对内容心理学对知觉的元素主义解释，是格式塔学派的前身。根据厄棱费尔的理解，事实上，我们的经验大致是由一些外加给我们经验的感觉要素中的相对特殊的"形质"组织而成的。而这种附加在对象内容或元素之上的"形质"与内容本身构成了一种二重水平理论（A two-level theory），这可以视作由厄棱费尔、迈农、威塔塞克、贝努西（Benussi）和彪勒等所共同发展起来的研究复杂经验的"奥地利取向"（Austrian' approach）的显著特征。[③] 相比之下，随后柏林学派的取向就显得更加彻底与激进。他们认为格式塔就是一个整体，在这个整体中所有的部分都由那类作为整体而存在的对象所决定，脱离这个整体的质的内容是无法存在的，因此作为第二个水平的内容或元素本身应该予以抛弃。

二、形质说原理

厄棱费尔敏锐地把握到马赫所面临的困境，试图通过《论形质》来给出

① 托马斯·里德著，李涤非译：《按常识原理探究人类心灵》，浙江大学出版社 2009 年版，第 52 页。

② Smith, B. (1994). *Austrian philosophy: The legacy of Franz Brentano*. Chicago: Open Court. p. 244.

③ Smith, B. (1994). *Austrian philosophy: The legacy of Franz Brentano*. Chicago: Open Court. p. 245.

一个较为圆满的解答。首先，厄棱费尔秉承了亚里士多德的理性工具(intellectual instrumnets)学说，即观念的不变性(concept of invariance)，这种观念的不变性不是由对象直接赋予的，而是依赖于对象之间的关系。[①] 其次，厄棱费尔建议使用德语中的名词"Gestalt"(格式塔)替代马赫的"form"(形式)。"Gestalt"意指"shape"(形状)、"figure"(图形)、"form"(形式)，服从于一定的普遍性。他提出形质(*Gestaltqualitäten*，form-quality)的概念。那么，形质究竟是什么呢？厄棱费尔指出："关于'形质'，我们意指表象的明确的(positive)内容，它与意识中存在的表象的复型(complex)联系在一起，复型反过来由可分的(即独立的、可呈现的)要素所构成。表象的复型是形质必要的前提，它被称作'形质'的基体(*Grundlage*，foundation)。"[②]在他看来，四边形或者曲调与构成它们的部分是不同的，是一种新的东西。一个空间形状或格式塔被觉知，正如厄棱费尔及其他的布伦塔诺学派成员(Brentanians)所言的那样，是"服从于视觉的呈现"，是基于具有"独特空间决定性"(distinct spatial determinations)的单一元素的复杂知觉。从某种元素和它们的空间决定性，我们有能力去理解作为一种附加对象的形状(性质和属性)，同样也能理解那些被一起联结起来的元素。因此，我们的一般经验不是仅仅将感觉元素概括或聚合起来。很清楚的事实是，我们能够理解相同形状(相同的空间性质)与那些决定性和元素的联系，这些决定性和元素单个来看，是没有共同之处的。我们能够认识一个给予的形状，比如，看到一个扩大了或缩小了的图形，或觉察到一个图形的阴影(shadow)和印记(imprint)。[③] 厄棱费尔主张形质是一种具有感觉和表象复合的新的属性。当四条边构成四边形时，形质便作为一种新的性质与四边形一起出现，它自然不同于四条边的性质。随后，厄棱费尔将基体的组成成分称之为"基素"(*Fundamente*)。[④] 例如四边形的四条边、曲调的音符，等等。基体由可分离的基素构成，基素可以独立于基体而存在。但是，基体和基素之间的关系并

---

① Zimmer, A. (2001). Christian von Ehrenfels (1859—1932). In: A. Albertazzi, et al. (ed.). *The school of Alexius Meinong*. Aldershot: Ashgate. p. 138.

② Zimmer, A. (2001). Christian von Ehrenfels (1859—1932). In: A. Albertazzi, et al. (ed.). *The school of Alexius Meinong*. Aldershot: Ashgate. p. 139.

③ Krapp, K. (2005). *Psyhcologists & their teachers for students*. Farmington Hills, MI: Thomson Gale Press, p. 291.

④ 厄棱费尔所谓的基素(fundamente)类似于马赫所谓的感觉成分(sensory ingredients)。参阅 Bozzi, P. (1999). Experimental phenomenology: A historical profile. In: A. Albertazzi (ed.). *Shapes of forms: From Gestalt psychology and phenomenology to ontology and mathematics*. Dordrecht: Kluwer Academic. p. 27.

非是严格的，基体可以构成更高层次的基体，就这种意义而言，它又成为基素。后来，格式塔心理学家坚持认为，基素或部分在整体中消失，基体不是基素的简单相加。

厄棱费尔认为，形质的概念不仅可以被应用到空间复型的领域中，而且还可以应用到与时间整体（temporal wholes）的关联中去，比如旋律。即便这个旋律是被颠倒顺序成了不一样的音调，或者是用一种不同的乐器来演奏，或者处在不一样的音速中，我们都能轻易地认识到这个旋律的一致性和相似性。厄棱费尔的建议是，无论在何处，我们都具有在基于经验的复型和某些单一不变结构（通过不同类别交叉点的一个不变结构）的联系性统一经验（associated unitary experience）之间建立起联系的能力。我们有关对象的统一经验（unitary experience）在结构上类似于一个空间形状的经验。空间性和时间性的复型从此以后不能再被当做仅仅是那些能与不同心理能力相互关联的独立现象。相反，它们应该被当做一种统一的类型，而这种类型是以格式塔为导向（Gestalt-oriented）的心理过程。

厄棱费尔的建议具有重要的理论意义，它开启了这样一个事实，即我们不仅有能力来解释我们觉知到的空间复型，而且能觉察到一种在时间上具有广延性的时间复型。马赫的理论无法妥善地解释后者。举例而言，我们能够感知旋律，但对旋律的感知中不存在马赫所假定的那种可以对应每一个音调的基本肌肉感觉（elementary *Muskelgefühl*）。①

因此，厄棱费尔的《论形质》一文，不仅是作为一种术语学（terminological）上的分水岭，更为重要的是早在格式塔心理学作为一个独立的思想学派被确立之前，就已经掀起了对“形质”问题进行经验和理论研究的真实序幕。几乎所有与随后格式塔心理学思考有关的理论和概念主题在某种程度上都是厄棱费尔的工作重点，至少是被提到过。然而，这里最吸引人的还在于厄棱费尔所明确阐述的建议的普遍性。尽管他在每一处细节上都尝试将一种普遍意义的格式塔几何学观念应用到我们觉知旋律和相似形式的具体研究实例中去，但他依旧认识到这种观念的应用在原则上是适用于各种经验的，包括知觉的和非知觉的。的确，一旦形质的本质被清晰地确立起来，这种观念原则上就能够适用于所有种类和类别的对象，而无论其是否充当实际意识主体经验到的对象。

形质的概念被进一步概括为包含建立在内部知觉之上的经验的复杂对

① Liliana, A., Libardi, M., Poli, R. (1996). *The school of Franz Brentano*. Dordrecht, Boston: Kluwer Academic Publishers, p. 168.

象，也就是关于个体自我的基本感觉、动作和心理状态的表象。心境、情感和复杂感情都属于这种视角下的形质。而一些马赫的追随者却意欲否认格式塔是一种特殊类型的概念，他们把所有袒护经验对象的结构具有特殊性的论点替换为：任何经验对象的结构是由独特心境（sui generis moods）或感觉（主要指肌肉感觉）相伴而生的。厄棱费尔驳斥了这种论调，认为来自不同感觉形态的感觉材料以一种方式结合在一起是为了给具体类型的混合形质奠定基础。因此，我们对湿润的感知事实上是一种对建立在同步感知气压和温度基础之上的形质的感知。① 复杂的味觉现象包括一种对纯正味道感觉的"私密融合"（intimate fusion），其同样也与食物的温度、口感和气味等感觉紧密联系在一起。这看上去可以合乎情理地假设那种真实的微妙的味觉存在的基础，同样是由内部知觉给予的复杂记忆和其他感觉材料组成的。

下面，我们将结合厄棱费尔对形质类型（type of gestalt quality）的界定来进一步理解形质说的具体观点。

形质可以被分解为对过程的理解（*Auffassung*）和对短时状态的理解。在此基础之上，厄棱费尔首先区分出两种不同的形质，即时间的形质（temproal gestalt qualities）和非时间的形质（non-temproal gestalt qualities）。时间的形质包括音调、"色调"及感觉上的任何时间的变化，如变红或者变冷。有关过程理解的例子，比如旋律和运动。而短时状态的例子在日常生活中即所谓的空间形态（*Raumgestalt*）。但是旋律与和声并非仅仅是听觉范畴之内的事，如色彩旋律（colour-molodies）和色彩和声（colour-harmonies）。的确，在所有的感觉性质（sense-qualities）领域中，都能够发现类似的旋律与和声。而且较之这里所举的例子，在形状范畴内的性质范围更加广泛。针对旋律与和声而言，格式塔并非是指一种声音意义上的和声，更为重要的是包含在其中的感觉共鸣（resonance-sensation）。相比较而言，与乐音和声音不同的就是所谓的"噪音"。语言就是由这些"噪音"组成的。即便在个别的元音中，音调依然是可区别的元素。一种语言中的任何词汇都是一个形质。到这里我们大致可以形成一些对心理生活中形质范畴的理解，即心理活动过程运作的规律与格式塔发生关系的频率是大大高于与元素之间发生关系的频率的。因此，比如一个人的意象（某些是身体的，而多半是心理的）就是一种形质。在这里，根据相似性规则，存在大量有关他人的意象。同时，也伴随一种简单元素的呈现。例如，有关于他的声音或肤

① Smith, B. (1994). *Austrian philosophy*: *The legacy of Franz Brentano*. Chicago: Open Court. p. 247.

色，而这些元素从不与其他元素的表象发生联系。在音调领域内，我们对简单元素的记忆被称之为“绝对音高”(absolute pitch)[①]。缺乏这种记忆能力的人在旋律与和声的识别上根本无法与拥有绝对音高的人相比。而这种依赖“绝对音高”的记忆术是基于形质的。其本质在于，由于某种原因建立起一种形质，或者其他容易保留于记忆之中的形质，以及对保留在记忆中的对象的表象而言，这种形质的各个部分是建立在相对固有的关系之上的。引用一个惯例，我们很容易用耳朵接受“Kliometertal，euer Urpokal”这样的短语。这个短语中的第一个词语的两个音节迅速地与“公里、公斤”等产生联系。其他随后的音节则与九位缪斯女神之一的名字产生联系。[②]

毋庸置疑的是，一个旋律的表象预先假定了一种表象的复型——预先假设了大量连续性单一音调表象并伴随独立和相互的“时间秩序的决定性”(temporal determinations)。[③] 因此，我们能够更精确地表达更高一级的问题。这与音调表象之间的联系更为紧密。我们可以来看以下例子：[④]

让我们假设，存在一系列正在发音的音调 t_1，t_2，$t_3 \cdots t_n$。这个音调系列被一个意识主体 S 理解成是一个音调格式塔，以便使得所有音调的记忆意象在其头脑中同步呈现。并且，我们假设所有这 n 个音调的总和，每一种具有自己特殊“时间秩序的决定性”的音调开始通过 n 个意识的结合呈现出来，这种呈现是以这样一种方式进行的：n 个音调中的每一个独立的音调在他的意识中仅仅是一个单一的音调表象。随后便产生了这样的问题：意识主体 S 是否迅速理解了整个旋律？如果他能，似乎在他的理解过程中，不仅仅是依靠将那 n 个独立音调的表象简单地一一叠加在一起。

厄棱费尔尝试提供更多的证据来证明时间形质概念的意义。仍然拿旋律作为例子，旋律看上去是不同元素组成的复型，一般认为它的构成除了元素的集合之外什么也不是了。但借助以下例子，厄棱费尔认为旋律的组成具有一些元素之外的重要成分。[⑤] 下面是一首民歌的一行旋律：*Muss i*

---

① 绝对音高(absolute pitch)又叫音高辨别力或绝对音感，是指某些人在没有任何音准提示之下对听到的任何音的实际音高所具有的一种感觉。

② Ehrenfels，C. V. (1937). On Gestalt-qualities. (translated by M. Focht). *Psychological Review*, 44(6), pp. 521～524.

③ Ehrenfels，C. V. (1890). On Gestalt qualities. In：B. Smith(ed.) (1988). *Foundations of Gestalt theory*. Münichen Wien：Philosophia Verlag. p. 84～85.

④ Ehrenfels，C. V. (1890). On Gestalt qualities. In：B. Smith(ed.) (1988). *Foundations of Gestalt theory*. Münichen Wien：Philosophia Verlag. p. 84～85.

⑤ Ehrenfels，C. V. (1890). On Gestalt qualities. In：B. Smith(ed.) (1988). *Foundations of Gestalt theory*. Münichen Wien：Philosophia Verlag. p. 90.

denn, muss i denn zum stadtle hinaus。用C大调演奏以上旋律,包含从c到a的8个音符,e和g各演奏三次,f演奏两次,最后演奏c、d和a。如果我们将这个旋律演奏成升F大调,那么它并不包含C大调演奏中的任何一个单独的音符。然而,这两个旋律之间仍然非常相近,任何一个非音乐专业出身的普通听众都能在缺少共鸣的情况下认识到这一点。或许,这就是马赫所言的用"感觉"来分析。

现在在其之后,我们用同样的节奏将这一旋律重新再用C大调演奏一遍,相应的音符顺序是:E、G、F、A、G、G、F、E、C、E、D。这包括了原始旋律中相同的音符:3E's、3G's、2F's、C、D和A。我们暂且不论节奏的问题,这样演奏产生的结果是:在任何人都没有去比较两个复型,并且也没有在这个旋律上增加任何其他音调的情况下,这两个旋律原先的相似之处竟然又重新消失了。因此,厄棱费尔认为,一方面这两个音调表象组成的旋律复型非常相似;另一方面,构成这两个旋律复型的基本元素(指音符)却是严格一致的,而这些一致的元素又演绎出了如此迥异的旋律。① 从这个例子中,厄棱费尔进一步论证了旋律作为一个音调格式塔具有的一些关键特征,即并非仅仅是基于组成旋律的独立音调的简单组合。

非时间的形质(non-temproal gestalt qualities)大部分是空间的,但也包括音的混合、香味及运动的知觉(*bewegungsempfindungen*, sensations of motion)。② 厄棱费尔将非时间的形质与时间的形质的区别标准定义为:"非时间的形质是那些在知觉表象中完全给予其基础的形质(通过所谓的诸多感觉),而时间形质是那些在知觉表象中给予最多不超过一个元素,而剩余元素是经由记忆意象呈现出来的形质。"③厄棱费尔指出,类似的问题也出现在对空间图形理解问题上。因为在几乎所有的图形中,表象复型的所有组成部分同步形成了知觉图形的基础。问题看上去很简单,但即便是最极端观点的支持者也至少会承认上述现象。一个可见图形的不同部分的表象是通过不同的感觉产生的,不过他们意见不一之处在于,这些感觉的本质究竟是什么?假设后者一方面在一个单一意识中被聚合起来,另一方面则分布于n个不同意识之间,那么就如同我们前面谈到过的旋律一样。在这里,我

---

① Ehrenfels, C. V. (1890). On Gestalt qualities. In: B. Smith(ed.) (1988). *Foundations of Gestalt theory*. Münichen Wien: Philosophia Verlag. p. 90.

② Ehrenfels, C. V. (1890). On Gestalt qualities. In: B. Smith(ed.) (1988). *Foundations of Gestalt theory*. Münichen Wien: Philosophia Verlag. p. 94.

③ Ehrenfels, C. V. (1890). On Gestalt qualities. In: B. Smith(ed.) (1988). *Foundations of Gestalt theory*. Münichen Wien: Philosophia Verlag. p. 94.

们希望明白空间图形的整体意义是否多于"个别局部的决定性"(individual local determinations)，正在知觉图形的意识是否给表象带来 n 个部分简单组合在一起之外的要素呢？厄棱费尔的回答是肯定的。他举例说："很清楚，对理解一个旋律而言，在某人意识的每个阶段注意到那些声音的印象(impression)是不足以理解它的。相反，要理解一个旋律，需要先将最初的音调搁置起来，或至少是对先前的音调的印象必须进入到记忆中。否则所有结尾具备相同音符的旋律的结束印象都会变成一样。然而，遵循这种思想我们马上会认识到，比如要想理解一个由 12 个音节组成的旋律，仅靠记忆中抑制两三个即时出现的音节印象是不可能的，而必须要去获取对整个系列音调的整体印象。"①不过，厄棱费尔谨慎地认为上述所谓的印象，并非是对一个完整系列的音调的幻象(phantasy-image)。②

厄棱费尔的非时间的形质还包括运动感觉。举例而言，音符的转换之间所知觉到的每一步引发了我们所有的感觉(或情感)，这种感觉并非仅隶属于对声音的感觉，而且还属于其他范畴(比如涉及到紧张或是肌肉的感觉)。并且，如果我们对这些感觉或情感的记忆比对音调的记忆意象来得牢固一些的话，那么理解和区分旋律的工作可以通过类似紧张或是肌肉的感觉的方式而变得更为有效。但是来自内部知觉研究的证据对这种观点进行了质疑，比如我们可以完全理解一个已经消逝(演奏完了)的旋律——这种理解有时候甚至可以针对一曲相当长的旋律。这再次反驳了马赫对旋律的理解的解释：即利用旋律演奏过程中肌肉等生理反应的对应关系来理解旋律。厄棱费尔相信这些都是在我们的意识中的一种关于每一个单一音符的记忆意象。但我们纯粹的听觉记忆服从于更具有相对的短音音调格式塔(short tones-Gestalten)规律。这也突出了一种非分析的立场来决定感觉的背景。但如果我们现在就在纯粹听觉理解的格式塔规则中来限制这个建议，那么我们可以将后者替换成"系列音调的印象"(impression of the tone-series)，并可以认定为了在纯粹听觉上理解一个旋律就必须理解整个旋律的过程，而不是等其消失之后再利用记忆意象来注意其中的每个音符。

除了时间形质与非时间形质之外，厄棱费尔又进一步分析了形质的两个重要原理，即对比关系和不相容关系(relations of comparison and of incompatibility)。厄棱费尔认为，如果连续音调的记忆意象是作为一种同步

---

① Ehrenfels, C. V. (1937). On Gestalt-qualities. (translated by M. Focht). *Psychological Review*, 44(6), pp. 521～524.

② Ehrenfels, C. V. (1890). On Gestalt qualities. In: B. Smith(ed.). (1988). *Foundations of Gestalt theory*. Münichen Wien: Philosophia Verlag. p. 84～85.

的意识复型出现的,那么意识中就能产生一种全新类型的统一表象。这种表象必定以一种奇特的方式与相关的音调复型结合起来。这种整体的表象归属于一种新的类型,我们可以将这种新的类型称之为"被奠定的内容"(founded content)。并非所有的"被奠定的内容"在本质上都是直觉的或是与一种旋律表象相关的。也存在许多非直觉的"被奠定的内容",比如关系(relations)。"被奠定的内容"及其基素之间的关系是一种前者由后者决定的不可逆关系。任何"被奠定的内容"必须具备一种基素。一个基本表象的复型仅仅能够支持一种相当特殊的"被奠定的内容"。但是可以说,并非所有基素必须被一种"被奠定的内容"聚合起来。至少,在厄棱费尔看来,形成一种形质的概念之后就可以理解这一点。其他学者可能持有别的视角,即形质必须由基素推导出来。但厄棱费尔认为,自己的研究方向是尝试证明:例如理解一个旋律并非被定位于是"被奠定的内容"的产物,而仅仅是注意到了它。迈农和他的学生贝努西持有前一种视角,而持有后一种视角的代表是惠特海默和苛勒。

所谓形质的对比关系,主要指与那类在意识中出现的表象复型(presentational complex)联系紧密的形质观念(如作为非常相似的红色与橙色的表象)。这些形质元素的表象可以从彼此间区分开来。那么,要想确定两个形质之间的关联究竟是依据什么样的原则呢?形质对比关系的提出就是希望对这个问题提供一个具有说服力的答案。举例而言,一个旋律除了组成其每个相似又不同的音调之外就什么也不是了,同样,一个正方形除了组成其每个相似又不同的空间部分之外也没有别的东西。然而一个旋律能被听到,一个正方形能被看到,并非取决于两个音调或两个空间决定性(spatial determinations)之间有多相似或相异,而是取决于与其他形质之间更深层次上的关联。旋律与正方形不能脱离组成其各部分的比较意动(activity of comparison)而存在。这个问题虽然在迈农那里已经有所涉及,迈农将这种整体与部分之间的关联方式称之为"心智之眼的活动"(movement of the mind' eye),但是这种所谓的活动在他看来只不过是从对一个对象的注意转移至另一个对象而已。而厄棱费尔认为,事实上这种关联本身就可以被当做一种形质来呈现自己。[1]

厄棱费尔认为另一个非常重要的现象也可以被当做一种形质,那就是不相容性(*widerspruch*, incompatiability)。迈农曾经对这个现象进行过分

① Ehrenfels, C. V. (1890). On Gestalt qualities. In: B. Smith(ed.) (1988). *Foundations of Gestalt theory*. Münichen Wien: Philosophia Verlag. p. 102.

析并得出结论，不存在具备所有不相容的单一表象性质的特征。但是，当我们主张两个表象内容是不相容时，在我们头脑中总是使用一种相应的证据规则来判断这两个内容是否能够共存（co-existence），即是遵守并执行这种规则而不是仅仅虚无的意向。厄棱费尔对于这一现象进行了进一步的分析。他举例说，圆形（roundness）和方形（squareness）在迈农看来是两个不相容的概念。这是因为不相容概念是一种全称否定判断（universal negative judgment），即并不存在一种圆方（round square）的表象。否定判断需要对两个不相容内容的结合进行直觉或具体执行。但根据厄棱费尔的看法，这种情况也可以用一种非直觉的或者仅仅通过将两个可理解的表象内容进行一种有意向的结合予以解释。比如，如果我们倾向于否认圆方的存在，那么，我们必须首先处在一种非直觉的思考圆方的立场上，将这两个不相容的表象以某种方式联系起来。然后发现在意识中对这两个表象的内容的结合是以失败告终的，因此，才出现了上述所谓的否定判断。[①] 这样，厄棱费尔通过形质的对比关系原理将形质概念进一步推广到逻辑领域。

厄棱费尔晚年还进一步区分了高级形质（gestalt qualities of higher order）与低级形质（gestalt qualities of lower order）。厄棱费尔认为，任何确定的物体都可以视作某种形质。但是厄棱费尔比较了一块泥土或一堆石块组成的形质和一朵郁金香或一只燕子组成的形质，他发现较之一块泥土或一堆石块所组成的形质，我们更倾向于认为郁金香或燕子是一种特殊的形质。同样的，所有可见的对象都具有某种颜色，然而，每一个不含偏见的人似乎都更愿意将一种绚烂的红色视作是一种颜色，这种认同大大超过将灰色视作一种颜色的倾向。然而，在这种认同背后，除了视觉印象并不存在其他客观的因素。这种现象可以被描述或解释成“多重色彩感”（*Mehr-Farbensein*）[②]。高级形质与低级形质相比往往具有明显的区别标志。高级形质是那些在整体和部分的多样性上具有更大组合效应的形质（*das Produkt von Einheitlichkeit des Ganzen und Mannigfaltigkeit der Teile*）。基素和形质的关系可见于各种不同的平面之上，而较高级的形质则可用低级平面的形质为其基素。举一个最简单的例子，如果在一个规则的正多边形中画出它的所有对角线，就出现了大致相等的部分。如果我们从正方形开始逐渐过渡到五角形，我们获得的图形作为高级或低级格式塔而言是与

① Ehrenfels, C. V. (1890). On Gestalt qualities. In: B. Smith (ed.) (1988). *Foundations of Gestalt theory*. Münichen Wien: Philosophia Verlag. p. 102～103.

② Ehrenfels, C. V. (1937). On Gestalt-qualities. (translated by M. Focht). *Psychological Review*, 44(6), pp. 521～524.

其图形中的部分的数量相称的。但是，如果我们开始用一个不规则的八边形去构建一系列越来越大致规则的八边形，那么，这些多边形对角线所划分出来的格式塔就会变得更高级，而越靠近不规则八边形的对角线则越接近规则八边形的原型。他进一步指明，在听觉方面尤其是对旋律的理解同样也遵循这种形质的两分法。高级形质等级之间可以进行比较，比如以此曲和他曲相比；也可以进行混合，如多音合成的曲调。但需要指出的是，厄棱费尔认为形质附属于基素，虽可不随基素而变异，但不能有独立的存在。四条直线显然不能产生一个正方形，除非它们彼此有相当的关系。这与后来的格式塔心理学家的理解存在差异，他们认为形质是一种关系，可以不依赖基素而存在。

厄棱费尔在其晚年的《初步规律》一文中，对其早期不成熟的思想进行了修订：(1) 抛弃形质概念中的“元素”构想，指出形质具有感觉和表象复合的新属性；(2) 承认形的概念具有限定的特性；(3) 把形的概念由空间的形又扩展到音的形等方面。①

三、形质的内容要素与意动要素

在形质问题上的不同看法，一直是意动心理学与内容心理学根本分歧的具体体现。厄棱费尔正是在批判冯特内容心理学的知觉理论的基础上提出形质学说的。在冯特看来，感觉是知觉的元素，知觉则是感觉的集合。这种观点表面看来似乎有些道理，但在说明具体的知觉问题时却常常遇到麻烦。例如，如果说看见一个红斑点在一个黑斑点之旁得到的是两个感觉，那么，看见两个距离很近的黑斑点得到的究竟是一个感觉还是两个感觉呢？我们好像不应该说两个黑斑点是一个感觉，而白色的背景又是一个感觉。但如果我们称两个黑斑点为不同的感觉，那么我们对元素的辨别显然是以空间的隔离为根据，而不是以属性为根据了。这便与元素主义的假定发生了矛盾。又如，我们如果用一条黑线连接两个黑斑点，结果得到的是什么呢？究竟是一个感觉还是两个感觉呢？或者是一系列的感觉？如果是一系列的感觉，那么又有多少感觉呢？一个元素在空间上究竟以什么作为它的界限？很显然，元素主义不能圆满地回答这些问题。针对元素主义知觉论的困境，厄棱费尔对它进行了批评，并提出了与元素主义不同的主张。②

① 郭本禹主编：《心理学通史·第4卷·外国心理学流派(上)》，山东教育出版社1999年版，第106页。
② 郭本禹主编：《心理学通史·第4卷·外国心理学流派(上)》，山东教育出版社1999年版，第105页。

但是厄棱费尔并不仅仅赞同把形质分解为不同的感觉形态(sensory modalities),他还提出形质是建立在来自内部和外部知觉材料的基础之上的。因此,他倡导以具体的方式在形质之间进行结合。他确认了空间形状、旋律、情绪和复杂味觉作为建立在基本感觉之上的"一级形质"(first-order Gestalt qualities)。厄棱费尔认识到这些形质可能通过一定方式实现相互之间的结合,从而形成一种新的二级形质(second-order Gestalt qualities)。同样,这些二级形质仍然继续结合形成三级形质(third-order Gestalt qualities),以此类推,在原则上是无限的。厄棱费尔认为,在他的理论引导之下,即便是最先进文明的、最复杂的产物包括所有语言的复杂结构、艺术,都能借此而予以充分理解。①

在厄棱费尔1890年的《论形质》的结尾,他认为格式塔结构的观念可能会在相反的方向上扩展。也就是说从下位知觉中的中型元素(mesoscopic elements)到微区(micro-region)。厄棱费尔指出:"每一种音调是由一些更原始的元素与其随后紧密联系在一起的形质融合形成的吗?这是无法想象的。"他总结道:"甚至没有提出结论性的意见可以反对我们所不明白的可能性,用这种方式敏锐地深入下去,最终得出一种原质(protoquality),或者至少是一种单一的质的连续(quality-continuum)。其外部不同内容(色彩、音调等)是在融合不同紧密相关形质基础上产生的,因此,我们应该坚持这样的观点:音调和色彩可能是以一种更高程度上的迄今所未知的复杂原始元素而呈现出来。"②

厄棱费尔与马赫都没有走出彻底的元素主义立场,但实际上这不仅涉及其心理学思想,更深层次的还涉及到一种本体论的信条。他们都坚信世界作为一个整体在结构上是由终极的原子组成的,并且一种对意识结构的清晰解释是能够根据元素意动和经验对象而予以明确阐述的。厄棱费尔在提出自己主张的过程中,也注意吸收了马赫关于形式的感觉学说的部分内容。1885年,马赫出版了《感觉的分析》一书。在这本书里,他把一切经验都看成感觉。例如,一个圆周是"空间形式的感觉",一首乐曲的连续音程是"时间形式的感觉"。这样,马赫就扩大了感觉的概念,把属性和形式(空间、时间)都包含在感觉之内了。马赫还认为,形式可以独立于属性而存在。我们可以改变一个圆周的颜色和面积,而不改变其圆周性或其空间的形式。

① Krapp, K. (2005). *Psyhcologists & their teachers for students*. Farmington Hills, MI: Thomson Gale Press, p. 428～429.

② Smith, B. (1994). *Austrian philosophy: The legacy of Franz Brentano*. Chicago: Open Court. p. 248.

我们也可更换一个乐曲的实际音符符号，而不更换其曲调或其时间的形式。形式是独立地为我们所经验，经验就是感觉，因此我们仍有形式的感觉。这样，通过承认形式的单独存在，马赫就似乎回避了元素主义所遇到的困难。但这也仅仅是回避而已，在厄棱费尔看来，马赫并未真正解决形质形成的问题。[①]

与马赫不同的是，厄棱费尔区分出了经验的统一对象和宇宙储藏物的独立简单组成单元。对厄棱费尔而言，形质并不完全包含基素，即被联系起来的作为部分的音调、色彩、滋味和气味。它们是附加的单一对象，存在于那些与之联系的单一元素周围。形质不是一个元素的简单组合，而是“这些元素间形成某种新的关系，这种关系存在于这些元素形成的整体之中，而不能将其从整体之中区分出来”。这种结构的特别之处在于“一种表象的明确内容是专注于意识和那种可相互分离的元素呈现的复型”。[②]

对马赫而言，宇宙及其所有部分和方面最令人信服的乃是那种原子本位主义。宇宙的所有独立元素根据它们在相互联系中的出现，而被当做现象或物质。所有其他假定的实体(putative entities)，不仅包括旋律和形状，还包括身体和自我，都只不过是“为思维经济”的辅助性介绍。与之相反，厄棱费尔认为，在较高水平上同样存在连续性的单一实体，即便其对象不属于宇宙的最终储藏物(ultimate worldly furniture)，但依然以一种单一的方式受到意识的作用，并且被那些合适的理论所认识到。[③]

正是基于这种本体论上的信条，厄棱费尔在形质的形成问题上，既反对冯特的元素主义的知觉论，也不认同马赫的形式的感觉论。他认为，形质的形成既不是感觉的复合，也不是如马赫所说的形式是一种独立的存在，而是由于意动才使形质呈现出来。从厄棱费尔的上述观点来看，他的形质说不是根据实验得来的，而是根据经验对知觉所做的一种逻辑分析。这种方法也是意动心理学通常使用的方法。[④] 厄棱费尔之所以能够成为前文所言的布伦塔诺学派的外围成员，其贡献就在于他将形质和意动联系起来。他所持的理由是，比较或集合的心理的意动可把形质从基体中抽出来，并赋予其

---

① 郭本禹主编:《心理学通史·第4卷·外国心理学流派(上)》，山东教育出版社1999年版，第105页。

② Smith, B. (1994). *Austrian philosophy: The legacy of Franz Brentano*. Chicago: Open Court. p. 249.

③ Smith, B. (1994). *Austrian philosophy: The legacy of Franz Brentano*. Chicago: Open Court. p. 249.

④ 郭本禹主编:《心理学通史·第4卷·外国心理学流派(上)》，山东教育出版社1999年版，第105页。

意义。如果一个人在心理上把四点形成一个四边形，而再通过经验的集合作用，便完全可以了解这个意动是实在的了。厄棱费尔还进一步将形质的这种意动实在推广至更复杂的认知活动中去。比如，医生在观察体温图时，基于感知构成体温图的点和线的分布，从而觉察到体温图的形状；这种形状是其对此单一对象的经验。我们缺乏这类经验，因而我们往往无法获悉体温图所含有的意义。医生需要考虑到在知觉或意象中将患者的症状和精神状态联系起来，接着感知患者身体状况中的特殊的混合性质。这也是作为医生对一个单一对象的经验，尽管其复杂程度比看体温图要更复杂一些。随后，医生可能会继续考虑患者的过往病史的具体细节，并猜测和判断，比如是由于患者身体衰老的原因引起了这类疾病症状。在这里，所涉及的病症的性质是一种医生经验的单一对象，与之相联系的是，这种经验无法被简化为体温图的点、线以及症状等的复型。此外，尽管医生直接或间接认识到了在每一个病例中相关的性质，但是性质本身达到了继承来自与之相联系的基础材料的某一复型：就像所有格式塔形态一样，在某种意义上，是一种差异中的统一。[①] 总之，通过对形质本质的具体分析，厄棱费尔逐渐向布伦塔诺的立场靠拢，并尝试对内容与意动进行调和。厄棱费尔对形质关系的解析可见图 6-2。[②]

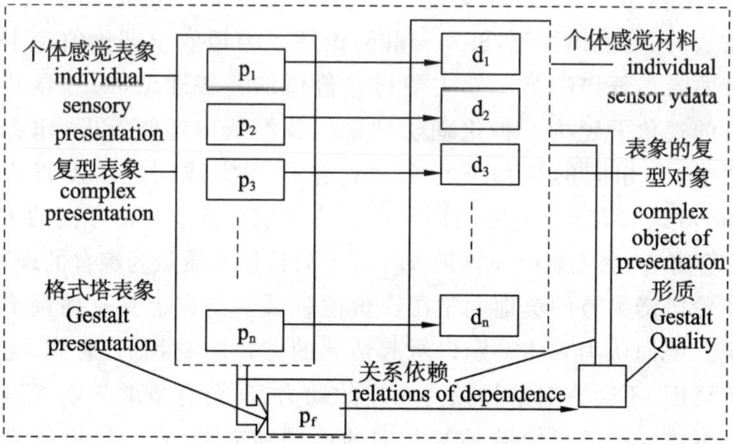

图 6-2 厄棱费尔的形质关系解析图

当然，厄棱费尔的形质说就内容与意动的关系还存在一系列问题，这在

---

① Smith B. (1994). *Austrian Philosophy: The Legacy of Franz Brentano*. Chicago: Open Court, p. 249～250.

② Mulligan, K., Smith, B. (1988). Mach and Ehrenfels: The Foundations of Gestalt Theory. In: B. Smith(ed.). (1988). *Foundations of Gestalt theory*. Münichen Wien: Philosophia Verlag. p. 133.

其1890年《论形质》一文中并未得到解决。比如他将形质当做一种“表象的明确内容”(positive content of presentation)。但这种内容是关乎个别的还是时空的(spatio-temporal),或者仅仅是不同的被试在实验过程中针对相同的基本元素而表现出的一种带有普遍性的例证?复型在充当形质的基础和载体角色时,其本质又是什么?这些都在厄棱费尔使用“内容”这一术语以后变得更糟。[①] 这一术语的含糊性导致厄棱费尔遗留下这样的一个问题:即格式塔究竟是一种依赖于内容的意动,还是与内容无关的意动?对这些问题的进一步解决则留给了胡塞尔、迈农。

第三节　厄棱费尔的价值论

厄棱费尔在价值理论方面的研究同样具有重要的贡献。他的论文集《价值论与伦理学》(1893)曾受迈农启发,但先于迈农的伦理学著作出版。他后来发表的《价值体系》(1897—1898)论述了与迈农早期价值论不同的观点。这套两卷本著作的第一卷主要讨论价值的一般理论,第二卷开始尝试在第一卷的视角下建构一种伦理学理论。我们从中还能看出,作者还有意增加第三卷,在相同的视角下更多地讨论伦理实践问题。麦肯齐(J. S. Mackenzie)对此书给予了高度的评价:“厄棱费尔在价值理论方面的工作显然比迈农更有野心,毫无疑问应该被视作迄今对价值本质最为综合的理解。”[②]

以布伦塔诺为首的奥地利学派在价值领域的研究上具有强调情感与欲望的传统。他们认为客体一定以激起情感的方式影响我们,否则,无论怎样也不会有诱因,不会有对某物保持兴趣的动力,不会有争取某物或避开某物的动力。客体通过其价值调动起我们的欲望和需要,它们的价值原始地是以情感—价值的方式被赋予给我们的。[③] 厄棱费尔或多或少受到此传统影响,他将价值定义为“一事物与一合法的人类欲求的关系,这一关系是语言

① Smith, B. (1994). *Austrian philosophy: The Legacy of Franz Brentano*. Chicago: Open Court, p. 250.

② Mackenzie, J. S. (1899). *System der werttheorie*. *Mind*, *New Series*, 8(32), pp. 524.

③ U·梅勒著,方向红译:《胡塞尔伦理学的发展》,《世界哲学》,2002年第1期,第43页。

被错误地客体化而带来的”。又或指某个事物与欲求或情感意向之间的关系——“事物的价值在于它的欲求性”。厄棱费尔不是将价值简单地当做人们提升幸福的工具，而是坚持认为工具价值只有在与内在价值相关时才有价值。他以打比方的方式来解释这种观点。他说：“我们全都知道，便宜的铁比昂贵的金更有用处，同样，空气、饮用水、物品对于我们的生存至关紧要，它们也有最大的效用，但它们最后只是在特殊情况下一般地被估价，被看做是价值的承担者……我们要感谢它们满足了我们最重要的、最基本的需求，奢侈品只不过是我们努力谋求的非必需的享受物，其价值要摆到最后。”①厄棱费尔进而指出，我们欲求某物的存在或不存在，并不必然将其作为达到幸福的某种手段才努力占有它。因此，一个有价值的对象，并非要与功用相结合，而是有着某种对我们而言更为普遍的效益。这就牵扯到价值的相对性问题，厄棱费尔对此进行了深入的探讨。他认为在理解价值的相对性过程中，手段可能变成目的，比如对饥饿感的满足取代营养而成为吃的目的。而较高级的价值也可能作为目的起作用，比如以营养为目的时，我们会压制在有毒食物面前的饥饿感。价值取向的第三个要素是生存。如果为之服务的对象能与之保持协调一致，生存也就会得到最好的保证。但在日常生活中，我们却往往将有着最大效用的事物看做是毫无价值的。在厄棱费尔看来，这种误解只是因为那些具有最大效用的物体是以当前的数量存在的，而这时所有对合法需求的满足自然不成问题，一旦其数量减少或不能满足我们的合法需求，其价值将马上产生变化。就像一个快溺水身亡的人如果还有点意识，那么其对呼吸所需要的空气的需求便会使得空气的价值立显。

在对价值的阐述上，厄棱费尔仿照经济学原理中的边际效用（marginal utility）来说明，任何欲望的力量都包含着某种对我们而言的边际效用。由此，他引进了一个估价的重要指标：价值和评价都以其他价值对象的先在为条件。为了更形象地阐明厄棱费尔的价值边际效用观点，我们可以引用其名篇《价值论与伦理学》中的例子予以说明：“比起只不过用来开胃的胡椒，有营养的面包大多估价较低，这也是对的。然而对人们来说只是看起来如此，他们指望起码吃到大致饱，这就意味着，他们将努力弄到比他们对最急需的维持生活或消除真正的饥饿的需求还要多的面包或等效的食品。谁真的和饥饿战斗过，谁就永远会喜欢一大块面包而不是一堆最好的胡椒，也许不是永远？一个正在忍饥挨饿的家庭的父亲不会认为一桶胡椒比同样多的面包更美味吗？当然如果他指望卖掉一桶胡椒换回的进项，能为生存弄到

① 冯平主编：《心灵主义路向》，北京师范大学出版社 2009 年版，第 185～186 页。

更多的充饥食品时,他会这样认为的。然而去掉这种指望,比如在饥荒时期,他无疑会更喜欢哪怕小一点的面包,这意味着,面包和胡椒价值的关系会随其效用关系来调节。"①

从以上分析,我们可以清晰地发现厄棱费尔的价值学说与其心理学思想之间存在紧密联系。他试图将价值的内在意义通过心理实体作为载体而体现出来。而这种价值的内在意义的获得却是依靠欲求或情感的方式来实现的,不管是欲求抑或情感都具有一种明确的指向性。这样,厄棱费尔就在心理意动与价值之间架起了桥梁,因此,我们也可以将厄棱费尔的价值理论视作其心理意动观在价值领域中的自然延伸。

在厄棱费尔对价值概念的描述中,他倾向于对不同价值理论之间的矛盾进行讨论。他批评布伦塔诺的感觉和欲望理论可以作为更具普遍意义的爱和恨的具体存在方式。他同样批评叔本华(Schopenhauer)将感觉当做是意志的情感条件的观点。厄棱费尔还讨论了不同的欲望享乐理论(hedonistic theories),并且将自己的观点与迈农对价值的定义联系起来。但是,厄棱费尔显然对布伦塔诺的绝对价值学说(absolute value)更感兴趣。布伦塔诺认为存在着善与恶的绝对区分,就像真理与谬误之间存在绝对的区分一样。作为我们的主观价值的前者同样独立于作为我们主观见解的后者。厄棱费尔反对这种说法,他主张价值是完全依赖于欲望的,并且因此是完全主观的。②

厄棱费尔的伦理学思想植根于其价值理论以及情感和欲望的心理学之中。他将伦理学划分为社会伦理学和个体伦理学。社会伦理学主要关注对伦理的评价,以及与某种行为有特定因果关系的心理对象的评价。厄棱费尔在其价值理论中假设,如果考虑到价值对情感倾向的依赖,它们就具有了某种相对性。但是,那些在我们自身和他人身上所产生的愉快或痛苦,以及某些其他心理现象的价值,却得到了人们的普遍认同。我们评价别人的评价取向,这些取向指向我们所评价的事物。为了将这种基于欲求之上的价值相对主义区别于绝对利己主义的心理学理论,厄棱费尔认为需要在社会伦理学层面上对价值进行重估,即必须将情感要素考虑在内,因为"如果对别人有同情心的行善者以及幸灾乐祸的坏蛋也都只追逐'自身的最大可能的快乐',并因此从欲求上而不能从心理学上把他们区分开来,那么他们在情感上还是可以区分的,即当前者被对外来的痛苦的思考而刺痛,后者却感

① 冯平主编:《心灵主义路向》,北京师范大学出版社 2009 年版,第 186 页。

② Mackenzie, J. S. (1899). System der werttheorie. *Mind*, *New Series*, 8(32), p. 525.

到愉快。"[①]因此，伦理的评价应该关乎情感的倾向，这种倾向就是所谓的道德或非道德倾向。道德倾向是将他人的愉悦作为内在价值的情感倾向。

在社会伦理学之外，厄棱费尔还强调了个体伦理学的意义。个体伦理学的关怀在于个人作为有限的个体，通过"神秘的或悲壮的提升"对自己的命运做出反应。对这种提升的渴望是事物评价的源泉。虽然这种个体评价并不严格地包括社会伦理的评价，但却能与后者保持一致。因此，个体伦理学主要专注于心理和谐的审美欲求，而对宗教与哲学的追求有助于实现这种欲求。

第四节　对厄棱费尔形质说的评价

一、主要贡献

第一，超越了亚里士多德和马赫的形式说。厄棱费尔一生在没有附加单词"quality"(质)的情况下只有两次使用了"Gestalt"(格式塔)一词。[②] 但他显然是"格式塔"这一术语在科学心理学范畴内最早的传播者。[③] 他指出，格式塔或者一个整体是由自相矛盾的、可分辨的独立存在的部分组成的。质同样是一个用在知觉水平上的术语，比如我们可以拥有关于色彩的质、音调的质，等等。为了澄清这种观点，厄棱费尔要求回到亚里士多德对于形式(formal)和质料(material)的区分上。在亚里士多德的传统下，主动理智(active intellect)[④]的功能是提取蓝图、结构与形式，这是一种认知功能。然而，在厄棱费尔理论的哪种水平上可以将一曲旋律从其组成部分中提取出

① 冯平主编：《心灵主义路向》，北京师范大学出版社 2009 年版，第 193 页。

② Boudewijnse, Geert-Jan. (1996). *The Gestalt line*. McGill University. Thesis on degree of Doctor of Philosophy. p. 61.

③ Bozzi, P. (1999). Experimental Phenomenology: A Historical Profile. In: A. Albertazzi (ed.). *Shapes of Forms: From Gestalt Psychology and Phenomenology to Ontology and Mathematics*. Dordrecht: Kluwer Academic. p. 27.

④ 亚里士多德将心灵(mind)分为三种不同层次的本质：其一是作为内省对象的心灵或称之为想象或幻想；其二是作为观念的仓库和掌握思维技巧之场所的心灵，称之为接受理智(passive or subjective intellect)；其三是作为从感觉经验中抽象出理智认识能力的心灵，称之为主动理智(active intellect)。

来？毋庸置疑，那就是在知觉水平上。鲍德温金斯(Boudewijnse)对此作了明确的阐述："厄棱费尔的建议是一种知觉形式(或格式塔)，对应于亚里士多德学派所谓的形式的知觉水平。这种形式在亚里士多德的心理学中意味着只有在概念水平上才能进入。"①这种对应的知觉水平精确地揭示了"形质"这一概念的重要性。因此，厄棱费尔将亚里士多德的这种形式的意象解释成知觉水平。根据厄棱费尔的理解，"形质的特点是依靠区别于它们的基础而组成的一种表象性内容"②。

一个形质就是一种表象性内容，这一内容在意识过程中被体验到。所以，形质与颜色和音调处于平等的地位。与亚里士多德的形式概念相似，厄棱费尔的形质虽然无法被感觉器官所直接注意，但却可以在更高水平上被知觉到，尽管这种知觉相对被动。鲍德温金斯认为，亚里士多德的模型曾经被当做是对这种现象的合理解释，但在亚里士多德的心理学中，形式的觉知必须借助主动理智。而厄棱费尔的形质则通过其被动性显示出其并非属于那种超越人类认知系统的理性，而是通过知觉就可以获得的。③

同样的，厄棱费尔以形质说取代了马赫的形式说。马赫所谓的形式仅是与生理过程一致的感觉的体现，这虽然较之冯特忽视形式作为元素的观点已经有所发展，但形式作为一个整体与元素之间的关系依旧没有得到澄清。厄棱费尔形质说的出发点是尝试回答这样一个问题：什么是旋律。最明显的答案是个别曲调的集合组成了旋律。但相反的是，相同的旋律可能由很多组不同的音调组成，这发生在相同旋律被转换成不同要素的情况下。如果旋律除了音调的集合之外什么也不是，那么就会有许多种旋律，因为包括不同的音调的种类有很多。这种事实显然有力地驳斥了马赫的观点，并从中得出结论：旋律的本质必须属于伴随音调产生听觉的这样一种具体感觉的集合。但是马赫没有认识到这种具体感觉的特殊性，事实上，在内部知觉中是无法发现这种特殊感觉的。马赫从整体中区分出形式，然而他仅将形式看做感觉的作用。仅由于在整体中存在相同的与生理过程一致的感觉，才辨别出相同的形式。而厄棱费尔的形质则是"与要素有关的新的存在"④。厄

---

① Boudewijnse, Geert-Jan. (1996). *The Gestalt line*. McGill University. Thesis on degree of Doctor of Philosophy. p. 61.

② Boudewijnse, Geert-Jan. (1996). *The Gestalt line*. McGill University. Thesis on degree of Doctor of Philosophy. p. 61.

③ Boudewijnse, Geert-Jan. (1996). *The Gestalt line*. McGill University. Thesis on degree of Doctor of Philosophy. p. 62.

④ Smith, B. (1988). Gestalt Theory: An Essay in Philosophy. In: B. Smith. (ed.) (1988). *Foundations of Gestalt theory*. Münichen Wien: Philosophia Verlag. p. 17.

棱费尔因此承认整体不同于部分，这从一定程度上克服了马赫的困境。

第二，推动了意动心理学的发展。厄棱费尔的形质学说一方面将形质作为表象的内容，尽管无法判断形质中包含的内容与其指向的对象是否得到区分，但有一点是可以肯定的，形质与意动有关。正如波林所言："厄棱费尔在奥国的环境之内，将形质和意动发生关系了。"[①]另一方面，厄棱费尔认为："无论何处，作为形质的基体的复型出现在意识中时都是指向自身的，而且无需我们的任何努力就能呈现。"[②]由此可见，厄棱费尔认为形质与意动发生关系不在形质的产生上，而在基体的产生上。正是比较或混合等心理活动使基体从基素中抽取出来。再者，在厄棱费尔之前，虽然已经有大量学者（如符茨堡学派）对心理内容和意动的关系进行了调和，但是主要集中在对人类高级心理过程（思维）的研究和讨论上。而对于相对低级的感知觉过程中的内容与意动的关系问题则存在相对忽视。在这方面，若与内容心理学相比，已经严重影响到意动心理学作为一种完整心理学体系的建构。厄棱费尔的形质学说通过分析大量感知现象中存在的意动要素，并尝试通过形质、基体、基素和复型概念对其进行解释，他的这一工作无疑推动了意动心理学的进一步发展。

二、主要局限

首先，厄棱费尔对形质的本质及其产生的规律未能给出较为系统的解答。厄棱费尔的形质学说，正如墨菲评论的那样："感觉元素由经验给予心理在其活动中，又在这些感觉元素上加上构造的形质。这一附加的心理活动的理论来源于布伦塔诺的意动心理学。"[③]因此，他是基于意动心理学的立场来反思冯特的内容心理学在整体与部分问题上所面临的困境。厄棱费尔通过指出形质为整体的新的性质，反驳了元素论的整体是部分之和的观点，这对心理学具有较为重要的意义。但是，他并未就形质给出较为系统的解答，许多问题依然存在。实际上，厄棱费尔依旧面临与马赫同样的问题，即形质究竟是什么？具体地说，就厄棱费尔惯用图形和旋律为例，如果对图形而言存在空间感觉，那么空间感觉同其他已经存在的感觉的关系如何？它

① 波林著，高觉敷译：《实验心理学史》（下册），商务印书馆 1982 年版，第 502 页。

② Mulligan, K., Smith, B. (1988). Mach and Ehrenfels: The Foundations of Gestalt Theory. In: B. Smith(ed.) (1988). *Foundations of Gestalt theory*. Münichen Wien: Philosophia Verlag. p. 125.

③ 墨菲，柯瓦奇著，林方、王景和译：《近代心理学历史导引》（上册），商务印书馆 1982 年版，第 350 页。

们是如何发生关系产生一种形质的？又如旋律，假如在一个时候有一个嗓音和在另一个时候有一个小提琴演一个歌曲，使我们注意到有相同的形质，那么这种具有形质的旋律又是通过什么方式将每个音调组合起来，以至被我们所感受到的呢？——这些问题其实并没有解决，仅仅对每一构造总体提供的性质起个名称是远远不够的。厄棱费尔在对形质的事实陈述方面的工作意义虽然不容置疑，但除了明确知觉的整体不是由那些按照惯例被说成是其组成部分的感性元素之类形成的之外，我们更迫切地希望进一步了解形质的具体发生与运作规律。这个任务显然留给了后来的格式学心理学家。

其次，形质思想仍没有走出元素主义的窠臼。厄棱费尔通过对形质的探讨来反对元素主义观点，但事实上是将问题发生了偏移，他并未把形质如何从本质上区别于元素主义的主张作为研究重点，而是着力于探讨形质与意动之间的关系。就此而言，厄棱费尔的作用类似于布伦塔诺在意向性上的作用，他仅提出了问题，作了初步的探索，问题的进一步探索却留给了别人。① 另外，在基体与基素的关系上，基体由基素构成，虽然具有形质，但仍然具有要素论的影子。黎黑也尖锐地指出："厄棱费尔的理论还停留于元素主义阶段，仅仅是在为人接受那张感觉元素单子上加了一个组织的心理元素。"②当然，也许还是波林对于厄棱费尔的评价来得中肯且更具有总结的意味："他也许可以把分析的整个事业全般推翻"，但他毕竟不是一个现象学家，"他看不到没有元素如何可以前进，因此，他要保留主要的元素，加上次要的元素，认为整体的性质似乎是整体所由构成的部分之上的附加物"。所以，他只是"微微地推动了心理学"。③ 而历史的惰性将进一步推动意动心理学进程的重任委以未来格式塔心理学家的肩膀之上。

---

① 崔光辉：《高级对象的意向性把握——迈农的形质心理学思想研究》，南京师范大学硕士论文 2006 年，第 19 页。

② T·H·黎黑著，刘恩久译：《心理学史——心理学思想的主要趋势》，上海译文出版社 1990 年版，第 265 页。

③ 波林著，高觉敷译：《实验心理学史》（下册），商务印书馆 1982 年版，第 502 页。

郭本禹 主编

外国心理学流派大系

FOREIGN PSYCHOLOGY SCHOOL SERIES

经验的描述

——意动心理学（下）

郭本禹　崔光辉　陈巍　著

山东教育出版社

·济南·

主　编　郭本禹

副主编　高峰强　杨韶刚　高申春

编　委　（以姓氏笔画为序）

丁　芳　方双虎　王国芳　李广军　杨韶刚　修巧艳

贾林祥　郭本禹　高申春　高峰强　崔光辉　熊哲宏

江苏省重点学科“发展与教育心理学”学科资助成果

教育部普通高等学校人文社会科学重点研究基地南京师范大学道德教育研究所成果

目录 Contents

第七章

迈农:形质心理学的成熟

在布伦塔诺的弟子中,尤其是成为“闻名的学者和哲学家”的,迈农是“最耀眼的明星之一”①。这里的“耀眼”首先表现在他的势力上。他于1904年在格拉茨大学建立了奥地利第一个心理学实验室,并在此培养了众多杰出的学生。他们在心理学、本体论、逻辑学、伦理学和美学等领域取得了突出的成就,以致国外有学者将迈农及其学生组成的团体称为迈农学派或格拉茨学派。② 据波林的叙述,凡是这个学派的“势力所及之处”,迈农的“势力便很大”③。当然,更为耀眼的是他的学术思想。他对布伦塔诺的思想做出了重大的发展。他突破了布伦塔诺的意向性观点,从而在本体论和心理学两个领域取得了突出的建树。在本体论方面,他提出了对象理论,这是一种迄今最为复杂而全面的本体论学说,学界对此有“迈农的丛林”(meinong's jungle)的称呼。在心理学方面,他提出了系统阐述形质心理学思想,推动了意动心理学的发展。他坚持意动的立场,对厄棱费尔提出的形质进行了系统阐述,并提出了创造说,使得形质心理学达到成熟状态,确立了心理学史上著名的形质学派(the form-quality school)。他的学生贝努西、威塔塞克、阿梅塞德等在形质心理学这个广阔平台基础上展开了大量的创造性研究。所以,正如波林所指出的:“他的关于形质的说明尤足确立形质在心理学中的地位。”④形质学派的观点在心理学中引起了较大的反响,它率先提出了格式塔的观点并进行实验研究,心理学史学界一般认为,由迈农及其弟子形成的格拉茨学派与威特海默、苛勒和考夫卡等人创立的柏林学派一起构成格

① Jacquette, D. (1996). Alexius Meinong. In: L. Albertazzi, et al. (ed.). *The school of Franz Brentano*. Dordrecht: Kluwer, p. 131.

② Albertazzi, L. et al. (2001). *The school of Alexius Meinong*. Aldershot: Ashgate.

③ 波林著,高觉敷译:《实验心理学史》,商务印书馆1981年版,第514页。

④ 波林著,高觉敷译:《实验心理学史》,商务印书馆1981年版,第503页。

式塔心理学的组成部分。[①] 此外，迈农的心理学观点还对符茨堡学派，英国的沃德、斯托特等产生了较大的影响。

第一节 格拉茨学派的领袖

图 7-1 亚利克修斯·迈农(Alexius Meinong，1853—1920)

一、早年的生活与学习

在迄今有关迈农最为丰富的英文传记中，多林(E. Dölling)指出："他的历史是其出版物的历史和他的小群体学生的学术活动史。"[②]这颇类似于奥尔森·古留加(À.Ãóëû ãà)对康德的描述："就康德而言，除了他学说的历史以外，他自己就再没有别的传记。"[③]的确，迈农留给后人的是一位

① 高觉敷著，《格式塔心理学》，见：高觉敷著，郭本禹编：《高觉敷心理学文选》，人民教育出版社 2006 年版，第 157 页。Boudewijnse，Geert-Jan A. (1999). The rise and fall of the Graz school. Gestalt Theory. No. 2，pp. 140～158；B. Smith(1994). *Austrian philosophy*：*The legacy of Franz Brentano*. Chicago：Open Court，pp. 259～272.

② Dölling，E. (2001). Alexius Meinong's life and work. In：L. Albertazzi，et al. (ed.). *The school of Alexius Meinong*. Aldershot：Ashgate，p. 49.

③ 阿尔森·古留加著，贾泽林、侯鸿勋、王炳文译：《康德传》，商务印书馆 1981 年版，第 1 页。

思想家的身影，这位思想家最突出的特点是他的独立。在回顾自己的生涯时，他说："我选择了自己的职业，既不是受家庭传统，也非受环境的决定。"①

亚利克修斯·迈农（Alexius Meinong，1853—1920）于1853年7月17日出生于时属奥地利里沃夫的莱姆伯格（Lamberg），是家中六个孩子中最小的一个。他祖上居住德国，父亲曾从戎，参与过反对拿破仑的战争，因立下战功被封为冯·汉德舒赫塞姆（von Handschuchsheim）骑士。迈农的原名因此是里特·冯·汉德舒赫塞姆（Ritter von Handschuchsheim）。但他选择了亚利克修斯·迈农的名字。父亲虽然效忠于皇室，但却给孩子传输平等独立的思想。关于这种思想的影响，迈农说："对于我的余生来说，这已持续成为一种情感的自然表现，这情感不要求未证明为正当的特权。我希望在精神和行为上继续忠于这种情感；它也决定了我选择自己的笔名。"②

1862年，迈农随家迁居维也纳，由此接受了六年家庭教师的教育，他在科学和人文领域表现突出。他曾撰文反对宗教，他的这些早期文章透露出以后的研究风格：深入研究，然后发表观点。1868年，他进入当时维也纳一流的中学即维也纳学术预科学校（Viena Academic Gymnasium）学习，他的学习成绩优秀。此时有两位老师对他产生了较大影响：德语教授卡尔·格赖斯托费尔（Karl Greistorfer）和哲学教授利奥波德·孔瓦利纳（Leopold Konvalina）。他们在很大程度上推动了迈农选择科学作为最终的职业，而不是家庭所期望的律师和迈农所期望的音乐家。当然，他终生对音乐怀有浓厚的兴趣，他所谱的乐曲现仍保存在格拉茨大学音乐学院。在他的心理学研究中，经常以音乐领域为例，与此也不无关联。

二、维也纳大学的求学和任教

1870年，迈农进入维也纳大学，学习德国哲学和历史。四年后，他以论述中世纪布里斯亚的阿诺德（Arnold of Brecia）的历史领域的论文获得博士学位。正是在这一年，他结识了布伦塔诺。在应对博士论文审查中的哲学考核时，毫无哲学背景的迈农选择了康德的《纯粹理性批判》和《实践理性批

① Meinong，A.(1974). Meinong's life and work. In：R. Grossman. *Meinong*. New York：Routledge & Kegan Paul，p. 230.

② Meinong，A.(1974). Meinong's life and work. In：R. Grossman. *Meinong*. New York：Routledge & Kegan Paul，p. 230.

判》作为研究对象。由于初次接触哲学，他求教于布伦塔诺。在1874年冬季之前，迈农便决定转向哲学，投入布伦塔诺门下，由此开始了他真正的学术生涯。与布伦塔诺的相识对迈农起到重要作用。胡塞尔正是在听到布伦塔诺的课后，获得一种信念，使他"有勇气选择哲学作为人生职业"①。迈农虽未有如此强烈的感受，认为布伦塔诺与他的转向无关，但也承认"得到了足够的信心"②，由此转向哲学与心理学。

迈农于1875年至1878年师从布伦塔诺。从上课笔记来看，他除了上过布伦塔诺的九门哲学（包括逻辑学）课程外，还于1876—1877年冬季学期修习布伦塔诺的心理学课程、1877年春季学期修习布伦塔诺的"心理学中的问题"课程。③ 这些课程对从未接触心理学的迈农起到重要影响。1878年到1882年期间，迈农任维也纳大学的哲学讲师，辅助布伦塔诺的教学。此时，他已经开始在心理学领域进行探索。1880年左右，他在奥地利首次开设一门带有实验演示的心理学课程。在课外，他组织研讨会，逐渐有学生聚集在他周围。这包括厄棱费尔、霍夫勒（A. Höfler）、厄尔策特—纽因（A. Oelzelt-Newin）等。迈农回忆说，那时他们"都是我的学生"④。在布伦塔诺的建议下，他选择英国经验论哲学家休谟为研究对象，⑤先后出版《休谟研究Ⅰ》（1877）和《休谟研究Ⅱ》（1882）。在研究休谟的过程中，迈农熟悉了英国的经验论哲学。在他的遗稿中，我们可以发现迈农在阅读洛克、J·S·穆勒和休谟等哲学家的著作时所做的笔记。⑥ 英国的经验论对迈农有着较大的影响，这与他受到布伦塔诺的影响，坚持经验的立场是一致的。

在迈农的学术生涯中，布伦塔诺起到绝对重要的作用，这不仅表现在他推动迈农进入哲学与心理学领域，而且表现在他作为一名导师，"从他的财富中做出了慷慨的付出"⑦，使得迈农从中生发出自己的思想。但是，迈农与

---

① 胡塞尔著，王俊译：《回忆布伦塔诺》，http://www.xianxiang.com/0403132.htm.

② Meinong, A.(1974). Meinong's life and work. In: R. Grossman. *Meinong*. New York: Routledge & Kegan Paul, p.231.

③ Rollinger, R.(1999). *Husserl's position in the school of Franz Brentano*. Dordrecht: Kluwer, pp.155～156; http://www.kfunigraz.ac.at/ub/sosa/nachlass/person/meinong/karton/, 2004.11.5。但关于布伦塔诺"哲学史的哲学"课程，前者认为发生在1876—1877冬季学期，而后者认为由1878年5月7日开始。

④ Meinong, A.(1974). Meinong's life and work. In: R. Grossman. *Meinong*. New York: Routledge & Kegan Paul, p.232.

⑤ Meinong, A.(1974). Meinong's life and work. In: R. Grossman. *Meinong*. New York: Routledge & Kegan Paul, p.231.

⑥ http://www.kfunigraz.ac.at/ub/sosa/nachlass/person/meinong/karton/. 2004.11.5

⑦ Meinong, A.(1974). Meinong's life and work. In: R. Grossman. *Meinong*. New York: Routledge & Kegan Paul, p.231.

布伦塔诺间的师生关系，正如阿德勒、荣格与弗洛伊德间的关系一样，最终以破裂结束。在任教格拉茨后，迈农与布伦塔诺日见疏远。林登费尔德(D. F. Lindenfeld)指出，主要有三件事导致了师生关系的恶化。[①] 首先，当迈农推荐他的学生和朋友厄尔策特—纽因任格拉茨大学的讲师时，布伦塔诺因怀疑纽因的能力而提出反对意见。其次，迈农于1886年发表《论记忆的认识论评价》一文，认为人类可以将记忆作为可靠的知识来源，而布伦塔诺认为迈农在背离其思想。而最有影响的是霍夫勒事件：迈农的学生霍夫勒因申请教职，将著作《逻辑学》送奥地利文化与教育部评审，布伦塔诺最忠实的学生之一马尔蒂作为评审专家提出否定意见，并在评语中写下这样一句话："霍夫勒受到迈农的蛊惑，对放弃正确的学说负有罪责。"[②]迈农因而怀疑布伦塔诺在其中所起的作用。

但最为重要的因素，还在于迈农思想的独立性。迈农与布伦塔诺一样，有着强烈的思想上的独立，这使得他和胡塞尔一样，成为"非正统"的布伦塔诺主义者。迈农在自传中写道："那时我常常体会到，学生在刚刚从老师那里独立出来时，是怎样小心翼翼地守护着自己的独立，尤其是同老师之间，甚至即使那独立是老师不断地灌输的。这种担忧由于布伦塔诺强有力的人格而更容易产生；它们有可能成为误解的起因，这误解一直伴随我，延伸到我的后期著作。"[③]不过，迈农始终承认布伦塔诺所起到的导师作用："他是一个榜样，一位认真的导师；这是对我自己学术生涯的考验。"关于他们之间的关系，迈农继续写道，这种关系"若生前不能协调，逝后必定消弭。再一次，在我记忆之深处，升起我尊敬的导师，一个有着神性之美的形象，沐浴在他自己同我一起的夏天的金色阳光中，这是我永不放弃的财富"[④]。

三、格拉茨大学的教学与研究

1882年秋天，迈农转到格拉茨大学任编外(副)教授。格拉茨成了他"一

---

① Lindenfeld, D. F. (1980). *The transformation of positivism: Alexius Meinong and European thought, 1880—1920*. Berkeley: University of California Press, pp. 65～67.

② Lindenfeld, D. F. (1980). *The transformation of positivism: Alexius Meinong and European thought, 1880—1920*. Berkeley: University of California Press, p. 66.

③ Meinong, A. (1974). Meinong's life and work. In: R. Grossman. *Meinong*. New York: Routledge & Kegan Paul, p. 231.

④ Meinong, A. (1974). Meinong's life and work. In: R. Grossman. *Meinong*. New York: Routledge & Kegan Paul, p. 231.

生工作的活动场所”①。迈农在这里展开自己的教学与著述，度过了自己最辉煌的岁月。

从整理出的讲稿看②，迈农在格拉茨曾上过以下心理学课程：先天论与经验论（1879/1880，1883）、感受与意愿（1884）、心理物理学（1885）、情绪（1886、1895）、情绪生活心理学（1886）、气质心理学（1887，1892，1897）、复型心理学（1888）、心理学（Ⅰ，Ⅱ，1896—1897）、实验心理学（1902—1903）等。关于迈农的授课，学生马利回忆说：“迈农的讲课——事实上经常是没有讲稿的演说——是他研究和发现的生动表述。学生不得不感受到每一问题，问题也被迫成为学生自己的问题。学生在不断产生的紧张中，体会到历史与想象的解决之尝试。错误始终得到尖锐的阐明，观点的正确性与丰富性始终得到明确的呈现，并被用作对问题解决的贡献。”③这样的课堂是严肃的，甚至让初学者感到沉闷。他的另一位学生、社会心理学家海德（F. Heider）则回忆说：“在课堂上，他站在教桌后面；他似乎没有感情地讲授，言语流唯一的中断和尴尬的喷鼻声，是在他为接下来说什么感到不知所措时产生的……我承认，在随迈农学习时，时常因迈农的学院式思维而恼火……仅在近年来我才意识到，我从他那里到底学到了多少。”④当然，迈农的生活也有欢快的一面。在课余，尤其是迈农1889年升任教授并在同年与多丽丝·布赫霍尔兹（Doris Buchholz）结婚后，他经常与学生在家中聚会。出于共同的爱好，他们家经常出现如下四重奏的场景：迈农奏第一小提琴，本多夫（H. Benndorf）奏第二小提琴，威塔塞克奏中提琴，多丽丝奏大提琴。

在授课之余，迈农主要组织两项活动。其一是延续维也纳时期开始的讨论会。尽管活动一直进行，但直到1897年9月9日，这一研讨会才以“哲学研讨会”之名得到资助，正式创立。其间除了哲学问题外，迈农曾与学生讨论空间的心理学理论、情绪与意志、教育学的心理学原理等问题。另一活动便是心理学实验室的建立工作。从1886—1887年冬季学期起，他组织了奥地利首批心理学实验演示，由于空间的限制和仪器的缺乏，该活动于1889

---

① Meinong, A. (1974). Meinong's life and work. In: R. Grossman. *Meinong*. New York: Routledge & Kegan Paul, p. 232.

② http://www.kfunigraz.ac.at/ub/sosa/nachlass/person/meinong/karton/. 2004－11－05

③ Dölling, E. (2001). Alexius Meinong's life and work. In: L. Albertazzi, et al. (ed.). *The school of Alexius Meinong*. Aldershot: Ashgate, p. 55.

④ Heider, F. (1970). Gestalt theory: Early history and reminiscences. *Journal of the History of the Behavioral Science*, No. 2, pp. 131～139.

年中断，但它为实验室的建立作了铺垫。1894年末，奥地利政府终于同意在格拉茨大学建立心理学实验室，但其诞生则被定于1895年1月1日①。迈农由此创建了奥地利第一个心理学实验室，并主持实验室工作直至1914年，此后传递给威塔塞克和贝努西。正是在这所实验室中进行了大量的实验研究，极大地充实了形质学派的心理学思想。由于与柏林格式塔学派进行相近的研究，它在某种意义上使格拉茨大学成为格式塔心理学在柏林大学之外的另一个独立的阵地。当然，它的落后也是明显的，西蒙斯（P. Simons）说："那时奥地利已失去心理学的竞争，与莱比锡、柏林、符茨堡和康乃尔相比，格拉茨被判为心理学中依然相对死气沉沉的状态。"②

在格拉茨大学的教学中，逐渐有包括以前维也纳的学生聚集到迈农的身边，他由此形成了自己的学术团体。这个团体在心理学、本体论、逻辑学、伦理学和美学等领域取得了突出的成就，以致国外有学者将其称为迈农学派（the Meinong school）或格拉茨学派（the Graz school）。这个学派反映在心理学中，便是心理学中具有意动心理学色彩的形质学派。在这个学派中，可以看到厄棱费尔（C. Ehrenfels，1859—1932）、威塔塞克（S. Witasek，1870—1915）、贝努西（V. Benussi，1878—1927）、海德（F. Heider，1896—1988）、霍夫勒（A. Höfler，1853—1922）、阿梅塞德（R. Ameseder，1877—1937）、本多夫（H. Benndorf，1870—1953）、菲舍尔（A，Fisher，？—？）、弗兰克尔（W. Frankl，1878—1933）、克赖比希（J. C. Kreibig，？—？）、马利（E. Mally，1879—1944）、马蒂纳克（E. Matinak，1859—1943）、厄尔策特—纽因（A. Oelzelt-Newin，？—1925）、皮希勒（H. Pichler，1882—1958）、萨克辛格（R. Saxinger，？—？）、施瓦茨（E. Schwartz，1878—1938）、韦伯（F. Veber，1890—1975）、魏因汉德尔（F. Weinhandl，1896—1973）、青德勒（K. Zindler，1866—1934）等人。这其中，厄棱费尔、威塔塞克、贝努西和海德为心理学界所熟知。厄棱费尔是迈农在维也纳时期的学生，追随迈农到格拉茨并在其指导下获得博士学位。威塔塞克是迈农最为青睐的学生，贝努西则在迈农的心目中仅次于威塔塞克。社会心理学家海德是迈农指导的最后一位博士生。

迈农在教学的同时，也进行著述。但由于专注问题的研究风格，加之迈农本人异常谨慎，若有所获，非经过深思熟虑，不肯轻易发表，他的著作因此

① Dölling，E.（2001）. Alexius Meinong's life and work. In：L. Albertazzi，et al.（ed.）. *The school of Alexius Meinong*. Aldershot：Ashgate，p. 62.

② Simons，P.（1999）. Bolzano，Brentano and Meinong：Three Austrian realists. In：A. O'Hear（ed.）. *Geman philosophy since Kant*. Cambridge：Cambridge University Press，p. 121.

相对较少。在心理学领域,最为突出的是他关于形质的研究,主要有三篇论文《论复型与关系的心理学》(1891)、《心理分析论稿》(1894)、《论高级对象及其与内部知觉的关系》(1899)。他曾在著作《论假设》(1902,1910)和《论情绪表象》(1917)中,探讨假设和情绪表象两类意动。他还曾探讨韦伯定律,有《论韦伯定律的意义》(1896)论文。他在《论颜色体和复合律》(1903)一文中,探讨感觉领域中的颜色问题。此外,为纪念格拉茨大学心理学实验室成立十周年,他曾主编《对象理论与心理学研究》(1904),该书收录了形质学派重要成员的研究论文,集中反映了这个学派的心理学研究状况。迈农逝世后,他的作品经过鲁道夫·哈勒(Rudolf Haller)、鲁道夫·金迪格尔(Rudolf Kindinger)和罗德里科·M·奇泽姆(Roderick M. Chisholm)十年(1968—1978)的努力,整理为七卷的《迈农全集》出版。其中,第一卷为《心理学文集》,另外还有一附卷,为迈农讲课及手稿。他的遗著以及通信等现保存在格拉茨大学,从格拉茨大学现存的迈农遗著的整理来看,这项工作迄今还在进行中。

需要指出的是,移教格拉茨后,迈农的视力与他的老师布伦塔诺的一样,渐渐恶化。这大大影响了他的生活与工作。迈农极力向学生与妻子掩饰这一点,众人也与他的掩饰保持一致,只在他逝后感叹他所遭受的痛苦与其成就的不可想象。[①] 后来,妻子接过为他阅读的任务。他在布伦塔诺门下时的同学、捷克斯洛伐克第一任总统马萨里克为他从美国购置了一台打印机,为他的著述起到一定作用。1915 年,迈农最心爱的学生威塔塞克在接手实验室后不久因病去世,给他很大打击。另一学生贝努西则因政治原因不得不回意大利。第一次世界大战爆发后,他唯一的儿子在战争中失去了一只眼睛。这一切使他感到晚景凄凉。“因此,人性的命运,生命的流逝,已经不止一次敲响我工作一生的房门。时间不会太长,同一命运也会要求我作出颂歌。”[②]1920 年 11 月 27 日,迈农因肾病去世,享年 68 岁。

迈农的思想很早就在学术界引起反响,他早期的名声大大超过胡塞尔。在英美学界,1904 年、1905 年和 1907 年,英国著名哲学家罗素在《心灵》杂志上发表四篇文章,讨论迈农的复型、假设等思想。英国哲学家芬德莱(J. N. Findlay)的专著《迈农的对象与价值理论》(1963,第一版为《迈农的对象理论》,出版于 1930 年)则是研究迈农的经典之作,另外,他还在《价值论伦

① Dölling, E. (2001). Alexius Meinong's life and work. In: L. Albertazzi, et al. (ed.). *The school of Alexius Meinong*. Aldershot: Ashgate, p. 56.

② Meinong, A. (1974). Meinong's life and work. In: R. Grossman. *Meinong*. New York: Routledge & Kegan Paul, p. 236.

理学》(1970)中对从布伦塔诺到哈特曼的价值论伦理学作了梳理。较少为人所知的是，英国著名诗人艾略特(T. S. Eliot)在博士学位论文(1916)中也深入探讨了迈农的思想。

但此后对迈农的研究陷入低谷，这时他就远逊于胡塞尔了。这里要提到的学者是奇泽姆、卡尔茜(M. S. Kalsi)和哈勒。奇泽姆是早期将迈农和布伦塔诺引进英语学界的学者之一。他受到迈农的影响，曾著有《布伦塔诺和迈农研究》(1982)以及多篇论文。卡尔茜是英语学界后期研究迈农思想的重要人物，她的博士学位论文是《〈论情绪表象〉的翻译与评论性导论》(1963)，于1972年整理出版，她还翻译了《迈农论高级对象与胡塞尔的现象学》(1978，其中收录了迈农的重要心理学论文《论复型与关系的心理学》、《心理分析论稿》和《论高级对象及其与内部知觉的关系》等)和《伦理学原理》(1996)等。另外，卡尔茜还著有《迈农的认识论》(1987)等。奥地利的哈勒(R. Haller)则是研究迈农的集大成者，他与奇泽姆等人整理出了八卷本的《迈农全集》(1968—1978)，并主编《格拉茨哲学研究》杂志，另外，他还主编《存在与非存在的彼岸：迈农研究文集》(1972)，主持"迈农国际会议"(1995)，对布伦塔诺学派乃至奥地利哲学的阐发起到了极大作用。此外，林登费尔德的《实证主义的转变：迈农与1880—1920年的欧洲思潮》(1980)则从19至20世纪的思想背景出发，对迈农的思想及其与各领域的关系进行了研究。格罗斯曼(R. Grossmann)的《迈农》(1974)对迈农的思想进行了深入而全面的讨论。巴伯(K. F. Barber)在博士学位论文(1967)中翻译和研究了迈农的《休谟研究》。

进入20世纪90年代后，对迈农思想的系统研究逐渐多了起来。1995年在格拉茨大学召开了"迈农国际会议"，会议论文作为专辑发表在当年《格拉茨哲学研究》杂志上。1996年《价值论》(*Axiomathes*)杂志发表了研究迈农的专辑。格拉茨大学成立了迈农研究会，并出版《迈农研究》辑刊，迄今已出版三辑(2005、2006、2009)。由艾伯塔齐等主编的《迈农学派》(2001)可以看做是这一研究潮流的代表。艾伯塔齐等在书中回顾对迈农的研究时，以"迈农的复兴"作为标题，[①]这在预示迈农研究升温的同时，也表明了迈农的思想在今天依然具有的重要价值。

---

① Albertazzi, L. et al. (2001). Meinong in his and our times. In: L. Albertazzi, et al. (ed.). *The school of Alexius Meinong*. Aldershot: Ashgate, p. 31.

第二节 迈农的意向性观点

迈农秉承了布伦塔诺的研究风格，强调从问题入手，谨慎、精确而详尽地考察问题。他的著作大多是专题性研究，他在讲授、讨论中也反映出这种特点。这使得他的思想难以呈现出一致性。伯格曼因此称他的研究是“发散型”①的。但在这种发散特征的背后，却有着内在的关联，其核心便是意向性。林登费尔德说：“对象理论、心理学、价值论和伦理学都自然地从意向性模型中生发出来。”②迈农正是以意向性为核心，拓展出自己的思想，而他关于意向性的观点却来自布伦塔诺。雅凯特(D. Jacquette)说：“迈农接受了布伦塔诺意向性的部分主题，即意向性是心理的标志……建立起以思想的意向性为基础的统一的、描述的和规范的科学哲学。”③因此，我们需要从意向性开始，考察迈农的思想历程，进而探讨他的形质观点。

一、布伦塔诺的意向性观点

我们从布伦塔诺的意向性观点开始考察迈农的心理学思想。布伦塔诺在1874年《经验观点的心理学》中提出意向性的观点。他那一段经常为人所引述的、“应该逐字翻译出来”④的话是这样说的：“每一心理现象的特征在于具有中世纪经院哲学家所说的对象的意向的（或心理的）内存在(Inexistenz)和我们所称的（尽管无法完全明确）与某一内容的关联，对某一对象（不应理解为实在的对象）的指向，或内在的对象性(immanent objectivity)。每一心理现象都把某物作为对象而包容于自身之中，尽管方

① Lindenfeld, D. F. (1980). *The transformation of positivism: Alexius Meinong and European thought, 1880—1920*. Berkeley: University of California Press, p. 71.

② Lindenfeld, D. F. (1980). *The transformation of positivism: Alexius Meinong and European thought, 1880—1920*. Berkeley: University of California Press, p. 71.

③ Jacquette, D. (1996). Alexius Meinong. In: A. Albertazzi, et al. (ed.). *The school of Franz Brentano*. Dordrecht: Kluwer, pp. 137～138.

④ 施皮格伯格著，王炳文、张金言译：《现象学运动》，商务印书馆1995年版，第78页。

式有所不同。在表象中总有某物被呈现，在判断中总有某物被肯定或否定，在爱中总有某物被爱，在恨中总有某物被恨，在欲求中总有某物被欲求，如此等等。"①

布伦塔诺的这段话具有重要意义。首先，他明确提出意向性是心理现象的本质特征。此前的思想家将意向性看做心理的特征之一或者事物存在的方式之一，而布伦塔诺明确地将意向性作为心理的本质特征，并由于弟子（尤其是胡塞尔）的回应而得到学术界的关注，使得意向性获得了新的生命力，成为海德格尔所谓的"中心问题的标题"②。其次，布伦塔诺通过意向性提出了心理的意向性模型。心理指向对象，始终表现为意动，如表象、判断和爱与恨之类的情感现象。布伦塔诺由此提出了不同于冯特的原子论倾向的心理模型。最后，布伦塔诺通过意向性来划分心理现象与物理现象。心理现象具有意向性，在根本上不同于物理现象，进而区分开了心理科学和物理科学。这样，布伦塔诺就避免了效仿自然科学的可能，从而开创了心理学中的人文科学路线。

但布伦塔诺的意向性观点也存在模糊之处。在这段话中，布伦塔诺使用了五种类型的表达："意向的内存在"、"心理的内存在"、"内在的对象性"、"对某一对象的指向"和"与某一内容的关联"。③ 前三种表述是一致的，即心理现象包含着某个对象，这个对象内存于心理中。后两种表述则指出，心理现象指向对象。而布伦塔诺又没有区分开对象和内容。这就引起后人理解上的纷争，对象与内容是否等同？心理是怎样指向对象的？心理的意向性模型究竟是怎样作用的？

布伦塔诺在 1905 年经历了"内在性危机"④后，彻底抛弃了内在性观点，坚持心理的指向性观点。但是，他在 1874 年所提出的观点已经以各种不同的方式得到了后人尤其是布伦塔诺学派的其他成员的回应。在他之后，意

① Brentano, F. (1973). *Psychology from an empirical standpoint*. New York: Routledge & Kegan Paul, p. 88；布伦塔诺著：《心理现象与物理现象的区别》，见陈启伟主编：《现代西方哲学论著选读》，北京大学出版社 1992 年版，第 197～198 页；施皮格伯格著，王炳文、张金言译：《现象学运动》，商务印书馆 1995 年版，第 78～79 页；高觉敷著：《从意动说到现象学》，见高觉敷主编：《西方心理学史论》，安徽教育出版社 1995 年版，第 39 页；铁钦纳著，李丹译：《系统心理学：绪论》，浙江教育出版社 2001 年版，第 131～132 页；德布尔著，李河译：《胡塞尔思想的发展》，三联书店 1995 年版，第 6～7 页。译文有所改动。

② 胡塞尔著，杨富斌译：《内在时间意识现象学》，华夏出版社 2000 年版，第 2 页。

③ 此处参照了德布尔的研究，译文有所不同。参见德布尔著，李河译：《胡塞尔思想的发展》，三联书店 1995 年版，第 7 页。

④ 施皮格伯格著，王炳文、张金言译：《现象学运动》，商务印书馆 1995 年版，第 94 页；L. Albertazzi, et al. (1996). *The school of Franz Brentano*. Dordrecht: Kluwer, p. 67.

向性沿着两条路线推进。一条路线是，布伦塔诺的意向性观点为现象学和存在哲学所阐发，最终影响到人本主义心理学、存在心理学和现象学心理学。在这条路线中，意向性是指意识与本原世界的关联结构，在这个关联结构中，世界中的对象以其本来的面目呈现给我们，展现出它原本的意义。另一条路线是，布伦塔诺的意向性观点为分析哲学所阐发，最终影响到当今的认知科学。[①] 在这条路线中，意识具有语言的本质，意识的意向性活动因此可以还原为语言意指客观对象的活动。可以说，布伦塔诺拉开了意向性研究的大幕，而后人包括迈农在内，由此展开了对"中心问题"的探讨。

二、迈农的意向性观点

迈农在意向性观点上也体现了他关注问题的研究风格，处于不断的发展之中。此问题的核心就在于布伦塔诺所留下的内容与对象的困惑。1890年，在迈农与弟子霍夫勒合著的《逻辑学》中，就有关于对象与内容的区分，但仍将内容作为一种对象来看待。1894年，迈农在《论高级对象及其与内部知觉的关系》中，受到布伦塔诺的另一位学生特瓦尔多夫斯基的启发，[②]明确区分了对象与内容。此后，他还在《论假设》等著作中不断返回到这个问题上来。

总的来看，迈农区分出对象与内容，提出了意动—内容—对象的意向性结构，并在此基础上探索各个领域。他在心理学领域考察意动等心理活动，并拓展到美学和伦理学等领域；他在本体论领域考察对象，并提出了著名的对象理论，他尤其提出高级对象的观点，结合意动，对形质问题做出回答。下文分别从意动、对象和内容出发，对迈农的意向性观点进行具体的考察。

迈农同意布伦塔诺的观点，认为意向性是心理现象的本质特征。正是这种性质将心理现象与所有其他现象区分开来。"简言之，所有的人都会承认：心理事件都普遍地具有这种独特的'指向某物的特征'，而且，它们因此而(至少是)强烈地要求我们把这一特征当做心理事件所独具的一种性质，即一种把它们与所有非心理的事件区别开来的性质。"[③]心理在指向对象中

---

① Dreyfus, H. L. (1982). *Husserl, intentionality and cognitive science*. Cambridge: The MIT Press, p. 187.

② Meinong, A. (1978). On objects of high order and their relationship to internal perception. In: M. S. Kalsi, (ed.). *Alexius Meinong on objects of high order and Husserl's phenomenology*. The Hague: Martinus Nijhoff, p. 141.

③ 迈农著:《对象理论》,见:陈启伟主编:《现代西方哲学论著选读》,北京大学出版社 1992 年版,第 213 页。

始终表现为一些活动，即意动。迈农进一步指出，正是意动使得心理现象具有独特的性质。“……每一次我产生了教堂的塔、山顶、情感或者欲求、不同或者因果关系、或任何其他事物的表象时，我的确产生了表象。不管对象在材料上有怎样无穷尽的差异，所有这些心理事件都具有一个共同的要素，它们凭借这个要素成为表象，这个要素就是表象的产生或者表象意动。”①

从心理的指向出发，迈农进一步考察意动的特征。首先，他指出，意动存在主动与被动之分。正如芬德莱所指出的：“在一些经验中我们做事情，而另一些经验中事情仅仅向着我们发生。”②在做事情时，我们主动地指向对象，例如作出关于美国的自由女神存在与否的判断；在事情朝向我们发生时，我们仅被动地承受就可以了，比如，在我们感受到痛苦时，痛苦的情绪仅仅通过我们而产生，不需要主动的努力。主动与被动构成了意动的一个维度。其次，迈农提出，另一个维度是理智和情感。意动可以划分为两个较大的范畴，即理智的和情感的，但二者并非截然对立，而是存在着过渡部分。

最后，根据对象的指向，迈农在布伦塔诺的基础上提出了五种主要的意动：表象、判断、假设、情绪和欲求。迈农同意布伦塔诺的观点，认为表象是对对象的呈现，可以分为知觉表象和想象表象，是其他意动的基础，但与布伦塔诺不同的是，迈农认为表象对对象的呈现是被动的。判断是对对象存在与否的把握，是主动的。在判断之外，还存在假设这种独特的意动，它类似于判断，但与判断不同的是，在假设中不涉及对象存在与否的问题。另外，假设一方面具有理智的特征，另一方面又具有情感的特征，处于理智与情感之间。假设对于心理学研究具有重要的意义。迈农在回忆自己的心理学研究时，首先指出的就是关于假设的研究。“我希望……通过指出另外一种类型的经验[假设]……为心理学研究开启新的途径……。”③假设和判断对于对象的指向都是主动的，它们和表象都属于理智的范畴，情绪和欲求则属于情感的范畴。迈农不同意布伦塔诺对情绪的划分，他认为可以从情绪中划分出欲求，情绪是对对象的体验，是被动的，而欲求则是在情绪的伴随下，对对象主动的指向。从主动与被动、情感与理智两种维度来看各种意动，如表 7-1 所示。

---

① Meinong, A. (1978). On objects of high order and their relationship to internal perception. In: M. S. Kalsi, (ed.). *Alexius Meinong on objects of high order and Husserl's phenomenology*. The Hague: Martinus Nijhoff, p. 143.

② Findlay, J. N. (1963). *Meinong' theory of objects and values*. Oxford: Clarendon Press, p. 220.

③ Meinong, A. (1974). Meinong's life and work. In: R. Grossman. *Meinong*. New York: Routledge & Kegan Paul, p. 234.

表 7-1　迈农对意动的划分

	被动	主动
理智	表象	判断 假设
情感	情绪	欲求

意动始终指向对象。这里,对象的内涵是非常宽泛的,凡是心理所指向的,无论是可能的还是不可能的,都属于对象的范围。关于对象和心理现象的关系,迈农最终认为对象独立于心理现象,它不是心理的,不存在于心理内部。迈农对对象进行了细致的考察,区分出与意动相对应的四类对象:单一对象(objecta)、对象式(objective)、受敬物(dignitative)和受求物(disiderative)。

单一对象指的是单个的事物、事物的属性以及联系等,我们日常生活中的单个事物如桌子、凳子等都属于单一对象。单一对象只能为表象所指向,它是其他对象的前提,其他对象都建立在单一对象的基础上。当单一对象涉及多种组成部分时,如作为对象的一首交响乐由无数个音符组成,就成为高级对象,这就涉及形质问题。单一对象有三种不同的存在形态。实存(*existieren*,existence)的对象指的是实际存在、处于具体的时间中的对象,例如树、马等,由此构成现实世界。虚存(*bestehen*,subsist)的对象指的是无法实际存在、与具体时间无关但却存在的对象,如金山、自然数等,由此构成思想世界。[1] 与存在无涉(*aussersein*)的对象指的是与具体时间无关且不存在的对象,如圆的四边形。迈农提出对象的不同存在方式,在一定程度上避免了将心理现象进行"物"化的倾向。冯特将心理划分为类似于原子的元素,存在着将心理看做实在物的倾向。迈农认为,人们具有钟爱实际存在的事物的倾向,以致忽略其他类型的对象。[2] 就此而言,迈农关于单一对象存在形态的划分,对心理学具有重要的意义。

对象式建立在单一对象的基础上,指的是对象的存在或者对象间的关系、对象式的存在或对象式间的关系等。诸如"苹果具有红色"、"苹果不同于桃子",或者更复杂的情况如"红苹果不同于黄色的桃子"等都属于对象式,对象式最终可以分析为单一对象。与单一对象为表象所指向相比,对象

① 关于两个世界的观点参见靳希平、吴增定著:《十九世纪非主流哲学》,北京大学出版社 2004 年版,第 283 页。

② 迈农著:《对象理论》,见:陈启伟主编:《现代西方哲学论著选读》,北京大学出版社 1992 年版,第 214～218 页。

式只能为判断或假设所指向。当意动指向单一对象和复合对象时，表现出理智的特征，而指向受敬物和受求物时则表现出情感的特征。受敬物属于伦理和审美的价值领域，也即是说，受敬物是价值，[①]例如真、善、美等。受敬物类似于单一对象，但它为情绪所指向，这种情绪具有呈现（presenting）的性质，因此，迈农提出"情绪表象"（emotional presentation）的概念。[②] 受求物被迈农称作义务（obligation），是意识到事物或要做事物的义务，[③]它建立在受敬物的基础上，为欲求所指向，通常以命令或建议等形式表达出来。

迈农最终发展出他著名的对象理论（the theory of object），这里不作深入探讨。关于意动与对象的对应，可以用下表表示：

表 7-2　意动与对象对应表[④]

	意动	对象
理智	表象	单一对象
	判断、假设	对象式
情感	情绪	受敬物
	欲求	受求物

如果以表 7-2 来考察心理现象，容易得出心理表现为意动—对象结构的观点。英国道德哲学家摩尔在同意迈农区分意动与对象观点的同时，还认为心理现象除意动与对象之外，没有其他的部分。[⑤] 我国学者宁如也从意动和对象两方面来阐述迈农的意向性。[⑥] 这种观点是有问题的。如果对象属于心理，就难以解释对象的属性体现在心理中的问题，例如属性为金子的对象金山，如何存在于我们的心理中？如果对象不属于心理，心理在指向对象中，就无法对我们丰富的内心体验作出解释。

迈农认为，在心理现象中还存在另外的部分，那就是内容。内容是心理现象的一部分，它随着意动的出现而出现，始终是当前的（present），并且是

---

① Kalsi, M. S. (1978). Introduction. In: M. S. Kalsi(ed.). *Alexius Meinong on objects of high order and Husserl's phenomenology*. The Hague: Martinus Nijhoff, p. 9.

② 迈农著有《论情绪表象》，在其中提出了独特的情绪心理学思想。

③ Kalsi, M. S. (1978). Introduction. In: M. S. Kalsi(ed.). *Alexius Meinong on objects of high order and Husserl's phenomenology*. The Hague: Martinus Nijhoff, p. 9.

④ 该表参考了宁如的心理体验与对象类型关系表，参见宁如：《心理体验与对象类型——试论迈农的意向性理论》，《现代哲学》2002 年第 4 期，第 108 页。

⑤ Marek, J. C. (2001), Meinong on psychological content. In: L. Albertazzi, et al. (ed.). *The school of Alexius Meinong*. Aldershot: Ashgate, p. 272.

⑥ 宁如：《心理体验与对象类型——试论迈农的意向性理论》，《现代哲学》2002 年第 4 期，第 101～108 页。

实在的(real),①与意动有着同样的存在方式。内容在一定程度上体现了心理现象的独特性,使其与其他心理现象区别开来。如前所述,心理现象间的差别主要在于意动。但在同一种意动中,不同心理现象的差别则在于内容。迈农指出:“对于不同对象的表象可能在意动上是一致的,但它们在其他方面存在区别,这个方面可以称作‘表象的内容’。”②

内容体现了心理现象的独特性,迈农指出:“当我们某一时刻看到红,另一时刻看到绿时,我们感受到不同,这并非由于对象而是由于内容之故。并非彼时内容是红色的物或甚至是红本身,此时内容是绿色的物或绿本身。红和绿不是这些内容,而是通过内容所把握的到的东西。”③换言之,正是在内容上体现了经验的主观性与丰富性,而冯特将心理现象划分为类似原子的元素,却无法揭示经验的丰富内涵。

通常,由于意动所指向的是对象,所以内容反而难以为我们所觉察到。在我们的日常语言中,不得不通过对象来表达内容。迈农举例说,我们可以说“对蓝的表象的内容”,它不同于“对红的表象的内容”。④ 关于对内容的把握,我们将在考察高级对象的把握时再进行详细的讨论。

迈农对对象和内容作出了严格的区分,他借鉴特瓦尔多夫斯基的观点,并指出,内容是心理的一部分,而对象独立于心理;内容具有心理的属性,而对象没有。迈农进而提出,内容与对象间的关系是一种充分(adequacy)关系。这意味着内容与对象间仅是一种“契合”(fitting)⑤的关系,而非相似或相同。

迈农通过对意动加以重新界定,区分出对象与内容,使得意向性获得了重大的发展。以对象和内容的区分来看,迈农避免了两种倾向,而这两种倾向是胡塞尔耗费相当大的心血加以批判的。第一种倾向是将内容比拟作自然物,我们可以将这种倾向称作“自然主义”,可见于冯特将心理看做类似原

---

① 与 realism 译为“实在论”一致,real 译为“实在的”,与 ideal(思想的)相对。而 existent 译为“实存的”,意指客观存在的,范畴小于 real。

② Meinong, A. (1978). On objects of high order and their relationship to internal perception. In: M. S. Kalsi, (ed.). *Alexius Meinong on objects of high order and Husserl's phenomenology*. The Hague: Martinus Nijhoff, p. 143.

③ Marek, J. C. (2001). Meinong on psychological content. In: L. Albertazzi, et al. (ed.). *The school of Alexius Meinong*. Aldershot: Ashgate, p. 270.

④ Meinong, A. (1978). On objects of high order and their relationship to internal perception. In: M. S. Kalsi(ed.). *Alexius Meinong on objects of high order and Husserl's phenomenology*. he Hague: Martinus Nijhoff, p. 143.

⑤ Marek, J. C. (2001). Meinong on psychological content. In: L. Albertazzi, et al. (ed.). *The school of Alexius Meinong*. Aldershot: Ashgate, p. 269.

子的元素的集合的做法中。第二种倾向是将对象等同于心理内容，这使得逻辑等客观规律被归结为心理的规律。胡塞尔将这种倾向称作“心理主义”。可以看出，迈农对内容与对象的区分具有重要的意义，是对布伦塔诺思想的重要发展。

迈农对意向性作出界定，为形质心理学奠定了基础。心理是具有意动—内容—对象的意向性结构，在对心理进行考察时，必然从意动对对象的把握开始。我们会看到，迈农正是将形质纳入对象领域，从对象的意向性把握进行考察的。形质学派的其他成员如阿梅塞德、贝努西、威塔塞克等人也是从这个角度发展迈农的形质心理学思想的。因此，迈农对意向性的发展为对形质的探讨奠定了坚实的基础。

第三节　迈农的形质说

迈农在意向性的基础上，沿两个方向发展自己的理论。一方面是对象理论，另一方面则是创造说。迈农的形质观点便是意向理论的有机组成部分。形质观点起源于厄棱费尔，它的系统化却是由迈农完成的。迈农将形质纳入对象之中，视其为高级对象。他对高级对象进行了整体的考察，并详细阐述了各种高级对象，使得形质观点发展为一种系统的理论。

一、形质说的缘起

在冯特提出心理学是研究经验的内容的同时，布伦塔诺则提出了心理学是研究经验的意动的观点。内容在客观的视角下，具有自然物的特征，可以分为类似原子的元素，而意动则通过内部知觉完整而原始地呈现给我们，始终是指向对象的活动。冯特的心理学关注怎样将心理分为客观的元素，而布伦塔诺的心理学则关注心理怎样与对象相关联。心理学在创立之初便出现两种不同的研究取向。

两种研究取向所关注的是同一个研究对象，即心理。因此它们必然会就心理的具体问题提出各自的观点，并进一步产生争论。在《经验观点的心理学》中已经体现了这一点。因此,当争论的问题涉及对方在核心问题上所面临的困境时,两种取向便会产生波林所谓的"明确的接触"①。对于早期自然科学取向的心理学来说,由坚持元素论所带来的困境是无法避免的:心理由同质的元素相加而成,换言之,通过相加而成的整体的心理与作为部分的元素有着相同的属性,然而事实并非如此。整体可能具有部分所无法具有的属性,可能无法由部分相加而成。整体与部分间的关系成为元素论者所必然面临的困境,也是与另一取向争论时产生"明确的接触"所在。

然而,这种任务的具体落实却是微妙的。布伦塔诺由于主要所关注的心理学研究与冯特不同,未能在元素论问题上与冯特相遇。对于斯顿夫来说,与冯特的相遇是可能的,因为他在考察音乐时已涉及到内容心理学的研究领域,他本可以就音符与音调关系对冯特的元素论观点提出反对意见,引起学界的讨论,但他却在研究方法上与冯特产生了争论。② 对于迈农来说,这种相遇已经接近现实。一旦迈农区分了对象与内容,他必然会遇到冯特所关注的内容领域。不过,冯特所关注的内容在进入迈农的视野后,就成为对象领域的问题了。我们会看到,冯特的感觉事实上涉及感觉活动和感觉对象,元素论的困境在很大程度上体现在感觉对象上。而对象领域恰恰是迈农的重点关注所在。因此,迈农在整体与部分问题上与元素论者的相遇是必然的。事实上,迈农于 1888 年曾讲授"复型心理学"的课程,③本已涉及到整体与部分关系问题,或许由于谨慎的研究风格,而未能将其观点公布于众。

二、形质说的系统化

历史将这个任务留给了博学多才的厄棱费尔。他于 1890 年发表《论形质》一文,对自然科学取向的关于整体与部分关系的观点提出质疑。他认为整体具有部分无法具有的特质,即形质,而形质的出现有赖于意动。厄棱费尔坚持意动的立场对自然科学取向所面临的困境提出质疑,最终使得两种取向在形质问题上产生"明确的接触"。在厄棱费尔发表论文一年后,迈农经过审慎地思考,发表了《论复型与关系的心理学》(1891),对厄棱费尔的文章加以述评,并就形质问题提出了自己的观点。此后,他又陆续发表《心理分析论稿》(1894)和《论高级对象及其与内部知觉的关系》(1899)等论文,进

① 波林著,高觉敷译:《实验心理学史》,商务印书馆 1981 年版,第 498 页。

② Boring, E. G. (1929). The psychology of controversy. *Psychological Review*, Vol. 36, pp. 97~121;波林著,高觉敷译:《实验心理学史》,商务印书馆 1981 年版,第 411 页。

③ http://www.kfunigraz.ac.at/ub/sosa/nachlass/person/meinong/karton/. 2004.11.5

一步加以讨论，并在以后不断地返回到该问题上来。但是，从这些方面仅能得出，迈农由厄棱费尔处得到一种动力(impetus)①，而非以厄棱费尔为起点，发展出关于形质说的观点。就厄棱费尔而言，他受到迈农的较大影响。在维也纳大学师从布伦塔诺时，厄棱费尔便听了迈农的课程，此后随迈农至格拉茨大学完成学业。厄棱费尔关于形质的那篇文章中的某些观点便来自迈农。艾伯塔齐甚至指出，厄棱费尔的《论形质》"是迈农于 1882 年出版的《休谟研究Ⅱ》所推动的讨论的直接后果"②。

正如在意向性等问题的观点上一样，迈农在形质的观点上也经历了较大的变化。最初在《论复型与关系的心理学》中，迈农肯定了厄棱费尔的发现，并进行了较为谨慎的探讨。他以奠基的内容(*fundierende inhalte*，founding contents)和被奠基的内容(*fundierte inhalte*，founded contents)③来指称厄棱费尔的基素和基体，并探讨了二者之间的奠基关系，就此而言，迈农的学说"在基本上不大异于厄棱费尔"④。但是，迈农在此后作了较大的改进。尤其在 1899 年发表的《论高级对象及其与内部知觉的关系》中区分出内容和对象，上述所谓"奠基的内容"和"被奠基的内容"就发生了一定的变化。威塔塞克在对《心理分析论稿》(1994)的注释中指出："后来，迈农不再提及'被奠基的内容'，转而称'被创造的内容(produced contents)'(或表象)……被创造的表象的对象也就是思想的高级对象，依赖于创造的表象的对象，并以其为基础，因此被称作'奠基'。"⑤我们会看到，奠基和创造有着根本的区别，奠基存在于对象中，而创造存在于表象中。这样，以前所谓的奠基便存在于思想的高级对象中。关于形质，迈农在《论高级对象及其与内部知觉的关系》中指出："根据我在这本杂志第二卷(即《论复型与关系的心理学》——译者注)所提出的一个方案，后者(即被奠基的对象——译者注)与厄棱费尔的形质是一致的。"⑥由于被奠基的对象是思想的高级对象(objects

① Lindenfeld, D. F. (1980). *The transformation of positivism: Alexius Meinong and European thought, 1880—1920*. Berkeley: University of California Press, p. 71.

② Albertazzi, L. (2001). Presentation and production. In: L. Albertazzi, et al. (ed.). *The school of Alexius Meinong*. Aldershot: Ashgate, p. 244.

③ 需要指出的是，《实验心理学史》中译本在 found 的翻译上存在问题(第 502～503 页)。既然"found 意即造成一个基础"(第 514 页)，则应译为"奠基"更为合适，而 produce 才应译为"创造"。

④ 波林著，高觉敷译：《实验心理学史》，商务印书馆 1981 年版，第 502 页。

⑤ Witasek, S. (1978). Supplementary notes, In: M. S. Kalsi (ed.). *Alexius Meinong on objects of high order and Husserl's phenomenology*. The Hague: Martinus Nijhoff, p. 131.

⑥ Meinong, A. (1978). On objects of high order and their relationship to internal perception. In: M. S. Kalsi (ed.). *Alexius Meinong on objects of high order and Husserl's phenomenology*. The Hague: Martinus Nijhoff, p. 153.

of high order），形质因而被纳入对象领域。此后，迈农又不断返回到高级对象上来，并从意动的角度反复加以探讨。因此，波林仅从创造与被创造的内容的角度阐述迈农的形质心理学，有失偏颇。迈农对形质问题的考察最为成熟的是他关于高级对象的观点。

三、高级对象说

总的来看，迈农主要从两个方面来阐述高级对象：[①]一方面是从高级对象的角度，对形质问题以及其背后所隐含的整体与部分关系问题进行论述；另一方面是从意动的角度，来论述与高级对象有关的心理过程。

前已述及，在意向性的观点上，迈农区分出对象、内容和意动。他将对象看做心理所指向的东西，所有可能或者不可能的事物都可以划入对象的范围。形质问题中所涉及的基素和基体也在其中，迈农以前所谓的被奠基的内容是这样一类对象："它们以其他对象为先决条件（*voraussetzung*，presupposition）而得以构造出来。"[②]这类对象相对作为先决条件的其他对象而言是高级的，因而称作高级对象（*Gegenstände höherer Ordnund*，objects of high order）。通过高级对象的概念，迈农将厄棱费尔所讨论的问题作了澄清和延伸，与形质有关的基素和基体事实上是不同层次的对象，形质问题因而是对象领域的问题。当然迈农随之探讨了与高级对象有关的意动，这体现了他在研究中所持的意动立场。

高级对象以其他对象作为先决条件，这个根本的特征决定了它具有未完成性（unfinishedness）或不充分性（*Unfertigkert*，incompleteness）。[③] 以"不同"（difference）为例，只有在两个对象 A 与 B 的情况中，意动指向存在于 A 与 B 间的"不同"这个对象，我们的思想才能够把握"不同"的内涵。离开两个对象，意动指向单独的"不同"，便无法理解它的内涵，因为此时的"不同"是未完成的或不充分的，它需要先决条件 A 与 B，以它们为基础。对象 A 与 B 是"不同"的先决条件，它们在逻辑上先于"不同"。迈农将其称作下

---

① 根据迈农学生菲舍尔的考察，迈农在《论韦伯定律的意义》（1896）中首次提出"高级对象"概念。参见迈农的 *On objects of high order and their relationship to internal perception*，第 201 页。当然最为明确和系统的表述是在 *On objects of high order and their relationship to internal perception* 中。

② Meinong, A. (1978). On objects of high order and their relationship to internal perception. In: M. S. Kalsi (ed.). *Alexius Meinong on objects of high order and Husserl's phenomenology*. The Hague: Martinus Nijhoff, p. 144.

③ Kalsi, M. S. (1978). Introduction, In: M. S. Kalsi (ed.). *Alexius Meinong on objects of high order and Husserl's phenomenology*. The Hague: Martinus Nijhoff, p. 11.

级(inferiora)。相应地，以它们为先决条件的对象如不同则称作上级(superius)。上级以下级为先决条件，依赖下级，一旦对象容许了下级的存在，它就永远需要下级，迈农将此称作符合原则(the principle of coincidence)。[①] 而下级在逻辑上先在于上级，它们独立于上级而存在。另外，上级与下级并非一直固定不变的，在上级的基础上还可以构造出上级，此时原来的上级则成为下级。

所有的高级对象相对于作为其先决条件的下级来说，都是上级。上、下级之间的关系存在着实在与思想、必要与不必要的区别。当关系是实存时，它是实在的；而当关系虚存时，它是思想的。只有当关系是思想的时，才是必要的。例如，A与B间存在着“不同”这种虚存的关系，无论处于何种情况下，A与B之间总存在不同，这是必要的。而对于花园中有朵牡丹这种情况，花园与这朵牡丹的关系是实在的，这朵牡丹实际存在于花园中，关系仅能存在于这种情况中，在其他情况下它是不必要的。当上、下级间存在思想关系时，它们之间存在奠基(foundation)的关系，此时下级是奠基物，上级是被奠基的对象。奠基仅存在于思想的高级对象中。

与关系实在与否一致，高级对象之间也存在实在与思想的区别。此处我们要返回迈农关于对象实在与否的讨论。[②] 在迈农看来，当对象实存或能够实存时，是实在的，它们可以为我们所知觉到，例如一匹马、一本书、颜色、声音、电，等等。当无法实存时，便是思想的，例如缺失、过去的事物，等等，它们无法为我们所知觉到。由此可以推知，当我们考察作为副本和原本的两幅画之间的相似时，“相似”作为依赖于两幅画的高级对象，显然是无法为我们所知觉的，是思想的。四个坚果中的“四”(fourness)显然也是思想的，它需要以四个坚果作为下级，它们之间的奠基关系是必需的。关于实在的高级对象，例如盛开在花园中的一朵玫瑰，显然是实在的，可以为我们所知的。这玫瑰虽然以花园为先决条件，却也可以盛开在不为人所知的山谷中，因此其间的关系是非必需的。

高级对象以下级为先决条件，因此它不同于下级，不是由下级所组成的总和，它具有下级所没有的本质。从这一点来看，迈农在整体与部分的关系

---

① Meinong, A. (1978). On objects of high order and their relationship to internal perception. In: M. S. Kalsi (ed.). *Alexius Meinong on objects of high order and Husserl's phenomenology*. The Hague: Martinus Nijhoff, p. 146.

② Meinong, A. (1978). On objects of high order and their relationship to internal perception. In: M. S. Kalsi (ed.). *Alexius Meinong on objects of high order and Husserl's phenomenology*. The Hague: Martinus Nijhoff, p. 150.

上坚持整体并非部分总和的观点。这与厄棱费尔的观点是一致的，表明了他们在一定程度上克服了元素论。

在 1899 年以及此前的文章中，迈农仅将复型(complexion)和关系(relation)作为高级对象。但他后来不断加以拓展，将对象式、受敬物和受求物等都纳入到高级对象的范围内，而且他对复型和关系又重新进行了界定。总的来说，高级对象可以包括以下几类：关系(relate)、关系式(relation)、复型(complex)、复型式(complexion)、受敬物、受求物。我们来依次加以探讨。

关系是较为基本的一类高级对象，它是不充分的对象，需要其他对象作为先决条件，例如上文中的“不同”。需要强调的是，关系属于单一对象，可以指 A 与 B 间的“不同”，但 A 与 B 之间“存在着不同”这个对象是对象式，因而不属单一对象之列。另外，就 A 与 B 间的“不同”这个高级对象来看，需要两个对象作为下级，因而可以表述为“R—，—，……”，但迈农在后期进行了修改，指出关系既可以需要两个或两个以上的对象，也可以需要单个对象。这就使得卡尔茜推测，属性也可以看做高级对象①，后面讨论到受敬物时，会涉及到这个问题。

关系是单一对象，而关系式则属于对象式，它所指的是关系的存在。上述 A 与 B 之间的“不同”属于关系，而 A 与 B 之间“存在着不同”则属于关系式。与关系相同的是，关系式也是不充分的，需要其他对象作为下级。

与关系和关系式不同，复型指的是一个单一对象，它由一些单一对象以某种关系构成，上文中的四边形和曲调都属于复型之列。复型属于单一对象，而其下级也是单一对象。下级之间存在着某种关系，而非关系式。但下级的存在类型与复型无关，复型的下级可以是实存的，或是虚存的，甚至是与存在无关的对象。另外，与对象分为实在的和思想的一致，迈农区分出两类复型，一类是实在的复型，另一类是思想的复型。所有实在的复型都是实存的，或能够实存的，而所有实存的对象都是可以知觉到的，因此所有实在的复型都是可以知觉到的，例如由墙、窗户和门构成的房子。思想的复型不是实存的，因此也无法感知到②，例如“3＋5”这个复型、两个相似的三角形、由音符按一定规律构成的曲调、两个相似的人，等等。值得注意的是，后两个也属于思想的复型，这是因为，音符间的关系和两个人的关系都是思想的，因而形成一个思想的复型。当谈到两个都在公园中的人时，复型就成为

① Kalsi, M. S. (1978). Introduction. In: M. S. Kalsi (ed.). *Alexius Meinong on objects of high order and Husserl's phenomenology*. The Hague: Martinus Nijhoff, p. 13.

② 这样，关于实在与思想的复型便与波林的论述(第 503 页)一致。但在中译本中，又出现“理想的复型”，这一称呼显然存在问题，应译为“思想的复型”。

实在的。复型实在与否，在于关系实在与否。

复型式与复型不同，它指的是复型的存在，例如“存在着由 A 与 B 所构成的复型”。复型式因此是对象式，它指代复型的存在或如此之在(*sosein*)。与复型可以表述为“R—，—，……”相比，复型式可以表述为“存在着 R—，—，……”。因此，构成复型式的下级之间存在的并非关系，而是关系式。但需要指出的是，关系式与复型式是不同的，关系表述的是复型是如何构成的，关系式因此表述的是复型是如何构成的这一事实，而复型式则表述复型是什么这一事实。换言之，关系式表述的是如何(how)，而复型式表述的是什么(what)。①

综上所述，单一对象、对象式、关系、关系式、复型和复型式之间关系可如表 7-3 所示：

表 7-3　单一对象、对象式、关系、关系式、复型和复型式间的关系

单一对象	对象式
关系	关系式
复型	复型式

在单一对象中，以单一对象为先决条件的单一对象属于高级对象。对于对象式，迈农最终在《论情绪表象》中认为，所有的对象式都属于高级对象。② 对象式必须以其他单一对象或者对象式为先决条件，而高级对象恰恰指的是那些以其他对象为先决条件的对象，因此，对象式可以看做高级对象，它突出地表现为关系式和复型式。与此类似，受敬物和受求物也可以看做高级对象。受敬物指的是真、善、美等对象的属性，它类似于单一对象，但不是单一对象，它们必须依赖于其他对象，例如，一首歌曲所展现的美必须以歌曲为先决条件。就此而论，受敬物是一类高级对象，但由于不是单一对象，不能划入复型或关系中。受敬物作为高级对象，其下级可以是一个对象，如上例所示，此时它实际上是属性。因此，卡尔茜的推测得到证实，属性也可以成为高级对象。而作为义务的受求物也可以看做高级对象。例如，我们要尊老爱幼这种“义务”作为高级对象，是以“我们要尊老爱幼”为先决条件。

迈农将形质问题纳入对象领域，以高级对象的观点处理形质问题，使得形质问题得到新的解答，焕发新的生命力。迈农对复型、关系等具体高级对

① Kalsi, M. S. (1978). Introduction. In: M. S. Kalsi(ed.). *Alexius Meinong on objects of high order and Husserl's phenomenology*. The Hague: Martinus Nijhoff, p. 19.

② Kalsi, M. S. (1978). Introduction. In: M. S. Kalsi(ed.). *Alexius Meinong on objects of high order and Husserl's phenomenology*. The Hague: Martinus Nijhoff, p. 22.

象进行了区分，并对上下级之间的关系进行阐述，较好地从另一个角度对形质进行了探讨。但高级对象仅是迈农回答的一个方面，另一方面则是与高级对象相关的心理活动，也即高级对象的把握问题，从这一方面更能够显示出迈农的意动立场及其与自然科学取向的差异。

第四节　迈农的创造观

形质是一种对象，为意动所把握。这个把握过程是如何实现的呢？迈农为此提出创造说，认为在对形质的把握中，经历了一个创造的过程。不仅如此，在创造过程中还存在着心理分析和知觉的模糊现象。通过阐述创造，迈农将形质重新拉回到意动心理学的范围之内，并为形质学派奠定了基础。

一、高级对象的把握

在探讨了高级对象以后，我们来看高级对象的把握。在布伦塔诺看来，可以通过两种途径把握对象，首先是通过外部知觉，即通过表象、判断和情绪的意动来把握对象；其次是通过内部知觉即经验的伴随意识。在通过表象把握到一匹马时，我们立即通过伴随意识即内部知觉知道自己通过表象把握到一匹马。迈农也承认这种途径，不过他从呈现（presentation）的角度区分出自我呈现（self-presentation）和他者呈现（other-presentation）。[①] 自我呈现属于内部知觉，但并非所有的内部知觉都是自我呈现；他者呈现指的是外部知觉。在自我呈现中，经验展现自身，我们知道自己在进行表象这种意动，同时知道自己通过表象把握到一匹马。可以看出，在自我呈现中我们无法主动地观察自己，因此，自我呈现不同于自我观察。在这一点上，迈农与布伦塔诺都持相同的经验论立场。

在自我呈现中，心理将自身展现给我们，这样我们就可以把握到意动。但是，在心理现象中，存在意动、对象和内容三个部分，意动通过自我呈现展

---

① Kalsi, M. S. (1987). *Meinong's theory of knowledge*. The Hague: Martinus Nijhoff Publishers, p. 32.

现出来，对象却无法展现自身，它必须通过另一种方式为我们所把握。迈农以教堂的钟塔为例，[1]我们在知觉到教堂的钟塔的同时，能够告诉自己："我知觉到教堂的钟塔"。这是通过内部知觉得到的。这句话中的钟塔肯定不是外部实存的钟塔，它仅存在于内部知觉中，不具有实存钟塔的各种属性。而且，由于在内部知觉中所思及的是钟塔而非对象的内容，因此，通过内部知觉所把握到的钟塔也非内容。迈农起初将它称作内在对象(immanent object)，但他后来认为，内在对象的称呼容易导致人们误认为存在着内部的对象。由于它伪似对象却又存在于内部知觉中，迈农称之为伪对象(pseudo-object)，它仅是伪存(pseudo-exist)于我们的经验中。这样，与具体的各种对象相应，也就有了伪对象式、伪受敬物、伪受求物等。需要指出的是，伪存并非一种独特的存在，卡尔茜认为，可以将其纳入存在无涉这一类存在中。[2]

伪对象不同于对象，在具体的心理现象中，意动所指向的对象独立于意动而存在，而伪对象仅存在于内部知觉中，无法独立于意动而存在。伪对象也不同于内容，内容存在于意动中，是实在的，而伪对象则否。不过伪对象与内容之间存在相应的关系。事实上，从心理现象的三个部分来看，在内部知觉中，我们无法把握意动所指向的对象，此时，内容便起到重要的作用，它替代对象并将其呈现出来，最终所呈现出的便是伪对象。迈农的弟子菲舍尔在为高级对象所作的注释中指出，伪对象是内容的替代物，[3]但由于内容是实在的，而伪对象则否，所以它们是不同的东西。这样，我们可以在内部知觉中通过伪对象来把握对象。

对于高级对象来说，同样可以通过两种方式来加以把握。与对象为意动所把握一致，高级对象也可以由不同的意动所把握。对象和复型可以为表象所把握，当然，这种把握是被动的。对象式和复型式可以通过判断或假设而为我们所主动地把握。作为高级对象的受敬物和受求物可以分别通过情绪和欲求而为我们所把握。除了外部知觉外，还可以通过内部知觉尤其是自我呈现来把握高级对象。我们可以通过内部知觉了解到自己发现两个东西是相似的；我们可以知道自己把握到三个或五个同类的事物，进而把握到图

---

① Meinong, A. (1978). On objects of high order and their relationship to internal perception. In: M. S. Kalsi (ed.). *Alexius Meinong on objects of high order and Husserl's phenomenology*. The Hague: Martinus Nijhoff, p. 156.

② Kalsi, M. S. (1978). Introduction. In: M. S. Kalsi (ed.). *Alexius Meinong on objects of high order and Husserl's phenomenology*. The Hague: Martinus Nijhoff, p. 27.

③ Fischer, A. (1978). Additional notes to treatise Ⅴ. In: M. S. Kalsi(ed.). *Alexius Meinong on objects of high order and Husserl's phenomenology*. The Hague: Martinus Nijhoff, p. 202.

形或曲调。当然与复型和关系等相对应,也应存在着复型式和关系式等。

关于高级对象的把握,迈农主要关注的是高级对象的表象及与其相关的内部知觉过程,这与他主要关注的高级对象是复型和关系一致。需要指出的是,关于表象,迈农循由布伦塔诺将其分为知觉表象和想象表象。知觉表象指向实在的对象,而想象的对象则指向其他类型的对象。与此一致,高级对象之间也存在实在与思想两种类型。实在的高级对象为知觉表象所把握,但思想的高级对象是否为想象表象所把握呢?迈农并未作出回答,他将问题留给了他的学生,阿梅塞德在这个问题上作出了明确的回答。迈农将主要的关注点放在高级对象的产生上,他指出,高级对象的产生需要经过一个前思想的过程,即心理分析。而思想的高级表象的产生更为复杂,要经过表象创造(*vorstellungsproduktion*, presentation production)的过程。迈农对创造尤加注意,并为其学生所继承,成为形质学派最为重要的心理学观点。

二、心理分析

当我们在喧闹的都市大街上突然听到天边隐隐的雷声,或在熙熙攘攘的大街上发现自己要寻找的人时,[①]我们需要经历一系列的心理过程,其中一个重要的过程便是心理分析(*psychischen analyse*, psychic analysis)。心理分析指的是准备并产生独立的表象内容的过程。当我们听到雷声或认出要找的那个人之前,我们需要将耳边回响的混杂的声音加以辨别,或将熙熙攘攘的人群加以区分,由此就需要将这些材料加以整理,分离为分散的、独立的个体,这个整理、分离的过程便是心理分析。

可以看出,心理分析主要是一种前思想的过程,它处于表象、判断、假设等意动之前,为这些意动的产生做准备。这种过程并非与表象、判断等意动并列的一种意动,在它将材料分离为独立个体的过程中,不存在类似意动的指向。而且,在迈农看来,心理分析主要加工的材料是内容,尽管这一点存在争议,但却无疑与意动有别。其次,心理分析也不是内部知觉,它并未像内部知觉那样将我们当前的经验情况呈现出来,它仅仅将混乱的材料加以整理,得到分散的独立的个体。不过由于它处理的材料是内容,它与内部知

① Meinong, A. (1978). An essay concerning the theory of psychic analysis. In: M. S. Kalsi (ed.). *Alexius Meinong on objects of high order and Husserl's phenomenology*. The Hague: Martinus Nijhoff, p. 75.

觉有着密切的关系。

但是，关于内部知觉的材料究竟是否为内容，这是存在争议的。迈农在《心理分析论稿》(1894)中提出，内部知觉的材料是内容，但此时他尚未区分出对象和内容，关于内容的使用仍然存在混淆的情况。前已述及，在心理通过内部知觉对对象的把握中，所把握到的是伪对象，伪对象可以视作内容的替代物，而内容难以为心理所把握和操作。因此，心理分析所操作的材料应该是伪对象而非内容。卡尔茜在面临这个问题时指出："最好的情形是，在许多例子中，我们至少应该将内容替换为伪对象。"①

心理分析活动主要有两个目的。② 首先，当接受某个复型，而其部分又未加区分时，心理分析通过对部分加以整理，使复型得以理解。其次，在产生复型之前，必须将其成分加以整理，为复型的创造作好准备。迈农对此举下例加以说明，③当我们晚上站在山上俯瞰山下的城市时，能够感受到城市的夜景，尤其是璀璨的灯光。当我们意识到灯光有许多种，呈现为五颜六色时，我们已经经过了一种心理过程，这便是心理分析，它将城市整体的灯光加以区分，成为具体的部分，使其能够为我们所理解，从而达到第一个目的。心理分析在将璀璨的灯光加以分析后，能够为我们进一步的知觉判断活动作好准备，在此基础上，我们可能会通过表象或判断把握到城市中某种特别耀眼的灯光。在达到这两个目的的过程中，我们可以看出，心理分析最根本的功能在于它将分离后的材料展现出来。无论是使得灯光为我们所理解还是为我们进一步的心理活动作准备，心理分析都起到一个核心的作用：将连成一片的灯光加以区分，展现给我们相对独立的各种灯光，在此基础上我们才能够理解并或作出进一步的心理活动。

心理分析先于表象和判断等意动，将材料加以分离，那么，它所操作的材料即伪对象主要源于何处呢？迈农提出表象域(sphere of presentation)的概念，④认为心理分析的材料源于这种领域。在迈农看来，表象域指的是

---

① Kalsi, M. S. (1978). Introduction. In: M. S. Kalsi (ed.). *Alexius Meinong on objects of high order and Husserl's phenomenology*. The Hague: Martinus Nijhoff, p. 32.

② Kalsi, M. S. (1978). Introduction. In: M. S. Kalsi(ed.). *Alexius Meinong on objects of high order and Husserl's phenomenology*. The Hague: Martinus Nijhoff, p. 33.

③ Meinong, A. (1978). An essay concerning the theory of psychic analysis. In: M. S. Kalsi (ed.). *Alexius Meinong on objects of high order and Husserl's phenomenology*. The Hague: Martinus Nijhoff, p. 92.

④ Meinong, A. (1978). An essay concerning the theory of psychic analysis. In: M. S. Kalsi(ed.). *Alexius Meinong on objects of high order and Husserl's phenomenology*. The Hague: Martinus Nijhoff, p. 93.

贮存心理分析的材料的领域，所贮存的材料为内容，然而我们知道，内容始终是当前的，它不可能长时间存在于意识中，因此，这种材料更有可能作为所把握到的伪对象停留在记忆中。心理分析显然是在表象域中完成的。迈农提出表象域的概念，表明在我们进行外部知觉前就已经存在某种先前的材料，这或许与当代关于长时记忆的观点有些一致，但他并未就这一点进行深入的探讨。当心理分析对表象域的材料进行加工时，会有选择地注意到储藏的某些材料，忽略另一些材料，受到注意的材料便会得到加工。这些材料进入我们注意的中心，形成了另一领域，迈农称作判断域（sphere of presentation）。[①] 判断域的范围显然小于表象域。在判断域中，已经为即将进行的心理活动作好了准备。

需要指出的是，心理分析并非适用所有的情况，在某些情形中，当对材料加以分析时，可能会起到相反的结果，反而破坏复型的形成。迈农举曲调为例，当对材料加以分析，关注到单个的音符时，曲调反而消失了，[②]这就产生了知觉的模糊问题，我们下面就来考察这个问题。

三、知觉的模糊

知觉的模糊（perceptual evasiveness）指的是这样一种现象，当我们对一些对象加以注意或提高注意时，它们反而变得模糊，甚至无法为我们所把握。很明显，知觉的模糊属于内部知觉领域。在内部知觉中，经验向我们呈现自身，一旦我们加以主动地注意，它们就会模糊起来。迈农以决策过程为例加以说明。[③] 常人在作决策的过程中，会自然地通过内部知觉了解到自己在欲求着什么，尽管有可能不甚了解与决策的对象有关的具体信息。日常生活中，我们可能会出现不知道自己要做什么的情况。但在这个例子中，我们主要关注经验的意动方面。日常生活中（素朴情况下），我们可以通过内部知觉了解到自己欲求什么，尽管这个“什么”不太明确。但在另外一种情

① Meinong，A.（1978）. An essay concerning the theory of psychic analysis. In：M. S. Kalsi（ed.）. *Alexius Meinong on objects of high order and Husserl's phenomenology*. The Hague：Martinus Nijhoff，p. 94.

② Meinong，A.（1978）. An essay concerning the theory of psychic analysis. In：M. S. Kalsi（ed.）. *Alexius Meinong on objects of high order and Husserl's phenomenology*. The Hague：Martinus Nijhoff，p. 88.

③ Meinong，A.（1978）. On objects of high order and their relationship to internal perception. In：M. S. Kalsi（ed.）. *Alexius Meinong on objects of high order and Husserl's phenomenology*. The Hague：Martinus Nijhoff，p. 178.

况下，当一位心理学家在经历同样的过程时，他可能希望了解自己决策过程的企图，结果可能与日常情况下不同。这位心理学家在关注自己的决策过程时，所把握到的欲求情况就会模糊起来，所关注的企图越强烈，所把握情况的模糊性就会越发严重。迈农试图通过这个例子来考察知觉的模糊，但他所举的例子却涉及到思维过程，而且这一过程和符茨堡学派的无意象研究非常相似，只不过符茨堡学派认为这是一种自然的情况，而迈农却认为是由我们主动的作用所致。

知觉的模糊不仅存在于单一对象中，事实上也存在于高级对象中，前述曲调便是一个例子。另外，迈农又以两事物间的“不同”来加以说明，①我们可以通过内部知觉把握到红色与绿色之间存在的“不同”这一高级对象。但是当我们试图进一步发掘该高级对象的内涵时，“不同”却越发模糊了。不过，仅有部分高级对象间存在着知觉的模糊的情况。迈农以直线和有着延续轮廓的图形为例，②说明在这些高级对象中不存在知觉的模糊。需要指出的是，这两个例子的下级都是连续体，无论我们怎样主动地注视直线，情况都不会发生变化。迈农因此认为，所有以下情况中的高级对象都存在知觉的模糊情况：它们直接的下级在自身中或以上级为背景得到分析。③ 这个观点是易于理解的。我们在这种情况下会得到诸如“……的弟弟”、“……的左边”、“与……共舞”之类的结果，自然会出现知觉的模糊情况。但是，与之相反，迈农认为，知觉的模糊从不会在无法分析的复型中产生。④ 卡尔茜提出疑问说，对于无法分析的复型，我们又怎样加以把握呢？⑤ 迈农的这个观点自然存在问题。

---

① Meinong, A. (1978). On objects of high order and their relationship to internal perception. In: M. S. Kalsi (ed.). *Alexius Meinong on objects of high order and Husserl's phenomenology*. The Hague: Martinus Nijhoff, p. 179.

② Meinong, A. (1978). On objects of high order and their relationship to internal perception. In: M. S. Kalsi (ed.). *Alexius Meinong on objects of high order and Husserl's phenomenology*. The Hague: Martinus Nijhoff, p. 180.

③ Meinong, A. (1978). On objects of high order and their relationship to internal perception. In: M. S. Kalsi (ed.). *Alexius Meinong on objects of high order and Husserl's phenomenology*. The Hague: Martinus Nijhoff, p. 180. 根据菲舍尔的注解，迈农的观点表述有误，引文已改正。

④ Meinong, A. (1978). On objects of high order and their relationship to internal perception. In: M. S. Kalsi (ed.). *Alexius Meinong on objects of high order and Husserl's phenomenology*. The Hague: Martinus Nijhoff, p. 180.

⑤ Kalsi, M. S. (1978). Introduction. In: Kalsi, M. S. (ed.). *Alexius Meinong on objects of high order and Husserl's phenomenology*. The Hague: Martinus Nijhoff, p. 36.

四、创造理论

最后，我们来探讨迈农的创造理论。创造理论在迈农思想以及整个形质学派中占有重要地位，因为它最突出地体现了迈农在高级对象观点上的意动立场，同时是迈农心理学思想的最突出的体现，并且迈农的创造观点又得到了其弟子的重点发展。在艾伯塔齐看来，整个格拉茨学派尤其因为两方面而闻名于哲学和心理学界，一方面是对象理论，另一方面便是创造理论，而创造理论恰恰最能体现该学派的心理学观点。①

不过，与创造理论的重要性不相称的是，迈农并未给予创造较多的论述，并且也没有给出详尽而彻底的阐述。在《心理分析论稿》中，他提出了关于创造的观点，认为创造经历了一个由下级的表象到上级的表象的创造过程。② 在《论高级对象及其与内部知觉的关系》中，他又给予了进一步的阐述。在《论假设》中，他指出了奠基与创造的区别，但他从未对创造给予系统的阐述。卡尔茜对此感叹说："不幸的是，我们没有在那里（即迈农 1899 年的论文——引者注）得到详尽的信息，我们也不期望这一点，因为迈农从未声称他已经解决了这个问题。"③在对迈农创造观点的整理中，如同对待他的其他问题一样，我们需要冒着简化迈农思想的风险进行考察。④

创造过程主要与思想的高级对象有关。前已述及，实在的高级对象仅通过知觉表象就可以把握，因而其表象的产生如知觉所体现的那样是直接的。而思想的高级对象则不同，它需要经过一个创造的过程。不过在探讨创造之前，我们先来看另一个与之有关的概念：奠基。在思想的高级对象中，上级无法独立存在，它们需要以下级为先决条件，需要建立在下级的基础上。高级对象和构成它们的下级之间有着奠基的关系。但需要注意的是，奠基所表述的是作为对象的上级与下级间的关系，它仅存在于作为对象的上级和下级之间。关于它们的表象却不存在奠基的关系，并非关于上级

---

① Albertazzi, L. (2001). Presentation and production. In: L. Albertazzi, et al. (ed.). The School of Alexius Meinong. Aldershot: Ashgate, p. 239.

② Meinong, A. (1978). An essay concerning the theory of psychic analysis. In: M. S. Kalsi (ed.). *Alexius Meinong on objects of high order and Husserl's phenomenology*. The Hague: Martinus Nijhoff, p. 65.

③ Kalsi, M. S. (1978). Introduction. In: M. S. Kalsi (ed.). *Alexius Meinong on objects of high order and Husserl's phenomenology*. The Hague: Martinus Nijhoff, pp. 30～31.

④ Kalsi, M. S. (1978). Introduction. In: M. S. Kalsi (ed.). *Alexius Meinong on objects of high order and Husserl's phenomenology*. The Hague: Martinus Nijhoff, p. 5.

的表象被下级的表象所奠基。高级对象的表象间有着心理的作用，而非对象本身的特质所致。事实上，上级的表象与下级的表象之间存在的并非奠基的关系，而是创造的关系。高级对象的表象是在下级的表象的基础上创造的。在这里，我们看到，迈农虽然将形质纳入对象的范畴，但却坚定地持意动的立场，与其导师布伦塔诺保持一致。

那么，创造过程是怎样进行的呢？我们尝试通过迈农所举出的“不同”的例子，①来考察具体进行的创造过程。假定有 a 和 b 两个对象，经过创造过程，产生关于“不同”的表象。首先，在这个过程中，单就 a 和 b 进行操作，是无法产生“不同”的表象的，必须先存在着 a 和 b 各自的表象，这样才能进行具体的创造过程。在这一点上，最初存在的只能是 a 和 b 各自的对象，而非“A 和 B”的对象，产生“a 和 b”的对象需要进行进一步的心理加工。因此，关于 a 和 b“不同”的表象的创造必须以下级各自的表象为基础。其次，单就两个下级各自的表象进行描述，是无法呈现它们之间的不同的，不同表象的产生还需要心理的主动加工过程。这个主动加工过程的完成，却无法在外部知觉过程中进行，唯一的可能便是在内部知觉中进行。在内部知觉中，在两个下级各自呈现自己对象的基础上，心理进行主动的加工，因此，创造过程需要在内部知觉中完成。再次，在内部知觉中，对 a 和 b 各自的表象进行主动的加工时，两者各自的表象间并非毫不相干，它们在内部知觉中进入某种实在的关系，这就意味着它们进入实在的经验过程中。在这种实在的经验中，两个表象得到了主动的加工。最后，加工过程主要是对两个表象进行比较。在比较过程中，必然需要判断或假设过程。判断或假设在内部知觉中所操作的材料只能是伪对象，因此，其中可能会含有心理分析过程，将伪对象加以分离。但迈农并未就此进行探讨。在经过判断或假设的主动的加工后，最终产生了 a 与 b 间的“不同”的高级对象的表象。我们可以看出，在这个创造过程中，判断和假设的心理活动是出现在高级对象的表象之前的，这就意味着，在这个过程中表象活动并不是最初的、最为根本的活动，在其前还有判断或假设等心理活动。换言之，从心理方面来看，部分是在整体的基础上产生的。这里与格式塔心理学关于经验为一个整体、整体决定部分的观点是一致的，但是迈农并未就此进行探讨。

---

① Meinong, A. (1978). An essay concerning the theory of psychic analysis. In: M. S. Kalsi (ed.). *Alexius Meinong on objects of high order and Husserl's phenomenology*. The Hague: Martinus Nijhoff, p. 65; Meinong, A. (1978). On objects of high order and their relationship to internal perception. In: M. S. Kalsi (ed.). *Alexius Meinong on objects of high order and Husserl's phenomenology*. The Hague: Martinus Nijhoff, p. 151.

现在,我们可以较为系统地对创造的过程作一阐述了。我们以 a 和 b 之间的"不同"为例,对表象的创造过程进行较为详尽的说明。有关创造过程可以图 7-2 表示:

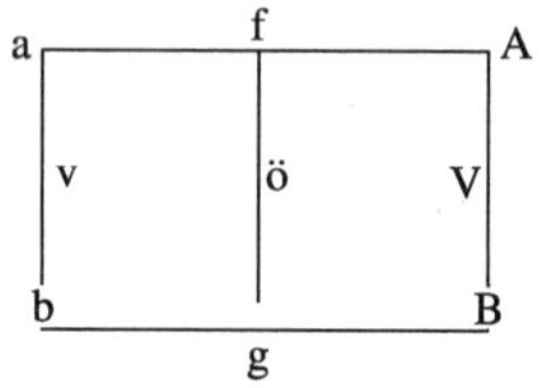

图 7-2 创造过程示意图①

如图 7-2 所示,有对象 a 和 b,A 和 B 分别是对象 a 和 b 的表象,f 是呈现对象 a 的表象意动,g 是呈现对象 b 的表象意动。a 和 b 之间的"不同"为 v,它们的表象之间的不同为 V,表象意动 f 和 g 之间的不同为 φ。这样,创造过程开始时,首先有对象 a 和 b 各自的表象 A 和 B,创造过程是在 A 和 B 的基础上完成的。接下来,A 和 B 在内部知觉中进入一种实在的关系。当心理比较对象 a 和 b 时,是通过两者各自的表象 A 和 B 进行的,而最终的操作材料则应是对象 a 和 b 各自的伪对象。心理在内部知觉中通过假设或判断等过程,产生了两个对象的表象之间的不同 V 和表象意动之间的差别 ö,通过 V 和 ö,才会产生对象 a 和 b 之间的不同 v 的表象,v 才为我们所把握。

就此看来,创造是一个心理过程,却并不是类似于表象、判断或假设、情绪和欲求之类的意动,通过创造,思想的高级对象的表象得以出现。

迈农将这种过程推及全部思想的高级对象,所有思想的高级对象都由表象的创造过程而产生。这样,在理解曲调这个例子中,首先要把握各个音符,产生关于各个音符的表象,在此基础上,经过内部知觉、判断或假设等心理过程,产生关于曲调的表象,由此从各个音符的把握中把握到音调。这样,我们看到,迈农在提出创造观点时其实已经踏入了知觉领域。在当时的心理学界中,自然科学取向的心理学主要循由冯特的观点,关注低级的感觉过程,而迈农却通过创造的观点将知觉问题提了出来,他的弟子继续深入这个方向的研究。迈农的创造观点因此具有积极的作用。同时,一旦踏入知觉领域,便不可避免地要和感觉发生关系,这个问题主要是由迈农的弟子来解决的。另外,迈农提出创造的观点,表明与高级对象有关的经验过程即知觉过程具有两个层次:对高级对象的把握是在下级表象的基础上完成的。

① Albertazzi, L. (2001). Presentation and production. In: L. Albertazzi, et al. (ed.). *The school of Alexius Meinong*. Aldershot: Ashgate, p. 249.

而这一点遭到了柏林的格式塔心理学家的反对。

我们看到，迈农将形质纳入对象领域，通过对象和意动两方面的探讨，对形质作了解答。在对象方面，迈农提出了高级对象的观点，并以高级对象和下级来替代厄棱费尔的基体和基素概念。他认为，高级对象以下级为先决条件，尤其是作为整体的思想的高级对象与作为部分的下级之间存在奠基的关系，因此，整体和部分之间所存在的并非相加而成的关系。迈农由此对元素论的困境进行了较好的解答。他又持意动的立场，从高级对象的把握的角度提出，在对高级对象的把握中，实在的高级对象可以直接通过知觉表象加以把握，而思想的高级对象则否，需要经过创造的过程。迈农因此将形质问题引入知觉领域中，提出了二层的心理过程观点。通过以上的努力，迈农使得形质问题得到了较为系统的解答。这样，后人尤其是他的弟子，在其基础上进一步发展，形成了心理学史上的形质学派。

第五节　对迈农形质心理学的评价

在考察了迈农的形质心理学思想的基础上，以下力图对迈农思想的贡献、局限和影响进行评价。迈农的贡献表现在对意动心理学的推进等多个方面，他的局限也是明显的，尤其表现在未能彻底克服元素论上。同时，迈农也对心理学产生了重要的影响。

一、主要贡献

首先，迈农的形质心理学推动了意动心理学的进一步发展。在布伦塔诺提出意动心理学，开创人文科学路线之后，迈农从意向性出发，发展出了形质心理学思想，推动了意动心理学的进一步发展。这尤其表现在对心理的意向性本质的研究上，迈农继承布伦塔诺的观点，将意向性作为心理的本质。他又在此基础上对布伦塔诺所遗留的对象与内容的混淆加以澄清，提出了心理的意动—内容—对象的意向性模型。迈农还对意动进行了重新界定，从主动与被动、理智与情绪两种维度加以区分，并提出假设这一重要的心理现象。不仅如此，迈农还将厄棱费尔的形质概念纳入对象领域，提出了高级对象概念，并从意动的角度对高级对象的把握进行考察，提出了创造、心理分析和知觉模糊等重要观点，将布伦塔诺的意动心理学发展到一个新的阶段。另外，我们看到，尽管迈农有着强烈的理论倾向，但他还是对实验给予一定的关注，其形质心理学思想得到弟子贝努西、威塔塞克等人的实验验证和拓展，从而推动了意动心理学的实验倾向。

其次，迈农的形质心理学不仅发展了心理学的人文科学路线，而且还对心理学的自然科学路线进行批判，使两条路线产生具体的接触。厄棱费尔提出形质的观点，目的在于表明整体具有部分所无法具有的性质，因而对自然科学的元素论观点加以批判。迈农将形质纳入对象领域，提出高级对象的观点，高级对象以下级为前提，但又不同于下级。以此来反对自然科学的元素论观点。他又从意动的角度对高级对象的把握进行探讨，显示出自己的人文科学立场。在此之前，布伦塔诺和斯顿夫都未对自然科学取向的元素论提出有力的质疑，迈农则较厄棱费尔更加系统地提出形质心理学思想，从而确立了形质在心理学史中的地位，实现了人文科学取向对自然科学取向的批判，因此，对于心理学的发展起到重要作用。

再次，在迈农形质心理学的影响下，形质学派得以形成。威塔塞克、贝努西和阿梅塞德等在迈农的影响下，从理论上对迈农的形质心理学思想加以系统化和深化，并将其理论拓展到实验层面，进行具体的实验研究。他们与迈农、厄棱费尔以及科内利乌斯形成了形质学派。形质学派是当时心理学界中较为重要的研究势力，是早期人文科学路线的心理学的重要组成部分，对布伦塔诺开创的人文科学路线作出了重要推进，并影响了后来的心理学，如格式塔学派和意大利的心理学。而在形质学派中，迈农因其影响而处于核心的领袖地位，因此，迈农的形质心理学思想对心理学的发展起到重要的推动作用。

最后，迈农通过对高级对象的把握的研究，提出了一系列独创性的理论，对于知觉心理学等领域具有一定意义。他从高级对象的意向性把握的角度对心理进行探讨，是对心理的意向性模型的重要发展，具有独特的意义。迈农的创造理论得到贝努西、威塔塞克等的发展，成为形质学派独具特色的理论，在后来的意大利心理学[①]中，我们还能够看到其创造理论的影响，这也表明了其思想的生命力。而且，迈农的形质心理学在对创造过程的阐

① 郭本禹：《意大利格式塔心理学源流考》，《南京师大学报》(社会科学版)，2005年第6期，第97～102页。

述上，隐含着心理在知觉过程中主动作用的地位，这对于知觉理论中反对过于强调刺激—反应的外在影响模式具有重要的意义。

二、主要局限

从1891年的《论复型与关系的心理学》算起，至1920年迈农去世，迈农的形质心理学持续了近30年时间。形质学派的命运与此相同，这个学派盛行于从19世纪90年代至20世纪20年代，在此之后，尽管有或强或弱的影响，但作为一个学派，它与符茨堡学派以及后来的整体心理学的命运一样，迅速衰落下去，最后不复存在于心理学中。这里的原因是多方面的。最为明显的是研究者的因素。形质心理学未能形成强有力的学术梯队，这使得迈农的形质心理学思想未能得到继续发展。到1920年，形质学派最为重要的成员都因各种原因而离开格拉茨大学。1915年，因困于生活，迈农最为欣赏的弟子威塔塞克刚接管格拉茨的心理学实验工作一年有余，便英年早逝。而继任工作的贝努西又因时局所逼，于1918年离开格拉茨。迈农曾邀请符茨堡学派的彪勒和塞尔茨来格拉茨任教，但未能成功。迈农的弟子马利接任迈农的职位，但他主要的研究领域在于哲学。迈农的形质思想最终在格拉茨后继无人。

但在形质学派的没落中，迈农自身的局限起到最为显著的作用。从其思想上来看，迈农并未彻底克服元素论的局限。在这一点上，林登菲尔德给出了中肯的评价："他延续了分析，但仅对原子论进行了修改，放弃了部分同质的假设，但接受了恒常性的假设。为此，他付出了二层次论的代价。"①迈农虽然在高级对象上坚持整体有别于部分，但他又认为，作为整体的高级对象无法独立存在，需要以下级作为先决条件，下级则可以独立于高级对象而存在。这就表明，在他的形质心理学观点中，作为部分的下级具有优先地位。在这一点上，迈农的形质心理学表现出对元素论克服的不彻底性。在这一点上，迈农如同厄棱费尔一样，"也许可以把分析的整个事业全盘推翻"②，但他没有，只迈出了一小步。

迈农的局限不只表现在高级对象上，还表现在高级对象的把握上。高级对象存在实在和思想的区别。实在的对象可以通过表象直接为我们所把

① Lindenfeld, D. F. (1980). *The transformation of positivism: Alexius Meinong and European thought, 1880—1920*. Berkeley: University of California Press, p. 242.

② 波林著，高觉敷译：《实验心理学史》，商务印书馆1981年版，第502页。

握。但思想的高级对象则不同,需要经过一个间接的过程。在这个过程中,下级的表象经过心理主动的加工,产生上级的表象。思想的高级对象才为我们所把握。这样,在思想的高级对象的把握上,迈农的形质心理学体现出经验的二层次论的立场,反映出其反对元素论的不彻底性。艾伯塔齐指出,在与形质有关的元素论的争论上,问题不在于形质,而在于经验,首要的一个问题是,形质是否需要进一步的不同的意动。① 因此,在与高级对象有关的意动的观点上,迈农的形质心理学体现出对元素论克服的不彻底性。

除了思想自身的原因外,迈农还在其思想特点上存在以下不足。首先,我们看到,迈农的形质心理学是从高级对象的把握出发的,而对高级对象的深入探讨易进入本体论领域。事实上,迈农正是在本体论领域进行研究,提出了对象理论。在对形质的把握进行考察时,涉及知觉问题,又易进入美学领域。因此,迈农的形质心理学思想在为弟子所拓展时,易进入本体论等哲学和美学领域。绝大多数迈农的弟子在哲学领域进行研究,这使得迈农的形质心理学思想难以得到更深入的发展。

其次,虽然迈农建立了心理学实验室,并重视实验研究,但他并未在自己的研究中给予实验以足够的地位。林登费尔德形象地指出:“对于一位心理学家来说,他似乎已经离开正道,步入对象理论和价值理论那些优雅的领域,而将寒酸的实验者们抛在身后。”②林登费尔德考察了迈农的实验心理学讲稿,认为迈农坚持将实验限制在感觉问题范围中,不能以实验来考察基本的理论问题。③ 对于迈农而言,更感兴趣的是我们以怎样的方式和世界打交道,而非具体的实验室工作。因此,迈农的形质心理学并未将理论与实验研究进行很好的衔接,他将任务留给了他人。而威塔塞克也与导师一致,重视理论的研究。形质学派的实验研究其实绝大多数是由贝努西进行的。迈农学派的其他成员则未能较多地进行实验研究。理论与实验研究衔接的不密切也是其思想未能得到他人阐发的因素之一。

迈农的研究风格以及其母语为德语也妨碍了其思想的传播。他继承了布伦塔诺的研究风格,从具体的问题入手,反对宏大的理论构造,这使得他的研究多为专题性的。但专题性的研究难以形成体系,并难为读者所接受。

---

① Albertazzi, L. (2001). Presentation and production. In: L. Albertazzi, et al. (ed.). *The school of Alexius Meinong*. Aldershot: Ashgate, pp. 245～246.

② Lindenfeld, D. F. (1980). *The transformation of positivism: Alexius Meinong and European thought, 1880—1920*. Berkeley: University of California Press, p. 220.

③ Lindenfeld, D. F. (1980). *The transformation of positivism: Alexius Meinong and European thought, 1880—1920*. Berkeley: University of California Press, p. 220.

卡尔茜(M. S. Kalsi)在翻译迈农著作的过程中就曾感叹，对思想的整理难以与原作者完全一致，对于迈农来说尤其如此。[①] 而且，专题性的研究使得迈农的观点处于不断的发展中，因此易出现前后观点的不一致。另外，迈农的语言风格较为晦涩，难以为读者所把握。对于英语学界的学者来说，尤其如此。在这一点上，格式塔心理学已有较多的文献以英文写作或译成英文，而迈农的部分著作只在20世纪70年代后才由哲学界译为英文，他的形质心理学英文文献尤其缺乏，这给他思想的传播造成极大的困难。

最后，迈农的形质心理学受到格式塔学派和罗素等的批评，最终为学界所遗忘。格式塔学派对迈农的形质心理学最突出的创造理论提出批评，认为它仍然保留元素论的影子。这对迈农的形质心理学以及形质学派思想的传播无疑是一个致命的打击。当时闻名于思想界的哲学家罗素曾对迈农的思想加以评论，他的观点是否定的，并提出以描述理论加以替代。罗素的观点对当时的思想界起到很大作用，致使在很长时间内迈农的思想得不到重视，直到20世纪60年代，才由奇泽姆提出反对意见，但却是在哲学方面。

三、主要影响

我们可以从两个方面考察迈农的影响。一方面是他的形质心理学思想在心理学中的具体影响，这表现在对形质学派、格式塔学派、符茨堡学派、整体心理学、英国心理学等的影响上。另一方面则是形质心理学所引起的争论，表现为与科内利乌斯和舒曼等人的争论上。

迈农的形质心理学最明显的影响在于它促进了形质学派的确立，并使得形质铭刻于心理学史之中。在迈农的影响下，威塔塞克、贝努西、阿梅塞德等人将形质的观点沿高级对象和高级对象的把握两方面进行了系统的发展，并力图落实到实验研究中。这样一种努力与当时心理学界盛行的实验研究相一致，因此更易引起心理学界的注意。形质学派由此得以形成，并在当时产生了较大的影响，而迈农则当之无愧地成为形质学派的领袖。

除了形质学派外，与迈农的形质心理学关系最为密切的是格式塔学派。尽管厄棱费尔首次提出了“形质”，被柏林的格式塔心理学家尊为前辈，[②]但他并未对形质做系统的考察。而迈农将形质的观点加以系统化，并创立了

① Kalsi, M. S. (1978). Introduction. In: M. S. Kalsi(ed.). *Alexius Meinong on objects of high order and Husserl's phenomenology*. The Hague: Martinus Nijhoff, p. 4.

② 波林著，高觉敷译：《实验心理学史》，商务印书馆1981年版，第513,694页。

形质学派。形质学派对“格式塔”(*Gestalt*)①以及知觉等问题都进行了深入研究,并先于柏林格式塔心理学家的研究 20 年。在研究中,他们从心理的把握出发,对内容心理学的元素论加以批判,并力图提出建设性的理论。从这个角度看,可以将形质学派视为格式塔心理学的一个分支。格拉茨大学可以视为与柏林大学并列的另一个格式塔心理学的重镇。事实上,有许多研究者都持这一观点。② 林登费尔德甚至指出,假使没有研究者等外部的因素,“格拉茨学派本能够轻易地成为战争时期(指一战——引者注)格式塔心理学的主要中心”③。

形质学派先于柏林的格式塔学派就格式塔以及相关的知觉问题进行了研究,并为后者提供了基本的研究素材。例如,贝努西先于柏林学派进行了错觉研究和运动知觉的研究,其研究也得到了柏林学派的认可。④ 但是,形质学派主要从反面促进了柏林的格式塔学派的发展。从前述争论中可以看出,柏林的格式塔心理学对于形质学派所持的经验的二层次观点加以批判,从而提出心理的把握是直接的过程,体现出整体优先于部分的观点,比形质学派更彻底地推进了对元素论的批判。但需要指出的是,柏林的格式塔心理学家认为,知觉由于心理、物理和生理方面的同型才得以成为直接的过程。这就使得他们偏离了心理的意向性模型,而呈现出生理的还原倾向。

除格式塔学派外,迈农还对符茨堡学派产生了一定的影响。迈农与符茨堡学派的成员屈尔佩、彪勒和塞尔茨等都有密切的关系,时常通过书信交流彼此的观点。他们有着共同的倾向,即对当时的元素论加以批判,尽管都未取得成功。在威塔塞克去世后,迈农曾邀请彪勒与塞尔茨到格拉茨心理学实验室任教,但遗憾的是未能成功。⑤ 符茨堡学派的这三位成员显然比较

---

① 在德文中,Gestalt 通常意指形式或形状,此时可译作英文“form”,因此我们乃有“形质”(*Gestaltqualitäten*, form-quality)的概念。柏林的格式塔心理学家则将 Gestalt 看做具有形状的具体事物(参见波林著,高觉敷译:《实验心理学史》,商务印书馆 1981 年版,第 670～671 页),这与厄棱费尔所讨论的基体、迈农所讨论的高级对象意思相近。

② Boudewijnse, Geert-Jan A. (1999). The rise and fall of the Graz school. *Gestalt Theory*, No. 2, pp. 140～158; B. Smith (1994). *Austrian philosophy: The legacy of Franz Brentano*. Chicago: Open Court, pp. 259～272.; Verstegen, L. (2000). Gestalt psychology in Italy. *Journal of the History of the Behavioral Science*, No. 1, pp. 31～42.; Lindenfeld, D. F. (1980). *The transformation of positivism: Alexius Meinong and European thought, 1880—1920*. Berkeley: University of California Press, p. 237.

③ Lindenfeld, D. F. (1980). *The transformation of positivism: Alexius Meinong and European thought, 1880—1920*. Berkeley: University of California Press, p. 237.

④ 贝努西去世一周年后,柏林的格式塔心理学家在其所主编的《心理学研究》上对他表示怀念,对他的研究表示敬意。参见 Vittorio Benussi†, *Psychologische Forschung*, 1928, p. 1.

⑤ 彪勒后来赴维也纳大学,进行心理学的实验研究,成为 20 世纪二三十年代欧洲富有声望的心理学家。

了解迈农的形质心理学思想。彪勒曾于 1913 年出版《形的知觉》(*Die Gestaltwahrnehmungen*)，对自己进行的实验加以报告。在这部书中，彪勒专列出一章讨论形质问题，题为《心理学中"形质"的理论讨论》，主要阐述格拉茨大学迈农等的研究，而对于柏林的格式塔心理学家则较少论及，这也表明了当时迈农的形质心理学的地位。迈农也曾对无意象思维进行过研究，他在《论假设》中指出，无意象思维是一种假设，是对对象式的指向。彪勒和塞尔茨都受到了他的影响，后者在给迈农的信中，尤其重视指向对象式的思维。①

在德语学界，除了以上两个心理学派别外，迈农的形质心理学还从反面对整体心理学产生了影响。整体心理学(*Ganzheitspsychologie*，wholistic psychology)是莱比锡大学冯特的接任者克鲁格(F. Klueger)所创建的，也被称为第二代莱比锡学派②，最终成为 20 世纪中期重要的心理学学派③。祖纳指出，整体心理学这个学派"受到心理学中的格拉茨或奥地利学派的影响"④。整体心理学与迈农的形质心理学有着同样的倾向，即对当时的元素论加以批判。早在 1900 年，克鲁格便将情绪和外观(phiolognomic)经验过程的展现描述为复型的质(*Komplexqualität*)，由此而生发出他的整体心理学思想。在 1918 年和 1927 年的研究中，克鲁格提出了一种情绪理论，他将之称作个体整体经验的复型的质。但总的说来，这个整体心理学派关于形质的观点与柏林的格式塔心理学是一致的。⑤ 他们认为，在经验中整体比部分更具有优先性。因此，迈农对整体心理学的影响如同对柏林的格式塔心理学一样，是通过反面施加的。

最后，在英语学界中，英国早期的心理学家也受到了迈农的影响，例如沃德(J. Ward)和斯托特(G. F. Stout)。1896 年，英国心理学家斯托特在《分析心理学》中，便采用了形质的观点。

在迈农将自己关于形质的心理学思想公布于众以及弟子们将他的思想

---

① Lindenfeld，D. F.(1980). *The transformation of positivism：Alexius Meinong and European thought，1880—1920*. Berkeley：University of California Press，p. 229.

② Wellek，A.(1972). Klueger，Felix. In：P. Edwards (ed.). *The Encyclopedia of philosophy*. New York：Macmillan，vol. 4，p. 366.

③ Zusne，L.(1975). *Biographical dictionary of psychology*. Westport，Connecticut：Greenwood Press，p. 239.

④ Zusne，L.(1975). *Biographical dictionary of psychology*. Westport，Connecticut：Greenwood Press，p. 239.

⑤ 克抑夫尔著，高觉敷译：《现代德国自然科学的心理学》，见：高觉敷著：《高觉敷心理学文选》，江苏教育出版社 1986 年版，第 320 页。

继续推进的过程中，出现了数次争论。首先是形质学派内部的，科内利乌斯对迈农的观点提出质疑。其次是学派外部的，舒曼对迈农的观点提出质疑。迈农均给予了答复。在此之后，当迈农的弟子沿他所指引的方向继续深化并使得形质学派立足于心理学之林时，柏林的格式塔学派的成员考夫卡对形质学派的观点提出了批判，而贝努西给予了回应。这可视作迈农争论的延续。

迈农于1891年发表了《论复型与关系的心理学》，将自己的形质观点公布于众。此后，受斯顿夫影响的科内利乌斯（H. Cornelius）于1892年和1893年发表了《论融合与分析》，对迈农的观点提出异议。迈农便于1894年发表《心理分析论稿》，就科内利乌斯的问题予以解答。这可看做形质心理学所经历的第一次争论。由于科内利乌斯可以划入形质学派中，我们将这次争论看做是学派内部的争论。

科内利乌斯与迈农的争论集中在两个问题上。首先，在形质的本质上，科内利乌斯认为形质并非被创造的内容，而是被创造的属性。其次，在形质的产生上，科内利乌斯认为并非由创造所造成，而是由注意所破坏的结果。对于第一个问题，迈农将答案留给了《论高级对象及其与内部知觉的关系》[①]。在这篇文章中，迈农对意向性加以区分，澄清出意动—对象—内容的心理结构，形质被划入对象领域。科内利乌斯在提出第二个问题时，举和音为例，在和音中，音调相融合。当然，关于音调的融合，早已由其老师斯顿夫在《音乐心理学》（1890）中指出过。科内利乌斯的观点认为，音调在和音中相融合，当听和音时，我们听不到音调以及音程，仅当我们施加注意时，才能把握到其中的音调和音程。在和音与音调的关系上，科内利乌斯的观点和柏林的格式塔心理学家有些相近，因为在由音调所组成的整体和音中，作为部分的音调不复存在，这接近后者所主张的整体大于部分之和的观点。或许由我们可推测科内利乌斯对后者产生影响，因为当柏林的三位格式塔心理学家在法兰克福进行实验时，科内利乌斯正在那里任教。对于科内利乌斯的观点，迈农予以回复。在形质的产生上，迈农坚持自己的观点，认为形质是创造的结果，而非由注意的破坏所致。在形质的表象的产生中，需要经过心理分析过程。在此过程中，作为部分的音调并非不存在，而是未进入判断域，因此不为我们所把握到。因此，作为部分的音调并未得到改变。

① Meinong, A.(1978). An essay concerning the theory of psychic analysis. In: M. S. Kalsi (ed.). *Alexius Meinong on objects of high order and Husserl's phenomenology*. The Hague: Martinus Nijhoff, p. 120.

科内利乌斯将形质看做被创造的属性，将其产生归于注意，其实隐含着和内容心理学相折中的倾向。在内容心理学看来，根本不存在形质以及相应的创造和心理分析过程，存在的仅是感觉要素和注意作用。科内利乌斯将形质看做一种属性，将形质的产生归于注意，和内容心理学具有一定的契合。但是，在最根本点上，科内利乌斯拥护迈农的观点，承认形质为经验的事实，这使得他与内容心理学家区分开来。

在科内利乌斯之后，曾任斯顿夫助手的舒曼将反对的观点进一步延伸，终于脱离了形质学派，走向内容心理学。舒曼于 1898 年发表《时间观念的心理学》(*Zur Psychologie der Zeitanschauung*)，认为形质在内省中是不明显的。其后迈农发表了《论高级对象及其与内部知觉的关系》(1899)，回应舒曼的观点。① 由此形成了形质学派与外界的第一次争论。需要指出的是，塞弗特(R. Seyfert，)和阿斯塔(E. Aster)也以同样的方式对形质提出批评，②我们主要以舒曼为例进行探讨。

舒曼与贝努西相似，有着较强的实验研究倾向。他在柏林 11 年(1894—1905)，对斯顿夫在柏林的心理学实验室建设起到重要作用，并于 1909 年艾宾浩斯去世后接办《心理学杂志》，与吕普一起被斯顿夫视为最为重要的弟子。③ 舒曼后来转教法兰克福大学，使得那里的心理学实验室相当“兴旺”④。他对柏林的格式塔心理学也有一定的影响，惠特海默对似动现象的研究就是在法兰克福大学心理学实验室中进行的。舒曼对形质学派所关注的形式知觉和错觉进行了大量的实验研究，认为可以从刺激的客观方面和注意的主观方面加以解释。形式知觉一半有赖于客观的刺激条件，一半有赖于注意的态度。这样，舒曼的观点就和内容心理学取得了一致，不仅如此，舒曼持内省的立场。在他看来，在内省中，形质是不明显的，而且在实验中形质没有存在的必要。对于舒曼的观点，迈农主张经验的内部知觉立场，以区别于内省立场。在形质的本质上，迈农通过区分对象和内容，将形质划入对象领域，使其具有独立性。迈农又通过阐述创造和心理分析，对形质的把握进行阐述，表明其产生不同于注意。

---

① Meinong, A. (1978). On objects of high order and their relationship to internal perception. In: M. S. Kalsi(ed.). *Alexius Meinong on objects of high order and Husserl's phenomenology*. The Hague: Martinus Nijhoff, pp. 139～140.

② 参见波林著，高觉敷译：《实验心理学史》，商务印书馆 1981 年版，第 516 页。

③ 波林著，高觉敷译：《实验心理学史》，商务印书馆 1981 年版，第 415，430，515 页；Stumpf, C. (1930). Autobiography of Carl Stumpf. In: Carl Murchison(ed.). *History of psychology in autobiography*. Clark University Press, Vol. 1, pp. 389～441.

④ 波林著，高觉敷译：《实验心理学史》，商务印书馆 1981 年版，第 482 页。

可以看出，舒曼在形质的观点上与内容心理学的观点一致，在经验上持客观的内省立场，否认形质的存在，将与形质有关的心理活动归于注意的作用。这与意动心理学持经验的内部知觉立场形成鲜明的对比。在意动心理学看来，我们在内部知觉中把握到形质，而且形质的产生有赖于表象以及与之有关的心理过程的作用。尽管两种不同的取向都进行了实验研究，但所产生的实验结论却大相径庭。在这里，我们可以看出，内容心理学与意动心理学在形质观点上体现了对立，由此，早期心理学的两种不同路线的明确接触得到了具体的实现。

第八章

威塔塞克:形质心理学的拓展

威塔塞克是格拉茨学派或形质学派的一位重要成员,被迈农视为最重要的弟子。他接任迈农在格拉茨大学的心理学实验室工作,但可惜英年早逝。诚如波林所言:“威塔塞克的贡献是系统的。”①威塔塞克所著的《心理学基础》(1908)和《视空间知觉的心理学》(1910)都是重要的教科书,铁钦纳评价他的《心理学基础》“尤显然表示其意动和内容的二重心理学”②。威塔塞克作为奥地利形质学派的一员,在20世纪早期延续并拓展了迈农和厄棱费尔的研究。正是由于他的努力,形质学说才仍能继续流传于世。

第一节 形质学派的拓展者

一、威塔塞克的生平与著作

史蒂芬·威塔塞克(Stephan Witasek,1870—1915)是奥地利心理学家和美学家,1870年5月17日生于奥地利的维也纳,现在关于其具休的籍贯背景已无从考查,只能通过其名字大致判断出可能来自克罗地亚。③ 1898

① 波林著,高觉敷译:《实验心理学史》(下册),商务印书馆1982年版,第505页。

② 波林著,高觉敷译:《实验心理学史》(下册),商务印书馆1982年版,第515页。

③ Smith, B. (1996). Pleasure and its modifications: Stephan Witasek and the aesthetics of the grazer schulee. Axiomathes, No. 1～2, p. 204.

年，威塔塞克在格拉茨大学获得迈农授予的博士学位，1899年，他凭借《论视错觉的本质》(*On the nature of optical illusions*)取得大学的教职资格。在接下去的几年里，威塔塞克作为迈农的一名无薪助理，忘我地投入到了格拉茨大学心理学实验室的建设工作中。然后一直在格拉茨大学度过其学术生涯，先后任讲师(1913)、教授等(1914)职位。1914年，他接替迈农成为格拉茨大学心理学实验室的主任，但仅仅6个月就不幸去世了，而直至其去世的两年之后，威塔塞克才获得相应的学术地位①。威塔塞克的学术领域以心理学为主，偶尔也关注教育心理学、美学与伦理学等领域。尤其是美学，曾一度成为他的主要学术兴趣，他发表过两篇关于美学的论文，分别是《一般美学的基础》(1904)和《论美学的对象》(1915)。② 威塔塞克还擅长资料翻译和教材编写工作，并热衷与学生交流和讨论问题。③ 此外，威塔塞克对于音乐的着迷尤甚。据记载，他每周都会花许多时间与迈农一起演奏乐器，也正是对音乐的热情引领他来到格拉茨求学。斯顿夫的《音乐心理学》同样激发了他对音乐心理学的兴趣，并且他希望能在迈农的心理学实验室对音乐心理学进行研究。④ 威塔塞克较重要的心理学论文和著作有：《复型心理学的贡献》(1897)、《心理学基础》(1908)、《视空间知觉心理学》(1910)。另外，由他和霍夫勒(A. Hofler)共同出版的《心理实验的演示设备》(1900)具有广泛的影响。1895年，威塔塞克因为在复型理论方面的卓越研究而荣膺沃廷格奖(Wartinger Prize)。他还在几何错觉⑤、视觉空间定位⑥、旋律的形质⑦等具体研究领域作出了许多贡献。

鲁道夫·阿梅塞德(Rudolf Ameseder)在回忆威塔塞克时指出："用'将生命献于工作与责任'的老套表达，最适合不过于形容威塔塞克短暂的一生。"⑧

---

① Textor, M. (2006). *The Austrian contribution to analytic philosophy*. Routledge: Taylor & Franic group. p. 313.

② Textor, M. (2006). *The Austrian contribution to analytic philosophy*. Routledge: Taylor & Franic group. p. 313.

③ Haberl-Zemljic, A. (2001). Stephan Witasek. In: L. Albertazzi, et al. (eds.). *The school of Alexius Meinong*. Aldershot: Ashgate. p. 225.

④ Smith, B. (1996). Pleasure and its modifications: Stephan Witasek and the aesthetics of the grazer schulee. *Axiomathes*, No. 1～2, p. 204.

⑤ Zusne, L. (1984). *Biographical dictionary of psychology*. Westport: Greenwood Press. p. 466.

⑥ Jeffrey, L. R. (2000). Witasek, Stephan. In: A. E. Kazdin (ed.). *Encyclopedia of psychology*. Vol. 8. Washington, DC: American Psychological Association; New York: Oxford University Press. p. 253.

⑦ 库尔特·考夫卡著，黎炜译：《格式塔心理学原理》，浙江教育出版社1999年版，第737～739页。

⑧ Haberl-Zemljic, A. (2001). Stephan Witasek. In: L. Albertazzi, et al. (eds.). *The school of Alexius Meinong*. Aldershot: Ashgate. p. 225.

阿梅塞德的回忆，实实在在地体现了一位 20 世纪初的学者贫弱、拮据的一生：工作量过大，生活困顿以及迟来的成功。在任奥地利第一个心理学实验室负责人迈农的私人助理近 10 年之后，威塔塞克才终于在他死前那一年当上了实验室的负责人。在此之前，威塔塞克不得不忍耐只做一个小小的图书管理员的尴尬处境。迈农在自传中写道："对我来说，失去了一位最忠诚的朋友，一位在 20 年的工作中永远得力的同事。我很早就已决定将我一生的工作作为遗产置于他的手中。对我来说，这一丧失已经是并继续是对我个人和学术生活的沉痛打击。"①

历史证明，格拉茨学派将实验心理学从哲学中分离出来，但没有去探索适合其发展的学科体系的尝试是失败的。它造成的后果是，在 1915 年威塔塞克去世后，他的位置一直空缺。同样，在 1920 年迈农死后，他的职位也无人继任。而 1918 年，迫于意识形态和政治因素，维托利奥·贝努西（Vittorio Benussi）离开奥地利去了意大利的帕多瓦。尽管第一次世界大战的破坏造成格拉茨大学不断恶化的财务状况是其中的原因之一，但最主要的原因还是，1920 年以后格拉茨大学浓郁的哲学氛围，使个人能继续从事实验心理学研究的机会极少。1920 年之后，雨果·斯皮则（Hugo Spitzer）和教育家爱德华·马蒂纳克（Eduard Martinak）重新组织了教师队伍，斯皮则主要讲授美学和哲学史。至此在格拉茨哲学研究所，实验心理学已经几乎不再受人关注了。②

由于威塔塞克的英年早逝，关于他的研究一直鲜有问津，这导致学界低估了他对于格拉茨学派的贡献。例如，安德里亚·哈柏—泽米吉克（A. Haberl-Zemljic）就感慨道："史蒂芬·威塔塞克对格拉茨学派有何意义？如果从伟大的创新和革命意义上来看则是令人感到失望的。"③不过，迈农却毫不吝啬地赞誉自己的这位弟子："格拉茨学派的哲学在威塔塞克之后达到了巅峰，没有人知道他的影响有多么深远。"④

二、在格拉茨大学的教学与研究

随着迈农在格拉茨大学的哲学研究所成立了奥地利第一个心理学实验

① 转引自崔光辉：《高级对象的意向性把握——迈农的形质心理学思想研究》，南京师范大学硕士论文 2006 年，第 45 页。

② Haberl-Zemljic, A. (2001). Stephan Witasek. In: L. Albertazzi, et al. (eds.). *The school of Alexius Meinong*. Aldershot: Ashgate. p. 225.

③ Haberl-Zemljic, A. (2001). Stephan Witasek. In: L. Albertazzi, et al. (eds.). *The school of Alexius Meinong*. Aldershot: Ashgate. p. 235.

④ Haberl-Zemljic, A. (2001). Stephan Witasek. In: L. Albertazzi, et al. (eds.). *The school of Alexius Meinong*. Aldershot: Ashgate. p. 235.

室，实验心理学在奥地利已形成了一定的制度化，尽管来这个实验室的国际学生比莱比锡实验室少得多。在1896年的夏季学年，心理学实验室这一名词第一次出现在当时的讲座和研讨会中。迈农认为，实验心理学只能提供一种用以证实知觉心理学的理论知识的可能性。因此对他来说，将实验心理学从其他哲学学科中直接分离出来是有害的，心理学实验唯一的益处就是允许双方对许多悬而未决的理论问题和系统思考进行深入的再探讨。这可以视作格拉茨学派发展的第一阶段。

虽然迈农始终只是将心理学实验研究作为其哲学思考的辅助形式，但迈农的两位得意门生——威塔塞克和贝努西却决意在实验心理学上有所作为。尤其是威塔塞克作为迈农的接班人，更倾向于接受冯特的建议，认为心理学已经有了属于自己的自然科学实验方法。如果将此作为格拉茨学派发展的第二阶段，则这个阶段的发展已经显示出困难和颓势。更确切地说，威塔塞克有这样的困难，而贝努西几乎没有，因为贝努西已为格式塔理论准备了另一种实验方法，而威塔塞克由于准备继续检验并深化迈农的对象理论而完全没有意识到一种更为激进的格式塔主张。在这一时期，威塔塞克的学术研究更多地涉猎了认知心理学甚至是生理学领域，他的关于空间定位差异的论文引起了极大的争议。这使得他不得不重新开始关注美学问题。但这次转向并非一帆风顺，他与前辈雨果·斯皮则之间的一场学术纠纷，又一次严重威胁到其学术生涯，斯皮则指控威塔塞克抄袭了自己在一次演讲中的学术观点。尽管最终仲裁委员会裁定该案中威塔塞克胜诉，但威塔塞克与斯皮则的关系却因此破裂。正如迈农后来说的那样，威塔塞克给斯皮则留下了一个坏的形象。①

威塔塞克开始研究实验心理学大概也有具体的社会经济和实用主义方面的原因。迈农曾承诺要推动格拉茨的实验心理学研究。在威塔塞克接管心理学实验室之前，迈农和斯皮则还是作为格拉茨的先行者和主导者。自1895年起，格拉茨哲学研究所在心理学实验教学方面投入的时间开始增加，一切正步入正轨。例如，爱德华·马蒂纳克(Eduard Martinak)作为编外讲师时，他在哲学研究所的实验心理学教学时间一周只有10个小时。而威塔塞克成为编外讲师之后，他接手了一部分研究课题，尤其是第一次在1899—1900年的冬季学期开设了实验练习课，那时的工作时间已经增加至一周17个小时。另有资料表明，威塔塞克与贝努西之间的关系也相当微妙。当贝

① Haberl-Zemljic, A. (2001). Stephan Witasek. In: L. Albertazzi, et al. (eds.). *The school of Alexius Meinong*. Aldershot: Ashgate. p. 233.

努西 1906 年开始课题研究时，他曾迫使威塔塞克离开职位一段时间。而威塔塞克则在这段时间中投身到了其他课题的研究中，直到他一鸣惊人。在那以后我们可以发现威塔塞克的实验教学时间在逐渐增加。尽管如此，安德里亚·哈柏—泽米吉克依然认为，威塔塞克一直受制于贝努西，至少在教学方面是这样的。在这种情况下，威塔塞克和贝努西是否一起证实了迈农的研究结论仍存在疑惑。除去他们的研究都是相互独立、互不相干的事实外，威塔塞克的实验努力也只得到了一个非常一般的实验成果。而且，在他的 28 篇论著中，只有 6 篇可以勉强算作是实验性的成果。[①] 威塔塞克曾明确承认心理学是纯自然科学，但相比之下，在他的一些著作中的阐述却并没有与当时的自然科学标准相一致。很显然，他的一些对待心理活动的研究与处理方法在那个年代并不符合自然科学的标准。在威塔塞克关于空间定位差异的研究中就可以看到这一点。我们将在下文中具体论述威塔塞克的这一系列研究及其引发的争论与启示，在此之前我们将先分析威塔塞克的形质心理学思想。

第二节　威塔塞克的形质说

一、形质与意动

威塔塞克试图把哲学与经验心理学结合起来，主张心理学既包括心理意动又包括心理内容。他的有些心理学研究是经验的，甚至是实验的。在形质问题上，他强调创造意动对知觉形成的作用，他还认为复型的形成主要依赖心理的创造意动。复型可以是简单的，如在响乐和简单的曲调之内，此时创造几乎是自动的；复型也可以是复杂的，如在复调乐曲的创造中，此时复型既取决于客观刺激物的外在因素，也决定于内在的创造意动。[②]

① Haberl-Zemljic, A. (2001). Stephan Witasek. In: L. Albertazzi, et al. (eds.). *The school of Alexius Meinong*. Aldershot: Ashgate. p. 227.

② 郭本禹主编：《心理学通史·第 4 卷·外国心理学流派》(上)，山东教育出版社 1999 年版，第 109 页。

由此可见，威塔塞克在知觉心理学上与厄棱费尔、迈农的见解差异不大。他对形质学派的主要贡献在于，当厄棱费尔、迈农的形质学说遭到批驳而处于低谷时，由于他的努力，形质学说仍能继续流传于世。但威塔塞克将心理活动描绘成了一幅更加复杂的图景，他认为，每一种基本的心理现象都可以被看做双重或两方面的，即意动和内容两方面。没有内容就不会有意动，没有意动就没有内容。这种区分并不像表面的颜色和广延性范围的区分或运动的速度和力向的区分那样分明。但是，从逻辑上是可以进行这种区分的，尽管意动和内容同属“心理的”。

心理现象的“内容”是把一个确定的客体带入意识领域的这“部分”；“意动”是使这个客体成为知觉、想象或判断的对象的这“部分”。把心理和物理划分开来的“心理的”这一基本特征，相应地牵涉到一个超越主观的对象(trans subjective object)，是超越某些事物本身的。这显然是对布伦塔诺意向性概念的继承。威塔塞克进一步指出：“我的观念，我的思考，我的情感和我的意愿总是以自己特定的方式指向某些事物。我对某些事物形成观念，某些事物并不是这个观念，或许是一本书；我的思想控制了思想本身，而不是思想的事物。的确，这种事物根本不属于心灵。思想控制它们，却并不以任何方式让它们加入心灵之中。所以，没有也不会有空间关系的建议，然而我的思考‘抓住’那些事物。同样的事物也吸引着情感和意愿。如果我们不是根据自己的内部经验去熟悉它，那么这样一种关系确实是神秘的，甚至是不可思议的！但它完全局限于心理的范围。尽可能仔细地检查物理领域，探索物质世界，你会发现没法追寻它。你将发现空间的关系(内部、外部、边缘)，发现来来回回的运动，发现各种联系方式，但是指向其他事物的这种内在关系在它们中间没有地位……因此，我们可能相信，这是两个领域之间最本质、最具特点的区别。”①

显然，格拉茨学派一直将心理现象视作一个意动，即有意向性地包含一个内容或客体(主要是物理的)，所以，心理现象能够自成一类，并与物理现象区分开来。但就威塔塞克而言，心理现象具有意动和内容的双重性，其本质是指向并超出其范围之外的某些(物理)的客体。威塔塞克认为，就心灵的“理智”(intellectual)方面来说，其基本现象是观念和思想；就心灵的“感情”(affective)方面来说，其基本现象是情感(feelings)和意愿(desires)。因此，威塔塞克对心灵的这种理解可以视作一种对布伦塔诺学派的心理本体论的拓展与细化。

---

① 铁钦纳著，李丹译：《系统心理学：绪论》，浙江教育出版社 2001 年版，第 134 页。

威塔塞克还发展了布伦塔诺的意向性概念。他注意到："对于我们的心灵很特别的是指向客体的这种超越（transcending），严格说来只是判断或推测的一种机能。"[①]铁钦纳认为，这个申明意指：如果指向性是心理的标记，并且观念的方向是由于判断或推测的"协同作用"（cooperation），那么观念本身就不能算是心理的。在这种情况下布伦塔诺的规律暗示着在心理领域的核心部位中存在心理和非心理的成分的混合。[②]

威塔塞克对于意动心理学的发展还体现在他对于心理活动过程各个方面意动成分的划分及其各自具体表现形式的分析上，这一点无疑可以作为整个格拉茨学派全盛时期的经典工作之一。威塔塞克基本上毫无保留地接受了布伦塔诺的观点，认为没有哪一种判断、情感或欲望不是建立在观念基础上的。威塔塞克把感觉定义为"最简单的具有潜在内容的知觉观念"（perceptive ideations of the simplest possible contents）[③]。因此，除了感觉内容之外，还有感觉的意动。而判断对于威塔塞克来说，既是综合性的又是规定好的（thetical）。威塔塞克发现，在判断意动中有两个不变的要素——赞成—否定和信念或确信（belief or conviction），以及一个偶然的要素——（确定的、可能的）证据（evidence）。威塔塞克认为判断可以通过不同程度的主观保证来表达。然而，威塔塞克坚持认为，差异存在于确信这一意动的剧烈变化中。在情感心理学中，威塔塞克相信所有的情感都是意动，按照威塔塞克的观点，审美情感直接指向观念的内容：意动的变化（比如从感觉到再现的变化）并不影响它们。另一方面，感觉情感本质上与观念意动有密切联系：感觉到痛和记住痛是两码事。在威塔塞克体系中，就像部分情感建立在意动基础上一样，另一部分情感建立在感觉内容基础上，与判断有关：合乎逻辑的情感或认识的情感建立在判断意动基础上，价值的情感或伦理的情感建立在判断内容基础上。此外，威塔塞克认为，从判断进行到推测，并不存在建立在推测意动上的情感，但存在游戏情感（play-feeling），并与真正的严肃的情感（serious feeling）截然不同，它是建立在内容基础上的情感。[④] 威塔塞克进一步指出，审美感受还与兴趣之间存在关系，在一定情况下，两者同时出现，并且保留了审美感受的事实性特征。即使这些审美感受的所有心理预设都不是事实性的经验，而是想象性的经验。我们很容易理解，这一点取决于这些感受作为内容感受的质性。因为，对于内容感受来说，其预设

① 铁钦纳著，李丹译：《系统心理学：绪论》，浙江教育出版社 2001 年版，第 202 页。

② 铁钦纳著，李丹译：《系统心理学：绪论》，浙江教育出版社 2001 年版，第 202 页。

③ Titchener, E. B. (1929). *Systematic psychology: Prolegomena*. New York: Macmillan, p. 236.

④ 铁钦纳著，李丹译：《系统心理学：绪论》，浙江教育出版社 2001 年版，第 151 页。

的行为方面并不重要，只有其预设的内容方面是最重要的，所以这些预设的行为部分才是本质的。当感官感受的对象预设带有想象性的特征时，感觉就不能被唤醒，这实际上是一种可辨别的特征。① 在意志的意动方面，按照威塔塞克的理解，欲望或愿望不可能是客体，只能是目标(objective)，而欲望总是取决于某些推测，因此这种差异将继续存在。

综上，我们可以看出威塔塞克的意动心理学在与布伦塔诺的主张保持一脉相承的基础上，尝试将这种意动的观点推广到全部心理活动中去。

二、具体形质观

威塔塞克的具体形质心理学思想集中反映在他的两本教科书《心理学基础》和《视空间知觉心理学》以及其获得沃廷格奖(Wartinger Prize)的论文《复型理论的研究》中。这些研究成果大多是在迈农的对象理论(object theory)基础上完成的。另外，他在《随意表象之关系》一文中还尝试对高级复型中由外部刺激所引发的矛盾反应加以阐述。威塔塞克从理论上解决了这一问题，他假设，意志的意动(act of will)是形成高级复型的不可或缺的条件。可惜的是，他并没有确定究竟什么样的复型算是高级复型，在他看来，旋律的复杂程度是可以相当精确地被界定的，但在其他方面，要精确判定复型的等级是有一定困难的。②

在威塔塞克的两本教科书《心理学基础》和《视空间知觉心理学》中，他试图在格式塔理论视野下讨论感知。这两部著作也可以看做是迈农理论在心理学领域的实践。③ 因而威塔塞克和贝努西的研究存在着天壤之别并不是偶然的。从贝努西和威塔塞克的研究中，我们可以得出这样的结论，那就是迈农对其合作者的想法影响深远。但布伦塔诺的影响也同样重要，这可以在威塔塞克著作的开篇就感受到。在《心理学基础》一书中，威塔塞克把心智的和身体的区分开来，就是基于心智带有偏好性的标准。心理学，按照威塔塞克的说法，应当是对心智现象的研究。我们在此书中也感受到了迈农的影响，迈农认为心理学应当关注事实，而威塔塞克显然同意这个观点。

在《视空间知觉心理学》一书中，威塔塞克认为，各种感觉印象集合成复

① 冯平主编：《心灵主义路向》，北京师范大学出版社 2009 年版，第 121 页。

② Haberl-Zemljic, A. (2001). Stephan Witasek. In: L. Albertazzi, et al. (eds.). *The school of Alexius Meinong*. Aldershot: Ashgate. p. 232.

③ Calkins, M. W. (1908). Review of *Grundlinien der Psychologie*. *Psychological Bulletin*, 5(11), pp. 359～361.

杂的整体意象，我们所经历的实际上是后者。然而，感觉印象的集合不仅仅只是一种简单的排序，这种集合是一种独特的心理过程，最终形成一种独特的、新的心理构成。威塔塞克关于知觉的观念，从他对知觉过程各部分的命名中就可以看出来。集合过程被命名为"表象的创造"(production of presentation)，而其结果被命名为"创造的表象"(produced presentation)。内部心理活动或者说产生最终指向一个新的表象——创造的表象。最终的表象由此被赋予了意识。①

威塔塞克相信，感觉印象的进一步影响最终导致了更复杂的格式塔表象、动作表象等。在这个观点中，知觉是内部过程的结果，体现在知觉对象的整体大于各部分之和。有一些多余的成分被添加到这些组成知觉对象整体的各个部分之中，即创造过程(production process)。他否认格式塔影响了感觉器官。根据威塔塞克的理论，不存在外界刺激引发感觉器官从而觉察到一个格式塔，也不是刺激对感觉器官的影响激活了相似的或者不同的表象。内部心理活动对于这些表象的产生是很必要的。但这种观点也由此产生了一个问题，即心理是如何知道产生哪个格式塔的？威塔塞克没有考虑这个问题，但鲍德温金斯(Boudewijnse, Geert-Jan)认为按照威塔塞克的理解，该问题基本上可以假设成立——这依赖于手头的(at hands)任务。如果个体对两个刺激之间的差异感兴趣，那么他就会很自然地看到这种差异。这暗示个体对于这种创造过程掌握着某种控制力。同时，更多的创造过程会被激活。因而，即便个体转向一个过程，其他的创造过程仍然能被激活。

惠特海默并没有提及以威塔塞克为主的格拉茨学派的这种解释，但是很明显，他认为，如下关于威塔塞克对格式塔现象的解释是存在问题的："一些更高层次的创造过程，我们称之为'部分和'(partial sum)，被添加到了从外界获得的信息中，使得心理过程得以发生。"②惠特海默反对这种解释，他举了旋律的例子来解释这个问题。根据格拉茨学派的观点，一段旋律不是被直接感知的，只有个别的音符是被直接感知的。用惠特海默的话说，这些音符才是我们被提供的处理对象——部分和。这暗示存在其他的因素决定了我们听到一段旋律的能力。这个因素必须和音调一起使得这段旋律被听到。而这个因素当然就是创造过程(production process)。从这里，我们可

① Boudewijnse, Geert-Jan. (1996). *The Gestalt line*. McGill University. Thesis on degree of Doctor of Philosophy. p. 162.

② Boudewijnse, Geert-Jan. (1996). *The Gestalt line*. McGill University. Thesis on degree of Doctor of Philosophy. p. 163.

以清晰地看到威塔塞克在形质观点上对迈农思想的继承。[1] 考夫卡(Kurt Koffka)依据格拉茨学派的观点指出，严格来说，外界刺激不参与格式塔表象创造；格式塔是间接被外界刺激激活的。在《心理学基础》中，威塔塞克详细解释了一段旋律是如何被听到的：耳朵产生了单个音符的经验，这些经验被集合到一起形成了旋律经验。这种集合并不仅仅是简单的排序，或者是把这些音符一个个放在一起。事实上，这种集合是一个创造过程，这个过程将单个音符作为输入，输出的则是一个格式塔。这个创造过程可以是简单、迅速、不被发觉的，也可以是困难的，但它的结果是一个新的表象。这个表象因而是独立于感觉成分之外的，是主体加入到感觉成分之中，并使得它和这些成分并列。[2]

尤其值得关注的是，威塔塞克在迈农的基础上对创造过程进行了区分，从他的理论出发，威塔塞克得出了一个有趣的结论。他认为同时存在不同的创造过程。例如，个体注意到了两种颜色之间的不同，这是一种创造过程的结果。或者，个体看到了动作，这是另一种创造过程的结果。个体也可以觉察到一个格式塔，这也是另一种创造过程的结果。他甚至指出，不同创造过程的存在导致了不同的格式塔。因为有了这些创造过程，每种过程都对应一种输出，众多的感觉印象就可形成多种输出。

威塔塞克指出，创造过程是在无意识状态下发生的，个体只意识到他们的结果。然而，个体具有选择创造过程的能力，并且选择哪种或哪些过程依赖于手头的任务。[3] 威塔塞克进一步指出，感觉印象和产生过程形成的表象都可被意识到。这就是说，感觉成分和格式塔都是可以被意识到的。威塔塞克解释了为什么我们可以感觉到单个的感觉印象和格式塔印象。威塔塞克提出的框架使得个体在脱离格式塔经验的情况下仍能察觉到感觉印象成为可能，这是其他观点无法解释的。在这个框架下，至少需要两个元素的参与，否则我们就不能觉察到一个差异。同样，没有其他成分，我们也不能觉察到一个格式塔。

威塔塞克如此解释动作：特定感觉印象导致了特定的空间表象。这些

① 威塔塞克在《心理分析论稿》(1994)的注释中指出："后来，迈农不再提及'被奠基的内容'(founded contents)，转而称'被创造的内容(produced contents)或表象……被创造的表象的对象，也就是思想的高级对象，依赖于创造的表象的对象，并以其为基础，因此被称作'奠基'。"

② Boudewijnse, Geert-Jan. (1996). *The Gestalt line*. McGill University. Thesis on degree of Doctor of Philosophy. p. 164.

③ Boudewijnse, Geert-Jan. (1996). *The Gestalt line*. McGill University. Thesis on degree of Doctor of Philosophy. p. 140～158.

表象相互区别形成一个动作表象。这个比较创造过程是在无意识状态下发生的；动作经验被看成是不同空间表象相互比较的结果。威塔塞克认为，比较的机制也可以解释旋律的表象，或者一个音符在响度上不断提高。不同的听觉印象经过比较形成格式塔经验。威塔塞克也用这个理论来解释似动现象（phenomenon of stroboscopic vision），似动现象说明当创造过程从感觉接受到不完整的信息时，动作知觉还是可能发生的，因为创造过程仍然会进行感觉材料的比较。威塔塞克也提到了感觉器官中发生的加工过程和创造过程的不同。前者只接收感觉特异性的能量，而后者几乎接收所有的感觉。一种创造过程中发生的错误与另一种创造过程中发生的错误也是存在差异的。[①] 他进一步提出，创造过程甚至会歪曲基本材料，比如似动现象和缪勒—莱尔（Muller-Lyer）错觉。

一直以来，在对心理活动规律的探索方面，格拉茨学派所秉承的形质观与联想主义之间存在较大的分歧。威塔塞克在这个问题上依旧延续了迈农和厄棱费尔的观点，并尝试用实验为形质的存在提供依据，而格拉茨大学心理学实验室的建立为这类实验的开展提供了必要保障。威塔塞克决定以无意义音节作为实验材料，通过研究其组织过程的规律来对形质概念进行检验，并以此反驳联想主义的解释。

之所以选择无意义音节作为实验材料，是因为它似乎符合联想主义的假设：这是一些没有联系的项目。如果用成绩来判断的话，学习这种材料似乎是对这些假设的良好证明。但是，这样一种原始的成绩并未为我们提供使成绩成为可能的这些过程的知识。实验程序的变化反而产生了充分的证据：导致学习无意义系列的操作是一个组织过程。由此可见，如果没有韵律的话，要想学习十个无意义音节是不可能的；通常，这些无意义音节是以扬抑格韵律（trochaic rhythm）来记住的，所以它们便可组织成五个对子，这些对子形成整个系列的实际部分，正如一个对子的每个音节是它的实际部分一样。威塔塞克认为对子的形成是实际组织的一个事实，仅仅按照联想是无法解释的。对于这一事实的纯粹联想主义解释将会这样去解释对子的形成：一个对子的成员的相互联系要比对子的其中一个成员与它的相邻成员的联系更加密切；也就是说，一个奇数和一个偶数之间的联系（都处在朝前的方向）要比一个偶数和一个奇数之间的联系更为有力。例如，在 ab/cd/ef/这样的系列中，c 与 d 的联系比 c 与 b 的联系更加强烈，或者比 d 与 e 的

① Boudewijnse, Geert-Jan. (1996). *The Gestalt line*. McGill University. Thesis on degree of Doctor of Philosophy. p. 161.

联系更加强烈。为了反驳联想主义对对子特征的这种解释，威塔塞克精心设计了如下实验。①

一天，让被试学习四组系列，每个系列包含十个无意义音节，用符号表示如下：

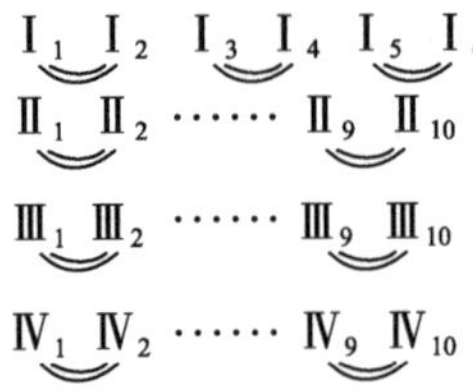

图 8-1　威塔塞克无意义音节的实验材料之一

这里，罗马数字是指系列的编号，阿拉伯数字是指系列内部的音节。当被试能够以 7 秒钟一个系列的速度来朗诵这些系列时，学习就算完成了。一小时以后，他们又学习了下列三种测试系列：

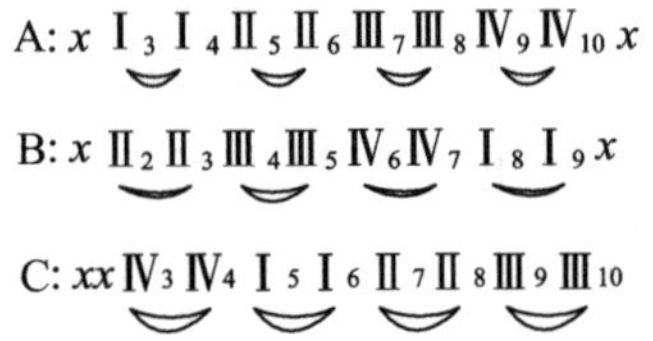

图 8-2　威塔塞克无意义音节的实验材料之二

也就是说，在上面 ABC 三组新的系列中，每一组里有 8 个音节是前面系列里学过的，而每一组里还有两个新音节，用符号 X 表示。为了理解这些系列的建立所遵循的原则，我们不得不回过头去看一下前面四个系列，并思考一个尚未讨论过的特征。由于这些系列都是以扬抑格韵律学习的，因此，它们清晰地分成五对。现在，按照联想主义假设，一个对子与一个非对子的区分是通过对子的成员之间存在的联结力量来进行的。因此，一个系列的两个相继成员之间的联想强度必定会周期性地变化，当奇数成员在偶数成员之前时，联想强度就较强；当偶数成员在奇数成员之前时，联想强度就较弱。由此可见，第一个音节与第二个音节的联结比第二个音节与第三个音节的联结更强，第三、第四个音节的联结比第四、第五个音节的联结更强，如此等等。我们在上面的图解中用环形方式联结两个相继的音节，双环比单环表示更强的联想。同样的环形方式也用到 ABC 三个系列中去，但是这次不是意指通过学习这些新系列而创造的联想强度，而是意指从旧的系列引渡到新的系列的联想强度。这样，我们便可以看到，A 和 C 两个系列包含着

---

① 威塔塞克去世以后，奥古斯特・费希尔（Auguste Fischer）将该研究公开发表。转引自库尔特・考夫卡著，黎炜译：《格式塔心理学原理》，浙江教育出版社 1999 年版，第 737～739 页。

四个有力的联想，它们是通过四个原来系列的学习建立起来的，而系列 B 只包含四个旧的较弱的联想。因此，如果团体形成仅因为联想的话，那么，系列 A 和 C 应当同样容易学习，而且比系列 B 更容易学习。但威塔塞克的实验表明这三个系列之间的其他各种差别并未使 A 比其他系列更有利。

在威塔塞克的实验中，每位被试参加 12 次试验，即他们学习 12 组系列，其中 4 组属预备性系列，3 组属关键性系列。结果与产生联想主义前提的预期发生矛盾：根据学习的难度，ABC 三个系列的排列程序为：A>B>C，也就是说，C 是最容易的，而 A 和 B 之间的细小差别也有利于 B。如果读者想对这一结果进行充分讨论，那么他必须转到原先的问题上去。然而，它的关系是清楚的：团体形成并不是联想，也就是说，个别项目之间的联结只能在强度大小方面发生变化，但是组织却不是这样，通过组织，一个对子的两个成员成了一个真正的单位，而且与下一个单位相分离。在系列 C 里面（这个系列是最容易学习的），对子作为对子而保持着；在系列 A 里面（这个系列是最难学习的），同样数目的强烈联想如在系列 C 里一样保存着，但是，现在它不再成为一个对子的两个成员之间的联想，而是成为前面对子最后一个成员和后面对子第一个成员之间的联想；在系列 B 里面，这种对子内部特征的较弱联想仍旧保持着。换句话说，在这些实验中，联想未被视作联想本身，而是被视作这些联想在系列组织中具有的功能。①

威塔塞克认为这种结果预示着用“联想”一词来描述无意义音节的学习恐怕是不合适的，因为联想本身还受制于系列组织本身特征的影响，对于这样一个特征，联想理论是没有地位的。而显然这种超越简单联想特征的存在方式就是一种整体性的形质。

第三节　威塔塞克的视觉空间定位研究

一、威塔塞克的视觉空间定位研究

有关定位的研究属于空间知觉理论（theory of space perception）的探

① 库尔特·考夫卡著，黎炜译：《格式塔心理学原理》，浙江教育出版社 1999 年版，第 737～739 页。

索，这种探索在德国心理学界由来已久。在论述威塔塞克在这方面的研究之前，我们需要先回顾一下海林（Ewald Hering）[1]的视觉定位理论。在他的理论中，视网膜的每个点都有一对明确的空间值（space values）、一个高度值和一个宽度值（height and breadth value），它们与方向相对应，在这个方向上，任何点都会出现，只要将头部竖起，双眼便会沿一个水平面的中央聚焦于一个无限遥远的点上。于是，视网膜中央便将具有"正前方向"的空间值，也就是说，宽度值和高度值都将等于零。垂直地处于上方或下方的点，除了负的和正的高度值以外，其宽度值仍将为零，如果正值是指这些点出现在下方，负值就是指这些点出现在正前方向的那个点的上方。同理，在中心左右呈水平状的点，其高度值为零，朝着左右两边，其宽度值不断增加。最后，在这一理论中，视网膜的不一致为每个点提供一个深度值（depth value）。

威塔塞克虽然大体上是这一理论的坚定信奉者，但对此也存在一些细微的疑问。威塔塞克认为，纵然像所说的那样，一个视网膜点的高度值和宽度值是随着它们离开中心的距离而成比例地增加的，但是高度值却比宽度值增加得更快。为了检验这种凝视的视网膜点的空间值理论假设，他于1910年建议进行下列实验。置被试于一个完全黑暗的房间里，在被试面前安置一个光点，作为他的凝视点。然后，在被试面前一个接一个地呈现若干不同的光点，并要求被试指明这些不同的光点出现的方向。在威塔塞克看来，这种实验是非常必要的，因为它并不完全遵循海林认为一个视网膜点的高度值和宽度值随着它们离开中心的距离而成比例地增加的说法。也许，这种关系并不简单，换句话说，视网膜点的现象空间值系统不是一幅标记这些点的几何学位置的地图。威塔塞克以菲克错觉（Fick illusion）为例，虽然垂直线段与水平线段等长，但看起来垂直线段比水平线段长。这种对垂直线的众所周知的过高估计，可以在以上实验中得以检验，如果假设成立，则海林视觉空间定位理论将存在问题。

但是威塔塞克的这个实验基本停留在"思想实验"[2]的阶段上，从未真正实施过。考夫卡进一步的研究揭示了威塔塞克假设无法实施的原因：如果被试在一个只见一个光点的完全黑暗的房间里待上一段时间，那么，这个光点不久便会以飘忽不定的方式开始在房间里到处游动，游动范围可以达到90度。在这期间，凝视会达到相当完善的程度，哪怕是轻微的眼睛抖动也不

① 埃瓦尔德·海林（Ewald Hering，1834—1918），德国著名生理学家和心理学家。在空间知觉和色觉研究领域卓有贡献，提出了视觉的先天论学说。

② 思想实验指的是一种由于现实限制无法实际完成的、用于检验一种假设或理论的思辨性实验方案，其目的是要考察给定问题的潜在原理。比如古希腊的芝诺悖论。

会产生。吉尔福德(J. P. Guilford)[①]和达伦巴哈(K. Dallenbach)曾证明,当光点游动范围在1度以下时,眼睛对光点的凝视会产生这种轻微的眼睛抖动。这些"游动"运动(auto-kineticmovements)证明,没有凝视的视网膜值属于视网膜点;它们在一个格局中产生定位,但当这种格局丧失以后,便不再产生定位。[②]

二、围绕相同视觉方向法则的争论

在1909年和1910年,威塔塞克与已在因斯布鲁克占据心理学一席之地的希勒布兰德(F. Hillebrand)展开了一场激烈的学术争论。争论的焦点是威塔塞克发表的一篇论文《视觉空间定位的理论》,该文报告了在定位(localization)研究上的一项发现,他声称此文已被录入在《心理学杂志》中。这场争论对威塔塞克来说是灾难性的。在其过程中,他写了两份详细的答复。直到1915年,当贝努西用一个实验最终证明威塔塞克是错误的时,威塔塞克才不得不在他的一本书中再次承认自己的错误。[③]

当时关于定位的研究工作特别关注的问题是,知觉空间定位究竟是遵循怎样的原则?人们一致认为,相对定位仍然处于研究中,例如研究定位物体的同时,在可视范围内或视网膜的地形图上会呈现出一个相邻的物体,称之为注视点(fixed point)。进而,定位也就是物体通过视网膜得到的一个再显现的图像。所有与视觉位置有关的信息进入有机体的视网膜并且达到某种程度的影响,只有这种在视网膜上分布的刺激的定位才能被提取出来。而这种现象应是威塔塞克所关注的。

同时代的著名生理学家海林在相同视觉方向法则(law of identical visual directions)[④]的研究方面处于领先地位。海林的理论认为,一个对象的确切定位是我们双眼的肌肉运动和感觉器官的功能;而在现实空间中,外部事物的定位是通过趋向中心节点(central nodal points)的方向线(lines of

① 吉尔福德(Joy. Paul. Guilford,1897—1987),美国心理学家,智力三维结构理论创始人。他早年在美国康奈尔大学师从铁钦纳和达伦巴哈从事似动现象、视觉注意等研究。

② 库尔特·考夫卡著,黎炜译:《格式塔心理学原理》,浙江教育出版社1999年版,第280页。

③ Haberl-Zemljic, A. (2001). Stephan Witasek. In: L. Albertazzi, et al. (eds.). *The school of Alexius Meinong*. Aldershot: Ashgate. p. 228.

④ 相同视觉方向法则:当两眼对称集合时,在各眼视轴上重叠的物体看起来位于头的中间平面上。我们也可以作另一实验证实头位中心视觉方向:将纸卷成圆筒置于右眼前,观看远物,而将左手掌置于左眼前,当两眼睁开时,就看到远物出现于左手掌的圆孔中。这说明两个单眼视觉方向可以联合成统一的双眼观觉方向。

direction)联结起来而确定的,这种联结方式只具备几何学上的意义,几何学的意义决定了视网膜刺激的位置。因此,定位这个问题显得毫无意义。[①] 这个生理学理论继承了投影理论(theory of projection),投影理论指出我们是利用进入空间的方向线来投影物体的,所以物体的确切定位是在眼睛指定位置和真实物体指定位置的相对重叠的地方。

威塔塞克的论文尝试证明:独立单眼功能的双视网膜对应点与视觉区域的相似点是不协调的,右侧单眼视野的端点属于右视网膜端点,只有少许一些属于左端,就像左侧单眼区域属于左视网膜对应端点一样。至于双眼看到在双眼视觉区域的点同时属于视网膜的相应位置,大致应该位于双眼视觉区域两点的中间,就像视野的两个单眼点。简言之,在单眼分离功能中,视网膜对称点并非相同;而是右边的更多倾向于左边,反之亦然;双眼的共同活动则大约是在两个单眼定位点的中间。借此,威塔塞克假设这是两只眼睛在定位上的感觉属性不同于用一只眼睛定位上的感觉属性的原因。[②]

为了证明这个假设,威塔塞克进行了如下实验。被试通过一个带有盖子的、约10厘米长、可以关闭和打开的双筒望远镜进行观察。在他们面前有一个均匀、透明的乳白色的玻璃,屏幕上有一个黑色小标志出现在视野的中间。实验过程可分为以下几个阶段:首先要求被试用双目注视(binocular fixation)标记,然后只用右眼注视,接下来再换成左眼进行注视,最后再换回双目注视。该顺序有时也会反转,并总是用最明显的视觉位置注视点。实验是在睁开和闭上一只眼睛(不包括另一只眼在内)的条件下进行的。另一个实验的自变量是观察对象的距离变化。用一个约1公里距离远的教堂塔楼作为注视(它可被视为是无限远的)的观察对象。在观察实验的所有变化后,威塔塞克得出结论,观察对象无一例外地从一个单眼注视(monocular fixation)转移到另一个眼的单眼注视。具体而言,左眼的注视在右边更多一点,右眼的注视有些向左倾。威塔塞克进一步分析了这种注视的倾斜约为2厘米。但在威塔塞克的实验中并未提及这到底经过了多少测试。他提到实验中唯一的被试就是他自己。他偶尔也会用到那些在进行大量实验后肯定他研究结论的人,除此之外他别无他法。威塔塞克坚持认为,这不会影响其实验的信度。他的理由是,因为实验的属性需要实验者对当前工作的某种

① Haberl-Zemljic, A. (2001). Stephan Witasek. In: L. Albertazzi, et al. (eds.). *The school of Alexius Meinong*. Aldershot: Ashgate. p. 229.

② Haberl-Zemljic, A. (2001). Stephan Witasek. In: L. Albertazzi, et al. (eds.). *The school of Alexius Meinong*. Aldershot: Ashgate. p. 229.

投入，需要其拥有长期坚持的信念并带着问题不断细心观察，掌握各种理论知识，而且还必须在熟练掌握视觉仪器操作的同时进行大量实践，所以这是不可能被那些不熟悉这项工作的人所完成的。①

希勒布兰德对威塔塞克文章的最初反应，是说这种结果是由一个潜在的隐斜视(latent heterophoria)造成的，而威塔塞克本人患有这种轻微的斜视症状。但威塔塞克马上在《心理学杂志》上以一篇新的文章《定位的差异和潜在的平衡障碍》(Localizations deferens und latent Gleichgewichtsstorung)对此异议进行还击。在此论文中，他重复强调，临床检查显示他的眼睛是健康的。但希勒布兰德继续指责威塔塞克实验中的一系列漏洞：第一个漏洞是威塔塞克通过这种极其简单的观察来对视网膜对称点进行确定是不精确的；第二个漏洞是威塔塞克关于同一方向观察规律的讨论。他批评威塔塞克不精确地使用"双眼视线"(binocular line of vision)和"视觉方向"(direction of seeing)的概念只会混淆问题的不同层次，而无助于问题的澄清。双眼视线指的是几何意义的现实空间，而看到的方向是指看到的空间(这取决于看的人)。②

第四节　对威塔塞克形质说的评价

第一，威塔塞克的工作在某些方面进一步拓展了迈农的形质说。例如，他区分了迈农形质说的复型概念，将其细化为简单复型(simple copmlexions)和复杂复型(copmlex copmlexions)或高级复型(copmlexions of higher order)。通过对形质学说的拓展，他进一步推动了布伦塔诺学派的意动心理学的发展。这具体表现在他对感觉、判断、推测、情感、欲望和意志等多种心理活动的分析上，他逐一指出在这些由简单到复杂，由低级到高级的心理活动中，意动均是其中不可或缺的重要成分。除了全面分析心理活

① Haberl-Zemljic, A. (2001). Stephan Witasek. In: L. Albertazzi, et al. (eds.). *The school of Alexius Meinong*. Aldershot: Ashgate. p.229.

② Haberl-Zemljic, A. (2001). Stephan Witasek. In: L. Albertazzi, et al. (eds.). *The school of Alexius Meinong*. Aldershot: Ashgate. p.230.

动的意动要素之外，威塔塞克的二分心理学（bipartite psychology）[①]还集力于知觉领域，并以论证知觉具有的意动和内容的二重性作为突破口。这些观点对于深化意动心理学的理论体系均具有重要意义。

第二，威塔塞克积极地将形质心理学中具有实践意义的内容进行了实证化的检验。在方法论层面上，威塔塞克利用格拉茨大学心理学实验室的有利条件，以实验的方法来论证那些可供检验的形质内容，如旋律的特征等，这无疑革新了在迈农和厄棱费尔领导下格拉茨学派（甚至是整个布伦塔诺学派）在心理意动研究上以思辨为主的方法论，并横向影响了同时代的贝努西。两人的相互竞争与切磋，最终促使“实验的形质心理学”的诞生。从迈农到厄棱费尔再到威塔塞克和贝努西，我们能够清晰地看到格拉茨学派作为一个哲学学派向心理学流派的转变。

第三，威塔塞克的实验工作仍然是非常有限的。在他那篇获得沃廷格奖励的论文《复型理论的研究》（1895）中仅有少量的实验数据。在随后的三年里，他发表的论文也仅仅是一些关于复型心理学的理论研究。[②] 并且在威塔塞克仅有的一些实验工作中，由于作为实验对象的形质属于一种高级心理过程的特征，在对其进行实验设计方面缺乏可供借鉴的经验，因此，威塔塞克的实验设计无论是在控制条件和结论上，显得不如内容心理学（尤其是生理心理学）实验那样精确。这些均导致其在发表与内容心理学观点相悖的想法时屡遭其他实验心理学家的质疑，而威塔塞克对此的还击却往往因为不以实验的方式与之抗衡，而略显苍白。希勒布兰德甚至为此攻击和诋毁威塔塞克不具备一个心理学家和科学家的资格。[③] 然而更为重要的问题是：在本体论预设上，威塔塞克所持有的形质观依旧没有摆脱厄棱费尔设下的藩篱，即在形成整体知觉的过程中，元素或内容仍然是必要的。这种立场也许要直至格式塔心理学家那里才能将之完全颠覆。但无论如何，对于威塔塞克，安德里亚·哈柏—泽米吉克希望我们能够牢记的是：“在如此恶劣的条件下，他仍然创造出了这么多高质量的作品。”[④]

---

① Jeffrey, L. R. (2000). Witasek, Stephan. In: A. E. Kazdin (ed.). *Encyclopedia of psychology*. Vol. 8. Washington, DC: American Psychological Association; New York: Oxford University Press. p. 253.

② Haberl-Zemljic, A. (2001). Stephan Witasek. In: L. Albertazzi, et al. (eds.). *The school of Alexius Meinong*. Aldershot: Ashgate. p. 232.

③ Haberl-Zemljic, A. (2001). Stephan Witasek. In: L. Albertazzi, et al. (eds.). *The school of Alexius Meinong*. Aldershot: Ashgate. p. 230～231.

④ Haberl-Zemljic, A. (2001). Stephan Witasek. In: Albertazzi, A. et al. (eds.). *The School of Alexius Meinong*. Aldershot: Ashgate. p. 235.

第九章

贝努西:实验的形质心理学

贝努西是形质学派的核心成员之一。在迈农看来,贝努西在自己众多学生中的地位仅次于威塔塞克。在威塔塞克英年早逝之后,迈农就将格拉茨大学的心理学实验室交给贝努西。由于贝努西后来被迫返回意大利,直接导致了形质学派迅速退出心理学的历史舞台。贝努西在意大利培养了一批学生,使得形质学说薪火相传,延续至今。贝努西具有如此重要的地位,主要还是因为他在实验和理论上的杰出贡献。他精于实验,是形质学派最重要的实验心理学家,在视错觉、形式知觉、时间知觉、重量知觉、立体知觉、视动现象、触觉运动等诸多领域均有建树,被波林称作"奥国的最有成绩而最有效果的实验心理学家"①。他将形质学派的创造说以实验的方式呈现出来,从而夯实了该学派在当时心理学界中的地位。他虽然无意于系统的理论阐述,却对形质学派的创造说做出了重要发展。他提出不充分表象、非感觉表象等观点,深化了创造说;他关于时间把握的研究,尤其是关于呈现时间、时间定位、表象阶段的研究,拓展了创造说的研究领域。他还通过综合与分析态度,将创造说延伸至人格领域。从意动心理学的发展来看,贝努西的贡献远不止于此。他还通过与柏林学派的辩论,推进了意动心理学的发展。他的实验研究在意动心理学派中具有重要的地位。他的理论立场趋向现象学,推进了意动心理学的实验现象学取向,这已在当今意大利心理学的实验现象学转向中得到回应。他通过对在场与不在场的澄清,推进了意动心理学的意向性主题。另外,他晚年在真实心理分析中,架起了意动心理学与精神分析之间的桥梁。

① 波林著,高觉敷译:《实验心理学史》,商务印书馆 1981 年版,第 505 页。

第一节 意大利格式塔心理学的创始人

图 9-1 维多里奥·贝努西(Vittorio Benussi,1878—1827)

一、"站在两种文化间的边缘人"

维多里奥·贝努西(Vittorio Benussi,1878—1827)是一位献身于实验研究的心理学家。在他的学术研究中,似乎除了实验,再无他物可言。贝努西的好友、意大利心理学家圣·德圣克迪斯(Sante De Sanctis)称他"带着一种狂热献身于研究和教学,这种狂热中有一种神秘与激情的东西"①。贝努西的再传弟子考尼饶(G. Kanizsa)曾自称"物学家"(thingologist)②,这个称呼同样适用于贝努西。他只对事实和实验材料感兴趣,而厌恶一味的理论思辨。他惯于嘲讽式地将自己的学生穆萨蒂(C. Musatti)称作"哲理家"

① Albertazzi, L. (2001). Vittorio Benussi(1878—1927). In: A. Albertazzi, et al. (ed.). *The school of Alexius Meinong*. Aldershot: Ashgate, p. 101.

② Albertazzi, L. (2001). Vittorio Benussi(1878—1927). In: A. Albertazzi, et al. (ed.). *The school of Alexius Meinong*. Aldershot: Ashgate, p. 102.

(philosophizer)①。

贝努西一生专心治学，只与实验打交道，对人事乃至政治等问题并不感兴趣。但是，他在生活中并不能做到如此“纯粹”。他的一生是坎坷的，始终处于意大利与奥地利两种文化的张力之间。他成长于意大利，在奥地利进行教学和研究，后又被迫返回意大利。在奥地利期间，他因认同意大利而备受磨难；回到意大利后，他又对奥地利充满思乡之情。但他本人只钟情实验研究，因而游离于两种文化之间。正是在这种意义上，社会心理学家海德将贝努西称作“站在两种文化间的边缘人”②。

贝努西于1878年1月17日出生于意大利的里雅斯特(Trieste)。的里雅斯特位于意大利北部，时属奥匈帝国，1918年并入意大利。这种地理位置本身就体现了意大利与奥地利两种文化的张力。贝努西的父亲则加剧了这种张力。贝努西的父亲是一位历史教师，热衷于对历史进行科学的考察；同时赞同当时的民族统一主义，支持的里雅斯特回到意大利。贝努西受到父亲的影响，献身于科学研究，并怀有深厚的意大利情感。

有关贝努西幼时的文献很少。据加塔鲁扎(S. Cattaruzza)推测，贝努西曾受过良好的物理学和生理学训练，③这为他后来从事实验研究打下了良好的根基。另外，在就读格拉茨大学前，贝努西曾从事文化活动和新闻工作，结识了许多专家和学者，这为他后来形成自己的思想具有一定的帮助。

1896年，贝努西进入格拉茨大学哲学系。起初，他准备研究意大利和德国语言学。但在遇到迈农后，他改变了自己的想法，去听迈农的课程，并到格拉茨大学的心理学实验室进行研究。就这样，他步入了心理学的殿堂。

二、在奥地利格拉茨的艰难岁月

1901年，贝努西在迈农的指导下获得博士学位，并留任格拉茨，直至1918年被迫返回意大利。在格拉茨工作期间，本是贝努西人生中最奋进、最辉煌的时光，但他却在异常艰辛中度过。迈农曾向奥地利文化部申请在格拉茨大学心理学实验室设置实验室助理职位，文化部却拒绝了迈农的申请，

① Albertazzi, L. (2001). Vittorio Benussi(1878—1927). In: A. Albertazzi, et al. (ed.). *The school of Alexius Meinong*. Aldershot: Ashgate, p. 103. “philosophizer”同时还有“卖弄大道理的人”的意思。

② Heider, F. (1970). Gestalt theory: Early history and reminiscences. *Journal of the History of Behavioral Sciences*, No. 2, pp. 131～139.

③ Cattaruzza S. (1999). Historical-biographical outline. *Axiomathes*, No. 1～3, pp. 221～223.

转而提供了一个辅助职位，并承诺在未来条件许可时再行设置。迈农将这个职位交给了贝努西，但文化部的承诺从未得到兑现，贝努西就在这个职位上待了16年，直到他返回意大利。其间他与迈农的学生利尔(W. Liel)结婚(1907)，为维持生活，他长期在格拉茨大学图书馆做管理员的兼职工作。

贝努西的教职生涯充满了挫折。1905年，贝努西获得任教资格。1913年，他被提名为格拉茨大学正教授职位，但没有得到奥地利政府的回复。1914年，他被提名为时属德国的布拉格大学哲学教授，被学院以35票对3票的结果拒绝，因为他拒绝签署一份宣布自己具有德国情感的声明。1917年，他再次被提名为格拉茨大学的哲学教授和心理学实验室主任，但又遭到拒绝，原因在于，贝努西是意大利人，将他提名给国家，会“危害格拉茨大学的德国国家的完整性”①。1918年，他又被提名为格拉茨大学教授，但附加条件是他必须放弃自己的意大利国籍。加塔鲁扎描述说：“在第一次世界大战末，贝努西因各种学术与个人的沉浮而心力耗尽。”②此间他曾尝试自杀，但未遂。贝努西思虑再三，最终于1918年11月辞去教职，返回意大利。

半个多世纪以后，在迈农门下取得最后一个博士学位的海德这样回忆起贝努西：“他清瘦，看上去雅致，有着一张精细雕刻的、忧郁的面孔，带着冷冷的、怀疑的笑容。他走动时穿着一件黑色的实验室罩衣；散步时，他戴着一顶黑色的宽边帽子，一口接一口地抽着一支长的黑雪茄。……贝努西通常在一间黑暗的房子里面，与他的仪器在一起。他有一张吊床，经常没白没黑地在那里工作。”③海德曾上过贝努西开设的一门课程。整整一学期，都是贝努西请学生做实验中的被试，学生连实验的目的都不清楚。海德忍无可忍，去向贝努西抗议，贝努西非常友好地递给他一把实验室的钥匙，告诉他实验室的仪器都可任由支配，但自己没有时间。

在格拉茨大学期间，贝努西进行了大量的研究，涉及视错觉、形式知觉、时间知觉、重量知觉、立体知觉、视动现象、触觉运动等诸多领域。他的成果非常丰富，主要是实验研究论文。他著作极少，有一部《时间把握的心理学》(1913)。他的博士论文是《论佐纳图形：一项实验心理学研究》(1901)。1904年，为纪念格拉茨大学心理学实验室成立十周年，迈农主编《对象理论与心理学研究》，收录了贝努西的三篇论文，其中一篇是《形式把握的心理学

---

① Albertazzi, L. (2001). Vittorio Benussi(1878—1927). In: A. Albertazzi, et al. (ed.). *The school of Alexius Meinong*. Aldershot: Ashgate, p. 102.

② Cattaruzza S. (1999). Historical-biographical outline. *Axiomathes*, No. 1～3, pp. 221～223.

③ Heider, F. (1970). Gestalt theory: Early history and reminiscences. *Journal of the History of Behavioral Sciences*, No. 2, pp. 131～139.

(缪勒—莱耶图形)》。此外，他重要的论文还有《论表象的不充分性 I》(1906)、《时间比较的实验分析》(1907)、《不充分的形式把握规律》(1914)等。值得一提的是，1914 年，贝努西发表了《说谎的呼吸特征》论文。他发现，人在说谎时，呼吸的吸气与呼气的时间比值会产生变化，他绘制出相应的变化图示，由此成为测谎研究历史上的重要人物。

除了在实验室进行研究外，贝努西还参加了许多学术活动，成为“格拉茨学派在国外的官方代表”①。他曾先后参加 1903 年在罗马召开的国际历史学科会议，1905 年在吉森召开的第一届实验心理学会议，同年在罗马召开的第五届国际心理学会议，以及在哥廷根召开的第六届实验心理学会议等。在一次德国会议上，贝努西遇到柏林学派的三位成员，相谈甚欢。他很重视柏林学派的观点，曾与考夫卡展开激烈的论辩。这场争论对贝努西刺激很大，他此后尝试对格拉茨学派和柏林学派的观点进行综合，但最终未能如愿。然而，理论上的争执并不妨碍学者间的友谊。1921 年海德去柏林时，贝努西为他写了介绍信，并嘱他一定要去拜访惠特海默，他称后者为一位“非凡之人”②。当然，柏林学派也对贝努西持有敬意，例如苛勒称贝努西的实验“富有卓识”③。贝努西去世后，柏林学派在其主办的《心理研究》上刊登讣告，称他为“多产的研究者”，“具有天赋，始终以不倦的精力投入到基础问题研究中”。④ 值得一提的是，贝努西也注意到胡塞尔的理论，尤其是胡塞尔《逻辑研究》中的观点，贝努西的理论相应地也具有现象学倾向。另外，贝努西通过医学院的瓦尔特(Walther)和奥托·格罗斯(Otto Gross)接触到精神分析，为此后在意大利的研究埋下伏笔。

三、在意大利帕多瓦的消沉晚年

1918 年，贝努西回到意大利后，最初在帕多瓦大学谋得一职位，延续他在格拉茨大学时兼职的工作，做图书馆管理员。在朋友圣·德圣克迪斯等人的帮助下，贝努西于 1919 年在文学与哲学学院获得了学校为他特设的实

① Albertazzi, L. (2001). Vittorio Benussi(1878—1927). In: A. Albertazzi, et al. (ed.). *The school of Alexius Meinong*. Aldershot: Ashgate, p. 101.

② Heider, F. (1970). Gestalt theory: Early history and reminiscences. *Journal of the History of Behavioral Sciences*, No. 2, pp. 131～139.

③ 苛勒著，陈汝懋译：《人猿的智慧》，浙江教育出版社 2003 年版，第 229 页。

④ Heider, F. (1970). Gestalt theory: Early history and reminiscences. *Journal of the History of Behavioral Sciences*, No. 2, pp. 131～139.

验心理学教职，重新开始自己的研究与教学。由于条件艰苦，他曾通过在黑板上画出工具，进行实验。他除了购买设备外，还自行设计实验仪器。

1921年，贝努西创立了研究所，不过研究所的三间房子同时也是自己的寓所。他最初的教学也阻力重重，没有学生选课。他的学生穆萨蒂是听了学校清洁工的建议才前来听课的。1922年，贝努西因自己出色的研究被晋升为正教授职位。他身边慢慢聚集了一些学生，并逐渐在意大利心理学界获得认可。1923年，他率自己的学生参加意大利心理学会在佛罗伦萨召开的全国大会。通过这次会议，贝努西确立了自己在意大利心理学界的地位，被视作意大利实验心理学的前沿人物。

在这一时期，贝努西的研究集中于立体运动，深度知觉、数的知觉和情绪分析等领域。他开始对精神分析感兴趣，并开设精神分析的课程。正是在1923年的会议上，贝努西结识了意大利精神分析学家爱德华多·魏斯(Edoardo Weiss)，通过与后者的交往，贝努西试图在真实心理分析中融合精神分析的思想。在这一时期，贝努西的成果有著作《采用暗示和催眠手段的真实心理分析》(1925)，以及在他逝后由穆萨蒂编辑的著作《暗示与精神分析》(1932)等。

尽管贝努西在意大利的情况逐渐好转，但他并没有感到轻松与愉快。这其中很大的原因在于，他多年生活在奥地利，现在很难融入到意大利的文化之中。穆萨蒂曾描述过与贝努西有着相似生活轨迹的魏斯："魏斯是这样一个人……他的奥地利教育使得他在一定程度上处于我们国家的思想之外。这并非因为的里雅斯特人不是意大利人，恰恰相反，而是因为他的教育和训练迥异于我们工作所处的文化环境。"①在穆萨蒂看来，贝努西也同样如此。他发现，贝努西"处于一种例外的心理与人格之中，且期望尽可能地接近这样一种人格"②。

1926年，海德曾去拜访贝努西，海德后来回忆说："我感到，那时他非常抑郁，对格拉茨有着怀乡之情。"③1927年11月22日，贝努西在阅读惠特海默的著作时，写下了这样一段话："我现在至少有一种充分确立的希望，即我有一种器官上的疾病，慢慢地消耗自己。我还不知道它是什么，如果我那时

① Pavanello, A. M. (1999). Vittorio Benussi and Edoardo Weiss on the unconscious, *Axiomathes*, No. 1～3, pp. 107～126.

② Pavanello, A. M. (1999). Vittorio Benussi and Edoardo Weiss on the unconscious, *Axiomathes*, No. 1～3, pp. 107～126.

③ Heider, F. (1970). Gestalt theory: Early history and reminiscences. *Journal of the History of Behavioral Sciences*, No. 2, pp. 131～139.

无法做德圣克迪斯的论文——我不知道要说什么：每一个词都虚假地撞击着我。”[①]两天后，贝努西在抑郁发作下吞下氰化物自杀，时年仅49岁。

贝努西去世后，贝努西的学生穆萨蒂消除了现场痕迹，以保护导师的英名。由于导师以及稍后自己妻子去世的打击，穆萨蒂放弃了实验工作，投身于精神分析之中，成为意大利著名的精神分析学家。但贝努西的思想经由穆萨蒂延续下来，其后经过穆萨蒂的弟子以及再传弟子的努力，进一步发展出意大利的格式塔心理学。在贝努西之后，意大利的格式塔心理学经历了先后三代，其间群星辈出，最终形成了帕多瓦—的里雅斯特学派，在意大利大放光彩。[②]

第二节　贝努西的意向性观点

贝努西通过错觉研究，确立了表象的独立地位，同时奠定了自己的意向性观点的初步基础，即意向把握就是体验对象的在场。他结合迈农对意动、对象和内容的区分，进一步澄清了知觉的在场与心理上的在场两种意向把握方式，对理智心理进行了重新划分。他的两种把握方式提供了一个框架，使得对理智心理的系统考察成为可能。晚年他从精神分析中汲取资源，在真实心理分析中对心理进行了更全面的考察。

一、错觉研究

贝努西是从错觉领域入手开展自己的研究生涯的。他的第一项工作就是在博士学位论文研究中考察佐纳错觉。错觉是早期心理学的一个重要领域，对于科学心理学的诞生具有重要意义。这是因为，大量的错觉现象难以从纯粹的生理学角度进行解释，为此需要一门独立的学科，心理学在一定程

① Pavanello, A. M. (1999). Vittorio Benussi and Edoardo Weiss on the unconscious, *Axiomathes*, No. 1～3, pp. 107～126.

② 郭本禹：《意大利格式塔心理学源流考》，《南京师范大学学报》，2005年第6期，第97～102页。

度上由此应运而生。① 对于早期人文科学心理学来说，错觉尤为重要，原因在于，自然科学心理学并不能够面对真实的错觉本身。在自然科学心理学看来，知觉是对外部实存世界的反映，错觉作为一种特殊的知觉，是对外界不正确的反映。在缪勒—莱耶错觉中，存在着外界的两条线段，而我们却产生了两条线段长度不等的知觉，错觉便由此而生。而在人文科学心理学看来，上述观点假定了以客观的物理世界作为先在因素，将作为心理的错觉视作由一定刺激引起的结果。事实上，错觉并非与外界不一致的错误的反映，它恰恰是世界的真实呈现，能够展现世界的丰富性。

但通向真实世界的道路是艰难的。人文科学心理学在错觉的认识上也非一举而成。布伦塔诺提出了心理的意向性本质观点，并依此将心理区分为表象、判断和爱与恨的情感现象。由此来看，错觉是一种表象，更确切地说，是一种外部知觉。布伦塔诺承袭了传统哲学，认为外部知觉由感觉和存在判断构成。外部知觉是不可靠的，容易出现错觉，而错觉的“错”就在于存在判断。布伦塔诺曾在 1892 年的《关于一种视错觉的令人惊奇的事例》论文中讨论了缪勒—莱耶错觉。该错觉如图 9-2 所示，上下两条线段，上面线段看起来长于下面线段，其实等长。经布伦塔诺修改后，该错觉被学界称为布伦塔诺—缪勒—莱耶错觉或布伦塔诺错觉，如图 9-3 所示，左右两条线段，左边线段看起来短于右边线段，其实等长。布伦塔诺使用了一套 20 张图形的工具进行考察，最后得出结论说，这种错觉是由于角度的判断所致：人们在对图形角度的判断上出了问题，高估了小角度，低估了大角度。②

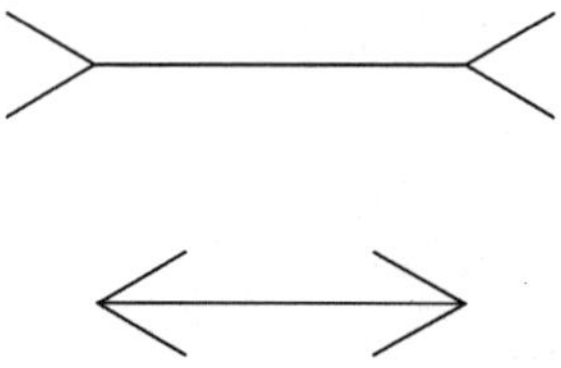

图 9-2　缪勒—莱耶错觉

图 9-3　布伦塔诺—缪勒—莱耶错觉

在形质学派中，迈农和威塔塞克接受了心理的意向性本质观点，但进行了修改。他们也认同布伦塔诺的观点，认为知觉由感觉和存在判断构成，但他们开始强调感觉的作用。威塔塞克甚至提出，存在着单独的感觉意动。③

---

① Wade, N. J. (2005). *Perception and illusion: Historical perspectives*. Dordrecht: Springer, p. 127.

② Albertazzi, L. (2006). *Immanent realism: An introduction to Brentano*. Dortrecht: Springer, p. 148.

③ 铁钦纳著，李丹译：《系统心理学：绪论》，浙江教育出版社 2001 年版，第 148 页；Titchener, E. B. (1929). *Systematic psychology: Prolegomena*. New York: The Macmillan Company, p. 227.

这就表现出元素论的倾向。不过，威塔塞克认为，对存在的判断是以直接的形式出现在知觉中的。看到这张桌子的同时，就已经有了这张桌子在这里的判断。这就表明判断是融入知觉之中的。与布伦塔诺的观点相比，这种观点更突出知觉本身以及知觉与对象的关联。在错觉问题上，威塔塞克认为，错觉是一种感觉错觉。换言之，错觉的原因在于感觉。因此，迈农和威塔塞克在布伦塔诺的基础上，更重视知觉本身，重视它与对象的意向性关联。但他们存在元素论的局限，不能进行彻底的革命，完全将知觉独立出来。这个任务就传给了贝努西。

贝努西在 1904 年发表了《形式把握（*Gestalterfassens*）的心理学（缪勒—莱耶图形）》论文。这篇论文载于迈农主编的《对象理论与心理学研究》一书中。在这篇长达 147 页的论文中，贝努西通过大量实验，提出了自己的理论观点，即错觉就是对对象的原本把握，与判断和感觉无关。贝努西设计了两种实验变量：一是被试的态度，即对实验材料作整体的把握（G 态度）还是分析的把握（A 态度）；另一变量是图形与背景间以及两条线间的明度和颜色变化。

贝努西根据实验结果，首先批评了冯特的错觉眼动理论。冯特认为，错觉的原因在于眼球的运动，这就将错觉归因于生理因素。贝努西在实验中发现，被试只注视图形，与观看其他图形一样，都可以产生错觉；并且，在分析态度中，当被试的眼球沿主线运动时，错觉出现降低的情况。这就表明，眼球运动是不足以解释错觉的。接下来，贝努西发现，错觉与角度的变化无关，这就直接否定了布伦塔诺的观点。最后，贝努西发现，错觉可以独立于因角度产生的感觉材料。这表明，错觉独立于感觉，因此，错觉并非威塔塞克所说的感觉错觉。

贝努西转而提出，错觉并不是错误的。我们算错了一道算术题，并发现了自己的问题所在。吸取教训后，我们不会再犯错误，这会有“错”可言。但在看缪勒—莱耶错觉图形时，即使知道两条线段的长度是相同的，我们依然会看到两条线段的长度不等，这里实际上无“错”可言。进一步说，错觉这个词本身就是模糊的，容易引起误解。贝努西从知觉中区分出存在的判断即确信（conviction）。他认为，确信既非假设也非判断，它有着各种不同的强度，而非肯定和否定两种形式。确信通常伴随知觉，但在错觉中起作用的并非确信。贝努西根据迈农的观点认为，错觉图形属于单一对象，而非对象式，因此，对错觉图形的把握应该是表象，而非判断，因为后者所把握的对象是对象式，这就排除了确信的作用。

在区分出确信后，贝努西认为，错觉本身是一种表象现象。我们所看到的错觉图形中的情形，其实就是图形向我们的呈现，我们的真实体验就是如此。这样，贝努西就将错觉从判断中解放出来。由于错觉一词含糊不清，贝努西提出“表象的不充分性”以替代错觉，这将在后文进行阐释。简言之，贝努西通过“表象的不充分性”，将错觉的产生归于创造过程，这与迈农等人的观点是一致的。贝努西还提出，错觉并不限于视觉—几何领域，它还存在于听觉和触觉等领域。这就拓展了知觉研究的视野。

贝努西将错觉独立出来，事实上，他在错觉乃至意向性的观点上仍蕴含着与迈农的分歧。在回到意大利后，他将自己的观点明确表述出来：“知觉对象就是体验其在场。”①这就是说，知觉到对象，事实上就是对象将自身呈现给我们，由此在我们的体验中是在场的。在1926年的笔记中，贝努西进一步指出，知觉概念“是一个描述性的概念，撇开与知觉条件有关的一切，这个概念非常接近胡塞尔(《逻辑研究》)的观点，与布伦塔诺、迈农、霍夫勒和威塔塞克的学派形成公开的对照。”②我们在前文讨论胡塞尔时已看到，胡塞尔在《逻辑研究》中认为，知觉过程事实上就是对象将自身呈现给心理的过程，意向性由此意味着对对象的直接把握。相比威塔塞克等人重视感觉错觉来说，贝努西的错觉观点是对形质学派的重大发展，它已趋向现象学。贝努西的思想也相应地成为实验现象学的重要组成部分。

通过以上的澄清，贝努西解放了错觉，使其具有了独立的地位，并明确了错觉乃至表象与对象的在场关联，由此确立了自己的理论立场，并发展了意动心理学的核心主题意向性观点，推进了意动心理学。但是，意向性究竟是怎样的？由此衍生出来的意动具有哪些类型？它们之间存在怎样的区分与动态作用？在后来的实验研究中，贝努西对此进行了一一考察。

二、意向性

意向性是整个意动心理学学派的核心主题。贝努西在研究错觉时已经涉及到这个问题，但在其研究文献中，极少看到他对意向性的集中阐述。这主要有两个原因。首先，贝努西投身于实验研究，无意于系统的理论阐述。其次，更重要的原因在于，贝努西的意向性观点是在形质学派尤其是迈农观点的基础上发展起来的。迈农在发展布伦塔诺意向性的基础上，通过对象

① Stucchi, N. (1996). Seeing and thinking: Victtrio Benussi and the Graz school. *Axiomathes*, No. 1～2, pp. 137～172.

② Stucchi, N. (1996). Seeing and thinking: Victtrio Benussi and the Graz school. *Axiomathes*, No. 1～2, pp. 137～172.

理论与创造说为形质学派打造了一个理论平台。贝努西在这个平台上继续前进，而无需再像迈农一样，通过对意动、对象与内容关系的考察，对意向性进行基础性的系统阐述。

具体来说，迈农澄清了布伦塔诺的内在性问题，发展出意动、对象和内容的意向性理论框架。在他看来，意动指向并把握对象，同时产生内容；对象独立于意动，可以有多种存在方式；内容则是心理的，始终存在于当前，并在一定程度上体现着心理现象的独特性。贝努西则在此基础上，关注意动对对象的把握。他在错觉研究中奠定了自己的立场，即意向性是意动对对象的在场把握，或者从对象的角度来看，意向性意味着对象将自身呈现给我们。例如，在错觉中，错觉图形将原本的"错误形象"展现给我们；并且在这种呈现中，错觉图形是展示在我们面前的，能够为我们直接看到。

贝努西的研究由此切入。他发现，在意向性把握上，有些对象能够直接为我们所看到，而另一些对象却不能为我们看到，它们只能呈现在我们的内心中。例如，想象不存在的动物，或者回忆自己原来看到的食物。贝努西认为，这是两种不同的把握方式。在前一种把握中，对象是知觉式地呈现给我们的；在后一种把握中，对象是心理式地呈现给我们的。进一步看，在前一种把握中，对象是呈现于当下的，且遵循时间顺序；而在后一种把握中，对象虽然呈现于当下，却并不遵循时间顺序，而是以逻辑的顺序呈现给我们。从对象在场的角度来看，这是两种不同的在场方式。前一种是知觉在场的方式，而后一种是知觉上不在场也即心理上在场的方式。对于这两种不同的把握方式，我们可以有两种称呼：前一种方式事实上是表象(presentation)，或者称为看(seeing)；而后一种方式则是表征(representation)，或者称为思(thinking)。[①]

在做出两种把握方式的区分后，贝努西对心理进行了重新划分。在迈农那里，心理被划分为理智和情感两类，理智又分为表象、判断和假设三类。贝努西则提出，将理智心理分为两类：表象和确信。表象在两个极端之间变化，一个极端是知觉，即直接地把握到对象的在场，使得对象呈现在面前；另一个极端则是狭义的表象，表象此时指向不在场的对象，如记忆中的、想象中的、幻想中的对象，等等。需要注意的是，在场与不在场并非对象的物理存在，而是指意动上的区别，尤其是对象呈现时的意动把握。贝努西举例说，当我们仅仅呈现给自己一瓶要落到自己头部的花，例如，在想象中，我们

① Albertazzi, L. (2003). From Kanizsa back to Benussi: Varieties of intentional reference. *Axiomathes*, No. 3～4, pp. 239～259.

会静止不动；但当我们看到一瓶花从阳台上掉下来，我们会焦虑不已，或者拔腿就跑。①

确信是另一类心理现象。它是对存在的一种判断，它也有一个连续的变化，可以从确信某物（如我看到一样存在）到猜想某物（可能如看到一样存在）。从迈农的划分来看，贝努西事实上将判断和假设都划入到确信之中。进一步说，确信所指的是对象式，而知觉所指的是单一对象。知觉一般会伴随有确信。事实上，在贝努西的例子中，我看到一瓶花从阳台上掉下来，只有当我确信它会砸到我时，才会拔腿就跑。在确信中，贝努西又区分出确定（ascertainment，constatazione）和思维。当我们的确信达到一定程度，我们可以接受或拒绝事物的状态时，我们就有了确定。确定所指向的对象显然是对象式或者高级对象，它奠基在在场的对象上。思维与确定不同的是，它所指向的对象奠基在不在场或仅在心中出现的对象上。显然，确定与思维的区分类似迈农对判断和假设的区分，但比后者更接近今天的心理学知识。

至此，我们可以将贝努西关于理智心理的划分用表 9-1 表示如下：

表 9-1 贝努西的理智心理划分表

	在场	不在场
表象	知觉	
		表象（狭义）
确信	确定	
		思维

注：知觉与表象（狭义）之间、确定与思维之间均没有实线，表示两者间的连续性；表象与确信一栏是以在场或不在场对象为奠基。

我们看到，当贝努西采用在场与不在场的维度时，他已经接近胡塞尔的立场，即以呈现为逻辑出发点。贝努西由此来对表象和确信进行划分，并认为二者都存在连续的谱。从受物理或生理刺激影响的感觉表象到受内部因素影响的非感觉表象之间，其实存在着一个连续的谱。但这这个谱究竟是怎样的呢？在表象与确信之间，是否也是连续的呢？贝努西在未能回答这个问题之前就去世了。我们或许会像波林感叹屈尔佩一样，认为贝努西"去世得早，是很可惜的。若假以天年，使他能完成此新心理学，他也许终能使

① Stucchi，N.（1996）. Seeing and thinking：Victtrio Benussi and the Graz school. *Axiomathes*，No. 1～2，pp. 137～172.

意动远较合理”①。

但幸运的是，贝努西的弟子和再传弟子接过了这个问题，并有了较明确的答案。我们以他的再传弟子考尼饶的研究为例，将此问题交代清楚。考尼饶在贝努西的基础上，区分出三种呈现：模态呈现（modal presence）、心理呈现（mental presence）和非模态呈现（amodal presence）。模态呈现是指在特定感觉形式中的呈现，与物理或生理刺激直接关联，如图 9-4a 所示，相当于贝努西的感觉表象。心理呈现指表象的内容或其一部分仅能在心理上通过表征（represent）、添加或推理而呈现，如图 9-4b 所示，图中本来有空白部分，若我们却以为黑色圆环是连续的，我们主动添加上的部分便是心理呈现的。非模态呈现则介于二者之间，原本是心理呈现的，但却仿佛如模态呈现一样，如图 9-4c 所示，我们自然地以为圆环是完整的，这种“自然地”添加上去的部分，便是非模态知觉。当然，考尼饶最著名的模态知觉是以他命名的考尼饶三角形，如图 9-5 所示，原本只有三个含楔形切割槽的圆，但我们却看出一个三角形。

图 9-4　三种呈现②

图 9-5　考尼饶三角形

与三种呈现相应，考尼饶区分出三种表象：模态/感觉表象（modal/sensory presentation）、心理表征（mental representation）和非模态表象（amodal presentation）。当然，这里的表象是就其最广义的呈现而言的，可以相当于理智心理。从贝努西的心理划分来看，模态/感觉表象相当于知觉，心理表征相当于思维，而非模态表象处于二者之间。不过，考尼饶并未

① 波林著，高觉敷译：《实验心理学史》，商务印书馆 1981 年版，第 511 页。

② Albertazzi, L. (2001). The legacy of Graz psychologists. In: A. Albertazzi, et al. (ed.). *The school of Alexius Meinong*. Aldershot: Ashgate, p. 332.

确定二者间是否为连续的谱,他谨慎地区分了“看”与“思”。从贝努西的划分来看,这恰恰是理智现象的两端。并且,在“看”中,更多起作用的是对象的特性;而在“思”中,更多起作用的是意动尤其是内在过程。后面我们将会看到,这是对柏林学派和格拉茨学派之间张力的统合。

三、真实心理分析

贝努西在格拉茨大学期间的研究集中于心理的创造过程。从他划分的心理类型来看,他的研究处于理智现象之中。但在回到意大利后,贝努西开始超出理智现象的范围,对心理现象进行总体的考察。此时,贝努西汲取了新的思想资源,这就是精神分析。早在格拉茨期间,贝努西就已经接触到精神分析,到意大利后,他开始与精神分析学家魏斯等人交往,深入研究弗洛伊德的精神分析思想,并开设相应课程。贝努西通过借助精神分析,试图整理原有的创造说,提出一个系统的研究框架,这就是真实心理分析。

所谓真实心理分析(real psychic analysis),指通过使用暗示和催眠,考察心理真实的分解(discompsition)与分离(disconnection),[①]来看其存在着怎样的构成与内在关联。暗示和催眠显然来自精神分析。贝努西认为,这两种方法能够像实验一样很好地控制一些因素,尤其难得的是能够控制心理的一些机能。例如,通过暗示,能够使被试从材料中排除其他颜色,只看一种颜色。这里的心理显然不限于理智心理,而将情感心理也包括在内。与真实心理分析的目的相应的是贝努西对心理学的整体把握。他开始宣称,心理学主要关注心理的机能以及其恒常的条件。这里的机能显然并非生物学意义上的机能,而是类似于斯顿夫的机能观点,指心理在其原本面目的意义上是怎样与其他因素相互作用的。关于恒常条件,贝努西的观点比较难以理解。他认为,这些条件在本质上并非心理。事实上,它们的本质是无从得知的。这些条件随时间变化,并且相互影响。贝努西提出,这些恒常条件都可归入潜意识名下。贝努西的观点很容易使人联想起弗洛伊德的冰山隐喻,即意识过程受到潜意识过程的影响。

贝努西的这项工作并未完成,最终随着他的去世而终止。我们这里只择述其主要的研究结论。贝努西发现,理智心理与情感心理的功能是彼此独立的。此外,贝努西还区分出一种伪思想状态(pseudo-intellective

① Albertazzi, L. (2001). Vittorio Benussi(1878—1927). In: A. Albertazzi, et al. (ed.). *The school of Alexius Meinong*. Aldershot: Ashgate, p. 121.

states)，它包括明见性、怀疑、心理混乱、赞同、拒绝五种类型，这种心理的功能与前两种也是相互独立的。贝努西发现，存在着无对象的伪思想状态与情绪状态。这一点事实上与符茨堡学派的二重心理学观点趋于一致。贝努西尤其使用呼吸作为指标，区分出 45 种情绪状态，这确证了情绪与生理(身体)的一致性。贝努西由此提出，情绪状态事实上是对身体过程的高度易感状态(hyper-sensitization of somatic processes)的有意识的反思。

最后来看理智心理。贝努西认为，理智心理事实上起到对现实的实现与转化功能。换句话说，通过理智心理，我们才意识到事物是现实地存在着的，且与他物之间存在因果关联。在意向把握中，贝努西发现，对感觉(sense)的把握不同于对意义(meaning)的理解，前者依赖于具体情境，而后者依赖于语言情境，需要指向心理的对象才能实现。贝努西由此得出，言语充当着现实的“导体”(condutor)。理解一个符号，事实上是在体验符号所指的对象在心理上的呈现。在似动研究中，贝努西发现，可以在保留某些反应的同时，消除一些对外部刺激的有意识的反应。这个现象的原理是难以理解的，但是贝努西据此认为，自己的理论与以惠特海默等人为代表的柏林学派的观点是一致的，由此可以消除与柏林学派之间的争端。

在影响创造的内部因素上，他区分出象征(figurative functions)与区别功能(discriminatory functions)。象征功能指心理能够将对象呈现在我们面前。例如，三角形本是抽象的图形，但在我们的把握中却如眼前的一片树叶一样，呈现给我们。从这个例子上同时也可以看出，象征功能还能够把握对象的内在联系。这种功能主要出现在知觉在场的方式上。与象征功能不同，区别功能主要出现在心理在场的方式上，它主要对对象进行区分和评价。在后文阐述表象阶段时，我们会看到，表象最初是以知觉在场的方式，其后发展成心理在场的方式，到第三阶段，则进入记忆之中。在第三阶段，所把握的内容的各要素按照特定模式被分成各个部分。这里的区分就是区别功能在发挥作用。

可以看出，贝努西通过使用催眠和暗示方法，并承认潜意识过程的存在，显然是借鉴了精神分析思想。但同时，在真实心理分析中，贝努西保留了在格拉茨时的核心主题。他在使用暗示与催眠时，依然使被试进行格拉茨的各种实验。按照艾伯塔齐的观点，贝努西事实上受到考夫卡的刺激，力图在真实心理分析中考察与创造过程有关的各种问题。① 因为通过暗示与

① Albertazzi, L. (2001). Vittorio Benussi(1878—1927). In: A. Albertazzi, et al. (ed.). *The school of Alexius Meinong*. Aldershot: Ashgate, p. 123.

催眠，能够将心理上的在场转化为知觉上的在场，由此得以像在日常实验中一样，研究与创造有关的各种内部心理过程。通过上述考察，我们可以得出结论说，在真实心理分析中，贝努西试图打通格拉茨学派与柏林学派的联系，并架起了意动心理学与精神分析的桥梁。

第三节　贝努西的创造说

在贝努西的思想中，创造说始终处于重要的地位，甚至在后期的真实心理分析中，他依然非常重视这个主题。他的研究构成了形质学派的重要组成部分。尤其贝努西精于实验，将创造说用于实验，实现了理论与实验的高度一致，他的地位就更加突出。史密斯指出："正是在维多里奥·贝努西的工作中，创造说得到了最详尽的说明，以及最精致的实验支持，尽管他自己在后期著作中，认为有理由远离创造的观点和术语。"①不仅如此，正如史密斯所言，贝努西并非机械地将迈农的理论贯彻到实验中，而是在实验中修正了迈农的观点。他先后提出创造的非充分性以及非感觉表象观点，以此代替创造，并指出其中的同化与联想过程。在研究中，他逐渐意识到个体内部因素的重要性，从而发展出综合与分析态度等观点，由此深化了形质学派的理论。

一、不充分表象

在最初的错觉研究中，贝努西就遭遇到形质学派的创造说。总体而言，贝努西是接受迈农的创造说的，但他在实验研究的基础上进行了大量的改进。他不太赞同使用"创造"这个术语。"创造"最初由迈农的另一位重要弟子阿梅塞德在 1904 年迈农主编的《对象理论与心理学研究》文集中提出，并为迈农和威塔塞克等人所接受。贝努西在这个文集中所使用的是"不充分表象"(inadequte presentation，*inadequäten vorstellen*)。所谓"不充分"，意

① Smith，B. (1988). Gestalt theory：An essay in philosophy. In：Smith，B. (ed.). (1988). *Foundations of Getalt theory*. Munich：Philosophia Verlag，p. 27.

指对于同一个对象，我们可以看出一个图形，也可以看出另一个完全不同的图形。例如，在鸭兔两可图形中，如图 9-6 所示，我们既可以从该图形中看出一只鸭子，也可以看出一只兔子。这样，错觉其实是一种表象的不充分性，两条原本相等的线段，我们却看出了另一种完全不同的样子，将其视作不等的。

图 9-6 鸭兔两可图形

贝努西曾提出形式多样性（fomal plurivocity，*Gestaltmehrdeutigkeit*）的概念，以进一步说明不充分性。所谓形式多样性，是指一组恒定的刺激，却产生了不同的知觉，被把握到不同的形式。贝努西说："视觉印象的总体导致相互矛盾的反应。因此，这些与对象（现象）有关的反应是完全不同于彼此的。这样，我们可以说，这种印象的总和或它们外部因素（刺激）的总和是形式多样的。"[①]正如在鸭兔两可图形中，对于这一组恒定不变的刺激，我们既可以看出鸭子，也可以看出兔子一样。

但我们可能会进一步追问：在不充分表象中，究竟不充分的是什么？这就需要重新回到意动心理学派的核心主题意向性上。在形质学派中，迈农明确出意向性的结构，即意动指向对象，同时伴随有内容。显然，在不充分的对象中，所指向的是同一个物理刺激，例如同一个图形。这里的不同更多地在于内容，对于同一个图形，我们产生了不同的内容。正如艾伯塔齐指出的："更一般地说，不充分的表象是意向指向理论的一个特殊方面，它们尤其涉及内容的质的变化。"[②]这个产生过程就是创造过程，因此，不充分表象恰恰由于创造过程所致。由此来看，贝努西的观点凸显了形质学派在创造说上对意向性的发展。与"不充分表象"一致，贝努西也使用过"创造的不充分性"（productive inadequacy）。难怪迈农曾评价说："贝努西……甚至在威塔塞克逝世前就已有助于格拉茨心理学中心工作的发展。他因形式知觉而被引入实验工作中。创造的不充分性是表象创造的重要的发展，贝努西后来

① Albertazzi，A.（2001）. Presentation and production. In：A. Albertazzi，et al.（ed.）. *The school of Alexius Meinong*. Aldershot：Ashgate，p. 252.

② Albertazzi，A.（2001）. Presentation and production. In：A. Albertazzi，et al.（ed.）. *The school of Alexius Meinong*. Aldershot：Ashgate，p. 251.

很大部分的研究工作都是在高级对象的把握这个领域进行的。”①

二、非感觉表象

后来，贝努西又于1906年和1907年采用了“非感觉表象”(asensory presentation，*vorstellung außersinnliche provenienz*)来代替创造。从德文来看，“*vorstellung außersinnliche provenienz*”对应英译为“presentation of asensory origin”②，汉译为“非感觉起源的表象”。“非感觉表象”仅是简称，意指不依赖于感觉的表象，例如前面提到的错觉。贝努西指出：“关于感觉印象的恒常的复型，可能会激起完全不同于对象的表象；它们的产生既非由于联想，也非由于某种思想——这种思想不带有关于事物间关系的心象——而是在于直接知觉(direct perception，*Anschauung*)。因此，很明显，感觉器官的活动完全无法像视网膜刺激导致特定颜色的表征一样产生这类表象……这种表征(在我看来非常适合地)称作非感觉的。”③如同不充分表象一样，非感觉表象的产生显然是一个创造过程。

与“非感觉表象”相对的是“感觉表象”，即依赖于感觉材料的表象。在提出非感觉表象时，贝努西重点强调了感觉表象的特征。首先，感觉表象的产生需要有物理或生理过程为前提。其次，感觉表象的质的方面与特定的感觉器官有关。再次，感觉表象的器官必定如所预期的一样，出现在特定时空中。最后，感觉表象并不取决于疲劳或联系。由于非感觉表象与感觉表象相对，我们可以推测出非感觉表象的如下特征：不依赖于刺激；与感觉器官无关；抵制呈现；取决于疲劳或练习。④

非感觉表象与感觉表象的区分通过明度对照效应体现出来。如图9-7所示，在图9-7B中，由于背景的作用，右部中间的灰色正方形的颜色会显得弱于左部中间灰色正方形，而在图9-7A中，并不存在这种差异，所有的灰色

---

① Albertazzi，L.(2001). Vittorio Benussi(1878—1927). In：A. Albertazzi，et al.(ed.). *The school of Alexius Meinong*. Aldershot：Ashgate，p.101.

② Albertazzi，L.(2001). Vittorio Benussi(1878—1927). In：A. Albertazzi，et al.(ed.). *The school of Alexius Meinong*. Aldershot：Ashgate，p.181. 艾伯塔齐将德文“*vorstellung*”译作“perception”(知觉)是有问题的，“vorstellung”对应英译应为“presentation”(表象)。

③ Albertazzi，A.(2001). Presentation and production，In：A. Albertazzi，et al.(ed.). *The school of Alexius Meinong*. Aldershot：Ashgate，p.252. 艾伯塔齐误将德文“*Anschauung*”译作英文“direct perception”(直接知觉)，“*Anschauung*”汉译为“直观”，意即“直接经验、体验”，对应英译应为“intuition”。“表征”(representation)疑误译，似为“表象”(presentation)。

④ Stucchi，N.(1996). Seeing and thinking：Victtrio Benussi and the Graz school. *Axiomathes*，No.1～2，pp.137～172.

正方形的颜色看起来都是一样的。这是因为，在图 9-7A 中，所有的正方形构成了一个大的整体，正是人的这种整合作用，使得对灰色的把握不再依赖于背景，不再依赖于背景的感觉材料。由此也可以看出，非感觉表象依赖的是人的内部因素，这一点正是贝努西进一步研究的地方。

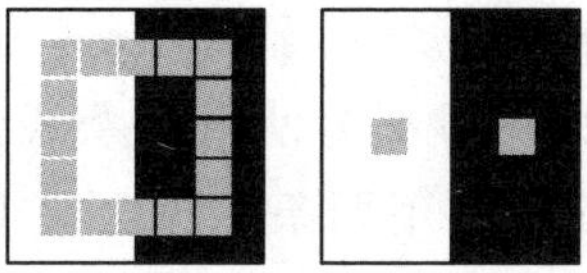

图 9-7　明度对照效应[1]

贝努西将明度对照效应加以改进，使之如图 9-8 所示。在此图中，灰色圆环由于构成了一个整体，而显得在黑白背景下都差异不大。这种不受背景影响的表象显然是非感觉表象。贝努西将一黑色线沿黑白背景分界处展开，从而将圆环隔为两半。结果发现，灰色圆环的整体被破坏了，左边部分显得颜色浅，而右边部分显得颜色深。此时对该圆环的表象开始受到背景的影响。这是由于对该圆环的表象已由非感觉表象转变为感觉表象所致。这种现象以贝努西的名字命名，称为“贝努西效应”（the Benussi effect）。[2]

图 9-8　贝努西效应

在区分了感觉表象与非感觉表象后，贝努西重新考察以前的不充分表象。他发现，其实感觉表象和非感觉表象都存在不充分性。[3] 在研究感觉表象的不充分性上，贝努西使用了以下装置，如图 9-9 所示，圆盘的内部和外部均为红色，只有中间环状部分为黑色和白色。转动圆盘时，会产生颜色对照

① Stucchi，N.（1996）. Seeing and thinking：Victtrio Benussi and the Graz school. *Axiomathes*，No. 1～2，pp. 137～172.

② Vicacio，G. B.（1999）. The Benussi effect in a kinetic field. *Axiomathes*，No. 1～3，pp. 95～105.

③ Stucchi，N.（1996）. Seeing and thinking：Victtrio Benussi and the Graz school. *Axiomathes*，No. 1～2，pp. 137～172.

效应,中间环状部分显现为绿色的环。观察时间越长,效应越发明显,只有当停下时,这种效应才会消失,根据感觉表象与非感觉表象的特征来判断,这种表象属于感觉表象,但由于产生了绿色的内容,这种表象是不充分的。在考察非感觉表象时,贝努西使用了布伦塔诺—缪勒—莱耶错觉。他发现,尽管初看起来,两条原本相等的线段显得不等,但经过反复观察,这种差异会有所变化。并且,疲劳和练习都会使得两条线段的显现发生变化。不仅如此,如果告诉被试在特定条件下两条线段会显得不等,被试反而得到两条线段相等的表象。对比非感觉表象的特征,这里的错觉显然属于非感觉表象。

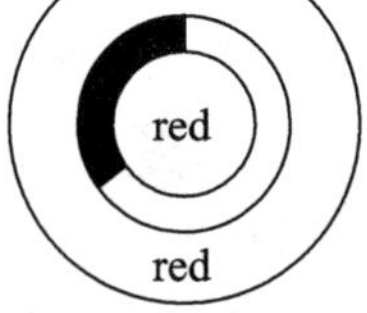

图 9-9　产生颜色对照效应的装置①

但是,创造过程或者说非感觉表象的产生究竟是怎样进行的?贝努西对此区分出两种不同的过程,即联想过程和同化过程。关于联想过程,贝努西指出:“我们通过特定的再造或记忆机能觉察到的对象或对象的成分,不变地作为不在场的对象呈现给我们。或者换句话说,它们是作为心理上当前的对象呈现给我们的,而且这些新的对象,或者对象中的突出情形,通过相加图式将自身加到其他元素中。这意味着,在这种情况下,我们无法区分哪些是通过知觉作为当前而给予的对象方面,哪些是在纯粹的心理当前情形中作为成分附加上去的。”②这表明,联想过程发生在心理上在场的层面。关于同化过程,贝努西指出:“受同化机能作用的对象或者尤其是对象的成分,有且仅有知觉上作为当前的对象方面或对象成分方面。”③这表明,同化过程发生在知觉上在场的层面。因此,这两种不同的过程体现了对象上存在着知觉到的在场和心理上的在场两种类型,而这种区分恰恰是贝努西要重新梳理心理类型的基础。

① Stucchi, N. (1996). Seeing and thinking: Victtrio Benussi and the Graz school. *Axiomathes*, No. 1~2, pp. 137~172.

② Albertazzi, A. (2001). Presentation and production. In: A. Albertazzi, et al. (ed.). *The school of Alexius Meinong*. Aldershot: Ashgate, p. 254.

③ Albertazzi, A. (2001). Presentation and production. In: A. Albertazzi, et al. (ed.). *The school of Alexius Meinong*. Aldershot: Ashgate, p. 254.

三、综合与分析态度

在表象的创造方面，我们已经多次谈到，贝努西认为创造受到内部因素的影响。那么，这种内部因素到底有哪些呢？这显然是迈农等人未开拓的新领域。不过，或许因为过早去世，贝努西仅指出了一种因素，即综合与分析态度。

在1904年的实验中，贝努西采用的变量之一便是被试的态度，即被试对实验材料作整体的把握（G态度）还是分析的把握（A态度）。结果发现，被试在G态度中的错觉大于在A态度中的结果；两种态度易受练习的影响，并且随着练习的增加，被试在A态度中的错觉逐渐降至零。显然，这两种不同的态度对于创造过程或者说非感觉知觉产生了影响。在贝努西看来，这是人的内部行为（inner behaviour）呈现出的两种倾向，一种倾向于部分，另一种倾向于整体，分别称之为分析的态度和综合的态度。

贝努西指出："决定非感觉起源的不充分性（也即形式表象的不充分性）的因素在于，观察者在那些为形式奠基的元素的多样性上采取何种内部行为的类型。如果对该观察者来说，这些元素并非个体的，那么它们的个体性来自一种新现象即形式的个体性。形式在知觉中占据支配地位，随之出现非感觉的不充分性，反之亦然。"①因此，综合的态度在于观察者将所观察到的材料视作一个整体，由此产生一个新的形式，这个过程显然是非感觉表象的过程，或者说是创造的过程，该材料的各个部分需要从新的形式的角度来重新把握。在贝努西使用缪勒—莱耶错觉的实验中，采用综合态度意味着将该错觉图形视作一个整体，错觉由此得以产生。与综合的态度相反，分析的态度在于将材料的各个部分逐个进行把握，这样，材料可能形成整体，也可能相反。如果材料形成整体，其整体意义来自对各个部分的把握。在贝努西的实验中，当被试采用分析的态度进行实验时，他看到的错觉是较少的，甚至随着练习的增加，错觉逐渐降至零。

贝努西提出两种态度，对形质学派是一个重要的发展。在迈农以及其他形质学派成员那里，仅谈到创造过程。但对创造过程的进一步考察，将不可避免地涉及到内部因素。因为创造过程本是心理内部对下级的加工，那么这种内部的心理究竟是什么？这是从创造说中自然地延伸出来的问题。贝努西将此问题引向人的内部行为即态度。事实上，贝努西的观点很容易

① Albertazzi, A. (2001). Presentation and production. In: A. Albertazzi, et al. (ed.). *The school of Alexius Meinong*. Aldershot: Ashgate, p. 253.

使人联想起几十年后威特金(H. A. Witkin)关于场独立性与场依存性的认知风格研究,尽管两者具有较大的差别。我们可以说,贝努西关于两种态度的研究,已经涉及认知风格,因而踏入了人格领域。

不仅如此,贝努西提出综合态度,对于形质学派来说,是一个关键性的突破。因为在迈农和威塔塞克看来,在创造过程中,首先需要对下级逐个把握,在此基础上才能产生发生创造过程,产生新的整体。这种观点坚持表象由部分开始,然后到整体,很明显地持一种分析的态度。与此相对,以惠特海默等为代表的柏林学派坚持对对象的把握是整体在先,整体大于部分之和,显然是一种综合态度。贝努西提出综合和分析态度,是超越形质学派,而力图在该学派与柏林学派之间进行整合。

第四节　贝努西的时间把握思想

如同错觉一样,时间也是早期心理学的一个重要主题。自天文学中的人差方程式提出以来,反应时实验成为早期心理学考察心理的一条重要途径。正如波林所说:"用反应法和减除手续对各种心理历程的时间的测定是新心理学和19世纪80年代冯特实验室的突出的心理活动的一种……。"他甚至称:"19世纪后期还应当是心理的时间测量期。"[①]需要指出的是,反应时实验主要为当时自然科学心理学使用。如同错觉研究以物理世界为准一样,这种方法以物理时间为标准,将心理视作在物理时空中的存在,忽视了心理的自身特质。事实上,心理的自行展开有本身的独特时间,这种时间存在于内心体验的层面上。相比反应时研究重视物理时间而言,这一丰富的领域才是更原本的"心理"领域。可惜从心理学的诞生之初到今天,极少为心理学界问津,而贝努西恰恰在研究表象问题上切入到这个领域来。

一、呈现时间

呈现时间(the time of presentness)指的是心理上的现在的时间延伸。

① 波林著,高觉敷译:《实验心理学史》,商务印书馆1981年版,第166页。

更具体地说，是特定的心理现象在体验层面上的具体展开。例如，当我们看到一棵树时，呈现时间指的就是对这棵树的知觉的展开情形，具体从这个知觉出现，到下一个心理现象出现为止。呈现时间为注意所把握，由于注意并非独立的心理过程，因此，对呈现时间的把握事实上是与心理的具体过程一起进行的。

与呈现时间不同的是同时时间(the time of contemporaneity)。同时时间所指的仅是呈现时间的一个部分，但却是整个呈现时间中最突出的部分。例如，我们所经历的最动人心魄的那一刻，就是同时时间。但在那一刻之前和之后，也是我们对同一事件的经历，换句话说，是呈现时间。同时时间由于突显了呈现时间，因而起着承担时间特征的作用。

贝努西的时间知觉把握主要围绕呈现时间展开。这里需要指出的是，呈现时间并非贝努西另一独立的研究领域，它是贝努西表象研究的有机组成部分。原因在于，心理对于对象的把握存在共时与历时两个维度。在共时维度上，我们可以考察对对象的具体把握过程；在历时维度上，我们所考察的是意向把握的具体进行过程，而后者所指的就是呈现时间领域。正是在这种意义上，我们可以将贝努西的时间把握研究视作形式把握研究的延伸。

贝努西在研究中首先确定了呈现时间的边界。他在考察声音知觉时发现，当听一个简单的不连续的变化持续到一定时间时，就会产生新的意识。换句话说，对这个变化的把握持续到了呈现时间的边界。贝努西在研究中设置了两条标准：回忆不起该心理活动的任何部分，以保证它是一个整体；该心理活动在边界处出现质的变化。他最终发现了五类持续时间：非常短的持续时间(从 90 至 234～252 毫秒)、短的持续时间(从 234～252 至 585～630 毫秒)、不确定的持续时间(从 585～630 毫秒至 1080～1170 毫秒)、长的持续时间(从 1080～1170 至 2070 毫秒)、非常长的持续时间(≥2070 毫秒)。①

显然，五类持续时间是根据心理的质的差异来区分的。贝努西发现，在短的持续时间中，心理有一种分析的倾向，要将感觉区分开来，当然需要很大的努力；相反，在长的持续时间中，心理有一种综合的倾向，要将感觉融入整体中，这同样需要很大的努力。分析与综合是人的两种内部因素，贝努西通过呈现时间的研究，证实了二者的存在。不确定的持续时间处于短的持

① Albertazzi, L. (2001). Vittorio Benussi(1878—1927). In: A. Albertazzi, et al. (ed.). *The school of Alexius Meinong*. Aldershot: Ashgate, p. 114.

续时间与长的持续时间之间,它起到重要的作用。它使我们在一个意动中能够把握到最多内容的最低下限。在贝努西看来,它事实上是心理上的现在的内核,①而其余四种持续时间则构成了心理上的现在的边缘。

贝努西的这个观点与胡塞尔的现象学观点是相契合的。在胡塞尔看来,心理所把握到的内容并非铁板一块,它仅仅是内核,与此相应的还存在着周围的模糊领域。这样,在每一个意向内容周围就有了一个晕圈,如彗星拖着长长的尾巴。胡塞尔所谓的内核,正是贝努西得出的不确定的持续时间;所谓的晕圈,则是贝努西发现的其他四类持续时间。贝努西以实验的方式验证了胡塞尔的时间现象学观点。需要指出的是,胡塞尔的这个观点是要解决心理是怎样认识对象的,事实上属于先验的认识论领域。就此而论,贝努西已经从心理学踏入了认识论领域。

贝努西以物理时间为参照,根据心理自身的展开划定出呈现时间的边界,从而在考察时间把握上迈出了第一步。随之而来的,心理究竟是怎样的展开的?时间把握具有怎样的结构?这是贝努西接下来要考察的问题。

二、时间定位

贝努西是在研究时间判断中引出时间定位问题的。他发现,在比较两段时间是否相等时,如果使用有升降的间隔,而非单一的声音时,判断时间将会缩短。贝努西从创造说的角度来解释这个现象,认为该判断作为上级,受到作为下级的时间间隔表象的影响,而非受到单一声音表象的影响。那么,时间间隔的把握又是怎样的呢?贝努西由此对时间间隔问题产生了兴趣。

贝努西发现,当我们把握明暗的过渡,或者声音的高低变化时,不需要一定去比较变化的两端。进一步看,这里并不一定需要进行比较和完成(completion)。换句话说,在把握亮度或声音的变化时,比较和完成并非必要条件。这里,完成是指所把握到的对象有其起始和结束的边界。从时间把握的角度来看,完成其实是指我们是否需要时间的起始和结束两端。进一步说,完成事实上在时间把握中起到时间定位的作用。

但是,当我们把握时间间隔时,情况却并非如此。比如,当我们谈到“今天”时,“今天”是有始有终的,必须有完成的参与。换句话说,必须有时间的

---

① Albertazzi, L. (2001). Vittorio Benussi(1878—1927). In: A. Albertazzi, et al. (ed.). *The school of Alexius Meinong*. Aldershot: Ashgate, p. 114.

定位。贝努西指出，完成有两种方式：想象和现实。事实上，完成的两种方式所指的就是前述知觉上在场与心理上在场两种存在方式。在想象的方式中，主要是心理上在场；在现实的方式中，主要是知觉上在场。当以想象的方式进行完成时，我们把握到时间的质的多样性。比如，在把握“今天”时，需要有“昨天”和“明天”，只有在两端之间才能把握到这段时间。当以现实的方式进行完成时，我们却无需把握时间的质的多样性。这是因为，在这种情况中，我们不再想象“今天”，而是切身经历了“今天”。“今天”的诸多事情，都一一浮现在眼前，从这些事情中，我们才把握到“今天”。因此，在现实情形中，需要诸种个别的时间位置，且将这些时间位置以前后相继的方式排列，在把握个别时间位置的基础上，经过创造过程，产生了对“今天”的把握。

贝努西认为，在心理的流动变化中，通常所称的时间“点”，其实是时间定位意动。如我们回首往事时，总会有一些刻骨铭心的时刻，对这些时刻的把握就是时间定位意动。它具有一种过去特征(character of pastness)，这种过去特征是个别化的，它与特定印象相关联，犹如标识一样，告诉回首的我们“往事”已“往”。过去特征显然隶属于意动，但与意动的内容紧密关联。它仅仅产生于把握一类特殊的对象中，这些对象与把握时的时空紧密关联在一起。我们“睹物思人”，是因为看到“物”，把握到过去的时间定位意动，随之产生过去特征，而过去特征又与当时包括人在内的特定时空有关，由此才会“思人”。贝努西指出，在我们回首中，时间定位意动发生了变化，表现在其过去特征得到加强，相应地，我们内心越发感受到“往事”的“刻骨铭心”。因此，时间意动具有不变的结构，它并不瞬息消失，而是具有一种延伸性。形象地说，它是有“厚度”的。[①]

三、表象阶段

贝努西在进行时间把握研究的基础上，提出了表象三阶段理论。在他看来，表象可以划分为如下三个阶段：临界阶段(critical phase)、连贯印象阶段(phase of consecutive impression)和往事阶段(mnestic phase)。[②]

临界阶段是表象阶段的第一阶段。在这一阶段的意向把握中，表象具有知觉上在场的特征。相应地，所体验到的表象的各要素处于当下，它们具

① Albertazzi, L. (2001). Vittorio Benussi(1878—1927). In: A. Albertazzi, et al. (ed.). *The school of Alexius Meinong*. Aldershot: Ashgate, p. 118.

② Albertazzi, L. (2001). Vittorio Benussi(1878—1927). In: A. Albertazzi, et al. (ed.). *The school of Alexius Meinong*. Aldershot: Ashgate, p. 118.

有时间上的顺序,如同在具体时间中发生的一样。在临界阶段之后,表象进入连贯印象阶段。在这一阶段的意向把握中,表象不再具有知觉上在场的特征,而是具有心理上在场的特征,各要素不再处于当下,而是在心理上处于当前,它们具有逻辑上的连贯顺序。如同曲调的各个音符一样,原本相继出现的事件,现在都在心理上聚集于当前。在连贯印象阶段之后,表象进入往事阶段。在这一阶段的意向把握中,我们以记忆的方式直接体验到表象的各要素。由于处于记忆中,各要素现在按照一种模式被分成各个构成部分。这个阶段的模式可能会不同于临界阶段各要素的排列模式,如音符原本发生的顺序是 a,b,c,现在可能成为 b,c,a。

贝努西的表象三阶段模式是他在帕多瓦时期提出来的,我们可以将其视作贝努西对其时间把握思想的一个总结。从呈现时间的角度来看,表象的三阶段事实上是呈现时间在意向把握上的具体体现。因此,它与贝努西关于呈现时间边界的划定是相一致的。我们看到,艾伯塔齐在阐述贝努西的表象三阶段思想时指出,起初所把握到的内容处于注意的核心,到了第二个阶段,所把握的内容就成为晕圈。[①] 这与我们上面的阐述显然是一致的。

另外,由于时间把握思想是意向把握的历时过程,它与贝努西的共时过程也是相一致的。正是在这种意义上,贝努西指出,在表象的三个阶段中都存在着对于对象的把握。从知觉在场与心理在场角度来看,表象最初表现出以知觉在场的方式,在之后的两个阶段成为心理在场的方式。相应地,在第一个阶段心理表现为表象;到第二和第三个阶段,表象就表现为表征了。

第五节　对贝努西形质心理学的评价

对贝努西心理学思想的评价是困难的。加塔鲁扎在撰写贝努西的简短传记前,加了一个告诫:"只有当米兰大学贝努西档案馆保存的未编辑文件和草稿得到出版和细阅后,才有可能系统地重建维多里奥·贝努西的生活

① Albertazzi, L. (2001). Vittorio Benussi(1878—1927). In: A. Albertazzi, et al. (ed.). *The school of Alexius Meinong*. Aldershot: Ashgate, p. 119.

和工作。"①对我们而言，这个告诫是有其合理之处的。贝努西留给后人的是大量的实验报告以及隐在实验数据之后的近乎晦涩的思想，这给驾驭他的思想带来了巨大的困难。在此，我们仅能对贝努西的心理学思想进行初步的评价。

一、主要贡献

我们先从对形质学派贡献的角度，对贝努西的心理学思想进行评价。首先，贝努西推动了形质学派的发展，并使得该学派得以延续。贝努西作为形质学派的第二代，通过自身的研究，推动了形质学派的发展。正如祖纳(L. Zusne)指出的："贝努西是这一学派在20世纪头10年的首要成员。"②关于他的具体工作，我们可以通过铁钦纳的评价略见一斑。在1909年纪念克拉克大学成立20周年的盛会上，铁钦纳作了回顾20世纪头10年实验心理学发展的报告。他在知觉部分这样提到贝努西："事实上，在我重新想起大约百篇实验论文之后，我发现，给我印象最深的是贝努西在以下方面的工作：视错觉；时间知觉；空间距离与时间间隔的比较。似乎对我来说，贝努西对形式把握的处理、他的表象不充分性概念、他的突出图形(accentual figure)学说，等等——所有这些就其自身来说都具有积极的价值，并将在未来产生成果；随着研究的继续，尽管我无法接受贝努西的解释，但我的判断依然如此。"③除了推动形质学派的发展外，贝努西还通过在意大利培养学生，使得形质学派得以延续。关于这一点，我们将在后面影响部分进行阐释。

其次，贝努西从理论上发展了形质学派的创造说。他通过不充分表象与非感觉表象思想，阐述了自己的创造观点，他强调了创造中形式的多样性以及创造相对感觉的对立性，并区分出联想与同化过程，深化了创造说。他通过时间把握的研究，特别是呈现时间、时间定位、表象阶段等方面，拓展了创造说的研究领域。他尤其通过综合与分析态度，将创造说延伸至人格领域。

最后需要强调的是，贝努西是一位实验心理学家。他将形质学派的创造说以实验的方式呈现出来，夯实了该学派在当时心理学界中的地位。在

① Cattaruzza, S. (1999). Historical-biographical outline, *Axiomathes*, No. 1～3, pp. 221～223.

② Zusne, L. (1975). *Biographical dictionary of psycholog*. Westport, Connecticut: Greenwood Press, p. 36.

③ Titchener, E. B. (1910). The past decade in experimental psychology. *American Journal of Psychology*, vol. 21, pp. 404～421.

这一点上，贝努西在形质学派中的地位是毋庸置疑的。形质学派的成员在总体上倾向于哲学式的思辨研究。迈农虽然创建了格拉茨大学心理学实验室，但并不进行实验心理学研究，威塔塞克和霍夫勒等虽然也进行实验研究，但难以与贝努西匹敌。尤其在当时心理学侧重实验研究的背景下，贝努西的大量实验对该学派立足于心理学派之林起到至关重要的作用。正是在这种意义上，铁钦纳才在谈到贝努西的上述贡献后作了进一步的总结："奥国学派——不管我们在系统问题上存在多大的差异——事实上已经对心理学的这一篇章做出了显著的贡献。"①

但贝努西的贡献远不止于此。对于今天的心理学来说，贝努西的上述工作依然具有重要的意义。例如，海德就曾指出，贝努西的思想在认知心理学家奈瑟(U. Neisser)的观点中得到了回应。② 从意动心理学的角度来看，贝努西推进了意向性主题。在澄清错觉实质上，他提出在意向把握中体验到对象的在场。这一点已经超越了形质学派，而趋向胡塞尔的描述心理学。就此而论，波林所做出的评价是有问题的。他认为贝努西的研究"就其大部分而言，可只代表奥国学派系统下的心理物理学的探究"③。贝努西的研究趋向现象学，恰恰与心理物理学的研究相背而行。贝努西从意向把握上区分出知觉上在场与心理上在场两种把握模式，由此进一步区分出表象与表征，并为在划分理智心理上奠定了一个统合性框架的基础。他在后期通过真实心理分析，为系统研究意向把握提供了一个有深远意义的途径，并架起了意动心理学与精神分析之间的桥梁。

不仅如此，贝努西由于接近现象学立场并采用实验研究，推进了意动心理学的实验现象学取向，他被视作实验现象学的早期重要代表。加塔鲁扎在为贝努西写的简短传记中指出："除了朱利奥·阿利奈伊(Giulio Alliney)这位胡塞尔《观念》的第一位意大利译者和瓦里斯科(B. Varisco)的孙子外，贝努西是欧洲现象学中最主要的里雅斯特学派的代表，这种现象学具有一种由格拉茨学派发展出的经验—科学形式。由此确立的是一种"实验"而非"哲学"现象学的基础。"④贝努西在形式知觉和时间知觉等研究上，倾向于根

① Titchener, E. B. (1910). The past decade in experimental psychology. *American Journal of Psychology*, vol. 21, pp. 404～421.

② Heider, F. (1970). Gestalt theory: Early history and reminiscences. *Journal of the History of Behavioral Sciences*, No. 2, pp. 131～139.

③ 波林著，高觉敷译：《实验心理学史》，商务印书馆 1981 年版，第 505 页。

④ Cattaruzza, S. (1999). Historical-biographical outline. *Axiomathes*, No. 1～3, pp. 221～223. 瓦里斯科(1850—1933)，意大利著名形而上学家。

据心理原本呈现的面目，以实验的方式描述心理的质的结构。这种工作在下文交代的意大利格式塔心理学的当代实验现象学转向中得到回应。

二、主要局限

当我们谈到贝努西的局限时，不可避免地涉及到对形质学派的评价。在这一点上，波林的观点最有代表性："反过来说，形质说在基本上是一种对于元素主义的批判，其所以失败之故，是由于它仅欲增加一个新元素，而不欲提供心理分析的一个新观点。补救这个缺点而于1912年对于元素主义做同样批判的，则为格式塔心理学。"①按照波林的观点，形质学派力图克服元素论，但采取了增加新元素的做法，因此依然囿于元素论。正确的做法应该像柏林学派那样，"将分析的整个事业全般推翻"②。

需要指出的是，从形质学派的角度来看，由于迈农的理论包括对象理论和创造说两个领域，因此，波林的评价其实涵盖了这两个领域。当我们用这个评价来考察迈农和威塔塞克时，我们会发现，波林的观点的确具有其合理性。迈农的学说无论在高级对象观点上，还是在高级对象的把握即创造说上，都体现出对元素论克服的不彻底性。但是，当我们使用这个评价来考察贝努西时，却出现了问题。

由于贝努西的思想集中于意向把握，因此，我们仅从这一方面进行考察。我们发现，贝努西在秉承创造说的同时，坚持对象的在场说，从而趋向现象学立场。因此，他也提倡面对真实的对象本身。这在他的错觉研究中已得到了鲜明的体现。在这一点上，他事实上与柏林学派有着相近的立场。因此，贝努西似乎处于形质学派与现象学之间，具有一种复杂的理论立场。

进一步来看，贝努西区分出两种在场方式，从而隐含有"看"与"思"相并列的意向把握观点。相应地，心理对对象的把握存在两个极端，一是心理直接把握对象，如同柏林学派所称的那样，这其实是一个自下而上的过程；另一极端则是心理需要借助内部因素的作用，例如通过创造来把握对象，这是一个自上而下的过程。心理在把握对象时，通常需要内部心理因素与对象因素的交互作用。这在贝努西的区分中已经得到了体现。因此，这两个过程并不直接对立。但波林却否定了后者，误将前者视作理论发展的理想状态。

---

① 波林著，高觉敷译：《实验心理学史》，商务印书馆1981年版，第505页。

② 波林著，高觉敷译：《实验心理学史》，商务印书馆1981年版，第502页。

更重要的是，贝努西以非感觉表象观点来替代创造说，但依然承认其间经历了一个过程，如同化过程等。但这是否就体现了一种元素论的局限呢？我们很难得出明确的答案。但从是否需要分析这一点来看，答案并非肯定的。从柏林学派的主张来看，对对象的把握是直接进行的，并不需要一个创造过程。换句话说，柏林学派认为这个过程无需分析。从贝努西的观点来看，贝努西承认对象的直接在场，但同时依然可以对该过程进行分析。他在后期的真实心理分析中，对分析的强调达到无以复加的地步。波林受到进化论的影响，将从分析到无需分析视作时代精神的进步，但事实上，心理学从未离开过分析。从贝努西区分出分析与综合两种内部态度来看，分析和综合之间事实上存在复杂的关系。单纯地拒绝分析，实际上是一种错误的做法。

但在上述考察中也可以看出，贝努西在许多问题上未能提供明确的答案。事实上，贝努西精于实验，却疏于理论总结。例如，他一方面坚持创造说，另一方面又承认对象的直接在场，这就使得他自身处于一种模糊的立场。另外，尽管贝努西提出不充分表象与非感觉表象，但他并未提出一个彻底的解决方案来理清其中的问题，特别是创造过程究竟是怎样进行的，贝努西将这些问题都留给了后人。

三、主要影响

贝努西的影响主要体现在对格式塔心理学的发展上。一是通过与柏林学派的争论，促进了格式塔心理学的发展；另一个方面是他在意大利促进了意大利格式塔心理学的发展。

1912 年，在惠特海默发表关于似动现象的研究的同时，贝努西也发表了关于似动现象的研究。他使用缪勒—莱耶图形作为实验材料，被试观察到图形中的线段出现伸长或缩短的现象，由此感知到线段中间点出现似动现象。次年，考夫卡与肯克尔（F. Kenkel）也使用相同材料进行实验，并得到相似结果。但考夫卡与肯克尔做出了柏林学派的解释，并在文中批评了贝努西的观点。贝努西立即撰专文评论，指出在该研究上的优先性，并反驳考夫卡的观点。之后，贝努西在 1914 年的《不充分的形式把握规律》一文中再提此事。考夫卡则于 1915 年对贝努西的观点进行了系统的回应。这场辩论终因贝努西的回国而结束。不过，这场辩论对贝努西的刺激很大，在前文中我们已看到，贝努西尝试将综合两种观点，以消泯分歧。

贝努西与考夫卡争论的焦点在于创造说。在考夫卡看来，似动现象的出现是一个整体，无需创造过程。他认为，格式塔为一整体，物理、心理和大脑神经过程各方面具有同型的特征，因此，对格式塔的把握是直接完成的，不存在格拉茨学派所称的创造等更高一级的过程。在贝努西看来，似动现象是一种非感觉表象，其产生是由于创造过程所致。他认为，创造过程并不意味着对对象的割裂。他批评柏林学派将似动归因于生理现象，认为通过假定生理与心理的同型并不能够解释心理的产生，而需要内部心理因素的作用。

我们在前面已经谈到，贝努西与柏林学派的争论事实上涉及分析与综合等多个方面。这个争论难有最终的答案。这在贝努西之后的意大利格式塔心理学中得到了鲜明的体现。

贝努西的思想在意大利经过三代的发展，形成了意大利格式塔心理学。但在这三代心理学家中，始终存在综合格拉茨学派与柏林学派的努力。穆萨蒂是第一代格式塔心理学家，他在接受贝努西的观点后，又接受了惠特海默等人的格式塔心理学观点。穆萨蒂意识到了这个分歧，将解决的任务交给了第二代格式塔心理学家梅泰利(F. Metelli)和考尼饶。我们已经看到，考尼饶在重新考察意向性的基础上，区分出了两类意动：看与思。在"看"中，心理侧重直接地把握对象；而在"思"中，则需要创造的过程，两种学派的张力由此得到了一定程度的缓和。梅泰利和考尼饶自 20 世纪 50 年代后，分别执教于帕多瓦大学和的里雅斯特大学。在他们的努力下，出现了一大批意大利格式塔心理学家，他们以帕多瓦大学和的里雅斯特大学为中心，形成了帕多瓦—的里雅斯特学派。其中最为著名的是维卡里奥(G. Vicario)和博齐(P. Bozzi)，这两位学者不约而同地倡导实验现象学，从而使得意大利格式塔心理学出现实验现象学的转向。[①] 这种转向恰恰回应了贝努西的实验现象学思想。但这是否意味着在实验现象学中，可以找到上述争论问题的答案呢？对于这个问题，我们将拭目以待。

① 郭本禹：《意大利格式塔心理学源流考》，《南京师范大学学报》，2005 年第 6 期，第 97～102 页。

第十章

屈尔佩和麦塞尔：二重心理学

首先，二重心理学(dual psychology)的产生是与内容心理学和意动心理学的对峙有关。正如波林指出，经验心理学家注意于意识的性质，所以不得不承认意动为心理的实质；实验心理学家承认意识的内容，因为内容可以做实验研究。虽然承认了内容，但他们对自己意识的内省还不能发现意动可作为心理的质料。经验心理学家批评实验心理学家为方法所蒙蔽；实验心理学家则反驳为偶然的经验观察常不足产生真理，科学必须求助于实验。[1]这样，内容与意动的对立就形成了一种矛盾。屈尔佩和麦塞尔企图解决这种矛盾，便主张意动与内容的统一，于是提出了二重心理学。其次，二重心理学的产生还与现象学家胡塞尔的影响有直接关系。当时胡塞尔的思想及其势力影响很大，屈尔佩和麦塞尔也很重视胡塞尔，注意吸收其思想。胡塞尔接受了布伦塔诺关于意向活动总是涉及某种对象的观点并对之进行了发挥。在胡塞尔看来，意向性指的是意识对于某对象的内部趋向性(inner tendency)。这个趋向性是和一种感觉或是一种意象仅仅"有"不同，它是一种特有的"有所感觉"。它包含有三种要素：意向性活动的主体(自我)、意向性活动和意向性的对象(客体)。这样，在胡塞尔的意向性概念中，就把内容和意动同时包含进来了。麦塞尔接受了胡塞尔的观点，并首先把它引入心理学，从而实现了对冯特的内容心理学和布伦塔诺的意动心理学的结合。最后，符茨堡学派(Würzburg school)的无意象思维研究，为屈尔佩和麦塞尔提出二重心理学提供了实验依据。诚如波林所说，符茨堡的研究迫使屈尔佩走向布伦塔诺和胡塞尔，他附加意动于其早年的内容心理学之中(虽然他像斯顿夫那样称意动为机能)，正如麦塞尔在意动上增加内容一样。[2]

---

① Boring, E. G. (1950). *A History of Experimental Psychology*. 2nd Edition. Prentice-Hall, p. 448.

② Boring, E. G. (1950). *A History of Experimental Psychology*. 2nd Edition. Prentice-Hall, p. 451.

第一节　二重心理学的缔造者

屈尔佩和麦塞尔同为德国心理学家，并共同缔造了二重心理学的理论框架与主要观点。二重心理学以无意象思维研究为切入点，旨在调和意动心理学和内容心理学的各自主张之间的冲突。领导这一运动产生的是符茨堡学派的领袖屈尔佩，第一个明确提出二重心理学主张的则是麦塞尔。他们依托符茨堡大学心理研究所为平台，积极指导与实践其二重心理学的具体构念，为后来符茨堡学派开拓诸多重要研究领域指明了方向，并提供了一个统一的研究目标，从而在心理学史上首次实现了由内容心理学向意动心理学靠拢的转向。

一、屈尔佩：符茨堡学派的领袖

图 10-1　奥斯瓦尔德·屈尔佩(Oswald Külpe，1862—1915)

奥斯瓦尔德·屈尔佩(Oswald Külpe，1862—1915)是德国著名的心理学家、哲学家和美学家，于 1862 年出生在距东普鲁士很近的拉脱维亚的格尔兰。他的祖先曾任德国加德林二世的猎场主任，他的父亲是书吏，叔父是牧师。屈尔佩在格尔兰沿岸的利波地区的文科中学肄业，后复就学于私人教师二年。1881 年毕业于当地的大学预科学校后，进入莱比锡大学学习历史和哲学。在旁听了冯特的讲课以后，他开始对哲学和实验心理学产生了浓厚的兴趣。1882 年，史学情结又促使他离开冯特而求教于柏林的伟大史学家莫姆生（Theodor Mommsen）、基尔霍夫（Johann Kirchhoff）和迪尔斯（Hermann Diels）。1883 年，屈尔佩在冯特建议下转赴哥廷根大学跟随 G·E·缪勒学习心理学，并于 1886 年重新回到莱比锡大学再次拜冯特为师。他在莱比锡跟随冯特学习和研究前后长达 8 年，兢兢业业地从事实验研究，也深受冯特内容心理学的影响。1887 年，他以论文《情感学说》（*On the theory of sensual feeling*）取得哲学博士学位。次年，开始担任莱比锡大学讲师，在心理学实验室做冯特的第二任助手。1888 年，屈尔佩完成其博士后研究论文《现代心理学的意志理论》（*The theory of will in modern psychology*）。1893 年，他出版了《心理学大纲：基于实验研究的结果》（*Outlines of psychology: based upon the results of experimental investigation*）一书，并把此书题献给冯特。就其内容而言，该书基本上还是冯特式的。在书中，屈尔佩主张心理学是研究“经验事实的科学”①。他受阿芬那留斯（Richard Avenarius）的影响，进一步把心理学的研究对象规定为研究依存于经验着的个体的经验事实，以有别于物理学研究的不依存于经验着的个体的经验。不过，他的这一主张与冯特的主张即心理学是研究直接经验的科学已稍有差别。正如林登菲尔德指出的，早期的屈尔佩“是一位固执的实验主义者，但他对心理学的规定却异于冯特对心理学过于狭隘的规定”②。到了 1895 年屈尔佩发表《哲学导论：关于心理学、逻辑学、伦理学、美学和一般哲学的学生手册》一书时，两人观点的分歧进一步加深。以至于冯特对屈尔佩也日益不满，并针对其《心理学大纲》，自己另写了一部《心理学大纲》(1896)。屈尔佩在《哲学导论》一书中否认了冯特心理学中的几个核心假设，比如冯特对高级心理过程的看法以及心身平行论（psychophysical parallelism）的主张。

屈尔佩于 1894 年获得符茨堡大学美学与哲学教授职位，并于 1896 年与同事马尔比通力组建了符茨堡大学的心理学研究所，开创了无意象思维研究之先河。1909 年，屈尔佩离开符茨堡大学，继任波恩大学教授职位。1913 年，转就于慕尼黑大学任教，并在 1915 年因流感卒于此。屈尔佩一生

① Külpe, O. (1909). *Outlines of psychology*. trans. by E. B. Titchener. London: Swan Sonnenschein. p. 1.

② Lindenfeld, D. (1978). Oswald Külpe and the Würzburg school. *Journal of the History of the Behavioral Sciences*. 14(2), p. 132.

钟情于科学研究事业，终身不娶，曾宣称科学是他的新娘。①

屈尔佩一生游刃于心理学、哲学与美学等诸多领域。在心理学上，屈尔佩是德国符茨堡学派的杰出领袖，也是二重心理学的缔造者。他反对用冯特所采用的减除法来研究思维过程的持续性，并通过界定"无意象思维"概念，积极运用系统的内省法来对其进行研究。在他领导下涌现出一大批以全新的视角、假设和研究设计从事思维实验研究的学者，史称"符茨堡学派"。在此基础上，他提出了旨在调和心理内容与心理意动的二重心理学思想。在哲学上，屈尔佩是一位批判实在论者。他的哲学兴趣广泛，丰富的学习与研究经历使其兼自然科学工作者的严谨性与人文科学家的本体论诉求于一身。他坚持认为自己的哲学兴趣和心理学兴趣不存在任何不相容之处。屈尔佩赞同实证主义者阿芬那留斯和马赫(Ernst Mach)的主张，并认为心理学是与生理或生物有机体相关的经验事实。因此，屈尔佩将心理学视作一门自然科学。但从 20 世纪初开始，屈尔佩逐渐与实证主义渐行渐远。在其深具影响力的一本小册子《现代德国哲学》中，屈尔佩对马赫的哲学尤其是其感觉主义的认识论进行了详尽的批判。屈尔佩反对任何对实验法的应用进行限制的立场，但他对冯特将实验法应用于高级心理过程的研究持有怀疑的态度。屈尔佩一方面坚持实验法可以应用于对高级心理过程的研究，同时又认为思维是不能被还原为心理内容的。虽然屈尔佩并没参与太多的对思维心理学的具体实验工作，但其著作为这些实验提供了哲学支持，将符茨堡其他成员的研究结果放置于更广阔的哲学背景中去考虑，并为他们的研究提供了一系列重要概念和具体实验技术。例如，阿赫在其所撰写的一篇较长的述评中，就提到屈尔佩尝试去统一符茨堡心理研究所中的所有研究成果。屈尔佩主张马尔比的"意识状态"和阿赫的"觉知"概念是对同一心理现象的不同命名而已，都是无意象思维的具体实例，而这些心理内容不能归属感受、感觉和表象，思维本身也不包含任何心理内容。由此，他靠近了布伦塔诺所倡导的心理意动。屈尔佩和符茨堡学派连同思维心理学研究皆对后来格式塔心理学的柏林学派产生了深远的影响。

与冯特或缪勒不同，屈尔佩和其领导的学派在积极寻找与主流哲学之间的联系，甚至非常同情哲学家不愿将实验心理学列入哲学系的意见。屈尔佩将心理学安置在医学院，这个建议是与其对心理学广泛应用于社会，尤其是应用于心理病理学和生理学的兴趣保持一致的。屈尔佩对形而上学和

① 韦恩·瓦伊尼、布雷特·金著，郭本禹等译：《心理学史：观念与背景》，世界图书出版公司北京分公司 2009 年版，第 276 页。

认识论的主要贡献主要在于对心身相互作用论(psychophysical interactionism,1898)和认识论的实在论(epistemological realism,1912)的辩护。在美学上,屈尔佩是一位实验美学家。在符茨堡期间,他撰写了许多美学论著。与费希纳一样,他也对实验美学感兴趣。他的第一篇美学论文(1899)便是讨论美学法则的客观性及其和外界刺激的依存关系。同年,他撰文讨论联想可以作为美的印象的一个因素。屈尔佩认为,心理简约(mental economy)在关于美的知觉中起了重要作用。因此,和谐、整齐、对称比它们的对立面需要更少的知觉努力,而且更有可能与被判断为美的物体联系在一起。作为一种自然兴趣的延伸,屈尔佩对于雕塑、绘画等艺术同样意兴盎然,尤嗜音乐。奥格登(R. M. Ogden)曾经这样赞誉自己的老师在音乐方面的造诣:"他自己就是一位出色的音乐家,钢琴弹奏技巧已达专业水平。"①

屈尔佩发表和出版的论著也广泛涉猎到上述领域,其主要论著如下:《情感学说》(博士学位论文,1887)、《论同时时运动与非同时运动》(1891)、《心理学大纲》(1893;英译本,1895)、《实验心理学的控制》(1894)、《哲学导论》(1895)、《论注意》(1897)、《由低点的至高点的差异研究》(1902)、《感觉印象的客观化与主观化》(1902)、《现代德国哲学》(1902)、《实验美学》(1903)、《抽象作用的实验》(1904)、《对于感情说的一个建议》(1908)、《感情心理学》(1909)、《情操心理学》(1910)、《心理学与医学》(1912)、《现代心理学对思维的研究》(1912)、《心理学讲义》(1920,1922)。

为纪念屈尔佩和符茨堡学派对于人类高级心理活动研究的卓越贡献,符茨堡大学于2005年特别成立了"奥斯瓦尔德·屈尔佩奖"(Oswald Külpe Award),以激励全世界有志于人类高级心理活动实验研究的后学们继承先辈遗志,不断开辟新的天地。② 该奖项对候选的心理学家不分国籍与年龄,不论涉及的具体研究领域,只要是对人类高级心理过程的研究做出过贡献,一律一视同仁。这一做法充分彰显出屈尔佩本人"和蔼亲善,严谨宽容"的学术风骨与人格魅力。③ 该奖项两年颁发一次,首届"奥斯瓦尔德·屈尔佩奖"得主是以色列海文大学(University of Haifa)的阿舍·克罗爱特(Asher

---

① Ogden, R. M. (1951). Oswald Kulpe and the Würzburg school. *American Journal of Psychology*. 64(1), p. 4.

② Oswald-Külpe-Award for the Experimental Study of Higher Mental Processes. *Psychological Science Agenda*, 2007, 21(1).

③ Martin, K. (2000). Külpe, Oswald. In: A. E. Kazdin (ed.). *Encyclopedia of psycholog*. Vol. 4. Washington, DC: American Psychological Association; Oxford University Press. p. 463～464.

Koriat)。他在记忆研究方面贡献卓著，尤其是提出了“记忆的去偏差假说”(mnemonic debiasing account)。2007年，符茨堡大学校长与心理学系主任弗里茨·斯特拉克(Fritz Strack)共同为美国密西根大学的理查德·E·尼斯贝特(Richard E. Nisbett)颁发了该奖，以表彰他在人类思维的跨文化研究领域的贡献。

二、麦塞尔：二重心理学的发展者

奥古斯特·麦塞尔(August Messer, 1867—1937)是德国心理学家，生于德国莱茵河畔黑森—达姆施塔特(Hesse-Darmstadt)州的美茵茨。在中学毕业之后，他先后进入吉森大学、海德堡大学和斯特拉斯堡大学学习，于1892年获哲学博士学位。毕业后先在中学从事教学工作，并于1899年获得吉森大学的哲学讲师职位，1904年晋升副教授，1910年晋升教授。他曾受德国美学家、诗人和剧作家席勒(F. C. S. Schiller, 1759—1805)的影响。

1904年，第一届德国实验心理学年会在吉森大学召开，麦塞尔听取了屈尔佩宣读的《论抽象作用的实验》一文。该文是屈尔佩和拜恩(William L. Bryan)①一起做的一个实验。该实验对意识中总是存在感觉印象的观点提出怀疑，因为在有些意识中，完全可以没有感觉印象。这样就证明了没有意象的思维的存在。麦塞尔为屈尔佩的哲学和心理学的观点所打动，决定在他的指导之下从事研究工作。1905年，麦塞尔前往符茨堡与屈尔佩度过了一个夏季，而后返回继续从事自己的思维研究。1906年，麦塞尔出版的《思维的实验心理学研究》(*Experimental-psychological investigations on thinking*)是他的一个重要贡献。1908年，他出版了《感觉与思维》(*Empfindung und Denken*)一书，通过对知觉、意义、注意、抽象、判断和思维的分析，尝试提出了不同于感觉主义的观点。他强调对思维内容与思维意动进行区分，这一区分最初是由布伦塔诺提出的。铁钦纳指出：“这本书的每一页几乎都带有胡塞尔的色彩。感觉和思维这两种如此不相容的事情，能在同样的封套内共处，这对读者来说是一种奇迹。”②1914年，他又出版《心理学》(该书于1920年再版)，进一步解释其观点，试图调和内容与意动。内容是指感觉、表象、时间与空间关系和印象，意动是指认知活动、情感活动和意志活动，内容和意动都是意象性经验(intentional experience)的一

① William L. Bryan(1860—1955)，后来担任美国心理学会主席和印第安纳大学心理系主任。

② 铁钦纳著，李丹译：《系统心理学：绪论》，浙江教育出版社2001年版，第194页。

部分,经验包括无意识活动和意动的意识内容。在这本半教科书半学术专著中,麦塞尔虽然采用了康德学派把经验三分成知识(konwing)、情感(feeling)和意志(willing)的做法,但他认为这样的分法也存在一种导致错误的原子心理学的危险。因此,必须在所有意识经验中去寻找布伦塔诺的意动特征。为了贯彻这种思路,麦塞尔把整本书分成25章,其中一章涉及将注意当做一种意识状态和动态力量(dynamic force),一章涉及内驱力和目标,一章涉及梦和催眠,最后一章涉及心身关系。① 这样,麦塞尔就能够把意动(机能)的心理学和内容的心理学联系起来了。弗赖伯格(A. Freiberg)评论道:"这本书也许是对那些怀揣着意动心理学兴趣的读者最好的回馈。"② 铁钦纳也认为"1914年(麦塞尔)的《心理学》有了更多符茨堡学派的经验风味"③。所以,尽管麦塞尔工作的地点不在符茨堡,但他的研究仍可看成是符茨堡学派研究的重要内容,他也是第一个明确提出二重心理学主张的心理学家。

在心灵的本体论假设上,与屈尔佩一样,麦塞尔反对冯特的身心平行论,而赞成灵魂与物质并存的假设。而且,麦塞尔还是一位实在论者。麦塞尔坦言自己的(以及屈尔佩的)认识论观点和反神学主义哲学体系不应受到蔑视。这可以从两方面得以确证,首先,基于结合行为的内在体验的真实知识是正确的;其次,对体验的相关素材的阐述和解释是理性的。但从某些方面来说,麦塞尔比屈尔佩更接近反神学主义。他也反对决定论的那种企图直面人类意志的做法,认为冯特和包尔生(F. Paulse)等是"决定论者"(Determinists)。在麦塞尔看来,"非决定论(indeterminism)才是最贴合直接经验的"④。而且,他始终留有一种可信的选择,即没有任何人可以证明"所有的真实可由自然科学的方法得到解释",非决定论的主张由此得以被接受:"意志的决定并非归于解释的模式,因为人们并不能由预先事件得出完全的推断"⑤。这种非决定论的主张为其接受无意象思维提供了认识论上的支点。

---

① Freiberg, A. D. (1936). *Psychologie* by August Messer. *The American Journal of Psychology*. 48(3), p. 556.

② Freiberg, A. D. (1936). *Psychologie* by August Messer. *The American Journal of Psychology*. 48(3), p. 556.

③ 铁钦纳著,李丹译:《系统心理学:绪论》,浙江教育出版社2001年版,第194页。

④ Kusch, M. (1999). *Psychological knowledge: A social history and philosophy*. London: New York: Routledge. p. 159.

⑤ Kusch, M. (1999). *Psychological knowledge: A social history and philosophy*. London: New York: Routledge. p. 166.

麦塞尔的文集《战争与学校》(1914)，是在第一次世界大战期间由心理学家创作出的同类作品的代表作。写作该书的目的在于为教师如何适应新环境提出建议。首先，麦塞尔强调了教师的重要性。他担心，与教师相比，人们更喜欢士兵的角色，并指出："你们作为教学者和教师并不次于拿着武器抗战的人。"①其次，麦塞尔希望教师在对待战争的问题上持"一种稳定的道德观"。在强调爱国心和对敌人的憎恶的同时，麦塞尔也担心过度的憎恨有可能会妨碍德国儿童的情绪发展。所以他建议为了避免情绪损伤，教师应该确保学生不会憎恨俄国人、法国人或英国人。

麦塞尔与天主教的关系比较复杂。一方面，他坚持"高度地尊敬和忠诚于天主教"；另一方面，他又不能接受教会的立场：信奉者对教义持有怀疑便是罪过，对宗教事务的独立思考中，惟有利于巩固官方教条的部分才可接受，否则必须禁止。麦塞尔对引领德国现代主义的符茨堡学派成员谢尔(H. Schell)怀有强烈的同情心。谢尔于 1897 年发表了《进步的真理——天主教教义》的小册子，要求天主教堂开放地面对现代科学和哲学，教会成员个体有权力思考自由，思想独立。他的书很快被列入禁书索引目录，谢尔由此声名狼藉。麦塞尔为表达对谢尔的同情，在自己的《同时代的德国哲学家》(1927)一书中专门收录了 1904 年至 1905 年在符茨堡学派工作期间他与谢尔对话的章节，但他也保留了天主教派对现代主义的谴责。

第二节　符茨堡学派的无意象思维实验

一、符茨堡学派

符茨堡学派因屈尔佩领导以符茨堡大学为中心的心理学家研究无意象思维而得名，故又称无意象思维学派(imageless thinking school)。这一学派存在于 1900 年至 1920 年间。

---

① Kusch, M. (1999). *Psychological knowledge: A social history and philosophy*. London: New York: Routledge. p. 216.

1894年，屈尔佩来到符茨堡大学任教授，并于1896年与马尔比一起按冯特的莱比锡模式建立了心理学研究所。由于此前艾宾浩斯已成功地将实验法运用到记忆这一高级心理过程的研究中，受其影响，屈尔佩坚信思维也可以运用实验法来进行研究。在符茨堡大学工作的15年间，他指导、鼓励其实验室的学生和同事进行了许多关于思维的实验研究，先后取得了50多项研究成果。通过实验，他们发现了无意象思维（*Bewusstseinslagen*，imageless thinking）的事实，从而建立了著名的关于无意象思维研究的符茨堡学派。围绕着这个学派有很多著名的学者，如迈尔、奥尔特、马尔比、瓦特、阿赫、彪勒、麦塞尔、赛尔兹、奥尔登、惠特海默、考夫卡等人。尽管符茨堡学派的无意象思维研究没有一项是以屈尔佩个人或合作名义发表的，他仅在1912年出版的《现代心理学对思维的研究》一书中，论及符茨堡的思维研究；而且，在符茨堡期间，他个人的主要精力都用于撰写哲学和美学方面的著作，如《现代德国哲学》(1902)、《实验美学》(1903)等。但是，符茨堡学派的研究却都是在屈尔佩亲自组织和指导下完成的，这充分体现了他的思想。所以，符茨堡学派是以他为领袖的，即使他于1909年离开了符茨堡大学之后，他仍然是符茨堡学派的精神领袖。同时，符茨堡学派关于无意象思维的实验研究结果，也导致了屈尔佩的心理学立场的进一步转变，即由内容心理学向意动心理学转变，并企图把内容心理学与意动心理学调和起来，建立一种所谓的“二重心理学”。

图10-2　1896年符茨堡大学心理学研究所略影

符茨堡学派的思维研究最初是由迈尔和奥尔特于1901年开始的。他们以为思维只是一种联想过程，思维过程可以用内省法研究。这种看法和冯特不同。冯特认为思维是高级过程，不是联想而是统觉在起作用。对屈尔佩而言，完整的心理过程包括认知内容和认知意动。认知的意动是关于规则、关系和意图的存在的觉知状态，而不能被说成是具有一种感觉成分、表征或者想象——这是一种无意象的思维。符茨堡学派的思维研究最初是发轫于迈尔和奥尔特合写的一篇符茨堡研究论文。在这一实验中，他们要求被试对一个刺激词进行自由联想。主试发出一个预备信号，说出刺激词并按动秒表。被试开始回答，主试即关闭秒表，然后，被试描述思维过程。据迈尔和奥尔特报告，大多数思维都有特定的意象或伴有与意志行动有关的情感体验。但是他们同时又写道："除去这两组意识过程，我们还必须介绍第三组……被试经常报告说，他们体验到一种既不能描述为特定的意象也不是意志行动的意识过程。"例如，迈尔作为被试时观察到，在听到刺激词"meter"后，出现了一个特殊的不能进一步确定的意识过程，这个意识过程随着说出"trochee"这个词而产生。[①] 因此，按照迈尔和奥尔特的观点，冯特错了，他们已经发现了意识中的无意象事件。在研究方法上，符茨堡学派提出了"系统性实验内省法"（method of systematic experimental introspection）。这种方法是把整个过程分成几个阶段来进行自我观察，同时用仪器记录下每个阶段的时间。[②] 例如，瓦特把联想过程分为 4 个阶段：预备期、刺激字呈现期、反应字探索期、反应字发出期。要求被试在实验后用分段内省法说出实验过程中的心理活动情况。这种方法有仪器记录，所以相对客观。因此，这种方法使心理学的实验研究又深入和前进了一步。

符茨堡心理研究所的主要工作是通过自主控制来对思维过程进行检验。那么，他们的实验是怎样进行的呢？其核心方法便是在思想进程中对自我进行系统和实验性的观察，是"通过实验引发特定的心理进程，准确汇报进程中的意识经历"。如屈尔佩在实验中问被试："你是否理解这句话：想法是如此难理解，以致有些人更愿意给他下判断？"被试要尽可能准确描述测试期间的意识过程。因此，某个被试可能会描述说："当我慢慢地重复这句话时，会意识到'判断'在这里意味着无心之语。"[③]此外，他们还要求被试尽可能精确详细地去描述他们先前的回答。通过对这些实验的分析使被试

① T·H·黎黑著，刘恩久译：《心理学史——心理学思想的主要趋势》，上海译文出版社 1990 年版，第 259 页。

② Weiner, I. B. (2003). *History of Psychology*. In: D. K. Freedheim (ed). *Handbook of psychology*. Volume I. New York: John Wiley & Sons, Inc. p. 4.

③ 赫尔穆特·E·吕克著，吕娜等译：《心理学史》，学林出版社 2009 年版，第 71 页。

产生一种自我观察(self-observation)。研究发现,对思维过程的观测是,它不能被解释成完全由意象联结起来的结果。于是,他们相信存在着一些无意象的因素,这些因素驱使思维朝着某一方向运行,并且决定了思维的过程。很显然,这种观点与当时流行的联想主义存在着尖锐的对立,因此受到其他心理学同行的激烈攻击,这其中冯特的反对之声首当其冲。但令人欣慰的是,作为这场针锋相对争论的结果反而使得“无意象思维”这一概念在符茨堡得到了更加深入的发展,也使得符茨堡学派演变成心理学史上的著名学派之一,而他们所使用的方法,即通过分析那些决定思维过程结构的因素也逐渐变得更加精确。在确立对复杂心理过程进行直接实验而予以分析方面,符茨堡学者的工作无疑成为了当代心理学研究中的重要组成部分。因此,在这个意义上他们为今天认知心理学的蓬勃势头奠定了基础。①

对屈尔佩本人而言,虽然在1893年他曾致力于分析那些导引和驱策意志过程的因素,这些因素可能是意识的或非意识的,后者就是现在时常称之为“心理定势”或简称“心向”的概念②。但自从在符茨堡和波恩建立了实验室后,他却几乎没有进行多少实验工作。③ 黎黑也认为:“在屈尔佩的领导下(但他本人自到符茨堡以来仅参与其他人的工作,从未发表过任何实验研究),实验任务的难度加大,对内省进行了更为精心的安排。”④而据波林的说法,“屈尔佩在本世纪的头十年间,对于心理学似不及他对于哲学和美学的注意。他所著的书完全是哲学的。所以他的余暇时间,可能多消磨于哲学。然而他的实验室也有很重要的论文发表,屈尔佩乃为其鼓励者。他复在大多数实验中作一个观察者,我们若熟悉内省法的麻烦,也就可揣想他在这些探索上费时很多。但是屈尔佩那时不立即将这些结果纳入自己的学说之内,因此,我们应将他这十年间的心理学研究视为符茨堡学派的学生的工作”⑤。可喜的是,在屈尔佩的领导下,一大批优秀的心理学家形成了团队并迅速成长起来,在一定程度上代替了他进行的具体实验工作。

---

① Barrett, T. W. (1970). On the contribution of the Würzburg school to the study of thought processes. *Confinia Psychiatrica*. 13(2), p.139~144.

② 墨菲,柯瓦奇著,林方、王景和译:《近代心理学历史导引》(上册),商务印书馆1982年版,第306页。

③ Angell, J. R. (1896). *Outlines of psychology* by Oswald Külpe. *The Philosophical Review*, 5(4), p.417~421.

④ 黎黑著,李维译:《心理学史》(上册),浙江教育出版社1998年版,第359页。

⑤ 波林著,高觉敷译:《实验心理学史》(下册),商务印书馆1982年版,第453页。

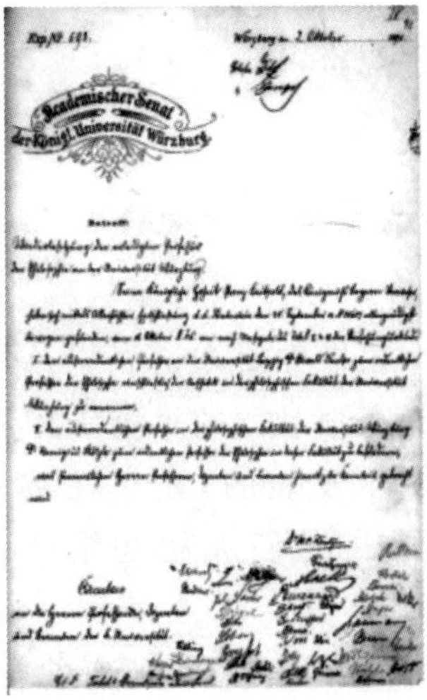

图 10-3　符茨堡学派重要成员的签名手稿

更为清晰地呈现屈尔佩和符茨堡学派与德国心理学传统的学源关系的是图 10-4[①]。鉴于波林的警示“我们不易将屈尔佩置入他自己的学派之内”[②]，我们将围绕符茨堡学派的其他几位重要成员在无意象思维领域各自提出的理论观点、概念与实证论据展开具体阐述。

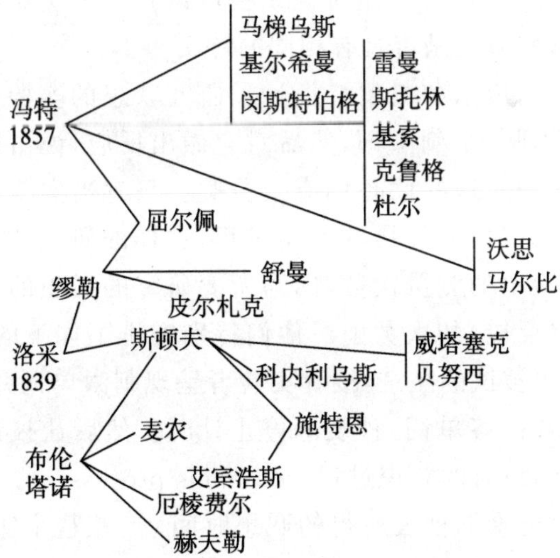

图 10-4　德国重要哲学家与心理学家师承关系谱系图(1850—1909)

① Kusch, M. (1995). *Psychologism: A Case Study in the Sociology of Philosophical Knowledge*. London: New York: Routledge. p. 124.

② 波林著，高觉敷译：《实验心理学史》(下册)，商务印书馆 1982 年版，第 458 页。

二、无意象思维研究

1. 迈尔和奥尔特与联想性质研究。

符茨堡学派的思维研究秉承了屈尔佩的科学观与方法论。“科学是经验的，观察就是它的方法。如果你要知道思想，那么让人们去思维，就让他们描述他们的思维吧。”①符茨堡学派的思维研究肇始于迈尔（A. Mayer）和奥尔特（J. Orth）于1901年发表的《联想性质的研究》（*The qualitative investigation of association*）。他们认为，思维只是一种联想过程，思维过程可以用内省法研究。

先前马尔比和奥尔特就曾指出，以往所有的有关联想的分类，一定程度上允许了一些错误的存在，即这些分类的基础起源于逻辑的视角，而不是来自于联想本身的性质。以联想本身的性质而不是其他因素为基础对联想分类的合理要求表明，应进一步研究联想的性质差异。同时必须明确，许多不同经验归入了联想的概念，并且源自于同一类联想的事实和类别不能简单地转移到其他联想中。关于联想种类的定性研究和新尝试，必须首先限制在同一类联想程序中，然后才能研究是否可以在其他类型的联想中找到相同的事实，以及这些事实是否具有相同的意义。②

基于这些考虑，迈尔和奥尔特设计了研究联想的实验任务。在实验任务中，被试首先听到一个刺激词，然后对它做出反应，说出联想到的另一个单词，然后设法找到对这些联想的有效分类。只有当实验者可以尽可能精确地熟悉实验中被试所要经历的实验过程，这样的研究才能有效。实验者适当地合并了实验中的测量次数，因为所要研究的联想的性质差异可能将体现在被试联想（反应）的次数上。他们特别安排了如下的实验顺序：用一个“准备”信号吸引被试的注意，接着实验者呈现刺激单词并同时按下秒表。只要被试开始发音回答单词，秒表即停止计时。然后让被试报告他从听到刺激词到他反应结束时的意识过程（conscious processes）。这些报告结果由实验者记录，同时记录下秒表所得的联想时间。③ 在整个实验过程中，要求被试闭上眼睛以避免视觉感知过程干扰或影响联想。

---

① 波林著，高觉敷译：《实验心理学史》（下册），商务印书馆1982年版，第453页。

② Mandler, J. M., Mandler, G. (1964). *Thinking: From association to Gestalt*. New York: John Wiley & Sons, p. 136.

③ 使用秒表是因为当时没有比1/5秒更精确的计时仪器。

研究结果表明：许多联想是由刺激词直接引发的反应，在刺激和反应之间没有任何意识过程。相比在刺激和反应之间的心理事件（psychic event），迈尔和奥尔特将这些反应命名为脱离意识过程介入的反应（responses without intervening conscious processes）①。接下来他们设计了确定这些联想的相对频率和持续时间的实验任务。伴有意识过程的联想普遍比没有意识过程的联想出现的次数更多（从 13∶1 到 13∶11）。尽管存在个体差异，但很明显，伴有意识过程的联想比没有意识过程的联想相对持续的时间较长。作为内部心理事件的意识过程，知觉可以分成两类意象。第一类意象是复杂的情感基调（feeling tone），第二类意象是伴随情感基调出现的同样复杂的意志行为（acts of will）。但之前的研究者都不愿意过问意志行为是否能直接来自情感或意象。迈尔和奥尔特认为，除了情感基调和意志行为作为具有意象的意识过程，还存在"第三种意识活动"必须被现代心理学充分重视并在实验过程中进行严格控制。被试常常报告说，经历了一些既不是明确的意象也不是意志行为的意识过程。迈尔作为被试通过观察发现，紧跟着刺激词"米"之后会出现一种特殊的意识过程，而不是对其进行进一步的定义，接着报告反应词"长短格"。但在其他情况下，被试能够更清楚地描述这些心理活动。例如，奥尔特观察到刺激词"芥末"在被试那里发生了这样一个奇特的意识过程，他们会接着报告反应词"谷物"。他将这种反应假设成是"一种惯用表达记忆"（a memory of an idiomatic expression）的特点。但是在所有这些情况下，被试皆无法在他的意识中找到用来对心理事件做出反应的意象的丝毫痕迹。尽管显然这些意识过程的性质不同，但他们都把它们定义为"无意象思维"。被试的报告显示，这些意象有时伴有情感，但有时也没有任何情感基调。②

实验数据表明，在刺激和反应之间通常只有一种心理事件。例如，一个被试报告，伴随刺激词"蜡笔"（crayon）会紧跟着出现一个非常明确的类似该词近义词的视觉意象（"画笔"[Stift]，包含各种不同的含义），接着被试再报告反应词"学生"。实验记录还表明，在刺激和反应之间可能存在两种意识过程。例如，一个被试的刺激词"铅"引起了一个平的浅灰色铅片的视觉意象，紧跟着一个声音的、运动的反应词"沉重的"。最后，他们的研究结果显示，在刺激和反应之间会有三种或更多的意识过程。

① Mandler, J. M. & Mandler, G. (1964). *Thinking*: *From association to Gestalt*. New York: John Wiley & Sons. p. 136.

② Mandler, J. M. & Mandler, G. (1964). *Thinking*: *From association to Gestalt*. New York: John Wiley & Sons. p. 137.

这些结果显示，其中三个被试的实验结果存在着显著差异，刺激和反应之间出现一种意识过程是最常见的，出现两种、三种或更多这样的意识过程的次数比较少。而第四个被试在刺激和反应之间出现了一种心理活动相对比较少，而两种心理活动最频繁的现象。尽管都存在个体差异，但结果很清楚地证实了平均联想时间随着意识过程数量的增加而增加的规律。①

接着他们更详细地研究了一种在刺激和反应之间的意识过程。结果表明，这种心理事件并不仅仅引起一个词的意象。例如，一个被试对刺激词“精神”的联想的意识过程常常是产生主体(subject)的意象。又如，一个被试报告，随着刺激词“烟囱”会出现一个烟囱的视觉意象，紧随着做出“扫烟囱”的反应。这表明意识的普遍性质是可能在刺激和反应之间唯一形成的心理过程。最后，被试常常把意识事件(conscious event)作为一种意志行为。一个被试报告说，刺激词“光彩”之后，在报告反应词“太阳”时引起了一个联想的搜寻。在刺激和反应之间，最常见的心理事件是什么：一个词的意象、一个客体的意象、一种意识的性质，或是一种意志行动。与此同时，寻求解决一类或几类的意识事件减慢或加快了反应过程的速度的问题。尽管他们对实验的材料进行了彻底的研究，但发现在这方面少有规律可循。

其次，迈尔和奥尔特的实验发现，被试所有伴有意志行为的意识过程的平均反应比在没有意志行为时观察到的时间要长。伴有意志行为的过程会减慢联想顺序。在刺激和反应之间的意识过程既可以伴有情感也可以没有。例如，观察到一个被试，刺激词“森林”诱发了伴有森林的视觉意象的积极情感，紧跟着说出反应词“绿色”。刺激和反应之间的经验在大多数情况下是没有什么情感的，但是，迈尔等观察到，伴有情感的意识过程的联想的平均持续时间大大超过了所有其他意识过程的时间；伴有消极情绪的意识过程减慢了联想的速度。②

最后，迈尔和奥尔特通过分析实验记录，发现意识过程(包括情绪)不仅与刺激词相似，而且与反应词相似。被试紧跟着刺激词“带子”会说出伴有绦虫的视觉意象的反应词“蠕虫”。另一个被试听到刺激词“乐章”，引起了愉快的感觉，紧跟着说出反应词“唱歌”。但是，只有少数情况属于这一类，所以不能做出任何重要的普遍有效的结论。因此，他们认为必须在以后的

① Mandler, J. M. & Mandler, G. (1964). *Thinking: From association to Gestalt*. New York: John Wiley & Sons. p.137.

② Mandler, J. M. & Mandler, G. (1964). *Thinking: From Association to Gestalt*. New York: John Wiley & Sons, p.137.

研究中去解决这些问题。这些问题是：与刺激或反应相似的心理过程是否会更加频繁地出现；扮演这种相似角色的任一特殊类型的心理过程是否会比其他类型出现得更频繁，以及这些相似的心理活动会朝着什么方向影响联想的持续时间。只能说，伴随刺激或反应词的经验（包括情感）可能都是相似的。尽管他们的研究结果不能直接证实上述观点，但可以假设，即使只在一种联想过程中，伴随刺激与反应词也可能出现各种经验。

他们重要的研究成果可以总结为：当要求被试用另外一个口语单词来反应时，可能会出现不同的意识过程：第一，反应词可能立即紧跟着刺激词；第二，在刺激和反应之间可能会产生一种或多种意识过程。没有意识过程的反应比伴有意识过程的反应发生得更迅速，在刺激和反应之间出现一种意识过程的反应比出现多种意识过程的反应发生得更迅速。伴有意识过程的反应一般比没有意识过程的反应更常见。无论是否在意识程中发现意志行为，伴有意识过程的反应过程都会减慢。紧跟着刺激词的意识过程只在一些时候伴有情感。在大多数情况下不会附带情感。意识的情感会减慢联想的进程，负面情感比正面情感延迟更长的时间。如果现在试图要在联想的性质差异上把发生在刺激和反应之间的联想进行归类，可以分为：(1) 没有意识过程的联想；(2) 可以根据数量、类别和情感基调进一步被细分的意识过程的联想。或者，(1) 没有伴有意识过程的联想；(2) 意识过程伴随刺激词的联想；(3) 意识过程伴随反应词的联想；(4) 伴随其他经验的刺激词和反应词的联想。迈尔和奥尔特指出，第二种分类尚待进一步细分。

总之，迈尔和奥尔特的实验发现在刺激和反应之间的确存在着一种一经启动便无法言明的特殊意识状态。这就是所谓的高级心理过程——思维，它是一种以无意象方式出现的联想过程，而内省法同样适用于思维过程的研究。这种看法和冯特的截然相反，冯特认为思维是高级过程，不是联想而是统觉在起作用。

2. 马尔比与重量判断研究。

卡尔·马尔比（Karl Marbe，1869—1953）是德国心理学家，1869 年 8 月 31 日出生于法国巴黎。他在弗莱堡的公立学校接受初等教育后，于 1887 年入弗莱堡大学学习德语、哲学和心埋学，并听过闵斯特博格（H. Munsterberg）的课。1890 年马尔比赴波恩大学学习，不久又转往柏林大学，在柏林曾听过艾宾浩斯的演讲，1891 年再到法国巴黎大学学习，并曾与比纳（Alfred Binet）共过事。1891—1893 年，马尔比回到德国继续学业，完成了名为《心理光学和声学的研究》（*Untersuchungen zur pschologischen Optik und Akustik*，*Investigations of psychological optics and acoustics*）的博士论文。毕业后在莱比锡大学求学一年，师从冯特，获哲学博士学位，其间与屈尔佩共事。1894 年，在位于波恩的马蒂乌斯(Götz Martius)的私人实验室工作。1896—1905 年，担任符茨堡大学讲师，加盟屈尔佩建立的符茨堡心理学研究所，并完成题为《塔尔博特定律的理论研究》(*Zur Theorie des Talbot'schen Gesetzes*, *On the theory of Talbot's law*)的博士后研究论文①。1905—1909 年任法兰克福社会和商业科学院教授，1909—1935 年任符茨堡大学教授，并成为屈尔佩建立的符茨堡心理研究所所长，此外，马尔比于1926—1931 年兼任纽伦堡商业学校心理研究所的主任。1935 年，马尔比退休。1953 年逝于符茨堡。在马尔比的学术生涯中，他出版了 8 本著作，发表了 100 多篇论文。在他的实验室中，由他的学生和助手完成了 180 种论文和著作。

图 10-5　卡尔·马尔比(Karl Marbe,1869—1953)

马尔比在《判断的实验心理学研究：逻辑导论》(*Experimental psychological studies of judgement*: *An introduction to logic*, 1901)一书中，详细论述了他关于判断的实验研究。当时马尔比被公认为是第一个描述并在某种实验条件下使用反省(retrospection)的方法进行实验的心理学家。在他的书中，马尔比与早期学者(如布伦塔诺)一样，反对同时性自我观察(simultaneous self-observation)。他质疑同时性自我观察是不可靠的，因

① 塔尔博特定律又称塔尔博特—普拉托(Talbot-plateau)定律，即用快速的闪烁光或黑白交替光作用于人眼，当感觉到亮度相同即光觉融合时，若光照时间为 a，间歇时间为 b，白光强度为 I，则融合光的亮度等于亮度为 aI/(a+b)的持续光，这条经验定律是 1834 年由英国科学家塔尔博特(E. W. Talbot)所确立的。

为从定义上来说，同时性自我观察是指“注意的内部知觉”(attentive inner perception)。当个体把他的注意聚集在其自身有意识的心理状态上的时候，这种心理状态的性质就会产生变化。例如，当个体把他的注意集中在他认为恐怖的事情上时，他就会在以后的时间趋向于减少这种恐慌的程度。马尔比非常相信非注意的内部知觉(non-attentive inner perception)，认为非注意的知觉可以在它们产生以后被回忆起来，进而变成反省观察(retrospective observations)①。

在有关意识的研究中，马尔比还发明了控制性自我观察(controlled self-observation)的实验方法。1901 年，他的学生迈尔和奥尔特在《感官心理学和生理学杂志》(Journal for the psychology and physiology of sensory organs)上发表了有关控制性自我观察的第一项研究结果，即《联想性质的研究》。在马尔比开展的一系列自我观察的实验中，第一项研究结果并不理想。接着，马尔比开始使用能唤起更大强度意识的事件作为实验任务。例如，让被试判断两个重物中哪个更重；让被试模仿音叉发出的音调；让被试回答简单的问题，如一英尺有多长等。其中最著名的实验是马尔比在 1901 年完成的关于判断的实验研究。

在马尔比的判断实验中，他想要回答如下问题：是否所有形成的判断行为都存在一种具有同样特征的现象学特质？是否存在一种特殊的可感受的特质(quale)(如感觉)来区别行为和判断的来源？当时的许多研究者都认为这样的可感受的特质是确实存在的。为了验证这些假设，马尔比设计了一些实验情境驱使被试形成判断，进而要求被试在形成这些判断的过程中报告他们的有意识的心理体验。所谓实验中的判断，马尔比指的是预言“正确”和“错误”的意识过程，并能在有意义的方式下使用。② 马尔比的实验被试包括 7 位教授、讲师和一般教师。马尔比自己在实验中担当实验者的角色，而不作为实验的被试。下面表格中呈现的是屈尔佩作为马尔比实验的被试所报告的几个实例。③

① Kusch, M. (1999). *Psychological knowledge: A social history and philosophy*. London: New York: Routledge. p. 13.

② Marbe, K. (1961). Autobiography. In: C. A. Murchison (ed.). *A History of psychology in autobiograph*. Vol. Ⅲ. New York: Russell & Russell. p. 181～213.

③ Hoffmann, J., Stock, A. & Deutsch, R. (1996). The Würzburg School. In: J. Hoffmann & A. Sebald (Hrsg.). *Cognitive Psychology in Europe*. Lengerich: Pabst Science Publishers. p. 147～172.

表 10-1　屈尔佩作为马尔比实验的被试所报告的几个实例

任务	屈尔佩的回答
被试听到这样的句子："我们接下去将要去哪里？"	一个由声电机发出句子的声音："去咖啡吧"，但另外在心灵之上还有一个"你想去的任何地方"与之相抗衡。这种意识状态是存在疑问的。
提问被试问题："你认为在德语中最为广泛使用单子(particle)的是什么？"	反省，声电机发音"和"("德语"，"最广泛"与"单子"的关系)。被试同时具有一种书写某些词汇(如单子)的视觉图像。
在实验中要求被试提起两个圆柱形的重物，先提起一个后再提起另一个。接着让这些被试判断这两个圆柱体哪个更重，并把他们认为更重的圆柱体正面朝下放置。这两个圆柱体的重量是不同的，一个为 25 克，另一个为 110 克，但看起来两者相同。	在把重物翻过来放之前，在意识中出现了声学上的口头描述"翻转"。但被试除了对重物重量的感觉和动觉(kinaesthetic sensations)外并没有任何感觉。

马尔比表达了一种最为重要的理论性结论："当前的论据足以得出这样的结论：无论经验的本质在一种特定情况下是怎样成为判断的，就判断本身而言都不存在任何心理条件。"因此，"未来人们不再有权利去讨论心理判断的问题，除非有人能用实验证明它。"[①]马尔比得出结论，既然被试在内省时什么都说不出来，那么判断就不属于一个意识过程，可能是比心智内容更复杂的某种东西。这样，马尔比就把判断同被试的态度或目的联系了起来，这种态度或目的更像是心灵的行动，而不是心灵内容的结果。在他看来，意识定势(consciousness set)是心灵中一个新的"无意象"成分，它在人们理解心理判断时被启动。

尽管马尔比在 1901 年出版的著作中并没有提及，但以后包括他自己对实验的讨论，以及他的学生和他的批评者都认为，马尔比采用了一种特殊的分类法来让被试报告他们自己的心理体验。这种分类法包括感觉、知觉、表象以及"意识的情境"(situations of consciousness)。但无论如何，马尔比关于判断的实验研究，无疑为他的自我观察研究奠定了实证基础。而对于整个符茨堡学派的无意象思维研究而言，一个一度棘手的问题是：在很多实验

① Haupt, E, J. Marbe, Karl. Kazdin, Alan E. (Ed). (2000). *Encyclopedia of psychology*, Vol. 5. (pp. 104～105). Washington, DC, US: American Psychological Association; Oxford University Press. p. 508.

中，被试做出了正确的判断，却不知道判断是如何做出的。被试在判断时并未出现判断所依据的意象，只有那么一种模糊的、无法描述的状态。而假使内省所发现的意象和感觉不足解释意识，那么意识中还有何种其他内容可用以为意识的解释呢？马尔比较早地提出了“意识态度”（*bewusstseinslagen*，conscious attitudes）[①]的概念来解释这一问题。也就是说，被试的理性结论可能产生于非理性的思维过程中。这一实验结果与冯特等人的传统观点发生了冲突。传统观点认为，被试做出正确判断的心理条件是将两个重量的意象进行比较，思维的过程像逻辑学的三段论过程那么清晰明确。[②] 在后续的无意象思维研究中，意识态度概念至关重要，它为瓦特和阿赫等人进一步提出心理定势、觉知等概念并进行具体的实验工作，搭建起一个学科内部的概念网络与支架。

3. **瓦特与控制联想研究。**

亨利·乔斯特·瓦特（Henry Jackson Watt，1879—1925）是苏格兰心理学家，生于阿伯丁，逝于格拉斯哥。高中毕业于阿伯丁语法学校，1896 年考入阿伯丁大学，并于 1900 年获得文学学士学位（Magister Artium），随后成为该校哲学系戴维森（T. Davidson）教授的助手。在 1901 年的夏季学期和 1901—1902 年的冬季学期，瓦特前赴德国柏林学习，听过德国美学家马克思·德索（Max Dessoir）、哲学家威廉·狄尔泰（Wilhelm Dilthey）、哲学史家拉松（A. Lasson）、新康德派哲学家泡尔生（F. Paulsen）等的课程。[③] 1902 年他转往符茨堡，跟随屈尔佩和马尔比学习心理学。1904 年瓦特凭借论文《论一种思维理论的实验贡献》（*Experimentelle Beiträge zu einer Theorie des Denkens*，*Experimental contributions for a theory of thinking*）获得屈尔佩授予的符茨堡大学博士学位。1907—1908 年，瓦特任教于利物浦大学，并于 1908—1925 年转教于格拉斯哥大学。瓦特虽然英年早逝，但在心理学领域也做出了很大贡献。除了下面将要介绍的无意象思维研究，他还对感觉过程心理学特别是音乐心理学感兴趣。他不仅围绕无意象思维研究以德

---

① 尽管“意识态度”一词首先是由马尔比提出的，但后来奥尔特的《感情与意识态度》（1903）一文才使这个术语在符茨堡的无意象思维研究中占据重要的地位。

② 郭本禹主编：《心理学通史·第 4 卷·外国心理学流派（上）》，山东教育出版社 1999 年版，第 112～113 页。

③ 由德国符茨堡大学阿道夫—伍尔特心理学史中心（Adolf-Wuerth-Center for the History of Psychology）主任阿明·斯托克教授（Armin Stock）译自 Watt, H. J. (1904). *Experimentelle Beiträge zu einer Theorie des Denkens*. Leipzig. Wilhelm Engelmann. p. 155.

语和英语写了许多文章，还撰写了《记忆的节省和训练》(1909)[①]、《声音心理学》(1917)、《音乐基础》(1919)、《感觉基础与知识结构》(1925)和《梦的常识》(1929)等著作。

如果提到将无意象思维研究具体化的工作则不得不提及瓦特的特殊贡献。他于1904年对于思维本身问题进行直接的研究，发表了《论一种思维理论的实验贡献》(1905)一文，为后来阿赫著名的动作与思维研究拉开了序幕。一直以来，符茨堡学派提倡以系统的内省来代替冯特的简单而严格控制的内省法，但就系统内省的具体实施构想却一直存在着含混与小心翼翼。瓦特大胆首倡分段的内省法(the introspective method of fractionation)将这一构想付诸实践，并得到极富说服力的研究结论。

瓦特最初要其观察者采用联想的方式，例如，为一下级的名词说出一个上级的名词(如树——植物)，为一整体名词说出部分名词(如房屋——门)。但他很快发现用这种方法不能解决思维的问题，思维在启动后所能联想到的内容往往是空白的。于是，他利用希普计时器及其附属设备以求联想的精确的反应时间，并以此设计了一系列实验。下面仅举一例予以说明。

瓦特先指定一个任务(*Aufgabe*，task)，在过了短时的前期(foreperiod)之后呈现一个刺激词。在被试反应之后，瓦特请被试对他的经验做内省报告。这种内省报告要求：假如任务是相对的新鲜和不熟悉的，被试在这个前期所做的事情主要包括，用自己语言的、视觉的或动觉的方式使自己的心里明白这个任务。被试一般会限定这个关系，或是找来一个例子，或想象出象征这个关系的一个图解或手势。当刺激词出现时，有时反应自动地随之而来，有时在等待或寻找一会后才出现，有时在错误的反应被抑制后发生。知识在这最后的情境中，在中期(main period)才出现确定的对这个任务的意识，通常这种意识只有前期才有。而当被试继续对一系列的刺激词进行同一任务时，就是在前期，他对这个任务的意识就冲淡了，只剩下一种准备好了的感觉。准备作为一个意识状态，失去了它的特殊性，但作为一种协调，并没有失掉，因为它还保证了正确的反应，经过练习之后，定势立刻变得无意识，并且更有效率。[②] 瓦特把联想过程总结为四个阶段：预备期、刺激字呈现期、反应字探索期、反应字发出期。他认为联想的主要阶段不是第三阶段的探索期，而是第一阶段的预备期，其中"心理定势"(mental set)起了预先

---

① 该书由美国BiblioBazaar出版社于2008年再版发行。

② R·S·武德沃斯、H·施洛斯贝格著，曹日昌等译：《实验心理学》，科学出版社1965年版，第792～793页。

的选择作用。

瓦特的上述研究证明了：假使观察者在预备期内已充分接受了工作或任务，那么其思维的过程立即可由刺激字的呈现而自然完成。换句话说，我们在尚未明晰思维内容之前，思维过程就已经完成了。只要有了适当的准备或定势，思维一旦启动，便立即自动进行，并且能被意识到的内容很少。显然，这种思维活动具有了无意象的意动特征。

瓦特对思维过程研究的贡献在于他的研究结果进一步加快了使符茨堡研究者们抛弃把联想主义作为合理解释思维的传统做法的步伐。在瓦特之前，符茨堡研究者的实验中所使用的问题依旧带有强烈的内省主义色彩。例如，什么使一个观念后面紧跟的仅仅是另一个特定的观念？对于迈尔和奥尔特实验中所采用的那种自由联想，联想主义的解释似乎有理。如果刺激词是“鸟”，被试可能回答“金丝雀”。联想主义者会说，鸟——金丝雀的联系在被试的联络网中是最强的。但是如果我们采用像瓦特于 1904 年所做的限制性联想的方法，情况就复杂了。这时，我们为被试规定了某种任务，如给出刺激词的“下位词”或“上位词”。在进行第一项任务时，被试可能仍然回答“金丝雀”，但在进行第二项任务时，正确的反应不会再是“金丝雀”，而应该是“动物”。无论如何，这样的任务已不再属于自由联想，确切地说，应该是一种有指向的思维活动，它不同于自由联想，而产生真或假的命题。因此，“鸟——金丝雀”这一简单的联结在有指向的思维中遭到了破坏。①

瓦特的实验使得符茨堡研究者们进一步确信，联想主义无法解释思维，因为被试为了能够正确回答瓦特这样的任务，在意识中必须存在某种未知的倾向——这种倾向可以脱离联想而驱使思维以最为适应当前问题的方式发生。符茨堡研究者提出，这个指导思维过程的正是任务本身，用他们后期的术语来说，就是任务在人们心中确立起一种心理定势（mental set），它指引被试正确地使用自己的联想网络。这些实验确实暗示着一种无意识思维的存在。因为被试发现，接到给出“金丝雀”上位词的任务后，答案“鸟”立即跃入心头而没有体验到什么心理活动。在此基础之上，符茨堡研究者得出结论认为，心理定势甚至在给予问题之前就完成了思维，被试对给出上位词的任务已做好极其充分的准备，致使实际的回答自动出现。②

---

① T·H·黎黑著，刘恩久译：《心理学史——心理学思想的主要趋势》，上海译文出版社 1990 年版，第 262 页。

② Watt, H. J. (1906). Experimental contribution to a theory of thinking. *Journal of Anatomy and Physiology*. 40(3), pp. 257～266.

4. **阿赫与思维研究。**

图 10-6　纳伊斯·阿赫(Narziss Kasper Ach,1871—1946)

纳伊斯·阿赫(Narziss Kasper Ach,1871—1946)是德国心理学家。1871 年 10 月 2 日生于德国埃默肖森,1895 年在符茨堡大学获得医学博士学位,1896—1897 年作为船舶医生游历东亚和北美,1889—1899 年回到德国斯特拉斯堡继续从事心理学研究,1899—1901 年重返符茨堡大学攻读博士学位,并在符茨堡大学获得屈尔佩授予的心理学博士学位,在此期间阿赫主要从事意志的心理学研究。之后于 1902 年供职于哥廷根大学,在 G·E·缪勒指导下完成了博士后论文。1904 年起担任马尔堡大学讲师,1906 年、1907 年分别荣升为柏林大学、哥尼斯堡大学教授。1922—1937 年阿赫回到哥廷根大学继任缪勒的教授职务。1946 年 7 月 5 日逝于德国慕尼黑。① 作为符茨堡学派的一个杰出成员,阿赫的主要研究集中在动作、思维与意志等领域。

阿赫对于动作及思维的研究(1905)比瓦特的研究更为著名,原因在于他将瓦特的研究结果加以明确的规定。阿赫也利用希普计时器,证明了自人差方程式以来的许多反应时实验。由于他的研究,使人们明白思维问题和动作问题基本上一致,两者都以某一特殊的目的为诱因,而心理物理的历程一旦为该目的所激发,便能自行趋向和达到那个目的。在阿赫看来,这就如同看见一个刺激字说出一个同韵字,在心理学上,无异于看见一个指定的字母而按压一个指定的手指。

阿赫对思维心理学的贡献主要表现在他提出的三个基本概念上,并因

① Zusne, L. (1984). *Biographical dictionary of psychology*. Westport: Greenwood Press. p. 4.

此而闻名于心理学界。这三个基本概念是：系统的实验内省、决定趋势和觉知。

系统的实验内省这一术语后来成为符茨堡学派的口号。“系统的”这一形容词意指分段，也即将内省过程分成几个阶段：内省前期，指实际刺激前的告诫信号；内省中期，指适当的刺激及其结果；内省后期，指内省发生或反应的时期。阿赫借用瓦特的实验方法，要求被试用几百个词描写出他的意识活动，即把意识经验变为文字。同时，要求被试先限于内省前期，次限于内省中期，最后限于内省后期，借此对被试的内省过程或系统有个比较确切的说明。这便是“系统的”一词的由来。“实验”一词意指计时器或其他装置，主要是运用希普计时器这样的装置。阿赫以此说明，要了解系统的内省或内省的阶段，必须依靠严密的科学技术。

阿赫在实验中发现了决定趋势(determining tendency)现象。瓦特曾欲用G·E·缪勒的坚持趋势(perseverative tendency)说明一旦启动以后的任务究竟如何无意识地进行至思维活动中的目标终点，但阿赫放弃了这一术语，而重新创造了“决定趋势”一词。意指被试在完成一个任务时，往往受到无意识的影响。阿赫把这种无意识影响称做“预备中的一个因素”，它会促进被试的联想趋势，所以叫做“决定趋势”。例如，给被试一张纸，上面印有5和2两个数字，5在上2在下，让被试联想。如果被试联想到加法，便会说出7这个联想结果；如果联想到乘法，便会说出10这个联想结果；如果联想到减法，便会说出3这个联想结果，等等。但是，如果在内省前期，即在呈示这两个数字之前，主试和被试在闲聊中偶尔谈到与加法有关的内容，被试在内省中期便倾向于把两数之和作为最初的反应。这个有效的先决概念便是决定趋势，因为它决定被试联想的趋势。阿赫认为，该领域的研究有助于支持无意象思维的概念，即被试在交谈中没有特殊的心理表象，而是无意识的影响。

阿赫在实验中还发现了觉知(*Bewusstheit*, awareness)现象。觉知意指一种无意象的、感觉模糊的、不易捉摸的意识内容。阿赫把它解释为“unanschaulich”，后来铁钦纳把它译成“不易理会的”(impalpable)，也即动作和思维不完全都是在意识清醒的状态下进行的。系统的实验内省不仅发现动作和思维中可以理会的内容，而且还有不易理会的项目。比如，一个人可能在实际上并未体验到闹钟响的情况下意识到闹钟将响，这就是知觉，或者说思维中的无意象元素。阿赫于1930年还进行了适应性(*Gefugigkeitsqualitat*, quality of pliancy)的研究。在这个研究中，他通过让被试对无意义音节(nonsense syllables)做出反应的方式，建立了无意义音节的功能特征。阿赫进而构想出这样一个概念，使联想和决定力量发生冲突，从而用前者的强度测出后者的强度(他认为是可以测量的)，这样，趋势便和一般原理一致起来了。如果“好伙伴”这个组合词是十分强烈地联系在一起的，那么，在思维中就会呈现出这样的现象，当一个人被要求对“刺激词”——“好”作反义回答时，这个人就会用“伙伴”这个词作为对“好”这个词的反义词，而不是说出“坏”这个词。①

阿赫的研究始于1900年，当时在哥根廷大学与缪勒等人合作，并于1904年完成了研究，那时他已回到符茨堡大学。1905年，阿赫将其研究结果写成《意志与思想》一书，并将该书题献给缪勒和屈尔佩两人。阿赫的研究完成于瓦特的研究论文发表前，表面看来阿赫的研究是对瓦特的见解的总结，但事实上阿赫的研究也是一个独特的发现。屈尔佩对于这个问题也曾参与意见，他在他的《心理学大纲》中，反对减除法并认为预备中的一个变化也许可变更整个的意识，不仅增加或减少一个因素。但是阿赫给予这个预备和目的之间的关系以一名称——决定趋势，这不仅为符茨堡学派内容所认可，也为反对符茨堡学派的学者所承认。虽然阿赫也曾一度将决定趋势称为是一种生理的机制，但究其原因，之所以称为“生理的”的原因，只不过是为了说明其具有“无意象”的特征。借此，符茨堡学派在态度心理学史和动力心理学史上取得了它的地位。

阿赫研究的显著特点之一是经常用无意义音节而不是有意义材料开展研究，他做了许多实验，并声称实验结果都是支持他的观点的。这无疑主要是为了表明符茨堡无意象思维原理的核心要素：即思维是一种通过联想和决定趋势相结合而表现出来的高级心理过程。

5. **彪勒与思考研究。**

卡尔·彪勒(Karl Bühler，1879—1963)是德国心理学家，1879年5月27日出生于德国海德堡附近的梅克斯海姆。1899年前往弗莱堡师从著名学者约翰尼斯·凡·克里斯(Johannes v. Kries)学习医学，并于1903年通过对颜色视觉的生理理论的研究获得医学博士学位。第二年，又赴法国斯特拉斯堡师从克莱门斯·博伊姆克(Clemens Baeumker)学习哲学，并于1904年获得哲学博士学位。1904—1907年期间，先后前往德国柏林和波恩分别跟随斯顿夫和埃德曼(B. Erdmann)学习。

---

① Kusch, M. (1999). *Psychological knowledge: A social history and philosophy*. London: New York: Routledge, p. 14～15.

图 10-7　卡尔·彪勒(Karl Bühler,1879—1963)

1907—1909 年,彪勒在符茨堡大学做屈尔佩的助手。此间,他还完成了博士后研究论文《思维过程心理学的事实和问题》(*Facts and problems for a psychology of thought processes*),这篇论文包含了彪勒关于思维心理学的主要研究。1909 年他追随屈尔佩前往波恩。四年后,即于 1913—1914 年间他再次追随屈尔佩来到慕尼黑,并晋升为副教授。1918 年,彪勒成为德累斯顿科技大学教授。1922—1938 年,他转任维也纳大学教授一职。1926—1929 年,他相继成为美国斯坦福、约翰·霍普金斯、哈佛、芝加哥等著名大学的客座教授。1938 年,彪勒遭到纳粹分子的短暂羁押。获释后的他移居挪威首都奥斯陆。同年,又辗转移民美国。1939 年彪勒来到美国明尼苏达州德卢斯市的经院哲学学院任教一年。1940—1945 年任教于明尼苏达州圣保罗市的圣·托马斯学院。此时,已经 66 岁的他,再次转入洛杉矶市的加利福尼亚大学任教,直到 1955 年。1960 年,彪勒出任在波恩召开的第 16 届国际心理学大会的名誉主席。1963 年 10 月 24 日在洛杉矶逝世,享年 84 岁。

彪勒的得意门生有埃贡·布伦斯维克(Egon Brunswik)、康拉德·洛伦兹(Konard Lorenz)和爱德华·托尔曼(Edward Tolman)等著名心理学家。值得一提的是,彪勒对语言心理学的发展也做出了重要贡献,他在《语言原理》(*Speech theory*,1934)一书中,对"符号"这一概念的审视以及书中所发展出的推理模型,日后成为心理学语言研究的重要基础。此外,他和夫人夏洛特·彪勒(Charlotte Bühler),对儿童发展心理学也做出了重要贡献。他的《儿童心理发展》(1918)一书为认知发展心理学的研究铺平了道路。①

① Bolgar, H. (1964). Karl Buhler: 1879—1963. *The American Journal of Psychology*, 77, p. 674～678.

彪勒进行了一系列思维研究的实验。在实验中，为了尽可能让被试无法感受到自己的存在，他放弃了传统实验中所使用的莫尔斯电报键、声音键以及由瓦特引入联想实验的希普精准计时器等实验装置。取而代之的是，在实验过程中，刺激材料由主试口头呈现，并由其手工操作秒表(精确到五分之一秒)计时。同时，要求被试闭上双眼以避免被主试干扰。

彪勒认为，当思维逐渐并有意识地发生时，它们是完全可以被观察到的。但实验任务的设置要具有一定的挑战性和难度，否则被试可以通过快速的、机械的和不可观察的方法去解决那些较简单的问题。但是这并非意味着实验中所呈现的问题越难越好，彪勒更多强调的是对被试任务的合理选择。因为，即便是同样一个问题，并不都能引发每一个被试的思考。因而，在实验过程中，主试不仅要合理选择问题，还要在问题的选择上多尝试，以激发被试的思考。在被试回答完问题后，又要求被试尽可能说清楚他在实验过程中经验到什么。另外，这种自我观察的方法是否可靠和客观也是彪勒所要考虑的问题，为此，他提出了三种办法来保证自我观察结果的客观性。首先，使用有经验的被试。彪勒只信任当时的屈尔佩教授和杜尔(J. Dürr)讲师。第二，能检查报告的内部一致性。第三，也是最重要的，彪勒相信，最近的思维过程的自我观察报告也能在某一时间点后通过对这些同样思维过程的记忆来测试。

彪勒一共主导完成了六个自我观察报告实验系列。这里仅列举其中的两个系列：在第一个实验系列中，被试所面对的是，诸如“你知道奥伊肯(Eucken)①所说的世界历史统觉(world-historical apperception)的意思吗?”。被试用“是”或“否”来回答这样的问题。在第三个系列中，主试读出20对观念，比如，“思想的高尚力量——康德印象”。在每一对念完之后，被试要指明他们已经理解了的观念。在进行短暂的休息后，主试再次读出前面那一部分，被试则被要求重复与之相应的后面那一部分。②

实验之后，通过被试的自我观察报告发现，被试的思维经验除了由感觉、表象、情感组成外，还包括意识情境(situations of consciousness)。按照彪勒的说法，意识情境都是意识的非描述性的(non-depictive)和非意向性的(non-intentional)状态。彪勒的被试也报告了其他的一些片段性的经历，并将这些片段归诸于“意识”或“知识”，更多的是归诸于“思考”。彪勒当然采

① 奥伊肯(Rudolf Eucken，1864—1926)。德国哲学家，生命哲学思潮的代表人物之一。著有《生活的意义与价值》。

② Bugental, J. F., Wegrocki, H. J., Murphy, G.., Thomae, H. (1966). Symposium on Karl Bühler's contributions to psychology. *The Journal of General Psychology*. 75, p. 181～219.

用最后一种说法，认为这些思考过程是作为问题解决思维过程中最基本的部分。显而易见，问题解决过程中最基本的部分不是表象：意识中一些表面上看起来不完整的、零碎的、随机的东西出现在思维过程中，它们不可能成为思维紧密联结和连续内容的载体。彪勒严厉地批评了冯特的观点，尤其是他关于思考的每一个动作都必须通过表象或情感表征在意识中的观点。同时，他也反对阿赫将思考看做是对无意识表象之间交互作用的有意识反映。

在此尤其需要强调的是，思维和机能的概念为彪勒的工作提供了方向，并架接起符茨堡思维心理学和胡塞尔现象学之间的桥梁。彪勒将思维定义为"我们思维经验的真正组成部分"，并借用了胡塞尔《逻辑研究》(Logical investigations)一书第三卷中的一个术语"要素"(*Momente*)来指代这些成分。彪勒认为，这些要素可以分为三种类型，它们可以通过三种类型的思考区分开来：第一种要素是规则意识(*Regelbewusstsein*，consciousness of rules)，对这种要素的范式研究是对数学证明中的相似性定理的研究；第二种要素是关系意识(*Beziehungsbewußtsein*，consciousness of relation)，例如，实验问题中两个事物之间对立的关系；第三种要素是意向(intentions)，正如胡塞尔所说的"纯粹象征性意动"(purely signitive acts)。总之，彪勒更多强调的是思维的过程而不是内容，即无意象思维。

波林认为："彪勒的研究是值得纪念的，因为他用问答法(*the Ausfragemethode*，此法和所谓诉述法[*the Aussagemethode*]的发问式大异)。用问答法时，实验者问观察者，观察者作答；二人之间有自由的、同情的通话。这个方法显然为精神分析者所不可缺，但是'系统的实验的内省'的护道者对于凡属赞成暗示而无从辨别心灵的严格的描写(*Beschreibung*)和心灵的诠释(*Kundgabe*)的差异的方法都无不加以驳斥。"[①]于是不幸的是，彪勒的反省性内省(retrospect-introspection)技术和他在被试与主试之间的共情必要性上的不恰当陈述，迅速招致广大研究者的批评。其中最为著名的就包括冯特和铁钦纳的批评。在彪勒看来，重要的事情是非感觉的思维过程的存在，这一发现迄今只是符茨堡研究工作的一个方面，而不是根本的目的。彪勒的实验在提问和回答之间需要有一个很长的间隔(大约5～20秒)，因此，内省报告必然很容易受到许多错误的影响。冯特攻击这样的工作，认为不配称之为什么"实验"，主要就是根据这个理由。为此，彪勒于1908年回应了冯特的批评，认为冯特的批评是缺乏洞察力的结果，并客观和确定地回击说自己的研究是彻头彻尾的实验，思维绝对不会复杂到无法用

① 波林著，高觉敷译：《实验心理学史》(下册)，商务印书馆1982年版，第457～458页。

实验研究的地步。[1] 至此,符茨堡学派和冯特之间的争论达到白热化。但正如墨菲和柯瓦奇指出的那样,彪勒的工作和类似的符茨堡研究工作的一个重要不同在于这样的事实,即它是通过同冯特学派方法、概念的冲突所引起的震动而更明显地表现出来的。正是彪勒,而不是任何别人,为非感觉的经验项目的存在找出了明确的证据。[2]

6. **塞尔兹与特定反应理论**。

图 10-8 奥特·塞尔兹(Otto Selz,1881—1943)

奥特·塞尔兹(Otto Selz,1881—1943)是德国心理学家,也是符茨堡学派后期的重要成员。1881 年 2 月 14 日生于慕尼黑。1900—1908 年跟随慕尼黑的立普斯(T. Lipps)和柏林的斯顿夫学习哲学。1909 年在慕尼黑获得哲学博士,其博士学位论文是《心理的认识论和先验问题》(*Die psychologische Erkenntnistheorie und das Transzendentalproblem*, *The psychological epistemology and the transcendental problem*)。1910—1915 年与屈尔佩一起在波恩研究思维,博士后研究论文是《关于思维过程顺序的规律》(*Über die Gesetze des geordneten Denkverlaufs*, *On the laws of the ordered thought process*)。1915—1918 年服兵役。1919 年塞尔兹回到了波恩大学,并于 1921 年担任波恩大学副教授职务。1923 年离开波恩大学,后于曼海姆商业高等专科学校(Commercial College in Mannheim)担任哲学、心理学和教育理论教授达十年之久。1929—1930 年担任该校校长。1933 年伴随纳粹政府的上台,由于其犹太裔身份而被辞退。1933—1938 年在曼海姆自谋职业。1938 年被捕并被送往达豪集中营。1939—1943 年移居阿

① 赫尔穆特·E·吕克著,吕娜等译:《心理学史》,学林出版社 2009 年版,第 73 页。

② 墨菲、柯瓦奇著,林方、王景和译:《近代心理学历史导引》(上册),商务印书馆 1982 年版,第 38 页。

姆斯特丹。1943年被捕并被送往奥斯威辛集中营，同年8月27日死于被送往奥斯威辛集中营的途中。

符茨堡学派的工作一直被当成对联想假设和感觉主题的反动。但一方面符茨堡研究者尝试用基于经验立场的无意象思维去取代感觉主义，而同时在探索思维机制方面，瓦特和阿赫通过任务和决定趋势对再现趋势(reproductive tendencies)的经典假设进行了补充，彪勒的理论则意欲直接拒绝联想主义，因为他坚持认为思维是由基本元素组成的，而不是联想的复现。但符茨堡学派成员中的确没有一个试图去解释无意象思维的出现机制。他们虽然极力想将联想与再现趋势排除在外，但与其他学派一样，彪勒也无法为无意象思维提供一种可能的机制。总之，汉弗莱(G. Humphrey)认为符茨堡学派的工作一直无法完全绕过联想主义，从他们的研究中，更多的是认识到如果脱离任务和决定趋势，那么联想主义不足以解释思维的事实。①

塞尔兹的实验是符茨堡学派后期工作的重要延续与拓展。屈尔佩和彪勒都曾做过他的被试。他旨在提供一种完全不同于联想主义的思维理论。这样说并非是指塞尔兹不承认联想，而是他认为联想不能作为思维的根本机制。因此，为了弥补符茨堡学派的无意象思维研究所留下的鸿沟以及他们所一直信奉的联想主义是思维活动的必要但非充分要素的不足，塞尔兹决意否认将两者的简单结合作为思维的根本机制。

为了证实以上观点，塞尔兹进行了一系列实验，以下仅举一例予以说明。塞尔兹给被试呈现一个单词，接着让他说出在某种程度上与第一个单词相关的另一个单词。例如，“绞刑架”作为“审讯的场所”(与之相关的“梯子”)；“农场主”作为“地位高的”(与之相关的“职业”)；“水晶”作为“具体的凝结”(与之相关的“花瓶”)。此外，从呈现单词到被试做出反应的时间，即被试为寻找恰当的单词的内省时间也被记录下来。

实验结果显示，被试经常不能报告正确的反应词。例如，一个被试对“农场主”产生联想的词为“商人”，它与“农场主”并列，而不是所需的“地位高的”一词。内省分析发现，这类失败不是由于相关词语之间的竞争增加了对“农场主”产生的联想，而是由于对刺激词使用了错误的“预期图式”(anticipatory schema)。

在讨论这些观察数据的基础之上，塞尔兹提出了特定反应理论(the theory of specific responses)。塞尔兹认为，被试说出“地位高的”一词的任

① Humphrey, G. (1951). *Thinking: An introduction to its experimental psychology*. London, Methuen and Co., New York: John Wiley & Sons, p. 132.

务和刺激词“农场主”不能被视为孤立的因素，它们就像连贯的问题：“农场主的一般概念是什么？”这个问题已经按照图式预期了认知的图式单位（复型）（Komplex），即“农场主是一个职业”，并且被被试获得。这个问题包含有关事件众所周知的一个命题（A）和与其他命题的关系（γ）。因此，凭借问题中描述的未完成的知识单元（Aγ），命题可以作为知识（现实知识）产生的思维操作的诱发条件，通过恢复生产单位来完成（AγB），而不是相互竞争的扩散倾向。这一理论为这些问题结构的完成提供了一个全面的说明，有关问题的零碎结构是由对知识产生的操作来完成的。

在塞尔兹特定反应理论中，有四大核心概念。（1）图式的预期（schematic anticipation）。他认为：“一旦我们意识到在精神、生命、欲望、控制中最原始的驱力是其对最终状态的预期，这种期待就成为图式，那么，图式的预期的重要性就变得可以理解了，即使我们对实现上述目标的部分条件还不得而知。”①（2）产生方法（means production）。他认为：“有效思维的基本操作是产生方法的操作，我们会使用先前在相似情景中掌握的解决方案。”②（3）提取方法（means abstraction）。他强调：“提取方法的操作是为了在分析给出结构的问题或重构的问题中，发现新的解决方法。”③（4）确定因素和预测因素（determining and anticipating factors）。他最后进一步提出：“决定因素或即将决定因素是每个任务的一部分，它使思维活动的诱发条件成为一个动态的过程。预测因素包含在解决方案完整结构的预测图式中。”④

塞尔兹的特定反应理论与实验是对符茨堡学派无意象思维理论的进一步完善。曼德勒夫妇（Mandler, J. M. & Mandler, G, 1964）认为，对思维的认识经历从联想到完形的转变。他们在《思维：从联想到格式塔》一书中写道：“思维历史上的主要的转折点可能来自塞尔兹的研究……因为他不仅论述了被控制的思维问题，而且是第一个下决心并有能力研究与再生思维（reproductive thought）同等重要的创造性思维（productive thinking）问题的

① Hoffmann, J., Stock, A., & Deutsch, R. (1996). The Würzburg School. In J. Hoffmann & A. Sebald (Hrsg.), *Cognitive Psychology in Europe* (pp. 147～172). Lengerich: Pabst Science Publishers.

② Hoffmann, J., Stock, A., & Deutsch, R. (1996). The Würzburg School. In J. Hoffmann & A. Sebald (Hrsg.), *Cognitive Psychology in Europe* (pp. 147～172). Lengerich: Pabst Science Publishers.

③ Hoffmann, J., Stock, A., & Deutsch, R. (1996). The Würzburg School. In J. Hoffmann & A. Sebald (Hrsg.), *Cognitive Psychology in Europe* (pp. 147～172). Lengerich: Pabst Science Publishers.

④ Hoffmann, J., Stock, A., & Deutsch, R. (1996). The Würzburg School. In J. Hoffmann & A. Sebald (Hrsg.), *Cognitive Psychology in Europe* (pp. 147～172). Lengerich: Pabst Science Publishers.

心理学家。”①

塞尔兹还是人工智能的先驱之一。在艾伦·纽厄尔(Allen Newell)、肖(John Cliff Shaw)和赫伯特·西蒙(Herbert Simon)于1958年发表在《心理学评论》上的开创性论文，即《人类问题解决的理论原理》(*Elements of a theory of human problems solving*)中，他们提到：“就程序的范围方面而言，我们的立场是，用适当的方式描述问题解决行为：说明执行能力就是在基本信息过程变化的环境条件下生物将会做什么。”并在脚注中补充：“事实上，我们可以发现若干在程序方面解释行为的尝试。其中最有趣的是艾德里安·德·格鲁特(Adrian de Groot)②分析棋手的问题解决，因为这接近计算机程序的最新设想。德·格鲁特的理论所依据的恰是被忽视了的符茨堡学派的继承者——塞尔兹的思维心理学。”③纽厄尔与西蒙在《人类问题解决》(*Human problem solving*, 1972)一书中也再次承认：“我们和德·格鲁特的研究都应归功于塞尔兹。”④

三、关于无意象思维研究的争论

符茨堡研究者在数年中不断改进他们的方法，但结果是相同的：确实存在着无意象思维。他们一直在不断丰富并深化无意象思维的定义、描述与解释。起初，迈尔和奥尔特只是发现了无意象思维是模糊的、难以捕捉的、几乎无法描述的“意识状态”，后来他们干脆把无意象思维等同于思维本身。此后，伴随着瓦特、阿赫和彪勒的实验，符茨堡研究者普遍地认为，思维实际上是无意识的过程，无意象思维元素可被还原为思维的意识指标，而不是思维本身。但是，1903年，法国的比纳和美国的武德沃斯(Robert Woodworth)在不知道符茨堡研究的情况下，也都各自独立得到了与符茨堡相同的发现。从发现的优先权意义上说，比纳甚至认为，“符茨堡的方法”(method of Wurzburg)应称为“巴黎的方法”(method of Paris)。但无论如何，无意象思维的发现是对

---

① Mandler, J. M. & Mandler, G. (1964). *Thinking: From Association to Gestalt*. New York: John Wiley& Sons, p. 223.

② 艾德里安·德·格鲁特(Adrian de Groot, 1914—2006)。荷兰心理学家兼知名国际象棋大师。也是第一位对棋手思维与解题策略进行心理学研究的学者，著有《国际象棋中思维与抉择》(Thought and choice in chess)。

③ Newell, A., Shown, J. C., Simon, H. A. (1958). Elements of a theory of human problems. *Psychological Reviews*, 65(3), p. 151~166.

④ Newell, A., Simon, H. A. (1972). *Human problem solving*. Englewood Cliffs, New Jersey: Printice Hall, INC. p. 875.

传统心理学的挑战，并引起了一场激烈的争论。

1. 消极反应——冯特、缪勒和铁钦纳。

符茨堡的无意象思维研究遭到冯特、缪勒和铁钦纳等人的反对。他们认为，符茨堡学派的实验是"假实验"和"捏造"，采用不可靠的安乐椅式的内省方法，缺乏严格的实验控制，实验结果是不可信的。如经过适当分析，"无意象"的内容还是有意象的。

至今为止，对符茨堡思维心理学最具影响力的批判是来自1907年已年届75岁的冯特的意见。几乎所有的对思维心理学研究的后续评论和建议都引用和讨论过冯特的批评。冯特之所以对符茨堡的研究如此缺乏同情，可能出自以下原因：正如我们所知，符茨堡的研究侵蚀了他的心理学的许多关键成分。比如，他对联想的界定①，他的感觉理论②，他对于联想和统觉的区分③，他对选择反应时的测量④，他关于反应时实验中意志地位的观点及其判断和思维理论⑤。

1907年，冯特发表了《论思维心理学的追问实验和方法》(*On interrogation experiments and the methods of thought psychology*)，专门攻击了符茨堡的方法，力图以此证明符茨堡的结果是错误的。在这篇文章中，冯特认为符茨堡的"追问实验"(interrogation experiments)不能被称之为真正的实验。他悲叹道，符茨堡研究者眼中的"实验"成了实验者对某些实验对象产生影响的剧本。这种做法无异于实验心理学中的"青少年犯罪行为"⑥。催眠实验(hypnotic experiments)就是这种"脱缰式"(inflation)实验的实例。符茨堡的追问实验是另一代表。他们的虚假实验(sham experiments)已经到了这样一种地步，甚至无视一个严谨实验的四个准则。第一，观察者作为实验对象，是无法单独决定是否观察到了心理过程中发生

① Mayer, A., Orth, J. (1901). Zur qualitativen Untersuchung der Association. *Zeitschrift für Psychologie*, 26, p. 1～13; Thumb, A., Marbe, K. (1901). *Experimentelle Untersuchungen über die psychologischen Grundlagen der sprachlichen Analogiebildung*. Leipzig: Engelmann.

② Orth, J. (1903). *Gefühl und Bewußtseinslage: Eine kritisch-experimentelle Studie*. Berlin: Reuther & Reichard.

③ Watt, H. J. (1905). Experimentelle Beiträge zu einer Theorie des Denkens. *Archiv für die Gesamte Psychologie*, 4, p. 289～436.

④ Ach, N. (1905). *Über die Willenstätigkeit und das Denken*. *Göttingen*: Vandenhoeck & Ruprecht.

⑤ Marbe, K. (1901). *Experimentell-psychologische Untersuchungen über das Urteil: Eine Einleitung in die Logik*. Leipzig: Engelmann; Bühler, K. (1907b). Tatsachen und Probleme zu einer Psychologie der Denkvorgänge, I: Über Gedanken. *Archiv für die Gesamte Psychologie*, 9, p. 297～365.

⑥ 赫尔穆特·E·吕克著，吕娜等译：《心理学史》，学林出版社2009年版，第73页。

的事件。这个工作必须由实验者本人来完成。实验者必须带有“一种无法预期事件”的态度去对待被试的反应。第二，在符茨堡实验中，观察者会禁不住妨碍被观察的心理过程。冯特认为，符茨堡实验妨碍了被试在问题解决的同时进行内省。符茨堡实验预先假设被试会专注于问题和他们对问题的解决，但具备这种“双重人格”是不可能的。第三，相同的观察者是不能被重复的，即一个被试是不能重复施测同一任务的，第二次任务对于被试而言，是依靠实施第一次任务时保留的记忆，而不再经历相同的推理过程。第四，观察过程的发生条件不能被改变，一个改变的任务必须是一个全新的任务。①

G·E·缪勒(Georg Elias Müller，1850—1934)对符茨堡学派的批评略晚于冯特，主要集中于三个时期：1911 年，缪勒批评阿赫的关于系统性实验的自我观察；1913 年，他攻击符茨堡实验中的决定趋势、意识和觉知状态；1919 年，他发表对塞尔兹的批判。令人感到惊诧的是缪勒直接将批评的矛头指向阿赫，而阿赫曾经是缪勒的助手。不仅如此，缪勒的坚持趋势(perseverative tendency)还一度成为了阿赫工作的重心。然而在当时主导德国心理学的四大学派(柏林、莱比锡、哥廷根、符茨堡)中，以缪勒为领导的哥廷根学派是联想主义最坚定的执行者，而阿赫(以及后来的塞尔兹)却驱使符茨堡反对联想主义心理学。再加上缪勒从来都不是一个受欢迎的人物。他显然脾气很坏，并且常常是他人工作的一名恶意批评者。这种攻击来自之前的学生和助手自然让缪勒恼怒不已。

根据缪勒的理解，心灵可以被分成三个层面，最上层的是意识，意识具有两个关键特征：“狭窄性”(narrow)和“暂时性”(transitory)。换句话说，无论在任何时候意识中最多只能出现一个表象，并且大多数时候出现的表象在意识中是转瞬即逝的。意识的狭窄性产生稳定性，意识的暂时性本质确保有机体面对环境改变时能迅速地做出反应。心灵的另外两个层面是位于“意识阈”(the threshold of consciousness)之下的：正好位于意识阈之下谓之移动或活动的表象水平，另一个是位于意识阈下较深的脱离表象的层次。缪勒试图确认支配这三个水平的不同表象的规律。这些规律主要有两类，即联想的规律和保持的规律。联想的规律关注表象间的联系，也就是不同的表象是怎样联系起来的，一种重复触发的联想是怎样加强两个表象间的联结，或者是不同表象的联结怎样加强或抑制另一个表象。保持的规律说明“任何表象都出现在意识的过程中，每个表象具有在意识中再次自由产生

① 转引自 Humphrey, G. (1951). *Thinking*: *An introduction to its experimental psychology*. London, Methuen and Co., New York, John Wiley & Sons. Inc. p. 107.

的趋势，这就是保持趋势。虽然这种趋势经常很快就衰退了，但其在思考问题的过程中起到了更加强烈地集中注意以直接指向表象的作用。如果在思考问题的过程中表象被不断重复，那么这种趋势就会被增加”①。而这种观点显然是与塞尔茨的特定反应理论相悖，根据特定反应理论，每个表象在意识中产生的趋势并非是完全自由的，而是受被试经验中的“预期图式”所严格限制的。

另外，缪勒还对符茨堡学派实验中一些看似细节的方面提出严厉的质疑。他认为，这种疏忽会进一步导致实验的误差，甚至使得实验要证明的结果变得不可信。比如，缪勒首先反对阿赫没有与被试签署一份完整的研究协议，并使用了大量匿名被试。缪勒指出：“这种方法不符合良好科学的要求，我们可以想象历史学家提到了他所依赖的目击者却无法指出是哪一个目击者做出了这样的陈述。”②缪勒还怀疑匿名的被试可能对实验质量不太负责而影响实验的可靠性。进一步地，即便认同询问被试经验的做法是不可避免的或有效的，缪勒仍对阿赫如此频繁地甚至略显不近人情地提问被试，而从中得出的结果表示怀疑。缪勒相信，阿赫过多的问题无疑提示并导致被试凭借记忆去重复解释那些由问题所诱导但实际并不存在的表象。此外，他还指出，阿赫没有认识到在反省的自我观察（retrospective self-observation）中使用多种方法会导致实验失败。证据在于，在反省中被试会产生即时的早期经验，或者反省者能在实验者提出的问题帮助下提供一种经验的完整报告。缪勒对阿赫被试的能力也没有留下什么好印象，并称到：“我将要驱逐那些任何声明具备回答阿赫实验中涉及的所有或大多数问题能力的被试，并将其视作一种耻辱和欺骗。”③在缪勒看来，阿赫和其他符茨堡成员没有正确地训练其实验被试，尤其是实验者没有教授被试在其反省报告阶段对其表象持有一种正确的怀疑倾向。他认为，符茨堡成员忽视了明显的心理学原则，即“不记得并不意味着没发生过”。被试没有能力回忆起一种心理状态，并不能作为这种心理状态未曾发生的无懈可击的论据。

缪勒进而把这种对阿赫实验的不满辐射到整个符茨堡成员。他指出：“我对阿赫方法的批评并不仅仅指向阿赫，至少还包括对那些作为其实验被试

① Kusch, M. (1999). *Psychological knowledge: A social history and philosophy*. London: New York: Routledge. p. 57.

② Kusch, M. (1999). *Psychological knowledge: A social history and philosophy*. London: New York: Routledge. p. 56.

③ Kusch, M. (1999). *Psychological knowledge: A social history and philosophy*. London: New York: Routledge. p. 57.

的学院心理学代表们，比如彪勒、杜尔和屈尔佩。如果这些实验被试具有一种批判性风尚，他们只要对阿赫的方法提出抗议，就可以防止出现后面实验所来的消极危害。”①具体而言，缪勒还对符茨堡成员引以为傲的决定趋势进行批判，他嘲讽道：“一旦成为屈尔佩学派的被试，命运马上安排他成为一个具有上帝恩赐的非描述性的记忆，这是一种我和其他凡人并不拥有的记忆。”②

缪勒还非常细致地批驳了塞尔兹关于复型(complexes)的存在可以作为联想主义不足的证据的说法。在缪勒看来，这种暗示反衬的是联想主义存在不恰当的知识：“早在屈尔佩还在哥廷根求学时，我在讲课中就遵循了以下信条：表象可以形成一种统一的复型，这些复型可以与其他复型或单一表象进行联结，这样一个复型的任何部分都具有一种复制完整复型的倾向。”③

继冯特和缪勒之后，铁钦纳(Edward Bradford Titchener，1867—1927)也从方法论上和理论上对符茨堡学派的研究展开攻击。铁钦纳力主思维过程的感觉及意象的性质，反对符茨堡学派的无意象思维的信仰。他认为，思维过程纵然有时拒绝内省，但这不意味着它们就是无意象的。④ 他认为，“意识识态”并没有什么新意，仍然属于传统的心理元素。虽然铁钦纳承认阿赫的决定趋势和符茨堡学派的这个前提——即思维可以是无意识的。但他在《思维过程的实验心理学演讲稿》(*Lectures on the experimental psychology of the thought processes*，1909)一书中，提出他的意义的联系说(context theory of meaning)，指出意义就是意识的感觉的或影像的联系，通过联想附加在前一个知觉或观念之上。在他看来，这个意义的法则仅适用于新的知觉或观念，就旧的习惯的知觉或观念而言，它的核心也可能缺乏意识的联系，而意义也就是“无意识随附”的。他借此抨击符茨堡的思维研究缺乏意识内容。铁钦纳还在其康奈尔大学的心理实验室，指导其学生针对符茨堡学派提出的概念进行检验。具体分工是，派尔(W. H. Pyle)负责检验预测期待，奥贝卡(T. Okabe)检验信念，克拉克(H. M. Clarke)检验意识态度，

---

① Kusch, M. (1999). *Psychological knowledge: A social history and philosophy*. London: New York: Routledge. p. 60.

② Kusch, M. (1999). *Psychological knowledge: A social history and philosophy*. London: New York: Routledge. p. 60.

③ Kusch, M. (1999). *Psychological knowledge: A social history and philosophy*. London: New York: Routledge. p. 60.

④ Humphrey, G. (1951). *Thinking: An introduction to its experimental psychology*. London, Methuen and Co., New York: John Wiley & Sons, p. 128.

雅各布森(E. Jacobson)检验意义和理解,[①]以实验来驳斥符茨堡的发现。在方法论上,铁钦纳附和冯特的说法,认为被试关于"无意象思维"的报告根本不是对意识的描述,而是根据他们对一个人应怎样解决实验中的问题的信念所进行的捏造。铁钦纳的学生克拉克(1911)的思维实验报告说,他们没能发现任何无意象思维元素的迹象。他们成功地把所有的意识内容追溯至感觉或情感。铁钦纳得出结论说,符茨堡学派拒绝对一个心理内容进行分析却称它为"无意象思维",这对于内省主义者的符茨堡学派来说是一个失败。[②]

在理论上,铁钦纳认为,意识心理过程不是被还原为感觉、意象,就是被还原为情感。阿赫所关注的那种觉知显然不在铁钦纳所承认的范围之内。他更倾向于将这种觉知理解为另一种意象,"一个想法意味着另一个想法,如果这就是这个想法的背景! 意义最初来自动觉,有机体通过一些身体态度(bodily attitude)去面对外部情境,在这种态度中最典型的感觉将意义赋予心理过程"[③]。随后,在进化的历程中,动觉逐渐被意象所代替,而结果是,我们依旧必须寄期望在意象之中去寻找那些符茨堡研究者们所谓的缥缈的无意象思维。铁钦纳进而主张,既然内省得不到清楚的结果,了解模糊状态的唯一途径就是通过起源的研究,即关于它们是怎样发生的一种探索。假如我们追溯到个人最初的经验以查找意识态度和思维元素是如何开始的,我们就会发现,它们主要是从肌肉顺应过程发生的,并从而是具有动觉质的。我们的肌肉感觉和表象可能难以认识,但它们对于思维心理学是非常重要的。起源的研究作为分析法的一个附属品是合理的。假如我们研究一个人第一次碰见一个奇异对象,许多态度的肌肉本性就可以明显地看出来。态度和思维元素其实是动觉感觉群和机体感觉群的最后的残余形式。因此,他指导他的学生对直接经验(感觉、表象和情感)在意义或阐释之间进行区分,被试需要避免"刺激误差",即那种谈论刺激他的客体而不是描述注意到的经验内容的倾向。被试不应该说,他是"发怒的",因为这只是他的心理状态的一种解释。真正的描述应当只涉及像经验到的动觉感觉和伴随这些感觉的情感那样的元素。[④] 因此,符茨堡的决定趋势实验中那些含糊不清的言语报告,显然缺少这样的描述性特质而应该予以摒弃。

① Humphrey, G. (1951). *Thinking: An introduction to its experimental psychology*. London, Methuen and Co., New York, John Wiley & Sons, p. 120.

② T·H·黎黑著,刘恩久译:《心理学史——心理学思想的主要趋势》,上海译文出版社 1990 年版,第 261 页。

③ Humphrey, G. (1951). *Thinking: An introduction to its experimental psychology*. London, Methuen and Co., New York, John Wiley & Sons, p. 120

④ 墨菲、柯瓦奇著,林方、王景和译:《近代心理学历史导引》(上册),商务印书馆 1982 年版,第 310 页。

铁钦纳和冯特、缪勒一样也对符茨堡学派实验所选择的被试进行了批判。铁钦纳认为，符茨堡学派所选择的被试，就他们尝试测量决定趋势活动而言是可以理解的，但就他们所谓证实了思维活动无意象特征的结果，并由此造成对心理元素的合理性假设的冲击来看，他们负有不可推卸的责任。而正如前文所指出的那样，符茨堡的许多实验被试就是其重要成员，铁钦纳由此对符茨堡学派的实验结果持有疑义。铁钦纳坚持认为在意识中出现的只能是感觉、表象和情感等心理元素，没有什么东西是所谓的无意象思维。而且，符茨堡学派早期成员的"意识态度"和彪勒的"思维元素"(虽然以元素冠名)皆被视作一种无法言明的与构造主义背道而驰的重要概念。尤其是"意识态度"被划归感觉成分一类的极复杂的复型，是冯特内省法所无法衡量或施测到的。但铁钦纳指出，即便发现具备决定趋势的意识元素存在，那也是有关实验逻辑的问题，而非构造心理学缺陷的依据。

2. **积极反应——新康德主义者、新经院哲学家和斯顿夫。**

在一片甚嚣尘上的质疑声中，也有相当数量的哲学家和心理学家站出来肯定了符茨堡学派的工作。他们赞誉其实验结果，并且宣称符茨堡的研究项目才是"心理学史上一个真正的重要事件 "①。这其中，来自新康德主义者(Neo-Kantians)的反应最为积极与友善。传统康德主义认为，所谓先验心理就是认识主体存在着心理上的一定先天结构和形式，人们对世界的认识及其拥有的科学知识，是由人的这种先天心理结构决定的。新康德主义认为，康德的心理主义是康德哲学的不彻底性的表现，因为这种心理主义既有可能把心理意识活动的对象当做是意识之外的自在之物而导致自然主义，也有可能由于把心理意识活动的对象归结为主体的先天能力而导致主观主义。他们要求排除主观主义和自然主义，从而也要求排除心理主义。而符茨堡的工作从实验的角度很好地印证了他们的这种观点。著名哲学家李凯尔特(H. Rickert)对马尔比(1901)的著作极其推崇。他认为，马尔比的研究主题，即"判断"是一种逻辑形式而不属于一种心理类别的观点——是对新康德主义反心理主义(anti-psychologistic)运动的最有力支持。科恩(J. Cohn)重估了阿赫(1905))的工作，并且称赞其尝试带来了"在实验工作中引入了更高级和更复杂的问题"。卡西尔(E. Cassirer)在其巨著《实体概念和功能概念》(*The concepts of substance and functions*)中，还祝贺思维心理学研究发现了非描述性的心理元素。不过，卡西尔希望思维心理学家们需要

① Kusch, M. (1999). *Psychological knowledge*: *A social history and philosophy*. London: New York: Routledge. p.64.

再进一步去探索心灵怎样创造和建构出具有意义的句子。赫尼希华(R. Hönigswald)于1913年发表了一篇长达40页的文章《关于思维心理学的原则问题》(*Questions of principle regarding thought psychology*),他在其中指出,符茨堡思维心理学并不仅仅反对联想主义,而且重新捕捉到了康德的关键见解。这些见解包括思维是反身的(reflexive)。思考"我思"必须伴随其他我的所有思维过程——涉及非描述性的概念或意义,并与所有心理内容,包括描述性表象混合在一起。①

其他支持符茨堡学派工作的主要有以下四位重要的新经院哲学家,他们是博伊姆克(C. Baeumker)、盖泽尔(J. Geyser)、格拉布曼(M. Grabmann)和哥德伯累特(C. Gutberlet)。这些作者的文章中重复的主题,一方面是关于阿赫的觉知和彪勒的思维概念之间的关系,另一方面是经院学者关于理智意象(species intelligibiles)和理性概念(conceptus mentis)之间的关系。最初,新经院学者们根据符茨堡研究者将思维和觉知等同于中世纪纯粹现实(actus purus)的说法而批评冯特的建议。正如新经院学者提醒其读者的那样,纯粹现实并不需要涉及心理意动,而是由上帝亲自发出的。尽管天主教哲学家认为尤其是阿赫和彪勒对于心灵的认识与亚里士多德学派和经院哲学的心灵观已经非常类似,但他们仍然强调两者之间的一些重要区别。虽然,阿赫的觉知并非充分"纯粹",并且对觉知功能的解释不外乎是宣称意识是由于一系列表象组成的。而彪勒则夸大了思维作为一种独立的描述性元素的程度。彪勒所持的思维是可以在脱离任何相伴随的描述性元素的情况下发生的信念,这是与托马斯主义和亚里士多德学派关于思维是一种幻象(phantasmata)的原则相悖的。然而,不容置疑的是,在这些新托马斯主义者的心目中,符茨堡学派的工作超越了联想主义和冯特的心理学,显示出了一种决定性进步的力量。格拉布曼进而发现,系统性实验的自我观察就是奥古斯丁和圣·托马斯所谓的"内部审视"(look inside)。哥德伯累特为经院哲学家澄清了符茨堡工作中的形而上学意义:强调存在一种"纯粹的心理意动",从而巩固了"因为灵魂的非物质性而反对物理主义"。②

另外,也有来自其他不同群体对符茨堡的工作给予积极响应。作为当时德国四大心理学研究所的领袖之一——柏林学派的斯顿夫,认为符茨堡的研究明确了"较之长时间来联想主义心理学所信奉和讲授的思维本质,符

① Kusch, M. (1999). *Psychological knowledge: A social history and philosophy*. London: New York: Routledge. p. 64.

② Kusch, M. (1999). *Psychological knowledge: A social history and philosophy*. London: New York: Routledge, p. 65.

茨堡实验所证明的发生在所有心理活动中的观念思维更加具有独立呈现的特点"①。斯顿夫对符茨堡工作的认可不足为奇，因为符茨堡研究者们经常引用斯顿夫理论与观点作为支撑其实验主张和取向的间接依据。米勒—费赖菲尔(R. Müller-Freienfels)认为，斯顿夫和符茨堡研究者们殊途同归地走到了一起，比如他们都反对联想主义。施贝希特(W. Specht, 1909)注意到，符茨堡的工作是理解注意病理学现象的密匙。思维心理学对于注意病理学现象的重要性在厄斯特赖希尔(K. T. Oesterreich, 1910)的著作中有过记载。另外，新活力论者(neovitalist)杜里舒(H. Driesch)也采用了符茨堡研究者的非描述性思维及其"任务"(*Aufgabe*, task)概念。在其《作为任务的逻辑》(1913)一书中，杜里舒试图将人类与世界的关系进行概念系统化，成为一种任务解决的演习。对杜里舒而言，所有知识的最终任务是"建立秩序"(the creation of order)。

3. **混合反应**。

除了正面和负面的激烈意见之外，对符茨堡工作的评价也夹杂着许多混合反应(mixed reactions)。彼德森(P. Petersen, 1913)列出了那些属于哲学家和心理学家群体中将逻辑学从心理学中成功分离出来的符茨堡研究者。一年后，他又注意到符茨堡的研究片面地关注"科学思维"，并反对采用其他思维模式，他因而建议符茨堡的方法论需要现象直觉(phenomenological intuition)作为补益。贝兹(W. Betz, 1910)也提出了类似的混合主张。尽管他同意彪勒的研究结论，但贝兹相信，要说服任何一个对符茨堡思维实验的怀疑者，必须要思维心理学家们走出实验室去采集那些"来自街头和日常生活中"的论据。在混合反应中，最具有影响力的人物是德国著名哲学史家阿斯特(Ernst von Aster, 1908)。尽管阿斯特详细地批评了彪勒的工作，但他并非反对一般的符茨堡研究项目，而是支持一种从思维到意识状态的回归。阿斯特的出发点是彪勒对于意向性思维和非意向性的意识状态之间的区别。思维及其出现时刻意味着什么？描述类似"关于……的意识"、"关于……的知识"或者"关于……的思维"等经验又意味着什么？阿斯特将以上疑问理解成在一种非意向性特征中去描述心理状态，或是将来自朝着它们所指向的对象与心理状态的表征独立出来。阿斯特认为，彪勒将意识经验的对象和意识经验本身混淆在了一起。此外，彪勒还否认他的实验被试总是表达其经验而不是描述经验，比如用类似这样的说话方式——"哦，很

① Kusch, M. (1999). *Psychological knowledge: A social history and philosophy*. London: New York: Routledge, p. 65.

好，这是一个相当困难的问题”——作为一个实验报告的组成部分，而不是描述一种思维经验的结构，比如“我连这个问题想说明什么都不清楚”。①

对于符茨堡学派的结果，还有一些评论者尝试给予不同的解释。有人提出，某些类型的心理具有无意象思维，另外一些类型则不具备。这就把铁钦纳与屈尔佩的争论归结为个别差异的问题。这一假设被指责为不符合摩尔根的吝啬律(unparsimonious)，为什么大自然创造了两种心理类型，得到的却是相同的目标——准确的思维。关于思维的无意识性也遭到斥责，理由是：不是有意识的东西就不是心理的而只是生理的，因而不属于心理学研究的范畴。因此，整个符茨堡学派赖以为傲的“无意象思维”主题面临被奥卡姆剃刀(Ockham's Razor)清除的危险。

4. **争论的意义**。

也许这场对无意象思维的争论的最重要的结果是使心理学家们开始怀疑内省是一个经不起检验的、不可信的工具，它易受理论期望的偏见的影响。符茨堡的被试相信无意象思维，他们就发现了无意象思维，铁钦纳的被试只相信感觉和情感，他们也就仅仅发现了感觉和情感。美国的一位无意象思维的支持者奥格登(R. M. Ogden)写道，如果冯特和铁钦纳对符茨堡方法的指责成立，“难道我们就不可以再进而全面否定内省的价值吗？事实上，在最近一次心理学家的讨论中，在座的心理学家中有两位强硬地坚持这一立场”②。奥格登(1911)提出，康奈尔和符茨堡所得到的不同结果暴露了基于不同训练而产生的“无意识偏见”。有关无意象思维的争论反映出内省法面临的困境。到了奥格登论文发表的1911年，某些心理学家已经着手准备彻底抛弃内省法。两年后，行为主义的创始人华生在他对心理主义的宣战书中也提到了这一争议。

无意象思维的结果标志着心理主义范式中出现了一个异端萌芽。伍德沃斯直到1938年还写道：“由于这个问题总是争执不下又无法解决，不妨把它暂时搁置一边。”③按照托马斯·库恩(Thomas S. Kuhn)的观点，这是异端学说的命运之一。无意象思维的争论显示出向库恩式范式冲突的方向发展的轨迹。最能体现这种轨迹的一种趋势是：对于思维过程的研究把符茨

① Kusch, M. (1999). *Psychological knowledge: A social history and philosophy*. London: New York: Routledge. p. 65.

② T·H·黎黑著，刘恩久译：《心理学史——心理学思想的主要趋势》，上海译文出版社1990年版，第261页。

③ T·H·黎黑著，刘恩久译：《心理学史——心理学思想的主要趋势》，上海译文出版社1990年版，第261页。

堡心理学家从内容心理学引向机能心理学。他们发现，实验室研究除了可以揭示心理包含什么之外，还可以揭示心理是怎样发挥功能的。我们将发现，在美国心理学界，机能主义占压倒优势，因此，与无意象思维相比，美国人更易接受心理定势。从 1938 年至 1950 年，与无意象思维在伍德沃斯的权威著作《实验心理学》中被不断缩减的同时，有关心理定势的索引参见却从 19 条增至 35 条，对它讨论的篇幅也扩大了。定势这一概念对有兴趣于心理操作的美国机能主义心理学家是有意义的。行为主义者发现，他们可以把定势重新定义为在行为而不是心理中确立的决定趋势。①

虽然 1909 年后有些人尤其是曾在符茨堡工作过的奥托·塞尔兹也仍然继续着符茨堡学派开创的工作，但这一学派在屈尔佩赴任波恩大学后基本上就解体了。再未有人根据符茨堡的研究成果发表过什么系统理论，尽管有证据认为屈尔佩在逝世时还在研究这一理论。黎黑对此这样感慨："令人不解的是从 1909 年直至逝世，屈尔佩几乎从未对符茨堡戏剧性的实验发表过任何意见，因此，符茨堡学派也没有产生出一种能够从整体系统上向冯特与铁钦纳统治挑战的不同规范。他们的方法是创新的，他们的发现是激励人心的、超出规范的，并在心理定势上做出了不可磨灭的贡献。但符茨堡学派始终只是一个学派，一个过早终止的研究纲领。"②但无论如何，屈尔佩及其领导的符茨堡学派工作的影响则传播到全世界心理学工作者之中。无意象思维本身作为心理学基础研究的代名词之一，充分展示了心理学基础学科探赜索隐的魅力。这一点甚至可以在 20 世纪 90 年代第二代认知科学兴起中再次凸显出来。弗里茨·斯特劳克(Fritz Strack)等人(1988)设计了精巧的实验来探究表情控制对于情绪的影响。控制被试的面部肌肉，即分别让被试通过用牙齿固定铅笔和用嘴唇固定铅笔的行为控制方法使被试分别处于笑的表情和无法笑的表情两种状态下。实验任务是要求被试对卡通是否搞笑进行评定。结果表明，用牙齿固定铅笔的情况下，被试对卡通搞笑程度的评分显著高于用嘴唇叼铅笔情况下的评分。③ 这个实验新近因被赋予具身认知(embodied cognition)的意义而被津津乐道。④ 然而就其实验中

① T·H·黎黑著，刘恩久译：《心理学史——心理学思想的主要趋势》，上海译文出版社 1990 年版，第 262 页。

② T·H·黎黑著，刘恩久译：《心理学史——心理学思想的主要趋势》，上海译文出版社 1990 年版，第 263 页。

③ Strack, F., Martin, L. L, Stepper, S., et al. (1988). Inhibiting and facilitating condition of facial expressions: A nonobstrusive test of the facial feedback hypothesis. *Journal of Personality and Social Psychology*, 54: 768～777.

④ Calvo, P., Gomila, A. (2008). *Handbook of cognitive science a embodied approch*. Amsterdam: The Netherlands, Elsevier press, 51～54.

所显示的某种无意识身体加工成分却依稀可以看出当年无意象思维所展示的那种心理内容与意动的有机契合。而斯特劳克其人恰恰正是现任符茨堡心理研究所的主任！这难道仅是一种巧合？诚如斯特劳克在给笔者回信中所言："心理学研究的意义在于满足人类的好奇心，符茨堡的传统是永远寻求心智奥秘，乐趣与魅力并存。"①

我们认为，尽管符茨堡学派的无意象思维研究引起了争论，仍停留在心理元素的范畴内，没有揭露思维过程的规律，但他们将实验方法运用于思维的研究，将冯特传统的实验内省法改造为系统的实验内省法，并在此基础上提出了"意识态度"、"心理定势"和"决定趋势"等概念，发展了心理学的研究方法，丰富了心理学研究的内容，促进了思维心理学研究向纵深发展，从而开创了思维心理学研究的新局面。而不管是无意象思维概念本身，还是围绕其发展起来的上述诸多亚概念，无不显示出符茨堡学派对心理意动要素的重视，并将其提高到与心理内容同样的地位予以对待。符茨堡学派的工作更是对布伦塔诺意动心理学思想的一种有力佐证与实质发展，在某种程度上疏通了之前意动心理学以纯粹思辨为主，而内容心理学以自然科学实证方法为主的交流瓶颈。汉弗莱(G. Humphrey，1951)毫不掩饰对符茨堡学派无意象思维研究的赞誉："任务和决定趋势注定或多或少地在不经意间被吸收进心理学传统中，符茨堡学派的工作在实验心理史上具有里程碑的地位。"②也正是在符茨堡学派发现无意象思维的实验基础上，屈尔佩、麦塞尔得以逐步向意动心理学靠拢，进而提出了他们的二重心理学主张，这一主张对当时解决内容与意动之争起到积极的作用。

第三节　二重心理学的基本观点

符茨堡学派关于无意象思维的实验结果产生了重要的理论成果，那就是麦塞尔、屈尔佩接受了布伦塔诺的意动心理学观点，并将之与内容心理学

① 编者按：由弗里茨·斯特劳克(Fritz Strack)2009年9月2日与笔者的私人信件转译。

② Humphrey，G. (1951). *Thinking：An introduction to its experimental psychology*，London and New York，p. 130.

相结合，提出了他们的二重心理学主张。这一主张对当时解决内容心理学与意动心理学的互相对峙，打破心理学发展的僵局起到积极的作用。领导这一运动产生的是符茨堡学派的领袖屈尔佩，第一个明确提出二重心理学主张的则是麦塞尔。

一、屈尔佩的二重心理学

1．对内容心理学的继承与改良。

屈尔佩二重心理学思想的形成主要可以分为前后两大阶段。在屈尔佩来到符茨堡大学之前，他的心理学思想主要受到冯特、马赫和阿芬那留斯的影响。他像冯特一样，主张“意识是我们的某种经验的总和”，“意识完全与心灵事实一致”[①]，并与冯特一样信奉身心平行论，承认有心理过程就有脑生理过程的伴随。屈尔佩于1893年出版了《心理学大纲》一书，将心理学定义为是一门关于“经验事实的科学”(science of the facts of experience)。所谓经验科学，在这里即指心理学的独特之处在于“这些事实依存于经验着的个体”。屈尔佩说：“马赫和阿芬那留斯他们完成了这一事实：一种资料(data)永远只是给予一个自我，一切经验也都束缚着经验的个人。这个自我是在经验自身中的一种界限清楚的复合物，人们在任何时候都能把它证明出来——这个自我必须容纳不管是肉体的或是精神的，或是精神肉体的；不同的经验也许是不同的。”[②]他进而比喻道：“近代的心理学是一门经验科学。就像物理学和化学，像动物学和植物学，像比较语言学和文学史一样。”[③]所以，“就像数学是一门演绎学科，教育学是一门指导实践的理论学科一样，将心理学概括为归纳学科是最合适的。”[④]

从中我们可以看出，一方面，屈尔佩继承了阿芬那留斯和马赫的经验批判主义思想。另一方面，从思想来源上，屈尔佩在当时算得上是第一位严格意义上的冯特主义者[⑤]。他曾经详细地阐述了冯特心理属性学说中涉及到

---

① 转引自：《刘恩久文选》，南京师范大学出版社2009年版，第272页。

② Külpe, O. (1909). *Outlines of psychology*, Trans. By E. B. Titchener. London: Swan Sonnenschein. p. 2.

③ Külpe, O. (1909). *Outlines of psychology*, Trans. By E. B. Titchener. London: Swan Sonnenschein. p. 2.

④ Külpe, O. (1909). *Outlines of psychology*, Trans. By E. B. Titchener. London: Swan Sonnenschein. p. 2.

⑤ Zusne, L. (1984). *Biographical dictionary of psychology*. Westport. Conn.: Greenwood Press. p. 239.

的诸多心理属性概念，例如质量、强度、持久性、视觉与触觉的正向延伸等，并为冯特作为基本经验主义者的定位增加了一种自然元素，比如他认为空间是不能由具有非空间的属性所构成的。然而冯特虽然罗列了近 12000 多种的感觉属性，但并没有提到思维。冯特在 1896 年出版的《心理学大纲》中曾经这样写道："与其他自然科学一样，心理学需要两种精确的方法：第一，是实验法，服务于分析简单的心理过程；第二，是对一般心理产物的观察法，主要服务于高级心理过程和心理发展的研究。"①简言之，冯特认为，只有简单的感觉和知觉的心理过程才能以实验研究进行分析，而高级心理过程只有通过民族心理学的比较研究法才能被认识。作为高级心理过程的"思维"显然不能实验。屈尔佩在自己的《心理学大纲》中也没有涉及到思维问题，这部分地说明他与冯特的观点在那时还基本保持一致。

然而，历史证明冯特将高级心理过程拒之实验室之外的做法多少含有教条主义的偏见。因为早在 1879 年，艾宾浩斯就开始用实验方法研究记忆这个高级过程，其结果公布于 1885 年的《论记忆》。屈尔佩离开冯特来到符茨堡大学不久就似乎认定，由于冯特学派的实验都相当简单，几乎不超出对一个刺激的反应和对这一刺激的描述，如费希纳的心理物理学、唐德斯的心理计时学以及冯特的统觉实验就是这一程序的范例。因此无法借此探索思维的奥秘。但是，既然艾宾浩斯对记忆这一"较高级的心理过程"能够进行实验研究，或许只要改变一下研究方法，思维这个最高级的心理过程也可进行实验研究，也可以进行内省。

屈尔佩领导的符茨堡学派主要应用了"系统性实验内省法"来研究思维过程，即让被试先执行一些认知任务，随后要求他们对其在任务中所使用的思维过程进行分析。这一研究产生了两项重要成果：第一项成果说明，与冯特的说法相反，某些思想是无意象的；第二项成果削弱了以联想主义解释思维的观点。屈尔佩晚年在《现代心理学对思维的研究》(*On the modern psychology of thinking*)一书中认识到："那些发现最终驱使我们得到一种不同的心理学理论，即自我观察的系统应用。在过去，被试一般从不被要求在实验后将他们在实验过程中所经历的所有体验报告出来。因此，实验者只能得到一个粗略的框架。此外，通过使用感觉、情感和表象的普遍概念可以防止被试注意并命名那些感觉、情感和表象。我们一般会尽快开始让被试在自我观察中进行体验，并在实验之后马上给出一个完整和公正的体验

① Wundt, W. M. (1897). *Outlines of psychology*. Translated by C. H. Judd. Leipzig: Wilhelm Engelmann. p. 29.

报告，报告的内容主要是关于他们在实验过程中体验到了什么。因此，创造一个全新的概念和定义则迫在眉睫。在自我程序、状态和动作中存在某类发现，它们并不适宜于用传统心理学体系进行解释。被试开始用生命化的语言进行叙述并且在他们的内部世界中进行次要地分配。他们可以在脱离获取任何来自偶然发生的意象之上，来知晓和思考，判断及理解，掌握意义并发现联系。”①

一方面，正如曼德勒夫妇指出：“奥斯瓦尔德·屈尔佩最重要的贡献是拓宽了实验心理学的研究对象。”②我们认为这种拓宽并不仅仅限于心理学的研究内容，更为重要的是，将人类高级心理过程这一心理学研究的重要内容首次系统地纳入到科学心理学研究的范畴之中。但另一方面，深受莱比锡传统熏陶的屈尔佩的确不愿意放弃冯特所设定的内容心理学之藩篱。从这个意义上而言，屈尔佩的整个心理学思想及其工作依旧可以被视作为一种对内容心理学的继承与改良，而缺乏革命实质。

2. 向意动心理学的靠拢。

自从 19 世纪末屈尔佩意识到冯特心理学中的某些缺陷后，又通过实践发现存在一些心理过程（思维）的属性似乎难以有机地融入到冯特的元素划分范畴之内。这促使他脱离冯特学派而向布伦塔诺意动心理学积极靠拢。这是因为当时意动和内容的问题在欧洲相互对峙。心理学家们只要承认了内容，那么他对自己意识的内省，就会发现意动可以作为心理的资料，这是一种僵局。③ 屈尔佩试图解决这种对峙，首先需要借鉴布伦塔诺的意动心理学思想，因为早在 1874 年，布伦塔诺的旷世名著《经验观点的心理学》已经出版。在这一点上，屈尔佩显示出了独特之处，即他与缪勒与铁钦纳的不同，较之后两者，他显然更愿意去进行系统的哲学思辨。屈尔佩希望能通过进一步的研究和哲学的卓见，使思维问题得以解决。

而促使屈尔佩和冯特相行渐远，而和布伦塔诺相行渐近，则是有可能间接受到胡塞尔的启发。胡塞尔的《逻辑研究》刊行于 1900—1901 年间，彪勒曾在柏林得读胡塞尔的著作，受其影响并将其介绍给屈尔佩，这引起了屈尔佩的重视。而作为布伦塔诺学生之一的胡塞尔对于心理学的重要贡献也许就是增加了布伦塔诺及所谓意动的势力对心理学的影响。所以波林指出：

---

① Hoffmann, J., Stock, A., & Deutsch, R. (1996). The Würzburg School. In J. Hoffmann & A. Sebald (Hrsg.), *Cognitive Psychology in Europe* (pp. 147～172). Lengerich: Pabst Science Publishers.

② Mandler J. M. & Mandler, G. (1964). *Thinking: From Association to Gestalt*. New York: John Wiley & Sons, p. 12.

③ 转引自：《刘恩久文选》，南京师范大学出版社 2009 年版，第 274 页。

"现象学内有意动的地位,也有内容的地位;这是一个调和的学科。我们如果无从知道屈尔佩的思想的精确的进程,至少我们也知道他日益接近于布伦塔诺,最后他便采取一种易于理会的内容和不易理会的意动(或机能,这是他所喜称的)的二重心理学。"[①]而实际上,在这里如果我们需要更为精确地探悉屈尔佩从内容心理学到意动心理学的转向逻辑,则不得不从布伦塔诺的意动心理学的核心要素谈起。早在布伦塔诺的《经验观点的心理学》一书中,已经明确表达了一种与冯特内容心理学背道而驰的学术观点。布伦塔诺认为一切意识都是关于对象的意识。但是并不是说当一个人意识到独角兽时,就有一头独角兽的摹本,作为心理的模拟物存在于人的心灵之中。相反,即使在现实中独角兽并不存在,人仍然可以非常感性地意识到独角兽。从中我们发现,心理的关系和严格的关系不一样。在严格的关系中,除非A和B双方都存在,否则A和B在严格的意义上就不能有相关联的关系。可在心理的关系中情况就不同了,如果某人思考着事物,尽管一定存在一个思者,但他所思之物却不一定存在。布伦塔诺把这种"意向性的内实存"(*Inexistenz*)看做是"心理现象普遍的独具的特征"[②]。他认为,意向性能使心灵指涉那不是其自身某一部分的东西,能使心灵指涉那在其自身之外的现实世界中存在的或不存在的东西。也就是说,意向活动是指向一定对象、含有一定对象或关于一定对象的。接下去,布伦塔诺将意动分为基本的三类:(1) 观念的意动,如感觉活动和想象活动;(2) 判断的意动,如认识的活动、拒绝的活动、知觉的活动、回忆的活动、评价的活动和反射的活动;(3) 爱恶的意动,如情感、愿望、决断、意志、欲望等活动。他还认为,一个意动的客体或对象也可为另一意动的对象,这便产生了一个错综复杂的心理系统。因此,布伦塔诺认为完全可以为心理现象下这样的定义:"心理现象是那种在自身中以意向的方式涉及到对象的现象。"[③]那么大量接踵而至的问题是:如果存在着这样的心理现象,那么一个可能性的实例是什么?又该选择一种怎样的研究方法来对这个实例进行具体分析?

在屈尔佩看来,答案是清晰的,无意象思维可以作为这一问题的一个可能性实例。从前文符茨堡学派成员的具体实验工作中一再印证了这样一个事实:思维较之其他一般的心理过程而言,的确存在特殊之处,思维一旦启

---

① 波林著,高觉敷译:《实验心理学史》(下册),商务印书馆1982年版,第459页。

② Brentano, F. C. (1973). *Psychology from an empirical standpoint*. New York: Humanities Press. p.31～32.

③ Searle, J. R. (1983). *Intentionality: An essay in the philosophy mind*. Cambridge University Press, p.45～46.

动，则其中的某些成分便无法清晰地呈现在被试心灵之中，因此很难通过内省法加以描述和报告。但思维过程却依旧有迹可寻，最明显的是符合一种指向性（aboutness），由主体出发指向被思维之物——不管是联想之物还是动作序列。从布伦塔诺对心理意动的分类来看，无意象思维本身也完全可以归属于第一类和第二类的意动。因此，赫根汉指出："符茨堡学派的成员和布伦塔诺一样都对心理如何运作，而不是对它包含了什么样的静态元素感兴趣。"[①]

虽然根据当前保存的档案资料来看，我们尚无法得知屈尔佩与布伦塔诺之间是否有过直接的思想交流，因为并无明显的史料涉及两人之间的相互拜访或书信往来。但在屈尔佩的遗著《心理学讲演录》中有许多属于旧的《心理学大纲》的"内容"，反之关于心灵的新材料则属于"机能"项下。波林也做出这样的猜想："设使他曾写一章论思想，则此章必将侧重机能，否则也将兼重内容和机能，因为屈尔佩在一封给友人书内，曾说过：'我于意见（*Gedanken*）及思想（*Denken*）详加辨别；前者为内容，后者据形式的不同而为意动或机能。'"[②]从这里我们能够比较清晰地发现屈尔佩已经决意在内容心理学的基础上增加一些与之完全不同的成分，而这种思考张力的结果便是诞生一门"新"心理学。

3. 对内容与意动之争的调和尝试。

然而屈尔佩也并没有全盘接受布伦塔诺学派的意动心理学主张，他在《心理学讲演录》中批评了布伦塔诺学派将意动作为心理本质的观点，他说道："每一种心理过程，感知与表象，承认与反驳，爱与恨，它们本身都指向不同的对象，都有意动的关系，我们感知到一棵树，我们反驳一个论断，我们愿意读一本书，爱某个人或某种事物，只有这种意动本身是心理，不针对它的对象，这种观点可以说是太狭隘了。因为它的结论是，例如感官印象，也的确来自愉快的和不愉快的情感。一切意识的内容都没有意动的关系，都不属于这种心灵生活的规定。我们可以通过它导入意动和机能的心理学，一定要承认和处理这个很重要的事实，可是这并不是为了心理学的对象所能解释的全部问题。"[③]因此，屈尔佩和布伦塔诺学派的差别立显：虽然他们都承认了意动，但对于意动是否为心理活动的充分要素存在分歧。而屈尔佩

① B·R·赫根汉著，郭本禹等译：《心理学史导论》（第四版）（上册），华东师范大学出版社 2004 年版，第 417 页。

② 波林著，高觉敷译：《实验心理学史》（下册），商务印书馆 1982 年版，第 459 页。

③ 刘恩久著：奥斯瓦尔德·屈尔佩《心理学讲演录》，转引自《刘恩久文选》，南京师范大学出版社 2009 年版，第 611 页。

的二重心理学思想正是在上述对冯特学派和布伦塔诺学派的批评与继承基础上发展起来的，虽然二重心理学中均存在两派的烙印，但也有其根据研究论据提出的实质性调和主张。

屈尔佩的二重心理学有间接和直接两方面的论据。一方面，受到符茨堡学派关于无意象思维研究的启示，这一点毋庸置疑。从马尔比的识态，到瓦特的分阶段的内省和定势，再到阿赫的系统内省和决定趋势，符茨堡研究者们的通力合作和步步深入，逐渐建构出一张相对独立于冯特内容心理学体系的概念网络。而这张网络的每个节点之间相互贯通的可能性，正是基于屈尔佩本人对高级心理活动所规划的蓝图之上。可以说，屈尔佩和符茨堡研究者的研究是一种相互促进、相互启发的过程。另一方面，屈尔佩所崇尚的实验美学研究也进一步直接支持了他的这种两分的心理学思想。他在研究实验美学时，曾向被试呈现一些写有不同颜色及其组合的无意义音节的卡片，并要求被试报告他们所看见的颜色、图案和数目等特征。屈尔佩发现，每个被试"抽取"(abstract)他被要求报告的那张卡片上的特征，往往无意识地保留了一些其他卡片上的特征。这使屈尔佩得出这样的结论：被试的抽取过程不仅依赖于所呈现的感觉材料，也依赖于被试的理解(apprehension)。这就证明了被试对物理现象的感觉必须区别于他对感觉的理解。这样，屈尔佩就放弃了原先所坚持的强调内容的感觉主义心理学，而转向赞成心理学既有心理的内容又有心理的意动(即机能)。他认为，提取是一种心理机能或意动，尽管它是不能直接观察(内省)到的，但它却是不可否认的，它可以通过反省来发现。意动或机能既包括难以捉摸的思考、理解和判断等活动，也包括自我的能动性(activity of ego)，即将意识的真实性(actualities)转变成现实性(realities)。所以，在屈尔佩看来，心理意动不仅提供了关于理解的知识，而且理解的意动甚至可以指向诸如上帝、灵魂、电子和原子等对象，它们是在意识中不能现实化的对象。① 所以，屈尔佩主张心理学的研究对象有两项：一为心理内容，二为心理机能(意动)，进一步明确地提出他的二重心理学。

屈尔佩的二重心理学最引人注目之处，是他试图在内容与机能之间树立起相互区别的标准。屈尔佩认为，内容和机能虽同属于心理现象，但它们存在着明显的差别。这些差别主要表现在以下五个方面，我们将结合后来心理学研究中的发现予以具体阐释。

---

① Edwards, P. (ed.). (1967). The encyclopedia of philosophy. Vol. 4. New York: Macmillan Publishing. Co., Inc. & The Fress Press. p. 368.

第一，内容和机能在经验中可以分离。如梦和纯粹感觉就只有内容而无机能，而毫无目的的注意或没有具体对象的期望则只有机能而无内容。比如，不随意注意（involuntary attention）就是指一种事先没有目的并脱离意志努力的注意，体现出机能的特性而缺乏实际内容。其产生机制可以描述为在新异刺激物的直接影响下，人们自然而然地把感受器官转向这些刺激物，在大脑两半球皮层相应部位引起了最优势的兴奋中心，提高了活动水平，从而对其他活动产生了抑制作用。其中，刺激物本身的某些特点容易引起人们的不随意注意。强烈的刺激物，如巨大的声响、强烈的光线、刺鼻的气味，都会引起人们不由自主的注意。那些相对比较强烈的刺激物也容易引起不随意注意。而弗洛伊德的死亡本能（death instinct）认为每个人的身上有一种趋向毁灭和侵略的本能冲动，而冲动起初是朝着我们自己本身而发的，这可以作为一种脱离有具体对象的期望。

第二，内容和机能可以各自独立变化。例如，当人从知觉一个客体转向知觉另一个客体时，是内容变而机能不变。而在对同一对象先感知后判断的情况下，则是机能变而内容不变。对于前者的阐述可以在格式塔心理学的知觉重组理论中得到很好的例证。知觉重组理论认为如果个体的知觉场被打乱了，他马上会重新形成一个知觉场，以便对被知觉的东西仍然有一种完好的形式。需注意的是，这种"完好的形式"并不是指"最佳的形式"，而是指具有一种"完整性"，在这个过程中知觉的内容发生变化，而机能保持不变。φ现象与双歧图就是内容变而机能不变的例子。而后者在现代情绪理论中也有充分发微。美国心理学家威廉·詹姆斯（Willian James）的情绪外周说中指出，"我们并不是因为悲伤、愤怒或恐惧而哭泣、进攻或颤抖。相反，哭泣，因而感觉悲伤；进攻，因而感觉愤怒；颤抖，因而感觉害怕"①。在上述论证中强调了对待同一客体的情绪体验在先感知后判断的情况下，具有机能变而内容不变的特性。

第三，内容和机能在性质上各不相同。内容稳定，易于实验分析；机能变动不居，不易做实验分析，只能用经验的反省进行研究。

第四，内容和机能都有强度和性质，但彼此各不相关。比如，一个强烈的音和一个强烈的欲望，它们既不相关，也不能比较。

第五，内容和机能各有自己的规律。内容的规律为联合、混合、对比等，而机能的规律则为定势、决定趋势、意识态度等。② 有关内容的联合可以在

① James, W. (1961). *Psychology: The briefer course*. New York: Harper & Row. p. 63.

② 郭本禹主编：《心理学通史·第4卷·外国心理学流派(上)》，山东教育出版社1999年版，第119页。

格式塔知觉组织的接近律(law of proximity)中得到印证,接近律认为个体对知觉场中客体的知觉是根据它们各部分彼此接近或邻近的程度而组合在一起的。各部分越是接近,组合在一起的可能性就越大。而有关内容对比规律可以以普金耶现象为例。1823 年,捷克心理学家普金耶(Purkinje)观察到:日光下明度相等的红花和蓝花,黄昏时蓝花比红花显得亮一些,这种环境亮度降低时颜色的明度发生变化的现象称为浦肯野现象。浦肯野现象揭示了视觉加工内容的对比性特征。机能规律中决定趋势的代表性例子,如程序性知识(procedural knowledge)以目的为导向,以自动化的方式将一系列条件——行动组装起来。有关意识态度的新近例子,可以从格兰博格(A. Glenberg)和卡舍查克(M. Kaschak)(2002)的实验中得到启示。主试读到两类句子,比如"Liz 给你讲了一个故事"和"你给 Liz 讲了一个故事"。他们要求被试在听到句子后通过按按钮做出反应。按钮有两类,一个距离被试的身体较远,另一个则靠近被试的身体。将这两类句子随机呈现,实验结果发现,被试的身体动作方向与句子包含的语义是一致的,即当听到"Liz 给你讲了一个故事"这类句子时,语义所包含的信息是靠近身体而来(towards the body),于是被试做出的身体动作也是去按靠近身体的按钮;而当听到"你给 Liz 讲了一个故事"时语义所包含的信息是远离自己身体而去(away from the body),被试做出的身体动作则更倾向于去按远离身体的按钮。[①] 即被试的身体姿势以一种无意识的方式参与到语言理解过程中去。

二、麦塞尔的二重心理学

麦塞尔是第一个明确提出二重心理学主张的心理学家。麦塞尔二重心理学的贡献在于相对于屈尔佩二重心理学的概念的精细性。他接受了闵斯特伯格(H. Munsterberg)认为物理的经验是可分享的经验,心理的经验是不可分享的经验的思想;从立普斯那里接受了心理总是在某种"我的"(mine)意义上说的,而物理不是这样的观点;他从胡塞尔那里接受了把心理看做内在的,而把物理看做超越(transcendent)物质世界的立场。据此,麦塞尔坦率地宣称,即便意识的某些要素由于是在不规则的情境中获得的,而

① Glenberg, A. M., Kaschak, M. P. (2002). Grounding language in action. *Psychonomic Bulletin & Review*, 9, pp. 558～565.

缺乏意向性，但所有的意识都是对象的意识（*Gegenstandbewusstsein*）。[①] 而根据布伦塔诺学派的理解，意识的核心要素是意向性。

因此，麦塞尔认为，心理学应该研究一切意向性的经验，即广义的意动。它们既包含着不易理解的意动（狭义的意动），也包含着意动的易于理解的内容。这样，麦塞尔把意动与内容同时都包含在心理学的研究对象中来了。他区分出三种有意的经验，并指出每种有意的经验中都既包含着意动的元素，也包含着内容的元素。(1) 认知活动(knowing)的经验，指的是对于客体的意识。认知的内容是感觉、表象、与时空有关的内容、印象或有关的经验；认知的意动是知觉、记忆、想象和思考。(2) 情感活动(feeling)的经验，指的是对于状态的意识。情感的内容是感觉；情感的意动是好恶、喜欢和价值。简单的感情则位于内容和意动之间，它有时是内容，有时是不易理解的意动。(3) 意志活动(willing)的经验，指的是对于原因的意识。意志的内容是感觉；意志的意动是需要、欲望和意志。至于意向则好像类似于简单的感情，也可看做一半是感觉（即内容）一半是意动。[②]

麦塞尔还指出，意动与内容不仅有难于理解与易于理解的差异，而且就特殊的事例而言，它们还可以互相分离。麦塞尔断言，有意经验的意动特征可能完全作为意识的构成成分单独存在，感觉内容可能出现在没有意动伴随的意识情境中。麦塞尔把所有意识都看做意识的意识(consciousness-of)，愉快或不愉快的情感本质上是可以指向客观的。对于麦塞尔来说，不存在感觉的意动，感觉的内容是通过知觉的“思想意图(thought-intention)而充满活力的”。而所有的情感（除了价值的情感）都是内容。感觉情感(sense feeling)和审美情感(aesthetic feeling)处在一条线的两个极端。根据麦塞尔的观点，感觉情感就是与感觉内容直接联系的情感，审美情感就是建立在“客体意识的意动”基础上的情感。[③] 他进一步举例道：如果你想要了解没有意动的内容究竟是怎样的，你只需要设想意识的边缘，在意识的边缘上有赤裸裸的、无意义的内容。而假如你要知道没有内容的意动，你便只需去了解无意象思维。[④] 麦塞尔的心理学之所以叫二重心理学，有相当的原因就是基于他这种认为意动与内容有差别且可分离的观点。

为了更清晰地阐明麦塞尔二重心理学思想的脉络与论据，我们将引用麦塞尔 1906 年所著的《思维的实验心理学研究》一书中的例证予以充分说

① 铁钦纳著，李丹译：《系统心理学：绪论》，浙江教育出版社 2001 年版，第 145 页。
② 郭本禹主编：《心理学通史·第 4 卷·外国心理学流派（上）》，山东教育出版社 1999 年版，第 117 页。
③ 铁钦纳著，李丹译：《系统心理学：绪论》，浙江教育出版社 2001 年版，第 148～151 页。
④ 波林著，高觉敷译：《实验心理学史》（下册），商务印书馆 1982 年版，第 509 页。

明。例子中出现的缩写"*Bsl*"是直接从麦塞尔的实验中引用的。这实际上是指麦塞尔及其同事在研究思维问题时，用单词"*Bewusstseinslagen*"（缩写为"*Bsl*"，dispositions of consciousness）（意识倾向）报告对某个特定刺激的反应，麦塞尔用意识倾向这个术语描述意识的意向性特征。

麦塞尔的实验题材是一篇与任务相关的文章，接着呈现一系列刺激词。可能是先给出这篇文章中可引起对题材想象的一个词语，或者给出刺激词的同义概念，或者给出一个句子的判断，等等。在被试做出一些定量描述（反应时间）结果之后，反应以及一个较长的有关判断的心理片段也会唤起意象的出现。麦塞尔对意识倾向进行了讨论。[①]

在这个有关判断的心理片段的实验中，隐藏着如下次序的例子：

题材 4：（被试的，下略）*意识倾向*："包括两个需要思考的问题。（1）你需要等待，（2）会告诉你同义的目标词"；……"我可以将意识倾向放到思维过程中去：这很简单"。*意识倾向*："在意识过程的某些地方存在一个从属概念，但不容易明确阐述"。

题材 6：*意识倾向*："不要这么说"。意识倾向："我爸爸过去叫这个名字时，经常发错音"。*意识倾向*："你任何时候都可以这么说"。

题材 4：*意识倾向*："我什么都不能想吗？这是一个完全无歧视的词吗？我想起了词语'砧骨'（anvil），接着一段思维空白，然后一个深层次的意识倾向卷入到思维过程中来，并浮现出如下问题：你现在想做什么？你是想品尝（"砧骨"）还是想继续搜索（"anvil"的其他含义）？"这些问题开始占据思维过程。

题材 2：*意识倾向*："我们还可以采用其他的含义！"（这里指"anvil"一词还有"铁砧"[②]的含义）。

题材 3：*意识倾向*："为什么刚才不想想别的含义！"

麦塞尔尝试对这些无数的意识倾向进行分类或排序。最后得出结论：他所处理的不是在思维过程中时刻发生的特殊意识体验形态，而正是思维本身。

麦塞尔的分类理念中最突出的方面在于他所强调的关系。一些关联的体验或经历已经对传统的联想主义造成了困难。感知意象之间的关系是如何的？一位严格的联想论者，如艾宾浩斯，曾指出在感知两种音调的过程中，我们会感知到它们的等同性，就像我们也可以直接而准确地感知到音调本身以及它们各自的不同特性一样。然而这种立场已受到频繁的批评而陷

① Mandler J. M. & Mandler, G. (1964). *Thinking: From Association to Gestalt*. New York: John Wiley & Sons, p. 147.

② 铁砧指锤砸东西时垫在底下的器具。

入困境。威廉·詹姆斯对此的反驳最为简洁明了，在他的名著《心理学原理》一书中，就提醒我们——在感知B之后去感知A和在感知A之后去感知B不是一回事。无意象思维的出现，至少使这个问题的解决出现了曙光，虽然这一问题一直在塞尔兹之前都未得到满意的解决，以致后来格式塔学派也决意投身于这些问题的研究。

麦塞尔的探索试图得出这样的结论：众多思维过程是在意识水平下运作的，而意识过程是在不同程度上参与思维活动的，有些显得清晰，有些则显得模糊。意识只是可见冰山的一角，伴随着大量位于冰山表层以下的思维过程。在麦塞尔那里，我们可以清晰地发现，思维研究的题材已经大大扩充了。思维的研究主题不再局限于原先由马尔比介绍的那种"意识倾向"，也不再被当做是一种"意识状态"——"我们应该尽量避免对其内容进行完整的描述，至少这种描述是非常困难的"等。"意识倾向"这一术语自早期关于理解和判断的研究开始就一直备受关注。麦塞尔通过实验对"意识倾向"概念进行了深化，通过询问被试的意识倾向，麦塞尔认为自己发现了意识倾向的第一个类群(group)：这一类群紧随词语意象之后并且呈现出某种意义(一个概念或感觉)的意识倾向，还包括有关理解的特性(包括它们的细微差别和等级分类)，有关各种程度上的清晰性以及同义词的模棱两可等。[①] 这些意识倾向可以说是介于其他两种相关意识状态(无意识状态和意识状态)类群的一个中间区域。按照麦塞尔的理解，如果将意识在思维活动中演变的程度(degree of unfolding in consciousness)作为排序原则，那么，底层区域包括有意义语言的惯用模式，此时的意义和词汇都绑定在意识水平上。而顶层区域则特指关于意义的意识(consciousness of meaning)，这些意识是由视觉或其他感觉所产生的对象意象或由意义更深的词语意象来表征的。

因此，虽然意识的这三种形态是一个明显持续过渡的状态，但还是可被归于一个单一的维度。曼德勒夫妇将麦塞尔所谓的这些意识状态比喻成"运输者"(carriers)，就像这些意义的特性所表达的，它们呈现出类似于词语意象的附影或尾影(appendices or tails of word images)，它们即使在没有词语的情况下也会出现。

在此基础上，麦塞尔还提出了意识倾向存在第二个主要类群。这里意义(概念)会呈现，但没有词语。个体可能会搜索单词，但是在个体搜索出词语之前就知道别人想要说的意思。此时同样也缺乏短时形式(transitory

① Mandler J. M. & Mandler, G. (1964). *Thinking: From Association to Gestalt*. New York: John Wiley & Sons, p. 147.

forms)：词语碎片可能会被找到或者个体知道缺失的单词的发音。

意识倾向的两种类群都可以毫无困难地从单独词汇的意义到命题再到判断内容作出延伸。这些情形包括：有的命题的含义未及时呈现于阅读，却出现了闪电似的分离体验，属于第一种情况。而第二种情况包括这样的情形，某种判断或想法只能在某个句子中才能得到充分表达，但是在意识层面没有任何词汇可以合适表达。①

在麦塞尔那里，意识倾向既可能是具体的也可能是抽象的，它们可以在一个词语中或很多句子中重现，而且它们可能以纯粹智力或情感的形式出现。所有这些有关意识倾向特性的重复形式均包含在某种经验区域之内，如埃德曼(B. Erdmann)曾经将这种具有意识倾向的思维描述成“非明确阐述”(unformulateted)或“直觉”(intuitive)的思维。

显然，在个体实际思维过程中，不难对明确阐述和非明确阐述做出严格的区分。在两种情形中，不仅必须识别子分类，还须持续调节从一个阶段到另一个阶段的多种变化。这还会引起我们思考关于以下几种现象之间的联系。儿童在早期呈现出具体的思维原始形态，到了成人阶段，思维最终会删减或压缩。麦塞尔进而假设，儿童的逻辑思维需要动词形态(修整)以获得确定，使之更有传染力以及可被准确地重复。

麦塞尔的实验提醒我们，为了解释思维的方方面面，需要采纳这样的假设：在完整具体的表达中隐含着特殊的心理过程，这一过程以多种简短的形态出现，彼此交错，消耗或多或少的心理生理能量。这其中，意识倾向在智力方面已被理解，在情感方面仍没有任何新的见解。短语“*Bewusstseinslagen*”(意识态度)担当起临时合成名词的责任，而且看起来用它来替代惯用的表达“*Gedanken*”(思维)更为明智。这正如他所言的：“如果我们想要把‘思维’局限于那些只能在某个或更多句子中才可理解的意识倾向的内容上，同时这些意识态度在关注单个词汇或短语的意义时又必须被指定为‘概念’，那么我们就必须以最合理的方式使用语言。”②

总之，一方面，我们认为麦塞尔对二重心理学概念精细化的努力暗含了一种与冯特内容心理学划清界限的决心，就这一点来看，麦塞尔较之屈尔佩更少受到冯特体系的束缚。虽然从屈尔佩的遗著《心理学讲义》(1920)看来，我们可以看到屈尔佩进行的方向与麦塞尔相同。但麦塞尔和屈尔佩二

① Kusch, M. (1999). *Psychological knowledge: A social history and philosophy*. London: New York: Routledge, p. 19～26.

② Mandler J. M. & Mandler, G. (1964). *Thinking: From Association to Gestalt*. New York: John Wiley & Sons, p. 151.

重心理学的最大区别在于：前者附加意动于其早年的心理学之内（虽然他像斯顿夫那样称意动为机能），而后者是在意动上增加内容。① 另一方面，麦塞尔将心理活动按半意动半内容的划分，则有利于帮助二重心理学排除客观障碍。这集中体现在麦塞尔是在双重意义上使用“意动”这个术语的：“首先，是对有意经验的整体来说，其次是就这样一种经验的意动内容或意动特性而言。在第一层意义上，根据它们意指的客体是否通过感觉印象表示出来，把意动称为易领会的或不易理会的。在第二层意义上，意动是从有意经验的整体中抽象出来的，它们总是（指向周边的意向除外）不易领会的。”②波林对此有过幽默的比喻：“我们如果以为心灵全是意动或全是内容，那么意动心理学大部分是与实验心理学相反的。在类似麦塞尔的系统之内，内容心理学或传统的实验心理学就有一份健康证明书，只要不妨碍对方的研究，它便可通行无阻了。”③

第四节　对二重心理学的评价

一、主要贡献

从历史的视角看，二重心理学是对内容心理学与意动心理学对立的调和，在某种意义上说也是心理学的一种统一或整合的尝试。屈尔佩和麦塞尔都试图将内容和意动同时包含在心理学的研究对象之内，力图使实验心理学与意动心理学相互为用，这在心理学发展史上不能不说是一种进步。而且，通过符茨堡学派成员的无意象思维研究，心理内容与意动之间的关系变得逐渐明晰。他们所提出的诸多独具特色的概念也较好地支持了二重心理学的基本主张。

在本体论预设上，屈尔佩和麦塞尔都部分继承了冯特内容心理学的元

① 波林著，高觉敷译：《实验心理学史》（下册），商务印书馆1982年版，第510页。
② 铁钦纳著，李丹译：《系统心理学：绪论》，浙江教育出版社2001年版，第145页。
③ 波林著，高觉敷译：《实验心理学史》（下册），商务印书馆1982年版，第510页。

素主义主张，但认为内容并不是所有心理活动的必要条件。事实上，二重心理学在本体论预设上之所以逐渐倾向布伦塔诺学派的意动说，这跟其认识论上的进步有关，冯特的内容心理学所采纳的科学理论基本上是来自对经验归纳的实证主义传统，而内容心理学通过归纳得出这些结论的前提是必须容许存在逻辑上的反例。二重心理学正是通过找到了无意象思维这样一个反例，从而有力地质疑了冯特内容心理学的整个理论体系。这种与冯特体系之间的离心力最终在布伦塔诺的意动心理学那里找到归属。正是基于这种认识，二重心理学明确地提出心理学的研究对象有两项：一为心理内容，二为心理机能（意动），这为未来心理学研究指明了方向。

在方法论上，虽然意动心理学家也曾有倾向实验法的某些运动，比如布伦塔诺对于新的实验心理学是同情的，斯顿夫在柏林大学建立了心理学实验室，而迈农及其弟子威塔塞克也在格拉茨大学建立了一个心理学实验室，但从总体上说，意动心理学家对心理活动的研究主要还是基于哲学思辨的。二重心理学在研究方法上首次尝试将意动成分通过严格的实验室研究予以论证，并得出一些具有说服力的结论。而这种工作来自布伦塔诺学派的外部，显然使得心理意动的存在变得更加可信。二重心理学强调用观察与实验进行有计划、有步骤的研究，其本身也体现了一种整合易于理会的内容和不易理会的意动的"新"心理学的诞生。

二、主要局限

首先，二重心理学只是对内容与意动对立的调和，没有实现真正意义上的心理学统一与整合。二重心理学只有一些实验依据，只说明了内容与机能的差异，没有建立完善的心理学体系，这部分归因于屈尔佩的英年早逝对二重心理学造成的巨大损失。但实际上，屈尔佩、麦塞尔的二重心理学并未能使意动与内容之争得到真正的解决。虽然依据林登菲尔德的说法："我们不能认定在屈尔佩离开符茨堡之后，思维心理学的研究就告终结。"[①]但相对而言，正是由于高级心理过程在实验研究方面本身不易像内容心理学的研究主题那样精确和清晰，所以更需要去加强拓展并深入开发适合二重心理学的实验方法。而屈尔佩显然忽视了这个问题，并转向寻找哲学的思考。这样一来，则又将原本位于辅助二重心理学地位的实验方法也放弃了。这

① Lindenfeld, D. (1978). Oswald Külpe and the Würzburg school. *Journal of the History of the Behavioral Sciences*. 14(2), pp. 132～141.

种忽视进而扩散到整个符茨堡学者的研究工作中，又反过来加剧了二重心理学自身的危机。

其次，屈尔佩本人在脱离符茨堡学派之后，其二重心理学思想中的某些重要组成部分由于缺乏精细实证的支持而无法继续拓展却是不争的事实，这其中就包括对布伦塔诺的第三类意动——爱憎意动（如情感、愿望、决断、意志、欲望等活动）的探讨与验证，这就导致了二重心理学在内容体系的建构上较之内容心理学略逊一筹。而最为关键的是，二重心理学存在的一个突出问题就在于未能把内容和意动看做一种对立统一的关系，相反却认为二者在经验中可以互相分离。尽管他们也提出了一些证据，而事实上，他们提出的证据却没有完全能够说明意动与内容是可以互相分离而不是一种对立统一的关系。① 因此，自二重心理学之后，意动与内容之争并未完全结束，后来心理学史上发生的构造主义与机能主义之争正是这场争论的继续。诚如波林指出："从目前的情况看来，可见各种二重心理学都注定不能留存。它们都存在着元素主义的致命的'基因'。为了解决心理学是否研究内容或意动的问题而仅仅说我们可以兼收并蓄，这是极端的折中主义的懒汉办法。后来只能等待格式塔心理学来付出内容的代价以便换取屈尔佩及他人所追求的东西。"②也许，不管是屈尔佩还是麦塞尔，一个内容心理学的改良家注定还不足以领导一场心理学的革命。

三、二重心理学对当代心理学发展的启示

首先，屈尔佩和麦塞尔的二重心理学使后来的心理学家认识到，并不仅是出现在心灵中的有意识的元素才能影响思维，无意识的决定因素同样在思维过程中发挥着作用。这也为后来更为激进的立场的发展奠定了基础，诸如弗洛伊德的无意识学说。而发现思维意动特质后，对这种意动规律探索的重任则经由屈尔佩的学生韦特海默等人催生了格式塔运动的高潮。③

其次，自 20 世纪 50 年代斯诺（P. Snow）提出科学与人文两种文化的对立以来，心理学无可争辩地成为斯诺观点的代言人。国际心理科学联合会作为国际科学理事会（ICSU）成员中唯一也属国际社会科学理事会（ICSS）的学会，这无疑标志着心理科学本身的独特性。但在这种独特性背后，却隐

① 郭本禹主编：《心理学通史·第 4 卷·外国心理学流派（上）》，山东教育出版社 1999 年版，第 119 页。

② 波林著，高觉敷译：《实验心理学史》（下册），商务印书馆 1982 年版，第 511～512 页。

③ Madison, L. (1994). The Würzburg school and the function versus content debate. *Würzburger Medizinhistorische Mitteilungen*, 12, pp. 315～322.

藏着一种巨大的危机：心理学的分裂——这已经得到全球最卓越的近50位心理学家的公认。[①] 有关分裂的话题主要集中在人文心理学与科学心理学的决裂与对立。而冯特的内容心理学与布伦塔诺意动心理学可以作为心理学史上的第一次"路线之争"。在随后的百余年里，心理学的发展一直沿着上述两位大师指定的双行道行进。虽然对心理学内部的这两种研究文化与研究传统的整合一直是几代心理学家的梦想，但以不同的研究信念作为范式主义的幽灵却束缚着两种心理学的有效沟通，整合的努力也因此而显得苍白。二重心理学的尝试虽然难以简单地用成功予以概括，但二重心理学却是第一次尝试将以科学实证主义为手段的内省法与富含哲学思辨精神的意动主题有机地结合在一起。这对于应对当前心理学的分裂危机，为从学科内部为心理学的有效整合提供了极富参考价值的例证与启示。正如克里兹(J. Kriz, 2007)在《现代系统论视阈下的奥斯瓦尔德·屈尔佩和符茨堡学派》一文中指出："为了解释思维的各个方面，屈尔佩领导符茨堡学派创设了多个全新概念，如马尔比的意识状态，彪勒的思维元素，阿赫的决定趋势，塞尔兹的预期图式，等等。这些概念都体现了屈尔佩强调的附加思维的整体性和动态性于传统的心理元素之上。这与跨学科的系统科学(interdisciplinary systems science)对人类思维研究的许多核心概念之间不谋而合，比如思维的无意象与意动特征可以看做是思维自组织形成(self-organized formation)和涌现(emergence)的基础。因此，屈尔佩可以看做是以系统方式'与世界遭遇'(encounter with the world)的先驱者。"[②]

① 鲁文·阿迪拉，张航等译：《心理学的未来——世界上最著名的一些心理学家对各自领域的未来的看法》，商务印书馆2008年版，第203页。

② Kriz, J. (2007). Oswald Külpe and the Würzburg school from the perspective of modern systems theory. In: J. Skilters (ed). *Complex cognition and qualitative science: A legacy of Oswald Külpe*. (The Baltic international yearbook of cognition, logic and communication. Vol. 2. Riga: Univ. of Latvia Press. p. 33～56.

结语

中外关于意动心理学的研究

一、国外对意动心理学的研究

1. 国外对布伦塔诺的研究

布伦塔诺是思想史上的一位“隐身人”，在研究中备受冷落。尽管几乎所有的心理学史教科书都要提到布伦塔诺，但也几乎没有一本教科书对他有过系统的介绍。早在 1932 年，伊顿（H. O. Eaton）就提出“重新发现布伦塔诺”①，但并没有得到学界的回应。在此后的半个多世纪中，布伦塔诺并未得到研究者的较多关注。在 2004 年出版的《剑桥布伦塔诺指南》一书中，雅凯特（D. Jacquette）开篇就指出：“布伦塔诺是 19 世纪后期 20 世纪早期最重要但却未受重视的哲学家之一。”②

早期布伦塔诺的研究主要是由他的正统弟子进行的。克劳斯著有《弗兰茨·布伦塔诺：生平与著作》（1919），卡斯蒂尔著有《弗兰茨·布伦塔诺的哲学：他的学说导引》（1951），对宣传布伦塔诺的思想起到重要作用。英语学界的研究主要由齐硕姆进行。他先后将布伦塔诺的《真理与自明性》（1966）、《我们的正误知识的起源》、《亚里士多德和他的世界观》（1978）和《范畴论》（1981）等著作翻译成英文版，并著有《布伦塔诺与迈农研究》（1982）、《布伦塔诺与内在价值》（1986）等。不过，齐硕姆的解释存在一定问题，招致了后人的批评。在心理学领域，兰库莱罗撰写了研究专著《布伦塔诺研究：他的历史地位及其对心理学史的意义》（1968），在波林观点的基础

① Eaton，H. O. (1932). The rediscovery of Franz Brentano. *Books Abroad*. No. 6，pp. 154～156.

② Jacquette，D. (2004). Introuduction：Brentano's philosophy. In D. Jacquette(ed.). *The Cambridge companion to Brentano*. Cambridge：Cambridge University Press，p. 1.

上，对布伦塔诺的思想以及其对心理学史的影响进行了全面的阐述。与兰库莱罗一起翻译布伦塔诺的《经验观点的心理学》的麦卡利斯特也做了许多工作，他曾主编《布伦塔诺的哲学》（1976），收录了多篇重要文献。

20 世纪 80 年代，布伦塔诺的研究开始升温。一个标志性的事件是国际布伦塔诺研究会创办了《布伦塔诺研究》专刊，这是一种“国际弗兰茨·布伦塔诺研究的年鉴”，该刊两年出版一卷，到 2006 年已出版 12 卷。到 20 世纪 90 年代，伊顿的呼吁得到了回应，学界开始对布伦塔诺进行系统的发掘与梳理。史密斯的《奥地利哲学：弗兰茨·布伦塔诺的遗产》（1994）系统梳理了布伦塔诺的思想及其后人的思想。罗林格的《胡塞尔在布伦塔诺学派中的地位》（1999），从胡塞尔与布伦塔诺学派的角度，梳理了布伦塔诺及其学派的思想。波利主编了《布伦塔诺之谜》（1998），对布伦塔诺的隐身现象进行了考察。弗拉德—梅奥尔（V. Verlarde-Mayol）著有《论布伦塔诺》（2000），阐述了布伦塔诺的哲学心理学、认识论、形而上学和伦理学思想。当然，最为系统的研究要数艾伯塔齐，她与波利等人主编了《布伦塔诺学派》（1996），对该学派进行了迄今最为系统的考察。在此基础上，她推出了专著《内在实在论：布伦塔诺导论》（2006），对布伦塔诺进行了迄今最为全面的阐述。可以预期，在这些工作的推动下，布伦塔诺研究将进入一个新的阶段。

此外，近年来也出现了一些研究布伦塔诺心理学思想的博士学位论文。例如，威克斯（A. H. Weekes）的《在实证主义与现象学之间：布伦塔诺的科学哲学》（*Between positivism phenomenology: Brentano'philosophy of science*，1996）、希克森（R. Hickerson）的《现象学的突破：布伦塔诺学派中的三种心理内容理论》（*The breakthrough to phenomenology: three theories of mental content in the Brentano school*，2003）、巴托克（P. J. Bartok）的《知觉结构：布伦塔诺、胡塞尔和萨特的现象学方法和绝对本体论》（*Perceiving structure: phenomenological method and categorical ontology*，2004），等等。

2. 国外对斯顿夫的研究

斯顿夫长期受到人们冷落的一个重要原因，是他从来没有写过一本系统的心理学著作，仅有一些专题论文。像其老师布伦塔诺一样，他重视课堂教学超过著述。但更主要的原因，是他的著作、手稿及有关文献资料几乎全部毁于第二次世界大战的炮火之中。而他的学生胡塞尔则幸运得多，其手稿在战争爆发之后，被有识之士偷运到荷兰的卢汶大学，建立了“胡塞尔文献档案馆”，为后人留下了宝贵的研究资料。现在只能从有关文献中找到斯顿夫的著作目录，难以找全他的具体著作。但值得庆幸的是，20 世纪 90 年代以后，研究者在卢汶“胡塞尔文献档案馆”中新发现了胡塞尔当年记录的聆听斯顿夫讲授“形而上学”、“心理学”、“逻辑学”课程的三份课堂笔记。其中“心理学”课程是在1886—1887年讲授的。① 这份笔记在档案馆中编号为Q11－1,另外还发现了斯顿夫印发给学生的一份“心理学”讲授提纲,在档案馆中的编号为Q12。两者相互对照,仅有细微的不同。尽管新发现的材料只是一份简略的“心理学”课堂笔记和讲授提纲,但却使我们得以看到斯顿夫在19世纪八九十年代所阐述的机能心理学基本观点。近年研究斯顿夫机能心理学的一些新发现,主要依靠这两份资料。罗林格将之译成英文并收入他的《布伦塔诺学派中的胡塞尔观点》(1999)一书的附录之中。

自20世纪80年代以来,随着被英美哲学和心理学界冷落了半个多世纪的布伦塔诺日益受到重视,斯顿夫作为布伦塔诺的最早的学生和布伦塔诺学派的重要代表,其重要性也逐渐凸现出来。如施皮格伯格的《现象学运动》(1981)一书,将布伦塔诺与斯顿夫作为现象学运动准备阶段的两位代表人物。艾伯塔齐等人主编的《布伦塔诺学派》(1996)和罗林格的《布伦塔诺学派中的胡塞尔观点》(1999)两本书,都赋予斯顿夫以突出的地位。1997年,在斯顿夫诞辰150周年之际,施普龙夫妇主编了《斯顿夫:心理学文选》(德文版)。该《文选》反映了其基本的心理学思想,包括现代哲学演进的思想、心理机能与机能、那个时代心理学的趋向与冲突、身体与心灵、儿童心理学的方法、心理学中的数字与数量、情绪以及观察、测量和实验等。2003年,凯泽—埃—扎夫蒂(Margret Kaiser-El-Safti)和巴洛德(Matthias Ballod)合著《音乐和语言:针对卡尔·斯顿夫的现象学理论》(德文版),介绍了斯顿夫关于音乐与语言学方面的思想。2006年,施普龙夫妇编写了《斯顿夫:自传——哲学与实验心理学原理》(德文版)一书,是对斯顿夫的生平与思想的最新研究。全书包括22章近500页内容。2008年,尤恩(W. J. Ewen)著有《卡尔·斯顿夫与戈特洛布·弗雷格》(德文版),介绍了两位思想家的关系。

值得一提的是,1992年,《美国心理学家》杂志刊登了由赖纳·赖森蔡恩(Rainer Reisenzein)和沃尔夫冈·舍恩普夫卢格(Wolfgang Schönpflug)撰写的《斯顿夫的情绪认知—评价理论》一文,讨论了斯顿夫对后来认知—情绪理论的影响。2009年,在《格式塔理论杂志》第二期上,刊有斯顿夫的专辑,发表了《斯顿夫的生平、工作和著作》(德文)、《爱与恨:布伦塔诺与斯顿夫论情绪和情感》、《斯顿夫与胡塞尔论现象学与描述心理学》、《斯顿夫与格

① 朗菲尔德(H. S. Langfeld)也曾记录了一份斯顿夫于1906—1907年冬季学期在柏林大学讲授“心理学导论”的课程笔记,并在参考了同时听课的格式塔心理学家考夫卡(Kurt Koffak)的课程笔记的基础上,以更为简略的提纲形式发表在1937年第1期的《美国心理学杂志》上。两份不同时期的课程讲授提纲在内容和观点上是相似的。

式塔心理学:联系与区别》等文章。此外,《布伦塔诺研究》杂志经常刊登研究斯顿夫思想的文章,意大利近年来也时常有一些研究斯顿夫思想的论著(意大利文)出现。

3. **国外对胡塞尔的研究**

在整个意动心理学学派成员中,胡塞尔是最耀眼的学者。他所受到的研究可谓蔚为大观。甚至对布伦塔诺的研究也在一定程度上受此推动。哲学界更多地将布伦塔诺称作胡塞尔的老师,而非相反。但与此不相映衬的是,学界对其意动心理学思想的研究则近乎空白。我们在近乎浩瀚的胡塞尔研究文献中,几乎看不到意动心理学的影子。原因在于,哲学界更多地关注其哲学而非心理学思想。而心理学界即使研究其心理学思想,也主要在于其现象学心理学思想。相应地,学界对胡塞尔的意动心理学思想的零星关注仅在现象学心理学名下一笔带过。例如,科克利曼斯(J. J. Kockelmans)的著作《胡塞尔的现象学心理学:历史—批判研究》(1967)、豪泽(D. W. Hauser)的博士学位论文《发展现象学心理学:埃德蒙德·胡塞尔1925年现象学心理学讲座中的论点》(1982)、戴维森(L. Davidson)的博士学位论文《胡塞尔论心理学:返回实证性》(1989)等,均是如此。

由于胡塞尔的意动心理学思想主要体现在描述心理学中,我们也可从这个角度看学界的研究。但涉及胡塞尔描述心理学思想的文献也非常有限。很大程度上在于,学界将描述心理学视作胡塞尔误入其中的领域,尽管这一领域非常丰富,且对胡塞尔本人也具有重要的意义。在英文文献中,明希(D. Münch)的论文《胡塞尔的〈逻辑研究〉与描述心理学以及认知科学的关系》(2001)具有重要的指导意义。这篇论文比较了胡塞尔《逻辑研究》的两个版本,认为在第一版中,胡塞尔的描述心理学事实上承袭布伦塔诺,是一种意动心理学。胡塞尔1925年讲座的英译者斯坎伦(J. Scanlon)的论文《是它,还是并非如此?——〈逻辑研究〉中作为描述心理学的现象学》(2001),也颇有分量。作者从胡塞尔现象学心理学的角度,肯定了胡塞尔的描述心理学的价值,认为它拓开了一个丰富的领域。在具体研究中,德·布尔(T. D. Boer)的《胡塞尔思想的发展》(英文版1979,中文版1995)则从布伦塔诺角度,详细考察了胡塞尔的描述心理学,其中涉及到诸多其意动心理学思想。另外,罗林格的《胡塞尔在布伦塔诺学派中的地位》(1999),在考察胡塞尔与布伦塔诺的描述心理学关系时,也涉及其意动心理学思想。

4. **国外对厄棱费尔的研究**

厄棱费尔是形质学派的奠基人。富尔顿和特罗(O. Fulton & M.

Trow,1974)在对世界著名大学内有代表性的心理学机构及其成员的介绍中曾两次提到厄棱费尔——他既是奥地利维也纳大学(1791—1938)的成员之一,又是捷克布拉格大学(1818—1939)的重要人物。[①] 克莉斯汀·克拉普(Kristine Krapp)在《心理学家及其留给弟子们的理论》(2005)一书中也指出"克里斯蒂安·冯·厄棱费尔和埃瓦尔德·海林(Ewald Hering)是他们那个时代心理学和哲学界两个耀眼的名字。"[②]但由于厄棱费尔的心理学思想只占其学术思想的一小部分,所以有关他的身份确认一直比较特殊。从国内外心理学史教科书对他的介绍中就可见一斑。近期出版的大多数教材,如赫根汉(B. R. Hergenhahn)著的《心理学史导论》[③]、杜·舒尔兹(Duane P. Schultz)和西德尼·埃伦·舒尔兹(Sydney Ellen Schultz)合著的《现代心理学史》[④]、韦恩·瓦伊尼(Wayne Viney)和布雷特·金(D. Bertt King)著的《心理学史:观念与背景》[⑤]、詹姆斯·古德温(C. James Goodwin)著的《现代心理学史》[⑥]等,均只在介绍格式塔心理学的哲学背景时简略地提到厄棱费尔的形质思想。然而,与迈农同属格拉茨学派创始人的厄棱费尔[⑦]却凭借《论形质》(*Über Gestaltqualitäten*,On Gestalt-qualities,1890)一文而名垂心理学史。

近 30 年来,国外学术界对于厄棱费尔及其思想的研究略显零散,主要集中在一些有代表性的学者的编著和论著中。其中,意大利特兰托大学社会学系语言哲学教授艾伯塔齐的研究较具系统性和持续性。由他主编的涉及厄棱费尔思想介绍的论著主要有两本:(1) 艾伯塔齐和里伯莱德(M. Libardi)、波利(R. Poli)等主编的《弗兰茨·布伦塔诺学派》(1996)。本书中相关章节详细介绍了厄棱费尔的成长和求学经历,厄棱费尔和其导师布伦

---

① Simonton, D. K., California U., Davis, C. A. (2002) *Great psychologists and their times: Scientific insights into psychology's history*. Washington, DC, US: American Psychological Association, p. 259.

② Krapp, K. (2005). *Psyhcologists & their teachers for students*. Farmington Hills, MI: Thomson Gale Press, p. 428.

③ B·R·赫根汉著,郭本禹等译:《心理学史导论》(第四版)(下册),华东师范大学出版社 2004 年版,第 680～681 页。

④ 杜·舒尔兹、西德尼·埃伦·舒尔兹著,叶浩生译:《现代心理学史》,江苏教育出版社 2005 年版,第 301～302 页。

⑤ 韦恩·瓦伊尼、布雷特·金著,郭本禹等译:《心理学史:观点与背景》,世界图书出版公司北京分公司 2009 年版,第 384 页。

⑥ C·詹姆斯·古德温著,郭本禹等译:《现代心理学史》,中国人民大学出版社 2008 年版,第 303～304 页。

⑦ 赫尔穆特·E·吕克著,吕娜等译:《心理学史》,学林出版社 2009 年版,第 77 页。

塔诺、迈农之间的师生情谊。这为读者了解厄棱费尔形质思想的来源和发展提供了珍贵的史料佐证，淋漓尽致地刻画了一代"思想奇才"博学广识、才情并茂的形象。(2) 艾伯塔齐和戴尔(J. Dale)和波利主编的《亚历克修斯·迈农学派》(2001)。本书中，德国雷根斯堡大学学者齐默(A. Zimmer)执笔了《克里斯蒂安·冯·厄棱费尔(1859—1932)》一章。齐默详细考察了德国哲学与文化传统中"形质"一词的由来与嬗变过程，清晰地描绘出从诺特克·拉贝奥(Notker Labeo)、康德，到布伦塔诺、胡塞尔、迈农，再到厄棱费尔、马赫对这一概念所赋予的内涵。在此基础之上，比较了厄棱费尔和马赫在对待简单元素如何组成复杂心理过程与经验整体上所持有的各自立场，并阐述了两者的争论所在。此外，艾伯塔齐还主编过《形式的图形：从格式塔心理学和现象学到本体论和数学》(1999)一书。虽然本书没有系统论及厄棱费尔的思想，但却再次确认了厄棱费尔是"格式塔"这一术语在科学心理学范畴内最早的传播者。①

美国纽约州立大学水牛城分校哲学系教授、《一元论者》(The Monist)杂志编委史密斯(B. Smith)对厄棱费尔的哲学与心理学思想的研究同样功不可没。他的主要论著有《奥地利哲学：弗兰茨·布伦塔诺的遗产》(1994)。该书首先分析了厄棱费尔形质思想的本体论来源，将形质思想的源头上升到厄棱费尔宇宙哲学观，认为厄棱费尔区分出了经验的统一对象和宇宙储藏物的独立简单组成单元是造成其与马赫"思维经济"立场相决裂的终极原因。其次，通过来自日常生活的经验证据(比如医生解读体温图的认知过程)，深入浅出地诠释了厄棱费尔形质学说中的大量原理。再次，本书的一大特色是评价的公允性。在对厄棱费尔形质学说的评价中，作者并未一味地褒奖，而是客观地分析了形质说就内容与意动的关系存在的一系列问题，并历史性地认为对这些问题的进一步思考留给了胡塞尔、迈农。此外，史密斯还主编了另一本重要的文集《格式塔的基础》(1988)。本书从格式塔理论的发展历程切入，除了收录并转译了厄棱费尔本人的三篇经典论著《论形质》(1890，1932)、《格式塔的水平和纯粹性》(1916)之外，还另设专章《马赫和厄棱费尔：格式塔的基础》，探讨了厄棱费尔的形质思想对马赫形式说的超越及其困境，并以大量图表的形式向读者展现了厄棱费尔思想体系中诸多概念之间的关系，如形质、复型、格式塔、表象等。

---

① Bozzi, P. (1999). Experimental Phenomenology: A Historical Profile. In: A. Albertazzi (ed.). *Shapes of Forms: From Gestalt Psychology and Phenomenology to Ontology and Mathematics*. Dordrecht: Kluwer Academic. p. 27.

另一位值得一提的研究者是加拿大麦吉尔大学的心理学史博士鲍德温金斯(Geert-Jan A. Boudewijnse),他是《格式塔理论:国际跨学科学刊》的联合主编之一,其主要研究方向是格式塔心理学史。在他的博士论文《格式塔的线索》(The Gestalt line,1996)一文中,详细分析了厄棱费尔形质学说的贡献,即对亚里士多德和马赫形式说的超越,并认为具体表现在厄棱费尔将亚里士多德的形式的意象解释延伸到了知觉水平。①

另外,有关厄棱费尔的研究还散见在部分具体心理学分支领域。2006年,杜甘坦—达克(M. Dogantan-Dack)在《音乐心理学》(Psychology of Music)杂志上发表了《音乐背后的身体:先例与展望》一文。文中对厄棱费尔形质思想和马赫肌肉动觉学说对音乐心理学的影响进行了总结与提炼,大胆地将厄棱费尔和马赫关于音节组成旋律和演奏上的方法论与著名神经科学家达玛西奥(A. Damasio)的观点——身体并非是"一个物理客体"(body as physical objects)而是"心灵的剧院"("theater"of mind)——进行了比较,②从而将传统音乐形质思想与当前认知科学领域新兴的具身化(embodied cognitive)思潮联系起来,重新赋予了厄棱费尔形质心理学思想以新的活力。

5. 国外对迈农的研究

迈农的思想很早就在学术界引起反响。他早期的名声大大超过胡塞尔。在英美学界,1904 年、1905 年和 1907 年,英国著名哲学家罗素在《心灵》杂志上发表四篇文章,讨论迈农的复型、假设等思想。英国哲学家芬德莱(J. N. Findlay)的专著《迈农的对象与价值理论》(1963,第一版为《迈农的对象理论》,出版于 1930 年)则是研究迈农的经典之作。另外,他还在《价值论伦理学》(1970)中对从布伦塔诺到哈特曼的价值论伦理学作了梳理。较少为人所知的是,英国著名诗人艾略特(T. S. Eliot)在博士论文(1916)中也深入探讨了迈农的思想。

此后对迈农的研究陷入低谷,这时他就远逊于胡塞尔了。这里要提到的学者是奇泽姆、卡尔茜和哈勒。奇泽姆是早期将迈农和布伦塔诺引进英语学界的学者之一。他受到迈农的影响,曾著有《布伦塔诺和迈农研究》(1982)以及多篇论文。卡尔茜是英语学界后期梳理迈农思想的重要人物,她的博士论文是《〈论情绪表象〉的翻译与评论性导论》(1963),于 1972 年整

① Boudewijnse, Geert-Jan. (1996). *The Gestalt line*. Doctor Thesis of McGill University. p. 62.

② Dogantan-Dack, M. (2006). The body behind music: precedents and prospects. *Psychology of Music*. No. 4, pp. 449～464.

理出版。她还翻译了《迈农论高级对象与胡塞尔的现象学》(1978,其中收录了迈农的重要心理学论文《论复型与关系的心理学》、《心理分析论稿》和《论高级对象及其与内部知觉的关系》等)、《伦理学原理》(1996)等。另外,卡尔茜还著有《迈农的认识论》(1987)等。奥地利的哈勒则是研究迈农的集大成者,他与奇泽姆等人整理出了八卷本的《迈农全集》(1968—1978),并主编《格拉茨哲学研究》杂志。另外,他还主编《存在与非存在的彼岸:迈农研究文集》(1972),主持"迈农国际会议"(1995),对布伦塔诺学派乃至奥地利哲学的阐发起到了极大作用。此外,林登费尔德的《实证主义的转变:迈农与1880—1920的欧洲思潮》(1980)则从19至20世纪的思想背景出发,对迈农的思想及其与各领域的关系进行了研究。格罗斯曼(R. Grossmann)的《迈农》(1974)对迈农的思想进行了深入而全面的讨论。此外,巴伯(K. F. Barber)在博士论文(1967)中选译和研究了迈农的《休谟研究》。

进入20世纪90年代后,对迈农思想的系统研究逐渐多了起来。1995年在格拉茨大学召开了"迈农国际会议",会议论文作为专辑发表在当年《格拉茨哲学研究》杂志上。1996年《价值论》(Axiomathes)杂志发表了研究迈农的专辑。格拉茨大学成立了迈农研究会,并出版《迈农研究》辑刊,迄今已出版三辑(2005、2006、2009)。由艾伯塔齐等主编的《迈农学派》(2001)可以看作是这一研究潮流的代表。艾伯塔齐等在书中回顾对迈农的研究时,以"迈农的复兴"作为标题,①这在预示迈农研究升温的同时,也表明了迈农的思想在今天依然具有重要的价值。

6. **国外对威塔塞克的研究**

史蒂芬·威塔塞克是格拉茨学派的重要成员和迈农最为青睐的弟子之一。然而由于他的英年早逝以及其研究在早年曾引发的一些争议,加之年代久远,国内外心理学界对于威塔塞克的心理学思想及其所从事的具体研究工作介绍廖寥。

国外较为系统地介绍威塔塞克形质心理学思想的论著较早见于铁钦纳逝世后两年,即1929年由其弟子对铁钦纳晚年思想整理编纂后出版的《系统心理学:绪论》。本书列专章对威塔塞克的心理学思想进行了系统阐述,剖析了威塔塞克对感觉、判断、推测、情感、欲望和意志等多种心理活动的理解,并一一指出了这些概念是如何体现威塔塞克思想体系中意动与内容的两分立场。更为重要的是,铁钦纳将威塔塞克思想体系与作为符茨堡学派

① Albertazzi, A. et al. (2001). Meinong in His and Our Times, In: Albertazzi, A. et al. (ed.). *The School of Alexius Meinong*, Aldershot: Ashgate, p. 31.

重要成员的麦塞尔的思想体系进行了比较，为读者澄清了两股不同于冯特内容心理学体系的势力和观念是如何殊途同归地汇合到一起的。此外，1935 年，库尔特·考夫卡（Kurt Koffka）出版的名著《格式塔心理学原理》也有两处对威塔塞克的实验工作进行了重点介绍。一是威塔塞克对旋律的形质特征进行的实验，他以无意义音节作为实验材料，通过研究其组织过程的规律证明了形质的存在，并以此反驳了联想主义。考夫卡评价威塔塞克精心设计的实验很好地论证了联想主义的缺陷。① 二是关于威塔塞克在视觉定位研究中一个并不成熟的“思想实验”。

近年来有关威塔塞克的研究主要有以下一些著作。1996 年，加拿大麦吉尔大学的鲍德温金斯在他的博士论文《格式塔的线索》（*The Gestalt line*）中将威塔塞克归入了影响格式塔心理学发展的重要人物之列，探讨了威塔塞克形质思想与其导师迈农之间的关系，并对威塔塞克就零碎的心理内容（如动作、感觉印象等）如何通过意动形成统一的整体性心理经验进行了反思。在此基础上，辨析了威塔塞克“创造过程”（production process）概念与后来惠特海默在知觉的格式塔理论上的分歧。

2001 年，艾伯塔齐、戴尔和波利主编了《亚历克修斯·迈农学派》一书。本书邀请了奥地利格拉茨大学的安德里亚·哈柏—泽米吉克（A. Haberl-Zemljic）博士来编写有关威塔塞克的章节。哈柏—泽米吉克充分利用了本校校史资料的优势，详尽介绍了威塔塞克生平，包括在格拉茨大学的教学与研究经历，尤其是 1896—1906 年间心理学实验室在哲学所内从筹备到起步阶段威塔塞克所做的努力。其中，重新回顾了威塔塞克的部分实验工作以及所引发的争论。比如威塔塞克关于视觉定位的实验设计与论证，由此引发的他与海林（Ewald Hering）、希勒布兰德（F. Hillebrand）之间的论战等话题。充分展现出当时以威塔塞克为代表的格拉茨学派在心理学实验研究中锐意创新、不畏艰险的魄力，以及以心理意动为认识论基调、以形质思想为具体研究主题的鲜明立场。

除心理学思想外，威塔塞克的美学研究也一直是其思想体系的重要组成部分。在这方面的研究也有一些论文和专著面世。1996 年，史密斯（B. Smith）在荷兰出版的《价值论》杂志上发表了《愉悦及其变型：史蒂芬·威塔塞克和格拉茨学派的美学》。2006 年，伦敦国王学院哲学系特索托（Mark Textor）博士撰写了《奥地利对分析哲学的贡献》一书，在本书的第十章“奥地利的美学”中对威塔塞克美学思想进行了介绍。

① 库尔特·考夫卡著，黎炜译：《格式塔心理学原理》，浙江教育出版社 1999 年版，第 738 页。

7. 国外对贝努西的研究

贝努西是形质学派极具才华的成员，但却在很长一段时间内被学界遗忘。与此相应，在研究文献中可以看到这样一个有趣的现象：贝努西极少被学界提起，但提起之处，则多对其有着较多赞誉。例如，在哲学家罗素（B. Russell）和乌尔班（W. M. Urban）分别写的关于迈农主编《对象理论和心理学研究》（1904）的书评（1905、1906）中，都对其中贝努西的研究做出了很高的评价。学界对于贝努西的研究主要来自波林的《实验心理学史》（1950），即贝努西是奥地利最有成就的实验心理学家。不过，波林并未掌握贝努西的全部思想，仅将其视作迈农思想的阐释者。与波林一致，学界多在阐述格拉茨学派的观点时，提到贝努西，并且当关注格拉茨学派时，多从格式塔心理学角度进行考察。例如，古尔维奇（A. Gurwitsh）在1933—1934年关于格式塔心理学发展的课程中，就是这样做的。[①] 史密斯（1988）也是在追踪格式塔线索中提及贝努西。值得一提的是，迈农的最后一位博士、社会心理学家海德在晚年撰写了回忆论文《格式塔理论：早期历史和回忆》（1970），提供了许多有关贝努西的材料。

直到20世纪末，贝努西的思想才逐渐为学界重视，这其中依然不乏从格式塔心理学角度所作的考察。例如，布迪维恩斯（Geert-Jan A. Boudewijnse）在《格拉茨学派的兴起与没落》中提到贝努西；费斯特根（I Verstegen）在《意大利的格式塔心理学》（2000）中将贝努西视作意大利格式塔心理学的开创者。除此之外，学界开始对贝努西进行专门的研究。例如，在1996年《价值论》关于迈农的研究专辑中，斯图基（N. Stucchi）撰写了《看与思：维多里奥·贝努西与格拉茨学派》，从格拉茨学派的角度，全面地述评了贝努西的工作。艾伯塔齐则在其主编的《迈农学派》（2001）中全面地阐述贝努西的思想。1999年，《价值论》发表了研究贝努西思想的专辑。值得提出的是，在以上研究中，由于贝努西是意大利心理学家，意大利学界的工作是最为突出的。

8. 国外对符茨堡学派的研究

在英语学界，有关奥斯瓦尔德·屈尔佩及其领导的符茨堡学派的研究和介绍工作，大致可以分为三个阶段。

第一阶段主要集中在以屈尔佩谢世（1920）作为符茨堡瓦解标志的20

① 该文后收入《古尔维奇选集（1901—1973）卷Ⅱ：现象学与心理学研究》（2009）。后来，古尔维奇又在《意识域》（1964）中提到贝努西。

世纪20、30年代，这个阶段主要以铁钦纳(E. B. Titchener)的《系统心理学：绪论》(1929)为代表。本书作为铁钦纳晚年的心理学思想集大成之作，虽然由于其去世并未构成一个完整的体系，但书中大量介绍了布伦塔诺的意动心理学思想及其哲学渊源，并将之与冯特的内容心理学思想体系、概念、研究方法进行了系统的比较。这对于明晰屈尔佩以调和意动与内容作为根本任务的二重心理学的演进轨迹具有重要意义。虽然铁钦纳在认识论立场上与屈尔佩存在显著差异，但是作为屈尔佩的同窗，由他来介绍屈尔佩的工作显然可以减少"转译"的讹误。另外，本书还对符茨堡学派的重要成员，来自吉森大学的麦塞尔的心理学思想进行了阐述，并将其与深谙意动心理学精粹的格拉茨学派(Grza school)代表人物威塔塞克的心理学思想进行了比较，详细分析了两者在各种心理过程的意动与内容要素上各自所持的观点。

第二阶段是20世纪50年代至80年代。在这一阶段，该领域的主要代表性论著有以下三本。(1) 波林(E. G. Boring)的《实验心理学史》(1950)。本书将屈尔佩与符茨堡学派作为第十八章"'新'内容心理学"的重要组成部分，阐述了屈尔佩本人如何从冯特的得意门生、内容心理学的虔诚信徒逐渐走近布伦塔诺的意动心理学，并详尽地介绍了符茨堡学派几位重要成员——迈尔、奥尔特、马尔比、瓦特、阿赫、彪勒等的理论突破、实验工作与各自贡献。(2) 汉弗莱(G. Humphrey)的《思维：实验心理学导论》(1951)。本书全景式地梳理了19世纪末至20世纪初围绕思维实验研究的各种取向，以符茨堡学派的无意象思维(imageless thought)研究为枢纽，通过由其引发的与传统思维研究的冲突与争议，向读者呈现了符茨堡学派的诸多具体实验工作，尤其是将符茨堡学派后期重要成员之一塞尔兹的实验工作及其重要理论贡献——特定反应理论(theory of specific responses)作为单独章节列出，使我们对于符茨堡学派的后期研究进展有了更全面的了解。(3) 曼德勒夫妇(J. M. Mandler & G. Mandler)的《思维：从联想到格式塔》(1964)。本书以思维心理学研究史为线索，将符茨堡学派的无意象思维作为桥梁架接起以缪勒(G. E. Müller)为首的联想主义和以惠特海默为代表的后期格式塔心理学对思维及其机制的探索历程。其中，"思维和新心理学：无意象思维"一章专门对符茨堡学派成员的经典实验工作进行了回顾，包括迈尔和奥尔特与联想性质研究、马尔比与重量判断研究、麦塞尔的意识倾向研究、阿赫的觉知研究等。这一时期还有两篇经典的论文，即康奈尔大学奥格登(R. M. Ogden)撰写的《奥斯瓦尔德·屈尔佩和符茨堡学派》(《美国心理学杂志》,1951)以及路易斯安那州立大学历史学教授大卫·林登费尔德撰写的《奥斯瓦尔德·屈尔佩和符茨堡学派》(《行为科学史研究》,1978)。其中奥格登本人即是屈尔佩的门生，而林登费尔德则专攻欧洲智力心理学发展史。两篇文章从学派内部视角和外部视角聚焦屈尔佩和符茨堡学派的工作，揭露了许多鲜为人知的史实，比如屈尔佩本人的学术兴趣、当时德国学界的氛围等。

第三阶段是从 20 世纪 90 年代至今。这一阶段的代表性学者和论著当首推英国剑桥大学历史和科学哲学系教授库什（Martin Kusch）及其两本经典性著作：《心理知识：一种社会历史和哲学》（1999）与《心理主义：哲学知识社会学中的案例研究》（1995）。《心理知识：一种社会历史和哲学》一书在心理知识（Psychological knowledge）的视角下细致考察了屈尔佩的心理学思想的来龙去脉，并将 1900—1920 年间德国思维心理学研究的争论放置到心理知识的社会历史背景下予以诠释，其中将围绕符茨堡学派无意象思维研究激起的反馈与争论划分为三类：消极反馈、积极回应和混合反应，并分别予以举例说明。本书的价值在于不再将符茨堡学派和无意象思维研究的意义局限在心理学领域，而是扩散到哲学、社会学、人类学甚至神学等更为广阔的领域之中，从而精彩地剖析了符茨堡学派和无意象思维研究所带给上述学科的冲击力。《心理主义：哲学知识社会学中的案例研究》则重在对心理主义（psychologism）的历史脉络进行复现，对心理主义的支持者，如布伦塔诺、胡塞尔、斯顿夫和屈尔佩的思想谱系进行了考察，向读者描绘出 19 世纪末至 20 世纪初德国心理学、哲学家之间的师承关系，为了解屈尔佩、马尔比和其他符茨堡成员的认识论立场及其转变过程提供了相对精确的思想坐标。

1996 年，符茨堡大学心理研究所霍夫曼（J. Hoffmann）等编撰了《欧洲心理学》一书，其中霍夫曼和符茨堡大学阿道夫—伍尔特心理学史中心主任斯托克（A. Stock）联合撰写了《符茨堡学派》一章，较为全面地展示了符茨堡学者们所采用的研究方法，包括被试的选择、指导语、实验设计与程序、实验器材等。

2000 年之后，国外有关屈尔佩和符茨堡学派的研究凸显出逐渐与认知科学（cognitive scinece）的蓬勃发展相融合的趋势。2005 年，符茨堡大学特别成立了“奥斯瓦尔德·屈尔佩奖”（Oswald Külpe Award），2009 年该奖项授予了美国著名社会认知心理学家托马塞罗（Michael Tomasello），以表彰其在灵长类和婴幼儿社会认知领域作出的卓越贡献。2005 年，赫伯特（Russell T. Hurlburt）在《意识与认知》（*Consciousness and Cognition*）杂志上发表了《非符号化思维》（*Unsymbolized thinking*）一文，在文中他强调了当前对于这种内隐的非意象性的思维研究在概念来源上可以追溯至符茨堡学派的无意象思维研究，因此符茨堡学者的工作需要重新予以关注。[①] 2007年，在斯克莱特(J. Skilters)主编的《波罗的海国际认知、逻辑和交流年鉴》第2卷中收录了由德国奥斯纳布吕克大学克里兹(J. Kriz)撰写的《现代系统论视阈下的奥斯瓦尔德·屈尔佩和符茨堡学派》一文，本文将屈尔佩和符茨堡学派的实验工作和概念体系与当代系统科学对于思维研究的假设联系起来，深刻阐述了前者之于后者的启示意义。2007年，荷兰格罗宁根大学教授米歇尔·特·哈克(Michel ter Hark)出版了《波普尔，奥托·塞尔兹和进化认识论的兴起》一书，2010年他又在《心理学杂志》上发表了《认知革命前的思维心理学：奥托·塞尔兹对问题、图式和创造力的研究》一文，细致分析了塞尔兹对波普尔证伪主义的影响和对认知革命的贡献。

二、中国对意动心理学的传播与研究

1. 1949 年之前中国对意动心理学的传播。

1949之前，我国对意动心理学的传播只是对意动心理学家的零星介绍。而且，许多介绍和传播只是作为有关主题的相关内容提出的，没有专门的论述。1929年，高觉敷译出克抑夫尔(H. Klüver)的《现代德国自然科学的心理学》和《现代德国文化科学的心理学》，在前一篇论文中，提出与冯特等不同的一组心理学家，他们感兴趣于高级心理过程，包括布伦塔诺、斯顿夫、特瓦尔多夫斯基(今译译塔多斯基)、迈农、厄棱费尔、威塔塞克等人。[②] 这是对意动心理学家的较早提及。同年，波林出版《实验心理学史》。1932年，周先庚与陈汉标发表对波林著作的书评，指出："此时与 Wundt 之'实验心理学'相对者，为 Brentano 及 Stumpf 之 act psychology。"[③]这是中国心理学界较早提及波林的观点，提出"act psychology"。其后高觉敷发表《主观的原子心理学》(1934)一文，在评介格式塔心理学时，引用波林的观点对形质学派加以阐述。[④] 这是对意动心理学取向的形质学派的较早阐述。

---

① Hurlburt, R. T. & Akhter, S. A. (2008). Unsymbolized thinking. *Consciousness and Cognition*, 17, pp. 1364～1374.

② 克抑夫尔著，高觉敷译：《现代德国自然科学的心理学》，见高觉敷著：《高觉敷心理学文选》，江苏教育出版社 1986 年版，第 307～329 页。

③ 周先庚、陈汉标：*A history of experimental psychology*，《清华大学学报》(自然科学版)，1932 年第 2 期，第 37～40 页。

④ 高觉敷：《主观的原子主义心理学》，见高觉敷著：《高觉敷心理学文选》，江苏教育出版社 1986 年版，第 39～51 页。

1935年,高觉敷译出波林的《实验心理学史》。在这部著作中,波林系统地梳理了意动心理学。他提出:"在系统上,前世纪末的德国心理学的两个焦点是布伦塔诺及冯特所代表的意动和内容。"①内容与意动相对立,形成了早期心理学的两大阵营,他的划分得到此后心理学界的接受。不仅如此,波林关于意动心理学观点的论述如布伦塔诺的意动观和决验法(即"决定性实验法")、斯顿夫的心理现象的分类、迈农和厄棱费尔的形质观点等构成了相当长时期内我国意动心理学研究借介的主要内容。在这种意义上,《实验心理学史》中文版的译出可以作为意动心理学引入我国的一个里程碑事件,也为此后的工作奠定了直接的基础。与此相对,其他心理学史著作则未能起到较大作用。例如,1934年谢循初将吴伟士的《西方现代心理学派别》(1931)译成中文,1962年人民教育出版社又重新出版。该书将"欧任费斯"(今译厄棱费尔)的"形象属性"(今译形质)作为格式塔心理学的序曲,在考察意大利的心理学时略提到"奥地利完形学派"的"邦牛塞"(今译贝努西)②,第二版则直接去掉了贝努西的名字,因此在引入意动心理学中未起到较大作用。

需要注意的是,对于意动心理学的不同成员来说,引介的程度存在明显差异。这其中,布伦塔诺与在思想史上长期所处的"隐身"状态一样,得到关注较少。例如在科学与人生观论战中,陆志韦发表了《"死狗"的心理学》,仅提到一次Brentano③。甚至在克抑夫尔介绍胡塞尔的观点时,也只提到"要研究现象学,似乎以研究布伦塔诺著作入手为最便利"④。另外,哲学界在介绍胡塞尔的现象学观点时,也捎带提到布伦塔诺。例如,蒋径三发表《现象学派与新康德派》提到"德奥学派的布棱他那(布伦塔诺)"的亚里士多德传统以及对胡塞尔的影响。⑤

与布伦塔诺相比,斯顿夫也未得到较多关注。1937年《心理季刊》登出"新近逝世的德国心理学家史丹甫(今译斯顿夫)(C. Stumpf, 1848—1936)"⑥,并刊出照片予以纪念。相对他们而言,形质学派则得到较多的关注,这首先因为学界易将形质学派视作柏林格式塔学派的序曲,因此从格式

① 波林著,高觉敷译:《实验心理学史》,商务印书馆1935年版,第565页。

② 吴伟士著,谢循初译:《西方现代心理学派别》,人民教育出版社1962年版,第108页。

③ 陆志韦:《"死狗"的心理学》,见张君劢等著:《科学与人生观》,山东人民出版社1997年版,第252~255页。

④ 克抑夫尔著,高觉敷译:《现代德国自然科学的心理学》,见高觉敷著:《高觉敷心理学文选》,江苏教育出版社1986年版,第330~341页。

⑤ 蒋径三:《现象学派与新康德派》,《安徽大学月刊》,1933年第1期,第1~21页。

⑥ 上海大夏大学,《心理季刊》,1937年第2期,封一。

塔心理学那里简略介绍厄棱费尔等的形质观点。其次，由迈农和厄棱费尔等组成的形质学派在布伦塔诺的基础上形成了伦理学中的奥国学派，得到中国学界的关注。如我国现代哲学家张东荪(1886—1973)认为："价值论上最有贡献的是奥国学派。"[①]他在1934年的专著《价值哲学》中，专辟一章介绍奥国学派的价值哲学思想。他指出，迈农的价值论从布伦塔诺的意向性观点出发，将价值建立在情感的基础上。价值是含有判断的情感。在价值判断中，需要对象也就是我们今天所称的受求物的存在，这就体现出我们今天所知的迈农的对象的意向性把握的角度。进一步看，在价值中可区分出判断和假设。情感一方面需要判断，另一方面又需要假设。由此可以表明我们今天揭示的迈农的认知与情感相结合的观点。因此，张东荪通过价值哲学进行的研究是早期对意动心理学的引进工作中尤为重要的组成部分。

2. 1949 之后中国对意动心理学的研究。

1949年后至1979年，我国几乎没有对意动心理学进行研究。直到1982年，高觉敷主编的我国第一本西方心理学史教材《西方近代心理学史》出版，对意动心理学进行了首次系统的梳理。该书第六章为"意动心理学"。开篇指出："冯特的实验心理学有时被称为内容心理学，与这个内容心理学相对立的则为布伦塔诺的意动心理学。"[②]接下来阐述了布伦塔诺的意动观和研究方法，最后指出，布伦塔诺对奥国学派和格式塔心理学等都产生了影响。在介绍形质学派时，提出形质学派为意动与内容争论的焦点。尤为突出的是，该章阐述了厄棱费尔1922年《初步规律》中成熟的形质观点，这是对波林著作的超越。可以说，《西方近代心理学史》的出版，是意动心理学首次真正意义上的梳理和研究。另外需要指出，该章著者刘恩久已译出布伦塔诺原著《经验观点的心理学》中的第一章"论心理科学的概念和任务"。[③]

《西方近代心理学史》为意动心理学的研究奠定了基础。此后心理学史著作和教材主要依据这本教材。同时，《实验心理学史》由高觉敷于1981年重新译出。其中有关意动心理学的人名与术语由此为学界所公认。心理学界也开始熟悉意动心理学，并开始探讨意动心理学。例如，车文博在《西方现代心理学发展的基本线索》、《心理学的过去、现在和未来》两篇论文以及在1982年教育部主办的西方心理学史研讨班讲课中均明确指出："内容心

① 张东荪：《价值哲学》，上海世界书局1934年版，第33页，转引自王国银：《张东荪与西洋价值哲学》，《湖州师范学院学报》，1999年第3期，第38～44页。

② 高觉敷：《西方近代心理学史》，人民教育出版社1982年版，第159页。

③ 布伦塔诺著，刘恩久译：《论心理科学的概念和任务》，见：《刘恩久文集》，南京师范大学出版社2008年版。

理学和意动心理学的对立是整个西方现代心理学理论论争的焦点,也是后来各学派形成与发展的主要思想来源。”①王启康发表《试论心理学史上的内容与意动之争——对一场争论的重新评价》,作者在引述内容与意动的争论后,指出了布伦塔诺观点中的内容混淆之处,并提出将意动与内容作为两种不同状态的解决途径。② 这里尤其要提出的是高觉敷晚年撰写的《从布伦塔诺的意动说到胡塞尔的现象学》③,该文在铁钦纳《系统心理学:绪论》研究的基础上,指出布伦塔诺观点中的内容与客体的混淆。胡塞尔正是由此切入,生发出自己的观点。这是对意动心理学的首次专题式研究。

进入20世纪90年代,我国心理学界开始在前期工作基础上进行较为深入的研究。这其中较为突出的有车文博在《西方心理学史》中的评论。他认为,西方心理学史的基本思想线索是围绕机能主义与构造主义(广义)的对立与争论展开的。从这一维度和视角来看,机能主义在古代的胚胎形式是柏拉图的理念论和亚里士多德的生机论心理学思想,近代的表现形式是荷兰和德国的理性心理学思想(官能主义和统觉主义),现代的发展形式则以布伦塔诺的意动心理学为开端,后来有德、英、法机能心理学,美国机能主义、行为主义和古典精神分析、人本主义心理学和超个人心理学等。其中,特别是从机能主义角度较全面地梳理了德国的布伦塔诺、斯图姆夫、厄棱费尔和迈农的意动心理学思想的内在逻辑及其发展的历史轨迹。④ 后来,他在《现代西方心理学两大研究取向》、《现代西方科学心理学思想发展的规律》等论著中,又从科学主义与人文主义两大取向的维度和视角探讨了现代心理学发展的思想逻辑与历史逻辑。他认为,尽管冯特晚年初步探索了人文主义的心理学研究取向,主张采用历史文化分析法,试图构建以人类共同生活为基础的高层精神过程(如语言、艺术、神话、宗教、社会风俗、法律和伦理等)为对象的民族心理学(即社会心理学或文化心理学),但人文主义还是要追溯到奥国学派的创始人布伦塔诺的意动心理学,现代解释学的先驱狄尔泰及其弟子斯普兰格,完形心理学、精神分析学、人本主义心理学、超个人心理学,后现代心理学则把人文主义取向的心理学推向了高峰。⑤ 高申春从德

---

① 车文博:《意识与无意识》,辽宁人民出版社1987年版,第119～120页,第275页。

② 王启康:《试论心理学史上的内容与意动之争——对一场争论的重新评价》,《华中师范大学学报》(哲社版),1987年第1期,第108～114页。

③ 高觉敷:《从布伦塔诺的意动说到胡塞尔的现象学》,高觉敷主编:《西方心理学史论》,安徽教育出版社1995年版,第38～44页。

④ 车文博:《西方心理学史》,东华书局1996年版,浙江教育出版社1998年版,第268～298页。

⑤ 车文博:《透视西方心理学》,北京师范大学出版社2007年版,第68～78页。

国心理学的理论性质出发，认为布伦塔诺处于重要的地位，作为理论科学的心理学，只有采取从布伦塔诺的经验心理学到胡塞尔现象学的发展道路，才能符合德国的理智文化传统，顺应其历史发展潮流。[①]

郭本禹对意动心理学思想进行了更为全面的梳理和研究。他于1998年在《心理学报》上发表《布伦塔诺的意动心理学述评》，首次系统而全面地评介了布伦塔诺的意动心理学思想。他在论文中首次提出布伦塔诺的意动心理学与冯特的内容心理学相对立，开辟了心理学中两种不同的路线。“所以，冯特所开创的是以自然科学（物理学、生物学等）为模板的说明（或解释）心理学研究取向，而布伦塔诺的意动心理学所开创的是以人文科学（哲学和其他社会科学）为模板的描述（或理解）心理学的研究取向。自此，心理学的历史便是两种不同研究取向心理学的相对独立发展的历史。”[②]郭本禹在指出布伦塔诺意动心理学地位的同时，还澄清了此前对意动心理学的一些误解。例如，布伦塔诺采用内知觉的研究方法，而非内省法，与冯特的内观察方法相比，前者更能够保证经验原本地呈现自身。并且，意动事实上是意识意向性本质的体现。同年，他在《西方心理学名著提要》中介绍了布伦塔诺的《经验观点的心理学》[③]。

郭本禹主编的《心理学通史·第四卷·国外心理学流派（上）》（2000）对意动心理学作了更详细而深入的研究。这是在《西方近代心理学史》后，对意动心理学研究的又一次突破。该书提出，自布伦塔诺的意动心理学之后，发展出斯顿夫的机能心理学、迈农和厄棱费尔的形质学派等，屈尔佩等的二重心理学也受到较大影响，偏向意动心理学。在论述中有较多新材料的发掘。例如，在论述布伦塔诺时，阐述了描述心理学与发生心理学的区别；在论述斯顿夫时，阐述了斯顿夫的乐音融合思想；在论述形质学派时，阐述了迈农的对象理论。因此，《心理学通史·第四卷·国外心理学流派（上）》对意动心理学的梳理代表了我国意动心理学研究的新成果。

在此基础上，郭本禹又于2002年发表《重评斯顿夫的机能心理学》一文，通过对一手资料的整理，全面地述评了斯顿夫的机能心理学，指出斯顿夫的机能心理学与布伦塔诺的意动心理学一脉相承，但在具体内容上是对

---

① 高申春：《德国心理学的理论性质及其发展道路》，《社会科学战线》，2003年第2期，第230～232页。

② 郭本禹：《布伦塔诺的意动心理学述评》，《心理学报》，1998年第1期，第106～112页。需要说明的是，1999年李铮发表《关于西方心理学开创时期几个问题的重新评价》（《心理科学》，1999年第3期，第255～256页）一文也提出，西方心理学自诞生起，沿冯特内容心理学与布伦塔诺两条路线前进。

③ 杨鑫辉主编，郭永玉、郭本禹副主编：《西方心理学名著提要》，江西人民出版社1998年版。

后者的发展与超越。[1] 2005年，郭本禹发表《意大利格式塔心理学源流考》，从格式塔心理学包括格拉茨学派和柏林学派的角度，梳理了意大利的格式塔心理学。该文揭示了意动心理学从形质学派到格式塔心理学的发展，并考证了意动心理学在意大利的传播。[2] 同年，郭本禹指导研究生崔光辉完成的硕士学位论文《高级对象的意向性把握——迈农的形质心理学研究》[3]，对迈农的形质心理学思想进行了澄清，并整理出形质学派的具体发展脉络。2006年他与崔光辉一起发表了《意向性：从布伦塔诺到迈农》，沿意向性梳理了从布伦塔诺到迈农的演变。[4] 2007年，他们又发表了《从内知觉到相即知觉——胡塞尔对布伦塔诺意动心理学方法论的推进》，沿方法论厘清了从布伦塔诺到胡塞尔的演变。[5] 可以说，目前对意动心理学的研究正逐步进入深化之中。

2007年，郭本禹主编的《西方心理学史》一书，明确按照自然科学心理学与人文科学心理学两条路线重建西方心理学的历史发展。自然科学心理学亦称科学主义心理学，是指以自然科学为价值定向的心理学研究取向，它坚持心理学的自然科学观和客观实验范式的科学主义（实证主义）研究取向，力图建构以自然科学为模板的心理学理论模式。自然科学心理学是主流的心理学取向，包括内容心理学、构造心理学、机能心理学、古典行为主义、新行为主义、新的新行为主义、皮亚杰学派、认知心理学等流派。人文科学心理学是指以人文科学为价值定向的心理学研究取向，它坚持心理学的人文科学观和主观经验范式的人文主义（现象学、存在主义、解释学）研究取向，力图建构以人文科学为模板的心理学理论模式。人文科学心理学是非主流的心理学取向，包括意动心理学、古典精神分析学、精神分析自我心理学、精神分析客体关系学派、精神分析社会文化学派、格式塔心理学、现象学心理学、存在心理学、人本主义心理学、超个人心理学等流派。本书的上篇论述自然科学心理学的各个流派，下篇论述人文科学心理学的各个流派，它们共

---

① 郭本禹：《重评斯顿夫的机能心理学》，《南京师范大学学报》（社会科学版），2002年第4期，第110～116页。

② 郭本禹：《意大利格式塔心理学源流考》，《南京师范大学学报》（社会科学版），2005年第6期，第97～102页。

③ 崔光辉：《高级对象的意向性把握——迈农的形质心理学研究》，《南京师范大学硕士学位论文》，2005年。

④ 郭本禹、崔光辉：《意向性：从布伦塔诺到迈农》，《华东师范大学学报》（教育科学版），2006年第4期，第50～56页。

⑤ 崔光辉、郭本禹：《从内知觉到相即知觉——胡塞尔对意动心理学方法论的推进》，《自然辩证法通讯》，2007年第6期，第37～41页。

同构成了西方心理学史的主体内容。① 其中,该书的下篇重点阐述了意动心理学派及其在后来人文科学心理学发展中的效应。郭本禹主编的《现代西方心理学史》(即将由中国人民大学出版社出版)继续秉承他在《西方心理学史》中的这一观点。郭本禹主译的詹姆斯·F·布伦南(James F. Brennan)写的《心理学的历史与体系》(即将由上海教育出版社出版),明确将布伦塔诺的意动心理学视为"人文科学的心理学",并与冯特等人的"自然科学的心理学"相对立,从而承认布伦塔诺作为人文科学心理学的开创者地位。② 此外。在郭本禹主译的赫根汉著的《心理学史导论》(第四版,华东师范大学出版社 2004 年版)、韦恩·瓦伊尼和布雷特·金合著的《心理学史:观念与背景》(世界图书出版公司北京分公司 2009 年版)、C·詹姆斯·古德温著的《现代心理学史》(中国人民大学出版社 2008 年版)、霍瑟萨尔著的《心理学史》(人民邮电出版社 2010 年版)中均涉及布伦塔诺学派和意动心理学的内容。

在此,我们还需要指出的是,铁钦纳的遗著《系统心理学:绪论》于 1929 年出版,2001 年由我国学者李丹等人译成中文,并由浙江教育出版社出版。在这部著作中,铁钦纳提出了科学心理学以冯特内容心理学和布伦塔诺意动心理学对立作为开端的观点,并对早期意动心理学进行了较为详尽的梳理,也对中国心理学产生了影响。③

除了我国心理学界对布伦塔诺等人的意动心理学的译介和研究,近年来随着国外对布伦塔诺研究的复兴,中国哲学界也开始重视对布伦塔诺及其学派的译介和研究。1986 年,王炳文等人翻译的德国哲学家施太格缪勒(W. Stegmüller)著的《当代哲学主流》(上)④,其开篇一章就是"布伦塔诺:弗朗茨·布伦塔诺",介绍了布伦塔诺关于心理现象和认识、关于存在者的理论、关于伦理认识的理论、关于对神的认识的学说,并进行了评价。1989 年,刘继翻译的芬德莱著的《价值论伦理学——从布伦坦诺到哈特曼》⑤一书,着重介绍了布伦塔诺的价值论思想。1992 年,陈启伟主编的《现代西方

---

① 郭本禹主编:《西方心理学史》,绪论,人民卫生出版社 2007 年版。

② 在林方翻译的查普林(James P. Chaplin)和克拉威克(T. S. Krawiec)合著的《心理学的体系和理论》(商务印书馆 1984 年版)一书中,也明确提出,"作为自然科学的心理学"和"作为社会科学的心理学"。

③ 可从两方面理解这种影响:首先,铁钦纳区分内容与意动的观点通过波林,进而影响到中国心理学;其次,铁钦纳的原著传入中国,至少对高觉敷先生产生了影响。这可见于他晚年的《从布伦塔诺的意动说到胡塞尔的现象学》一文,在他的藏书中,就包括《系统心理学:绪论》,书上痕迹反映出他早年曾进行过详细的阅读。

④ 施太格缪勒著,王炳文、燕宏远、张金言等译:《当代哲学主流》(上),商务印书馆 1986 年版。

⑤ 芬德莱著,刘继译:《价值论伦理学——从布伦坦诺到哈特曼》,中国人民大学出版社 1989 年版。

哲学论著选读》[①]一书,选译了布伦塔诺的《经验观点的心理学》中的"心理现象与物理现象的区别"一节和迈农的《对象理论》。1992年,周继明等翻译的美国哲学家彼得·A·弗朗奇等编的《分析哲学基础》[②]一书,选译了奇泽姆的《布伦塔诺对时间意识的分析》一文。1995年,李河翻译的泰奥多·德布尔著的《胡塞尔思想的发展》[③]一书,较多地介绍了布伦塔诺的思想特别是其描述心理学思想。同一年,王炳文、张金言翻译的赫伯特·施皮格伯特著的《现象学运动》[④]一书,把布伦塔诺和斯顿夫(施图姆福)当做现象学运动的准备阶段的代表人物。当然,对布伦塔诺学派论著最为系统的翻译工作是由冯平及其博士生们做的,他们从1989年开始选编和翻译的《现代西方价值哲学经典·心灵主义路向》[⑤]一书,2009年由北京师范大学出版社出版。该书选译了布伦塔诺、迈农和艾伦菲尔斯(即厄棱费尔)等人的多篇论著,主要关于他们的伦理学和价值论方面的内容。冯平还有计划地安排他的博士生和硕士生以布伦塔诺学派成员的价值论思想作为论文选题,培养了以许为勤、郝亿春等人为代表的一批专门学者,他们近年来发表了关于这个领域的系列论文。如许为勤的《道德源泉的探寻——布伦塔诺价值哲学及其方法研究》、郝亿春的《正确的判断与正当的情感——对布伦塔诺"内在价值论"的探析》、黄涛的《从"心理现象"到"善"——布伦塔诺的价值论思想及其心理学基础》等。特别值得一提的是,许为勤在其博士学位论文的基础上出版的《布伦塔诺价值哲学》[⑥],是我国出版的第一本研究布伦塔诺的价值哲学专著。另外,靳希平、吴增定在其合著的《十九世纪德国非主流哲学:现象学史前札记》[⑦]一书中,辟有专章介绍布伦塔诺及其学生们。2005年,谢地坤主编的《西方哲学史学术版·第七卷·现代欧洲大陆哲学(上)》[⑧]一书中,也专门写了"布伦塔诺"章节,介绍了他的描述心理学、心理现象与物存论思想以及布伦塔诺与胡塞尔的关系。

总之,国内哲学界研究布伦塔诺学派的特点主要表现为,对布伦塔诺思

---

① 陈启伟主编:《现代西方哲学论著选读》,北京大学出版社1992年版。

② 彼得·A·弗朗奇等编,周继明等译:《分析哲学基础》,上海译文出版社1992年版。

③ 泰奥多·德布尔著,李河译:《胡塞尔思想的发展》,生活·读书·新知三联书店1995年版。

④ 赫伯特·施皮格伯特著,王炳文、张金言译,《现象学运动》,商务印书馆1995年版。

⑤ 冯平主编:《现代西方价值哲学经典·心灵主义路向》,北京师范大学出版社2009年版。

⑥ 许为勤:《布伦塔诺价值哲学》,贵州人民出版社2004年版。

⑦ 靳希平、吴增定:《十九世纪德国非主流哲学:现象学史前札记》,北京大学出版社2004年版。

⑧ 谢地坤主编:《西方哲学史学术版·第七卷·现代欧洲大陆哲学(上)》,凤凰出版社、江苏人民出版社2005年版。

想的研究要永远超过学派其他成员思想的研究；对他们的价值论和伦理学思想的研究，要永远超过对其他方面思想的研究。

三、中外对意动心理学研究的比较评析

1. 中外意动心理学研究的共识。

与对其他心理学派别的研究相比，中外学界在研究意动心理学时呈现出一种特殊的情况，即对意动心理学的长期忽视，为此我们需要首先就此进行介绍，然后再来考察中外心理学界的研究所达成的共识。

第一，中外学界对意动心理学的长期忽视。中外学界在意动心理学研究中，普遍存在着对这个流派的长期忽视。这是我们在考察中外意动心理学研究时首先遇到的问题。早在 1932 年，伊顿（H. O. Eaton）就提出"重新发现布伦塔诺"①，但在此后的半个多世纪里，情况并未得到较大改观。布伦塔诺长期在思想史上处于隐身（invisiability）状态，导致学界出现"布伦塔诺之谜"（the Brentano puzzle）②。这里的原因是多方面的。一个现实的问题是意动心理学的一手资料难以进入学界的视野。布伦塔诺本人更倾向于述而不作的表述风格，导致他的上课笔记较少流传下来。与此相关的是，他在写给他人的信件中讨论了大量问题，他与学生马尔蒂的通信就达 1400 封，这些信件绝大部分没有发表。他仅出版了少量的作品，留下了大量的手稿迄今依然未能面世。而他逝后出版的著作经过其学生的加工和再造，为学界的研究造成了困难。斯顿夫的著作、手稿及有关文献资料则几乎全部毁于第一次世界大战的炮火之中。意动心理学其他成员的著述主要为德文，较少译为英文。例如，厄棱费尔的《论形质》直到 1988 年才由哲学界译成英文；迈农的两篇重要论文《复型和关系的心理学》（1891）和《论高级对象及其与内部知觉的关系》（1899）直到 1978 年才由哲学界译成英文。这严重妨碍了学界对意动心理学的研究。

在心理学界，迄今关于意动心理学的系统研究主要是由兰库莱罗进行的。他撰写了研究专著《布伦塔诺研究：他的历史地位及其对心理学史的意义》（1968），对布伦塔诺的思想及其对心理学史的影响进行了全面的阐述。其他关于意动心理学的研究则主要依据波林的《实验心理学史》，但这部著作由于重视实验心理学，未能对意动心理学进行较详尽的阐述。而且，我们

① Eaton, H. O. (1932). The rediscovery of Franz Brentano. *Books Abroad*, pp. 154～156.

② Poli, R. Forword. Poli, R. (1998). *The Brentano puzzle*. Aldershot: Ashgate, p. ix.

注意到，这部著作的论述存在一些不足，如波林没有注意到厄棱费尔1922年在《初步规律》中提出的形质观点，他也没有参考迈农的第一手资料，因此他并未提到迈农的对象论。

与心理学界相比，在哲学界，自20世纪80年代，对布伦塔诺等的研究开始取得一定进展，如艾伯塔齐等先后对布伦塔诺学派和迈农学派进行了系统研究，并出版了《布伦塔诺学派》(1996)和《迈农学派》(2001)等。这些研究成果对于心理学界的意动心理学研究起到一定促进作用。但是，中外学界的意动心理学研究依然任重而道远。

第二，中外学界对意动心理学历史地位的重视。意动心理学与冯特等的内容心理学相抗衡，成为心理学诞生时两个明显的阵营。布伦塔诺针对冯特的研究内容，明确提出将意动作为研究对象。斯顿夫继承了他的观点，将机能作为心理学的研究对象。此后，厄棱费尔和迈农等发展出形质观点，认为形质是一种新的元素，这表明整体不等于部分之和，以此来反驳冯特的元素论。屈尔佩原本是冯特的学生，但他却指导学生进行无意象思维研究，认为思维中并不存在冯特所谓的元素，以此来反驳冯特的构造主义。屈尔佩和他的学生一起发展出二重心理学，尝试对布伦塔诺和冯特的观点进行综合。

中外学界都认识到意动心理学与冯特等的内容心理学的对立，因此普遍重视意动心理学在心理学诞生之初的历史地位。我们在本章之初考察“意动心理学”概念时提到，铁钦纳将这个概念纳入心理学中，并与冯特的思想对立起来。波林则在《实验心理学史》中，将二者明确为心理学史上两种对立的势力。此后的心理学史论著都普遍赞成这个观点。例如，即使舒尔茨将布伦塔诺与艾宾浩斯等一起，置于“其他早期的欧洲心理学家”名目下，但他也承认布伦塔诺的意动心理学是“与冯特所谓心理过程就是内容相对立的”，布伦塔诺“在心理学内有着与冯特不同的影响”。[①] 霍瑟萨尔在近来的心理学史教材中，也与舒尔茨作了同样的安排，但在具体内容上，主要是围绕布伦塔诺与冯特的对立进行阐述。[②]

进一步看，中外学界在对意动心理学历史地位的界定上，呈现出两种倾向。一种倾向于将意动心理学置于广义的机能主义阵营中，由此将其与内容心理学对立起来。我们看到，铁钦纳在提出机能心理学和意动心理学时，就暗含有这个倾向，将二者共同与内容心理学对立起来。在此之后，如雅罗

---

① 舒尔茨著，杨立能等译：《现代心理学史》，人民教育出版社1981年版，第79页，第78页。

② Hothersall, D. (2004). *History of psychology*. New York: McGraw-Hill, pp. 189～192.

舍夫斯基也持这个立场，将布伦塔诺称作"所谓机能主义学派的创始人"①。我国学界也多持这种观点。如唐钺明确将意动心理学称作机能主义。② 另一种则倾向于将意动心理学视作人文主义路线的开端，由此将其与内容心理学对立起来。我们看到，布伦南明确将意动心理学划入"作为人文科学的心理学"中，由此与冯特等"作为自然科学的心理学"相对立。③ 在我国学界，郭本禹也提出，布伦塔诺"所开创的是以人文科学（哲学和其他社会科学）为模板的描述（或理解）心理学的研究取向"，"自此，心理学的历史便是两种不同研究取向心理学的相对独立发展的历史"。④ 事实上，这两种倾向并不矛盾，前一种倾向强调意动心理学的机能观点，后一种倾向则强调意动心理学的人文主义特质，二者是相统一的。车文博认为，现代西方心理学史可从两个不同的维度来考察，既可把西方心理学史看作是一部机能主义与构造主义（或结构主义）对立与融合的历史，从这个意义上说，欧洲机能主义心理学"创始于布伦塔诺，以意动心理学为其理论形式"⑤；同时亦可把西方心理学史看作是一部人文主义心理学与科学主义心理学对立与融合的历史，从这个意义上说，开创欧洲现代人文主义心理学研究取向主要的理论形式是布伦塔诺的意动心理学。

2. 中外意动心理学研究的差异。

由于意动心理学长期受到忽略，以及心理学界和哲学界研究的不同步，中外心理学界在意动心理学研究中存在一定差异。我国学界在意动心理学研究中起步较晚，但能够较好地吸收西方心理学界的研究成果。如高觉敷充分注意到铁钦纳和波林等的研究成果，梳理出意动心理学向胡塞尔现象学的发展。并且，我国学界对国外哲学界的研究有着一定的把握，较及时地注意到哲学界的研究动向，并加以吸收。如郭本禹在研究斯顿夫时，能够及时地吸收国外新发现的斯顿夫的讲稿《心理学大纲》等材料，由此更深入地探讨斯顿夫的机能心理学。在这种意义上，当前我国心理学界能够持续地进行深入的探讨。相比之下，国外心理学界却较少吸收新的研究资源，且在总体上未能与哲学界等保持同步发展。如当前的心理学史教材中，极少提到艾伯塔齐等的研究。在这种情形下，国内的意动心理学研究就具有了更

① 雅洛舍夫斯基著，陆嘉玉等译：《心理学史》，上海译文出版社 1997 年版。

② 唐钺：《西方心理学大纲》，北京大学出版社 1982 年版，第 189 页。

③ Brennan, J. F. (2003). *History and systems of psychology*. New Jersey: Pearson Education, p. 159.

④ 郭本禹：《布伦塔诺的意动心理学述评》，《心理学报》，1998 年第 1 期，第 106～112 页。

⑤ 车文博：《西方心理学史》，东华书局 1996 年版，第 268 页；浙江教育出版社 1998 年版，第 268 页。

为重要的意义。

3. 中外意动心理学研究的影响。

第一,确立了人文科学心理学的地位。意动心理学在与冯特等的内容心理学对立的同时,开创了现代心理学中人文主义路线的先河。布伦塔诺将心理学界定为一门经验科学,但他通过内部知觉的观点,强调这种心理学能够得到心理现象的原本面目,它不同于冯特的心理学,后者通过内部观察,可能使得心理现象发生变化。在研究对象上,布伦塔诺提出研究意动,认为意动与意向性是心理现象的本质,由此重视人与世界的关联。冯特等提出研究内容,倾向于将内容与环境独立开来,来分析其成分,导致元素论等不足。厄棱费尔站在意动心理学立场上,对冯特的元素论提出批评。符茨堡学派则在具体研究中,通过发现无意象思维,来展现意动的非元素性质。在研究方法上,布伦塔诺强调决验法,该方法通过内部知觉,能够得到更原本的心理现象,冯特等则采用实验内省法,通过内部观察的方式,并不能够保证心理现象的本来面目。因此,意动心理学通过强调心理现象的本原性,为人文主义心理学提供了原初的形态。

在意动心理学之后,这种人文主义主张得到了推进。格式塔心理学受到意动心理学的影响,提倡整体论,通过实验现象学方法研究直接经验和真实情境中的行为。它反对构造主义和行为主义将心理现象和行为划分为元素式的成分,认为那剥离了研究对象。弗洛伊德受到布伦塔诺的影响,在他所发展出的精神分析实践中,也充分注意病人的内省经验。人本主义心理学也呼应了意动心理学,它明确研究人的直接经验,提倡人的潜能和价值,反对行为主义的机械观和精神分析的消极观点。可以看出,意动心理学的人文主义主张得到了后来学界的继承和发展。正是在上述意义上,意动心理学确立了人文科学心理学的地位。

第二,推动了心理学的发展。首先,意动心理学本身是现代心理学产生时的重要组成部分。从时间上看,它从 19 世纪下半叶一直延续到 20 世纪的头 20 年。它以布伦塔诺为创始人,其后经过斯顿夫、形质学派、符茨堡学派,以及英国和法国的心理学家的发展,在理论观点和实际研究上都取得了较多成果。它提出意动的对象观,心理现象的意向性本质观点,形质观、二重心理学等观点,它进行了一定的研究,如斯顿夫的音乐研究,符茨堡学派的无意象思维研究等。它通过自身的理论观点和实践研究丰富了最初的心理学,推动心理学跻身于科学的大家庭中。

第三,意动心理学开创了心理学中人文科学的先河。它为人文主义心理学奠定了最初的形态,并直接或间接地促进了人文科学的发展。在它的直接影响下,先后发展出格式塔心理学和精神分析心理学,在它的间接影响下,人本主义心理学得到发展。在这种意义上,意动心理学通过对人文主义路线的贡献推动了心理学的发展。

最后,意动心理学通过学派间的争论推动了心理学的发展。意动心理学在心理学产生时就与冯特等的内容心理学相对立,导致心理学史上第一次学派之间的争论。学派的争论有利于心理学的发展。在这场争论中,意动心理学与内容心理学都取得了较大的进展,得出了较多的成果,丰富了心理学的内涵。意动心理学的争论还影响了此后机能心理学与构造心理学的对立,由此使得心理学派别之间出现第一次对立。这次对立的结果,使得机能心理学得到较大的发展,并进一步推动了美国心理学的发展。

参考文献

中文文献

阿尔森·古留加著,贾泽林、侯鸿勋、王炳文译:《康德传》,商务印书馆1981年版。

艾晓红:《心理现象与物理现象的区别》,《贵州大学学报》(社会科学版),2006年第1期。

安道玉:《解析胡塞尔的“视域”概念》,《河南师范大学学报》(哲学社会科学版),2009年第4期。

彼得·A·弗朗奇等编,周继明等译:《分析哲学基础》,上海译文出版社1992年版。

鲍姆加特纳著,张少林译:《战后联邦德国与奥地利哲学概况》,《国外社会科学文摘》,1984年第2期。

波林著,高觉敷译:《实验心理学史》,商务印书馆1981年版。

布伦塔诺著,郝亿春译:《爱与恨》,《现代哲学》,2008年第5期。

布伦塔诺著,许为勤译:《关于上帝存在问题的理论及其实践的意义》,《世界哲学》,2004年第5期。

布伦塔诺著,许为勤译:《伦理知识的起源(续)》,《贵州大学学报》(社会科学版),2003年第5期。

布伦塔诺著,许为勤译:《伦理知识的起源》,《贵州大学学报》(社会科学版),2003年第1期。

蔡曙山:《认知科学框架下心理学、逻辑学的交叉融合与发展》,《中国社会科学》,2009 第 2 期。

查普林、克拉威克著,林方译:《心理学的体系和理论》,商务印书馆 1984 年版。

车文博:《透视西方心理学》,北京师范大学出版社 2007 年版。

车文博:《西方心理学史》,东华书局 1996 年版,浙江教育出版社 1998 年版。

车文博:《意识与无意识》,辽宁人民出版社 1987 年版。

车文博主编:《西方心理学思想史》,湖南教育出版社 2007 年版。

陈启伟:《布伦塔诺的意向性学说浅析》,《中州学刊》,2007 年第 5 期。

陈启伟主编:《现代西方哲学论著选读》,北京大学出版社 1992 年版。

崔光辉、郭本禹:《从内知觉到相即知觉——胡塞尔对意动心理学方法论的推进》,《自然辩证法通讯》,2007 年第 6 期。

崔光辉:《高级对象的意向性把握——迈农的形质心理学思想研究》,《南京师范大学硕士论文》,2005。

德布尔著,李河译:《胡塞尔思想的发展》,三联书店 1995 年版。

董沛文:《胡塞尔意义理论的意向性》,《理论探索》,2010 年第 1 期。

杜·舒尔兹、西德尼·埃伦·舒尔兹著,叶浩生译:《现代心理学史》,江苏教育出版社 2005 年版。

段丽真:《现象学心理学在胡塞尔思想中的地位》,《南京理工大学学报》(社会科学版),2009 年第 4 期。

段伟伟:《论"表象"在价值确立中的作用》,《毕节学院学报》,2008 年第 3 期。

芬德莱著,刘继译:《价值论伦理学——从布伦坦诺到哈特曼》,中国人民大学出版社 1989 年版。

冯平主编:《心灵主义路向》,北京师范大学出版社 2009 年版。

弗洛伊德著,高觉敷译:《精神分析引论》,商务印书馆 1984 年版。

高觉敷:《高觉敷心理学文选》,江苏教育出版社 1986 年版。

高觉敷:《西方近代心理学史》,人民教育出版社 1982 年版。

高觉敷:《西方心理学史论》,安徽教育出版社 1995 版。

高觉敷著,郭本禹编:《高觉敷心理学文选》,人民教育出版社 2006 年版。

高申春:《德国心理学的理论性质及其发展道路》,《社会科学战线》,2003 年第 2 期。

高新民:《现当代意向性研究的走向及特点》,《科学技术与辩证法》,

2008 年第 4 期。

高新民:《意向性理论的当代发展》,中国社会科学出版社 2008 年版。

高新民:《意向性研究的心灵哲学进路》,《学术月刊》,2008 年第 10 期。

管延华:《意动心理学与内容心理学之比较》,《广东教育学院学报》,2003 年第 4 期。

郭本禹、崔光辉:《实验现象学源流考》,《教育研究与实验》,2007 年第 4 期。

郭本禹、崔光辉:《意向性:从布伦塔诺到迈农》,《华东师范大学学报》(教育科学版),2006 年第 4 期。

郭本禹:《布伦塔诺的意动心理学述评》,《心理学报》,1998 年第 1 期。

郭本禹:《斯顿夫的机能心理学》,《南京师范大学学报》(社会科学版),2002 年第 4 期。

郭本禹:《意大利格式塔心理学源流考》,《南京师大学报》(社会科学版),2005 年第 6 期。

郭本禹:《重评斯顿夫的机能心理学》,《南京师大学报》(社会科学版),2005 年第 6 期。

郭本禹主编:《心理学通史·第 4 卷·外国心理学流派(上)》,山东教育出版社 1999 年版。

哈勒著,韩林合译:《新实证主义》,商务印书馆 1998 年版。

韩震、郑云勇:《试论布伦塔诺的意向性理论》,《学习与探索》,2006 年第 2 期。

郝亿春:《超越的存在、意向的存在与真实的存在——兼论布伦塔诺的“意向性”问题》,《世界哲学》,2007 年第 5 期。

郝亿春:《伦理学的基础与善的原则——从休谟、康德到布伦塔诺》,《南京大学学报》(哲学·人文科学·社会科学),2005 年第 5 期。

郝亿春:《马克思哲学中“意识的内在性”问题——兼与吴晓明先生商榷》,《江西社会科学》,2008 年第 3 期。

郝亿春:《正确的判断与正当的情感——对布伦塔诺“内在价值论”的探析》,《浙江学刊》,2003 年第 3 期。

赫尔穆特·E·吕克著,吕娜等译:《心理学史》,学林出版社 2009 年版。

赫根汉著,郭本禹等译:《心理学史导论》(第四版)(下册),华东师范大学出版社 2004 年版。

胡塞尔著,黑尔德编,倪梁康译:《现象学的方法》,上海译文出版社 1994 年版。

胡塞尔著,李幼蒸译:《纯粹现象学通论》,商务印书馆 1995 年版。

胡塞尔著,倪梁康选编:《胡塞尔选集》,上海三联书店 1997 年版。

胡塞尔著,倪梁康译:《逻辑研究》(第二卷第二部分),上海译文出版社 2006 年版。

胡塞尔著,倪梁康译:《逻辑研究》(第二卷第一部分),上海译文出版社 2006 年版。

胡塞尔著,倪梁康译:《现象学的观念》,人民出版社 2007 年版。

胡塞尔著,倪梁康译:《哲学作为严格的科学》,商务印书馆 2007 年版。

胡塞尔著,王俊译:《回忆布伦塔诺》,http://www.xianxiang.com/0403132.htm.

胡塞尔著,杨富斌译:《内在时间意识现象学》,华夏出版社 2000 年版。

黄涛:《从"心理现象"到"善"——布伦塔诺的价值论思想及其心理学基础》,《北京师范大学学报》(社会科学版),2006 年第 4 期。

黄涛:《哲学价值论的兴起与心理主义——对布伦塔诺和文德尔班的一种比较》,《湖南师范大学社会科学学报》,2007 年第 2 期。

霍瑟萨尔著,郭本禹等译:《心理学史》,人民邮电出版社 2010 年版。

金锋:《布伦塔诺价值哲学之心理学基础——表象与意向性问题分析》,《绍兴文理学院学报》(教育版),2007 年第 1 期。

靳希平、吴增定:《十九世纪德国非主流哲学:现象学史前札记》,北京大学出版社 2004 年版。

靳希平、吴增定著:《十九世纪非主流哲学》,北京大学出版社 2004 年版。

苛勒著,陈汝懋译:《人猿的智慧》,浙江教育出版社 2003 年版。

库尔特·考夫卡著,黎炜译:《格式塔心理学原理》,浙江教育出版社 1999 年版。

兰德编,唐钺译:《西方心理学家文选》,科学出版社 1959 年版。

黎黑著,李维译:《心理学史》(上册),浙江教育出版社 1998 年版。

黎黑著,刘恩久译:《心理学史——心理学思想的主要趋势》,上海译文出版社 1990 版。

李娟:《从描述心理学到现象学——论布伦塔诺对胡塞尔现象学的影响》,《鲁东大学学报》(哲学社会科学版),2008 年第 6 期。

李鹏程著:《胡塞尔传》,河北人民出版社 1998 年版。

李铮:《关于西方心理学开创时期几个问题的重新评价》,《心理科学》,1999 年第 3 期。

刘恩久著:《刘恩久文选》,南京师范大学出版社 2009 年版。

刘高岑:《当代科学意向论》,科学出版社 2006 年版。

刘沛:《近代音乐心理学概貌》,《中国音乐学》,1989 年第 4 期。

鲁文·阿迪拉,张航等译:《心理学的未来——世界上最著名的一些心理学家对各自领域未来的看法》,商务印书馆 2008 年版。

罗伯特·L·索尔所、M·金伯利·麦克林、奥托·H·麦克林著,邵志芳译:《认知心理学》(第 7 版),上海人民出版社 2008 年版。

马迎辉:《胡塞尔早期现象学中的内感知与反思》,《江苏社会科学》,2009 年 06 期。

梅勒著,方向红译:《胡塞尔伦理学的发展》,《世界哲学》,2002 年第 1 期。

梅洛—庞蒂著,姜志辉译:《知觉现象学》,商务印书馆 2001 年版。

梅洛—庞蒂著,张尧均、杨大春译:《行为的结构》,商务印书馆 2005 年版。

墨菲,柯瓦奇著,林方、王景和译:《近代心理学历史导引》(上册),商务印书馆 1982 年版。

姆·格·雅罗舍夫斯基、勒·伊·安齐费罗娃著,王玉琴等译:《国外心理学的发展与现状》,人民教育出版社 1981 年版。

倪梁康:《"自我"发生的三个阶段——对胡塞尔 1920 年前后所撰三篇文字的重新解读》,《哲学研究》,2009 年第 11 期。

倪梁康著:《胡塞尔现象学概念通释》,三联书店 2007 年版。

倪梁康著:《现象学的始基——对〈逻辑研究〉的理解与思考》,广东人民出版社 2004 年版。

倪梁康著:《自思与反思——近现代西方哲学的基本问题》,商务印书馆 2002 年版。

宁如:《心理体验与对象类型——试论迈农的意向性理论》,《现代哲学》,2002 年第 4 期。

邱仁宗主编:《20 世纪西方哲学名著导读》,湖南出版社 1991 年版。

塞蒙斯著,王靖华译、黄德校:《德语系哲学中的奥地利传统及其对中欧和东欧的意义》,1996 年第 3 期。

施皮格伯格著,王炳文、张金言译:《现象学运动》,商务印书馆 1995 年版。

施太格缪勒著,王炳文、燕宏远、张金言等译:《当代哲学主流》(上),商务印书馆 1986 年版。

舒尔茨著，杨立能等译:《现代心理学史》，人民教育出版社 1981 年版。

斯洪桥:《试析布伦塔诺在意识领域区分心理现象与物理现象及其意义》，《太原师范学院学报》(社会科学版)，2009 年 06 期。

泰奥多·德布尔著，李河译:《胡塞尔思想的发展》，生活·读书·新知三联书店 1995 年版。

唐钺:《西方心理学大纲》，北京大学出版社 1982 年版。

铁钦纳著，李丹译:《系统心理学:绪论》，浙江教育出版社 2001 年版。

托马斯·里德著，李涤非译:《按常识原理探究人类心灵》，浙江大学出版社 2009 年版。

王国银:《张东荪与西洋价值哲学》，《湖州师范学院学报》，1999 年第 3 期。

王启康:《试论心理学史上的内容与意动之争——对一场争论的重新评价》，《华中师范大学学报》(哲社版)，1987 年第 1 期。

王启康:《心理生活中动作与内容的统一》，《华中师范大学学报》(人文社会科学版)，1994 年第 5 期。

王石金:《哈勒教授在京谈维也纳学派和维特根斯坦哲学》，《哲学动态》，1984 年第 12 期。

韦恩·瓦伊尼、布雷特·金著，郭本禹等译:《心理学史:观念与背景》，世界图书出版公司 2009 年版。

吴佳男、刘晶晶:《内容抑或意动——浅析西方心理学史上第一次思想之争》，《济宁师范专科学校学报》，2006 年第 1 期。

吴伟士著，谢循初译:《西方现代心理学派别》，人民教育出版社 1962 年版。

武德沃斯、施洛斯贝格著，曹日昌等译:《实验心理学》，科学出版社 1965 年版。

奚颖瑞:《无对象表象悖论与胡塞尔意向性理论的产生》，《同济大学学报》(社会科学版)，2009 年第 5 期。

夏征农、陈至立编:《辞海》，上海辞书出版社 1999 年版(缩印本)。

谢地坤主编:《西方哲学史学术版·第七卷·现代欧洲大陆哲学(上)》，凤凰出版集团、江苏人民出版社 2004 年版。

许为勤:《布伦塔诺价值哲学》，贵州人民出版社 2004 年版。

许为勤:《布伦塔诺哲学与大乘佛教原理》，《贵州师范大学学报》(社会科学版)，2001 年第 3 期。

许为勤:《从布伦塔诺的表象论看科学、哲学、宗教之关系》，《浙江学刊》,2006 年第 1 期。

许为勤:《道德源泉的探寻——布伦塔诺价值哲学及其方法研究》,《天津社会科学》,2001 年第 6 期。

许为勤:《推演与确证——布伦塔诺知识观解析》,《贵州社会科学》,2004 年第 4 期。

雅洛舍夫斯基著,陆嘉玉等译:《心理学史》,上海译文出版社 1997 年版。

杨韶刚主编:《心理学通史·第 3 卷·外国心理学思想史》,山东教育出版社 1999 年版。

杨婷:《论表象在价值确立中的作用》,《魅力中国》,2009 年第 28 期。

杨鑫辉主编:《中外心理学比较思想史·第二卷》(总主编车文博),上海教育出版社 2009 年版。

雨果:《雨果——莱茵河》,湖南文艺出版社 2007 年版。

原威则:《批判与继承——从"行为"的现象学看胡塞尔与布伦塔诺意向性的区别》,《晋阳学刊》,2008 年第 5 期。

詹姆斯·古德温著,郭本禹、吕英军、司群英、王健等译:《现代心理学史》,中国人民大学出版社 2008 年版。

张春兴:《心理学思想的流变——心理学名人传》,上海教育出版社 2002 年版。

张典:《胡塞尔现象学的方法》,《社会科学研究》,2009 年第 5 期。

张浩军:《论胡塞尔的"被动性"概念》,《世界哲学》,2010 年第 1 期。

张君劢等:《科学与人生观》,山东人民出版社 1997 年版。

张庆熊:《维特根斯坦对意向性问题的重新思考》,《哲学研究》,2007 年第 8 期。

赵金凤:《布伦塔诺的意向性学说与内知觉明证性理论解析》,《长春工业大学学报》(社会科学版),2009 年第 5 期。

郑辟瑞:《胡塞尔与言语行为理论》,《江苏社会科学》,2007 年第 5 期。

周先庚、陈汉标:《A history of experimental psychology》,《清华大学学报》(自然科学版),1932 年第 2 期。

朱松峰:《"反思"对"形式指引"胡塞尔与海德格尔之方法的比较》,《武汉大学学报》(人文科学版),2009 年第 6 期。

英文文献

Albertazzi, A. (2001). Presentation and production, In: A. Albertazzi, et al. (ed.). *The school of Alexius Meinong*. Aldershot: Ashgate.

Albertazzi, ed. (2003). *The legacy of Gaetano Kanizsa in cognitive science*. special issue of *Axiomathes*, Vol. 3～4.

Albertazzi, L. (1992/3). Descriptive psychology in Italy. *Brentano Studien*. Vol. 4.

Albertazzi, L. (1998). The aesthetics of particulars. A case of intuitive mechanics. *Axiomathes*, Vol. 9.

Albertazzi, L. (2001). The legacy of Graz psychologists. In: A. Albertazzi, et al, ed. *The school of Alexius Meinong*. Aldershot: Ashgate.

Albertazzi, L. (2001). Vittorio Benussi. (1878—1927). In: A. Albertazzi, et al, ed. *The school of Alexius Meinong*. Aldershot: Ashgate.

Albertazzi, L. (2003). From Kanizsa back to Benussi: Varieties of intentional reference. *Axiomathes*. No. 3～4.

Albertazzi, L. (2003). Introduction to L. Albertazzi, ed. *The legacy of Gaetano Kanizsa in cognitive science*. special issue of *Axiomathes*. Vol. 3～4.

Albertazzi, L. (2004). Stereokinetic shapes and their shadows. *Perception*. Vol. 33.

Albertazzi, L. (2006). *Immanent Realism: An introduction to Brentano*. Dortrecht: Springer.

Albertazzi, L. A cubist state of mind. In: L. Albertazzi ed. (1996). *The philosophy of alexius meinong*, special issue of *Axiomathes* 7.

Albertazzi, L. Anton Marty. In: L. Albertazzi, M. Libardi, R. Poli, eds. (1996). *The school of franz brentano*. Dordrecht, Kluwer.

Albertazzi, L. Back to the origins. In: L. Albertazzi, ed. (2001). *The dawn of cognitive science: early european contributors*. Dordrecht: Kluwer.

Albertazzi, L. Brentano, Twardowski and polish scientific philosophy. In: F. Coniglione, R. Poli, J. Wolenski, eds. (1993). *The scientific philosophy of the lvov-warsaw school*. (Poznan studies in the philosophy of the sciences and of the humanities 27). Amsterdam: Rodopi.

Albertazzi, L. Continua. Introduction to L. Albertazzi, ed. (2002). *Unfolding perceptual continua*. Amsterdam: Benjamins Publishing Company.

Albertazzi, L. ed. (1996). The philosophy of Alexius Meinong. *special issue of Axiomathes*. Vol. 7.

Albertazzi, L. Florence, In: R. Poli ed. (1997). *In itinere. European cities and the birth of modern scientific philosophy*. Amsterdam: Rodopi.

Albertazzi, L. Form metaphysics. In: L. Albertazzi, ed. (1999). *Shapes of forms: from gestalt psychology and phenomenology to ontology and mathematics*. Dordrecht: Kluwer.

Albertazzi, L. From Kant to Brentano. In: L. Albertazzi, M. Libardi, R. Poli, eds. (1996). *The School of Franz Brentano*. Dordrecht: Kluwer.

Albertazzi, L. Perceptual saliences and nuclei of meaning. In: R. Poli, ed. (1998). *The Brentano Puzzle*. Aldershot: Ashgate.

Albertazzi, L. Phenomenologists and analytics. A question of psychophysics? In: T. Horgan, J. Tienson, M. Potrc, eds. (2001). *Origins: the common sources of the analytic and the phenomenological traditions. the southern journal of philosophy*. Vol. XL.

Albertazzi, L. Presentation and production. In: L. Albertazzi, D. Jacquette, R. Poli, eds. (2001). *The school of Alexius Meinong*. Aldershot: Ashgate.

Albertazzi, L. The depictive space of the mind. In: L. Albertazzi, ed. (2006). *Visual thought: the depictive space of perception*. Amsterdam: Benjamins.

Albertazzi, L. The legacy of the Graz psychologists. In: L. Albertazzi, D. Jacquette, R. Poli, eds. (2001). *The school of Alexius Meinong*. Aldershot: Asghate.

Albertazzi, L. The open texture of concepts: Felix Kaufmann and the Brentanists. In: F. Stadler, ed. (1997). *Phenomenology and Logical Empirism*. Wien: Springer.

Albertazzi, L. The phenomenon of time in Brentanist tradition. In: J. Wolenski, ed. (1998/9). *The legacy of Brentano*. special issue of *Brentano Studien*. Vol. 7.

Albertazzi, L. The primitives of presentation. Parts, wholes and psychophysics. In: L. Albertazzi, ed. (2001). *The dawn of cognitive science: early european contributors*. Dordrecht: Kluwer.

Albertazzi, L. The psychophysics of the soul. Brentano and Aristotle. In: D. Thouard, et al, eds. (2004). *Aristote au XIXe siècle*. Lille: Presses Universitaires du Septentrion.

Albertazzi, L. The time of presentness. A chapter in positivistic and descriptive psychology. In: S. Cattaruzza, ed. (1999). *Vittorio Benussi*. special issue of *Axiomathes*. Vol. 10.

Albertazzi, L. Towards a neoaristotelian theory of continua: elements of an empirical geometry. In: L. Albertazzi, ed. (2002). *Unfolding perceptual continua*. Amsterdam: Benjamins Publishing Company.

Albertazzi, L. Which semantics? Introduction to L. Albertazzi, ed. (2000). *Meaning and cognition. a multidisciplinary approach*. Amsterdam: Benjamins Publishing Company.

Albertazzi, L., Jacquette, D., Poli, R. Meinong in his and our time. Introduction to L. Albertazzi, D. Jacquette, R. Poli, eds. (2001). *The school of Alexius* Meinong. Asghate: Aldershot.

Albertazzi, L., Libardi, M., Poli, R. Reassembling the puzzle. In: L. Albertazzi, M. Libardi, Poli, R, eds. (1996). *The school of Franz Brentano*. Dordrecht: Kluwer.

Albertazzi, L., Libardi, M., Poli, R., ed. (1996). *The school of Franz Brentano*. Dordrecht, Boston: Kluwer.

Alexander, S. (1927). *Space, time and deity*. 2 vols. London, Macmillan & Co.

Anderson, J. R. (1983). *The architecture of cognition*. Harvard: MIT Press.

Angell, J. R. (1896). *Outlines of psychology* by Oswald Külpe. *The philosophical review*, Vol. 5(4).

Angell, J. R. (1911). Preface to *the Clever Hans (The Horse of Mr. von Osten): A contribution to experimental animal and human psychology*. by O. Pfunggst. New York: HenryHolt. p. v.

Angelloz, J. F. (1958). *Goethe*. Translated from the French by R. HBlackey. New York: Orion Press.

Anscombe, G. E. M. (1963). *Intention*. 2nd ed. Oxford: Basil Blackwell.

Anscombe, G. E. M. (1965). The intentionality of sensation: A grammatical feature. In: R. J. Butler, ed. *Analytic philosophy. second series*. Oxford: Blackwell.

Anscombe, G. E. M. (1981). *Metaphysics and the philosophy of mind*. Minneapolis: University of Minnesota Press.

Anscombe, G. E. M. (1963). *Intention*. Oxford, Basil Blackwell, 2nd ed.

Aquila, R. E. (1977). *Intentionality: a study of mental acts*. University Park-London: Pennsylvania State University Press.

Aquila, R. E. (1982). Intentional objects and Kantian appearances. *Philosophical Topics*. Vol. 2.

Aristotele. (1938). *On Interpretation*. tr. by H. P. Cooke, H. Tredennick. Lock Classical Library.

Aristotele. (1977). *Metaphysics*. tr. by H. Tredennick, Loeb. Cambridge Mass: Harvard University Press, 7 ed.

Aristotele. (1986). *De anima*. tr. by W. S. Hett, Cambridge Mass., Harvard University Press.

Arnold, M. B. (1970). Perennial problems in the field of emotion. In: M. B. Arnold, ed. *Feelings and emotions*. San Diego, Academic Press.

Ash, M. G. (1995). *Gestalt psychology in German culture, 1890—1967. Holism and the quest for objectivity*. Cambridge: University Press.

Banfi, A. (1930). Franz Brentano. *Enciclopedia Italiana*. Vol 7. Rome.

Barclay, J. R. (1964). Franz Brentano and Sigmund Freud. *Journal of Existentialism*. Vol. 17.

Barrett, T. W. (1970). On the contribution of the Würzburg school to the study of thought processes. *Confinia Psychiatrica*, Vol. 13(2).

Baumgartner, W. Act, content, and object. In: L. Albertazzi, M. Libardi, R. Poli, eds. (1996). *The School of Franz Brentano*. Dordrecht: Kluwer.

Bell, J. L. (2000). Continuity and the logic of perception. *Transcendent philosophy*. Vol. 1(2).

Bell, J. L. (2005). Infinitesimal and the continuum. *Axiomathes*. Vol. 15.

Bergmann, G. (1967). *Realism: a critique of Brentano and Meinong*. Madison-London: The University of Wisconsin Press.

Bergmann, U. (1966). Franz Brentano. *Revue internationale de philosophie*. Vol. 78.

Bergmann, U. (1967). Brentano and the history of Greek *philosophy*. *Philosophy and phenomenological research*. Vol. 1.

Boden, M. A. (1981). *Minds and mechanism: philosophical psychology and computational models*. Ithaca, N. Y: Cornell University Press.

Bolgar, H. (1964). Karl Buhler: 1879—1963. *The American journal of psychology*. Vol. 77.

Boring, E. G. (1874). *Psychology from an empirical standpoint*. Engl. Trans. L. McAlister, A. Rancurello, D. Terrell. (1995). Routledge.

Boring, E. G. (1929). The psychology of controversy. *Psychological review*, Vol. 36.

Boring, E. G. (1942). *Sensation and perception in the history of experimental psychology*. New York: Appleton-Century Crofts.

Boring, E. G. (1950). *A history of experimental psychology. 2nd Edition*. Prentice-Hall.

Boring, E. G. (1950). *A history of experimental psychology*. New York: Appleton-Century-Crofts. Inc.

Boudewijnse, Geert-Jan A. (1999). The rise and fall of the Graz School. *Gestalt theory*. No. 2.

Boudewijnse, Geert-Jan. (1996). *The gestalt line*. McGill University. Thesis on degree of doctor of philosophy.

Boundewijnse, G-J., MacNamara, J. (2002). Pointing to a new and promising direction for psychological research. *Axiomathes*. Vol. 13.

Boundewijnse, G-J, A. (1996). *Gestalt line*. Thesis of the degree of Doctor of Mcgill University.

Bozzi, P. (1999). Experimental phenomenology: a historical profile. In: A. Albertazzi (ed.). *Shapes of forms: from gestalt psychology and phenomenology to ontology and mathematics*. Dordrecht: Kluwer Academic.

Brentano, F. (1995). *Psychology from an empirical standpoint*. En. tr. by A. C. Rancurello, D. B. Terrell, L. McAlister. London: Routledge & Kegan Paul.

Brentano, F. (1973). *The foundation and construction of ethics*. tr. by E. H. Schneewind. London: Routledge & Kegan Paul (1st German ed. 1952, ed. by F. Mayer-Hillebrand, Bern, Francke).

Brentano, F. (1975). *On the several senses of being in Aristotle: Aristoteles metaphysics z, 1*. tr. By R. George. Berkeley: University of California Press (1st German ed. 1862, Freiburg i. Breisgau, Herder).

Brentano, F. (1977). *The psychology of Aristotle, in particular his doctrine of the active intellect. With an appendix concerning the activity of Aristotle's god*. tr. by R. George. Berkeley: University of California Press (1st German ed. 1867, Mainz, Kirchheim).

Brentano, F. C. (1973). *Psychology from an empirical standpoint*. New York: Humanities Press.

Brentano, F. *Descriptive psychology*. ed. by B. Muller. (1995). London: Routledge (1st German ed. 1982, ed. by R. M. Chisholm and W. Baumgartner, Hamburg, Meiner).

Brentano, F. *Philosophical investigations on space, time and the continuum*. ed. (1988). by Smith, B. London, New York: Croom Helm.

Brentano, F. *Psychology from an Empirical Standpoint*, ed. by L. McAlister. (1995). London: Routledge (Translation of the 2nd ed. with an Introduction and notes by O. Kraus, Leipzig 1924) (1st German ed. 1874, Leipzig, Duncker & Humblot).

Brentano, F. *Sensory and noetic consciousness*. ed. by L. McAlister. (1981). London: Routledge (1st German ed. 1928, ed. by O. Kraus, Leipzig, Meiner; repr. 1968, ed. by F. Mayer-Hillebrand).

Brentano, F. *The four phases of philosophy and its current state*. ed. by B. M. Mezei and B. Smith. (1988). Amsterdam: Rodopi (1st German ed. 1895, Stuttgart, Cotta).

Brentano, F. *The theory of categories*. ed. by R. M. Chisholm and N. Guterman. (1981). Den Haag: Nijhoff (1st German ed. 1933, ed. by A. Kastil, Leipzig, Meiner).

Bretano, F. (2002). *Descriptive psychology*. London and New York: Routledge.

Brown, J. (1991). *Self and Process*. Berlin: Springer.

Brožek, J. (1999). *helga sprung, with lothar sprung, Carl Stumpf: Schriften zur Psychologie. Journal of the behavioral sciences*. Vol. 35, (1).

Bugental, J. F., Wegrocki, H. J., Murphy, G., Thomae, H. (1966). Symposium on Karl Bühler's contributions to psychology. *The Journal of General Psychology*. Vol. 75.

Burnyeat, M. F. Is an Aristotelian philosophy of mind credible? In: M. C. Nussbaum, A. Rorty Oksenberg, eds. (1995). *Essays on Aristotle's de anima*. Oxford: Clarendon Paperbacks.

Calkins, M. W. (1908). Review of *grundlinien der psychologie*. *Psychological Bulletin*, Vol. 5(11).

Calvo, P., Gomila, A. (2008). *Handbook of cognitive science a embodied approch*. Amsterdam: The Netherlands, Elsevier press.

Cattaruzza S. (1999). Historical-Biographical Outline. *Axiomathes*, No. 1~3.

Chisholm, R. M. (1955/56). Sentences about believing. *Proceedings of the aristotelian society*. Vol. 56.

Chisholm, R. M. (1957). *Perceiving: a philosophical study*. Ithaca: Cornell University Press.

Chisholm, R. M. Brentano and Marty on content: A synthesis suggested by Brentano. In: K. Mulligan, ed. (1986). *Mind, meaning and metaphysics*. Dordrecht: Kluwer.

Chisholm, R. M. Brentano on descriptive psychology and the intentional. In: E. N. Lee, M. Mandelbaum, eds. (1967). *Phenomenology and existentialism*. Baltimore.

Chisholm, R. M. Franz Brentano. *Encyclopaedia of philosophy*. ed. by P. Edwards. (1967). New York/London: Collier-Macmillan. Vols. 1~2.

Chisholm, R. M. Intentional inexistence. In: L. McAlister, ed. (1976). *The philosophy of Franz Brentano*. London: Duckworth.

Chisholm, R. M. Intentionality. *The Encyclopedia of philosophy*.

ed. by P. Edwards. (1967). New York-London: Collier, McMillan, Free Press.

Chisholm, R. M. (1955/56). Sentences about believing. *Proceedings of the aristotelian society*. Vol. 56.

Chisholm, R. M. (1957). *Perceiving: a philosophical study*. I thaca, Cornell University Press.

Churchland, P. M. (1988). *Matter and consciousness*. Cambridge, Mass: MIT Press.

Churchland, P. S. (1986). *Neurophilosophy*. Cambridge, Mass: MIT Press.

Coniglione, F., Poli, R., Wolenski, J, eds. (1993). *The scientific philosophy of the lvov-warsaw school* (Poznan Studies in The Philosophy of the Sciences and of the Humanities 27). Rodopi: Amsterdam.

Cytowic, R. E. (1989). *Synestesia: a union of the senses*. New York: Springer.

Dazzi, N. (1994). James and Stumpf: similarities and differences. *Psychologie und Geschichte*. Vol. 6(3～4).

Dazzi, N. (2009). Love and hate: Brentano and Stumpf on emotions and sense feelings. *Gestalt Theory*. Vol. 30(2).

Dazzi, N. (2009). Stumpf and Husserl on phenomenology and descriptive psychology. *Gestalt theory*. Vol. 30(2).

De Boer, T. (1978). *The development of husserl thought*. Den Haag: Nijhoff.

Dennett, D. C. (1978). *Brainstorms*. Cambridge Mass: MIT Press.

Dennett, D. C. (1987). *The intentional stance*. Cambridge Mass: MIT Press.

Dogantan-Dack, M. (2006). The body behind music: precedents and prospects. *Psychology of music*. Vol. 34(4).

Dölling, E. (2001). Alexius Meinong's life and work, In: Albertazzi, A. et al, ed. *The school of Alexius Meinong*. Aldershot: Ashgate.

Dreyfus, H. L. (1982). Husserl, intentionality and cognitive science. Cambridge: The MIT Press.

Duncker, K. (1947). Phenomenology and epistemology of consciousness of objects. *Philosophy and phenomenological research*. Vol. 7.

Edward, W. (2002). Beethoven's immortal beloved: arguments in support of the candidacy of Bettina Brentano. *Beethoven Journal*. Vol. 17 (2).

Edwards, P, ed. (1967). *The encyclopedia of philosophy*. Vol. 4. New York: Macmillan Publishing. Co., Inc. & The Fress Press.

Ehrenfels, C. V. (1890). On gestalt qualities. In: B. Smith (ed.) (1988). *Foundations of gestalt theory*. Münichen Wien: Philosophia Verlag.

Fabian, R. (1986). Christian von Ehrenfels: *Leben und werk*. Amsterdam: Rodopi. Cf. Rollinger, R. D. (1999). Husserl's position in the school of Brentano. Dordrecht: Kluwer.

Fabro, C. (1949). Franz Brentano. *Enciclopedia cattolica*. Vol. 3. Florence.

Findlay, J. N. (1963). *Meinong' theory of objects and values*. Oxford: Clarendon Press.

Fineman, M. (1981). *The nature of visual illusion*. Mineola, New York: Dover Publications, Inc.

Fiorenza, T. (1900—1901). *Logical investigations*. Vol. 1 and 2, trans. J. N. Findlay. (2001). Routledge.

Fiorenza, T. (1913). *Ideas pertaining to a pure phenomenology and to a phenomenological philosophy*. Collected Work. Vol. 2. Berlin: Springer, 1982.

Fiorenza, T. (2009). Stumpf and gestalt psychology: relations and differences. *Gestalt theory*. Vol. 30(2).

Fischer, A. (1978). Additional notes to Treatise Ⅴ. In: Kalsi, M. S, ed. *Alexius Meinong on objects of high order and husserl's phenomenology*. The Hague: Martinus Nijhoff.

Fodor, J. A. (1979). *The language of thought*. New York: Crowell.

Fodor, J. A. (1981). *Representations*. Cambridge Mass: MIT Press.

Fodor, J. A. (1987). *Psychosemantics*. Cambridge, Mass: MIT Press.

Freiberg, A. D. (1936). *Psychologie* by August Messer. *The American journal of psychology*. Vol. 48(3).

Freyd, J. J., Finke, R. A. (1984). Representational momentum. *Journal of experimental psychology: learning, memory and cognition*. Vol. 10.

Geert-Jan A. Boudewijnse. (1996). *The gestalt line*. Department of Psychology, McGill Universitery. The thesis of the degree of doctor philosophy.

George, H. L. (1864). *Life of goethe*. (2nd edition). London:Smith, Elder and Co.

George, R. Brentano's relation to Aristotle. In: R. M. Chisholm, R. Haller. eds. (1978). *Die philosophie franz brentanos*. Amsterdam: Rodopi.

Gibson, J. J. (1979). *The ecological approach to visual perception*. Boston: Houghton Mifflin Co.

Gilson, E. (1939). Franz Brentano's interpretation of mediaeval philosophy. *Mediaeval Studies*. Vol. 1.

Glenberg, A. M., Kaschak, M. P. (2002). Grounding language in action. *Psychonomic bulletin & Review*. Vol. 9.

Grassl, W., Smith, B. eds. (1986). *Austrian economics: historical and philosophical background*. London: Croom Helm.

Gregory, R. L, ed. (1987). *The oxford companion to the mind*. Oxford: Oxford University Press.

Gregory, R. L. (1998). *Eye and the brain: The psychology of seeing*. Oxford: Oxford University Press.

Grossman, R. (1965). *The structure of the mind*. Madison: University of Winsconsin Press.

Grossman, R. (1969). Non-existent objects: recent works on Brentano and Meinong. *American philosophical quarterly*. Vol. 6.

Haberl-Zemljic, A. (2001). Stephan Witasek. In:A. Albertazzi, et al, ed. *The school of Alexius Meinong*. Aldershot: Ashgate.

Haupt, E. J. Karl Marbe. Kazdin, Alan E, ed. (2000). *Encyclopedia of psychology*. Vol. 5. Washington, DC, US: American Psychological Association; Oxford University Press.

Hayes, P. Naive physics: ontology for liquids. In: J. Hobbs & R. Moore, eds. (1985). *Formal theories of the common sense world*. Norwood: N. Y., Ablex Publishing Corp.

Hayes, P. The naive physics manifesto. In:D. Mitchie, ed. (1985). *Expert systems in the microelectronic age*. Edinburgh: Edinburgh

University Press.

Heaton, J. M. Brentano und Freud. In: B. Smith, ed. (1981). *Structure und gestalt: philosophy and literature in austria-hungary and her successor states*. Amsterdam: Benjamins.

Hedwig, G. (1978). Intention: outlines for the history of a phenomenological concept. *Philosophy and phenomenological research*. Vol. 39.

Heider, F. (1970). Gestalt theory: early history and reminiscences. *Journal of the history of behavioral sciences*. No. 2.

Heider, F. Gestalt theory: early history and reminiscences. In: M. Henle, J. Janeys, J. J. Sullivan, eds. (1973). *Historical conceptions of psychology*. NewYork: Springe.

Henry, D. P. (1992/3). Brentano and some medieval mereologists. *Brentano Studien*. Vol. 4.

Herbert, S. L. (1937). Stumpf's "introduction to psychology". *The American journal of psychology*. Vol. 50(1).

Hochberg, H. (1984). *Ontology and language: essays on truth and intentionality*. Munchen-Wien: Philosophia Verlag.

Hoffmann, J., Stock, A. & Deutsch, R. (1996). The Würzburg School. In J. Hoffmann & A. Sebald (Hrsg.), *Cognitive Psychology in Europe*. Lengerich: Pabst Science Publishers.

Hothersall, D. (2004). *History of psychology*. New York: McGraw-Hill.

Humphrey, G. (1951). *Thinking: an introduction to its experimental psychology*. London: Methuen and Co., New York: John Wiley& Sons.

Hurlburt, R. T. & Akhter, S. A. (2008). Unsymbolized thinking. *Consciousness and Cognition*. Vol. 17.

Husserl, E. (1919). Reminiscences of Franz Brantano. In: L. L. McAlister, ed. (1976). *The philosophy of Brentano*. London: Duckworth.

Husserl, E. (1975). *Introduction to the logical investigations*. Nijhoff: The Hague.

Husserl, E. (1989). *Ideas pertaining to a pure phenomenology and a phenomenological philosophy*. Dordrecht: Kluwer (1rst German ed. 1913, 3 vols., Halle, Niemeyer; repr. 1950, ed. by W. Biemel (1) and M. Biemel (2, 3), Husserliana III, Den Haag, Nijhoff).

Husserl, E. *Logical Investigations*. tr. by J. N. Findlay. (1970). London: Routdlege & Kegan Paul (1rst German ed. 1900/1, Halle, Niemeyer; rep. 1975, Vol. I ed. by E. Holenstein, Husserliana XVII, Den Haag, Nijhoff; rep. vols. I & II 1984, ed. by U. Panzer, Husserliana XIX,1, 2).

Husserl, E. (1975). *Introduction to the Logical Investigations*. Nijhoff: The Hague.

Husserl, E. (1989). *Ideas Pertaining to a Pure Phenomenology and a Phenomenological Philosophy*. Dordrecht: Kluwer (1rst German ed. 1913, 3 vols., Halle, Niemeyer; repr. 1950, ed. by W. Biemel (1) and M. Biemel (2, 3), Husserliana III, Den Haag, Nijhoff).

Husserl, E. (1994). On the logic of signs (Semiotics) (1890). In: *Early Writings in the Philosophy of Logic and Mathematics*. Dordrecht: Kluwer.

Jacquette, D. (1996). Alexius Meinong. In: Albertazzi, A. et al, ed. *The school of Franz Brentano*. Dordrecht: Kluwer.

Jacquette, D. (2000/2001). Carl Stumpf on the ontology of relations. *Brentano Studien*. Vol. IX.

Jacquette, D. ed. (2004). *The cambridge companion to Brentano*. Cambridge: Cambridge University Press.

Jacquette, D. (1996). Alexius Meinong. In: Albertazzi, A. et al. (ed.). *The school of Franz Brentano*, Dordrecht: Kluwer.

James, W. (1950). *Principles of psychology*. 2 vols. Boston: Holt and Co.; repr. New York, Dover Publications 1950 (1rst ed. 1890).

James, W. (1961). *Psychology: The briefer course*. New York: Harper & Row.

James, W. (1983). *The Principles of psychology*. Cambridge: Harvard University Press.

Jeffrey, L. R. (2000). Witasek, Stephan. In: A. E. Kazdin (ed. in chief). *Encyclopedia of psychology*. Vol. 8.

Johnson Laird, P. N. (1988). *The computer and the mind: an introduction to cognitive science*. Harvard: MIT Press.

Johnson-Laird, P. N. (1983). *Mental models*. Harvard: MIT Press.

Johnston, W. M. (1972). *The austrian mind*. Berkeley: University of

California Press.

Jones, E. (1953). *Life and work Sigmund Freud*. Vol. 1. New York: Basic Books Inc. Publishers.

Jones, H. (1895). *A critical account of the philosophy of lotze*. Glasgow-New York.

Kalsi, M. S. (1978). Introduction. In: M. S. Kalsi, ed. *Alexius Meinong on objects of high order and husserl's phenomenology*. The Hague: Martinus Nijhoff.

Kalsi, M. S. (1987). *Meinong's theory of knowledge*. The Hague: Martinus Nijhoff Publishers.

Kamlah, A. (1987). The Decline of Laplacian theory of probability in the interpretations by Stumpf, von Kries, and Meinong. In: L. J. Daston, M. Heidelberger, L. Krüger. (dirs.). *The probabilistic revolution*. Vol. 1. *Ideas in History*. Cambridge: MIT Press.

Kangssalo, H. Jaakkola, I. A. Hamid, eds. (2000). *Information modelling and knowledge Bases XI*. IOS Press: Ohmsha.

Katkov, G. (1939—1940). The pleasant and the beautiful. *Proceedings of the aristotelian society*. Vol. XL.

Klemm, O. (1914). A history of psychology. New York: Scribner's.

Koenderink, J. J. (1984). The structures of images. *Biological cybernetics*. Vol. 50.

Koffka, K. (1935). *Principles of gestalt psychology*. London: Routledge & Kegan Paul.

Kohler, W. (1925). *The mentality of apes*. Trans. E. Winter. London: Kegan Paul.

Kohler, W. (1969). *The task of gestalt psychology*. Princeton: N. J. Princeton University Press.

Korner, S. (1987). On Brentano's objections to Kant's theory of knowledge. *Topo*. Vol. 6(1).

Krantz, S. (1988). Brentano's argument against Aristotle for the immateriality of the soul. *Brentano studien*. Vol. 1.

Krantz, S. (1992/3). Brentanian unity of consciousness. *Brentano STudien*. Vol. 4.

Krapp, K. (2005). *Psyhcologists & their teachers for students*.

Farmington Hills, MI: Thomson Gale Press.

Kraus, O. (1926). Biographical sketch Franz Brantano. In: L. L. McAlister, ed. (1976). *The philosophy of Brentano*. London: Duckworth.

Kriz, J. (2007). Oswald Külpe and the Würzburg school from the perspective of modern systems theory. In: J. Skilters, ed. *complex cognition and qualitative science: a legacy of Oswald Külpe*. The Baltic international yearbook of cognition, logic and communication. Vol. 2. Riga: Univ. of Latvia Press.

Kubovy, M., Pomerantz, J. R, eds. (1981). *Perceptual organization*. Hillsdale, N. J: Erlbaum.

Kugler, P. N., Shaw, R. E. (1989). Symmetry and asymmetry breaking in thermodynamic and epistemic engines: A coupling of first and second laws. In: H. Haken, M. Stadler, eds., *Synergetics of cognition*. Berlin: Springer.

Külpe, O. (1909). *Outlines of psychology*. Trans. by E. B. Titchener. London: Swan Sonnenschein.

Kuntz, P. G. (1972). Santayana and Lotze. *The Southern journal of philosophy*. Vol. 10.

Kusch, M. (1955). *Psychologism: a case study in the sociology of philosophical knowledge*. London: Routledge.

Kusch, M. (1999). *Psychological knowledge: a social history and philosophy*. London, New York: Routledge.

Land, J. P. N. (1876). Brentano's logical innovations. *Mind*. Vol. 1

Langfeld, H. S. (1937). Carl Stumpf: 1848—1936. *The American journal of psychology*. Vol. 50.

Lappin, J. S., van de Grind, W. A. Visual forms in space-time. In: L. Albertazzi, ed. (2002). *Unfolding perceptual continua*. Amsterdam: Benjamins Publishing Company.

Lazarus, R. S., Kanner, A. D., & Folkman, S. (1980). Emotions: a cognitive-phenomenological perspective. In: R. Plutchik & H. Kellerman, eds. Emotion: theory, research, and experience. Vol. 1. San Diego, CA: Academic Press.

Lewin, K. (1874). *Logic, in three books: of thought, of investigation, and of knowledge*. Oxford: Clarendon Press, 1884.

Lewin, K. (1937). Carl Stumpf. *Psychological review*. Vol. 44.

Leyton, M. (1994). *Symmetry, causality, mind*. Cambridge Mass: MIT.

Lindenfeld, D. (1978). Oswald Külpe and the Würzburg school. *Journal of the History of the Behavioral Sciences*. 14(2).

Lindenfeld, D. F. (1980). *The transformation of positivism: alexius meinong and european thought, 1880—1920*. Berkeley: University of California Press.

Lindsay, T. M. (1873). Stumpf's *psychological origin of the idea of space* (Book Review). *Academy*.

Lyons, W. (1995). *Approaches to intentionality*. Oxford: Clarendon Press.

Mach, E. (2001). Sensory elements and scientific concepts. In: Blackmore *et al*, eds. *Ernst Mach's Vienna, 1895—1930*. Dordrecht: Kluwer.

Mackenzie, J. S. (1899). System der werttheorie. Mind, *New Series*, Vol. 8(32).

MacNamara, J. J., Reyes, G. E., eds. (1994). *The logical foundation of cognition*. New York: Oxford University Press.

Madison, L. (1994). The Würzburg school and the function versus content debate. *Würzburger Medizinhistorische*.

Mandler J. M. & Mandler, G. (1964). *Thinking: from association to gestalt*. New York: John Wiley & Sons.

Marbe, K. (1961). Autobiography. In: C. A. Murchison, ed. *A history of psychology in autobiography*. Vol. Ⅲ. New

Marek, J. C. (2001). Meinong on psychological content. In: A. Albertazzi, et al, ed. *The school of Alexius Meinong*. Aldershot: Ashgate.

Marr, D. (1982). *Vision*. San Francisco: Freeeman & Co.

Marras, A, ed. (1972). *Intentionality, mind and language*. Urbana: University of Illinois Press.

Marras, A. (1976). Scholastic roots of Brentano's conception of intentionality. In: L. McAlister, ed. *The Philosophy of Brentano*. London: Duckworth.

Martin, K. (2000). Külpe, Oswald. In: A. E. Kazdin, ed. *Encyclopedia of psycholog*. Vol. 4. Washington DC: American Psychological Association, Oxford University Press.

Martinelli, R. (2002—2003). Descriptive empiricism: Stumpf on perception and presentation. *Brentano studien*. Vol. X.

Maturana, H. R., Varela, F. J. (1987). *The tree of knowledge: the biological roots of human understanding*. Boston: New Science Library.

Mausfeld, R. Colour' as part of format of different perceptual primitives: the dual coding of colour. In: R. Mausfeld, D. Heyer, eds. (2003). *Colour Perception*. Oxford: Oxford University Press.

McAlister, L, ed. (1976). *The philosophy of Franz Brentano*. London: Duckworth.

McAlister, L. (1970). Franz Brentano and intentional inexistence. *Journal of the history of philosophy*. Vol. 8.

McAlister, L. (1974). Chisholm and Brentano on intentionality. *The review of metaphysics*. Vol. 28.

Meinong, A. (1974). Meinong's life and work. In: Grossman, R. Meinong, New York: Routledge & Kegan Paul.

Meinong, A. (1978). An essay concerning the theory of psychic analysis. In: Kalsi, M. S, ed. *Alexius Meinong on objects of high order and Husserl's phenomenology*. The Hague: Martinus Nijhoff.

Merlan, Ph. (1949). Brentano and Freud. A sequel. *Journal of the history of ideas*. Vol. 10.

Mill, J. S. (1843). *A system of logic. racionative and inductive*. London: Longmans, Green & Reader.

Mill, J. S. *Collected works*. ed. by F. E. Mineka, D. N. (1972). Lindley: Toronto/London.

Moore, G. E. (1903). The origin of the knowledge of right and wrong by Franz Brentano. *International journal of ethi*. Vol. 14.

Moore, G. E. (1964). *Principia ethica*. Cambridge: Cambridge University Press.

Morscher, E. (1986). Propositions and states of affairs in Austrian philosophy before Wittgenstein. In: Nyiri, J. C, ed. (1986). *From Bolzano to Wittgenstein*. Wien: Holder-Pichler-Tempsky.

Morscher, E. Brentano and his place in Austrian Philosophy. In: R.

M. Chisholm, R. Haller, eds. (1978). *Die philosophie franz brentanos*. Amsterdam: Rodopi.

Mulligan, K, ed. (1990). *Mind, meaning and metaphysics. The philosophy and theory of language of anton marty*. Dordrecht: Kluwer.

Mulligan, K. Brentano on the mind. In D. Jacquette, ed. (2004). *The Cambridge companion to Brentano*. Cambridge University Press.

Mulligan, K., Smith, B. (1988). Mach and Ehrenfels: the foundations of gestalt theory. In: B. Smith, ed. (1988). *Foundations of gestalt theory*. Münichen Wien: Philosophia Verlag.

Munch, D. (2001). The relation of Husserl's logical investigations to descriptive psychology and cognitive science. In: Stjernfelt, F., Zahavi, ed. 100 years of phenomenology. logical investigations revisited. Dordrecht: Kluwer. http://www.tu-berlin.de/fb1/kogwiss/LI_Cogsci.htm.

Munch, D. Franz Brentano und die katholische Aristoteles-Rezeption im 19. Jahrhundert, in A. Chruzimski, W. Huemer, eds. (2004). *Phenomenology and analysi*. Frankfurt: Ontos Verlag.

Murchison, C. ed. (1930). *A history of psychology in autobiography*. Vol. I. New York: Russell & Russell.

Neisser, U. (1967). *Cognitive psychology*. New York: Apple-Century-Fox.

Newell, A., Shown, J. C., Simon, H. A. (1958). Elements of a theory of human problems. *Psychological reviews*. Vol. 65(3).

Newell, A., Simon, H. A. (1972). *Human problem solving*. Englewood Cliffs, New Jersey: Printice Hall, Inc.

Nussbaum, M. C., Rorty, O. A, eds. (1995). *Essays on Aristotle's de anima*. Oxford: Clarendon Paperbacks.

Oatley, K., & Johnson-Laird, P. N. (1987). Towards a cognitive theory of emotions. *Cognition and emotion*. Vol. 1

Ogden, R. M. (1951). Oswald Kulpe and the Würzburg school. *American journal of psychology*. Vol. 64(1).

Oswald-Külpe-Award for the Experimental Study of Higher Mental Processes. *Psychological Science Agenda*. 2007, Vol. 21(1).

Palmer, S. (1999). *Vision science. photons to phenomenology*. Cambridge, Mass: MIT Press.

Passmore, J. (1968). *A hundred years of philosophy*. London: Penguin Books.

Pavanello, A. M. (1999). Vittorio Benussi and Edoardo Weiss on the unconscious. *Axiomathes*, No. 1～3.

Perry, R. B. (1935). *The thought and character of William James. As revealed in unpublished correspondence and notes, together with his published writings*. London: Humphrey Milford, Oxford University Press.

Pfungst, O. (1911). Clever Hans (the Horse of. Mr. von Osten): A Contribution to experimental, animal, and human psychology. New York: Henry Holt & Company.

Pinilp, M. (1945). Brentano and Freud. Journal of the history of ideas. Vol. 6(3).

Poggio, T. Vision : The other face of AI. In: K. A. Mohyeldin Said, et al, eds. (1990). *Modelling the mind*. Oxford: Clarendon Press.

Poli, R. (1989). Brentano and Freud. In: *The object and its identity. Topoi*. Supplements.

Poli, R. (1993). Twardowski's theory of modification against the background of traditional logic. *Axiomathes*. Vol. 1.

Poli, R. (2001). *ALWIS: Ontology for knowledge engineers*. Utrecht University. Phd thesis.

Poli, R. Approaching Brentano's theory of categories. In: A. Chrudzinski, W. Huemer, eds. (2003). *Phenomenology and Analysis*. Frankfurt: Ontos Verlag.

Poli, R. In itinere. Pictures from Central European philosophy. In: R. Poli, ed. (1997). *In Itinere. European cities and the birth of modern scientific philosophy*. Amsterdam: Rodopi.

Poli, R. Kazimierz Twardowski. In: L. Albertazzi, M. Libardi, R. Poli, eds. (1996). *The school of Franz Brentano*. Dordrecht: Kluwer.

Poli, R. Rollinger. (2004). Poznan studies in the philosophy of the sciences and the humanities. Amsterdam: Rodopi.

Poli, R. The Brentano Puzzle: An Introduction. In: R. Poli, ed. (1998). *The Brentano puzzle*. Aldeshot:Ashgate.

Poli, R. The concept of empirical reality between logic and psychology: The proposal of the young Musatti. In: S. Cattaruzza, ed.

(1999). *Vittorio Benussi*. Special issue of *Axiomathes*. *Vol*. 10.

Poli, R., Mazzola, G. Semiotic aspects of generalized bases of data. In: E. Kawaguchi, H., Kangssalo, H., Jaakkola, I. A., Hamid. eds. (2000). *Information modelling and knowledge*, Bases XI. IOS press: ohmsha.

Puglisi, M. (1924). Franz Brentano: A biographical sketch. *The American journal of psychology*. Vol. 35(3).

Pylyshyn, Z. (1984). *Computation and cognition*. Cambridge, Mass: MIT Press.

Rancurello, A. (1968). *A study of Franz Brentano*. New York: Academic Press.

Reisenzein, R. and W. Schonpflug. (1992). Stumpf's cognitive-evaluative theory of emotion. *American psychologist*. Vol. 47.

Rhodes, R. (1986). *The making of atomic bomb*. New York: Simon & Schuster.

Ribot, T. (1899), *German psychology of to-day: the empirical school*. Trans. by J. M. Baldwin. New York: Scribners.

Richardson, R. (1983). Brentano on intentional inexistence and the distinction between mental and psychical phenomena. *Archiv für Geschichte der Philosophie*.

Robinson, J. O. (1972). *The psychology of visual illusions*. Mineola, New York: Dover Publications, Inc.

Rock, I. (1985). *The logic of perception*. Cambridge, Mass: MIT Press.

Rollinger, R. (2008). *Austrian phenomenology: brentano, husserl, meinong, and others on mind and object*. Frankfurt: Ontos-Verlag.

Rollinger, R. D. (1999). *Husserl's position in the school of Brentano*. Dordrecht: Kluwer Academic Publisers.

Ruckmick, C. A. (1937). Carl Stumpf. *Psychological bulletin*. Vol. 34, (4).

Russell, B. (1897). *An essay on the foundations of geometry*. Cambridge University Press.

Sander, F. Structures, totality of experience and gestalt. In: C. Murchison, ed. (1930). *Psychologies of 1930*. Worchester Mass: Clark

Un. Press.

Santayana, G. (1971). *Lotze's system of philosophy*. Bloomington: Indiana University Press.

Schachter, S. (1964). The interaction of cognitive and physiological determinants of emotional state. In: L. Berkowitz (Ed.). *Advances in experimental social psychology*. Vol. 1. San Diego, CA: Academic Press.

Schofield, M. Aristotle on imagination In: M. C. Nussbaum, A. Rorty Oksenberg, eds. (1995). *Essays on Aristotle's de anima*. Oxford: Clarendon Paperbacks.

Schuhmann, K. (1996). Carl Stumpf (1848—1936). In: L. Albertazzi et a, eds. *The school of Franz Brentano*. Dordrecht: Kluwer.

Schuhmann, K. (1997). Elements of the logic of Carl Stumpf. *Axiomates*, No 1～3.

Schumann, K. Husserl and Twardowski. In: F. Coniglione, R. Poli, J. Wolenski, eds. (1993). *Polish scientific philosophy: the lvov-warsaw school*. Amsterdam: Rodopi.

Searle, J. R. (1983). *Intentionality: an essay in the philosophy mind*. Cambridge University Press.

Selz, O. Outline of a new psychology of space, time and continuum. In: N. H. Frijda & A. D. De Groote, eds. (1929). *Otto Selz: his contribution to psychology*. The Hague: Mouton.

Sexton, V. S. & Hogan, J. D. (1992). *International psychology: VIEWS from around the world*. Lincoln: University of Nebraska Press.

Sexton, V. S. & Misiak, H. (1976), Eds. *Psychology around the world*. Monterey: Brooks/Cole Publishing Company.

Shepard, R. N. (1994). Perceptual-cognitive universals as reflections of the world. *Psychonomic Bulletin & Review*. Vol. 1.

Shimojo, S., Shams, L. (2001). Sensory modalities are not separate modalities: plasticity and interactions. *Current Opinion in Neurobiology*. Vol. 11.

Sills, D. L. (1968). *International encyclopedia of the social sciences*. Vol. 15. New York: The Macmillian Company & The Fress Press.

Simons, P. (1992). *Philosophy and logic in central europe from Bolzano to Tarski*. Dordrecht: Kluwer.

Simons, P. (1999). Bolzano, Brentano and Meinong: three austrian realists. In: O'Hear, A, ed. *Geman philosophy since kant*. Cambridge: Cambridge University Press.

Simons, P. Judging correctly: Brentano and the reform of elementary logic. In: D. Jacquette, ed. (2004). *The Cambridge companion to Brentano*. Cambridge: Cambridge University Press.

Smith, B, & K. Mulligan. (1982). Pieces of a theory. In: B. Smith, ed. *Parts and moments. studies in logic and formal ontology*. München, Philosophia Verlag.

Smith, B. (1987). Austrian origins of logical positivism. In: B. Gower, ed. (1987). *Logical positivism in perspective. essays on language, truth and logic*. London-Sydney: Croom Helm.

Smith, B. (1988). *Foundations of gestalt psychology*. Philosophia Verlag: Munchen-Wien.

Smith, B. (1989). Logic and the *Sachverhalt*. *The Monist*, Vol. 72 (1).

Smith, B. (1994). *Austrian philosophy: the legacy of Franz Brentano*, Chicago: Open Court. Verstegen, L.

Smith, B. C. (1996). Pleasure and its modifications: Stephan Witasek and the aesthetics of the grazer schulee. *Axiomathes*, No. 1~2.

Smith, B. (1988). Gestalt theory: an essay in philosoph. In: B. Smith, et al, ed. *Foundations of gestalt theory*. München Wien: Philosophia Verlag.

Smith, B. C. (1996). *On the origin of objects*. Cambridge, Mass: MIT Press.

Solomon, R. C. (1976). *The passions*. Garden City, NY: Anchor Press/Doubleday.

Sorabij, R. Intentionality and physiological processes: Aristotele's theory of sense perception. In: A. Rorty, M. Nussbaum, eds. (1995). *Essays in Aristotele's de anima*. Oxford: Oxford University Press.

Sorabji, R. (1974). Body and soul in Aristotele. *Philosophy*. Vol. 49.

Sorabji, R. From Aristotle to Brentano: the development of the concept of intentionality. In: H. Blumenthal, H. Robinson, eds. (1991). *Aristotle and the later tradition*. Oxford Studies in Ancient Philosophy, Supplementary volume. Oxford: Clarendon Press.

Spiegelberg, H. (1972). *Phenomenology in psychology and psychiatry: a historical introduction*. Evanston: Northwestern University Press.

Spiegelberg, H. (1981). *The phenomenological movement: a historical introduction*. Dordrecht: Kluwer Academic Publisher.

Spiegelberg, H. (1982). *The phenomenological movement*. 3rd, ed. The Hague: Nijhoff.

Spruit, L. Agent intellect and phantasm: on the preliminaries of peripathetic abstraction. In: *Idealization XI: historical studies on abstraction and idealization*. ed. by F. Coniglione, R. (2004). Amsterdam: Rodopi.

Sprung, H. (2006). *Carl Stumpf—eine biografie*. Munich: Profil Verlag.

Sprung, H., Sprung, L. Experimenter, theoretician, musicologist, and promoter. In: Gregory A. Kimble, Michael Wertheimer, Charlotte White, eds. (2000). *Portraits of pioneers in psychology*. Vol. 4. Lawrence Erlbaum Associates, Inc.

Srzednicki, J. (1965). *Franz Brentano's analysis of truth*. Den Hague, Nijhoff.

Stegmuller, W. (1969). *Main Currents in contemporary german, british and american philosophy*. Dordrecht: Reidel.

Stevens, S. S. (1986). *Psycho-physics, introduction to perceptual, neural and social prospects*. Transaction Books, New Brunswick (Usa) and Oxford (UK).

Stout, G. F. (1909). *Analytic psychology*. London-NewYork: Swan Sonnenschein & Co.

Strack, F., Martin, L. L, Stepper, S., et al. (1988). Inhibiting and facilitating condition of facial expressions: a nonobstrusive test of the facial feedback hypothesis. *Journal of personality and social psychology*. Vol. 54.

Stucchi, N. (1996). Seeing and thinking: Victtrio Benussi and the Graz School. *Axiomathes*, No. 1~2.

Stumpf, C. (1899). On the concept of emotion. *Zeitschrift für psychologie und physiologie der sinnesorgane*. Vol. 21.

Stumpf, C. (1907). On the affective sensations. *Zeitschrift für psychologie und physiologie der sinnesorgane*. Vol. 44.

Stumpf, C. (1907). Presentations and mental states. *Abhandlungen der preussischen akademie der wissenschaften*. Vol. 1906.

Stumpf, C. (1919). Reminiscences of Brantano. In: L. L. McAlister ed. (1976). *The philosophy of Brentano*. London: Duckworth.

Stumpf, C. (1924). Autobiography. Engl. Trans. T. Hodge et S. Langer. In: C. Murchison, ed. *A history of psychology in autobiography*. Vol. 1. Worcester: Clark University Press.

Sully, J. (1878). The question of visual perception in germany. *Mind*, Vol. 3.

Sully, J. (1884). Review of *tonpsychologie* [vol. I] by Carl Stumpf. *Mind*, Vol. 9(36).

Sully, J. (1886). Review of 'musikpsychologie in England' by C. Stumpf. *Mind*, Vol. 11(44).

Sully, J. (1891). Review of *tonpsychologie* [vol. II] by Carl Stumpf. *Mind*, Vol. 16(62).

Tanausescu, J., Popescu, V, eds. (2003). *The school of Brentano and Husserlian phenomenology*. special issue of *Studia phenomenologica*, Romanian Journal for Phenomenology, Vol. 3.

Tatarkiewicz, W. (1973). *Nineteenth century philosophy*. Belmont: Wadsworth.

Textor, M. (2006). *The Austrian contribution to analytic philosophy*. Routledge: Taylor & Franic group.

Thines, G. (1977). *Phenomenology and the science of behaviour. an historical and theoretical approach*. London: Allen & Unwin.

Thines, G. Franz Brentano. In: *The Oxford companion to the mind*. ed. by R. Gregory. (1987). Oxford-New York: Oxford University Press.

Thorne, B. M. & Henley, T. B. (1997). *Connections in the history and system of psychology*. New York: Houghton Mifflin Company. p. 190; Albertazzi, L., et al, eds. (1996). *The School of Franz Brentano*. Dordrecht: Kluwer Academic Publisers.

Tichener, E. B. (1921). Brentano and Wundt. Empirical and experimental psychology. *American journal of psychology*. Vol. 32.

Tichener, E. B. (1929). *Systematic psychology: prolegomena*. Ithaca-London: Cornell University Press.

Titchener, E. B. (1908). *Lectures on the elementary psychology of feeling and attention*. New York: Macmillan.

Titchener, E. B. (1910). The past decade in experimental psychology. *American journal of psychology*. Vol. 21.

Titchener, E. B. (1917). Prof. Stumpf's affective psychology. *American journal of psychology*. Vol. 28.

Turvey, M. T., Carello, C., Nam-Gyoon, K. Links between active perception and the control of action. In: H. Haken, M. Stadler, eds. (1989). *Synergetics of cognition*. Berlin: Springer.

Twardowski, K. (1999). *On actions, products and other topics in philosophy*. J. Brandl et J. Wolenski, eds. Amsterdam: Rodopi.

Twardowski, K. *On content and object of presentations*. by R. Grossman. (1977). The Hague: Nijhoff.

Valentine, L. G. F. Stout's philosophical psychology. In: L. Albertazzi, ed. (2001). *The origin of cognitive science. early european contributors*. Dordrecht: Kluwer.

Van der Schaar, M. From analytic psychology to analytic philosophy: The reception of Twardowski's ideas in Cambridge. In: K. Kijania-Placek, J. Wolenski, eds. (1996). *The Lvov-Warsaw School and contemporary philosophy*. special issue of Axiomathes. Vol. 3.

Varela, F., Thompson, E., Rosch, E. (1992). *Embodied mind*. Cambridge Mass: Harvard University Press.

Velarde-Mayol, V. (2000). *On Brentano*. Belmont. CA: Wadsworth. Thomson Learnin, Inc.

Vicacio, G. B. (1999). The Benussi effect in a kinetic field. *Axiomathes*, No. 1～3.

Wade, N. J. (2005). *Perception and illusion: historical perspectives*. Dordrecht: Springer.

Weiner, I. B. (2003). *History of psychology*. In: D. K. Freedheim, ed. *Handbook of psychology*. Vol. I. New York: John Wiley & Sons, Inc.

Wellek, A. (1972). Klueger, Felix. In: Edwards, P., ed. *The encyclopedia of philosophy*. New York: Macmillan, Vol. 4.

Wesley, F. (1965). Masters and pupils among the german psychologists. *Journal of the history of the behavioural sciences*. Vol. 1.

Wilkes, K. V. Psyche vs. the mind. In: M. C. Nussbaum., A. R. Oksenberg, eds. (1995). *Essays on Aristotle's de anima*. Oxford: Clarendon Paperbacks.

Willats, J. (2002). The third domain: The role of pictorial images on picture perception and production. *Axiomathes*. Vol. 13.

Witasek, S. (1978). Supplementary notes. In: Kalsi, M. S., ed. *Alexius Meinong on Objects of high order and husserl's phenomenology*. The Hague: Martinus Nijhoff.

Wolenski, J. (1989). *Logic and philosophy in the lvov-warsaw school*. Dordrecht: Kluwer.

Woodward, W. R. (1978). From Association to Gestalt: The Fate of Hermann Lotze's Theory of Spatial Perception, 1846—1920. Isis, Vol. 69.

Wundt, W. M. (1897). *Outlines of psychology*. Translated by C. H. Judd. Leipzig: Wilhelm Engelmann.

Zajonc, R. B. (1980). Feeling and thinking: preferences need no inferences. *American Psychologist*, Vol. 35.

Zajonc, R. B. (1984). On the primacy of affect. *American psychologist*, Vol. 39.

Zecki, S. (1993). *A vision of the brain*. Oxford: Blackwell Scientific.

Zeglen, U, ed. (1994). *Philosophy of mind in the Lvov-Warsaw School*. special issue of *Axiomathes*.

Zimmer, A. (2001). Christian von Ehrenfels (1859—1932). In: A. Albertazzi, et al, ed. *The school of Alexius Meinong*. Aldershot: Ashgate.

Zusne, L. (1975). *Biographical dictionary of psychology*. Westport, Connecticut: Greenwood Press.

后　记

历经8个月的艰辛努力，我们终于完成了这本《经验的描述——意动心理学》！研究意动心理学和撰写这本书，是我涉入心理学专业领域20多年来所遭遇到的最具挑战性的一项工作，其间的煎熬、挣扎和痛苦，唯我知晓！整整240个日日夜夜，我几乎过着一种近乎封闭式的生活，该放弃的和不该放弃的事情我都放弃了！有多少次我似乎陷入了一种绝望的境地，差一点就要放弃这项工作。但是，每当我快要跌入谷底的时候，冥冥之中似乎又有一个声音在鼓励着我、支持着我：坚持下去！坚持就有希望！坚持就是胜利！其实对我来说，多写一本书或少写一本书于名于利都是无所谓的事。换成别的任何一本书，如果是这样的艰难，我也许就会放弃了。但唯独这本书却让我克服重重困难坚持写下去。可以说，这本书是我最想写的但也是最怕写的，这种矛盾心态从7年前我着手策划这套"外国心理学流派大系"丛书时就已经萌生。

为什么说这是我最想写的一本书呢？撰写本书一直是我的一个心愿，我为写作本书准备了近20载！早在上世纪80年代中期，我在安徽师范大学读本科时，就已从心理学史教科书上读到过有关布伦塔诺及意动心理学为数不多的介绍；后来我作为南京大学的硕士研究生到南师大听课时，也在刘恩久先生的课堂上多次感受到他对布伦塔诺思想的强调；但真正使我对布伦塔诺和意动心理学予以特别关注的，则是1990年我到南京师范大学跟随恩师高觉敷先生做博士生以后的事。是年暑假，高老以95岁高龄专门撰写了一篇题为《从意动说到现象学》的论文。9月份开学以后，高老就让我们把这篇文章的手稿复印并要求我们认真阅读。通过学习高老的这篇文章，并重读波林的《实验心理学史》中有关意动心理学的内容，我对布伦塔诺和意动心理学的认识进一步深化。但是，那时能查阅到的研究资料非常有限，并且几乎都是一些心理学史著作和教材中零星的第二手资料。1998年，我根据多年积累的资料，撰写了《布伦塔诺的意动心理学述评》一文，首次提出布伦塔诺和冯特分别开辟了心理学中人文科学与自然科学的研究取向，并澄清了此前对于意动心理学的一些误解。同年，我又在《西方心理学名著提要》一书中比较详细地介绍了布伦塔诺的《经验观点的心理学》。2000年，我在《心理学通史·第四卷·外国心理学流派（上）》一书中对意动心理学及其发展作了更为详细的勾勒。可以说，这一工作是自恩师高觉敷主编的《西方近代心理学史》之后，国内对意动心理学研究的又一次较大突破，尤其是发掘了较多的新资料，澄清了过去因资料缺乏所造成的种种误解。撰写完《心理学通史》中的意动心理学内容之后，我所搜集到的意动心理学的第一手资料逐渐多了起来。2002年，我撰写了《重评斯顿夫的机能心理学》一文，在国内首次比较全面地述评斯顿夫的机能心理学。2005年，我发表了《意大利格式塔心理学源流考》一文，揭示了意动心理学从形质学派到当代意大利格式塔心理学的发展。同年，我指导当时跟随我攻读硕士学位的崔光辉完成了硕士学位论文《高级对象的意向性把握——迈农的形质心理学研究》，对迈农的形质心理学思想进行了阐述，并梳理出形质学派的具体发展脉络。2006年，他与我合作发表了《意向性：从布伦塔诺到迈农》一文，沿着意向性主题梳理了从布伦塔诺到迈农的演变。2007年，我们又合作发表了《从内知觉到相即知觉——胡塞尔对布伦塔诺意动心理学方法论的推进》一文，沿着方法论主题厘清了从布伦塔诺到胡塞尔的演变。同年，我们还合作发表了《实验现象学源流考》一文，沿着实验现象学线索梳理了意动心理学向具体的实验现象学研究方法的变化。2007年，我在主编的《西方心理学史》一书中明确按照自然科学心理学与人文科学心理学两条路线重建了西方心理学的历史。该书的下篇重点阐述了意动心理学派以及其在后来人文科学心理学发展中的效应。即将出版并由我主编的《现代西方心理学史》继续秉承了我在《西方心理学史》中的这一观点。此外，我先后主译并出版的B·R·赫根汉的《心理学史导论》、韦恩·瓦伊尼和布雷特·金的《心理学史：观念与背景》、C·詹姆斯·古德温的《现代心理学史》、霍瑟萨尔的《心理学史》和詹姆斯·F·布伦南的《心理学的历史与体系》中，均涉及布伦塔诺和意动心理学派的内容。尤其需要指出的是，《心理学史》一书对布伦塔诺、斯顿夫和屈尔佩的生平有相对详细的介绍，而《心理学的历史与体系》一书则明确将布伦塔诺的意动心理学视为"人文科学的心理学"，并与冯特等人的"自然科学的心理学"相对立，从而承认布伦塔诺作为人文科学心理学的开创者的地位。

多年来，我时刻未敢忘记当年高老、刘先生对布伦塔诺及意动心理学的重视，未敢放松对心理学史上这个学派及其代表人物的研究。我一直注意收集和积累研究资料，打算写一本系统研究意动心理学的专著，以完成两位老师的夙愿。几年前,在我们着手策划这套"外国心理学流派大系"丛书的时候,就有意把这本《经验的描述——意动心理学》列入其中。而且这本书也是必须列入其中的。为什么这么说呢?我们在这套丛书中明确提出,诞生于19世纪70年代的科学心理学从一开始就表现为两种理论形态,即科学主义心理学和人文主义心理学。科学主义心理学的第一个学派是冯特创立的内容心理学(主要是实验心理学),人文主义心理学的第一个学派是布伦塔诺创立的意动心理学。内容心理学与意动心理学形成了心理学史上两条路线之间的第一次对立与纷争。自此,科学主义心理学与人文主义心理学各自相对独立发展,两者之间少有相互交流和彼此借鉴。由此,科学心理学就有两个创始人或者说有两位父亲,一位是冯特,另一位是布伦塔诺。过去人们之所以只提冯特是科学心理学之父,是因为波林那本著名的《实验心理学史》教科书给我们造成的误解。从这个意义上说,如果这套"外国心理学流派大系"丛书没有这本《经验的描述——意动心理学》,那么我们就会继续重复波林所犯下的同样的错误。

为什么说这是我最怕写的一本书呢?尽管我多年来先后撰写了一些关于意动心理学的论文和相关书籍中的意动心理学章节,但是距离撰写一本意动心理学的专著还很遥远。我深知其中的难度与挑战性。首先是资料消化上的困难。研究意动心理学的困难之一,多年前是资料太少,而现在则是资料太多。近年来我们通过网络下载、复印、购买等途径,从国内外搜集了大量关于意动心理学的第一手和第二手资料,例如,关于布伦塔诺本人的著作、研究专著、文集、学位论文就有30多种,还有大量发表和未发表的研究布伦塔诺思想的论文。我们很难在较短的时间内消化和驾驭这些资料。其次是对文本理解上的困难。意动心理学家均用德文写作,而我们三位作者均不懂德文,只能阅读英文文献,因此在理解上难以准确地把握意动心理学家的德文原意。许多英文文献还夹杂着一些德文术语,更是增加了我们阅读和理解的难度。而且,许多文献还存在着出入和矛盾之处,需要我们一一比对和考证。再次是哲学把握上的困难。意动心理学家几乎都是哲学家,在他们那里心理学与哲学是不分家的。因此,我们要比较准确地理解他们的心理学思想,就必须比较准确地理解其哲学思想。尽管我是在南京大学哲学系读的硕士,但我当时学习的方向以心理学为主,而不是纯粹正统的哲学专业。虽然我平常比较关注哲学领域的知识,但要很好地驾驭布伦塔诺这位为20世纪西方两大哲学传统即大陆哲学或现象学与分析哲学奠基了基本理念的哲学家的深刻思想绝非易事,更非一朝一夕之工,何况国内外对意动心理学家的哲学思想研究也相对薄弱,存在许多悬疑与争论。所以,我们在写作本书的过程中，时常承受着知识、认知和智力上的困惑和挣扎，常常寝食不安，难以释怀。而要解决上述困难，最大的需求就是充裕的时间保证。但是，由于种种原因所迫，我们又必须要在较短的时间内将这本书赶出来。整套“外国心理学流派大系”丛书共 13 本，在正式动手写作这本《经验的描述——意动心理学》时，前 12 本都已经完成，并且大多数也都已经正式出版，只剩下这一本了。我作为丛书的主编，理应挑起撰写这最后一本书的重任。在写作过程中，责任编辑经常给我们设定交稿时间，而我们往往又难以按时交稿。每当接到责任编辑的催稿电话，我们的内心都无比焦虑和紧张！因此说，这又是我最怕写的一本书。

在本书中，我们在人文主义心理学的视野下阐释了意动心理学的基本内涵，回答了学术史上的“布伦塔诺之谜”以及意动心理学派即布伦塔诺学派成为早期人文主义心理学的开端及其构成力量的原因。我们重点阐明了意动心理学的五种理论形态，即布伦塔诺的意动心理学、机能心理学、描述心理学、形质学派和二重心理学，最后则比较评析了中外关于意动心理学的研究。我们这样做的目的就是期望能够还原意动心理学的原本面目，以提升意动心理学的历史地位。

我们现在完成的这本《经验的描述——意动心理学》，只是我们对意动心理学研究的阶段性成果。从严格意义上说，这不是这项研究的终结，而仅仅是这项研究的开始。接下来我们很快要做的工作是编译一本《意动心理学经典文选》，将来还要继续从人文主义心理学的视角对意动心理学进行进一步的深化研究。

本书由郭本禹撰写导言、第一章、第二章、第三章、第四章、第六章、第八章、第十章(其中后面三章为合写)和结语。在我具体指导下，崔光辉撰写第五章、第七章和第九章，陈巍撰写第六章、第八章和第十章。此外，崔光辉还参与了导言和结语部分的写作。他们的书稿均经过多次修改并定稿。作为他们的导师，我责无旁贷地要承担全书的学术责任。

本书的写作得到了学界朋友在资料上所提供的帮助。朱志勇博士从香港大学为我们复印了布伦塔诺的《经验观点的心理学》一书，高申春教授从吉林大学和美国为我们复印了兰库莱罗的《布伦塔诺研究：他的历史地位及其对心理学史的意义》(1968)、麦卡利斯特主编的《布伦塔诺的哲学》(1976)和艾伯塔齐等人主编的《布伦塔诺学派》(1996)。贾林祥博士从中国国家图书馆为我们复印了罗林格的《胡塞尔在布伦塔诺学派中的地位》(1999)。这些著作为我们的前期研究和本书写作提供了基本的资料保证。在此，我对他们的无私帮助深表谢意！此外，崔光辉多年来从互联网上搜索和下载了关于意动心理学的大量资料。我们可以毫不谦虚地说，本书最后所列的参考文献差不多囊括了目前已知的意动心理学研究的所有中英文文献。

在本书写作过程中，我们广泛地阅读和参考了国内外大量文献资料，引用了有关研究成果，谨向这些文献资料的著作权人和作者们致以衷心的感谢！我指导过的硕士生和博士生方红、王申连、司群英和王健翻译了一些关于斯顿夫的英文资料，为我撰写本书的第三、四章内容提供了很大帮助。此外，王申连还通读本书的全部书稿，提出了一些很好的修改意见和建议。在此一并致谢！

未尽的话语，只能留待今后进一步研究时再说。

郭本禹

2010 年 1 月 20 日

于南京郑和宝船遗址·海德卫城